当代数学教学论

DANGDAI SHUXUE JIAOXUELUN

主　编　张晓燕　李唐海　赵　丽
副主编　郭占海　苏日塔拉图　王春连

内 容 提 要

本书共15章，主要内容包括绪论、当代数学教学改革与发展、当代数学观与数学教育观、数学学习的理论及其相关问题、数学教学的基本理论分析、数学能力、数学思维方法与教学、基于基本活动经验的数学教学、当代数学教学的逻辑基础、数学教学的常规工作、当代数学教学设计与分析、数学教学评价、数学教师的专业发展、现代教育技术与数学教育、数学热点问题介绍.

图书在版编目（CIP）数据

当代数学教学论 / 张晓燕，李唐海，赵丽主编. -- 北京 ： 中国水利水电出版社，2014.10（2022.10重印）
ISBN 978-7-5170-2577-1

Ⅰ. ①当… Ⅱ. ①张… ②李… ③赵… Ⅲ. ①数学教学—教学研究 Ⅳ. ①01-4

中国版本图书馆CIP数据核字(2014)第228378号

策划编辑：杨庆川　责任编辑：杨元泓　封面设计：马静静

书　　名	当代数学教学论
作　　者	主　编　张晓燕　李唐海　赵　丽 副主编　郭占海　苏日塔拉图　王春连
出版发行	中国水利水电出版社 (北京市海淀区玉渊潭南路1号D座 100038) 网址：www. waterpub. com. cn E-mail：mchannel@263. net(万水) sales@ mwr.gov.cn 电话：(010)68545888(营销中心)、82562819（万水）
经　　售	北京科水图书销售有限公司 电话：(010)63202643、68545874 全国各地新华书店和相关出版物销售网点
排　　版	北京鑫海胜蓝数码科技有限公司
印　　刷	三河市人民印务有限公司
规　　格	184mm×260mm　16开本　24.5印张　627千字
版　　次	2015年4月第1版　2022年10月第2次印刷
印　　数	3001-4001册
定　　价	86.00元

凡购买我社图书，如有缺页、倒页、脱页的，本社发行部负责调换

前　言

随着社会的发展，数学已经突破传统的应用范围向几乎所有的人类知识领域渗透，并越来越直接地为人类物质生产与日常生活作出贡献。数学不仅应用范围在不断扩大，而且对人们思维和行为的影响也更大，因而数学已经成为现代社会的一种文化，并且数学观念在众多不同层次上影响着我们的生活方式和工作方式。数学教育作为整个教育的一个组成部分，在发展人、发展社会方面有着极为重要的作用。作为数学教育的主要部分，数学教师的状况直接影响了数学教育的情况，也就直接影响学生的发展，从而影响社会的发展。

数学教学是数学教师教育的最基本问题，科学的教育理念需要在教学中贯彻，数学对人的教育价值需要在教学中体现，数学的理性精神和思想方法需要在教学中传承，数学知识赋予人类探索世界奥秘的力量需要在教学中展示。这表明，作为一名数学教师，首要任务是明确数学教学的根本目的，学习数学教学的基本原理，掌握数学教学的基本技能，形成数学教学的科学认识，这正是“数学教学论”所要达到的目标。

教师是一个专门的职业，作为一位优秀的数学教师需要有良好的数学教育素养。面对时代的要求，面对新的教学理论、教育技术，如何处理传统与现代的关系，改进教学方式，让学生主动参与教学，减轻学生过重的数学学习负担，提高数学教学效率，促进学生长远发展，这些都需要教师对数学教育理论进行系统的学习与研究。

对于本书的编写，并不刻意追求理论的高深和全面，但求对数学教师从事数学教学有切实的指导意义；对国内外理论成果的综述不求面面俱到，但要有自己的深入思考和独特见解，能够引发学生积极思考和理性探索，便于在数学教学实践中运用、检验和提高。

本书共15章，主要内容包括绪论、当代数学教学改革与发展、当代数学观与数学教育观、数学学习的理论及其相关问题、数学教学的基本理论分析、数学能力、数学思维方法与教学、基于基本活动经验的数学教学、当代数学教学的逻辑基础、数学教学的常规工作、当代数学教学设计与分析、数学教学评价、数学教师的专业发展、现代教育技术与数学教育、数学教育热点问题介绍。

本书由张晓燕、李唐海、赵丽担任主编，郭占海、苏日塔拉图、王春连担任副主编，并由张晓燕、李唐海、赵丽负责统稿. 具体分工如下：

第二章、第七章至第九章：张晓燕（重庆理工大学）；

第三章、第六章、第十一章、第十二章第一节至第三节：李唐海（大庆师范学院）；

第四章、第五章、第十五章：赵丽（忻州师范学院五寨分院）；

第一章、第十章：郭占海（河套学院）；

第十二章第四节至第五节、第十三章：苏日塔拉图（赤峰学院）；

第十四章：王春连（内蒙古）.

本书在编写过程中参考了许多同类著作，吸收了很多观点，并已在参考文献中列出；在此表示由衷的感谢；还要感谢相关专家对本书提出建议，以及出版社为本书所做的大量工作和提供的有力帮助。由于时间仓促以及编者的水平有限，书中可能存在疏漏和缺陷，真诚希望各位同行和广大读者提出意见和建议。

编　者

2014 年 7 月

目　录

第一章　绪　　论

第一节　数学的本质

一、哲学认识

数学存在于理念世界. 柏拉图主义认为,数学研究的对象尽管是抽象的,却也是客观存在的. 数学对象包括数和由数组成的算式,它是一种独立的、不依赖于人类思维的客观存在. 在数学实践中,许多杰出的数学家都赞同柏拉图主义的数学观,认为数学是独立于人类思维活动的客观存在,数学对象如自然数、点、线、面都是客观存在的东西.

数学对象是抽象的存在. 亚里士多德通过批判柏拉图的数学哲学观点,建立了自己的数学哲学理论. 他认为理念不应该离开感觉而独立存在,理念即在事物之中. 在他看来,公理不具有先验的性质,而是观察事物而得到的,是人们的一般性认识. 数学对象是抽象的存在,数不是事物的本体而是属性. 亚里士多德的观点标志着人类在抽象与具体、一般与个别的关系问题上的认识大大前进了一步.

数学是综合判断. 在康德看来,我们的一切知识都从经验开始,这是没有任何值得怀疑的. 康德认为人的先天感性直观形式有两种:时间和空间. 数学是人总结经验创造出来的,但是人要靠先天的直观才能把它创造出来. 数学是思维创造的抽象实体. 对于数学命题,康德强调了其综合性. 康德区分了“分析的知识”与“综合的知识”,尽管他关于分析与综合判断的区别表述得非常晦涩.

数学是一种约定. 约定主义认为数学思维是一种发明过程,数学的公理、符号、对象、结论的正确性,无非是人们之间的一种约定. 因而数学是可以没有任何实际意义的内容. 数学真理的必然性是指命题在定义下的必然性. 为什么由约定而产生的结论与现实世界是如此的相符? 为什么数学的应用是如此的广泛? 约定主义不能给出一个令人信服的解释.

数学是逻辑. 以罗素和弗雷格为代表的逻辑主义认为,数学就是逻辑. 罗素和怀特海合著的《数学原理》的主要目的是说明整个纯粹数学是从逻辑的前提推演出来的. 弗雷格在《算术基础》中主张把算术的基础归结为逻辑. 对于数学与逻辑的关系,罗素进行了深刻的论述,他甚至试图证明它们是等同的.

数学是直觉构造. 德国数学家克罗内克主张在直觉的基础上,用构造的方法建立的数学才是可靠的,否则是不能接受的. 以布劳威尔为代表的直觉主义认为,数学是独立于物质世界的直觉构造,数学的对象,必须能像自然数那样明示地以有限步骤构造出来,才可以认为是存在的. 由于他们主张一种“构造性数学”,所以直觉主义也被称为构造主义.

数学是形式符号. 形式主义旨在通过把数学化归为形式符号的操作而不是逻辑,来为数学提供一个新的基础,试图把数学转化为无意义的游戏而保证其基础的安全. 以希尔伯特为首的数学家们相信可以应用形式的公理化治愈由于悖论的出现而得以暴露的数学疾病. 然而,哥德尔不完全性定理证明希尔伯特的计划必然失败——任何包含初等算术的形式系统都无法证明其自身的相容件.

二、一些隐喻

数学是一种方法.数学能使人们的思维方式严格化,养成有步骤地进行推理的习惯.人们通过学习数学,能获得逻辑推理的方法,由此他们就可以把知识进行推广和发展.M·克莱因指出:"从更本质的方面来说,数学主要是一种方法.它具体体现在数学的各个分支中,如关于实数的代数、欧几里德几何或任意的非欧几何.通过探讨这些分支的共同结构,我们对这种方法的显著特征将会有一个清楚的了解."数学也是一种解决问题的方法.我们经常用字母、数字及其他数学符号建立起来的等式或不等式以及图表、图像、框图等描述客观事物的特征及其内在联系,这种数学结构表达式就是数学模型.其实,欧几里德几何本身就是一种数学模型,数学正是通过欧几里德几何而获得最严格与最纯粹的科学的名声的.一些人把数学作为一种工具得到有趣的结果,这里数学就是用来进行数值计算和构造模型的.当数学模型由于预见性强而取得成功时,就使得即使人们在不那么满意的情况下,也会不断受到诱惑要去应用数学模型.

数学是一种思维.它牢固地扎根于人类智慧之中,即使是原始民族,也会在某种程度上表现出这种数学思维的能力.原始部落的人能立刻说出一大群羊中少了一只时,他们所依赖的是集合问元素对应的方法.列维·布留尔在其名著《原始思维》中指出:"在原始人的思维中,从两方面看来数都是在不同程度上不分化的东西.在实际应用中,它还或多或少与被计算的东西联系着.在集体表象中,数及其名称还如此紧密地与被想象的总和的神秘属性相互渗透,以至与其说它们是算术的单位,还真不如说它们是神秘的实在."随着人类文明的发展,数学表现出了人类思维的本质和特征,并体现在任何国家与民族的文明中.任何一种完善的形式化思维,都不能忽略数学思维.人们常常说"数学是思维的体操",这种说法是很恰当的.数学除了提供定理和理论外,还提供了有特色的思维方式,包括建立模式、抽象化、最优化、逻辑分析、推断,以及运用符号等,这是普遍适用并且强有力的思考方式.通过数学思维的训练,能够增强思维能力,提高抽象能力和逻辑推理能力.数学使思维产生活力,并使思维不受偏见、轻信与迷信的影响和干扰.

数学是一种艺术.自古希腊以来的若干世纪里,数学一直是一门艺术,数学工作必须满足审美需求.将数学视为艺术可以从两个方面来说明,一是数学的创作方式与艺术类似;二是数学成果的作用也与艺术类似.英国数学家哈代宣称,"如果数学有什么存在权利的话,那就是只是作为艺术而存在".如果数学家把外部世界置之脑后,就好比是懂得如何把色彩与形态和谐地结合起来但却没有模特儿的画家,他的创造力很快就会枯竭.数学还是创造性的艺术,因为数学家创造了美好的新概念,他们像艺术家一样地生活,一样地工作,一样地思索.数学是一门通过发展概念和技巧以使人们更为轻快地前进从而避免靠蛮力计算的艺术.丑陋的数学在数学世界中无立足之地.数学完美的结构,以及在证明和得出结论的过程中,运用必不可少的想象和直觉给创造者提供了美学上的享受.对称、简洁,以及精确地适应达到目的的手段有其特有的完美性,这是一门创造性的艺术.

数学是一种创造.集合论创始人康托一语道破,数学的本质在于自由.爱因斯坦确信,数学是人类思想的产物.他认为几何公理丝毫没有任何直觉的或经验的内容是人的思想的创造.但是,自由必须伴随着责任,即对数学的严肃目的负责.可以说,数学不是任意地被创造的,而是在已经存在着的数学对象的活动中以及从科学和日常生活的需要中产生出来的,数学的自由只能在严格的、必然的限度内发展.非欧几何的创立也表明了这一点.非欧几何的创立，意味着自古希腊以来，以数学为代表的绝对真理观的终结.希腊人试图从几条自明的真理出发和仅仅使用演绎的证明方法来保证数学的真实性被证明是徒劳的.但是，作为一种补偿，数学却又获得了逻辑创造和演绎推理的极大自由.尽管对许多富有思想的数学家来说，数学不是一个真理体系这一事实实在难以接受.

数学是一种文化.数学是一种文化传统，数学活动就其性质来说是社会性的.怀尔德(R. L. Wilder)把数学文化看成一种不断进化的物种.过去数学对人类文明的影响一般来说都是看不见的，数学是暗藏的文化.然而，今天数学从幕后到台前，从间接为社会服务到直接为社会创造价值.在现实生活中，这样的例子比比皆是.其实，数学历来是人类文化的一个重要组成部分，数学代表人类心灵的最高成就之一.数学作为一个充满活力的、繁荣的文化分支，在过去和现在都大大地促进了人类思想的解放.齐民友教授有一个非常著名的论断："一种没有相当发达的数学的文化是注定要衰落的，一个不掌握数学作为一种文化的民族也是注定要衰落的."

第二节 数学观的内涵与演变

一、数学观的内涵

要弄清什么是"数学观"，首先要了解"观念"的含义.在辞海中，"观念"有两层意思.其一，看法、思想.思维活动的结果.其二，观念(希腊文 idea).通常指思想，有时亦指表象或客观事物在人脑里留下的概括的形象.因此，从字面上来看，可以把"数学观"理解为人们对数学的认识或看法，也就是数学在人脑里留下的概括形象.然而，由于研究视角、研究目的、研究领域等方面的不同，人们对数学观的内涵又有不同的认识.例如，林夏水先生认为："数学观是人们对数学的总体看法，它有各种表现形式."郑毓信教授指出："什么是数学？这也就是所谓的'数学观'."一般说来，人们对数学观的认识有：数学观是人们对数学的本质、数学思想以及数学与周围世界联系的根本看法和认识；数学观是对关于"什么是数学"这一问题的认识；数学观是人们对数学的总体看法和认识，其内容主要涉及数学的研究对象、数学的特点、数学的地位和作用等.结合以上认识，可以认为，数学观就是人们对数学的总体看法，或者说是对"数学是什么"作出的一个回答.由此看来，数学观是一个数学哲学范畴的问题.其实，自古希腊以来，数学哲学就试图诠释数学观的问题，哲学家们对数学观进行了深入的研究.无论人们对数学观如何认识，把握数学观的内涵要注意如下三个方面：

①数学观的主体是人们，而不仅限于数学家、数学哲学家，一般个体也有自己的数学观，只不过一些流行的数学观可能是数学家、哲学家或者教育家等提出来的.

②数学观未必是一种系统的理论观点.因为每个人都有自己的数学观，其观点可能与个体"做(学)"数学的体验有关.

③数学观的内涵是不断发展的.随着数学的不断发展，人们对数学的认识不断提升，数学观亦不断演变.

从不同的视角来看，数学观有不同的分类.

①科学视角的数学观.由于数学的对象是一种纯理性的存在，可以在封闭的演绎体系中得到表现.因而科学视角的数学观认为，数学是一门系统的、结构严密的思想、知识、方法体系.数学精

神是科学精神和理性精神的典范.数学以其卓越的智力成就被人们尊称为“科学的皇后”,这表明数学的重要地位以及对其他科学的发展有不可或缺的重要性.可以说,科学的数学观是数学本质观的基础与核心.

②文化视角的数学观.这种数学观认为,数学不仅是一门科学,还是一种文化.数学是形成人类文化的主要力量,并且是人类文化极其重要的因素.文化视角的数学观侧重于从数学作为一种文化以及数学与其他人类文化的交互作用中探讨数学的文化本质.数学的文化视角是比科学视角更为宽广地透视数学的视角.数学的文化视角有助于克服和弥补片面的、科学主义倾向的数学观的不足和弊端.

③社会视角的数学观.在数学发展史上,不同民族的数学观是不相同的.数学是一种文化传统,数学活动就其性质来说是社会性的.社会视角的数学观是与文化视角的数学观紧密相连的.另外,数学的结果要得到认可也是一个社会的过程.著名数学家哈尔莫斯指出:“虽然大多数的数学创造都是一个人在一张桌子前,在一块黑板前或是在散步中,或者在两个人的交谈中完成的,但数学仍是一个社会性的科学.”与文化视角的数学观相比,社会视角的数学观侧重于从社会的角度来看待数学与社会的关系.

④工具视角的数学观.工具视角的数学观把数学看成是由事实、法则、技巧构成的一套工具.数学作为一种工具被广泛地应用于其他科学,服务于其他科学.数学的工具性表明,数学是一切科学的重要基础,在其他科学理论的发展和完善过程中起着不可或缺的作用.数学研究的成果往往是重大科学发明的催生素.数学要么直接地为其提供研究工具,要么间接地影响其发展.随着数学的发展,其工具作用势必将更广泛地显现出来.显然,多层面地分析数学观,不仅有助于我们较好地理解数学的本质,还有助于我们更好地建立合适的数学观.

二、数学观的演变

1.绝对主义数学观

绝对主义数学观认为,数学是由确定并无异议的真理所构成的.即是说,数学是由简单的基本定理、直截了当的概念、无可辩驳的结论构成.自古以来,人们总是渴望确定的知识,渴求那种超越千年而永恒不变的知识.古希腊的数学家之所以坚持一定要用演绎推理,是因为他们认为这样可以得到永恒的真理.在欧几里德的《几何原本》之前,柏拉图就认为几何是“永恒知识”的一门学科,其确定性就来自数学对象永恒不变的完美性.笛卡尔指出,“观察以前在科学上探求真理的学者,唯有数学家能找出一些确实而自明的证明”.M·克莱因认为,“在各种哲学系统纷纷瓦解,神学上的信念受人怀疑以及伦理道德变化无常的情况下,数学是唯一被大家公认的真理体系.数学知识是确定无疑的,它给人们在沼泽地上提供了一个稳妥的立足点”.

为了解决集合悖论而导致的数学基础的危机,数学基础三大学派都试图为数学真理提供一个坚实的基础,企图在有限制但却可靠的真理领域通过数学证明而获得全部数学真理.以罗素为代表的逻辑主义,企图以逻辑作为数学基础,把集合论重新系统化,使其能够避免罗素悖论.以罗素和弗雷格为代表的逻辑主义认为:数学就是逻辑.罗素指出:“所有纯粹数学,既然它能从自然数的理论演绎出来,就不过是逻辑的延伸.并且即使是不能从自然数的理论演绎出来的数学的现代分支,将以上的结论推广到它们,也没有原则上的困难.”他声称:“逻辑是数学的少年时代,数学是逻辑的成人时代.”

他甚至试图证明它们是等同的.以希尔伯特为领袖的形式主义认为,每一门数学都有其公理系统，因此，可以用有穷方法直接证明公理系统的无矛盾性. 以希尔伯特为代表的数学家相信可以应用形式的公理化治愈由于悖论的出现而得以暴露的数学疾病. 至于直觉主义，他们的共同观点是：经典数学或许不可靠，需要用“构造”的方法重建数学. 直觉主义者主张，数学真理和数学对象的存在性都必须由构造方法加以确定. 以布劳威尔为代表的直觉主义认为：数学是独立于物质世界的直觉构造，即数学对象是人靠智力活动构造出来的. 只有建立在“数学直觉”之上的数学才是真正可靠的. 因而，他们就否定了柏拉图主义“自然数是客观存在”的观点，否定实无穷. 并且，他们否认“排中律”在数学中的应用，认为排中律不是普遍有效的.

2. 可误主义数学观

非欧几何的建立，意味着自古希腊以来，数学绝对真理观的终结. 20 世纪 30 年代，哥德尔不完全性定理的证明从根本上宣布了数学基础三大学派整体数学目标的失败. 当哥德尔无可辩驳地证明存在着可被看做真但却不能证明其为真的数学命题时，给数学界带来了强烈的震撼. 因为，数学已经失去了“绝对可靠性”. 从最本质的意义上说，哥德尔定理打破了真与证明同一的信念. 因为即使我们采用全部逻辑推理和数学形式证明的工具，仍有些真的数学陈述是不可证的. 简言之，在可证的和真的之间永远存在一条不可逾越的鸿沟. 哥德尔定理打破了人类已经坚持了两千多年关于完全的、无矛盾的知识的梦想. 因而，对数学观的认识进入了一个新的时期——可误主义数学观.

可误主义接受数学“绝对可靠的不可能性”的观点. 可误主义数学观体现在基切尔、普特南、赫什、波普尔、拉卡托斯等哲学家的数学思想中. 基切尔说：“在反思数学的过程中，曾有许多途径来表示数学知识的先天的先验论观念. 我想提交一份拒绝数学先验论的数学知识的图景……对数学先验论的取代——数学经验论——还从未被精辟地表述过. 我要努力补上这个缺憾. ”普特南指出：“数学知识反映了经验知识——即数学中的真理检验标准像物理中的一样，都是我们实践中思想火花的成功闪烁，数学是可纠正的而不是绝对的. ”赫什说：“对数学哲学提出一个新任务是有道理的：不要追求没有疑问的真理，而要解释真正的数学知识——像其他每一种人类知识一样，数学知识是可误的、可纠正的、探索性的和发展进化的. ”波普尔提出了“证伪主义的科学观”，即科学的本质是大胆猜想，科学的方法是批判与反驳. 科学不等于真理，知识本质上是猜测性的. 拉卡托斯将证伪主义的观点推广到了数学领域，认为数学是通过批评猜测以及大胆的非正式的证明而发展起来的. 他指出：“非形式、准经验的数学发展，并不只靠逐步增加的毋庸置疑的定理数目，而是靠以思辨与批评、证明与反驳之逻辑对最初猜想的持续不断的改进. ”拉卡托斯提出的拟经验主义认为，数学命题不具有必然的真理性，是可错的、相对的. 它包括以下五个基本观点：数学知识是可误的；数学是假设——演绎的；历史是核心；断定非形成数学的重要性；知识创造的理论. 总之，可误主义数学观认为，数学是动态的、猜测的、拟经验的、可错的、历史的，数学真理是可以修正的.

三、建构主义数学观

20 世纪末，继可误主义数学观之后，人们对数学观的认识进入了社会建构主义数学观时期. 社会建构主义数学观将数学视作社会的建构，它吸取约定主义的思想，拟经验主义的可误主义认识论，拉卡托斯的哲学论点，旨在合适的标准下解释普遍所理解的数学的本质. 欧内斯特的社会建构主义数学哲学被认为是关于这一论题的最早的系统研究. 欧内斯特认为把数学知识说成是一种社会建构的理由有三：

①数学知识的基础是语言知识、约定和规则，而语言知识是一种社会建构.

②个人的主观数学知识经发表后转化为客观数学知识，这需要社会性的交往与交流.

③客观性本身应该理解为社会性的认同.

社会建构主义的核心是数学知识的生成，其主要论点是：个体具有主观的数学知识；发表是主观数学知识变成客观知识所必要的；发表的数学知识历经拉卡托斯所说的启发式过程成为客观知识；启发式过程取决于客观标准；评判发表了的数学知识，其客观标准是建立在客观的语言知识及数学知识的基础上；数学主观知识根本上是内化了、再建构了的客观知识；在数学知识的增添、再建或再现方面，个人能够发挥作用.

围绕着客观数学知识、主观数学知识及其相互关系，欧内斯特构建起了社会建构主义数学观的理论框架. 对于客观知识的认识，欧内斯特与波普尔的认识有所不同. 在波普尔看来，人类思想的产物，如数学定理以及对这些证明中有关的讨论和定理证明都是客观知识. 欧内斯特不仅把波普尔的客观知识划为客观知识，并且还认为人类思维的产物也是客观知识. 对欧内斯特来说，客观知识是指共有的、主体间的知识，即使是隐含、未充分表达清楚的也算在其中. 并且，主观数学知识与客观数学知识的转换是一个社会议定过程，即是一个证明与反驳、猜测与改进的过程. 因而，客观性就是一种社会认同，个体的主观数学知识得到社会承认的过程就是主观知识向客观知识转化的过程.

通过对数学对话的考察，欧内斯特赋予建构主义数学观更为广泛的意义. 他认为，"数学知识的基础是对话的". 也就是说，数学不是独白而是对话. 数学对话以各种方式渗透到数学中. 例如，数学证明的想法是从交换意见中发展起来的. 证明就是要说服人. 数学证明作为一个论断是用来说服别人的，事实上存在着一个聆听者. 进一步，数学证明不仅是从对话形式发展而来，而且要得到数学共同体的确认也必须使用对话形式. 又如，数学知识不是从一开始就以完备的形态存在的，而是不断变化和发展的，数学知识的完善是一个对话的过程. 再如，很多数学概念都含有一个对话的基础. 例如对于函数的单调性，你在所给区间任给我一个 x_1, x_2，我就有 $f(x_1)<f(x_2)$ 或 $f(x_1)>f(x_2)$；在极限的 $\varepsilon-\delta$ 定义中，你任给我一个 ε，我将为你找到一个相应的 δ 等.

四、对数学教育的启示

数学观看似是纯理论问题，对于数学教育来说却是很实际、很重要的问题. 对"数学是什么?"不同的回答对应不同的立足点，表明不同的数学观. 数学观与数学教育活动密切相关，教师的数学观直接影响他的数学教学观，学生的数学观直接影响他的数学学习观. 数学哲学家赫什认为，问题不在于教学的最好方式是什么，而在于数学到底是什么. 如果不正视数学的本质问题，便解决不了关于教学上的争议.

1. 形成合理的数学观

由于数学是一个复杂的多元体，并且是不断发展的，所以任何从数学的某些特征对数学进行的描述都不是完整的，它们要么过于狭窄，要么过于宽泛. 事实表明，无论是柏拉图主义，还是数学基础三大学派对数学的描述都存在某种缺陷. 由于数学起源于几何和算术，所以它常被定义为空间和数的科学. 恩格斯在《反杜林论》中的论述影响很大，"纯数学是以现实世界的空间形式和数量关系为对象，也就是说，以非常现实的材料为对象的". 在国内，这一叙述往往用来作为数学的定义. 例如，吴文俊教授在《中国大百科全书 · 数学卷》中写道："数学是研究现实世界中数量关系和空间形式的，简单地说，是研究数和形的科学."迄今为止，这仍然是大多数数学工作者可以接受的观点.然而,考虑到数学的发展,非欧几何、泛函分析等分支离现实世界越来越远,数理逻辑等分支又很难判定其归属.所以,将数与形作为数学的特征来理解并不能从根本上解决数学定义中涉及的内涵与外延问题.尽管从不可追溯的古代起,数学就被看做是关于量的科学,或者是关于空间与数的科学,但是,在今天这种观点就显得太狭隘了.也就是说,我们应该超越"数学是数和形的科学"的认识.

其实,数学就其本质而言不是绝对的,它随时间和地点的改变而改变."数学是什么?"的问题是一个综合性的、不断发展的、与时代紧密联系的哲学问题,在数学发展过程中不可能有固定的、永恒的答案.无论是对数学的哲学认识,还是对数学的一些隐喻,我们都不能过分强调数学的一方面,而忽视数学的另一方面,这样是很难给数学一个较为确切的定义.当然,今天关于"数学是关于模式的科学"的观点还是有一定道理的.这不仅是因为很多数学家和数学哲学家持有这样的观点,而且这一观点较好地刻画了数学的本质.这里的"模式"其实是广义的量,它不仅包括现实世界中的"数"与"形",而且包括数学抽象后的各类模型和结构.数学探求的是一些结构与模式,数学的本质特征就是在从模式化的个体作抽象的过程中对"模式"进行研究.数学家在数、空间、科学、计算机以及想象中寻求模式,数学理论解释模式之间的关系.数学应用则是利用这些模式解释和预测符合它们的自然现象.模式可以启发新的模式,产生模式的模式.当模式增加时,数学的应用和数学分支之间的相互联系也在增加.数学之所以有不同寻常的为科学研究提供正确模式的能力,其原因可能在于数学家所研究的模式就是所有可能存在的模式.如果模式是数学的全部,那么数学的这种"异乎寻常的作用"就可能完全是寻常的了.

2.领悟数学观的内涵

数学是一门探索的、动态的、发展的学科,而不是一套死板的、绝对的、封闭的规则.它寻求理解遍及我们周围的物质世界以及我们思想中的各种模式.它是关于模式而不仅是关于数或形的科学.在数学教育中,我们应该把握数学观的深刻内涵.

①领悟数学是一种文化.数学是人类文化的重要组成部分,数学在人类社会文化中的地位和作用越来越重要.数学是打开科学大门的钥匙,数学是科学的语言,数学是思维的工具,数学是理性的艺术.应该让学生体会数学的科学价值、应用价值、人文价值、美学价值.认识数学发生和发展的规律,提高自身的文化素养和创新意识.

②理解数学的拟经验性.数学理论是一个半经验的演绎系统.数学思维是一种高度抽象的心智活动过程,数学推理和证明并不依赖于经验事实,但这并不表明数学与经验是没有关系的.数学研究和数学学习是一个交流、解释、批驳的过程.在数学教学中,我们应该充分认识经验的价值,从学生现有经验组织教学,回归生活.

③把握数学知识的本质.以往对数学知识的认识中,我们往往只看到数学知识的某一个方面,而没有看到它的另一个方面,从而导致各种认识误区.例如,只看到数学知识的确定性,没有注意到数学知识的可误性;只看到数学知识的演绎性,没有注意到数学知识的归纳性;只看到数学知识的抽象性,没有注意到数学知识的直观性(或具体性);只看到数学知识的工具性,没有注意到数学知识的文化性.在数学教育中,理解数学概念没有必要逐字逐句,更没有必要让学生背诵,抓住数学概念的实质就行了.例如,什么叫方程?式子 $x-x=0$,$x+1=x+2$ 是不是方程?事实上,这些争议是没有必要的,在实际运用中,师生都能理解方程的含义.方程的实质在于:为了求得未知数,在已知数和未知数之间建立的一种等量关系.在数学教学中,应该揭示数学知识的形成过程,而不应该是表面上的轰轰烈烈,实质上的虚假繁荣,没有带给学生智力的挑战和认

知的冲突.数学教学要让学生真正感受从“冰冷的美丽”到“火热的思考”的过程.

④提炼数学思想方法.数学基本知识背后往往蕴涵着重要的数学思想方法.在数学教学中，只有从知识和思想方法两个层面上去教和学，才能从内部规律上掌握系统化的知识，才能形成良好的认知结构，才能有助于学生的主动建构.

⑤欣赏数学美.欣赏数学美是一个人基本的数学素养.数学教学应该体现数学的符号美、图形美、简洁美、对称美、和谐美、方法美、思想美和创造美等.应该让学生理解数学美，体验数学美，欣赏数学美，享受数学美.

⑥培养数学精神.数学是一种精神，一种理性精神，正是这种精神，激发、促进、鼓舞和驱使人类的思维得以运用到最完善的程度.数学教学应该体现数学的理性精神和探究精神.总之，对数学观的这些认识都给了数学教育极大的启示.

第三节　数学教学论的产生与发展

在源远流长的历史长河中，人类对于教育理论的研究已经积累的丰富的经验，世界各国都有关于教学方面的理论.我国伟大教育家孔子就从事过大量的教学活动，并且对于教学现象做过许多非常精辟的论述.他的关于学与思关系的言论、他所用的启发式的教学方法以及因材施教的教学实践，至今还有着重要的现实意义.战国末年的《学记》一书，对于教学现象又作了全面的总结.书中所提出的“教学相长”的思想以及所论述的几个教学原则，至今仍闪烁着智慧的光芒.在此之后，历代教育家对于教学现象也都有过相当深刻的论述，其中朱熹提出的六条“读书法”，即循序渐进、熟读深思、虚心涵咏、切己体察、着紧用力、居敬持志，又从学习者的角度总结出了较丰富的经验.唐代的教育论著《师说》是中华民族的宝贵遗产，更是世界人类文明史上的宝贵财富.

论及西方教育史上曾做出重大贡献的，首推古希腊的著名教育家苏格拉底.他在教学理论上的主要贡献是:首次提出了归纳法教学和定义法教学.西方教育史上的启发式教学方法就是由此引申而来，后人称苏格拉底的这种教学方法为“产婆术”(一种诘问性谈话法)，可与同一时期孔子所用的启发式方法相媲美.到了中世纪，由于神学在封建社会占据着统治地位，西方各国的学术研究基本上处于停滞状态.至 17 世纪，捷克教育家夸美纽斯写出了举世闻名的《大教学论》一书，对当时他所接触的教育现象进行了全面论述，提出了至今仍有借鉴意义的许多教学原则，如直观性、系统性、量力性、巩固性等诸教学原则，达到了前所未有的水平，可以说为教学论这一学科的建立奠定了基础.其后，法国的卢梭、瑞士的裴斯泰洛齐、德国的赫尔巴特都努力从心理学方面为教学理论寻找依据，并探讨合理的教学方法，为教学论的发展做出了突出贡献.

从社会发展和历史发展的阶段看，西方现代教育教学理论的大发展始于赫尔巴特将心理学引入教学论的范畴.赫尔巴特曾著有《普通教育学》、《教育学讲授纲要》等教育理论著作.他提出并由他的学生发展了的“五段教学法”，曾经统治欧美教育界达半个世纪之久，甚至影响到东方的中国和日本.在 20 世纪初，美国的杜威提出了“儿童中心主义”、“新教育运动”，成为美国实用主义进步教学论学派的代表人物，与赫尔巴特的传统学派形成了鲜明的对比.随后，传统派与革新派持续不断的斗争一直延续到现代.这两个学派都给了我国各级学校的教育以极为深刻的影响.20 世纪中叶以来，现代教学论发展迅速，在世界范围内形成不同的派别.例如，50～70 年代，产生了以现代认知发展教学观取代传统知识教学观的教学论，代表人物是美国教育学家、心理学家布鲁纳，其代表作是《教学过程》.与此同时，原苏联著名教育学家、心理学家赞柯夫也提出了反对

“学科中心论”的发展教学论.60年代末，原苏联还出现了巴班斯基(原苏联教育科学院院士)的“教学过程最优化”的教学论.另外，还有维果斯基的“最近发展区”理论，德国瓦根舍因的“范例方式教学论”等.50年代末以来，美国还产生了在世界上有广泛影响的“人本主义”教学论，其代表人物有美国心理学家马斯洛、洛杰斯和阿尔伯特.原苏联著名教育学家苏霍姆林斯基的“和谐教学论”是现代最有影响的教学理论，他著有《给教师的一百条建议》一书(1969年)，在世界范围内影响很大.原苏联另一著名教育学家沙塔洛夫提出的“纲要信号”图示教学法，则是现代积极化教学思想的体现，也有着广泛的国际影响.

很显然，过去的中外教育家们对于教学现象的探究是由来已久的，并且在这方面也做出了卓越的贡献.且不说我国战国末期出现的《学记》，就从树立了近代教学论的里程碑的《大教学论》算起，到现在也已有300多年的历史了.今天，我们虽然把教学论作为教育学的一个组成部分，可是教学论思想的产生、发展、逐渐形成体系，却比把它包括在内的教育学较早.

作为数学教育领域中一门正处于发展中的新学科，数学教学论的产生，既是数学教育理论发展的必然，也是数学教育实践的呼唤.近年来，人们更加关注于数学教学的成效，教学改革被作为提高数学教育质量的重要手段而升到了一个新的高度，广大的数学教学工作者越来越迫切地需要了解和掌握能够帮助他们切合实际地解决教学问题的理论.与此同时，普通教学论和作为数学教育的一般理论的数学教育学在现代教育科学之林中得到了极大的发展.数学教学论的丰富更为数学教育工作者所瞩目.借助于这种理论与实践的双重力量的推动，数学教学论开始发展成为学科教育学中的重要分支学科之一.数学教学论，揭示的是数学教育的基本原理、特有规律，而不是仅仅停留在若干教育学、心理学的一般规律上，更不能只满足于符合一些时髦的口号.在国外，弗赖登塔尔的“数学现实论”、“数学再创造论”、“数学形式化原则”；波利亚的“合情推理”学说；杜宾斯基的“APOS数学概念教学观”等，都具有浓厚的数学品味和理论价值.

在我国，这门课程从萌生至今有百余年的历史，并且近半个世纪以来得到了迅速发展.该课程起源于我国近代师范教育的产生.我国最早的数学教育理论学科，叫做“数学教授法”.在清末，京师大学堂里开始设有“算学教授法”课程.1897年，清朝天津海关道盛宣怀创办南洋公学，内设师范院，也开“教授法”课.之后，一些师范院校便相继开设了各科教授法.这个时期该学科并未独立，仅仅处于孕育阶段.

20世纪20年代前后，任职于南京高等师范学校的陶行知先生，提出改“教授法”为“教学法”的主张，当时虽被校方拒绝，但这一思想却逐渐深入人心，得到社会的承认.“数学教学法”一名一直延续到20世纪50年代末.无论是“数学教授法”还是“数学教学法”，实际上都只是讲授各学科通用的一般教学法.30年代至40年代，我国曾陆续出版了几本有关“数学教学法”的书，如1949年商务印书馆出版了刘开达编著的《中学数学教学法》，但这些书多半是根据自己的教学实践，在前人或外国人关于教学法研究所得的基础上进行修补而总结的经验，其教育理论并未成熟.

新中国成立以后，在20世纪50年代，我国的《中学数学教学法》用的是从原苏联翻译过来的伯拉基斯的《数学教学法》，其内容主要是介绍中学数学教学大纲的内容和体系，以及中学数学中的主要课题的教学法，这些内容虽然仍停留在经验上，但比起以往所学的一般教学方法已有所进步，毕竟变成了专门的中学数学教学方法.70年代，国外已把数学教育作为单独科学的来研究，我国也一直把“数学教学法”或“数学教材教法”作为高师院校数学系(科)体现师范特色的一门专业基础课.1979年，北京师范大学等全国13所高等师范院校合作编写了《中学数学教材教法》

(《总论》和《分论》)一套书，并将其作为高等师范院校的数学教育理论学科的教材，是我国在数学教学论建设方面的重要标志.

在20世纪80年代，我国的数学教学论在与国际数学教育保持共同发展的同时，无论在数学教学活动还是数学教育理论研究方面都形成了自己的特色，并且在数学教学法的基础上，开始出现数学教学的新理论. 国务院学位委员会公布的高等学校“专业目录”中，在“教育学”这个门类下设“教材教法研究”一科(后改为“学科教学论”)，使学科教育研究的学术地位得到确认. 80年代中期“学科教育学”研究在我国广泛兴起，不少高等师范院校成立了专门的研究机构，对这一课题开展了跨学科的研究. 1985年，由人民教育出版社出版发行原苏联著名数学教育学家A. A. 斯托利亚尔的《数学教育学》一书的中译本. 我国在80年代也编写了《数学教育研究导引》一书，试图介绍一些数学教育研究的范本. 到90年代初为止，在全国具有相当规模和影响的“学科教育学”学术研讨会，已取得了不少的研究成果. 目前这一研究热潮方兴未艾，正在向纵深发展，并不断有新的研究成果问世.

20世纪90年代以来，国内外数学教育发展极为迅速，数学教育研究非常活跃. 在我国的数学教学论研究也在已构筑的框架基础上不断深入和拓广，该学科建设取得了很大发展，陆续出版多种相关书籍. 1990年，由曹才翰教授编著的《中学数学教学概论》问世，这标志着我国数学教育理论学科已由数学教学法演变为数学教学论，由经验实用型转变为理论应用型. 在1991年出版的张奠宙等编著的《数学教育学》一书中，把中国数学教育置于世界数学教育的研究之中，结合中国实际对数学教育领域内的许多问题提出了新的看法，并对数学教育工作者涉及的若干专题，加以分析和评论，这是数学教育学研究的一个新的突破. 1992年由天津师范大学主办的《数学教育学报》创刊，对数学教育理论的研究与实践探索发挥了重要作用. 十几年来，涌现出了一批优秀的科研成果，出版了一系列数学教育学著作(上海、湖南、广西、江西、江苏等教育出版社以及教育科学等其他出版社各自出版了一批“数学教育丛书”)，研究内容包括“数学教学理论”、“数学学习理论”、“数学思维”、“数学方法论”、“数学课程与数学教育评价”、“数学习题理论”等多个方面，其内容已远远超过了前人的知识领域. 与此同时，我国还加紧数学教学论专业人才的培养，国内各大师范院校已增设课程与教学论(数学)硕士学位授权点和教育硕士(学科教学：数学)专业学位，培养出了一批年轻的数学教学论工作者和研究人员. 可以说，90年代我国的数学教学论研究形成了一个高潮，数学教学活动实践和数学教育学理论的结合产生了丰硕的成果.

当前，中国正进行新一轮基础教育课程改革，数学教育应从“应试教育”转向素质教育，要培养适应社会发展、国际竞争和经济全球化、信息化的新形势需要的新世纪人才. 随着素质教育改革的不断深入，对新世纪的中学数学教师从专业素养、教学理论、能力水平等诸方面都提出了更高的要求. 2003年4月，高等教育出版社出版了由张奠宙、李士锜、李俊编著的《数学教育学导论》，是基础教育新课程教师教育系列教材之一，用新的观点阐述了中小学数学教育的理论，构建了新的数学教育体系，并与正在实验的国家数学课程标准相适应，这是数学教育学研究的一个新发展. 所以说，高等师范院校数学教育的改革应适应这一发展趋势，积极投身于全国乃至世界数学教育的改革与发展之中，及时地更新课程教学内容，以更好地体现高等师范院校数学教育的先进性和带头作用. 数学教学论是一门不断发展的新学科，它的内容、体系的成熟，需要数学教学与数学研究工作者的共同努力. 伴随着我国数学教育事业的蓬勃发展，大量成果不断涌现，一门具有中国特色的数学教学论正在逐步形成.

第四节　数学教学论的研究对象与内容

一、数学教学论的研究对象

对数学教学论的研究对象的把握应该建立在对一般教学论的研究对象正确理解的基础之上.关于教学论的研究对象,人们普遍地认为它是揭示教学的一般规律,研究教和学的一般原理.教学论的理论体系也正是循着这一线索来构建并得到不断完善的.

教学论,是关于教学活动的理论,是教育学中的一个组成部分.数学教学论是研究数学教学过程中教和学的联系、相互作用及其统一的科学.

数学教学论研究的数学教学是指数学活动的教学,它是教师的数学教学活动与学生的数学学习活动两个方面的统一过程.数学活动的教学指的就是在数学教学中应该让学生经历积极的数学活动.数学学习活动是学生在教师的指导下掌握系统的数学知识、技能和技巧的过程.数学教学活动是按照教育教学规律,向学生进行数学基础知识和基本技能的教学,以培养学生的数学能力,发展学生的认识能力,增强其数学素质,并指导、评价学生数学学习的过程.不难看出,数学教学并不是简单地指教师把数学知识传授给学生,而是需要教师组织有效的数学活动,指导学生的数学学习,让他们通过学习获得提高与发展的教育.

二、数学教学论的研究内容

中学数学教学论是研究中学数学教学系统中数学课程标准、数学教学规律、数学学习规律、数学教学评价、数学思维和能力培养等的一门学科.高等师范院校数学专业开设的中学数学教学论课程是要求师范生学习数学教学论的基础知识、基本理论和教学基本技能,为教育实习和毕业后从事数学教育教学工作以及开展数学教学研究做好必要的准备.确定了数学教学论的研究对象,数学教学论的一些相关的主要研究课题也随之确立.由此不难总结出这门课程的基本内容.

1.中学数学教育改革与发展的历史进程

其目的包括:使师范生了解国外数学教育改革情况;知道我国数学教育改革的现状;真正体会现代数学教育的价值;理解数学家、数学教育家和数学教育的关系.

2.中学数学新课程标准解读

其目的包括:使师范生了解新课程标准的研制背景;深刻体会新课程标准的内涵;知道新课程标准在实施中应该注意的问题;感受到数学教师在新课程实施中的重要作用;探索学生在新课程实施中的角色转变.

3.数学、数学思维和数学能力的相关理论

其目的包括:使师范生了解数学与中学数学的关系及中学数学的特点;掌握数学思维的规律并能针对其特点进行教学;认识中学数学的思想方法;具备在数学教学中培养学生数学能力的技能.

4.中学数学学习及教学的有关理论

其目的包括:使师范生了解中学数学学习的相关理论;分析影响学生数学学习的因素;体会数学教师在学生学习中的重要地位;认识在现代信息技术下如何指导数学学习;了解数学课程与

数学教学的关系；知道数学教育理论及其如何指导数学教学；重点掌握我国的“双基”(基础知识和基本技能)数学教育理论.

5.师范生综合素质优化

其目的包括：使师范生了解自我，认识到自己应该努力的方向；掌握数学课堂教学基本技能；会对学生的学习成绩进行统计分析；能够对数学教学进行科学评价.

数学教学论的内容非常丰富，在有限的教学时间内掌握全部内容是不可能的.在数学教学论课程中只要求重点掌握数学教学论中的基本理论、基本方法和中学数学新课程内容及数学新课程标准的基本理念.

第五节　数学教学论的研究方法

数学教学论是一门综合性和实践性较强的理论学科，对它的研究应该遵循复杂性、实践性和理论性的原则.针对这个原则，我们在研究过程中要研究宏、微观情况，要用动静态结合的方法进行研究，还要综合使用定性、定量的方法进行研究，而且要理论研究和实践研究兼而有之.

一、调查法

调查法是一种有目的有计划的活动，即为了弄清所研究问题的实际情况，获得事实、材料或数据，以利于探索它的规律而采取的一种方法.一般在进行调查之前，首先，要确定调查课题，制订调查计划，其中包括明确调查对象，拟定调查提纲与步骤等；然后，进行实际调查和搜集资料，所搜集的资料力求全面、客观、真实并具有代表性；最后，对调查所得情况、资料和数据等进行分析、整理，从中提炼概括出规律性的东西.

在实际调查和搜集资料时，可以采用谈话、问卷、测试、追踪等多种形式和方法，这些都可以根据调查的课题、目的、对象与具体情况，灵活加以选用.

谈话法是直接与被调查者对话了解情况、观察动向，这就需要预先明确谈话的目的，拟定谈话内容或提纲，以及进行的方式和估计谈话中可能出现的问题及所采取的对策.每次谈话都要做好记录，以便于归纳整理.

问卷法是用书面方式搜集情况或数据，它简单易行且调查的面广.在使用此法时，要求所提问题必须恰当、明确，能让被调查者如实地回答问题.

测试法是根据调查的目的，拟出合适的试卷.通过测试，从被调查者的解答中了解情况，并通过比较、分析，揭示其规律.

追踪法是对被调查的个体或群体，在比较长的时间内，进行有系统的、定期的调查，调查过程中可以采用谈话、问卷或测试等方法了解情况，取得资料或数据，以便在发展变化过程中发现量变或质变的规律等.

二、文献研究法

文献是把人类知识用文字、图形、符号、声频、视频等手段记录下来的东西.文献研究法，即对文献进行查阅、分析、整理并力图找寻事物本质属性的一种研究方法.

文献法研究的主要步骤：

1. 分析和准备阶段

包括分析研究课题,明确自己准备检索的课题要求与范围,确定课题检索标志,以确定所需文献的作者、文献类号、表达主题内容的词语和所属类目,进而选定检索工具、确定检索途径.

2. 搜索阶段

搜索与所研究问题有关的文献,然后从中选择重要的和确实可用的资料分别按照适当顺序阅读,并以文章摘录、资料卡片、读书笔记等方式记录所搜集材料.

3. 加工阶段

要从搜集到的大量文献中摄取有用的情报资料,还需要对文献作一番去粗取精、去伪存真、由表及里的加工工作.主要包括:去除假材料,去掉相互重复、陈旧、过时的资料;从研究任务的观点评价资料的适用性,保留那些全面、完整、深刻和正确地阐明所要研究问题的一切有关资料.然后对这些资料进行比较、分析,总结规律,借鉴吸收.

三、实验法

实验法是研究者根据一定的数学教育理论假说,创设一种人工的数学教育情境.研究者在实验中控制住各种与实验因素无关的条件,使其保持稳定不变,同时对实验因素加以操纵,使其按预先设计发生变化,然后对实验因素加以观察和测定并进行分析,以此来确定数学教育现象之间的关系的一种研究方法.

由于在实验中控制和排除了无关因素的影响和干扰,突出了实验因素,因而较为真实地反映了事物之间的因果关系;而对实验因素人为地进行控制,在实验中可以观察到在自然条件下不易遇到的情况,或出现某种实验因素的效果,获得有价值的结论.有些实验需要建立实验组与对照组.对照组完全保持正常情况,不受实验因素的影响,以便于实验后与实验组进行对照、比较.一般都采用统计的方法对数据进行分析.

四、行动研究

"行动研究"在《国际教育百科全书》中的定义是:由社会情境(教育情境)的参与者为提高对所从事的社会或教育实践的理性认识,为加深对实践活动及其依赖的背景的理解所进行的反思研究.在行动研究中,被研究者(如教师、学生、教辅人员等)不再是研究的对象,他们也成了研究者.通过对过去行动的反思研究和新的"行动",所有的参与者(包括教育专家、科研人员、教师、学生、教辅人员、家长等)将研究的发现和收获直接运用于教学、学习、管理、指导、监督等活动中,以提高教育实践活动的效率,提高教育教学及管理质量,并提高自己改变社会现实的能力.这类研究的目的是唤醒被研究者的意识,使他们更加相信自己的能力,参与到对所从事工作的研究中,并相信自己通过努力能够改变自己在教育情境中的现状,提高自己的实践效果.

既然行动研究是针对教育实际情境而进行的研究,是从实际中来又到实际中去的,因而它适用于那些教育实际问题(而不是理论问题)的研究,以及中小规模的实际研究.具体说,它常表现为三种情况,也可以说是三种层次.

①某教师单独对某班某学科的教学实施新策略,或将自己的新观点试行于行动,研究者与实践者是一个人.

②由学校组织若干教师和教辅人员组成研究小组自行进行研究,或者在外聘专家的指导下进行研究,可以充分发挥教师集体的智慧和力量.

③由专业研究人员、教师、学校行政领导甚至政府部门的领导者等组成比较完善的研究队伍从事某些实际问题的研究.这是行动研究类型的一个典型.

虽然说,行动研究强调应该研究具体的实际问题,研究的程序和方法应该视每一个具体课题的情境而定,没有统一的、明确的模式或步骤,但是归纳起来,仍可以找到一个大致的研究程序.克密斯采纳了行动研究的创始人勒温的思想,认为行动研究是一个螺旋式加深的发展过程,每一个螺旋发展圈又都包括计划、行动、观察、反思四个相互联系、相互依赖的基本环节.

近年来,除了上面介绍到的几种研究方法,谈话法、个案分析法等研究技术受到人们的广泛关注.目前,数学教育研究的基本任务是描述各种数学思维本身的各种形式,这是因为,数学学习只不过是各种数学思维形式之间的一种转换或迁移.因此,了解数学思维的研究手段,如谈话法、个案分析法等受到研究者的青睐.相信随着科学研究的不断发展,还会有更多具有卓有成效的研究方法出现.

第六节　数学教学论的重要意义

在当前的数学教学领域中,数学教学论的重要意义并没有引起人们的普遍关注,人们对其还缺乏一定程度的认识.在中学数学教学实践中,往往于忽视数学教学规律,教学方法不得当,这直接导致学生对学习数学不感兴趣,影响学生的智力开发,使学生没有形成良好的数学思维习惯,导致学生在今后的学习生活、社会生活中出现各种各样的障碍.

数学教学论的理论与实践对于提高中学数学教学质量,培养优秀人才,落实新一轮基础教育改革关系重大.其重要性体现在以下几个主要方面.

1.学习数学教学论能使师范生掌握数学课堂教学的基本技能

数学教学论是集理论和实践于一身的学科,它的实践性要求数学教学论必须研究数学课堂教学的基本技能.

通过数学教学论的学习,师范生在掌握一般教学技能的前提下,可以进一步掌握数学课堂教学的基本技能,如导入技能、讲解技能、演示技能、板书技能等.对这些技能的掌握,使师范生尽早适应中学数学的教学工作.

2.学习数学教学论能提高师范生的数学教育理论水平

数学教学论是一门实践性很强的理论学科,它包含大量的数学教育教学理论.

师范生通过学习数学教学论能掌握数学教育教学的相关理论和学生数学学习的相关理论,知道自己在数学教育教学中的行为依据;能够用数学教育教学理论来分析自己教学设计的合理性,说明自己在开发学生智力方面的理论根据.除此之外,师范生还可以利用数学教育教学理论来深层次地分析中学数学教材,进而提高自己的数学教育理论水平.

3.学习数学教学论有利于师范生形成数学教育教学研究的能力

新一轮基础教育改革正在实施中,这就要求中学数学教师必须有一定的数学教育科研水平,成为新一代的研究型综合教师.

在数学教学论学习中,师范生能够很容易地掌握数学教育教学的研究内容和方法,了解数学教育教学界最新的学术动态,关注数学教育教学的热点话题.事实上,对中学数学教学研究最有发言权的人当属中学数学教师,他们每天都在数学教学第一线,通过他们的观察、访谈、调查、实验等,可以准确地掌握中学生数学学习的基本情况,进而来研究中学数学教学规律.而师范生要具备这些研究能力，必须在学习数学教学论的过程中逐步培养.

4.学习数学教学论有助于加快师范生转为教师的速度

数学教学论是师范生必修的专业课程，目的是让师范生尽快适应中学的数学教学工作.有些人认为，不学数学教学论一样成为一名优秀的数学教师.事实上，那些没有过师范教育的教师，在长期的数学教学工作中积累了大量的经验，这些经验就是他们数学教学的指导.他们知道如何解决遇到的数学教育教学问题，但是不知道这样解决的理论根据是什么.

数学教学论就是在总结这些老教师在长期数学教学过程中形成的经验的前提下所进行的理论升华.学习了数学教学论师范生就能在短时间内掌握大量的数学教育教学理论和实践经验，少走很多弯路，进而缩短了师范生转为教师的周期.

5.学习数学教学论对普及新一轮基础教育改革有特殊意义

从我国实施新一轮基础教育改革以来，各级中学数学教师都进行了相应的新课程标准培训.如果师范生没有进行新课程标准培训，一毕业马上就进入中学数学教学，那么他们会很难适应现今中学数学教学实际.

通过数学教学论的学习，使师范生了解中学数学新课程标准的相关内容，知道数学课程改革的目标、内容、方式、原则以及评价等.重要是掌握中学数学新课程标准的基本理念，以便以后更好地指导自己的数学教学.

综上所述，一个新教师要能胜任中学数学教学工作，成为一名优秀的数学教师，不仅要学习数学专业知识，提高数学能力，而且要学习研究数学教学论的理论，提高数学教学能力.因此，学习、研究数学教学论对新教师的培养与成长有着特殊的重要意义.

第二章　当代数学教学改革与发展

第一节　国际数学教学改革与发展

一、20 世纪的数学教学改革运动

1. 培利的“实用数学”教育观与 F·克莱因的“近代数学”教育观

在大概一百年前，欧几里德的《几何原本》在英国仍然是一切教科书的蓝本. 大数学家庞加莱(Poincarfi)曾经这样幽默地讽刺当时数学教育的失败：“教室里，先生对学生说‘圆周是一定点到同一平面上等距离点的轨迹’. 学生们抄在笔记本上，但是没人明白圆周是什么. 于是先生拿粉笔在黑板上画了一个圆圈，学生们恍然大悟，原来圆周就是圆圈啊.”庞加莱对这种数学教育的指责并非无中生有，反而到处都存在，直至现在也并未绝迹.

1901 年，英国工程师、皇家科学院教授培利(J. Perry，1850—1920) 顺应时势，在英国科学促进会作了题为“数学的教学”的长篇报告，猛烈抨击英国的教育制度，反对为培养一个数学家而毁灭数以百万人的数学精神.

培利旗帜鲜明地提出：数学教育要关心一般民众，取消欧几里德《几何原本》的统治地位，提倡“实验几何”，重视实际测量、近似计算，运用坐标纸画图，尽早接触微积分. 他归纳学习数学的“理由”有：培养高尚的情操，唤起求知的喜悦；以数学为工具学习物理学；为了考试合格；给人们以运用自如的智力工具；使应用科学家认识到数学原理是科学的基础；认识独立思考的重要性，从权威的束缚下解放自己；提供有魅力的逻辑力量，防止单纯从抽象的立场去研究问题. 培利嘲笑那些只关心第 3 条(为了考试合格)的教师说，这些数学教师尽管什么用处也没有，但他们却像受人顶礼膜拜的守护神.

培利的观点得到英国社会各界的广泛支持，英国教育部在培利的倡导下，把实用数学列入了考试纲目. 1902 年，以培利演说为中心内容写成的书《数学教学的讨论》出版. 在 20 世纪的开端，在英国以培利为代表的数学教育改革运动便拉开了序幕.

之后，培利精神走出英国，影响更大，如美国芝加哥大学的莫尔(E. H. Moore，1862—1932)不但拥护培利的观点，还指出了美国数学教育的缺点和改革方向，提出要搞统一的数学，注意数学和具体现象的联系，采用实验法等.

在培利改革运动的同时，德国数学家 F. 克莱因(Felix Klein，1849—1925) 继续推动世界数学教育的改革. 1892 年，他着手对哥廷根大学的数学、物理学的教育制度、教育计划进行改革. 1895 年他创建了“数学和自然科学教育促进协会”. 1900 年，他在德国学校协会上，强调应用的重要性，建议在中学讲授微积分. 1904 年他指出“应该运用教育学、心理学指导教学活动”. 1905 年，由 F. 克莱因起草的《数学教学要目》在意大利的米兰公布，世称米兰大纲. 其要点是：

①教材的选择、排列，应适应于学生心理的自然发展.

②融合数学的各分科，密切数学与其他各学科的关系.

③不过分强调形式训练，实用方面也应置为重点，以便充分发展学生对自然界和人类社会诸现象进行数学观察的能力.

④为达到此目的，应将培养函数思想和空间观察能力作为数学教学的基础，以函数概念和直观几何为数学教学的核心.

不难看出，以培利、F.克莱因为带头人的改革，基本精神是追求面向大众，强调"以儿童为中心"，"从经验中学". 重点是课程内容的改革，追求数学各科的有机统一，强调数学的实用性. 这份米兰大纲，是一份向世界各国推荐的模范大纲，其指导思想一直贯穿于整个20世纪，至今仍然具有指导意义.

值得指出的是，他们强调实用数学的教学，并非狭窄的实用主义. 培利指出："数学教育的根本问题是如何融合理论数学和实用数学，但是不幸得很，在初等数学范围内，还保留着理论和应用的划界分疆."为此，他亲自著《初等实用数学》等书，并一再强调：教儿童学习推理一件事情之前，必先去实行这件事情，从测量、计算、实验得到结果，这样才能培养他的推理能力，并从自己生动的创造中得到快乐.

培利、F.克莱因掀起的改革为数学教育的发展立下了汗马功劳，促进了人们对数学教育改革的思考，不少国家受益匪浅. 但由于第一、二次世界大战相继爆发等原因，运动受到阻碍，第一次浪潮也随之衰落.

2."新数学运动"

1945年二战结束后，世界上虽然仍有时断时续的局部战争，但绝大部分国家得以集中精力发展经济，并取得了显著成就."新数学运动"是20世纪最为轰轰烈烈的一场数学教育改革运动. 关于这场运动的是非功过，在其后的30年间，始终是人们研究的一个重要课题. 从整体上看，虽然"新数学运动"以失败而告终，但它对中学数学课程至今仍产生着意义深刻的影响.

许多人把"新数学运动"的兴起归咎于前苏联的第一颗人造地球卫星上天，其实并不尽然. 早在1950年代初期，"新数学运动"就已经作为美国战后数学教育计划之一悄悄地开始了. 其最初的想法主要基于下面两个方面的变革：

(1)数学本身的变革

第二次世界大战后，布尔巴基学派的兴起使数学抽象化、公理化、结构化的程度越来越高，将古典几何排除在现代数学之外. 在这种情况下，许多数学家都竭力主张彻底改革中学数学课程，用现代数学的思想方法和语言来重建传统的初等数学，并引进新的现代数学内容.

(2)课程观念上的转变

现代心理学领域中，以皮亚杰为首的结构主义学派，发现数学思维的结构与数学结构十分相似，这一研究对数学教育的改革产生了很大的影响. 数学教育的专家们开始重视对数学的理解，将"如何教"作为研究的重点. 他们感到，传统的数学课程存在着明显的不足：一是过分强调运算技巧，学习数学退化成为死记公式、模仿例题的工作，缺乏必要的数学理解；二是忽视数学的逻辑结构和系统性，人为地把数学课程分割成一些互不相通的部分. 正是在这种课程思想指导下，人们开始考虑制定新的数学课程.

继美国、欧洲推进数学教育现代化之后，非洲、拉丁美洲、东南亚地区也都相继成立了地区性的机构并召开会议来推进"新数学运动". 自此之后，"新数学运动"开始波及全球，并于1960年代形成高潮.

"新数学运动"给数学教育带来了许多新景象，例如：

①课堂教学组织更为灵活.

②数学被作为一个开放体系而呈现.

③数学概念通过螺旋式的方式加以呈现.

④把兴趣作为激励学生学习数学的主要动机.

⑤学生更多地采用发现和基于问题的方式学习数学.

⑥教学中更多地强调概念的理解,以及归纳法和演绎法的相辅相成.

⑦从被动地接受解释性的教学逐步变成主动地卷入到以问答式来学习数学.

⑧图像和各种直观传播物大量运用,推动了"数学教学心理"的相关研究.

尽管如此,在实施过程中也难免会暴露出其存在的一些缺点,包括:

①强调理解,忽视基本技能训练;强调抽象理论,忽视实际应用.

②对教师的培训工作没有跟上,使得不少教师不能胜任新课程的教学.

③只面向优等生,忽视了不同程度学生的需要,特别是学习困难的学生.

④增加现代数学内容份量过重,内容十分抽象、庞杂,致使教学时间不足,学生负担过重.

正是由于这些致命的弱点,导致了数学教育质量的普遍降低.而且不少教师和学生家长对"新数学"感到陌生和迷惑.实践证明,"新数"离实际太远,这就使得"新数学运动"渐渐丧失社会的支持.但这并不是说就能够全盘否定它的价值.

自 1970 年起,以美国数学家克莱因(M. Kline)、法国数学家托姆(R. Tome)等人为代表,对"新数学运动"进行了猛烈批评,这种批评愈演愈烈,至 1970 年代后期"新数学运动"已呈现一派衰退之势,并被"回到基础"的口号所取代.

3."回到基础"和"大众数学"

"新数学"运动之后,人们对数学教育改革进行了认真的总结与思考.20 世纪 70 年代,提出了"回到基础"的口号.与轰轰烈烈的"新数学运动"相比,"回到基础"进行的几乎可以说悄无声息,既没有响亮的口号,更没有统一的纲领.20 世纪 80 年代以来,数学教育领域空前活跃,数学课程理论研究不断深入,各国均以建立适应新世纪数学教育为目标,根据本国具体情况,提出了各种课程改革的方案与措施,涌现了许多对目前及未来数学课程改革有重大影响的新思想、新观念.可以从以下两个方面进行概括.

(1)数学为大众

在"新数学"运动中,崇尚结构主义的数学课程是为少数精英设计的,致使多数学生学不好数学.人们逐渐认识到,数学应成为未来社会每一个公民应当具备的文化素养,学校应该为所有人提供学习数学的机会.在此背景下,德国数学家达米洛夫于 1983 年首次提出:"Mathematics for All"(译为"数学为大众"或"大众数学").1984 年,第五届国际数学教育会议上正式形成"大众数学"的提法.1991 年初,美国总统签署了一份《美国 2000 年教育规划》的报告,提倡让所有人都有效地学习数学的大众数学思想.在我国,随着九年制义务教育的全面实施,数学教育界一批年轻学者对大众数学意义下的数学课程的设计进行了探索与研究,并且取得了丰硕的成果.

大众数学意义下的数学教育体系所追求的教育目标就是让每个人都能够掌握有用的数学,其基本含义包括以下两个方面.

①人人学有用的数学.没有用的数学,即使人人能够接受也不应进入课堂.所以,作为大众数学意义的数学教育,首要的是使学生学习那些既是未来社会所需要的,又是个体发展所必需的;既对学生走向社会适应未来生活有帮助,又对学生的智力训练有价值的数学.我们不可能让学生

在校期间仅仅学习从属于哪一种价值(或需要)的知识,而必须设计出具有双重价值乃至多重价值的数学课程.

②人人掌握数学.有多种措施可以实现人人掌握数学,而“大众数学”意义下实现人人掌握数学的首要策略就是让学生在现实生活中学习数学、发展数学.这就需要删除那些与社会需要相脱节、与数学发展相背离、与实现有效的智力活动相冲突的,且恰恰是导致大批数学差生的内容,如枯燥的四则混合运算、繁难的算术应用题、复杂的多项式恒等变形以及纯公理体系的欧氏几何.另外,还需要突出思想方法,紧密联系生活的原则下增加估算、统计、抽样、数据分析、线性规划、图论、运筹以及空间与图形等知识,使学生在全面认识数学的同时,获得学好数学的自信.

有学者认为,大众数学的基本目标的实现很大程度上在于相应课程的设计与实施.大众数学意义下的数学课程改革不能仅仅局限于对现行教材的增加或删减,而需要寻求新的思路,概括起来有以下三点:

①以反映未来社会公民所必须的数学思想方法为主线选择和安排教学内容.

②以与学生年龄特征相适应的大众化、生活化的方式呈现数学内容.

③使学生在活动中、在现实生活中,学习数学、发展数学.

(2)以问题解决为核心

1980年4月,美国数学教师协会公布了一份名曰《关于行动的议程》的文件,其中明确提出,“必须把问题解决作为20世纪80年代中学数学教学的核心”.同年8月,该协会又提出中学数学教育行动计划的建议,指出:

①数学课程应当围绕问题解决来组织.

②数学教师应当创造一个有利于问题解决的课堂环境.

③在数学中问题解决的定义和语言应当发展和扩充.

④对各年级都应提供问题解决的教材.

⑤数学教学大纲应当通过各年级讲数学应用,从而提高学生解决问题的能力.

1982年,英国数学教育的权威性文件Cockcroft Report响应了这一口号,明确提出数学教育的核心是培养解决数学问题的能力,强调数学只有被应用于各种情况才是有意义的,应将“问题解决”作为课程论的重要组成部分.这很快得到了世界各国数学教育界的普遍响应,并由此掀起了一股问题解决研究的热潮.在1988年召开的第六届国际数学教育会议上,“问题解决、模型化和应用”成为七个主要研究课题之一,其课题报告明确指出,问题解决、模型化和应用必须成为从中学到大学所有所学数学课程的一部分.1989年3月,日本《学习指导要领》新的修订本中,正式将“课题学习”的内容纳入其中,使“问题解决”的思想以法律的形式固定下来.“课题学习”就是以“问题解决”为特征的数学课,特别强调创造能力、探索能力、解决非常规问题能力的培养.如今,问题解决已成为世界性的数学教育口号.可以说,在数学教育历史上,还从来没有一个口号像“问题解决”那样得到如此众多的支持.我国数学问题解决有较长的历史,从九章算术问题的研究,到目前解题技能技巧的训练,都离不开数学题.传统的观念总把数学题与技能训练紧密联系在一起,把解数学题与应付考试紧密相连.但是,在世纪之交提出的“问题解决”,承担着中学数学教学核心的重担,其内涵已有了质的变化.

对于“问题解决”的含义可以从三方面加以解释.

①“问题解决”是数学教学的一个目的.重视问题解决的培养,发展学生解决问题的能力,最根本目的是通过解决问题的训练,让学生掌握在未来竞争激烈、发展迅速的信息社会中生活、生

存的能力与本领.当问题解决被认为是一个目的时,它就独立于特殊的数学问题和具体的解题方法,而是整个数学教学追求的目标.当然,这必然会影响到数学课程的设计,并对教学实践有重要的指导作用.

②"问题解决"是数学活动过程.可以通过问题解决,让学生亲自参与发现的过程、探索的过程、创新的过程.在这个过程中,一个人必须综合使用他所有的知识、经验、技能技巧以及对新问题的理解,并把它运用到新的、不熟悉的、困难的情境中去.这一种解释的出发点是,我们不能只教给学生现成的数学知识,而应让学生体验把现实中的数量关系进行数学化的解决问题过程,通过这一过程以掌握解决问题的策略与方法,掌握学习的方法,培养与发展收集、使用信息的能力.

③"问题解决"是项基本技能.这种解释与我们对问题解决的传统理解相统一,但它并非是单一的解题技能,而是一个综合技能.它涉及对问题的理解,求解的数学模型的设计,求解方法的寻求,以及对整个解题过程的反思与总结.

目前,"问题解决"的理论研究正在深化,教学指导思想已逐步渗透到许多国家的教学实践之中.美国数学教师进修协会拟订的《中学数学课程与评价标准》把"问题解决"作为评价数学课程和教学的第一条标准.英国的数学课程也贯穿着"问题解决"的精神,不再具有"公理定义——定理——例题"这种纯形式化的叙述体系,而渗入了更多的非形式化的以解决问题为目标的学习活动.英国的SMP教材系列中,有一册名为《问题解决》的学生用书,该书包含数学探求、组织你的工作、数学模型、完成你的探究、数学论文、新的起点等方面内容,目的是想告诉学生如何处理所遇到的数学问题.另外,中国式的"问题解决"也有大量问题正在引起关注.鉴于这样的国际背景,我国数学教育界也采取了相应的行动,编写了第一本并非以应付考试为目的的中学数学问题集,作为学生的辅导读物,对中学数学教学产生一定的积极影响.

二、国际数学教学改革的特点

纵观世界各国数学教育的改革与发展状况,通过不断地吸收经验和教训,我们对"数学教育现代化"的观念理解会更加全面.数学教育的现代化,是教学内容的现代化,也是数学思想、数学方法、手段的现代化,更是人的现代化.可以通过以下几个方面对国际数学教育改革发展的新特点进行概括.

1.关于中小学数学课程目标

①重视问题解决是各国课程标准的一个显著特点.

②增强实践环节是各国课程标准的共同特点.增加具有广泛应用性的数学内容,从学生的现实生活中发展数学.

③强调数学交流是各国课程发展的新趋势.数学交流是数学教育的重要内容之一.数学作为一种科学语言,为人们提供了一种有力的、简洁的、准确的交流信息的手段,也是人际交流和学术交流的一种工具.因此,学生不但要培养自身进行各种数学语言转化的能力,更要学会使用数学语言准确、简洁地表达自己的观点和思想.

④强调数学对发展人的一般能力的价值,淡化纯数学意义上的能力结构,重在可持续发展.

⑤着重数学应用和思想方法.大多数国家倾向于让学生通过解决实际问题,在掌握所要求的数学内容的同时,形成一些对培养人的素质有益处的基本的思想方法,如实验、猜测、模型化、合理推理、系统分析等.

⑥增强数学的感受和体验.让学生体验做数学题的成功乐趣,培养学生的自信心是数学教育

的重要目标之一.

⑦加强计算机的应用,将计算机作为一项人人需要掌握的技术手段.

课程改革现代化发展的一个重要趋势就是,针对过去仅面向成绩好的学生而忽视满足不同程度学生需求的缺点,设计出弹性更大的数学课程,使学生能根据自己的程度、兴趣对未来职业有所选择.该意见由荷兰数学教育家汉斯·弗赖登塔尔在20世纪80年代提出.1986年3月,国际数学教育委员会在科威特召开了“90年代中学数学”专题讨论会,对90年代的数学课程发展做了预测,把“人人都要学的数学”列在了首位.

2.关于数学教学内容及处理

①数学教科书的素材应当来源于学生的现实.此处的现实可以是学生在自己的生活中能够看到的、听到的,或者感受到的;也可以是他们在数学或其他学科学习过程中能够思考或操作的、属于思维层面的现实.因此,学习素材应尽量来源于自然、社会与科学中的现象和问题,而其中应当具有一定的数学价值.

②注意教材中的数学活动材料的选取和知识的发生发展过程,注重教材对学生的探索、猜想等活动的引导和对学生数学能力的培养.

③注意教材应面对解决实际问题与日常生活问题,包括提出问题、设计任务、收集信息、选用数学,注意加强数学与其他学科领域的联系,注重在应用数学解决问题的过程中,使学生学习数学、理解数学.

④加强几何直观,特别是对三维空间的认识,降低传统欧氏几何的地位,用现代数学思想处理几何问题.

⑤注重新技术对数学课程的影响.从新技术带给数学的深刻变化,重新审视教学中应选取的数学内容.较早引入计算器、计算机,发挥现代信息技术手段在探索数学、解决问题中的作用.

⑥加强综合化和整体性,使学生尽早体会数学的全貌.注重现代数学思想方法的渗透.

⑦课程结构既适应“数学为大众”的潮流,又强调了“个别化学习”.

⑧内容设计更加弹性化.关注不同学生的数学学习需求,考虑到学生发展的差异和各地区发展的不平衡性,在内容的选择与编排上体现一定的弹性,有一些拓宽知识的选学内容,但不片面追求解题的难度、技巧和速度.

⑨注意呈现形式丰富多彩.教科书应根据不同年龄段学生的兴趣爱好和认知特征,采取适合于学生的多种表现形式.

⑩课程内容的安排一般是螺旋式上升的,或者也可以采取适于因材施教的“多轨制”,而不是“一步到位”.对重要的数学概念与思想方法的学习应逐级递进以符合学生的数学认知规律.

21世纪具有全球化和信息化的特征.社会的数字化程度日益提高,要求人们具有更高的数学素养.知识经济的时代,数学将更广泛更普遍地渗透到社会生活的方方面面.数学越来越表现得与人类的生存质量、社会的发展水平休戚相关.因此,人们不能不对数学有新的认识和对数学教育有新的思考.相信,社会的进步、数学的发展、国际数学教育的发展态势,以及学习心理学的研究成果和义务教育的基本精神,所有这一切都在孕育着一个崭新的数学教育新时代.

第二节　我国数学教学改革与发展

一、我国数学教学改革的历史轨迹

自新中国成立以来，我国数学教育教学经历了多次较大规模的变革.

新中国成立之初，根据“学习苏联先进经验，先搬过来，然后中国化”的方针，1952 年 7 月，以苏联十年制学校数学教学大纲为蓝本，编订了《中学数学教学大纲(草案)》，并分别于 1954 和 1956 年适度调整.这一时期，全面学习苏联，建立了中央集中领导的教学大纲与教材全国统一的数学课程体制，这个课程体系奠定了我国中学数学教育、教学的基础.由于前苏联的数学教育曾经体现了数学教学改革的主流，所以我国的数学教学虽然起步较晚，但还是绕道跟上了世界潮流.当然，这其中也不可避免的存在一些缺点，比如，机械地模仿前苏联的一些做法.

1958 年，国内掀起了大跃进高潮.中共中央提出了“教育为无产阶级政治服务，教育与生产劳动相结合”的教育方针和“教育必须改革”的口号，破除迷信、解放思想，在全国掀起了群众性的教育革命的热潮.这一客观形势使数学教育改革也出现了过热的势态.不少数学家、数学教育工作者和广大一线教师参与到数学教育改革的热烈讨论中，提出了各种改革方案，进行了各种数学教学改革实验.如对课程内容进行了更新，强调了函数思想在中学数学教学中的地位，增补了解析几何、微积分初步等内容.但删减欧氏几何、否定几何体系的做法引起了较大的争议，甚至有部分内容对学生要求较高，超出了学生的认知水平.

为了纠正 1958～1960 年出现的“左”的错误，我国教育贯彻“调整、巩固、充实、提高” 的八字方针，于 1961 和 1963 年先后两次修订教学大纲，并首次提出全面培养学生的三大能力——运算能力、逻辑推理能力和空间想象能力.

1966～1976 年是十年动乱时期，“文化大革命”开始，全国各行各业受到严重摧残，教育更是重灾区.极左口号“学校停课闹革命”、“开门办学”满天飞，中学数学教学的秩序受到严重破坏，造成了我国中学数学教育的大倒退.学生的数学基础削弱了，水平下降了，一代人的数学教育受到影响.

粉碎“四人帮”后，学习恢复正常的教学秩序.1978 年，在“精简、增加、渗透”六字方针的指导下，精选了一些必需的数学基础知识，删减了一些用处不大的传统内容；增加了微积分、概率统计、逻辑代数等初步知识；集合、对应等思想适当渗透到了教材中，颁布了《全日制十年制学校中学数学教学大纲(试行草案)》.“精简、增加、渗透”也成为后来处理数学教学内容的基本原则.

1983 年，邓小平同志为北京景山学校题词“教育要面向现代化、面向世界、面向未来”.相应的，教育部也提出了关于进一步提高中学数学教学质量的意见.随后，全国数学教育领域，特别是初中数学教学掀起了大面积提高教学质量的高潮.许多数学教育研究者、中学数学教师就如何提高数学教学质量、如何培养学生的数学能力，进行了改革数学教学方法的探索与实验，取得了丰硕成果.上海市青浦县的数学教学改革实验是其中较有影响的.这些成果为此后的数学教学与数学教学改革打下坚实的基础.

1985 年 5 月，颁发了《中共中央关于教育体制改革的决定》.1986 年 4 月颁发了《中华人民共和国义务教育法》，正式提出基础教育要从应试教育转变为素质教育.1988 年《九年制义务教育全日制初级中学数学教学大纲》正式颁布，强调初中阶段数学教学不仅教给学生数学知识，还要揭示思维过程；强调数学思想方法的渗透；强调培养学生运算能力、逻辑推理能力、空间想象能力，以及分析问题、解决实际问题的能力.

为了衔接好初、高中，1996年教育部制定了与《九年制义务教育全日制初级中学数学教学大纲》配套的《全日制高级中学数学教学大纲》，与原大纲相比，在知识、技能、意识、能力、个性品质方面都有所变化.并于1997年在山西、江西、天津三个地区进行了一个教学周期的试验.2000年在对高中教学大纲、教材进行了修改之后，逐步推向全国，2002年秋季扩大到除上海以外的所有省、自治区、直辖市.

在即将进入新世纪之际，世界各国掀起了以课程改革为核心的基础教育改革.之所以称课程是教育改革的核心，是因为它是学校培养未来人才的蓝图，是教育理念、教育思想的集中体现，是影响教师教学方式与学生的学习方式的重要因素.基础教育课程改革成为世界各国增强国力、积蓄未来国际竞争力的战略措施.在这样的背景下，我国基础教育在世纪之交又迎来了一次变革的浪潮.

新一轮数学课程改革发端于1990年代初.当时，国内一些数学教育工作者开始对我国数学教育的现状和未来进行了比较全面的反思和研讨，并形成了《21世纪数学教育展望》、《数学素质教育设计》等研究成果；上海市于1990年代制定了上海市中小学数学课程标准，并先期进行了课程改革实验.当然，本次课程改革在全国范围内的正式启动，还是开始于成立国家数学课程标准研制小组.我们可以从下面的时间表全面感受本次课程改革的进程：

九年义务教育阶段：

1999年3月，成立义务教育国家数学课程标准研制组.

1999年10月，开始数学课程标准的起草工作.

2000年3月，形成"数学课程标准征求意见稿".

2001年7月，颁布《全日制义务教育数学课程标准(实验稿)》.

2001年上半年，各出版机构开始课程标准实验教材的编写工作.

2001年9月，38个国家级实验区开始进入新课程实验区.

2002年，全国约18%的小学、初中起始年级进入新课程实验.

2005年，全国所有小学、初中起始年级进入新课程实验.

高中阶段：

2001年，普通高中国家数学课程标准研制组成立.

2003年4月，颁布《普通高中数学课程标准(实验)》.

2004年，宁夏、山东、广东、海南四省整体进入高中课改实验.

2005年，新增江苏省进入高中课程改革实验.

2006年，新增安徽、浙江、辽宁、福建、天津等5省(市)进入课程改革实验.截至2006年，总计有10省(市)高一年级整体进入新课程实验.

根据教育部规划，预计到2008年所有省(市)高中起始年级进入新课程实验.

二、二十多年来我国数学教学改革的总结评价

国际数学教育现代化运动自兴起至今已有半个多世纪的历史，半个多世纪以来，人们对于如何进行改革一直争论不休.21世纪是科学技术迅猛发展的时代，是知识经济全面崛起的时代，在这样一个世纪之交的重要历史时期，世界各国特别是发达国家，都在抓紧制定面向新世纪的发展

战略,争先抢占科技、产业和经济的制高点.更引人注目的是不少国家,都在反思教育,抓紧教育改革,把数学教育改革放在核心地位,这给我们以新的启示.我们的数学教育必须与国际数学接轨,形成新的数学教育思想和实践体系.根据社会对数学的不同需要,提供水平适当的数学教育.为社会提供各层次、各类型的工作者,以适应21世纪信息时代的需求.

自20世纪80年代以来,我国适合中国国情的、更加科学、更加现代化的数学教育体系正在建设和不断完善中,"面向现代化,面向世界,面向未来"是正在进行的数学教育改革的一个指导思想.一些新的数学教育思想如"大众数学"、"问题解决"、"非形式化原则"、"应用意识"、"EQ(情绪智商)教育"等相继出现,并且不同程度地为人们所接受,数学素质教育逐渐深入人心.

中华人民共和国成立以来,通过不断的改革,我国的数学教育取得了长足的进步.经过长期的历史积淀,形成了具有自身特色的数学教育传统.勤于习题演练,重视系统训练,注意知识的梳理和结构掌握,并进行较多样的"变式训练",通过"练题"来及时巩固和强化知识,"精讲多练"成为我们普遍的教学模式.我们的数学教育,长处是能使学生有扎实的双基,但也存在缺乏创造意识的不足.应该把培养人的分析问题、解决问题的能力作为教育的主旨.

改革开放以来,特别是《中华人民共和国义务教育法》颁布以后,打破了义务教育阶段"一纲一本"的局面,教材在统一基本要求的前提下开始注意多样化;在各地兴起了不少围绕义务教育阶段教学内容、教学方法的改革实验,形成了众多理论和实践的成果;而随着对外学术交流的推进和我国学生在国际测试和竞赛中的不俗表现,我国的数学教育经验开始为国际数学教育界所关注.

二十多年来,我国社会安定、政治稳定、经济高速发展,教育改革也在深入进行.特别是近十年来,我国的数学家、数学教育家以及广大的数学教育工作者对数学教育的改革给予了前所未有的关注.这期间,中学数学教学的改革显得特别活跃,主要表现在以下四个方面.

1.教师的教学观、学生观发生转变

数学教师的教学观念的发展经历了由传统数学教学观念向现代数学教学观念的转变,例如,从注重学会转向注重会学;从注重教法转向注重学法;从注重选拔转向注重发展;从注重学生被动接受转向注重学生主动发现和数学探究;从单纯教师的方法转向师生合作的方法;从注重数学知识的量和"题海战术"转向注重数学观、数学知识价值和思想方法教学;从注重知识(如定理、公式、法则)的记忆转向注重思维的启发;从注重学习的结果转向注重学习的过程;从信息单向传递转向信息的多向交流;从封闭型的教学转向开放型的教学;从"管"的教育转向"导"的教育;从数学"双基"传授转向数学素质的全面提高;从强调以本(课本)为本转向强调以人(学生)为本,等等.这些新的教学观念,都正在影响并且指导着今天的数学教师的教学实践.

2.改革教学模式和教学方法的实验

数学教学模式研究蓬勃开展,新教案设计、"说课"等方式,推动了素质教育在教学课堂中的落实.中国教育学会数学教学研究专业委员会于1996、1998年在安徽黄山、湖北宜昌成功地举办了全国初中教师优秀课评比活动,对推动初中数学课堂教学改革产生了十分积极的作用,特别是"说课"这种教研方式要求教师不仅要说出"教什么、学什么",还要说出"为什么教、为什么学",对教师的理论素养提出了更高的要求,是一种易于推广的群众性的教研模式,但这方面的理论研究似乎还不够."什么是一堂好的课?"其实大家的看法并不一致.课堂教学评价"八股化"的倾向,"千人一面"的教学模式,"大信息量、高密度"的注入式教学、多媒体辅助数学教学的形式主义等,仍未得到有效控制.

在二十多年来我国教改中，教学方法的改革实验研究可以说是最为活跃最有成果的一个领域．为使数学教学克服传统教学方法的弊端，培养学生适应新时期新形势的要求，在教学中普遍注意了发挥学生的主体作用和教师的主导作用，重视知识的发生过程，注重开发智力和培养能力．因此，为实现教学目的而进行了教学方法的种种改革实验，总结出了各种形式的、行之有效的教学方法．如“读读、议议、讲讲、练练”八字教学法、“学导式”教学法、“问题”教学法、“单元整体”教学法、“自学、议论、引导”教学法、六课型单元教学法、“尝试、指导、变式、回授”教学法、研究教学法，等等．数学教学改革不断深入，继青浦经验之后，各地陆续出现了一些新的实验．例如，北京为优秀生编写的数学教材，北京师范大学教科所主持的小学数学实验教材，都相当成功；四川、贵州、云南的“高效益（GX）实验”，面广、量大，成效卓著；柳州教育学院的“问题引导”数学教学实验，也颇有特色．

在数学教学改革实验中特殊教育方法占有重要地位，特别是在转化“数学后进生”问题方面十分突出．另外，各地的“分层教学法”、“目标教学法”在数学教学中也取得了明显成效．此外，国内已有教改实验证明，“EQ 教育”为解决数学后进生问题提供了一条好的途径．通过在数学教学中开展“EQ 教育”，可以帮助学生正确地认识自我；正确地对待成功与失败；树立起做人的自信；增强学生间的合作与交流；促进 EQ 水平与 IQ（智商）水平的均衡发展．

3．围绕中学数学的课程建设和教学内容开展了各种改革实验

自 20 世纪 80 年代以来，我国已有很多进行教材改革的实验种类，编写的实验教材也各具特色．这些教材不但包括部编十年制教材和六年制重点中学教材，还有包括受原国家教委委托，由北京师范大学牵头，根据美国加州大学伯克利分校数学系教授项武义的“关于中学实验数学教材的设想”，组织、编写的《中学数学实验教材》；中国科学院心理研究所研究员卢仲衡主持的“中学数学自学辅导实验”．

进入 90 年代之后，世界各个国家的课程体系都围绕数学教育的新思想、新观点，进行了很大程度的改革．根据 1999 年 1 月国务院批转教育部起草的《面向 21 世纪教育振兴行动计划》和 1999 年 6 月中共中央、国务院做出的《关于深化教育改革全面推进素质教育的决定》，教育部明确提出：“整体推进素质教育，全面提高国民素质和民族创新能力．改革课程体系和评价制度，2000 年初步形成现代化基础教育课程框架和课程标准、改革教育内容和教学方法、启动新课程的实验，争取经过 10 年左右的实验，在全国推行 21 世纪基础教育课程教育体系．”教育部基础教育司已组织力量对现在试用的义务教育阶段小学和初中的教学大纲，以及在两省一市试验的高中教学大纲进行修订，并要求高中新教学大纲、新教材在全国逐步推开．如今，随着新一轮国家基础教育课程改革的进行，为认真贯彻落实《国务院关于基础教育改革与发展的决定》和《基础教育课程改革纲要（试行）》精神，已组织草拟并相继出台 21 世纪基础教育中小学数学课程标准，目前正在实验区进行教学改革实验，并在全国逐步推广．教育部师范司实施的师资培训计划也正在落实．

4．围绕中学数学教学理论，开展了数学教育理论的研究、总结

首先，应该明确，必须以符合我国国情的数学教育理论研究成果为指导，才会使数学教学改革取得成功和进展．同时，教学改革的深入开展，又必然会不断形成、积累和总结出新的成功经验，从而推进数学教育理论研究的不断深化和完善，最终形成具有我国特色的数学教育学科．

其次，还要认识到，进入 20 世纪 80 年代以后，国际竞争日益激烈．为了进一步改革数学教学，适应我国社会主义现代化建设的需要，赶上世界先进水平，我国数学教育工作者在“教育要面向现代化、面向世界、面向未来”的方针指引下，不但加强了国际上的学术交流活动，引进了国外

多种流派的现代数学教育理论;更是在国内开展了大量的数学教学改革的问题研究,并取得了一定成果.可以从以下几个方面对这些研究进行概括.

①研究现代数学教育理论和我国的数学教学经验,建立具有中国特色的数学教育学.

②在数学教学中,发展学生的智力和培养学生的能力的理论与实践.

③开展中学数学课程的内容与体系改革的实验与研究.

④研究和比较各种现代数学教学的理论和方法.

⑤研究各种现代数学学习理论和数学教育心理学.

⑥探索大面积提高中学数学教学质量的理论、方法、途径及有效措施.

⑦研究计算器的使用、计算机辅助教学等问题.

⑧研究数学教育评价和考试命题的科学化的问题.

⑨研究中学数学现代化的问题.

⑩研究数学教学的最优化问题.

⑪研究问题解决与创造性学习的问题.

⑫研究数学史、数学思想史的作用问题.

⑬研究数学教育实验问题.

⑭研究数学文化与民族数学的问题.

针对以上研究,可以从以下四个层面上开展研究工作.

①数学科学,包括传统的初等数学研究、现代统一的结构观点研究、高观点的指导和解题方法的研究.

②教育科学,即强调数学与教育科学的有机结合,包括数学教学论、数学学习论(数学教育心理学)、数学课程论、数学教育测量学、数学教学实验的理论与实践.

③数学思想与方法论,包括数学思想发展史、数学方法论、数学解题方法论、数学学习方法论等内容.

④思维科学,包括数学教育中的思维和逻辑以及电子计算机与数学教育等内容.

自20世纪90年代以来,中央逐步加大了教育的战略地位,并力争建设适合中国国情的,更加科学、更加现代化的数学教育体系.中国数学教育有许多优点,如重视基础训练、善于培养数学竞赛尖子学生等好的一面.同时也有学生负担过重、热衷升学的“英才”教育及忽视数学应用和数学创造能力的培养等不足的一面.但中国历来具有考试文化的传统,升学考试对数学教育的发展起着决定性的作用,“片面追求升学率”的消极影响,致使数学教育改革的步伐十分缓慢,甚至严重受阻.

长期以来,国内成功的数学教育经验,真正上升为理论的不多;国外的数学教育科研成就,真正能加以运用、吸收,与我国实际相结合的就更少.特别是对一些当前深感忧虑和困惑的问题应给予科学的回答,如怎样克服“题海战术”而加强对学生的数学思想方法的培养?怎样使数学教育的功能由“应试教育”转变为“素质教育”?怎样克服数学教育中过分追求演绎而加强学生的创造能力的培养?怎样增加课程的灵活性使之更适应不同民族、不同智力层次学生的需要?数学教育的价值观怎样在形式陶冶和应用价值之间保持适当的平衡?如何增进学生的数学文化素质?如何体现数学教学的个性化?如何培养学生的创新精神和实践能力?等等.总之,要想在新的形势下进一步完善和发展我国数学教育体系,还需要从理论和实践上予以很好地解决.

第三节 国家基础教育教学课程改革

一、对基础教育课程改革的认识

1.改革是社会的进步与发展的必然趋势

自20世纪后半叶以来,计算机得到了普及与广泛运用,科学技术因此也得到了迅猛发展,现代社会已逐步实现工业时代向信息时代的转变,“知识经济已见端倪”.可以说,21世纪是一个以信息技术为主的技术革命和由它引发的经济革命重新塑造全球经济的世纪,它具有经济全球化、信息网络化、社会知识化三大特征.21世纪也是知识经济的时代.知识经济是建立在知识和信息生产、分配及使用上的经济.人类一方面尽情地享用全球经济一体化和高度信息化带来的种种恩惠,一方面进行更加激烈的国与国之间经济的竞争,综合国力的竞争,其实质是科学技术的竞争.归根到底是教育的竞争.

近30年人类知识总量翻了一番;未来的30年知识总量将翻三番.伴随着“知识爆炸”,知识更新的速度不断加快.知识更新周期已缩短为2~5年,网络技术更新周期缩短为8个月.另外,知识结构体系也发生了重大变化.学科细化、过分系统的以传授知识为特征的体系,已经不适应时代的要求.在知识经济成为主流、科学技术突飞猛进的世纪,人才的语言、文化、知识、视野必须全球化、国际化.21世纪的人才必须具备学习、创新和创造性应用知识的能力,终身教育与创新将成为人们追求的时尚.要看到,信息技术特别是信息网络化,正在改变人类文化的传递方式,也正在改变着教育.教育已突破现有的时空,实现资源的跨时空共享,这必将引起教育内容、教育手段、教育过程、教育组织等重大变革.

值得一提的是,新世纪人类面临各种困扰,如人口爆炸、环境污染、资源枯竭、战争、疾病、贫穷等,这些问题都是人类自身行为造成的.从教育上说,这些行为的产生与“维持性”学习形成的“撞击式”思维方式有着不可避免的关系.为了迎接未来的挑战,要由“撞击式”思维方式转变为“预期式”思维方式,相应地要由传统的“维持性”学习,转变为“创新性”学习.为了从容面对科技发展和国际竞争的挑战,在本世纪中叶基本上实现四个现代化,必须加快推进素质教育的步伐,使我国的基础教育在提高国民素质、民族创新能力上,发挥应有的作用和优势.正如江泽民同志所说:我们必须把增强民族创新能力提到关系中华民族兴衰存亡的高度来认识;教育是知识创新、传播和应用的主要基地,也是培育创新精神和创新人才的摇篮;教育在培育民族创新精神和培养创造性人才方面,肩负着特殊的使命.

正是在上述各种因素的综合影响下,改革成了发展的必然趋势.国务院做出了《关于基础教育改革与发展的决定》,召开了全国基础教育工作会议,吹响了建设高质量基础教育的号角.

2.基础教育课程改革的理念

教育改革是一项系统的工程,它涉及方方面面的内容.基于上述对社会发展趋势与变化的认识,我国当前课程改革一以贯之的教育价值观是:为了每一个学生的发展.课程改革的根本任务是:以邓小平“三个面向”的思想为指针,认真落实《中共中央国务院关于深化教育改革全面推进素质教育的决定》,构建一个开放的、充满生机的、有中国特色的社会主义基础教育课程体系.这种课程体系将全面贯彻国家教育方针,以提高国民素质为宗旨,加强德育的针对性和实效性,突出学生创新精神和实践能力、收集和处理信息的能力、获取新知识的能力、分析与解决问题的能力以及交流与协作的能力，发展学生对自然和社会的责任感，为造就有理想、有道德、有文化、有纪律的，德、智、体、美等全面发展的社会主义事业建设者和接班人打下良好的基础.

在新的历史时期，我国基础教育课程改革的理念与目标应该是：

(1)重建新的课程结构

处理好分科与综合、持续与均衡、选修和必修的关系，改革目前课程结构过分强调学科独立、纵向持续、门类过多和缺乏整合的现状，体现课程结构的综合性、均衡性与选择性.

(2)体现课程内容的现代化

淡化每门学科领域内的“双基”，精选对学生终身学习与发展必备的基础知识和技能，处理好现代社会需求、学科发展需求与学生发展需求在课程内容的选择和组织中的关系.

(3)倡导全人教育

强调课程要促进每个学生身心健康发展，培养良好品德，培养终身学习的愿望和能力，处理好知识、能力以及情感、态度、价值观的关系，克服课程过分注重知识传承和技能训练的倾向.

(4)倡导建构性学习

注重学生的经验与学习兴趣，强调学生主动参与、探究发现、交流合作的学习方式，改变课程实施过程中过分依赖课本、被动学习、死记硬背、机械训练的观念.

(5)形成正确的评价观念

建立评价项目多元、评价方式多样、既关注结果又重视过程的评价体系，突出评价对改进教学实践、促进教师与学生发展的功能，改变课程评价方式过分偏重知识记忆与纸笔考试的现象以及过于强调评价的选拔与甄别功能的倾向.

(6)促进课程的民主化与适应性

重新明确国家、地方、学校三级课程管理机构的职责，改变目前课程管理权力过于集中的状况，尝试建立三级课程管理制度，增强课程对地方、学校及学生的适应性.

3. 数学课程改革的基础研究

当变革的社会需要、变革的动力都具备时，还需要考虑到变革的基础，从而使得变革的方向更为具体，使变革的措施更为可行. 对这些基础的分析，是确定课程变革的理念或设计思路的依据.

教育变革的基础不外乎这样几个方面：

学科基础. 只有基于对学科结构与本质的正确认识，才能构建相对科学的学科课程.

教师基础. 课程实施离不开教师的实质参与，因此，课程设计者还需要对教师的基础，如教师的学科知识基础、对课程的理解水平、教学理念、教学技能等状况进行分析，从而使理想的可接受的课程能为教师所理解、执行(有人说，课程改革成在教师，也不无道理).

学生基础. 只有认真分析各个年龄段学生的不同特点、分析学生的认知发展规律，才能使得科学的课程成为学生可接受的课程，这是教育研究的基本准则.

正是基于这些考虑，本次课程改革实施之初，课程标准研制人员作了一些细致的研究工作，如义务教育数学课程标准研制组进行了下面5个专题研究工作：社会发展与数学需要分析；数学进展对数学课程的影响；心理发展与数学课程研究；国内数学教育及课程的现状研究；国际数学课程改革的趋势研究. 每项专题研究都会给我们带来不同程度的发现.

“社会发展与数学需要分析”专题研究发现：数学已经渗透到自然科学、社会科学、人文艺术等各个领域，运用于社会生产、生活的方方面面，已经成为一个未来公民不可或缺的素养. 这就要求数学课程内容的设置要体现未来公民的数学需求,课程内容的呈现要使学生感受到数学与现实的密切联系和广泛应用,发展学生良好的数学观和数学运用意识.

“数学进展对数学课程的影响”专题研究发现:20世纪以来,经典数学得到进一步繁荣和统一,同时也产生了许多新的应用数学方法和数学分支,特别是计算机的出现及其与数学的结合,使得数学与社会的联系更加直接,对社会的发展起着空前巨大的作用,“数学,已不甘于站在后台,而是大步地从科学技术的幕后直接走到了前台,具有了技术的品质”;同时,计算机科学为数学家提供了探索、检验、猜测的强有力工具,使数学家的研究方式发生变化,“做数学”的过程更加凸显.这启示我们:数学科学提供了独特的思考方式,要求数学教学重视培养学生数学地思考问题;数学教学必须重视培养学生的应用意识;数学科学的发展为基础教育数学课程内容的选择提供了依据,要求我们根据数学科学的现代发展结合学生的认知状况重新审视课程内容;数学科学走出“形式主义”的光圈,要求数学教学做到“返璞归真”,适度的“非形式化”.

“国际数学课程发展的趋势研究”发现:尽管不同国家和地区的数学课程各有特点,但下面几个特征是它们所共有的:强调为所有人的数学,而不是为少数人的数学;强调培养学生作为未来公民所需要的一般数学素养,如解决问题能力、数学交流能力、数学推理能力、了解数学与现实的联系等;强调学习最有价值的数学,用发展的眼光衡量数学的教育价值;关注数学学习过程,强调让学生“做”数学.

最后,数学进展、社会需要、国际比较、国内状况等研究还启示我们:数学课程的功能不只是向学生传授作为科学的数学内容和方法,而且要把数学作为人的发展的一般动力来对待.要从学生今后的成长和发展的角度来考虑数学教育问题,从提高学生的全面素质来认识数学课程的目标,这些为课程变革指明了方向,同时也为新一轮数学课程改革奠定了理论基础,提供了事实依据.

二、新一轮国家基础教育课程改革的背景

1.新课程改革的国际背景

21世纪是以知识的创新和应用为重要特征的知识经济时代.科学技术迅猛发展,国际竞争日益激烈.高素质的劳动者,大量的创新人才,教育发展的水平和质量等无不对国家发展起着关键性作用.联合国教科文组织在1994年提交的报告《学习——财富蕴藏其中》中指出,在当今信息时代,通过不断加重课程负担来满足社会对教育无止境的需求,既不可能也不合适,必须改革知识为本、学科中心的课程教材体系.

课程是学校培养未来人才的蓝图,它体现着一个国家对学校教育的基本要求,影响着学校教育的水平和人才培养的质量.课程是教育观念和教育思想的集中体现与放映,是实现教育培养目标的重要途径,是组织教育教学的主要依据,直接影响教师的教学方式和学生的学习方式,从而直接影响教育的质量.20世纪80年代以来,各国的课程都开始了新一轮改革.课程改革之所以得到世界各国的重视,之所以被如此重要而紧迫地提出来,是因为课程改革是教育改革的核心内容.也正是因为这样,20世纪中后期以来,美国、英国、日本、韩国、新加坡等各国政府在推进教育改革中都十分重视中小学课程改革,将其作为关系国家生存与发展的重大问题优先予以政策考虑.

20世纪末,基础教育课程改革在世界范围内受到前所未有的重视.通过对世界主要国家课程改革进行的国际比较研究发现,课程改革的重要共同点是:每一个国家都把基础教育课程改革

作为增强国力，积蓄未来国际竞争实力的战略措施加以推行.把培养什么样的国民、能不能适应21世纪全方位的挑战与国家和民族的命运紧密联系在一起，课程改革得到各国政府日益高度的重视.这使得世界各国课程改革主要呈现出以下一些重要的特点与趋势：

(1)世界各国都非常重视调整培养目标

关注学生整体发展目标的调整，努力使新一代国民具有适应21世纪社会、科技、经济发展所必备的全面素质，而不仅仅是关注学业目标.

(2)世界各国都十分关注人才培养方式的变化和调整

强调要实现学生学习方式的根本变革，以培养具有终身学习的愿望与能力的、具有国际竞争力的未来公民.

(3)世界各国都非常重视对课程内容和评价的改革

强调课程内容进一步关注学生生活和实际经验，反映经济、社会文化、科技的最新进展，并为学生提供致力于可持续发展的评价体系，促进每个学生充分的、多样化的发展.

2.新课程改革的现实背景

国内数学教育及课程的现状研究表明，我国数学教育存在很多优势.比如，我国学生学习勤奋刻苦，双基扎实；与国际上同年龄的学生相比，我国学生对数学学习内容的基础知识掌握得扎实，数学的基本技能(特别是计算技能)熟练；我国数学特长生具备较强的数学竞技水平.但这与信息时代对未来社会人才的需求相比，与国家素质教育的要求相比，还有很大差距.目前中学数学教育还存在一些亟须解决的问题.

(1)课程设置方面的问题

课程设置显得过于单一，几乎所有学生学习相同的数学知识.不同学习需求的学生如果学习同样的内容，必然会造成“学非所需，部分学生吃不饱，部分学生跟着陪读”的现象.实际上，这是一种人力资源、教育资源的巨大浪费.

(2)课程内容方面的问题

课程内容的选择、整体编排过于重视学科体系，过分重视逻辑严谨性与形式化，而忽视全体学生的认知状况和现实需要.比如，义务教育阶段的数学学习内容是针对全体学生的，因而应与全体学生的认知水平和未来社会需要相匹配.

而且，部分课程内容存在繁、难、偏、旧的现象.比如，实数运算、代数式的恒等变形、平面几何中的证明要求偏、难、繁；义务教育阶段缺乏在现实生活中具有广泛运用的概率统计知识；在现代信息技术高度发达的今天，数学课程中很难看到现代信息技术的应用.

另外，忽视课程内容与学生生活以及现代社会发展的联系，对现代数学进展以及现代数学的运用关注不够，缺乏时代感.

(3)教学目标方面的问题

课程目标过于单一，过分重视知识的传授而忽视学生学习兴趣和态度的培养，这是教学目标方面存在的主要问题.1996～1998年，有关人员对全国9个省市城镇和农村的16000名学生，2000名校长、教师和全国政协、教科文卫委大部分委员，就九年义务教育课程实施状况进行了问卷、访谈调查.调查发现，学校、教师较多关注的是学科知识的学习、双基的落实，而较少关注对学生未来发展同样重要的道德品质、身心健康、兴趣爱好、情感态度等方面的培养，课程目标单一.

(4)教学方式方面的问题

教学方式相对单一,讲授式教学主宰着课堂教学,学生缺乏自主探索、合作交流的机会.教学中,很大一部分教师存在下列现象:鼓励记忆,忽视理解;关注解具有程式化的数学难题,忽视解具有真实情景的问题;关注解题的技巧,忽视蕴含其中的思想方法;关注技巧和熟练程度,忽视知识发生、发展过程和问题解决的过程;强调模仿性练习,忽视创新运用.在这种情况下,学生的学习方式仍处于笔加纸的时代,依靠记忆、模仿学习数学知识,依靠重复操练习题训练技能,学生自我探索的空间较小.这些对学生学习都是不利的.

(5)教学评价方面的问题

日常考试过频、过难、分量过重;简单地以考试成绩作为对学生的唯一评价,而且多是书面考试,考试形式单一;过分强调评价的甄别和选拔作用,忽视对学生纵向发展的关注;日常教学中公布学生名次成为"正常"现象,优质教育资源相对缺乏、失衡;升学考试具有极高的利害性,加剧了升学考试的竞争和教学竞争.由于受"成绩""升学率"等影响,出现产生师生严重超负、学生过早地消耗"成长成本"的现象.

三、国家数学课程标准的研制

1."教学大纲"与"课程标准"

(1)"教学大纲"

教学大纲是国家最高教育管理部门制定的法令性教学文件,它以纲要的形式规定学科课程的内容、体系和范围,指出教学管理以及时间分配等诸项要求,体现了国家对教学的要求.

数学教学大纲就是根据课程计划规定的数学课程目标、任务而编写的带根本性的数学教学指导性文件.它以纲要的形式,具体规定中学数学的基础知识、基本技能的范围、深广度及其体系结构.同时,又从原则上规定了教学的一般进度和对教学法的基本要求.它是指导数学教学、评测及修订或编写教材的主要依据.教学大纲体现国家的要求,呈变化的趋势,自中华人民共和国建国以来,我国共制定或修订过十余次数学教学大纲.

现行义务教育初中数学教学大纲(1993 年),是原国家教委依据《中华人民共和国义务教育法》和义务教育《课程计划》制定的.大纲包括前言、教学目的、教学内容的确定与安排、教学中应注意的几个问题、教学内容和教学要求等几大部分,力求体现义务教育是公民教育的性质,强调为提高全民素质、培养"四有"新人服务,并根据现代社会中每个公民适应日常生活、参加生产和进一步学习的需要来确定教学目的和教学任务.

现行高中数学教学大纲(试验修订版)(2000 年 3 月),是在《全日制普通高级中学数学教学大纲(供试验用)》的基础上修订的.大纲共分教学目的、教学内容的确定和安排、教学内容和教学目标、教学中应该注意的几个问题、教学测试与评估等五部分,力求体现高中改革的步伐,全面提高学生的素质,重点培养学生创新意识和综合实践能力.

作为指导教学、考试、进行教学评估以及修订或编写教材的主要依据,教学大纲要有一定的稳定性,但数学教学大纲也不能是一成不变的,它将随着人类的进步,社会的发展,数学学科的现状以及社会对数学教育的主观需求而不断得到调整和变化.因此,在认真贯彻执行教学大纲的基本精神和各项规定的过程中,应不断进行调查研究,总结实践中的经验教训,根据社会的需求和学生的实际及时向有关方面反映信息,提出意见和建议,为调整不恰当的教学内容体系和要求,为提出新的内容体系和新要求,以及为制定新的教学大纲,准备好第一手资料.另外,大纲还具有约束性、统一性、具体性、权威性、呈渐进发展式等特点.

(2)"课程标准"

数学教学大纲是历史阶段的产物,具有一定的功能权限.改革开放带来的地区间的经济文化差异以及教育的不均衡发展,需要通过不同的教育模式来改善,这不是统一性为特点的传统教学大纲所能兼顾到的.因此,各学科课程标准包括数学课程标准应运而生.

一般来说,中学数学课程标准,就是对于中学数学课程的总体设计.在我国,这方面的研究还比较薄弱.新中国成立前,数学课程体系受日本、欧美等国的影响.新中国成立初,又基本上照搬苏联的数学课程体系,至于这些数学课程是否适合中国社会文化教育的背景,则很少考虑,或者根本没有研究.经过 20 世纪 50 年代末和 60 年代初的教学改革,逐步积累了自己的经验.直到 1963 年颁布的中学数学教学大纲,才基本确立了中国数学课程的体系.改革开放后,我国为新一轮的数学课程体系作了许多建设性的基础性工作.如 1987 年的《我国经济和社会发展的数学基础知识和技能的需要的调查》,1990 年的《全国初中三年级数学教学抽样调查》,都是基础性的工作.1993 年秋季,由原国家教委依据《中华人民共和国义务教育法》和义务教育《课程计划》制定的《九年制义务教育全日制初级中学数学教学大纲》在全国试行,标志着我国义务教育阶段初中数学课程体系的形成.

为贯彻第三次全国教育工作会议精神,全面落实《面向 21 世纪教育振兴行动计划》,为建立一个现代化的基础教育课程体系,教育部基础教育司于 1999 年 3 月正式组建了"国家数学课程标准研制工作组".经过专题研究、综合研究、起草研究和修改初稿四个阶段的工作,形成了《义务教育阶段国家教学课程标准(征求意见稿)》,并于 2000 年 3 月正式对外公布.同时启动了高中数学课程标准的研制工作.这无疑为世纪之交的中国数学教育改革灌注了新的活力,反映出数学课程在新的历史条件下的发展变化和应达到的目的.

一般而言,数学课程的发展,"放在历史的,以及更普遍的社会的、教育的背景中去加以考察",至少应从以下几个方面加以重视.

①数学本身的发展变化,如技术性特征的凸现、应用环境的拓展、以数学理性精神及数学语言、思想、方法为核心的数学文化与人的生存更紧密的联系等.

②数学教育观念的转变和新发展,如"精英教育"、"升学教育"向"面向全体"、"素质教育"的转变;数学教育功能、价值的重新认识;对数学教育过程、本质认识的新发展等.

③数学教育改革、研究的新成果.

④未来社会发展的新变化,如社会的信息化、数字化、学习化等对数学教育提出的新要求.

⑤各国文化传统的继承和时代要求的契合.

⑥新技术对数学课程的影响.

2. 数学课程标准研制过程

对于我国统一性数学课程来说,建立数学课程标准的意图在于,国家一定程度地放出一些课程的自主权,让予一些教材编写的权力,增加一些教师掌握教学的自主性,增强课程对地方、学校及学生的适应性,建立国家、地方、学校三级课程管理体制,实现集权与放权的结合.国家数学课程标准的研制,根据"先立后破"、"先实验后推广"的基本方针,积极、稳妥地进行.

从 1996 年开始,基础教育课程改革在正式启动实验之前经历了长达 5 年的全面准备.1996 年,教育部基础教育司组织专家对 1992 年以来义务教育课程实施状况进行了 9 个省市的城镇、农村,包括 16000 多名学生、2000 多名教师和校长以及全国政协教科文卫委员会的大部分委员在内的全国性调查,对我国现行基础教育课程体系存在的基本问题进行了初步整理.

我国于1999年正式启动基础教育课程改革.为贯彻第三次全国教育工作会议精神,全面落实《面向21世纪教育振兴行动计划》,用5～10年的时间建立一个现代化的基础教育课程体系,1999年1月,教育部基础教育司组织成立了基础教育课程改革专家工作组.3月正式组建了国家数学课程标准研制工作组.4～6月,分别在南京、福州、北京、天津、成都等地召开各种座谈会.10～11月,在北京召开"国家数学课程标准"起草工作三次会议,形成了初稿.1999年12月～2000年2月,在北京召开"国家数学课程标准(初稿)"修订三次会议,形成"国家数学课程标准(征求意见稿)".2000年3月,《义务教育阶段国家数学课程标准(征求意见稿)》由北京师范大学出版社正式出版.2001年7月,教育部颁布了《全日制义务教育数学课程标准》,并由北京师范大学出版社正式出版.

作为我国21世纪初期义务教育阶段数学教育工作的纲领性文件,《全日制义务教育数学课程标准》充分考虑了当代科学技术的发展、数学自身的进展、教育观念的更新、中小学生数学学习的心理规律等多方面因素对数学教育的影响,结合当前数学教学现状,系统地给出了未来10年内我国数学教育的基本目标和实施建议,为新一轮数学教育改革指明了方向.

普通高中数学课程标准研制工作于2000年6月开始启动.研制组通过对世界上相关的发达和发展中国家的数学课程标准进行分析比较,并调查社会需求,认真研究国内高中数学课程实施现状以及高中生的数学学习心理,听取了数学界、教育界、数学教育界以及相关学科部分专家的意见,形成了初步设想,其中包括制定标准的基本理念、课程的基本框架,以及课程的主要内容.

2002年3～7月,《全日制普通高中数学课程标准(实验)》的框架设想已在教育、中学数学杂志上发表.2002年12月,呈交送审稿.2003年5月,正式出版.

四、九年制义务教育数学课程简介

1.《全日制义务教育数学课程标准(实验稿)》的基本理念

教育部颁布的《全日制义务教育数学课程标准(实验稿)》(本节内简称《标准》),是我国21世纪初期数学教育工作的纲领性文件,它提出了以下的基本理念.

(1)明确义务教育阶段数学课程的性质

义务教育阶段的数学课程应突出体现基础性、普及性和发展性,体现大众数学的精神,即人人学有价值的数学、人人都能获得必需的数学、不同的人在数学上得到不同的发展.

人人都能获得必需的数学,是指数学内容应该为每一个学生所掌握.这就意味着《标准》中所规定的内容及教学要求是最基本的,是每一个普及义务教育的地区,每一个智力正常的儿童在教师的引导和学生自身的努力下,人人都能够获得成功体验的.因此,要求义务教育阶段的数学课程不能以培养数学家、培养少数精英为目的,而是要面向全体学生,使每一个学生都能得到一般性的发展.

人人都能获得必需的数学,是学生数学学习的下面的"底".显然,如果教育仅仅满足于"保底"是很难取得成功的.因此,数学课程要面对每一个有差异的个体,适应每一个学生不同的发展需要,力争使得不同的人在数学上得到不同的发展,为有特殊才能和爱好的学生提供更广阔的活动领域和更多的发展机会.

(2)通过数学教学使学生了解数学的作用

数学的作用体现为以下几方面:

①数学是人们生活、劳动和学习必不可少的工具,能够帮助人们处理数据、进行计算、推理和证明.

②数学模型可以有效地描述自然现象和社会现象.

③数学为其他科学提供了语言、思想和方法,是一切重大技术发展的基础.

④数学在提高人的推理能力、抽象能力、想象力和创造力等方面有着独特的作用.

(3)改变学生消极被动的学习方式

要想改变学生消极被动的学习方式,应该从以下几个方面进行努力:

①数学学习内容应当是现实的、有意义的、富有挑战性的,要有利于学生主动地进行观察、实验、猜测、验证、推理与交流等数学活动.

②内容的呈现应采用不同的表达方式,以满足多样化的学习需求.

③有效的数学学习活动不能单纯地依赖模仿与记忆,动手实践、自主探索与合作交流是学生学习数学的重要方式.

④由于学生所处的文化环境、家庭背景和自身思维方式的不同,学生的数学学习活动应当是一个生动活泼的、主动的和富有个性的过程.

(4)正确发挥教师的作用

数学教学活动必须是在学生的认知发展水平和已有的知识经验基础上建立起来的;教师应激发学生的学习积极性,向学生提供充分从事数学活动的机会,帮助他们在自主探索和合作交流的过程中真正理解和掌握基本的数学知识与技能、数学思想和方法,获得广泛的数学活动经验;学生是数学学习的主人,教师是数学学习的组织者、引导者与合作者.

(5)关于数学教学评价

对学生数学学习的评价是为了全面了解学生的数学学习历程,激励学生的学习,改进教师的教学.评价的功能更多地在于了解学生的“纵向发展”而非“横向发展”.应建立评价目标多元、评价方法多样的评价体系.对数学学习的评价,不但要关注学生学习的结果,更要关注他们学习的过程.不但要关注学生数学学习的水平,更要关注他们在数学活动中所表现出来的情感与态度,帮助学生认识自我,建立信心.

(6)正确发挥现代信息技术的作用

应当在数学课程的设计与实施中重视运用现代信息技术,特别要充分考虑计算器、计算机对数学学习内容和方式的影响,大力开发并向学生提供更为丰富的学习资源,把现代信息技术作为学生学习数学和解决问题的强有力工具,致力于改变学生的学习方式,使学生乐意并有更多的精力投入到现实的、探索性的数学活动中去.

2.《全日制义务教育数学课程标准》的总体目标与第三学段具体目标

(1)总体目标

《标准》指出,通过义务教育阶段的数学学习,学生能够达到以下目标:

①获得适应未来社会生活和进一步发展所必需的重要数学知识(包括数学事实、数学活动经验)以及基本的数学思想方法和必要的应用技能.

在这一目标的阐述中,对数学知识的理解发生了变化.数学知识包括“客观性知识”和“主观性知识”.“客观性知识”,即那些不因地域和学习者而改变的数学事实(如乘法运算法则、三角形面积公式、一元二次方程求根公式等）；“主观性知识”，即带有鲜明个体认知特征的个人知识和数学活动经验．例如，对“数”的作用的认识、分解图形的基本思路、解决某种数学问题的习惯性方法等，它们仅仅从属于特定的学习者自己，反映的是他在某个学习阶段对相应数学对象的认识，是经验性的、不那么严格的，是可错的．

《标准》指出，学生的数学活动经验反映了他对数学的真实理解，形成于学生的自我数学活动过程之中，伴随着学生的数学学习而发展，因此应当成为学生所拥有的数学知识的组成部分．

②初步学会运用数学的思维方式去观察、分析现实社会，去解决日常生活中和其他学科学习中的问题，增强应用数学的意识．

这个目标反映了《标准》将义务教育阶段的数学学习定位于促进学生的整体发展．简言之，就是培养学生用数学的眼光去认识自己所生活的环境与社会，学会“数学地”思考，即运用数学的知识、方法去分析事物、思考问题．

由此看来，以传授系统的数学知识为基本目标、学科体系为本的数学课程结构，将让位于以促进学生发展为基本目标、学生发展为本的数学课程结构．也就是说，新的数学课程将不再首先强调是否向学生提供了系统的数学知识，而是更为关注是否向学生提供了具有现实背景的数学，包括他们生活中的数学、感兴趣的数学和有利于学习与成长的数学．而学生数学学习的重要结果也不再只是会解多少“规范”的数学题，而是能否从现实背景中“看到”数学，能否应用数学去思考和解决问题．

③体会数学与自然及人类社会的密切联系，了解数学的价值，增进对数学的理解和学好数学的信心．

这一目标表明，好的数学课程应当使学生体会到数学是人类社会的一种文明，不管是在人类的昨天、今天和明天，它在人类发展的都起着巨大的作用．数学就在我们的身边，而绝不仅仅存在于课堂上、考场中．例如，“明日降水概率为75%”意味着什么？在一张纸的中心滴一滴墨水，沿纸的中部将纸对折、压平，然后打开，位于折痕两侧的墨迹图案有什么特征？这些我们生活里常遇到的事情中都有数学．

数学反映的是现实情境中所存在的各种关系、形式和规律，作为教育内容的数学不应当被单纯视为抽象的符号运算、图形分解与证明．例如，函数不应当被看做形式化的符号表达式，对它的学习与研究也不应仅仅讨论抽象的表达式所具备的特征和性质，诸如定义域、表达形式、值域、单调性、对称性等，它更应当被作为刻画现实情境中变量之间变化关系的数学模型．对具体函数的探讨还应当关注它的背景、所刻画的数学规律以及在具体情境中这一数学规律所可能带来的实际意义等．特别地，学好数学不是少数人的专利而是每一个学生的权利．在整个义务教育课程结构中，数学不应当被作为一个“筛子”——将“不聪明”的学生淘汰出局，将“聪明”的学生留下．数学课程是为每一个学生所设的，要让每一个身心发育正常的学生都能够学好数学，达到课程标准所提出的目标．教师应增进学生学好数学的信心．

④具有初步的创新精神和实践能力，在情感态度和一般能力方面都能得到充分发展．

这一目标表明，从现实情境出发，通过一个充满探索、思考和合作的过程学习数学，获取知识，收获的将是自信心、责任感、求实态度、科学精神、创新意识、实践能力，这些远比升学重要的公民素质．

我们都知道，素质教育的实现并不意味着需要开设一门素质教育课，素质教育也不是艺术、体育或社会活动的专利．事实上，在今天的教育制度下，实施素质教育的主渠道还是学科教育，数学课堂就是这样的渠道.

(2)第三学段的具体目标

现将第三学段的四个目标剖析如下:

1)知识与技能

基本知识与基本技能的学习是我国基础教育的优势所在.

①经历从具体情境中抽象出符号的过程,认识有理数、实数、代数式、方程、不等式、函数;掌握必要的运算(包括估算)技能;探索具体问题中的数量关系和变化规律,并能运用代数式、方程、不等式、函数等进行描述.建立起初步的符号感和数感.

②经历探索物体与图形的基本性质、变换、位置关系的过程,掌握三角形、四边形、圆的基本性质以及平移、旋转、轴对称、相似等的基本性质,初步认识投影与视图;掌握基本的识图、作图等技能;体会证明的必要性,能证明三角形和四边形的基本性质,掌握基本的推理技能.

③从收集、描述、分析数据,做出判断并进行交流的活动感受抽样的必要性,体会用样本估计总体的思想,掌握必要的数据处理技能;进一步丰富对概率的认识,知道频率与概率的关系,会计算一些事件发生的概率.

2)数学思考

学习数学绝不仅仅是获取知识和技能,更重要的是通过数学学习,成为运用数学进行思考和解决问题的适应未来生活的人.

①能对具体情境中较大的数字信息做出合理的解释和推断;能用代数式、方程、不等式、函数刻画事物间的相互关系.

②在探索图形的性质、图形的变换以及平面图形与空间几何体的相互转换等活动过程中,初步建立空间观念,发展形象思维.

③能收集、选择、处理数学信息,并做出合理的推断或大胆的猜测.

④能用实例对一些数学猜想做出检验,从而增加猜想的可信程度或推翻猜想.

⑤体会证明的必要性,发展合情推理能力和初步的演绎推理能力,能合理清晰地阐述自己的观点.

3)解决问题

从国际数学课程发展的趋势来看,许过国家都将培养学生的应用意识、发展他们解决实际问题的能力作为重要的课程目标.

①能结合具体情境发现并提出数学问题.

②尝试从不同角度寻求解决问题的方法,并能有效地解决问题;尝试评价不同方法之间的差异.

③体会在解决问题的过程中与他人合作的重要性.

④能用文字、字母或图表等清楚地表达解决问题的过程,并解释结果的合理性.

⑤通过对解决问题过程的反思获得解决问题的经验.

4)情感与态度

《标准》明确提出情感、态度、价值观等方面的发展也是数学教育的重要目标.

①乐于接触社会环境中的数学信息;愿意谈论某些数学话题;能够在数学活动中发挥积极作用.

②敢于面对数学活动中的困难,并有独立克服困难和运用知识解决问题的成功体验,有学好数学的自信心.

③体验数、符号和图形是有效地描述现实世界的重要手段;认识到数学是解决实际问题和进

行交流的重要工具；了解数学对促进社会进步和发展人类理性精神的作用.

④认识到通过观察、实验、归纳、类比、推断可以获得数学猜想；体验数学活动充满着探索性和创造性；感受证明的必要性、证明过程的严谨性以及结论的确定性.

⑤在独立思考的基础上，积极参与对数学问题的讨论，敢于发表自己的观点，并尊重与理解他人的见解；能从交流中获益.

3.《全日制义务教育数学课程标准》的特点与内容变化

《全日制义务教育数学课程标准》(1～9年级)：课程目标、数学素养、知识技能、数学思考、解决问题、情感态度与价值观.

注重提供有价值的数学，向学生提供了现实、有趣、富有挑战性的学习内容. 内容以“问题情境→建立模型→解释→应用与拓展”的模式展开，并呈现出来. 数学教学应促进学生的全面发展.

(1)加强的内容

重视培养学生的数感和符号感；重视口算；重视引导学生运用所学知识解决实际问题.

逐渐丰富对现实空间的认识，发展学生的空间观念；初步感受公理化思想.

重视介绍有关的数学背景知识. 为此，三个学段还提出了具体的教学建议.

三个学段都安排了统计与概率的内容，让学生加强对可能性的感受和认识.

加强实践与综合应用：第一学段设立“实践活动”，第二学段设立“综合应用”，第三学段设立“课题练习”.

重视新技术的应用：要求学生从第二学段起使用计算器. 鼓励把计算器和计算机作为学习的重要工具. 鼓励利用现代教育技术的优势，改进学生的学习方式，最终提高教学质量.

(2)削弱的内容

降低了运算的复杂性、技巧性和熟练程度的要求.

不独立设置“应用题”单元，取消对应用题的人为分类.

减少公式，删除根式的运算、无理方程、可化为一元二次方程和二元二次方程组、三元一次方程组，降低对记忆的要求.

降低有关术语在文字表达上的要求.

降低对证明技巧的要求，对全体学生而言，证明的基本要求控制在《全日制义务教育数学标准》所规定的范围内.

新课程计划将数学的课时量适当减少，由原来的16％(1992年)降至13％～15％，并对其他优势科目所占比重进行了适当的下调.

五、普通高中数学课程简介

1.《全日制普通高中数学课程标准(实验)》的基本理念

通过国际比较，剖析我国数学教育发展的历史与现状，从国际意识、时代需求、国民素质、个性发展等各个方面综合思考，形成了制订《标准》的基本理念.

(1)构建共同基础，提供发展平台

高中教育属于基础教育. 高中数学课程应具有基础性，它包括两方面的含义：第一，在义务教育阶段之后，为学生适应现代生活和未来发展提供更高水平的数学基础，使他们获得更高的数学素养；第二，为学生进一步学习提供必要的数学准备. 高中数学课程由必修系列课程和选修系列课程组成.必修系列课程是为了满足所有学生的共同数学需求;选修系列课程是为了满足学生的不同数学需求,它仍然是学生发展所需要的基础性数学课程.

数学课程要以“与时俱进”的眼光审视基础知识、基本技能和能力的内涵,形成符合时代要求的新的“数学基础”.

(2)提供多样课程,适应个性选择

高中数学课程与义务教育阶段不同,它应当具有多样性与选择性,使不同的学生在数学上得到不同的发展.

高中数学课程应为学生提供选择和发展的空间,为学生提供多层次、多种类的选择,以促进学生的个性发展和对未来人生规划的思考.学生可以在教师的指导下进行自主选择,必要时还可以进行适当地转换和调整.同时,高中数学课程也应给学校和教师留有一定的选择空间,他们可以根据学生的基本需求和自身的条件,制定课程发展计划,为学生提供丰富和更加完善的课程.

(3)倡导积极主动、勇于探索的学习方式

高中数学课程应力求通过各种不同形式的自主学习、探究活动,让学生体验数学发现和创造的历程,发展他们的创新意识.

学生的数学学习活动不应只限于接受、记忆、模仿和练习,自主探索、动手实践、合作交流、阅读自学等都是学习数学的重要方式.这些方式有助于发挥学生学习的主动性,使学生的学习过程成为在教师引导下的“再创造”过程.同时,高中数学课程设立“数学探究”、“数学建模”等学习活动,为学生形成积极主动的、多样的学习方式进一步创造有利的条件,以激发学生的数学学习兴趣,鼓励学生在学习过程中,养成独立思考、积极探索的习惯.

(4)注重提高学生的数学思维能力

高中数学课程应注重提高学生的数学思维能力,这是数学教育的一个基本目标.人们在学习数学和运用数学解决问题时,不断地经历直观感知、观察发现、归纳类比、空间想象、抽象概括、符号表示、运算求解、数据处理、演绎证明、反思与建构等思维过程.这些过程是数学思维能力的具体体现,有助于学生对客观事物中蕴涵的数学模式进行思考和作出判断.可以说,数学思维能力在形成理性思维中发挥着独特的作用.

(5)发展学生的数学应用意识

高中数学课程应提供基本内容的实际背景,反映数学的应用价值,开展“数学建模”的学习活动,设立体现数学某些重要应用的专题课程.高中数学课程应力求使学生体验数学在解决实际问题中的作用、数学与日常生活及其他学科的联系,促进学生逐步形成和发展数学应用意识,提高实践能力.

20世纪下半叶以来,数学发展的一个显著特征就是数学应用的巨大发展.当今知识经济时代,数学正在从幕后走向台前,数学和计算机技术的结合使得数学能够在许多方面直接为社会创造价值,同时,也为数学发展开拓了广阔的前景.我国的数学教育在很长一段时间内对于数学与实际、数学与其他学科的联系未能给予充分的重视,因此高中数学在数学应用和联系实际方面需要大力加强.近几年来,我国大中学数学建模的实践也表明,开展数学应用的教学活动符合社会需要,有利于激发学生学习数学的兴趣,增强学生的应用意识,拓展学生的视野.

(6)强调本质,注意适度形式化

形式化是数学的基本特征之一.在数学教学中,学习形式化的表达是一项基本要求,但是不能只限于形式化的表达,要强调对数学本质的认识,否则会将生动活泼的数学思维活动淹没在形式化的海洋里;数学的现代发展也表明,全盘形式化是不可能的.因此高中数学课程应该返璞归真,努力揭示数学概念、法则、结论的发展过程和本质.数学课程要讲逻辑推理,更要讲道理,通过典型例子的分析和学生自主探索活动,使学生理解数学概念、结论逐步形成的过程,体会蕴涵在其中的思想方法,追寻数学发展的历史足迹,把数学的学术形态转化为学生易于接受的教育形态.

(7)体现数学的文化价值

数学是人类文化的重要组成部分.《标准》确定的课程应适当反映数学的历史、应用和发展趋势,数学对推动社会发展的作用,数学的社会需求,社会发展对数学发展的推动作用,数学科学的思想体系,数学的美学价值,数学家的创新精神.数学课程应帮助学生了解数学在人类文明发展中的作用,逐步形成正确的数学观.

为此,高中数学课程提倡体现数学的文化价值,并在适当的内容中提出对"数学文化"的学习要求,设立"数学史选讲"等专题.

(8)注重信息技术与数学课程的整合

现代信息技术正在对数学课程内容、数学教学、数学学习等方面产生深刻的影响.

高中数学课程应提倡实现信息技术与课程内容的有机整合,如把算法融入数学课程的各个相关部分,整合的基本原则是有利于学生认识数学的本质.《标准》对使用科学型计算器及各种数学教育平台作出了规定,以加强数学与信息技术的结合.

高中数学课程还应提倡利用信息技术来呈现课程内容,在保证笔算训练的前提下,尽可能使用科学型计算器和各种数学教育技术平台,加强数学教学与信息技术的结合,鼓励学生运用计算机、计算器等工具进行探索和发现.

(9)建立合理、科学的评价体系

数学课程的重大改变必将引起评价体系的深刻变化,高中数学课程应建立合理、科学的评价体系,包括评价理念、评价内容、评价形式和评价体制等方面.评价既要关注学生数学学习的结果,也要关注他们数学学习的过程;既要关注学生数学学习的水平,也要关注他们在数学活动中所表现出来的情感态度的变化.

在数学教育中,评价应建立多元化的目标,关注学生个性与潜能的发展.例如,过程性评价应关注对学生理解数学概念、数学思想等过程的评价,关注对学生数学地提出、分析、解决问题等过程的评价,以及在过程中表现出来的与人合作的态度、表达与交流的意识和探索的精神.对于数学探究、数学建模等学习活动,要建立相应的过程评价内容和方法.

评价的改革是这次基础教育改革的重要组成部分,必须进一步解放思想,创建适合数学教育改革需要的评价制度.

2.《全日制普通高中数学课程标准(实验)》的总体目标

高中数学课程的总目标,即"使学生在九年义务教育数学课程的基础上,进一步提高作为未来公民所必要的数学素养,以满足个人发展与社会进步的需要".并在《标准》中提出了六条具体目标.

①获得必要的数学基础知识和基本技能,理解基本的数学概念、数学结论的本质,了解概念、结论等产生的背景、应用,体会其中所蕴含的数学思想和方法以及它们在后续学习中的作用,通过不同形式的自主学习、探究活动体验数学发现和创造的历程.

②提高空间想象、抽象概括、推理论证、运算求解、数据处理等基本能力.

③提高数学的提出、分析和解决问题(包括简单的实际问题)的能力,数学表达和交流的能力,发展独立获取数学知识的能力.

④发展数学应用意识和创新意识,力求对现实世界中蕴含的一些数学模式进行思考和做出判断.

⑤提高学习数学的兴趣,树立学好数学的信心,形成锲而不舍的钻研精神和科学态度.

⑥具有一定数学视野,逐步认识数学的科学价值、应用价值和文化价值,形成批判性的思维习惯,崇尚数学的理性精神,体会数学的美学意义,从而进一步树立辩证唯物主义和历史唯物主义世界观.

这六条目标要求大体与义务教育标准中所提出的教学目标的三个维度相统一,它包括三个方面:知识与技能,过程与方法,情感、态度与价值观.所涉及的行为动词水平大致分类见表2-1.

表 2-1　行为动词水平分类

目标领域	水　平	行为动词
知识与技能	知道/了解/模仿	了解,体会,知道,识别,感知,认识;初步了解,初步体会,初步学会,初步理解
	理解/独立操作	描述,说明,表达,表述,表示,刻画,解释,推测,想象,理解,归纳,总结,抽象,提取,比较,对比,判定,判断,会求,能够,运用,初步运用,初步讨论
	掌握/应用/迁移	掌握,导出,分析,推到,证明,研究,讨论,选择,决策,解决问题
过程与方法	经历/模仿	经历,观察,感知,体验,操作,查阅,借助,模仿,收集,回顾,复习,参与,尝试
	发现/探索	设计,梳理,整理,分析,发现,交流,研究,探索,探究,探求,解决,寻求
情感态度与价值观	反应/认同	感受,认识,了解,初步体会,体会
	领悟/内化	获得,提高,增强,形成,养成,树立,发挥,发展

3.《全日制普通高中数学课程标准(实验)》的内容特点

为适应社会需求的多样化和学生全面而个性的发展,普通高中课程突出了时代性、基础性、选择性和多样性.在科目种类上已实现多样化,内容、要求富有层次性,创造条件积极开设技术类课程.学校在保证开设必修课的前提下,根据学生个性差异和当地社会发展的需要,设置丰富多样的选修课程.

与过去相比,《全日制普通高中数学课程标准(实验)》的数学内容发生了较大变化.

(1)为不同学生的发展提供了不同的课程内容

高中数学课程由若干个模块组成,这些模块又分成必修课和选修课两部分.模块的形式有两种:一种是2个学分的模块(授课36学时),一种是由两个1学分的专题组成的模块.

确定必修课程的原则:满足未来公民的基本数学需求,为学生进一步的学习提供必要的数学准备.《全日制普通高中数学课程标准(实验)》设置的必修系列课程(必修1,必修2,必修3,必修4,必修5.共5个模块,计10学分),要求每个学生都必须学习,在必修系列课程中,必修1是必修2、必修3、必修4和必修5的基础.在此基础上设置了体现不同要求、内容各有侧重的选修课程,目的是为学生提供多种选择,以使不同的学生可以选择不同的数学课程.其中,数学文化、数学建模、数学探究三个板块的内容,各以2～6学时插入适当部分.

确定选修课程的原则:满足学生的兴趣和对未来发展的需求,为学生进一步学习获得较高数学素养奠定基础.选修课程由选修1、选修2、选修3、选修4组成.为学生提供选修1、选修2的模块(共5个模块,计10学分)和选修3、选修4的16个专题的选修课程.每个专题1学分,计16学分.学生可以根据自己的兴趣和对未来发展的愿望进行选择.选修3、选修4系列课程基本上不依赖其他系列课程,可以与其他系列同时开设,可以不考虑这些专题的开设先后顺序.

(2)加入算法等一些新内容

算法已经成为计算科学的重要基础,它在科学技术和社会发展中起着越来越重要的作用.《全日制普通高中数学课程标准(实验)》将算法思想作为构建高中数学课程的基本线索之一,在很大程度上改变了传统课程内容的设计.《全日制普通高中数学课程标准(实验)》指出:"算法理论是数学的重要组成部分.中国古代数学中蕴涵了丰富的算法思想,曾发明过许多重要的算法,这是中国数学对世界数学发展做出的重大贡献之一.在信息技术,特别是计算机技术中,数学发挥着独特的作用.信息技术的基础之一是程序设计,而算法理论又是程序设计的基础,算法思想已经成为现代人应具备的一种数学素养.在本模块中,学生将在义务教育阶段初步感受算法思想的基础上,结合对具体数学实例的分析,体验程序框图在解决问题中的作用;通过模仿探索、操作尝试,学习设计程序框图表达解决问题的过程,利用自然语言与程序语言的对照将程序框图转换成程序,并上机尝试实现;体会算法的基本思想以及算法的重要性和有效性,发展有条理的思考与表达的能力,提高逻辑思维能力."算法学习,最重要的就是让学生感受算法思想,提高逻辑思维能力.

《全日制普通高中数学课程标准(实验)》中规定的算法(12课时)内容要求如下:①算法的涵义、程序框图;②基本算法语句;③通过阅读中国古代数学中的算法案例,体会中国古代数学对世界数学发展的贡献,增强民族自豪感.

(3)对已进入中学课程的微积分、统计与概率进行了新的设计

比如,必修3中的概率,在初中学习的基础上,进一步通过具体情境,感受随机抽样的必要性和重要性,学习随机抽样的基本方法,体会用样本估计总体及其特征的思想;通过解决实际问题较为系统地经历数据收集与处理的全过程,体会统计思维与确定性思维的差异;学生将结合具体实例加深对随机现象的理解,通过对具体问题的分析,理解概率的某些基本性质和简单的概率模型,在实际问题情境中能利用实验和模拟估计简单随机事件发生的概率.

选修2-3中的概率,在必修课程学习概率的基础上,学习某些离散型随机变量分布列及其均值、方差等内容,进一步体会概率模型的作用及运用概率思考问题的特点.

(4)设立了数学建模、数学探究、数学文化等学习活动,并对它们分别提出了具体要求

将这些学习活动安排在适当的模块中.《全日制普通高中数学课程标准(实验)》把数学文化作为一个独立的要求放入课程内容中,要求要渗透数学的人文价值,使学生在学习数学的同时,感受数学对于历史的发展、数学对于人类发展的作用、数学在社会发展中的地位及数学的发展趋势.

(5)特别需要指出的是,数学必修模块着重培养学生的探究、阅读、交流、创新能力

同时,注重改善学生的学习方式,关注学生在情感、态度和价值观等方面的发展.《全日制普通高中数学课程标准(实验)》把情感、态度的培养作为一个基本理念融入到课程目标、内容与要求、实施建议中.

第四节 建构主义与当代数学教学改革

一、认识建构主义

建构主义又称为结构主义、建构学说等，其最早创始人可追溯至瑞士著名的心理学家皮亚杰(J. Piaget). 他所提出的“认识发生论”指出：“发生认识论主要的成果是这样一个发现，我们获得知识的唯一途径是凭借连续不断的建构.”他认为，不仅智慧过程是可以构造的，而且认知结构也是不断建构的产物.

建构主义的发展经历了三个阶段：极端建构主义、个人建构主义和社会建构主义，正经历着有由一元论、极端主义向多元化、折中主义的重要转变.

极端建构主义的代表人物是冯·格拉塞斯菲尔德，他认为极端结构主义的两个基本观念就是：

①知识并非被动地通过感官或其他的沟通方式接收，而只能源自主体本身主动的建构.

②认知的功能在于生物学意义上的顺应和组织起主体的经验世界. 极端建构主义对个体性质绝对肯定，而否定其他人的经验世界的直接知识. 而社会建构主义的核心在于对认识活动社会性质的明确肯定，这对于极端建构主义忽视社会文化环境和他人客观经验知识的不足正好能起到弥补作用.

结合皮亚杰的智力发展理论，就可得到一种折中的现代建构主义的要旨：

①学习不是被动的接受外部事物，而是根据自己的经验背景，对外部信息进行选择、加工和处理，从而获得心理意义. 意义是学习者通过新旧知识经验的相互作用过程而建构的，是不能传输的. 人与人交流，传递的是信号而非意义，接受者必须对信号加以解释，重新建构其意义.

②学习是一种社会活动. 个体的学习与他人(教师、同伴等)有着密切的联系. 传统教育倾向于将学习者同社会分离，将教育看成学习者与目标材料之间一一对应的关系. 而现代教育意识到学习的社会性，认为同其他个体之间的对话、交流、协作是学习体系的一个重要组成部分.

③学习是在一定情境之中发生的. 学生意义的建构依赖于一定的情景，这里所说的情景包括实际情景、知识生成系统情景、学生经验系统情景. 创设问题情境是教学设计的重要内容之一.

建构主义者强调联系新知识到先前知识的重要性，强调在真实世界里进行“浸润式”教学的重要性，并且还认为学习总是背景化的，即学什么依赖学生先前的知识和学习的社会背景，也依赖于所学东西和现实世界的有机连接.

从信息论的观点来看，知识是无法传递的，传递的只是信息. 知识不是通过感官或交流被动获得的，而是通过认识主体的反省抽象来主动建构的. 同时个体的学习总是融于一定的社会环境之中，不再仅是主体的个体行为，即建构活动具有社会属性. 综上所述，建构主义理论有主体性、建构性、社会性三大要素.

二、建构主义与数学教学

1. 建构主义的教学观

概括地说，建构主义的学习不但强调学生的主体作用，而且要求教师由知识的传递者、灌输者转变为学生主动建构的设计者、组织者、促进者和评价者. 建构主义的教学观主要体现在以下四个方面.

(1)强调以学生为中心

在具体的数学教学过程中,要充分发挥学生的主动性,积极参与个人对数学知识的建构.

(2)强调"情景"对意义建构的重要作用

在教师精心设计的问题或一定的学习背景材料的指引下,努力营造一种具有一定困难需要克服,又是力所能及的学习情景,以诱发学生的认知冲突,参与意义建构.

(3)强调"协作学习"对意义建构的重要作用

建构主义理论强调学生在教师的组织和引导下一起讨论和交流,共同建立起"学习共同体"并成为其中一员.在讨论和交流中通过思维火花的碰撞,得出正确结论,共享思维成果,以达到整个"学习共同体"对所学数学知识的意义建构.

(4)强调学习过程的最终目的,是完成对数学知识的意义建构

意义建构的实施,应在分析教学目标的基础上,选出所学数学知识中的基本概念、基础知识、基本技能等作为所学知识的"主题",然后再围绕这个主题进行意义建构(即达到对该"主题"的较深刻理解和掌握).

2.建构主义的学习观

概括地说,建构主义的数学学习不再将数学知识看成是已有的结论或知识记录.对学生来说,那些前人已经建构好了的知识,仍是全新的、未知的,需要他们通过自己的学习活动来再现前人建构的类似过程.学生以认知主体的身份亲自参加丰富生动的活动,在与情景的交互作用下,重新组织内部的认知结构,建构起自己对内容、意义的理解,任何人(包括教师)是不能包办代替这种身份的,应当得到充分地认识.

另外,学生个人的认知结构千差万别,能力不尽相同,因而所学习的要求和方式也不一样.应当允许个人根据自己的体验来建构数学知识,得到不同的理解,只要是能达到对知识正确领悟的"通得过"的理解,而不是对同一知识的整齐划一的理解(这也就是建构主义的"钥匙原理").教育的基本原则就是让不同的人掌握不同的数学,使学生的数学学习个性化.

3.几点说明

(1)建构主义理论的价值

建构主义不管从理论还是实践上都为教育带来了新的观念、新的转变.李士锜在他的著作《PME:数学教育心理》中指出:"我们的时代正在呼唤新的数学哲学和数学教育哲学,来为世界范围内的数学教育改革导向和服务.……数学教育的建构主义理论就是一个比较能适应这种转变的哲学理论,它吸取了近几十年来哲学、心理学、思维科学、数学教育领域研究的合理成分和最新成果,结合数学的基本性质和特点,对数学教育作了几乎是全方位的阐述,以其较高的着眼点和对数学学习的合理解释而引人注目."

事实上,无论就国内外而言,建构主义都可以说是为新一轮课程改革提供了重要的动力因素和思想武器,这一点是不足为奇的.

(2) 建构主义的教学实践落后于理论的发展

建构主义的教学理论已形成一个比较完备的体系,相比之下,教学实践显得尤为不足,并远远落后于理论的发展.但用建构主义指导教学实践需要慎重:是否每一个数学概念都要学生自己去建构?讲解、传授知识在数学课堂中是否不复存在?数学知识建构的特殊性体现在哪些地方?这些都需要通过实践作出正确的回答.

总之以建构主义的教学理论来抹杀一些传统的、优秀的教学思想和教学方法的现象，是不允许存在的.

三、新课程标准体现的建构观

其实，通过仔细审视数学新课程标准，就会发现关于数学的学习观和教学观的论述与建构主义理论几乎一致，无论学生学的方式的变化和教师教的方式的转变，还是教学建议与教学评价建议，都在倡导一种建构主义观念指导下的强调学生的认知主体地位，又不忽视教师的指导地位. 教学观体现在教师是学生意义建构的帮助者和促进者，而不是知识的传授者与灌输者. 学习观体现在学生是信息加工的主体，是意义建构的主动建构者，而不是外部刺激信息的接收者. 我们可以从数学课程标准制定的内容中得到更加深刻的认识.

1. 新数学课程理念简述

新一轮数学课程改革不管是从理念、内容，还是在实施上，都有较大变化. 教师不仅是课程的实施者，而且也是课程的研究、建设和资源开发的重要力量. 教师不仅是知识的传授者，而且也是学生学习的引导者、组织者和合作者. 可以说，教师是实现数学课程改革目标的关键. 教师应首先转变观念，充分认识数学课程改革的理念和目标以及自己在课程改革中的角色和作用. 为了更好地实施新课程标准，教师应积极地探索和研究，提高自身的数学专业素质和教育科学素质.

前面已经提到过，高中数学课程设立“数学探究”、“数学建模”等学习活动，为学生形成积极主动的、多样的学习方式进一步创造有利的条件，以激发学生的数学学习兴趣，鼓励学生在学习过程中，养成独立思考、积极探索的习惯. 学生在学习数学和运用数学解决问题时，不断地经历直观感知、观察发现、归纳类比、空间想象、抽象概括、符号表示、运算求解、数据处理、演绎证明、反思与建构等思维过程. 这些过程是数学思维能力的具体体现，有助于学生对客观事物中蕴含的数学模式进行思考和做出判断.

2. 建构主义学习要求学生发挥的主体作用

建构主义学习要求学生从以下几个方面发挥主体作用：

①要用探索法、发现法去建构数学知识的意义.

②要在建构数学意义的过程中主动去收集并分析有关的信息和资料，要对所学习的问题提出各种假设并努力加以验证.

③要尽量把当前的数学学习内容与以前的经验相联系，并对这种联系进行认真的思考. 联系与思考是数学意义建构的关键. 如果能将联系与思考的过程和协作学习中的协商过程（及交流、讨论的过程）综合起来，那么建构意义的效率就会更高，学习数学的兴趣也会更浓厚.

④要注重数学学习基本经验的积累. 观察、收集数据、处理数据和信息、使用信息技术、归纳、猜想、验证等正确而良好的学习习惯的建立也是数学学习经验积累的最好方式.

3. 建构主义学习要求教师发挥的指导作用

建构主义学习要求教师在从下几个方面发挥指导作用：

①激发学生的兴趣，帮助学生形成数学学习动机.

②创设符合教学内容要求的情景，提示新、旧知识之间的联系，帮助学生建构当前所学数学知识的意义.

③教师应在尽可能的条件下组织协作学习（包括开展讨论与交流等），并对协作学习过程进

行适时的指导,使之朝着有利于意义建构的方向发展,最终使学生的数学意义建构更加有效.比如,可以提出适当的问题以引起学生的思考和讨论;可以在讨论中设法将问题引向深入,以加深理解;还可以启发学生自己发现规律,纠正错误的、片面的理解.

④进行必要的讲授.学生的学习离不开教师的讲授,尤其是有意义的讲授能够起到事半功倍的效果.数学中的很多抽象概念、定理和性质常常以精炼的形式出现,并略去了其形成的过程,也略去了它们形成的现实背景和社会文化环境等,教师应将此充分揭示出来,使学生经历比较、抽象、概括、假设、验证和分化等一系列的概念形成过程,从中学到研究问题和提出概念的思想方法.通过讲授充分揭示概念的形成过程,这也正是学生学好数学的重要前提.

第五节　数学建模与当代数学教学改革

一、数学模型

数学模型是为了达到某一目的,对现实世界的一个特定对象,根据特有的内在规律,做出一些必要的简化假设,然后通过适当数学工具的运用,得到的一个数学结构.数学模型用数学符号、公式、图表等刻画客观事物的本质属性与内在规律.数学模型是某种事物系统的某种特征、某种关系的本质的数学表达式,是对研究对象的数学模拟,是一种理想化和抽象化的方法,是科学研究中一种重要的方法.

数学模型主要有三大功能,即解释、判断、预见.其中,预见功能是衡量数学模型的价值与数学方法的效力的最重要的标准,也是三大功能中最重要的.

数学模型有广义和狭义之分.广义的数学模型,包括从现实原型抽象概括出来的一切数学概念、各种数学公式、方程式、定理、理论体系等."数学就是对于模式的研究".可以说,整个数学是专门研究数学模型的科学.狭义的数学模型,是将具体问题的基本属性抽象出来成为数学结构的一种近似反映,是那种反映特定的具体实体内在规律性的数学结构.这里我们采用这种狭义的理解.

哥尼斯堡七桥问题是一个数学模型的经典例子,下面我们就它对数学模型进行分析研究.

18世纪欧洲东普鲁士(现为俄罗斯的加里宁格勒)有个名叫哥尼斯堡的城市,市中有一条河,河中有两个岛,两岸与两岛之间架有七座桥,如图2-1所示.

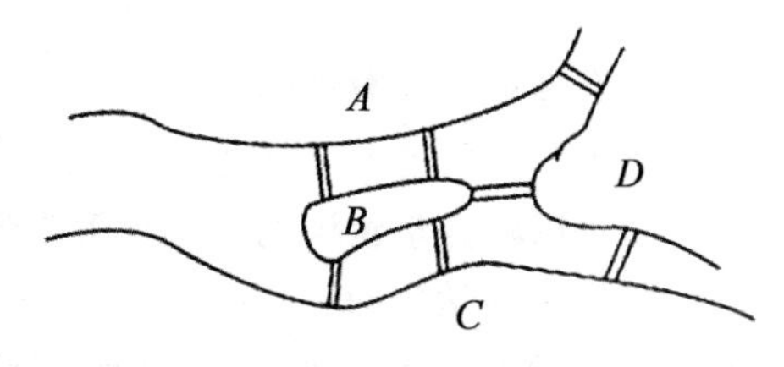

图2-1　岸、岛、桥分布关系

当时城市居民热烈地讨论着这样一个问题:一个散步者怎样才能不重复地走遍所有七座桥并回到原出发点? 这个问题初看起来似乎不太难,但是很多人经过多次尝试,谁也没有找到问题的答案.当时大数学家欧拉把这个问题抽象成一个一笔画问题(数学模型).他把四块陆地简化为四个点A、B、C、D,把七座桥简化为连接四个点间的连线,如图2-2所示.

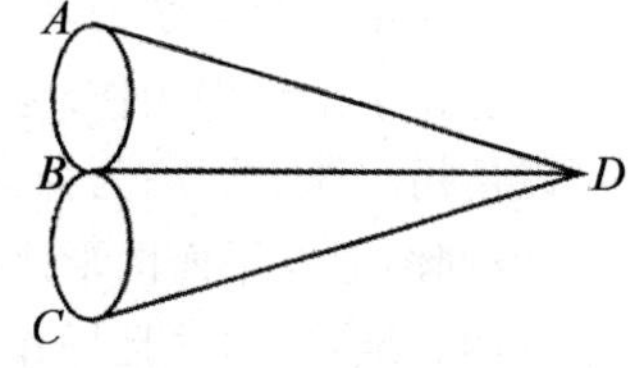

图2-2　简化后

这样问题就转换成从某点出发,能否不重复地把图形一笔画出来.欧拉用奇偶点分析法得出结论:这个图形不可能一笔画出,从而说明七桥问题无解,即一次不重复过七桥不可能.1736年,欧拉发表了图论的第一篇论文《哥尼斯堡的七座桥》,开创了图论这一组合数学的新分支.这里的一笔画模型,实际上正是图论模型.

二、数学建模

数学建模实际上是一个过程,它由对实际问题进行抽象、简化,建立数学模型,求解数学模型,解释验证步骤(必要时循环执行)组成.可以说,有数学应用的地方就有数学建模.现在,数学建模已成为国际数学教育中稳定的内容和热点之一.随着新颁发的《国家数学课程标准(实验稿)》对数学应用能力要求的提高,数学建模将在中学数学教学中越来越受到人们的重视.

数学建模的大致过程是解决实际问题的过程,是在阅读材料、理解题意的基础上,把实际问题抽象转化为数学问题,然后再用相应的数学知识去解决.在这一过程中,最关键、最重要的环节就是建立数学模型,同时这也是难点所在,它需要运用数学语言和工具,对部分现实世界的信息(现象、数据等)加以简化、抽象、翻译、归纳,通常采用机理分析和统计分析两种方法.机理分析法,即人们根据客观事物的特征,分析其内部机理,弄清其因果关系,再在适当的简化假设下,利用合适的数学工具描述事物特征的数学模型.统计分析法,即通过测试得到一串数据,再利用数理统计的知识对这串数据进行处理,从而得到数学模型.数学建模的基本程序,如图 2-3 所示.

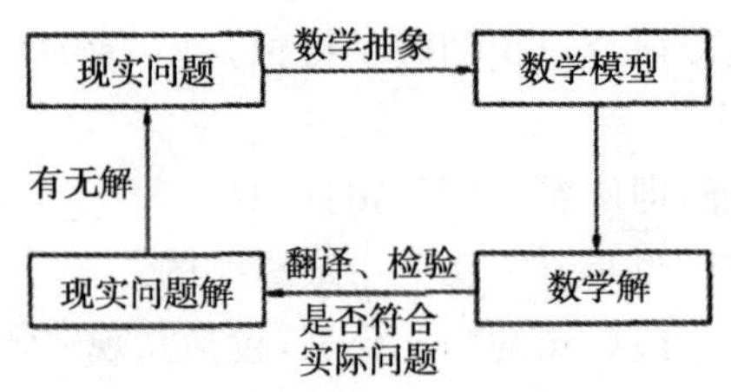

图 2-3 数学建模的基本程序

1.数学建模题的一般解题步骤

①阅读、审题:要做到简缩问题,删掉次要语句,深入理解关键字句;建议运用表格(或图形)处理数据,以便于数据处理,寻找数量关系.

②建模:将问题简单化、符号化,尽量借鉴标准形式,建立数学关系式.

③合理求解纯数学问题.

④解释并回答实际问题.

也可以将数学建模的过程理解为学生能体验从实际情景中发展数学的过程.所以说,数学教学应重视引导学生动手实践、自主探索与合作交流,通过各种活动将新旧知识联系起来,思考现实中的数量关系和空间形式,由此发展他们对数学的理解.实际上,学生数学学习基本上是一种符号化语言与生活实际相结合的学习,两者之间的相互融合与转化成为学生主动建构的重要途径.

2.数学建模教学的具体实施步骤

①让学生动手操作.老师要不断挖掘能借助动手操作来理解的内容,例如,为更加理解均分,可以使用小棒、圆片;为探索三角形、四边形规律,可以用小棒搭建若干相应图形;为理解空间图形、空间图形与平面图形之间的关系,可以用搭积木、折叠等方式.在实施过程中要注意留给学生足够的思维空间,并且操作活动要适量、适度.

②将学生分组并布置不同的学习任务,每组人数一般以 4～6 人为佳.

③鼓励学生合作交流.引导学生进行交流、讨论，并汇报小组讨论结果，各组之间可以互相提出意见或问题，教师也参与其中，从而共同完成数学建模过程.

④学生通过协作来完成任务，教师适时进行引导，但主要还是以监控、分析和调节学生各种能力的发展为工作重点.

三、新课程标准下的数学建模教学

1.《普通高中数学课程标准(实验)》对数学建模教学的要求

中学数学建模教学，更加看重过程和参与，不要苛求结果的准确.在《普通高中数学课程标准(实验)》中也对数学建模教学提出明确的要求.

①在数学建模中，问题是关键.数学建模的问题应是多样的，应来自于学生的日常生活、现实世界、其他学科等多方面.同时，解决问题所涉及的知识、思想、方法与高中数学课程内容有联系.

②通过数学建模，学生将经历解决实际问题的全过程，并加深对其的了解，从而体验数学与日常生活及其他学科的密切联系，感受数学的实用价值，增强应用意识，进一步提高实践能力.

③每一个学生可以根据自己的生活经验发现并提出问题.对同样的问题，可以发挥自己的特长和个性，从不同的角度、层次探索解决的方法，从而获得综合运用知识和方法解决实际问题的经验，发展创新意识.

④学生在发现和解决问题的过程中，要学会通过多种手段，如查询资料等获取信息.

⑤学生在数学建模中应采取各种合作方式解决问题，养成与人交流的习惯，并获得良好的情感体验.

⑥高中阶段应该为学生安排至少1次数学建模活动，还应将课内与课外有机地结合起来，把数学建模活动与综合实践活动有机地结合起来.

2.中学数学建模教学的基本理念

①使学生体会数学与自然及人类社会的密切联系，体会数学的应用价值，培养数学的应用意识，增进对数学的理解和应用数学的信心.

②使学生学会运用数学的思维方式去观察、分析现实社会，去解决日常生活中的问题，进而形成勇于探索、勇于创新的科学精神.

③以数学建模为手段，激发学生学习数学的积极性，学会团结协作，建立良好人际关系、相互合作的工作能力.

④以数学建模为载体，使学生获得适应未来社会生活和进一步发展所必需的重要数学事实(包括数学知识、数学活动经验)以及基本的思想方法和必要的应用技能.

3.数学建模环节

数学建模教学的基本课堂环节是“问题情景——建立模型——解释、应用与拓展”，使学生在问题情景中，通过观察、操作、思考、交流和运用等方式，掌握重要的现代数学观念和数学的思想方法，从而逐步形成良好的数学思维习惯，强化运用意识.这种教学模式要求教师以建模的视角来对待和处理教学内容，把基础数学知识学习与应用结合起来，使之“具体——抽象——具体”的认识规律相符合.

数学建模的五个基本环节是：

①创设问题情景，激发求知欲.

②抽象概括，建立模型，导入学习课题.

③研究模型，形成数学知识.

④解决实际应用问题，享受成功喜悦.

⑤归纳总结，深化目标.

通常，中学数学建模教学的方式有：

①从课本中的数学出发，注重对课本原题的改变.

②从生活中的数学问题出发，强化应用意识.

③从社会热点问题出发，介绍建模方法.

④通过数学实践活动或游戏，培养学生的应用意识和数学建模能力.

⑤通过从其他学科中选择应用题，培养学生应用数学工具解决该学科难题的能力.

⑥探索数学应用于跨学科的综合应用题，培养学生的综合能力和创新能力，提高学生的综合素质.

4. 中学数学建模教学的意义

数学建模是数学问题解决的一种重要形式. 从本质上来说，数学建模活动就是创造性活动，数学建模能力就是创新能力的具体体现.

①促进理论与实践相结合. 数学建模活动就是让学生经历“做数学”的过程，培养学生应用数学的意识，能使学生更好地掌握数学基础知识，学会数学的思想、方法、语言，使学生树立正确的数学观，增强应用数学的意识，全面认识数学及与科学、技术、社会的关系，提高分析问题和解决实际问题的能力.

②培养学生的能力，如数学语言表达的能力、运用数学的能力、交流合作的能力、创造能力和实践能力等.

③发挥学生的参与意识，体现学生的主体性，学生是学习过程中的真正主体.

数学建模为学生提供了自主学习的空间；有助于学生体验数学在解决实际问题中的价值和作用，体验数学与日常生活和其他学科的联系，体验综合运用知识和思想方法解决实际问题的过程，增强应用意识；有助于激发学生学习数学的兴趣，发展学生的创新意识.

我们对数学的认知一般为：基本背景——基础知识——基本技能——基本应用，这就要求我们在教学中不能“掐头，去尾，烧中段”，而是要重视对数学建模过程中的问题提出的基本背景进行分析，重视数学建模中数学基础知识和基本技能的灵活转化和应用，同时还要重视接受实践的检验，在实践中不断拓广和发展. 只有通过这样的数学建模教学，才能让学生真正掌握数学的内涵，促进学生全面素质的提高，使学生变得聪明起来，让他们具备一定的数学素质，在生活中能自觉、主动地运用数学进行建模，提出问题、分析问题、解决问题.

5. 让学生参与数学建模的全过程

通过有计划、有步骤地组织学生开展数学建模活动，可以使学生在数学建模活动的全过程中迅速掌握数学建模的一般步骤.

(1)模型准备阶段

要求学生了解问题的实际背景，对相关问题进行深入细致的调查研究，及时并虚心向有关方面的专家能人请教疑难问题，掌握第一手资料，并将面临建模问题的周围种种事物区分为不重要的、局外的、局内的等部分，想象问题的运动变化情况，用非形式语言(自然语言)进行描述，初步确定描述问题的变量及相互关系.

(2)模型假设阶段

要求学生对问题进行必要的简化，并用精确的数学语言来描述，提出假设，要善于辨别问题的主次，果断抓住主要因素，抛弃次要因素，尽量将问题均匀化、线性化.

(3)模型建立阶段

要求学生根据假设，利用适当的数学工具将各变量之间的关系刻画出来，建立相应的数学结构(公式、表格、图形等)，并尽量采用简单的数学工具，以便得到的模型被更多的人了解和使用.

(4)模型求解阶段

要求学生根据采用的数学工具，对模型包括解方程、图解、逻辑推理、定理证明、稳定性讨论等求解.要求学生掌握相应的数学知识，尤其是计算机技术、计算技巧.

(5)模型分析阶段

要求学生对模型的求解结果进行数学上的分析，还要学会根据问题的性质，分析各变量之间的依赖关系或稳定状态，根据所得结果给出数学上的预测，讨论数学上的最优决策或控制等.

(6)模型检验阶段

要求学生将对模型分析的结果“翻译”回到实际对象中，用实际现象、数据等检验模型的合理性和适用性，即验证模型的正确性.如果发现检验结果与实际不符，或者部分不符，或者不如预期的那样精确，则要求学生去弄清原因，揭露出隐蔽的错误或求解失误，必要时应该修改或补充假设，重新建模，最后求得一个可用的结果.

第三章 当代数学观与数学教育观

第一节 当代数学观及其发展

一、数学观的历史演变

在数学发展的整个历史过程中，各个国家、不同地区在各个社会历史发展时期对数学也表现出各不相同的看法，可谓仁者见仁，智者见智，这其中不乏典型的代表. 对这些观念的汇总即构成数学观，一般包括哲学观、数学的科学观、数学的艺术观和数学的文化观等.

所谓数学观，就是人们对数学本质、规律和活动的各种认识的总和. 它包括对数学的哲学认识；关于数学的事实、内容、方法；对数学的科学价值、社会价值和教育价值的认识与定位. 数学观是在一定的历史条件下形成并逐步演变的，与数学知识发展水平密切相关，是对特定时期人们对数学性质和特征见解的一定反映.

伴随着数学的产生，人们对数学的许多认识不断形成. 数学知识发展的水平也从很大程度上决定着人们对数学的理解和看法. 例如，无论是在中国古代还是古希腊时代，万物的量性特征都促使人们思考了物质与数量之间的关系. 老子的思想有“道生一，一生二，二生三，三生万物”. 而毕达哥拉斯学派的信念则是“万物皆数”. 另外，物质存在的空间形态则促使人们对几何形体进行研究，尽管所采取的研究方法不尽相同，但几何学成为所有数学文化的共同对象.

由于数学知识的特点，在数学发展的早期，这种对于数量与空间形式的认识可能是初步的、幼稚的甚至是错误的. 例如，无论是在中国古代、古巴比伦、古埃及，还是古代印度，数字与神秘主义一直存在着千丝万缕的联系. 在古希腊，由于受到所有的数都是整数之比这一观念影响，竟然视无理数的发现为一场灾难.

古希腊数学与古巴比伦、古代埃及和其他的经验主义数学范式的不同之处在于，它在许多基本和重大的观念上都是开创性的. 在本体论方面，古希腊人把数学研究对象加以抽象化和理想化，使之成为与现实对象不同的具有永恒性、绝对性、不变性的理念对象；在认识论方面，对于数学真理的判定，坚持运用演绎证明而不是经验感知，并赋予数学真理以与其本体论性质相当的价值观念；在方法论方面，古希腊人赋予数学以严密的逻辑结构，使数学知识以一种体系化的形式呈现，并坚持通过论证的方法获得数学命题的可靠性. 古希腊人把数学加以观念化，使它不仅仅停留在实用的、技术的、巫术的、技艺的等形而下的层面，而是使之成为一种形而上学的学问.

古希腊人创造的演绎数学范式，彻底改变了经验数学范式之下人们对数学的看法. 作为古希腊所开创的数学范式，演绎数学的基本观念在毕达哥拉斯学派和柏拉图的数学世界中达到了顶点. 毕达哥拉斯学派首先开始把数学作为抽象的对象加以研究，柏拉图则是进一步把这种思想提升到了哲学和形而上学的层面，最终形成了著名的毕达哥拉斯柏拉图的数学观念. 古希腊的演绎数学范式对西方数学的发展产生了极其深刻的影响. 欧几里德的《几何原本》是这一数学观念知识典范.

自文艺复兴以来，在古希腊数学范式中萌芽的现代性数学种子开始逐步生长，并且直接促使了现代数学的诞生.现代性的数学观可以概述为以下三个重要阶段：

第一个阶段：酝酿、准备和发动.伴随着文艺复兴之后几个世纪的数学创造与进展，一大批的数学巨匠随之出现.在拒斥神秘主义、占星术的基础上，伽利略的数学理性主义思想开始建立并逐渐扩散开来.然而，数学只能是历史发展和时代的产物，受制于统治欧洲 1000 年的基督教文化、古希腊思想遗产和数学发展水平的制约，数学的属性并非一步跨入纯粹的科学世界的，而是经过了与基督教神学观念的融合.这是我们理解数学观念的演变必须不可忽视的一点.

以古希腊演绎数学为基础，以笛卡儿、帕斯卡、牛顿、莱布尼茨为代表的数学家开创了现代数学的广阔领域.现代数学随着微积分的诞生而产生.这一时期，整个数学思想开始从古典数学、静态数学(以古希腊数学为标志)向现代数学、动态数学(主要标志是极限思想)转变.但是此时数学的现代性发展只是一个初步的雏形.

第二个阶段：逐步成熟.这是法国数学学派兴盛的时期.以傅里叶、拉普拉斯等为代表的数学家把现代数学推向了一个新的阶段.其基本特点是在数学本体论中驱逐了神的地位，建立了相对独立的数学作为自然法典解读者的地位.

第三个阶段：数学逐渐地变成自为、自足与自律的学科.这是现代性数学的最高标志，也是 18 世纪末、19 世纪初以来数学发展的一个最显著特征.19 世纪中叶以来，非欧几何和非交换代数诞生，一系列具有革命性意义的数学知识取得很大的进展，这一切的出现渐渐颠覆了关于数学对象存在性和真理性的神学的、柏拉图主义的和形而上学的观念.随着数学变成一门独立的学科，其自身的理论体系建设就成为一个十分重要的问题，所以，完善微积分的基础，更广泛地讲，完善整个数学的基础就成为当务之急.然而，大多数数学家关于数学的基础和数学性质，仍然停留在现代性数学哲学的范式之中，这一点在三大流派那里体现得最为明显.三大流派的共同点是其以现代性数学思想为基调的基本诉求，即相信可以通过建立坚固不变的基础，使数学获得一个免于被质疑的知识地位，并在这一体系中消除各种矛盾和悖论，达到体系的一致性.不过，这种基础主义的诉求被证明是无法实现的.作为基础主义运动的一个“意外”结果，“哥德尔不完全性定理”的诞生为绝对主义数学观的终结画上了句号.

现代性的数学观念有着巨大的价值，但是为了能够使数学取得更加长足的进步，现代性的数学观念中需要扬弃两个基本观念：一个是神性的、形而上学的柏拉图主义数学观；一个是对于逻辑化、形式化、模式化的数学观念和认识范式的绝对、无条件的和盲目的信仰.

二、数学观的层次类型

我们可以从多个角度划分数学观，如历史的角度、学派的角度或知识的角度等.结合不同的分类，我们可以概括出透视数学观的如下视角：数学知识观、数学本质观、多重视角的数学观和数学价值观.

1.数学知识观

数学知识观是数学观的构成基础之一，它主要包括对数学知识、技能、能力、数学思想方法的具体态度和对数学知识的总体看法两部分.后者接近于数学本质观的知识层面，但较多地停留在素朴层面上.

可以说，数学知识观是人们在数学学习和认识过程中自然形成的对于数学知识的一般见解.

就个体而言，个体接受数学教育的方式、个体专业研究方向、个体数学知识总量、数学经验以及认知与思维方式等都从相当程度上影响着知识观的形成.

就群体而言,数学知识观与当时占主流地位的数学共同体的观念有紧密联系.在数学特定的历史时期内,占据主导地位的数学共同体会产生较为趋同和一致的数学知识观.而且,知识观也会因数学在知识的质与量上都发生较大变化的时期,表现出不同的形式,并随着新的知识特征有所变革.

2.数学本质观

所谓数学本质观,是在人们在各自数学知识观的基础上形成的关于数学本质的认识.从这一层面上讲,与数学知识观相比,个体关于数学本质的认识就显得更为自觉,具有了初步的超越个体经验的普遍数学理性的特征.

当具备了一定的数学知识和一些关于数学的素朴认识之后,很有必要逐步在理念上上升到关于数学理解的哲学层面.这就要求对数学的本质有一个恰当的认识.数学本质观是数学观的哲学基础和文化基础.

总体来看,数学悠久的历史演变,以及数学与其他各种哲学观念的复杂的历史渊源,都使数学本质观呈现出五彩缤纷、形色各样的特点.在众多的数学本质观念中,有些只是在某个历史发展阶段对数学的特定认识,例如,毕达哥拉斯赋予数以各种神秘的意义,认为数学是对神的一种研发,并提出万物皆数的神秘主义数学观;有些则具有较长一段时间的影响力,例如,柏拉图主义理念的数学观,直到20世纪,数学家中还有一派自称是柏拉图主义;还有一些则与其他科学思想建立了密切的联系,例如,亚里士多德的数学思想,他明确提出数不是事物的本身,而是事物的属性.历史上第一次关于数学研究对象的概括是"数学是研究数量及其性质的科学"的论述,此论述在以后长达2000多年的时间里被许多数学家、哲学家所沿用.

19世纪末、20世纪初,数学危机产生,形式主义、直觉主义、逻辑主义形成了各自的数学观.在当代,绝对主义数学观与可误主义数学观的对立构成了关于数学观认识的一个焦点,其数学教育意义也被不断地加以阐发.另外,还有工具主义、经验主义、建构主义、拟经验主义的数学观等,也都散见于数学工作者和数学教育工作者的数学认识中.

建立恰当的或适当的数学本质观,可以以是否有利于数学的健康发展和是否有利于数学教育改革的成功两个标准来作为判断的标尺.

3.多重视角的数学观

基于上述两个标准,可以从以下四个方面对数学观进一步加以考察.

(1)科学视角的数学观

也可以称为数学的科学观,这是数学本质观的基础和核心.相对看来,科学视角的数学观属于数学本质观的内部视角.数学是一门系统的、结构比较严谨的思想、知识、方法体系,与其他科学具有一种内在的关联.数学精神是科学精神和理性精神的典范.科学的数学观对于中国的现代化建设尤为重要,对于传统文化变革的意义也将是深远的.

(2)文化视角的数学观

也可以称为数学的文化观,是继科学的数学观之后需要进一步提升的观念成分.数学除了是一门科学,还是一种文化.文化视角的数学观侧重于从数学作为一种文化以及数学与其他人类文化的交互作用中探讨数学的文化本质和文化进化特征.数学观的文化视角是比其科学视角更为广泛的透视数学的视角,有助于弥补和克服片面的、科学主义倾向的数学观的不足和弊端.

(3)社会视角的数学观

也可以称为数学的社会观，是透视数学的重要外部视角，与文化视角的数学观密切相关. 与数学的文化观侧重于从文化的观念相比，数学社会观侧重于从社会的角度看待数学的知识本质和数学与社会的相互关系.

(4)历史视角的数学观.

由于受到不同的社会、文化和历史形态的作用和影响，不同时代、不同民族的数学形态和数学观念也呈现不同的发展水平和特征. 法国著名数学家彭加莱说过："如果我们想要预见数学的将来，适当的途径是研究这门科学的历史和现状."数学的历史性既是数学科学性演变的生动刻画，也是数学文化性和数学社会性的纵向表现形式.

通过上述四个维度的展开，可以地对数学的本质观有一个更为深刻的认识，还有助于适当的数学本质观的建立.

4. 数学价值观

所谓数学价值观，是在一定数学本质观念的基础上对数学的科学价值、文化价值、社会价值、历史价值及其他价值的判断和认识.

应该认识到数学在科学发展和社会发展的作用，在科学思想体系中的地位对人类文明进步的影响，对物质文明和精神文明的贡献以及科学发展中的作用，数学与其他学科的关系. 还应该看到，把数学划分在自然科学范畴，单纯地视为自然科学的典范，而忽略数学的其他价值，会造成数学与人文、社会科学之间的学科裂痕，这种传统定位是有缺陷的.

正确的做法是要大力倡导关于数学的多重的、辩证和综合的观念，认识到数学除了其科学性之外，还有文化性、社会性、艺术性. 虽然数学不属于自然科学也不属于人文社会科学，但却与这些科学有着广泛、丰富、深刻的联系. 数学是连接自然科学与人文、社会科学的一条纽带.

三、数学观的层面分析

数学观是一个关于"数学是什么"的数学本质问题，它涉及到人们的认识论范畴，数学理论或工具书针对这一个问题的一般回答是：数学是"研究现实世界的空间形式和数量关系的学科". 从数学发展史的角度有以下看法：

①数学是代数的、几何的，还是两者的结合？

②数学是演绎的理论体系，还是算法的结合？

③数学是不断变化的，还是单一固定的？

④数学是实用的，还是审美的？

从数学哲学的角度有以下观点：绝对主义的数学观，拟经验主义的数学观，数学活动观. 从数学学习的角度则又是这样认为的：数学观是数学学习和数学表现的中介，数学观可视作一种学习成果等. 从数学意识的角度认为数学观有以下表现形式：推理意识、整体意识、抽象意识、化归意识、数学美的意识等. 同样的问题，如果去问小学生、中学生、大学生或数学教育工作者，很显然，他们的观点达不到上述理论"高度"和抽象"水平". 无论从数学教育的角度还是从数学创造的角度，都有必要对数学观的研究进行层面分析，从而使正确数学观的形成或培养具有从时间到空间上的客观性、阶段性、针对性等实际意义.

1. 数学观的社会层面分析

在数学发展史上，不同民族具有不相同的数学观念. 与民族文化背景相联系的数学观念，很大程度上决定着数学的发展方向.古希腊人把数学视为一种思维流派,强调数学理论思维的培养,几何成就相对突出,这与其文化背景下的注重人与自然的关系的思维方式是一致的;而古代东方国家则只关注数学的实用价值和功利价值,所以高度重视算术与算法,数学理论体系相对而言较粗糙.如中国传统文化注重"经世致用",我国的古代数学也就烙上了工具性的印记,数学名著《九章算术》就是一个典型的证明;古印度也是受类似数学观念影响的,这从数学家克莱因的评述可知;印度人更偏重于算术和计算活动而非演绎形式,且在这方面做出了某些贡献.

数学产生于人们长期生产实践和生活实践中,文化的选择很大程度上取决着人类文明的发展方向,"数学本身就是一种文化".数学的理性精神和对人类思想的深刻影响,数学史上每一次重大的理论突破对人类观念的变革,都体现了数学文化的强大渗透力.古埃及的农业文明与其丰富的几何学密不可分,文化的交流与渗透,推进数学的发展.德国正是在16世纪向意大利学习人文主义文化,17世纪向法国学习现代宫廷文化,18世纪向英国学习哲学、科学与文学,以及充分接受古希腊文化,最终德国在19世纪成为世界数学中心,并造就了大批举世闻名的数学家.可以说,从文化的角度,数学教育应考虑地域性与民族性特征,提倡数学教育的多样性和大众化.

数学观的社会层面(社会的数学观)将深刻影响整个社会的数学行为、个人的数学行为以及数学教育行为.这从我国的不同历史时期的数学教育情况来看是显而易见的."文化大革命"时期,读书无用,整个社会的教育不论从形式上还是从内容上都受到严重的破坏.高考制度恢复后,上大学成为学习者的社会召唤,人生的"独木桥"必然导致应试教育的体制氛围.1990年后,应试教育所产生的高分低能现象引起了社会的高度重视,为此,我国提出了加强素质教育的重大教育改革.1993年,国家考试中心正式作出在数学高考题中增加应用题分量的决定,加强学生数学能力的培养.为全面落实《面向21世纪教育振兴行动计划》,教育部于1999年组建了国家数学课程标准研制工作组.在新的数学课程标准(征求意见稿)明确提出"数学教育要从培养学生的数学知识、技能和能力为主要目标向关注每一个学生的情感、态度、价值观和一般能力转变,实现人人学有价值的数学,人人都能获得必要的数学".

2.数学观的本体层面分析

从本体上看,人们对数学的认识和看法,涉及数学的本质问题.数学观是对数学本质的理性思考.把数学作为对客观世界的一种认识,同样遵循着"实践—认识—再实践"的一个认识过程.在数学哲学史上,关于数学本质上是经验科学还是演绎科学的争论,以及试图克服这两种观点的"先天综合判断论"、"拟经验论"长期存在.从另一个方面讲,对数学本质的认识或争论,不但从不同的着眼点揭示了数学的内在规律,同时还折射出数学家们从事数学研究的侧重点.我国学者林夏水先生根据数学家们的研究工作,从唯物辩证法的角度提出了"数学是一门演算的科学".数学家们正是在他们对数学的独自又理智的看法下从事数学研究和数学创造行为的,他们通过其对数学的研究方法将自己的数学观表现出来,不断地揭示矛盾,推动数学向前发展.

数学观的不同导致形成了具有深刻影响的不同数学学派,逻辑主义、形式主义、直觉主义三大数学基础学派,就是对数学的不同认识的结果.正是因为有了狄利克雷、黎曼、克莱因、希尔伯特等著名数学家形成的哥廷根学派,以魏尔斯特拉斯、库默尔、克罗内克为代表形成的柏林学派,使得德国数学能在19世纪赶上并超过当时的世界数学中心——法国.可以说,学派的形成是由于数学观的统一.另外,对数学的不同认识不但能够产生相互间的争论,甚至会危及到相互间的信任,康托的老师克罗内克认为"上帝创造了整数,其他一切都是人为的",从而出现了激烈反对康托所创造的集合论的新分支,致使康托一直没能就职于他所期望的柏林大学的教授职位.所以说，有什么样的数学观，就存在什么样的数学体系.

数学家个人也是凭着其数学观的指导从事数学科学研究的.微积分在产生之初，其概念和逻辑都是含糊不清的.数学家柯西、魏尔斯特拉斯等坚持“数学是严密的、具有演绎结构的”，致使他们完善了微积分理论.欧氏几何之所以能统治几何两千多年，就是因为人们错误的观念，认为“欧氏几何空间是成熟的、严谨的、唯一的、绝对的空间”.由此可见，只有观念的根本改变才能打破固有封锁.以高斯、罗巴切夫斯基为代表的数学家敢于提出欧氏空间不是绝对唯一空间的新观点，尤其是从否定第五公设出发，得出一系列几何新思想，创造了非欧几何，并且全世界公认“1826年2月11日为非欧几何诞生日”.另外还有其他的一些事例.数学家布尔坚持不承认数学只是研究数和几何体的观点，而认为逻辑应被看成是数学的一个分支，从而产生了形式逻辑和布尔代数，也使人们相信数学不是单纯的研究量，还是研究结构的科学.笛卡儿强调实用的数学观，看重科学实验，他曾说：“假如我能够做一切实验来论证和支持我的理论，我一定会努力完成整个计划的.”此观点使他不满足于古希腊欧几里德几何建立在以抽象的构造、假设为基础上的数学演绎体系，所以他说：“我觉得，我在一般人对切身的事所做的推理中，比在一个读书人关在书斋里对思辨所做的推理中，可以遇到多得多的真理”.笛卡儿对几何的研究，更加强调与自然结合，他的数学观对于后来“普遍的数学”观点的提出产生了积极的影响.

3.数学观的教育层面分析

许多的数学教育工作者对数学的看法既不会是抽象的，也不会是哲学的，并且他们的数学教育行为受到其数学观念的很大影响.他们的数学观也会带有明显的数学教育倾向性，“数学教育工作者只是自觉或者不自觉地接受某种数学观”.纵观数学教育史，世界各国的数学教育目的不外乎以下两种：一是功利性的，重视数学的实用性；二是素质性的，关注人的个性的价值发展和人的潜能的开发.

如果数学教育者接受的是功利性的数学观，那么在一定程度上受到社会整体价值观的影响，会使单纯的功利性价值取向表现出来，还带有主动的迎合性.如获取好成绩、排名第一、获取奖励等成为他们的动力目标.高考影响下的应试教育，教师严格地按照教材内容上课，学生的主要任务是掌握课本上的知识，这是受功利性数学观影响的一个典型.学生的个人思想没有得到丝毫的发挥，以本为本的思想严重阻碍学生的思维的发展.

而数学的素质性目的，充分展示着数学的自然真理性、社会真理性和人性特征，更加关注人的理性思维.人的情感和态度及价值观，对数学的要求是深入到数学思想及数学精神的内核之中，不但要看到数学由概念与命题构成的严密体系，更要看到这些成果是人类长期为之奋斗的历史.要充分领悟到数学科学价值的真，数学社会价值的善，数学艺术价值的美.

任何一个数学教育改革运动都能反映一定的数学观念.如20世纪60年代遍及欧美的影响颇大的“新数运动”，正是以形式主义的数学观作为思想基础的，过分注重数学知识的逻辑结构，而忽视了实际的认识过程和认识能力；1957年苏联第一颗人造地球卫星上天，引起了美国的空前危机，他们将问题归于数学的落后，掀起了一场中学数学教学改革的运动，企图以现代数学代替传统数学，结果因不合实际而宣布失败.我国要实现数学从应试教育向素质教育转变的关键是在于数学观及数学教育观的转变.

小学生的数学观是不自觉和无意识的，大多都是受老师和家庭的影响，只知道数学很重要，它是在学校必须学习的一门课程.他们只是按照老师布置完成数学学习的任务，很少主动做额外的数学题，严格按照老师讲的方法而排斥他人的新方法.因而，面对我国新一轮数学教育改革，老师对数学课程标准理念的具体理解和实施严重影响着小学生的数学观.

中学生对数学学习基本有了自己的思想,但对数学的学习行为很难与对数学的认识直接联系起来.他们既依赖于老师,同时也开始评价和选择老师.对数学的学习更多的是停留在记、背和模仿上,学习的主动性还不够.他们对数学问题的解决仅局限于把题目做出来,以获得正确答案为目的.他们认为,做数学就是按照老师所教的法则,运用这些法则获得正确答案.他们的数学观带有明显的感性色彩和不确定性,还容易对老师产生依赖,容易遇难而退和丧失信心.

高中阶段的学生对数学有了独到的见解,这支配着他们对数学的态度和选择.他们如果认为数学是抽象的、困难的,那么他们就会选择对数学要求不太高的文科方向.如果认为数学就是运算、证明、做题,他们就会一定沉溺于题海之中,对数学考试情有独钟且每每得手,但在应用数学解决实际问题、操作等方面的能力明显较差,这就是通常提及的高分低能现象.只有当他们认为数学既是重要的、有用的,又是有趣的,他们才会具有来自自身的动力,并且轻松地、主动地、自觉地、高效地学习数学.但是由于高考的存在,高中生的数学观带有较明显的功利目的,这也是数学课程标准下,数学教育所要改革的观念.

大学数学专业的学生对数学有明确的看法,一般能上升到理性的程度.他们能够能自觉地从事数学学习,主动地进行数学问题的探索,具备独立思考与合作交流的素质,基本上可以在其数学观念下进行数学学习.大学生的数学观开始向素质性过渡,他们注重自己的能力培养和情感方面等,会在对数学的认识或者认识数学的社会价值方面理智地确定自己的专业方向,深入到该方向的研究与发展之中.

四、当代数学观

辩证唯物主义认识论是认识事物的基本立场,对数学的正确认识是辩证唯物主义认识论的具体体现.

实际工作中存在着不同的数学观,数学教师对某种数学观的接受自然地影响着学生数学观的形成.所以,一名数学教师要经常反思自己的数学看法是否正确,数学教学中是否有违背数学精神或教育规律的行为等,努力向学生提供正确的数学观.另外,教师还必须了解现代数学哲学观,领悟数学哲学的合理内涵.

1.数学是经验科学和演绎科学的统一体

数学并不具有绝对性,那种把数学看作单纯的经验科学或单纯的演绎科学都不符合数学实际.数学的本质是经验性与演绎性在实践基础上的辩证统一.

数学具有经验性,它体现在两个方面:一,它是一门算法科学;二,数学通过经验发现事实,为理论积累材料.

数学是一门算法科学.通过建立数学模型反映现实世界,通过计算获得模型的解,回答实践向数学提出的问题.技术的需要导致算术及代数的发展;测量的需要导致几何的发展;描述连续运动的需要导致分析的发展.只有计算出这些数学模型的具体解,才能解决实际问题,经过长期实践,人们积累了数学经验,并获得了一些行之有效的比较稳定的算法,如几何是不同形状的量的计算方法,算术是数的计算方法,代数是符号的计算方法,分析是无穷小的计算方法等,这些都是建立在经验基础上的技术.在人们最初的数学经验活动中,计数和测量时,并不把图形与物体、数字与物体分开.随着经验的不断积累,人们发现可以使用同一数字计数不同的物体,如数字3能够计数3个人、3只鸟、3棵树、3朵花等;可以使用同一图形测量不同的物体,如圆形能够解释圆盘、圆桌等物体的空间结构.因此,人们就把数字和图形与它们所计数和测量的对象(物体)区分开来.当人们根据大量的经验,提出关于同类事物的普遍判断,确定数学模型所能解释物体的类型时,作为经验科学的数学就产生了.数学的产生使任何抽象的表现形式,从认识论的观点来看,都是接受感觉印象出发,通过经验的不断累积,提出原理,建立解释某类现象的概念.

数学通过经验发现事实积累理论材料.无论多么纯粹的数学理论,它们最初都是通过经验发展而来.人类用公理方法建立起来的第一个数学公理体系《几何原本》,其公理系统是"自明的",即建立在人的直观经验的基础之上的,一些初始概念(经验活动的结果)是先于公理而具体给定的.微积分的思想萌芽来自于两个方面:一是面积和体积的经验计算,二是经验的科学问题包括求曲线的切线、求瞬时变化率以及求函数极值等.当然,近代应用数学的产生,更是直接来源于解决实际的各种问题的经验活动.

数学是一门演绎科学,它具有理论性.为了描述无限丰富的经验世界,人们建立了各种各样的模型,数学成为巨大的知识体.知识之间相互关系的逻辑问题凸显出来,人们开始关心数学的理论基础.通过确立基本概念和基本原理,数学概念和命题获得定义和证明,数学由经验规则的汇集发展为严密的理论体系.刚才提到的《几何原本》是数学史上第一个理论体系,它标志着教学由经验科学上升为理论科学.17、18世纪微积分在工业革命的浪潮中获得巨大发展,但是人们并不满足于无穷小算法的经验有效性,而是努力打造它的严格性.进入19世纪之后,分析学的逻辑基础得到极大关注,极限论、实数论和皮亚诺算术相继出现,数学在更高的程度上回到了希腊的严格性.

综上所述,对于数学而言,经验和理论相互依存,缺一不可.大数学家希尔伯特认为,数学的源泉在于思维和经验反复出现的相互作用;信息学之父冯·诺伊曼指出,数学的本质存在于经验和抽象的二重性;数学文化学家柯朗指出,数学进入抽象性的一般性的飞行,必须从具体和特定的事物出发,并且返回到具体和特定的事物中去.

2.数学兼有理论价值和应用价值

数学思维是精密的理性思维,数学为人类提供精密思维的模式,科学和文明社会都需要精密思维.纯粹的概念、准确的语义、完全的分类、规范的计算等反映出数学不仅形式抽象、结构协调,而且推理严谨、操作严格,并且,数学的理性特征反映在思维风格上,以辩证、深刻、清晰、简约著称,是认识世界的优异思维品质.

现代信息社会中,人们需要理性思维,一般表现在实际工作中,有条理地思考、科学地计划、统筹安排、有序处理等,这些正体现了培养数学理性思维的教育价值.

从广义上讲,理性思维是一种实事求是、寻求规则(律)、建立规则(律)、遵循规则(律)的世界观.数学公理法是理性思维的最直接体现,公理数学是直接的理性思维.数学逻辑是数学的规则,数学遵从规则得到结果,每一个数学定理都是逻辑规则的产物.公理体系也具有自身的一些特征:在一个系统内存在着不可判定的命题;一个公理体系中的公理作为一个整体应满足一定的条;对公理系统的性质的证明可以采用解释的方法等等.人们在有序的系统中处理数学问题,获得数学结果.

数学归纳等数学活动以及数学应用的结果也有理性特点,代表着一般性模式或一般性算法,是普遍的科学语言与工具.所以说,数学探索和数学应用则是理性思维的另一种形式.

同时,数学也具有突出的应用价值,广泛的应用性.对现代数学来说,所谓"广泛"就是人类活动、人类科学的几乎所有领域都要应用数学.这与其他科学相比是十分独特的.数学产生于实践,即数学是在人的应用需要中发展起来的.萌芽时期的数学都具有直接的应用性,例如古埃及数学、古巴比伦数学、中国商周时期数学等都是这样.古希腊从泰勒斯开始,转入了理论研究,但泰勒斯还应用过数学,例如预言日食,测量金字塔的高度等.至道后来希腊数学才日益发展为纯理论数学,与实际应用的距离也不是很接近了.

中国古代数学就是一种应用数学,《九章算术》(公元1世纪)就按数学的应用领域和常用数学模型为数学分类.后来随着社会的不断发展,数学也不断地发展,中国古代数学的计算技术已经十分高明,数学与实践的关系日益密切.中国古代数学在许多领域中,在相当长的时间内在世界上处于领先地位.

近代数学的大发展开始于数学在科学技术中的应用,应用促进了微积分学的产生(17世纪),此后分析数学、统计数学的发展都与应用有着直接的关系.随着数学的发展,数学的应用能力也不断提高——不断提供更有力的工具,因而可能在更广泛的领域中得到应用.计算机的产生和广泛采用更是为数学应用提供了前所未有的有效工具,促使了数学应用的大发展.数学也因此得以应用到人类实践、人类科学的每一个领域.

数学应用之所以有如此的广泛性源于数学对于人的实践和其他科学具有重要的意义,如数学为解决各领域的问题提供科学的表述语言;数学为解决各领域的问题提供计算方法;数学为其他科学提供了一种抽象思维的模式(一方面,数学理论对于其他科学有重要的示范作用;另一方面,数学为解决各门科学问题提供数学模型)等.

3.数学真理的复杂性

所谓数学理论的真理性,指的是数学理论是否正确反映了客观实在的规律性.数学理论的真理性有这样的特点:数学理论的真理性往往可归结为这个理论所采用的公理系统和逻辑规则的真理性;逻辑上不成立的理论或命题不可能具有真理性;由数学逻辑地发展起来的理论,只能称之为逻辑真理,当验证了它是对客观世界的正确反映时,才能成为现实的真理.不过数学理论的真理性不是所谓的绝对真理,由于数学具有高度抽象性、逻辑的严格性等特点,它表现为逻辑标准与实践标准的共同性.

实践是检验真理的唯一标准,所以可以通过人的实践检验数学理论的真理性.但是数学理论的实践检验对逻辑推理有很大的依赖性,因此,关于数学真理的标准必然涉及逻辑标准和实践标准,以及它们之间的相互关系:

①实践标准是绝对标准,确立逻辑证明的基础;逻辑标准是相对标准,把公理的真值传到每个命题.所以说,实践标准对逻辑标准有较强的依赖性.

②逻辑标准是系统内标准,它断言数学命题相对于系统来说是真的或假的;实践标准是系统外标准,它断言公理(系统的基础)是否正确反映了客观世界.

③两个标准分工合作,不能彼此取代.实践标准为逻辑标准提供公理基础,而逻辑标准则使实践检验成为现实.逻辑在远离经验的理论A与接近经验的理论B之间建立必然的联系,使实践能够根据B的真假来判断A的真假.

④可判定与不可判定.可判定命题的可判定性是指,如果公理是真的,那么依据逻辑可判定命题是真的或是假的;不可判定命题是指它们独立于公理,这时,命题或公理都得由实践来检验.

数学理论既通过人们在实践活动中的直接应用得到检验(多数时候要借助于逻辑方法),又通过人们在其他科学中的应用与有关科学理论一同得到实践的检验.数学理论的真理性检验是一个非常复杂的历史过程.

总之,是人类创造了数学,数学具有两面性.在涉及到和外部诸事物关系时,就表现出它实践性和应用性的一面;在处理内在矛盾时,数学就表现出“纯粹性”.历来有两种观点,一种观点强调数学的纯粹理性,称之为科学的皇后,并认为数学应该为其自身的完善不断发展;另一种观点则强调数学是人类文化的组成部分,它源于数学之外的人类社会,而且只能从那里得到进一步发展的动力.这两种观点表面对立,内在其实有着一定的统一.

数学具有独特的形式和充满活力的鲜明个性,它集经验、创造、实验、操作、算法、演绎、整合、理论、应用等于一体,任何忽视它的某一方面特征和作用的认识都不是客观的.可以说,不管从哪个方面来看,数学都是一个两面性辩证的统一体.

①数学既是经验的又是演绎的.数学通过经验发现知识,创造知识;数学通过演绎整理知识,形成体系,发展知识.

②数学既是规范的又是自由的.数学的逻辑论证规范,数学的思维实验自由.

③数学既是客观的又是主观的.数学研究的对象存在于客观事物中,数学研究形式决定于主观的思考和创造.

④数学既前卫又古朴.数学追踪社会前沿问题,同时缅怀历史古典问题,现代数学彰显威力,传统数学永具魅力.

⑤数学既是皇后又是仆人.数学主宰一切科学,数学服务于一切科学.

五、当代数学观发展

20世纪30年代初,“哥德尔不完全性定理”的出现从根本上宣布了基础主义三大流派的整体数学目标的失败.随后,关于数学观的认识进入了一个新的时期.这一时期的数学观的一个整体特点就是对绝对主义数学观的批判.尽管这些批判的角度和观点不尽相同,但总体可以用“可误主义”的数学观来表达.其观点具体体现在普特南、波普尔、拉卡托斯等哲学家的数学思想中.

美国著名哲学家普特南在其著名的“没有基础的数学”一文中,关于数学基础提出过这样的观点,即“在过去的半个世纪里,哲学家和逻辑学家曾经如此忙于试图为数学提供一个‘基础’,而只有很少的很胆怯的声音敢于建议数学并不需要一个基础.我在这里希望促进某些这样微弱的声音所表达的观点.我不认为数学是不清楚的;我不认为数学的基础出现了危机;我甚至不相信数学具有或需要一个‘基础’.”

英国著名科学哲学家波普尔是这样认为的:在数学中没有完全确定的东西,即使是作为数学理论演绎结构逻辑起点的公理也是如此.可以把公理看做是一种约定或是一种经验和科学的假设,它们并不是直觉上自明和可以免于被怀疑的.

著名数学哲学家拉卡托斯论述了关于数学不再具有完全可靠基础的观点,随后又提出了数学的拟经验主义立场.包括数学知识是可误的,数学是假设—演绎的,历史是核心,断定非形式数学的重要性,知识创造的理论五个方面的观点.

英国学者欧内斯特把数学观分为绝对主义数学观和可误主义数学观.这是由于数学基础主义在20世纪初的巨大影响和其对于数学观认识的某些共性,以及后来对于基础主义反思所表现出来的共同特点,绝对主义数学观和可误主义数学观有一个相似之处,那就是两者都基本上是一种内部视角.两者之间的不同之处是绝对主义数学观所关注的是数学结构内在的确定性和不变性,其对于数学真理的看法是固定不变的和一劳永逸的;而可误主义的数学观则认为数学是动态的、猜测的、拟经验的、可错的、历史的，数学真理是可以修正的.

20世纪末，继可误主义数学观之后，关于数学观的认识进入了社会建构主义的认识时期.对于"社会建构主义"的数学哲学，欧内斯特关于其思想来源和知识基础是这样表达的："社会建构主义将数学视作社会的建构，它吸取约定主义的思想，承认人类知识、规则和约定对数学真理的确定和判定起着关键作用.它吸取拟经验主义的可误主义认识论，其中包括数学知识和概念是发展和变化的思想.它还采纳拉卡托斯的哲学论点，即按照一种数学发现的逻辑，数学知识在猜想和反驳中得到发展.社会建构主义相对于规定性哲学来说是一种描述性数学哲学，旨在合适的标准下解释普遍所理解的数学的本质."

对于主观知识与客观知识的区分，对个体主观知识的强调，对主观知识与客观知识之间辩证关系的探讨构成了欧内斯特社会建构主义理论的一个突出特色.关于数学客观性和数学知识的客观性，欧内斯特与波普尔对客观知识的理解有所不同，他把客观知识理解为主体间性和为数学共同体所共享的，即比波普尔所理解的客观知识要宽泛一些.欧内斯特也坚持客观知识必须是明确的、公共的.欧内斯特与布鲁尔一样，也赋予了客观知识一种社会的意义.欧内斯特认为，传统的（包括波普尔在内）客观知识观从来没有解释过客观性本身，而客观性的社会视角却能提供一种关于客观性和客观知识的基础和本质.因为社会建构主义认为还有一个数学的主观知识概念，所以，传统上被称为数学知识的，在社会建构主义那里被叫做数学的客观知识.

通过对作为一种基本隐喻的对话和修辞的考察，数学知识建构被欧内斯特赋予了更为广泛的意义.欧内斯特首先引述道："社会建构主义本体论的核心是基本的人类事实是对话的观点."那么对话是什么呢？"对话是在一种由许多说话者或作者所制定的共同语言（或多种语言）中的一个语言或文本的序列.那些谈话者或作者依次'说话'并用进一步相关的回答为对话作出贡献."

在对话的认识论角色确定之后，欧内斯特因循维特根斯坦的"数学是被安置（sited）在不同生活形式中的语言游戏的收集"的观点，表达了关于数学的社会建构主义观："数学知识的基础是对话的，数学证明是一种特殊的叙事.的确，证明可以被看做是从一种至今仍然保持着同样功能的特殊类型的对话发展而来的.证明是用来说服数学共同体中其他成员接受一个陈述或一组陈述为数学知识的一个文本."这样就赋予数学一种辩证的对话和修辞性质.

与社会建构主义相类似的论点在许多数学家那里并不少见.例如，一位数学家斯通曾经这样写道："从1900年以后，我们对数学的概念或者说有关的一些观点已经发生了一些重要变化，但是真正涉及思想变革的还是发现它是完全独立于物质世界的，数学看来与物质世界并没有必然的联系，这个发现标志着数学史中一个最具意义的智力的进步."数学家韦勒认为："数学完全具有可误性和不确定性.数学唯存在于人的思想中，数学从造就人的思想那里得到其性质.由于数学为人造就并唯存在于人的大脑，因此学习数学的人之大脑造就或再造就数学是必然的."

可以把社会建构主义的数学观看做是可误主义数学观的一种发展.社会建构主义的数学观比可误主义的数学观采取了更为广阔的外部视角，即强调用社会的、建构的观点审视数学.同时，也正是由于社会建构主义的数学观采纳了更为广阔的视角，探讨了更为广泛的问题，因此与可误主义数学观相比，其对于数学的基本见解也更进了一步.

第二节　当代数学教育观及其发展

一、当代数学教育的发展

数学教育观是变化发展的，也存在着时代性和地域性的差别.我们应该从数学观的角度，通过对重要数学教育历史事件的考察，对数学教育观作一个历史意义上的解释.数学教育的发展史表明，数学教育改革的焦点一直是数学课程的改革.

1.新中国时期数学教育改革的几个阶段

新中国成立前，我国的数学教育取得了一定的成绩.在新中国成立后，数学教育不但要巩固和发展解放区的成就，同时还要对其实行改革与发展，逐步形成了具有中国特色的数学教育系统.

(1)数学教育创建阶段(1950—1957年)

这一时期的中国数学教育是全面学习苏联.1952年教育部成立了中小学各科教学大纲起草委员会，以“学习苏联先进经验，先搬过来，然后中国化”为方针确定数学教育的教学大纲，重视“双基”教学，注重思想品德教育.不过还有很多不足，如教学内容的深度与广度偏低.

(2)教育大革命阶段(1958—1961年)

受我国大跃进的政治形势影响，教育片面强调高、精、尖，提出改革中小学数学“范围窄，内容浅”的状况，“适当缩短年限，适当提高程度，适当控制学时，适当增加劳动”，强调为生产实际服务，这些都严重影响了教学秩序与教学水平.

(3)数学教育调整、巩固、充实、提高阶段(1961—1966年)

为了纠正“左”的错误，国家修订了中学数学教学大纲，重新编写出版了全套中学数学教材，恢复了六三三学制.使教学质量有了改善，教学水平稳步提高.

(4)文化大革命时期的数学教育(1966—1976年)

中小学实行“开门办学”，出现了批判“智育第一”、造成“读书无用”、宣传“白卷英雄”等倒退现象.不再有全国的大纲和统一的教材，在实用主义思想的指导下，各省自编的教材大大削弱了基础知识，严重降低数学教学质量.

(5)数学教育拨乱反正时期(1977—1987年)

这一时期教育获得了新生和较快的发展，并制定了统一的教学大纲.1978年，教育部颁布了新的数学教学大纲，增加了集合、对应、微积分与概率统计初步等内容，出版了统一的教材，将“小学算术”改为“小学数学”，与中学同名称.

(6)九年义务教育时期(1987—2001年)

这是我国深化教育改革的繁荣阶段.1988年前后《中共中央关于改革和加强中小学德育工作的通知》，90年代《中国教育改革和发展纲要》和纲要的实施意见，提出基础教育的任务是提高国民素质，提高民族素质.从此，提高国民素质成了广大教育工作者确定工作任务的目标，“素质教育”的概念逐步形成.1989年颁布了《九年制义务教育全日制初级中学数学教学大纲》，1993年开始全国普及义务教育，1996年又公布了与义务教育衔接的《全日制普通高级中学数学教学大纲》.大纲中规定了更加全面的教学目的.

(7)新课程改革时期(2001—)

1999 年 6 月,《中共中央国务院关于深化教育改革全面推进素质教育的决定》提出了要“调整和改革课程体系、结构、内容,建立新的基础教育课程体系”;2001 年 6 月,《国务院关于基础教育改革与发展的决定》进一步明确了“加快构建符合素质教育要求的基础教育课程体系”的任务. 2001 年 7 月,颁布了《全日制义务教育数学课程标准(实验稿)》,同时对 1996 年的普通高中数学教学大纲进行了修订,并编出修订后的普通中学数学教材,作为新一轮改革衔接的过渡性教材来使用. 2001 年 9 月,新课程开始在全国 38 个国家实验区实验,新的全日制九年义务教育数学课程标准开始试行. 2003 年,国家教育部又颁布了《普通高中数学课程标准(实验稿)》. 随后全国在 2004 年开始实施新课程.

2. 初中数学教学大纲与教材改革

新中国成立后,中小学数学教材建设经历了从没有到有,从“一纲一本”到“一纲多本”的过程. 尤其是 20 世纪 80 年代以来,各地大大提高了参与教材建设的积极性,编写出多套地区或区域使用的实验教材.

自 1950 年 7 月以来,教育部颁发了多个普通中学《初中数学教学大纲》,并在全国出版了多套数学教材. 大纲重视数学的科学性、系统性、逻辑演绎的严格性,强调基础知识、基本技能的训练和恰当地联系实际,并要求逐步完善培养学生的计算能力、逻辑推理能力和空间想象力,我国数学教材逐渐形成自己的体系特点.

(1)初中数学教学大纲的变化

1950 年:《普通中学数学精简纲要(草案)》,提出初中数学包括算术、代数、几何. 本纲以精简为原则,以流行的教科书为主要依据拟订,注意了保持数学科学的系统性和完整性,要求数学教材应尽可能与实际相结合,与物理、化学的学习相结合,减少了学生不易接受的太抽象而不切实际的内容.

1951 年:《中学数学科课程标准(草案)》. 根据教育方针和课本内容起草,一共起草了两个方案.

1952 年:《中学数学教学大纲(草案)》. 这是以苏联十年制学校中学数学教学大纲为蓝本编订的新中国第一个大纲.

1954 年:《中学数学教学大纲(修改草案)》. 内容上并没有很大的调整,主要是在任务中提出“要以社会主义思想教育学生”.

1956 年:《中学数学教学大纲(修改草案)》. 该大纲在以前的基础上还提出发展学生的逻辑思维和空间想象力,并增加了有关生产技术教育的内容. 1959 年对该大纲做了调整.

1963 年:《全日制中学数学教学大纲(草案)》. 提出初中 3 年、高中 3 年,强调基础知识、基本技能的训练和理论联系实际.

1978 年:《全日制十年制中学数学教学大纲(试行草案)》. 在内容上提出“精简、增加、渗透”的原则,并将其统一为混合数学,不分代数、几何.

1980 年:《全日制十年制中学数学教学大纲(试行草案)》. 这是对 1978 年的大纲的修订. 1985 年,对其中的初中数学教学要求又做了进一步调整.

1982 年:《全日制六年制重点中学数学教学大纲(征求意见稿)》. 提出代数与平面几何分科,三角包含在代数中.

1986 年:《全日制中学数学教学大纲》. 对部分内容进行了删减,如已知三边解三角形. 初一年级设代数,初二和初三年级代数与几何并设.

1988年:《九年义务教育全日制初级中学数学教学大纲(初审稿)》.内容和要求上与1986年的大纲比,都发生了较大的变化,但整体体系没有显著的变化,现代感不强.

1990年:《全日制中学数学教学大纲(修订本)》.对1986年的大纲进行了修订,把"常用对数"移到高中,解三角形中的计算、查对数表调整可用计算器.

1992年:《九年义务教育全日制初级中学数学教学大纲(试用)》.对目的中"能够解决实际问题"做了具体说明,提出了解"统计思想"的要求,将几项内容改为选学,不属于毕业考试范围,但属于升学考试范围.

2000年:《九年义务教育全日制初级中学数学教学大纲(试用修订版)》.首次提出"数学创新意识"要求,内容没有太大改动.

2001年后,数学教学大纲被数学课程标准代替,数学教育理念发生根本性改变.

由上可以看出,我国数学教学大纲是频繁变化的,初中数学周课时也经过多次调整.

(2)初中数学教材的变化

数学教材是教学大纲的具体化,教学大纲的教育思想将直接体现在教材中,所以说,教材的编写对大纲的落实有着至关重要的作用.建国以来到2000年,我国共有数十套正式出版使用的初中数学教材.

1950年:从解放区课本和比较通用的旧课本中选,由中央人民政府出版总署设编审局审定.

1951年:人民教育出版社出版了第一套全国统一的十二年制《中学数学精简课本》,此教材是对老解放区课本和较通用的课本进行了改编精简而成的,内容包括算术、代数、平面几何,共11本,初中6本,从1951年秋季开始使用.

1952年:人民教育出版社出版了中学数学课本一套"编译本",1952年起全国使用.初中代数是苏联课本的编译本,算术、平面几何是以苏联中学数学课本为蓝本改编的.

1955—1957年:人民教育出版社出版了初中《算术》(上,下)2本,《代数》(上,下)2本,初中《平面几何》及高中数学课本7本,1955年起全国使用.并结合中国的实际情况,对以苏联课本为蓝本编写的教材进行改编.

1959—1963年:人民教育出版社出版了十二年制《中学数学暂用课本》,初中有《初中算术》、《代数》(3册)、《几何》(2册).1960年还编写了十年制数学教材,1961年出书,1966年终止.与上套教材比增加了幂和方根、一元二次方程、相似形、直角三角形的解法、勾股定理、正多边形、圆的周长和面积等内容.

1963年:上海市成立了以苏步青为主任委员的上海市中小学数学教材编辑委员会,编写了一套供试用的中学数学教材,初中6册.此教材采取几何、代数混合编写.

1963年:中小学恢复六三三制,人民教育出版社开始编写十二年制新数学课本,初中代数4册,平面几何2册.教材编写中反复征求工人、农民、教师、科研人员的意见.

1978—1979年:人民教育出版社编写十年制中小学初中数学6本教材,1978年秋季开始全国使用.1981年,根据中小学学制逐步改为十二年制的决定,作了修改.

1981—1984年:人民教育出版社为六年制重点中学编写代数4册、几何2册,均是在原教材基础上分编而成.

1989年:人民教育出版社、北京师范大学出版社等部门出版多套教材,人民教育出版社有三年制、四年制两种教材.实现了一纲多本.

2001年,新课程改革后,开始放开教材,不在全国统一.主要有人民教育出版社、北京师范大学出版社、华东师范大学出版社等编的教材.

二、当代数学教育的特征

当代数学教育,显然,这也体现着它的时代性.作为教育的组成部分,数学教育在发展和完善人的教育活动中,在形成人们认识世界的态度和思想方法方面,在推动社会进步和发展的进程中都起着举足轻重的作用.当代社会,数学教育在现代学校教育中占有特殊的地位,它培养的学生应该具有这样的素质:掌握数学的基础知识、基本技能、基本思想,表达清晰、思考条理,会用数学的思考方式解决问题、认识世界,具有实事求是的态度、锲而不舍的精神.但这种素质的形成要经过长期的培养,所以,还要求数学教育必须在传统的基础上改进和发展.那么当代数学教育具有怎样的特征呢?

1.平衡的数学教育

所谓平衡的数学教育,就是说数学教学的目标要同时注重学生学习基本知识基本技能和重视培养学生的数学能力、发展创新精神和实践能力.平衡的数学教育能够尽可能的避免教育失衡的现象,教育失衡往往存在两种主要的表现,一种是仅注重学生学习课本上的基本知识基本技能,机械识记,重复练习,另一种认为数学课改就要以学生为中心,多让学生探究,自我发现,基础知识并不是很重要.实际上,科学的数学教学正是使上述双方平衡的杠杆.

平衡的一端——基础的重要性.第一,数学是积累性的科学,数学学习呈阶梯形,数学基础是学习新知识的保证.在一定范围内,重大的数学理论总是在继承和发展原有理论的基础上建立起来的,它们不仅不会推翻原有的理论,而且总是包容原先的理论.所以说,数学是一门积累性很强的科学,数学知识的学习应是一点一滴积累起来的.第二,基础中体现的数学思想具有根本性,从中学会的思想方法最具迁移力.例如,“恒等变换”奠定方程知识学习的基础,“对应”奠定函数知识学习的基础,“以直代曲”奠定微积分知识学习的基础等.掌握了根本,就能将其很好的利用于其他知识的学习.第三,基础知识是良好适应能力的根基,是知识相互渗透的保障.例如,笛卡尔博学打下的基础,使代数与几何结合起来,建立了平面上的点与实数对之间的对应关系,从而创立了解析几何学,并使变数进入了数学,引起数学上具有划时代意义的变革.在实际中,有很多问题的解决需要多种不同知识的综合.良好的基础是发展的前提.

平衡的另一端——发现创造的必要性.《数学家谈数学本质》一书曾指出,“数学,是由于需要去解决悬而未决的问题,是由于从旧的理论去寻求建造新的理论而创造出来的”.第一,数学的本质是创造,数学思想的学习就是创造精神的体验.数学的历史悠久,并且还在不断的开拓发展,数学的深入研究既不脱离既定的范围,又在不断的开辟新领域.所以在学习新知识的时候,创新的态度必不可少.第二,知识是在发现创造过程中掌握的.知识是发现和创新的结果,在数学思维过程中如果缺少观察、分析、比较、类比、归纳、综合、抽象、概括等发现创造活动,就很难产生新的知识.学习,不但要学习已有的知识,也包括学习知识创造的方法.第三,知识学习和数学应用需要创新精神.学习过程中,主体并不会直接接受知识,而是经过认知矛盾冲突,并排除干扰认知因素才获得的.自然的学习过程包括质疑、争论、讨论等,敢于提出问题并勇于表达自己的见解的行为是必须要具备的创新学习精神.另外,数学应用更需要创新精神.现代数学教育强调数学应用,所以在在应用数学过程中,要提高创新意识及主动学习、独立研究的能力.

要避免数学教育的“唯基础论”和“削弱基础论”倾向.教学中,教师不能为了使学生掌握书本上基础知识而将完整的知识切割开，或者强制学生进行大量的机械练习，这样不会解决问题．另外，那种认为强调创新就可以削弱数学基础知识的看法也是错误的．如20世纪80年代，西方国家提出“学校数学教学的核心是问题解决”，在课程设置及内容选取上，破坏数学的整体性，用一些问题代替系统知识，结果学生得不到严格训练，学得似是而非，知其然不知其所以然，导致数学学习质量严重下降．这是国际数学教育改革中的深刻教训．

平衡的数学教育的数学教学流程，如图3-1所示．

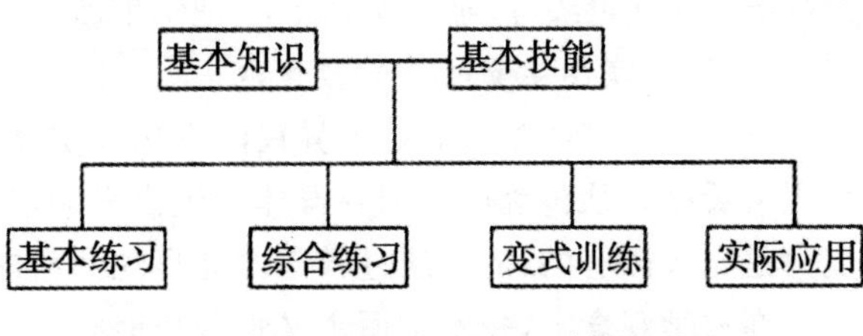

图3-1　平衡的数学教育的数学教学流程

2．素养的数学教育

数学教育的本质是素质教育．中小学数学教育的目标就是主要是打好数学基础，养成数学素养．这就意味着学生初步掌握数学的语言和工具，学会一种理性的思维模式，培育一种数学审美的情趣，养成认真细致、一丝不苟的学习作风，建立运用数学知识处理现实世界问题的意识和信念．

当今，“数学素质”受到普遍的关注，但是并没有一个正式的定义，下面我们介绍一些相关的关键词，来帮助理解数学素质的概念．

①数学模式观．它认为数学是建立在经验基础上，通过从抽象到推理等多种数学活动，寻求研究对象的本质规律．这里的数学模式，即事物及关系的抽象表现形式，它概括地反映一类或一种事物的关系结构的数学形式．

②数学理性品质．包括符号意识，数量观念，逻辑思维能力，数学运算及操作能力，模式化包括量化及图化的能力．

③数学能力的内涵．可以粗略的将其概括为：创造——合乎规律的抽象，用数学符号表达解决问题的思想；归纳——从普遍现象中找出共同性，从个别事实中概括出一般规律；演绎——从已知事理中推知新的事实的逻辑性思维；模式化——对现象和过程进行合理抽象（量化或图化），抓住事物的结构特征和关系特征．

④数学能力的表现．主要涉及到三个层面，它们分别为：知识层面——具有一定量的数学知识；意识层面——具备数学的思维方式；表现层面——运用数学知识解决实际问题．

三、数学教育观的类型和不同视角

数学教育观是人们关于数学教育本质认识的集中体现．数学教育观的问题相对数学观的问题而言要更为复杂多样一些．在观念层面，当时占据主流地位的数学观和当时被普遍接受的教育观是决定特定文化背景下数学教育观的两大因素．本节简要介绍近代以来西方数学教育观的演变．

1．数学教育观的类型

根据英国学者欧内斯特的分类，可以将西方传统的数学教育观念划分为几大类，即严格训导的、技术实用主义的、旧人文主义的、进步教育派的和大众教育派的．这几种不同的数学教育观念都折射出时代文化、数学观与教育观的特色．

(1)严格训导的数学教育观

严格训导的数学观：强调数学是一个严格的真理体系，它由固定的规则构成；

严格训导的数学教育观：认为能力是由遗传因素所决定的，这种能力可以通过教育获得实现；

严格训导的数学教育观：是教师中心的，要求教师通过对学生实施严格的纪律约束实现教学目标.

另外，在学习方式上，严格训导派重视书面习题练习和机械学习. 在教学观念上，严格训导强调严格传授和强迫练习，通过数学教学，把学生训练为专心致志、刻苦学习并努力掌握知识的人.

(2)技术实用主义的数学教育观

其特点是把数学看做是无异议的有用知识体，其价值标准是实用主义. 可以把最初的技术实用主义看做是从传统严格训导群体派生出来的，与严格训导相似，技术实用主义认为学生的数学能力是先天固有的，需要通过教学才能显现其潜能.

在教学观念上，技术实用主义强调技能教学，认为激发学生学习的核心在于"教学艺术"，即技术与教育相适应的教学. 在数学教育界提倡技术实用主义的群体坚持数学教学的功利性，认为只要教给学生适当水平的数学，就可以为其未来就业的需要做好准备. 技术实用主义所表现出来的对数学技能的热衷以及对应用数学和数学建模的倡导，都是源于这种数学教学目的的支配.

(3)旧人文主义的数学教育观

其特点把数学看做是基于理性和逻辑的结构化的纯知识体，旧人文主义的数学观是绝对主义的. 旧人文主义把推理、理性和逻辑视为数学认识的核心，强调数学的结构、概念层次、严密性以及数学的文化价值. 旧人文主义与技术实用主义对应用数学的推崇恰恰相反，它认为应用数学是纯技术的，处于较低的地位.

在教学活动上，强调把数学当作一个广泛结构化的知识体加以理解和接受，教师的作用在于有意义地讲授和解释. 通过多种多样的教学方法和良好的师生关系，让学生经过深入的学习，理解并欣赏纯数学的知识和美学价值.

(4)进步教育派的数学教育观

进步教育派的数学观依然是以绝对主义为基底，表现为把数学看做是绝对的必然真理. 不过，在绝对主义的数学认识中，认为数学作为一种语言是主观知识、是人对真理的逐步接近以及突出个人在真理认识过程中的作用等，这是进步教育派进步的一面.

进步教育派承认个体数学能力之间差异的存在，倡导精心组织的教学情境，鼓励学生的自主探究和学习方法的多样性. 另外，受进步教育派的数学观的影响，进步教育派把数学的教育目的定位于，通过数学学习，促进人的全面发展，培养儿童的创造性和自我实现精神. 它所提倡的儿童是数学学习活动中的自发的探索者，以及要培养儿童对数学的自信心和积极性的见解，富有浓厚的人文主义色彩.

(5)大众教育派的数学教育观

大众教育观的基本理念是建立在"为所有人的教育"这一认识基础之上的，为此，大众数学教育观提出"为大众的数学"(mathematics for all)的口号. 大众教育派与上述几种数学教育观不同，它的主张是对当代世界各国数学教育运动影响最为深远的.

欧内斯特把大众教育观的数学观定位于可误主义和社会建构主义，并认为大众教育的数学课程反映了数学的社会建构本质，充分体现了社会在内的全面教育意义. 另外，大众教育的观点认识到不同种族、不同国家、不同性别在数学创造中的各自作用，所以，对于破除数学中的男性主义、欧洲中心主义观念有重要的价值.大众教育在看待数学时采用的是历史的和人文的视角,所以,数学文化传播的意义也有很大的积极性.

在数学教学与学习上,大众教育采纳了维果斯基等人提出的建构主义观点.通过数学教学的改革,进一步培养学生的创新思维、解决问题的能力和实践能力.大众教育更加提倡的是诸如问题提出、自主探究、研究性学习、师生互动、小组学习、开放式教学等教学或学习方式.

2.数学教育观的不同视角

上述几种数学教育观的类型从一定程度上反映出西方数学教育思想的演变.我们可以从数学教育通观、数学教育文化观和数学教育价值观这三个角度对数学教育观作进一步的探讨.

(1)数学教育通观

所谓数学教育通观,是指贯穿于数学教育整个过程的重要基本观念.还可以将其具体划分为数学教育目的观、数学教育知识观、数学教育课程观、数学教育教学观、数学教育学习观、数学教育人才观与评价观.

①数学教育目的观.整体来看,数学教育的目的观要解决的是为什么教的问题.我们希望在数学教育的过程中让学生获得什么?学生在数学的观念、知识、能力、素质等方面需要达到一个怎样的水平?

②数学教育知识观.总体上,它包括数学教育的知识形态、知识特征,数学教育知识何以可能的问题.其中,我们应该看到数学教育知识形态的社会性、历史性、主观性、客观性甚至政治性.另外,数学教育知识还有一个限定性问题,即知识的有效性范围,例如,一种对于大、中、小学生都有效的教学方法是不可能存在的;再如,不同教育阶段数学的知识特征不同,要考虑到数学认知结构与心理发展的谱系性.最后,数学教育知识的合法化问题包括数学教育的知识验证和论证.例如,数学教育的知识是怎样获得的?数学教育知识的可靠性是由什么保证的?数学教育共同体在数学教育知识的评价中起着怎样的作用?

③数学教育课程观.概括起来,数学教育课程观要解决的是教什么的问题.哪些数学知识是基础的和必需的?这些数学知识是以怎样的方式组织起来,并用什么形式呈现出来的?学生需要学会什么样的数学知识?社会对数学的需求可以在何种程度上在数学课程的设计中得以体现?

④数学教育教学观.概括起来看,数学教育教学观就是如何教的问题.数学教学活动的本质是什么?教师在教学活动中的作用是什么?教师应该如何有效地开展教学活动?

⑤数学教育学习观.数学认知的本质是什么?数学学习的本质是什么?数学知识是如何被学生掌握的?概括起来看,即如何学习的问题.

⑥数学教育人才观与评价观.什么样的人才是需要的和合格的?教的效果是怎样的?概括起来看,即教得怎样的问题.

在信息技术条件下,还有必要考察诸如数学教育媒体观的问题.

(2)数学教育文化观

可以把数学教育的文化观看做是数学教育哲学观的一个扩大的视角.具体看来,它应该包括两个方面的基本内容:数学作为一种文化的观念对数学教育的影响和作用,数学教育与整体文化的相互关系.

数学文化的观点坚持从社会文明进步和人类文化的高度对数学的价值、作用进行跨学科、全方位、系统的研究.在这样一种对数学的文化学解说过程中,不但要继续展示数学的哲学特征和科学特征，而且还要展示数学的人文特征、社会特征、艺术特征和历史特征.

数学文化的观念突破了传统上对于数学本质、功能和价值的基于科学本位的理解. 数学文化研究的评判标准，即自然、社会与人的和谐统一. 数学文化研究可以描绘包括人文、社会科学在内的所有科学的数学化发展趋势，并深刻表现数学的文化特征和人性化色彩，所以说，它对于进一步揭示数学的内在科学结构有很大的帮助作用.

数学文化的上述基本观点对于重新认识数学教育的本质与过程也都具有重要的启发价值. 比如，数学文化的历史就是一种广义的数学教育的历史. 从这方面来讲，对数学语言演化与发展的深入探讨，能够为数学教育课程改革的深化提供一个很好的切入口. 例如，我们可以着重从数学语言的角度进行课程框架的设计和内容的安排. 数学是一种模式与模型的见解，可以为数学课程的持续改革，尤其是数学建模的思想，提供一个基本的方向和思路，并进而为数学教育的改革与发展提供了必要的理论基础. 另外，对数学中具有超越单纯的科学主义知识价值的认识，还能够为在数学素质教育中把人文主义目标与科学主义目标加以整合提供理论依据.

整体文化与传统不仅以直接的和外在的形式对数学教育产生作用，而且以一种深层的、潜在的形式影响着数学教育，尤其是不能低估后者的作用. 例如整个社会价值观和价值取向，教师的各种观念(包括数学观、数学教育观等)以及学生的各种观念，都是某种特定社会结构下某种社会价值和文化心理的投射. 我们自觉或不自觉的认识或形成这种潜在的文化因素. 这些相互作用的、复杂的、综合的因素构成了具有中国特色的数学课堂的背景文化，直接或间接地作用和影响着数学课堂文化的形成、形式和基本表现形式以及一般特征. 数学教育中的东西方文化差异正成为一个重要的研究课题. 中国数学教师的数学文化观也是数学文化、传统文化、现代文化和西方文化等为基本成分相互交织、相互作用所形成的一个综合体.

可以将数学教育文化观扩大为数学教育的科学—社会—文化—历史观念. 它与数学教育哲学观的研究共同构成了数学教育观念研究的理论基础层面.

(3)数学教育价值观

数学教育价值观涉及很多层面，包括以下几个主要方面：

①要充分认识数学对社会进步、科技发展的重要价值和作用.

②要充分认识数学教育对培养数学人才和合格建设者的重要性.

③要看到数学教师的数学教育观念对数学教育行为的重要作用.

④要对数学问题解决、数学证明与推理、数学直觉、数学方法等的意义、作用、价值有深刻的理解.

⑤要看到数学教育价值的多样性特点，要对数学和数学教育的作用有一个客观、全面的评价.

四、教育数学与数学教育观

1. 教育数学观

数学教育包含有两个不同的侧面，即“数学方面”和“教育方面”. “数学方面”是指数学教育应当正确地体现数学的本质，它强调的是数学教育相对于一般教育的特殊性；“教育方面”指数学教育应当充分体现教育的社会目标并符合教育的规律，表明了数学教育相对于一般教育的共同性. 它们事实是构成了数学教育的基本矛盾. 无论是片面地强调上述哪一个方面，都将导致数学教育改革的失败，正确处理好两者的关系是搞好数学教育的关键所在.

作为一种新的数学教育观的反映，教育数学思想充分体现了我国基础教育课程改革的理念.

以教育数学思想为指导彻底改革现行数学教育内容与体系，形成新的数学教育思想与实践体系，是数学教育现代发展的需要.

教育数学的思想，古今中外源远流长.为了数学教育的需要，应对数学研究成果进行再创造式的整理，提供适合于教学法加工的材料.教育数学可与纯粹的数学与应用数学并列为第三研究领域，其任务是将纯粹的数学和应用数学中的成果加以改造以适合于学习者学习.教育数学是一门将数学的学术与应用形态转变为教育形态的学科.这门数学学科要遵循教育规律，针对不同的环境下的教育对象安排不同的通过改造的数学知识，以期达到各种不同的教育目标.对数学成果进行改造或再创造，提炼出适合供人们学习的各有侧重价值并体现数学本质的数学，使之成为每个人在不同时期可获得的必要的数学，使不同的人在数学上得到不同的发展.

数学知识，特别是作为数学教学内容的基础知识，是客观世界的空间形式和数量关系的反映.可以用不同的数学命题、数学结构、数学体系来反映同样的空间形式，同样的数量关系.为了适应和促进学生心理发展，使数学教育的内容达到较优或最优的反映方式，需要艰苦卓绝的努力，这需要数学上的再创造.

数学教育的重点放在数学上，即以传授严格的数学定义、公式、算法为主，并不符合社会发展对人的数学素质的要求，反而还会剥夺多数学生欣赏数学美的权利，使他们对数学的认识只局限于数字、公式、法则、定理、证明.同时，这也是我国应试教育体制的必然反映，少数人的成功抹杀了大部分学生的创造力及平等学习的机会，同时给学生、家长、老师、学校都带来沉重的负担和压力.

中国的数学教育应当把重点放在“教育”上，为所有的学生提供平等的、多元化的发展机会.数学教育要鼓励老师把主要精力放在研究设计有效的教学法上，以培养学生的创造力和独立解决问题的能力.

2.数学教育模糊观

(1)数学观、数学教育观的模糊层面

①数学知识是可误的.数学的发展是一个包含有猜测、错误与尝试、证明与反驳、检验与改进的复杂过程.科学哲学家拉卡·托斯提出了“数学知识是可误的”，即“数学知识是可以纠正的，且永远要接受更正”.卡尔马也认为，“数学并不是一门纯粹的演绎的科学，而是一门经验的科学，数学定理是将来要修改的相对真理，数学中有些真理可以直接检验而有些知识只能间接检验”.数学知识应是被创造的、被建构的、被发现的，是需要探索的.相应地，数学教学应是发现式、自主探索式、主动建构式的数学教学模式.

我们要勇敢地接受:数学的完全可靠性是不可能的!

②数学的本质在于思考的充分自由.“数学思考”已作为课程标准的总体目标之一，此目标旨在要求学生在面临各种问题情景时，能够从数学的角度去思考问题，发现数学现象，运用数学知识与方面解决问题.我国改革数学教育围绕“高考转”的应试教育是很有必要，也很紧迫的，营造一种自由、轻松、活跃、没有压力、充满活力的数学教育氛围才是正确的.

(2)数学教育内容的模糊层面

①作为教育内容和数学学科课程不是严谨的数学，难以做到严谨也没有必要做到，因而有时候只能相对模糊.按照义务教育的目的和要求，在基础教育领域，数学学科很难具有严谨数学的表现.在教学实践中，对于一个严谨的数学概念，我们要尽量使其通俗化、简单化、直观化，相对于严谨来说，这实际上就是模糊处理.这就是具体到抽象教学原则的应用.

②无可否认,数学内容是抽象的,然而,“数学抽象难度是一个具有多层次的模糊概念”.认识到这一点,可以启发我们的教学实践.我们很有必要面对数学抽象难度进行相对模糊处理.

③从数学知识的发展上,不确定性和选择性等模糊对象越来越成为数学重要的研究内容.现代数学的发展与模糊的存在有着很大的关系.数学是研究现实世界空间形式的数量关系的学科,我们要充分认识到现实世界中存在着大量的不确定性和机会选择等模糊现象的存在.

(3)教育教学方法的模糊层面

教无定法,因材施教,都从一定方面反映了教育方法的模糊层面.从另一层面来看,教学方法的核心在于教学活动.然而,活动具有模糊性,这就要求我们教师对待数学教学要充分备课、精心组织、不断总结.事实上,数学活动的过程就是学生对数学知识的认识从“模糊”到“清楚”的过程,但与传统的传授知识的教学不同的是,学生实现了对知识的自我构建.所以,数学教学方法的问题,实际上已经转化为数学教学活动的组织问题.

(4)数学课程标准理念的模糊层面

《标准》的总体目标被细化为四个方面:知识与技能、数学思考、解决问题、情感态度.作为数学工作者,应该充分认识到无论从数学的对象还是数学的内容,无论从数学的理论还是现实的生活,无论从数学思考还是情感态度,数学都有其模糊的层面.对这些方面认识清楚之后就能够积极面对改革,灵活运用教学方法,有效实现教学目标.数学模糊观理应成为一种数学教育观.

第三节　我国数学课堂教学研究

一、教学实验研究

近30年来,特别是20世纪80年代开始到90年代初,我国数学课堂教学法的改革实验研究如火如荼,出现了大量的新数学教学方法.下面我们着重介绍青浦教学实验,卢仲衡发明的自学辅导教学法,以及邱学华创立的尝试教学法.

1.青浦教学实验

上海市青浦县顾泠沅小组的“尝试指导、效果回授”教学模式,是经过多年的探索、验证、总结得到的.其基本步骤如下:

诱导—尝试—归纳—变式—回授.

下面我们对上述步骤进行详细介绍.

(1)启发诱导,创设问题情境

把问题作为教学的出发点.教师根据教材的重点和难点,提出牵动全堂课的、带有挑战性的问题,从而激起学生的认知冲突,造成一种使学生在迫切要求下学习的课堂氛围.

(2)探究知识的尝试

此尝试最重要的是充分发挥学生学习的主动性,改变以往学生被动的、单纯听讲的学习方法.学生在尝试过程中可以观察实验,类比联想,在议论和研究中发现新的知识、方法,从而实现解决所提出的问题的目标.

(3)归纳结论,纳入知识系统

组织学生根据尝试所得,归纳出有关知识、技能方面的一般结论,然后结合必要的讲解,揭示该结论在整体中的相互联系、结构上的统一性，纳入知识系统.

(4)变式训练

对前面获得的初步技能、概念，通过进行不同侧面、不同角度、不同背景、不同情形的变式训练，使学生从中获得概括的认识，并进一步深化，从而提高学生应变、概括、识别的能力.

回授尝试效果，组织质疑和讲解.教师随时搜集与评定学生尝试学习效果.教师及时回授评定的结果，有针对性地组织讲解.讲解是在学生尝试的基础上，解决疑难问题，从而帮助学生克服困难.

上述实验表明：

①采用该方法后，学生学习成绩显著提高，实验组与对照组成绩差异具有非常显著意义.

②运用尝试指导、效果回授等心理效应的教学方法，对于激发学生的学习动机，培养他们学习数学的兴趣有很大作用.

③采用该方法，能在不加重学生负担的前提下按计划完成教学任务.

④同时思维能力和阅读能力也相应的得到了发展，在解题思维品质方面，实验组学生明显地优于对照组学生.

⑤尝试指导和效果回授这两个实验因子不能偏废，应当相辅相成.

⑥各类型学校，词用此教学方法，同样能取得显著效果.

2.自学辅导教学法

中国科学院心理研究所卢仲衡教授的自学辅导教学法，吸收了程序教学和我国传统教学的优点，设计自学辅导教学，采取班集体和个别化相结合的教学方式，在教师的指导下以学生自学为主的教学方法，采用启、读、练、知、结的课堂教学模式."启"和"结"是由教师在开始上课和即将下课时向全班进行的，用时 15 分钟，中间 30 分钟不打断学生的思路，让他们读、练、知交替进行.快者快学，慢者慢学，学到课本中指令做练习处时就做练习，并可对答案.教师巡视课堂，发现个性和共性的问题，以便进行小结."启"就是从旧知识引进新问题，激发学生的求知欲望使其有迫切需要阅读课本和解决问题的要求."读"指阅读课文；"练"指做练习；"知"指当时知道结果，并且即时反馈.读、练、知三者可以交替."结"就是小结.在小结中，教师必须概括全貌，纠正学生的错误，使做题规范化，解决疑难问题，促使知识系统化.

自学辅导教学法应遵循如下 7 条原则：

①教师指导下学生自学为主的原则.

②启、读、练、知、结相结合的原则.

③班定步调和自定步调相结合的原则.

④自我检查和他人检查相结合的原则.

⑤增强学生的学习动机，提高学生的学习兴趣.

⑥利用现代化手段加强直观性原则.

⑦尽量采用变式复习加深理解与巩固的原则.

上述 7 条教学原则不仅规范了自学辅导教学的课堂教学，而且也为自学辅导教学扩大实验提供了理论依据.实验研究表明，通过自学辅导教学法，可以提高学生上课的注意力，减缓学生对知识的遗忘，可以提高学生对解应用题的分析能力、平面几何的推理能力、几何图形的知觉能力，有利于培养学生的创造性思维.

3.尝试教学法

江苏省特级教师邱学华从1980年开始进行小学数学尝试教学法的实验研究，并在教学实践中逐步形成一套基本操作模式，其教学程序分成如下7步骤：

准备练习—出示尝试题—自学课本—尝试练习—学生讨论—教师讲解—第二次尝试练习.

(1)准备练习

此为学生尝试活动的准备阶段.对解决尝试问题所需的基础知识先进行准备练习，然后采用"以旧引新"的方法，从准备题过渡到尝试题，发挥旧知识的迁移作用.

(2)出示尝试题

提出问题，也就是给学生尝试活动提出任务，让学生进入问题的情境之中.

(3)自学课本

为学生在尝试活动中解决问题提供信息.自学课本前，教师可以提一些思考问题作指导.自学课本时，学生遇到困难可以提问.通过自学，当大部分学生对解答尝试题有了办法，则进入下一步.

(4)尝试练习

其为学生尝试活动的主要环节.教师要及时了解学生的困难在哪里，为后面讲解提供信息.若学生尝试中遇到困难，可以继续阅读课本.

(5)学生讨论

在尝试练习中往往会出现不同答案，对此学生则会产生疑问，此时教师要及时引导学生讨论.

(6)教师讲解

帮助学生系统掌握知识的步骤.由于此时学生已经自学过课本，并亲自做了尝试题，从而对这堂课的教学内容已经有了初步的认识.教师只要针对教材关键的地方重点、学生感到困难的地方进行讲解即可.

(7)第二次尝试练习

在第一次尝试练习中，有的学生可能会做错，有的虽然做对了然而可能并没有弄懂原理.教师为了进一步了解学生掌握新知识的情况以及把学生的认识水平再提高一步，应该进行第二次尝试练习，该步对中差生特别有帮助.

采用尝试教学法，可以提高学生的自学能力，可以提高中差生的成绩.然而也存在以下局限：

首先，学生具备一定的自学能力为应用尝试教学法的前提，所以学生低年级应用范围较小.

其次，对于初步概念的引入课，不适宜采用尝试教学法.实践性较强的教学内容，不适合使用尝试教学法如面积的测量等.

二、课堂录像研究

1.跨文化的比较研究

梁贯成和黄荣金对香港和上海数学课堂教学进行了比较研究.以TIMSS1999录像研究的8个香港勾股定理教学录像作为数据.同时，根据TIMSS1999录像研究相应的要求，从上海9所初中拍摄了11节勾股定理教学课.

从课堂教学结构来说，一般都包括如下阶段：

引入、论证、练习.

(1)引入阶段

两地教师都重视对定理的探究发现,不同之处在于香港教师倾向通过动手操作活动来让学生发现面积关系,然后推出定理.然而上海教师通过检验勾股数组的数量关系来发现定理.从而学生主要关注数量的方面.因此香港教师通过几何表征来探索定理,而上海老师试图通过数量表征来探索定理.

(2)定理的论证方面

两地课堂最明显的区别在于上海教师十分重视数学证明,而香港教师更关注定理的直观确认.香港教师通过一些直观的操作活动帮助学生确认定理.而上海教师是先通过一些勾股数组操作启发学生给出一个关于直角三角形中三边关系的猜想,然后通过一些活动来帮助学生发现定理的数学证明.因此香港的典型论证是直观确认,而上海的典型论证是数学证明.

(3)课堂练习方面

香港,上海两地教师都强调变式训练.在香港主要集中在图形的方位和数字方面,这些方面都是可见的和显式的.上海课堂中题目的变化方式,不仅有同香港一样的显式方面,还有通过隐去题目中的部分条件来改变题目.而这些方面的变式不是显而易见的称之为隐性的变式.所以香港教师倾向于显性变式训练,而上海教师偏爱隐性变式训练.显性变式训练有利于应用公式的程序性知识的掌握,隐性变式训练有利于建立知识之间的联系,形成良好的知识结构.

莫雅慈和洛佩斯—里尔从 LPS 的视角进行比较,比较了香港和上海 6 位教师的数学课堂.他们利用两种编码对录像进行分析.第一种编码关注课堂组织,第二种编码研究教师的教学方式.我们经过研究有如下发现:

①香港的教师很少进行课堂总结;上海的教师把课堂总结看成是课堂的必需组成部分.

②两个地区的课堂在小组活动上存在明显的差别.上海的教师常用小组活动来展开教学,而且不同形式之间的转换十分频繁;然而香港的教师从不使用小组活动的组织方式,课堂上不同组织形式之间的转化也比较少.

③香港的教师很少使用探究的教学方式,而上海的教师经常使用.

2.个案研究

顾泠沅、周卫在中美数学教育高级研讨会上,发表了“从一堂几何课看数学教育改革行动”的主题报告,该堂课的内容为“正方形的定义和性质”,采用选择性行为观察技术、问卷调查及访谈技术、全息性客观描述技术,对教学现场与课堂录像进行个案诊断分析,从而指出:在大量常态课中,灌输式讲授正在被边讲边问所取代;课堂练习,练习水平由低到高安排,以小步、多次、勤反馈为原则;课堂问答,以推理性尤其是记忆性问题为主,问答技巧比较单一;学习动机,探究、创造动机有待加强;语言互动,教师主导取向的教学方式占有绝对优势.针对这些现状,制订了进入 21 世纪数学教育改革的行动方案.

李士锜和杨玉东对相距 10 年的两个教学录像带进行了比较分析,从而探讨教师教学行为、教学策略、教学观念发生的演变.录像中两堂课的内容都为“三角形和梯形的中位线性质”.研究采用的是质性和定量研究相结合的方法,对课的整体和细节进行了比较研究.对教师的教学行为,教学流程,教师提问的方式,教学中不同阶段的时间分配进行比较.通过比较两位教师的教学流程发现,两位教师在教学的基本理念、教学环节、教学指导思想方面都存在不同程度的差异.在课堂教学时间的分布方面,从定义揭示、定理导入、定理证明、解题练习、小结等 5 个环节作了时间统计及其每个环节所用时间在整个课堂中所占时间的百分比,研究发现:两位教师在“解题练习”和“定理证明”两个环节上差别并不大，然而在其余3个环节上的差别则比较大.从而反映了两位教师对学生“双基”训练的重视，也反映了教师对教学目标的理解有了改变，教师日益关注培养学生发现问题的能力，将课堂提问分成如下几种方式记忆性提问、管理性提问、机械性提问、批判性提问、解释性提问、推理性提问，然后对教师的上述6种提问方式作编码处理，得出各自在每个项目上的次数和百分比.研究表明，教师的教育观念和教学策略发生了变化，更加注重学生的参与，强调学生的主体性活动，同时也反映了当时的教学现状.

洛佩斯一里尔，莫雅慈，梁贯成和马顿利用LPS的方法，对上海一位具有20年教学经历的中学数学教师的课堂进行了研究，收集了连续10节课的录像.试图通过这些数据的综合分析，辨认出教师的教学“模式”.研究表明，教师每一节课的教学活动存在着差异，但是通过研究连续的课堂教学，把这连续的课堂看成一个教学过程的整体，则发现教师一个宏观的教学“模式”——基础与探究相结合的教学.在新的教学单元开始的时候，教师前一两节课以巩固基础知识为教学的起始点，采取相对传统的教学方式，接下来的课堂以此为基础，展开小步骤的探究活动，从而实现教学目标.

莫雅慈从LPS的视角，对上海的两位教师的课堂进行了个案性的解剖.调查研究表明：尽管上海的课堂从录像来看，教师控制着课堂，然而课堂上的习题都是教师精心设计的，学生在教师的引导下学习.在对教师的访谈中还发现，教师在教学中重视知识的基础和联系，让学生积极思考，有效规范学生的数学语言.在对学生的访谈中发现，教师的教学的学生的高度好评，他们喜欢这样的教学方式.莫雅慈得出结论，这种课堂教学特征决不能简单地归入“教师控制”的类别.

第四节　对我国中学数学教学的反思

从对我国数学教学特点的考察可以看出：我国的数学教学有诸多自身的优势，如注重新知识内部的深入理解，注重基本知识和基本技能的夯实等.但是，我国的数学教学也存在许多明显的问题和不足，归纳起来主要体现在以下几方面.

(1)重结果，轻过程

学生在教科书上看到的往往是拆掉了脚手架的雄伟壮观的数学大厦.一些教师上课时也沿袭着概念、定理、例题、练习这一传统教学过程，这是一种将火热的思考淹没在形式化海洋里的冰冷而美丽的数学.教师上课急功近利地将各种结论按照书本的呈现形式灌输下去，不告诉学生概念的来龙去脉、不带领学生经历数学定理的证明过程、不剖析数学解题的思维过程，只是一味地热衷于“题型＋方法”.学生被动地接受这些结果，死记硬背、机械模仿，不知道它们的发生过程，不知道它们的思维过程，因而对于知识没有相应的情境支撑和固着点.记住的只是形式的、演绎的陈述式结果，之后就是日复一日地利用这些结果的大量考试训练.数学在学生心目中成了枯燥、繁难、解题的代名词，学生从而会形成片面错误的数学观.

(2)重显性知识，轻思想方法

日本数学教育家米山国藏先生曾经说过：“不管学生们从事什么业务工作，惟有深深地铭刻于头脑中的数学的精神，数学的思维方法，研究方法，推理方法和着眼点等却随时随地发生作用，使他们受益终生.”可是现实的教学中，不少教师在讲台上滔滔不绝地讲授书本知识，津津有味地解数学题目，却很少去解释隐藏在知识背后的思想方法，甚至担心强调思想方法会影响数学教学的进度.而学生在学习数学知识之后，除了知道用它们来解数学题和应付考试外，很少在头脑中留下一般的可供迁移的方法论层面的数学思想.

(3)重知识点传授,轻知识网络构建

荷兰数学教育家弗赖登塔尔(Hans Freudenthal)认为:“任何孤立的事物都可以成功地教会.可是这种局部的成就不能说明什么问题.真正重要的是要了解这个题材如何与数学教育的整个主体适应,它能否成为整体中的一个组成部分.”布鲁纳(Jeronle Sevmour Bruner),也提出了数学教学的结构原则,即要选择适当的知识结构,并选择适合于学生认知结构的方式,才能促进学习.而现实中,许多教师只顾埋头将系统知识肢解为一个个知识点,一味追求知识点的讲深讲透,然后用大量的练习来巩固它,却忽视从中跳出来,通过立足知识点的知识链将所学知识串起来,使它们构成一个动态的知识网络和进一步学习的结构框架,从而导致学生在检索知识时困难重重,更不要说让学生去领悟“数学是一个有紧密内部联系的整体,网络内部和网络之间的联系将数学组织得非常有条理”,进而去树立正确的数学观和数学学习观了.

(4)重解题训练,轻能力发展

我们的解题往往是弗赖登塔尔称之为“跳伞者方法”的教学,方法像降落伞一样突然从天上掉下来.许多教师无论是在课上进行解题的示范还是在课后回答学生的问题,呈现的都是一种光鲜而严谨甚至是绝妙的解答,至于他是怎么想到的,碰到了哪些障碍,绕了哪些弯路,则一概省略.这样学生也许能模仿这类题的解法,但不能将它们迁移到新的情境中去,关键就在于教师的示范是一种教学法的颠倒,他将自己的思考过程倒过来叙述,呈现出严谨的逻辑推理顺序,学生当然只能亦步亦趋,而得不到什么能力上的发展了.

(5)重解答,轻反思

一个人对自身经历的活动的反思是提高认识水平,促进思维发展的重要途径,它对推动人们深入地认识事物的本质至关重要.教师上课满足于把知识讲到,把题目做完,却很少引导学生去反思自己的思考过程以及数学活动的结果,长期地满足于一招一式的学习必然会对学生的发展不利.

(6)重教学思路设计,轻学生思维诊断

有些教师一味自顾自地沿着自己预先设置的教学思路走,当有学生的回答不是他原先设想的情况时,他不是去思索学生的回答是否有理或有创意,而是一味地将学生诱导到自己事先铺设的思维轨道上来,对于学生的错误要么严厉批评,要么置之不理,却不去诊断学生的错误,思考其中合理的成分或规律性错误的成因,错失了许多教育的良机.进一步说,这是一种教师本位主义的主体体现,因为教师思想上没有考虑到作为学习的主体是学生,备课的时候仅仅是为自己度身设计了使出自己十八般武艺的场景,却没有根据不同学生的认知心理和复杂多变的教学实际去“备人”.

第四章　数学学习的理论及其相关问题

第一节　学习与数学学习

一、学习概念的辨析

影响和决定人类心理发展的主要因素为学习，学习是教育心理学中的一个术语，人们在很早就开始研究学习的问题了，然而其内涵与人们日常生活中的理解有所不同.一般在教育心理学学习理论中的“学习”则是从心理学的角度出发进行阐述的，即学习是指人类和动物所共有的一种心理活动.它泛指有机体因经验而发生的行为的变化，且该变化并不意味着改变后的行为比原来的行为更可取.

对于学习，心理学界的解释众多，归纳起来大致分为三类，即行为主义学派、认知心理学派及人本主义学派，它们对数学都存在不同的观点.尽管这些定义存在偏颇之处，然而它们却从不同的角度揭示了学习的性质，在某种意义上，也为我们研究学习提供了不同的视角.

在众多学者观点的基础上，我们可将学习定义如下：

学习是指在教育目标的指引下学习者因获得经验而产生行为变化的过程，既包括知识的获得、技能的习得、智力的开发及能力的培养，也包括情感、态度、观念的变化和行为、个性品质的形成或行为潜能上发生相对持久的变化.

这里有如下几点需要说明：

①不是所有的行为变化都是学习，积累知识经验基础上的行为变化才是学习.

②学习的结果产生行为的变化，这些行为变化可以是看见的，或者无法看见的.

③学习是一个渐进的过程.

④行为的变化不仅表现为新行为的产生，有时候也可能表现为行为的矫正或调整.

⑤学习后的行为变化不仅表现为实际操作上的行为变化，也包括态度、情绪、智力上的一些行为变化.

二、数学学习与数学教育

数学教学活动是师生双边的活动，它以数学教材为中介，通过教师教的活动和学生学的活动的相互作用，使学生获得数学知识、技能和能力，发展个性品质和形成良好的学习态度.在新的教育理念下，数学教师的角色从单一的数学知识的传授者向数学学习的组织者、引导者和合作者转变.这就是说，数学教育目标的实现，最终还是要通过学生的活动才能达到.教学活动中，学生处于学习的主体地位，当教材、教学手段和教学方法符合学生“学的规律”时，才能发挥高效率，产生最佳效果.所以说，在数学教育中，数学学习规律的研究处于基础的地位.

数学方法是认识事物和研究问题的有力工具，慢慢渗透到自然科学和社会科学等各个领域，许多的重大发现都是科学理论和数学方法结合的结果，所以说，数学学习的重要性也日益凸显.

为了培养数学人才、普及数学，许多数学家和数学教育家历来都十分重视研究学生的数学学习，探索数学学习的规律.美籍匈牙利数学家G·波利亚提出学习(数学)三原则，注重学生的学习过程，强调“猜测”、“发现”在数学学习中的重要性，认为“教师应当了解学习的方法和途径.”我国南宋末年的数学教育家杨辉，在《乘除通变本末》一书的上卷中有“习算纲目”一节，提出了他的数学教育主张，同时还提到“循序渐进与熟读精思的学习方法”，指出了如何学习数学，怎样培养学习者自觉的计算能力等，这是他研究数学学习方面的重要成果.我国现代数学家华罗庚，也结合自己自学数学的丰富经验，多次作讲演写文章向青少年谈如何学习数学，指导大、中学生和研究生进行数学学习与数学研究，从中揭示了数学学习的重要规律.

数学学习所要解决的根本问题，就是探索在学校教育的条件下，学生怎样获得数学知识、技能和能力，其中有什么规律.科学家钱学森说：“教育科学中最难的问题，也是最核心的问题是教育科学的基础理论，即人的知识和应用知识的智力是怎样获得的，有什么规律，解决了这个核心问题，教育科学的其他学问和教育工作的其他部门都有了基础，有了依据.”这一精辟的论述完全适合于数学教育的情形，即数学教育中最核心的问题.这反映了数学教育科学要以数学学习理论为基础，同时要求我们在进行数学教育及其研究的时候，不能离开学生的数学学习这一主体活动的基本规律.

数学学习的探索过程，主要在于揭示数学学习过程的心理规律，并符合学生的心理发展.因为不同年龄阶段数学学习的心理过程存在着很大差异，这就要求数学教材的编写与教学方法的运用要适应学生的年龄特征，并促进学生的心理发展.F.克莱因也曾经指出“教材的选择、排列，应适应于学生心理的自然发展.”这也充分说明了课程设置，教材编写应以数学学习理论为基础，要体现学生数学学习的规律等.

数学学习的心理过程，不仅是一个认识过程，它还交织着情感、意志过程以及个性心理特征等，这为数学教育提供了广泛的内容.人们在现在的数学教育中，对学生非智力因素和态度、精神的培养也是很重视的，不能不说是受到这方面的影响.可以说，对数学学习的研究，将会影响数学教育及其研究的广度与深度，直接对数学教育的效果造成影响.

当今数学教育研究蓬勃向前发展，它已不仅仅局限于研究数学的教，而且还研究数学的学与数学课程等.作为基础的数学学习理论，已越来越被人们所重视，研究已逐渐走向深入，这无疑有助于提高我国数学教育及其研究的水平.另一方面，教师教给学生的不只是“学会”，更重要的是“会学”.就研究数学的教和学以及课程而言，也已突破自身的范围，注意吸收和运用心理科学、教育科学等相关学科的有关理论，从多个方面、不同的角度对它们进行探讨.

第二节　数学学习的一般理论

一、数学学习的概念及特点

1.数学学习的概念

数学学习，是学生依据数学课程目标、根据数学教学目标、依托数学教材，在教师指导下进行的一种学科学习活动，是学校学习的重要组成部分，是学生通过获得数学知识经验而引起的持久行为、能力和倾向变化的过程.数学学习具有一般学习的所有特点，尤其是：

①以系统掌握数学知识的内容、方法、思想为主，是人类发现或发明基础上的再发现.

②在教师指导下进行，按照一定的教材和规定的时间内进行，为后继学习和社会实践奠定基础.

2.数学学习的特点

数学学习除具有一般学习的特点外，由于数学学习不同于日常生活中的学习活动，也不同于学校中的其他学科学习，因而数学学习具有与其他学科学习明显不同的突出特点.

(1)数学学习需要不断提高形式抽象与高度概括的水平

其他科学研究的是周围世界的物体、现象、过程的直接模型，是通过把这些物体、现象、过程理想化(抽象化和概括化)而获得的.数学与它们的不同就在于，数学是研究现实世界的空间形式与数量关系的科学，或者说数学研究的是模式和关系的科学，高度抽象性是数学的一个特点.而且数学中使用了形式化、符号化的语言，这给数学知识理解造成了一定困难，所以说，数学是高度抽象概括的理论，它比其他学科的知识更抽象、更概括.

这一切都说明了数学学习更需要积极思考、深入理解，需要不断提高运用抽象概括思维方法的水平.

(2)数学学习需要和有利于发展逻辑推理能力

数学是建立在公理化体系基础上逻辑极为严谨的科学，其逻辑结构由原始概念、数学基础和数学思想构成.数学教材是数学科学在教育上的投影，通常也是按演绎体系展开，略去了它发现的曲折的、艰辛的过程，为学生学习数学的“在发现”带来了一定的困难.另外，数学科学的体系是作为演绎体系展开的，学习它需要较强的逻辑推理能力.

在学习数学时，学生因通过再创造发现数学的逻辑结构，思考知识的发生、发展过程，又有利于发展学生的逻辑推理能力.鉴于数学的逻辑性强的特点，学生的已有知识在数学学习中具有更加重要的作用，更加需要学生主动学习.

(3)数学学习必须突出数学活动的特点

关于数学的活动方面，一般包括数学化、建构理论、理论应用三个阶段.其中，数学化包括提出问题，并提出解决问题的假设和思想；建构理论包括建立研究对象的模型和拟定所需工具；理论应用主要指拟定和应用所获得的规律性的知识解决实践问题和理论问题.

通过数学活动的学习，学生就会慢慢地学会分析、发现、概括、迁移，最终学会思考和学习.所以，数学学习必须突出数学活动特点，把学会学习与学会思考联系在一起.

3.新课程理念下学生数学学习的特点

(1)数学知识的特点

作为学生学习的数学知识，不应当是独立于学生生活的“外来物”，不应当是封闭的“知识体系”，更不应当只是由抽象的符号所构成的一系列客观数学事实(概念、公式、法则等).它大体上有以下四个特点：

①尽管数学知识表现为形式化的符号，但可以将它视为具体生活经验和常识的系统化，可以在学生的生活背景中找到实体模型.现实的背景常常为数学知识的发生提供情景和源泉，这使得同一个知识对象可以由多样化的载体予以呈现.另一方面，数学知识的形成过程有时可以在教师的引导下，通过学生的自主活动来体验和把握.

②数学知识具有一定的结构，这种结构进一步形成了数学知识所特有的逻辑顺序.而这种结构特征又不只是体现为形式化的处理，它还可以表现为多样化的问题以及问题与问题之间的自然联结和转换，这样，数学知识系统就成为一个互相关联的、动态的活动系统.

③知识的抽象程度、概括程度表现出层次性，低抽象度的元素是高抽象元素的具体模型.

④多数知识都具有两种属性，即它们既表现为一种算法、操作过程，又表现为一种对象、结构.

(2)学生数学学习的情感因素

有效的数学学习来自学生对数学活动的参与，而参与的程度很大方面取决于学生学习时产生的情感因素，如学习数学的动机与数学学习价值的认可，对学习对象的喜好，成功的学习经历体验，适度的学习焦虑，成就感、自信心与意志等.

(3)学生在数学学习中认知、情感发展阶段的特点

不同的个体，虽然其认知发展、情感和意志要素不完全相同，但相同年龄段的学生却有着整体上的一致性，不同年龄段的学生在整体上有比较明显的差异. 具体说来，小学低年级至中年级的学生更多关注“有趣、好玩、新奇”的事物. 结合这一点，学习素材的选取与呈现以及学习活动的安排都应当充分考虑到学生的实际生活背景和趣味性(玩具、故事等)，让他们感觉到数学学习的趣味，从而愿意接近数学.

二、数学学习的类型

关于学习的分类，在学习心理学中存在着各种不同的方法. 数学学习是一种特殊的学习，对数学学习进行分类是必要的.

1. 数学学习的等级分类

著名教育心理学家和学习实验心理学家加涅提出的八类型学习分类，是从简单到复杂、从具体到抽象、从低级到高级的学习等级分类. 据此，也可以将数学学习分为：

(1)信号学习

信号学习是由单个事例或一个刺激的若干次重复所引起的一种无意识的行为变化，它属于情绪的反映.

(2)刺激-应学习

刺激-应学习同样一种对信号作出反应的学习，不过它与信号学习是有区别的. 信号学习是自发的、情绪的行为变化，而刺激-反应学习是自觉的、肌体的行为变化.

(3)连锁学习

连锁学习是指两个或两个以上非词语刺激-反应学习的一个有序结合. 在数学学习中，某些带有一定操作性的技能学习也是一种连锁学习. 例如，利用直尺、圆规、量角器等工具进行画图或作图，制作几何模型，都是连锁学习.

(4)词语联想学习

词语联想学习与连锁学习一样，也是一种刺激-反应学习链，只是这条链上的链环是词语刺激-反应，而不是运动刺激-反应. 例如，数学学习中的记忆三角公式.

(5)辨别学习

辨别学习就是学会对不同的刺激，包括对那些貌似相同但实质不同的刺激，作出不同的识别反应. 辨别学习的困难主要在于以下情形：形式相同而实质不同的两个对象. 例如，直角坐标系中方程 $x=3$ 的曲线和极坐标系中方程 $p=3$ 的曲线，形式同但所表示的曲线却完全不同，前者是一条直线，而后者是半径为 3 的圆.

(6)概念学习

概念学习就是能够识别一类刺激的共性，并对词作出相同的反应的一个过程. 概念学习的特

点是抽取一类对象的共同特性,而辨别学习的特点则是识别一类对象的不同特性,这是两者的区别,在概念学习中,共性的抽取总需要有一定的区分能力.因此,辨别学习又是概念学习的前提.

(7)法则学习

法则学习是一系列概念学习的有序连锁,表现为能以一类行动对一类条件作出反应,它是一种推理能力的学习.法则学习是数学学习的一种主要类型.由于数学是一个演绎结构系统,它的所有结果几乎都是以命题的形式给出,而命题实际上是某种法则.

(8)问题解决学习

解决问题学习在加涅的学习分类体系中是层次最高的一类学习,它含有发明、创造的意思.所谓解决问题,就是以独特的方式去选择多组法则,综合运用它们,最终建立起一个或一组新的、更高级的、学习者先前未曾遇到过的法则.数学家所进行的研究工作一般来说都属于解决问题学习之列.

在数学学习中,只能将解答一般的常规性习题归入法则运用的范畴.只有当学生事先不知道,而是自己独立地利用先前所掌握的规律,推导得出,才算是解决问题的学习.

2.数学学习的二维分类

(1)机械学习和有意义学习

根据学习的深度可以将学习分为机械学习和有意义的学习两类.

机械学习,即死记硬背式的学习.它是指学生仅能记住某些数学符号或语言文字符号的组合以及某些词句,而不理解它们所表示的内涵.例如,对绝对值、相反数这些概念的理解,如果只是停留在表面上,仅记住公式$|a|=\begin{cases}a, & a>0\\0, & a=0\\-a, & a<0\end{cases}$,而没有理解此公式的含义,当$a<0$时,如不理解结果为$-a$的原因,在解$\sqrt{x^2-2x+1(x<1)}$时,仍会出现$x-1$这个错误答案;在化简$a\sqrt{-\frac{1}{a}}$($a<0$)时很可能出现$\sqrt{-a}$这个错误答案.不过,在数学学习中并不排斥机械学习,某些情况下还是需要的.

有意义学习,即靠理解的学习.它是指学生不仅能够记住所学数学知识的结论,而且能够理解它们的内在含义,掌握它们与有关旧知识之间的实质性联系.例如,反证法的有意义学习具体表现为:不仅会利用反证法证明一个数学命题,知道用反证法证命题,实际上是证明原命题的逆否命题,而且能够将反证法与先前已经学过的直接证法进行比较,指出它们之间的异同点.有意义学习结果的外显形式表现为学生能够融会贯通地运用数学知识,它的内隐形式则是学生数学能力的提高和智力的发展.所谓实质性联系,指用不同的语言或其他符号表达的同一认知内容的联系.

(2)接受学习和发现学习

根据学习的方式可以将学生的学习分为接受学习和发现学习两类.接受学习和发现学习是两种进行方式截然不同的学习.

接受学习,它是指学生以最后结论的形式直接接受所学的数学知识,其间不涉及学生自己的任何独立发现.

发现学习恰恰相反,学习的主要内容要由学生自己去独立发现,而不是由教师以定论的形式提供给学生.

显然,发现学习比接受学习复杂得多,所花费的时间精力也比较多.数学中有大量的内容既可以采用接受学习形式,也可以采用发现学习形式.例如,学习三角形内角和定理、外角的性质,如果由教师直接给出定理,然后给出证明,那么对于学生来说,这一学习过程就是接受学习.如果利用画、剪、拼、凑、量的方法,让学生去发现关于三角和、外角的性质,再给予几何证明的过程就是发现学习.

从数学教育心理学角度来看,对数学学习进行分类是非常必要的,这是因为不同类别的数学学习,在学习的条件、学习的过程、评价的标准等方面都会是不同的,对数学学习的尽量客观准确的分类有助于教师根据相应类别的数学学习特点,对学生的数学学习作出指导.

也可以依据不同的标准对数学学习进行分类.

(1)从学习内容的角度对数学学习进行分类.

数学学习内容可以区分为:数学公理、定义、概念、符号;数学定理、性质、公式、法则;数学技能(包括运算、处理数据、推理、画图、绘制图表等);数学思想、数学方法等.

相应地,数学学习也可分为:

①数学概念的学习.从逻辑学角度看,数学概念的学习就是要认清概念的内涵和外延;从心理学角度看,就是学会对一类刺激作出同样的反应.例如,对"整数"概念的学习,就是要知道整数包括正整数、负整数、0,其外延是:…,-2,-1,0,1,2,….当遇到具体的数时,会作出正确判断,如100、0、-4都是整数,$\frac{1}{4}$不是整数.

由于数学概念具有严密的系统性,后续概念一定是在先前概念的基础上定义的,因此数学概念的学习必须是循序渐进的.另外,对同一数学概念的学习也可以有不同层次,这是一个从粗糙到精确严谨、从表面认识到本质理解的过程.

②数学原理的学习.这是在数学概念学习的基础上,一种对概念与概念之间关系的学习.例如,"等腰三角形两底角相等"是一个数学定理,要在掌握"等腰三角形"、"底角"等概念的基础上才可以进行它的学习,而学习的重点则放在对"相等"关系的认识上(寻找为什么相等的理由).再如,"均值不等式"的学习,应当在掌握"算术平均数"、"几何平均数"等概念的基础上进行,而学习的重点应在对两者关系的认识上(即什么时候是严格的不等、什么时候相等).数学原理学习的结果是使学生可以用某种适当类别的行为样例对某类刺激情景的任何样例做出反应.例如,学生以一类行为$\left(\frac{2+7}{2},\frac{4+12}{2},\frac{8+1}{2}\right)$等对一类刺激情景($\sqrt{2\times7}$,$\sqrt{4\times12}$,$\sqrt{8\times1}$)等作出反应,其行为必然会因为"大于"这样一种关系而与刺激相联系.而支配这一行为的规则就是"算术平均数大于几何平均数".

③数学思维过程的学习.这一种是以数学思想方法为载体,以数学思维技能、技巧和数学思维策略为手段实现的学习.这里的数学思维策略是"动脑"的方法,是学生将已掌握的数学知识技能应用于问题情景的一些方法,而这些问题很有可能是学生以前没有遇到过的.

数学思维过程的学习主要包括以下内容:在阅读数学材料时如何使用"执行控制过程"引导自己的注意,有选择地知觉自己阅读的材料;如何整理、组织和记忆数学知识,在数学问题解决中,怎样寻找问题的关键信息;如何发现和组织相关信息,如怎样使用观察、试验等去发现数学问题的特征和规律,怎样运用比较、类比、联想等发现不同数学对象之间的内在联系;如何解释、转换问题的各种信息(如采用文字、符号、图表、图像等手段),怎样将已经尝试过的方法保存在头脑中，怎样权衡其假设的可能性，如何将目标进行分解，如何将部分综合成整体，在遇到困难时如何及时转换思路；如何通过解决具体问题而归纳概括出具有一般意义的思想方法，等等.

另外，数学思维过程的学习一定是在数学基础知识和基本技能的学习过程中体现出来的. 数学教学的主要目的之一是使学生形成良好的数学头脑，养成“数学地思维”的习惯，但是学生必须具备构成他们数学思维内容的数学基础知识和基本技能的坚实基础，学生无法在无知的状态下进行思考. 因此，数学学习中应当将主要的时间和精力用在基础知识和基本技能的学习上，这并不一定意味着就是忽视数学思维过程的学习.

④数学态度的学习. 数学态度，作为数学学习的一种心理和神经中枢的准备状态，是长期数学活动经验的结晶，对个体的数学活动产生直接的或动力的影响，其中包括兴趣、动机、性格等. 数学态度的学习是一个长期的、潜移默化的过程，是一种内隐学习，主要通过在数学知识学习过程中渗透数学的精神、思想和方法来实现. 因此，数学态度的学习主要依靠数学教学中数学精神的渗透力和感召力.

⑤数学技能的学习. 数学技能是一种通过学习而获得的自动性动作方式或操作系统. 数学技能主要是一种智力技能，以运算、推理和作图等方式表现出来，它的学习是通过反复练习来完成的.

尤其是数学学习的自我控制和调节技能，它们对数学技能的形成至关重要.

(2)从数学知识的来源对数学学习分类.

这种分类方法下将数学分为接受学习与发现学习. 有关它们的概念前面也提到过，这里不再赘述.

数学学习中的发现学习是客观存在的. 例如，当学生通过对若干具体三角形各内角的度量(这在计算机上利用几何画板软件是非常容易做到的)，发现“三角形内角和为 180°”的规律，然后通过严格的几何推理论证，证实了这个规律的普遍性，这就是一个发现学习的过程.

数学学习中，想要区分接受学习与发现学习，主要依据数学知识的来源，即是直接的经验，还是间接的经验. 如上述关于“三角形内角和为 180°”的学习，如果是事先给出了这一命题，学习的任务是以若干具体三角形的例证来检验其正确性或者通过几何推理证明命题的正确性，那么这一学习就是接受学习；如果学生事先没有被告知命题的内容，命题及其正确性都是通过学生自己的探索而发现和论证的，那么这一学习就是发现学习.

总的来说，学生的学习过程是一个新旧知识相互作用的过程，同化和顺应是学习的内在机制. 可以说，发现学习与接受学习同时存在于数学学习过程中.

三、人类学习的几种理论

人类对学习现象的研究源远流长，可以说，自有人类，就有学习，自有学习，就有对学习的研究.

在我国，古代的教育家和思想家，如孔子、孟子、荀子等论及的教育问题，都饱蕴着学习论的观点.《论语》一书中记载了孔子的教育思想和学习理论，其中“学而不思则罔，思而不学则殆”、“学而时习之”、“温故而知新”、“不愤不启，不悱不发”等，都体现着学习理论的思想.

在西方，一些思想家和教育家很早就研究人的学习现象，比如亚里士多德曾提出，人有理性的灵魂，通过学习达到完善的境界. 此外，16 世纪以后许多教育家、哲学家涉足学习理论的研究，如夸美纽斯、洛克、赫尔巴特、第斯多惠等，在他们的哲学和教育学著作中就有许多关于学习的论述.从新工业革命时期开始,西方人开始从心理方面研究人类的学习现象.

1.行为主义学习论

行为主义学习论起源于20世纪初,兴盛时期长达60余年,桑代克和斯金纳是行为主义学习理论的代表人物.桑代克是行为主义的重要代表人物,斯金纳是新行为主义学派的代表人物.

行为主义学习理论的核心是,将学习的本质解释为刺激与反应的联结.

对学习的联结说,有两种不同的阐释.桑代克认为刺激是引起反应的原因,反应是由刺激引发的结果.当学习者面临一个问题情境时,产生从一些可能的反应中选择某种反应的倾向,以求达到对问题解决的目标,这就是情境与反应之间的联结.而斯金纳则认为,学习的主要形式是操作性条件反射,学习是有机体(学习者)首先作出一种操作反应,然后得到强化(刺激),从而使受强化的操作反应的概率增加的过程.这两种不同的认识均来自对动物的实验.

行为主义学习观对教育产生过重要影响,直至今天,仍有许多教师持行为主义学习观,或者受这一观念潜在支配.对行为主义学习观我们要有以下几个方面的认识:

(1)数学学习不是刺激—反应的简单联结

事实上,数学学习主要是一种高级思维活动,并非简单技能或习惯的养成.数学学习是分层次的学习,对于一些简单材料的学习或对于复杂材料学习的开始阶段,可以用刺激与反应的联结作出解释;而当学习材料复杂程度增加需要高级智力参与时,就需要智慧性学习,主要依赖于人体从实践中抽取出概念并借助语言对此进行操作的能力,这用简单的联结性学习就不能解释了.

对于数学学习而言,可以将简单的技能训练视为刺激与反应的联结,即对于依据某种法则,有一套操作程序的技能训练,其学习的达成依赖于一定的练习量.譬如,有理数的运算、代数式的运算、解一元一次方程、解方程组等,均属于这种情形.所谓简单的技能,是指只遵循一种而不是多种规则的操作.如果一项操作要使用多个规则,或者要解决的问题并没有明示应当选择的规则,对它的解决就需要认知策略的介入,这就不是简单的技能了.因为数学对象具有抽象的形式化特征,所以,数学概念的形成、数学命题的获得以及解决复杂的数学问题,都需要高层次的思维,这种学习的复杂心理过程,用刺激—反应的简单模式也是不可能描述出来的.

(2)数学知识的习得不依赖于机械练习的数量

数学学习是建立在理解的基础上,而不是依赖于单纯的练习和重复训练.

有些人认为,刺激与反应在学习者头脑中形成了联结,而这种联结通过大量重复训练而巩固下来,就意味着习得.事实上,并非如此.大量的学习实验证明,对于复杂的知识学习,“联结”并不意味着习得,知识习得的根本在于理解.

(3)数学学习不是一种被动的接受过程

辩证唯物主义认识论认为,人对事物的认识是能动的认识,因而数学学习是学习者主动探索、思考消化,而不是慑于教师权威的行为.

行为主义强调外部的刺激作用,在教学中,教师是外部刺激的主控者,而学生就成为知识的被动接受者,处于学习的被动地位,很显然,这并不符合马克思主义的辩证唯物主义认识论.

2.认知主义学习论

认知主义学习论的实质在于,主张研究认知活动本身的结构和过程,揭示人们认知过程的内部心理机制.认知主义学习论的主要代表是格式塔、托尔曼、皮亚杰、维果斯基、布鲁纳、奥苏伯尔、加涅等.认知学派的学习理论就是由德国的格式塔学派发展而来的,它的模式为“输入—加工—输出”.

下面我们对认知主义的几种理论进行探讨.

(1)格式塔认知论

格式塔认知论者通过大量的实验归纳出学习是“知觉的重组”和学习顿悟说.他们认为,人类在接受外界信息时具有能动作用.当一个人知觉他的世界时,并未对具体事物产生逼真的映象,只有经过观察、选择、比较、区分、组合、完善,并把他自己的经验纳入前后的关系中去,把这一切看作是整体后,才能产生理解.例如,观察正方体图(图 4-1),如果你把顶点 x 视为视觉出发点,就会认为该图表示一个从顶上往下看的立方体;如果把顶点 y 视为视觉出发点,就会把该图理解为是由底向上看的立方体.从而说明了,在一个知觉过程中,人类可以应用自己的意志,选择性地调节对客观事物的判断.

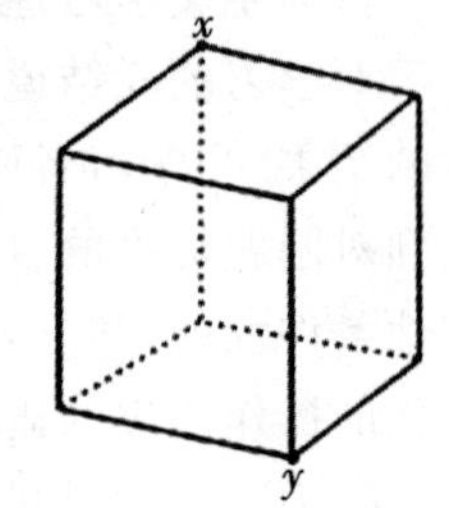

图 4-1 正方体两可图

格式塔认知论者认为学习的本质是学习者的知觉世界或心理世界的改组.人之所以产生学习行为,是人在能动地感知世界过程中,了解和掌握事物的各种结构,在伴随认知结构改变的同时产生某种特定的行为.因而,人类学习是有目的的、高于想象力和创造力的过程.

学习的顿悟说强调的是,人的学习就是人对情境进行感受、领会、理解、洞察从而产生顿悟的过程.学习者只有把握了整个情境后才能产生顿悟,学习者通过对情境的顿悟理解和解决问题,这是一种有目的的能动的学习过程.

(2)认知结构学习论

这个学习理论是布鲁纳提出的,其基本要点是:认知结构是所获得概念和思维能力的组合.较少的几个概念组成简单结构,加入新概念发展成为较复杂的结构,到了最高发展阶段,形成认知结构,包括全部概念和学科生成过程,与学科结构相一致.

学习者学习时,通过“发现学习”展示学科科学结构的过程,发现的过程就是获得各种结构的过程,也即学习的过程.学生学习时只要掌握了学科的基本结构,即学科内在的、相互联系的概念、定义、原理和法则,就可以通过这些联系掌握和运用学科知识.

(3)认知同化论

这个学习理论是奥苏伯尔提出的,其基本要点是:学习是学习者利用原有认知结构中与新学习知识有关的观念去同化新知识,将知识纳入认知结构,并对其进行改组和再构,形成新的认知结构的过程.

认知同化论还认为,人的良好的认知结构具有以下几个特性:稳定性——原有起固定作用的观念稳定、清晰;可辨性——原有观念同化新知识时,新旧观念的异同可以清晰辨别;可用性——面对新的学习问题时,原认知结构中有可以用来包容新知识的观念.

认知同化学习分为三类:上位学习——学习包摄性更高(原有观念类属于它)的观念;下位学习——新学习内容属于原认知结构中已有范畴;并列学习——原有与新有观念不是上位或下位关系,但它们之间存在一种内隐的、潜在的关系.认知同化学习是有意义的学习,新知识与原认知结构存在某种合理的或逻辑基础上的联系,新符号或所代表观念与原认知中已有意义符号,概念或命题有一定联系.有意义学习更多的表现形式是接受学习,学习者利用原有认知结构去吸纳新知识、内化新知识,从而构建新的认知结构.

(4)信息加工论

顾名思义,所谓信息加工论,就是将学习过程解释为人脑对信息的加工过程,包括信息的接收、贮存、加工、提取和输出过程.信息加工论的代表人物有美国学者加涅等.

环境刺激学习者的大脑感受器，通过感觉登记器进入短时记忆；被编码后，以语义的形式贮存下来，保持2～20秒；然后，经过复述和精加工，编码信息进入长时记忆.从长时记忆中检索出来的信息通过反应发生器，它具有信息转换或动作功能，这一神经传导信息使效应器活动起来，产生一个影响学习者环境的操作行为，从而完成信息加工过程.

认知主义学习论考虑到了学习的环境因素，人与环境是相互作用的，在这种相互作用中，人们认识环境，同时也改变自己的认识.与行为主义学习论相比较而言，认知主义学习论是一个进步.然而，其理论中也难免存在狭隘和片面之处.下面几点是对认知主义学习论的认识：

(1)单纯的“顿悟”理论不足以解释数学学习的全部心理过程.

人类的认知在很大程度上受元认知的支配和调节，为了达到思维的目标，人们的思维进程总是在自我的监视、控制和调节下展开的.在数学学习中，对概念、命题的认识是一个循序渐进的过程，尤其对于那些经过多次抽象而脱离实在原型的数学对象，往往要经过由表及里，由浅入深的理解过程，这种理解依赖于个人经验，带有强烈的个人意识，是一个不断提出假设、修正假设，逐步正确认识客观知识的试误过程.在解决数学问题的过程中，从对问题的表示到解题策略的选择，都是试误和顿误的交织与互补.与动物的不同在于，人类在学习或解决问题时的试误有一定的目的性和主观性，而非完全随意.

(2)认知学习论不关注人的非认知因素在学习中的作用.

认知学习论者研究的焦点是人类的认知因素，对诸如人的情感、动机、兴趣、意志、品格、情绪等非认知因素是不关心的.大量的研究表明，非认知因素对人的学习起着至关重要的作用，所以说，不研究人的非认知因素的学习心理学是残缺的.由此可以得出一个结论：在借鉴和应用认知学习理论时，还应对学习者的非认知因素展开研究.

(3)人的思维并不能完全用计算机模拟.

认知学习论者把人的大脑看作是一种和计算机一样的信息加工系统，用计算机模拟人类的认知行为，并且在模拟人类解决问题方面也取得了一些成果.但是，计算机完成任务的方式与人完成任务的方式并非完全相似.计算机只能模拟人的意识中具有操作性的步骤，但人具有大量的背景知识，使问题解决有很高的灵活性，人在解决问题中所进行的操作不会只限于一些具有操作性的步骤，所以，计算机在很多时候是不能达到的.

3.人本主义学习论

所谓人本主义，是指高度重视人和人的价值观的一种思想态度.人本主义学习论的基本观点是：人类先天就具有学习的潜能，教育应该以学生为中心，有效的学习只能产生于以自由为基础，自发的投入中.学生的学习应当在一种宽松的、没有威胁感的环境中进行，教师在组织教学时，只需提供学习活动的范围，让学生自由地去探索、发现结果，从而达到知、情、意三者并重的教学目的.

人本主义学习论虽然提出了学习过程中的人格因素，丰富了学习理论的内涵，但是并没有建立一套系统的学习理论.这就需要我们在实际教学中，既要肯定人本主义教育观积极的一面，又要对它的缺陷和不足有清醒的认识.可以从以下几个方面加强对人本主义学习论的认识：

(1)数学学习目标不是游离的

数学学习，一方面要经历数学概念、命题的产生与发展过程，体验数学的思想与精神；另一方面又要理解作为结果的知识.行为主义和认知论者更关注的是后者，而人本主义注重前者，更多地关注学习过程.作为“过程”学习目标是模糊的，难以测量的，目标呈现游离和不确定性，易造成数学教学内涵的缺失.

(2)数学学习不能脱离数学学科自身的逻辑体

严谨性是数学学科的一个基本特征，严谨通过逻辑来体现，逻辑使数学成为一种有序的结构.数学学习是不能脱离有序性的.然而人本主义者并不主张教学内容的系统性，他们认为呈现教材并不重要，教学内容的选取与编排应合乎儿童的兴趣和要求，重要的是引导学生从教材中获取个人意义.显然，这带有理想主义色彩，任何离开数学逻辑体系自由建构或跳出数学本体赋予个人意义，都是空中楼阁.

(3)数学教学离不开教师的主导作用

人本主义学习论强调以学生为中心，对教师的作用给予限定.但实际上，数学学科的抽象性决定数学学习不能只依赖于学生的“内发”，教师的“外铄”也是必要的.众所周知，一个数学概念的提出，一个数学命题的发现和证明，须经过数学家长期艰苦的探索，这种由成人(高智商成人)建构的抽象理论仅靠学生自发学习、自我建构往往是很难实现的.

4.建构主义及情境认知学习理论

建构主义教育观表述为：知识是发展的，是内在建构的，是以社会和文化方式为中介的.学习者在认知、解释、理解世界的过程中建构自己的知识，学习者在人际互动中通过与社会的磨合进行知识的建构.

20世纪90年代以来，学习的研究取向逐渐从认知转向情境，形成一种所谓情境认知理论.情境认知理论的本质是社会建构主义，不同的是，情境认知理论更强调学习是个体参与实践活动，与情境互动，因此倾向于用“情境”代替笼统的“社会建构”.

下面是对建构主义及情境认知学习理论的认识：

(1)建构主义学习论的积极意义

①学习是个体积极主动的建构过程，学习者不是被动地接受外在信息，而是主动地根据先前认知结构，建构当前事物的意义.

②这种建构过程是双向的.一方面，学习者通过使用先前的知识建构当前事物的意义，以超越所给的信息；另一方面，被利用的先前知识不是原样地被提取，而是根据具体实例的变异性，接受重新建构.要进行这种双向建构，学习者必须积极投入智力参与学习，必须保持认识的灵活性.

③学习者的建构呈多元化.由于事物存在着复杂的多样性，学习情感存在一定的特殊性以及个人的先前经验存在的独特性，每个学习者对事物意义的建构可以不同.

(2)情境认知学习理论的意义

把个人认知放在更大的物理和社会的情境脉络中，关注物理的和社会的场景与个体的交互作用，认为学习不可能脱离具体的情境而产生.情境是整个学习中重要而有意义的组成部分，学习受到具体的情境特征影响，不同的情境产生不同的学习.总之，情境认知学习理论倾向于从有效地参与探究和对话的实践来看学习，这对于培养学生的实践能力与创新精神是有积极意义的.

第三节　数学学习的基本过程

学习过程有如下两种基本的理论：

一种是以桑代克、斯金纳为代表的刺激一反应联结的学说，该学说认为学习的过程是盲目的、渐进的、尝试错误直至最后取得成功的过程，学习的实质就是形成刺激与反应之间的联结；

另一种是以布鲁纳、奥苏伯尔为代表的认知学说，该学说认为学习的过程是原有认知结构中的有关知识与新学习的内容相互作用，形成新的认知结构的过程，学习的实质是具有内在逻辑意义的学习材料与学生原有的认知结构关联起来，新旧知识相互作用，最终新材料在学习者头脑中获得了新的意义.

下面我们主要在认知学说的基础上研究数学学习的基本过程.

一、数学学习的一般过程

1.数学认知结构

学生头脑里的数学知识按照其理解的深广度，结合自身的感觉、知觉、记忆、思维、联想等认知特点，组合成的一个具有内部规律的整体结构称为数学认知结构，即数学认知结构就是学生头脑中的数学知识结构.

为了更加明确数学认知结构，我们从以下几个方面加以理解.

①数学认知结构是数学知识的逻辑结构与学生心理结构相互作用的产物.

②数学认知结构有其个性特点.

③数学认知结构具有层次性.

④数学认知结构是在数学认识活动中形成和发展起来的，随着认识活动的进行，学生的认知结构不断地分化和重组，并且变得更加精确、更加完善.也就是说，数学认知结构是不断发展变化的.

2.数学学习的一般过程

根据学习的认知理论，数学学习的过程是新的学习内容与学生原有的数学认知结构相互作用，形成新的数学认知结构的过程.按照认知结构的变化，可将数学学习的过程划分为四个阶段：输入阶段、相互作用阶段、操作阶段和输出阶段.

(1)输入阶段

输入阶段其实质为创设数学学习情境，给学生提供新的学习内容.在该学习情境中，学生原有的数学认知结构与新学习的内容之间发生认知冲突，从而使学生在心理上产生学习的需要，这是输入阶段的关键.

(2)相互作用阶段

在新学习的内容输入以后，学生原有的数学认知结构与新学习的内容之间相互作用，此时数学学习就进入相互作用阶段.学生原有的数学认知结构与新学习的内容相互作用有同化和顺应两种基本的形式.将新学习的内容纳入到原数学认知结构中去，从而扩大原有认知结构的过程称为同化；当原有认知结构不能接纳新的学习内容时，必须改造原有的认知结构，以适应新学习内容的过程称为顺应.这里需要指出的是：同化和顺应是学习.过程中原有数学认知结构与新学习的内容相互作用的两种不同形式，它们往往存在于同一学习过程中，只是侧重不同而已.

(3)操作阶段

操作阶段实质上是在第二阶段产生新的数学认知结构雏形的基础上，通过练习等活动，使新学习的知识得到巩固，初步形成新的数学认知结构的过程. 通过该阶段的学习，学生学到了一定的技能，使新学习的知识与原有的认知结构之间产生较为密切的联系.

(4)输出阶段

该阶段是在第三阶段初步形成新的数学认知结构的基础上，通过解决数学问题，从而使新学习的知识完全融化于原有的数学认知结构中，继而形成新的认知结构的过程. 通过该段的学习，学生的能力得到进一步的提高.

二、数学学习的特殊过程

1. 数学概念学习

概念是反映事物本质特征及其属性的思维形式. 实际上，人们在实践活动中，首先通过感知接受客观事物的各种信息，形成感性认识，再经过比较、分析、综合、概括等思维活动，抽象出客观事物的本质属性，从而形成关于该类事物的概念.

数学概念是从过去的经验或认识中归纳抽象出现实世界空间形式与数量关系本质属性的思维形式，从而使它们有效地适合于当前各种问题情境的一种结构. 构成数学概念的两个重要方面为内涵和外延，数学概念的内涵反映数学对象的本质属性，外延是数学概念所有对象的总和.

数学研究的对象是脱离了客观事物的具体物质内容而独立存在的数量关系和空间形式，所以与其他学科的概念相比，数学概念具有如下特点：

①数学概念的抽象形式化.

②数学概念的逻辑严密性.

③数学概念的表征符号化.

(1)原始概念的学习

原始概念即数学中不加以定义的概念. 十分显然，数学原始概念的外延最宽泛，是最高的属概念. 因为数学是用公理化思想方法整理而成的演绎体系，其各个分支均以原始概念为基础而形成了概念系统. 因此，数学学习是由原始概念学习逐渐进入到一般概念学习的.

数学原始概念的学习过程分为如下四个步骤：

①观察，即学生观察一些原始概念的肯定例证，从中获得更多的信息，形成对原始概念的初步认知.

②归纳，即归纳获得的信息，初步认知客观事物的本质属性.

③强化，即进一步考察有关的肯定例证和否定例证，通过比较，强化对本质属性的认识，获得原始概念的意义并形成论证.

④回忆，即让学生独立地举出应用原始概念的例子，从记忆中提取概念.

同时，在原始概念的学习中应该努力做到：

①学习原始概念必须认识原始概念所代表的事实，即客观事物的本质属性，理解它们的实际意义. 所以，要在观察、归纳的基础上加强理解，并在此基础上形成论证.

②原始概念的认知方式是顺应的过程，在学习中应充分调动学生已有的知识经验，使新学习的原始概念与某些意义联系起来，从而有利于学生掌握原始概念.

③应使学生认识学习的必要性，并了解原始概念在概念系统中的地位和作用.

(2)一般概念学习

一般概念的学习如下三种形式：

1)概念形成

概念形成，即在教学条件下，从大量具体的例子出发，从学生实际经验的肯定例证中以归纳的方式概括出一类事物的本质属性的方式. 概念形成的具体过程为：

①辨别一类事物的不同例子，概括出具体例证的共同属性.

②提出它们的共同本质属性的各种假设，并加以验证.

③把本质属性与原认知结构中的适当的知识联系起来，使新概念与已知的有关概念区别开来.

④把新概念的本质属性推广到一切同类事物中去，以明确其外延.

⑤扩大或改组原有数学认知结构.

这样，对初次接触的或较难理解的数学概念，采用概念形成方式能够降低学习难度.

2)概念同化

概念同化就是指学生在数学学习时，对直接用定义形式陈述的概念，以主动方式与其认知结构中原有的有关概念相互联系，相互作用，并领会新概念的本质属性，从而获得新概念. 概念同化的具体过程为：

①揭示概念的本质属性，给出定义、名称和符号.

②对概念进行特殊分类，揭示概念的外延.

③巩固概念，利用概念的定义进行简单的识别活动.

④概念的应用与联系，用概念解决问题，并建立所学概念与其他概念之间的联系.

这种教学过程比较简明，使学生能够比较直接的学习概念，所以被称为“是学生获得概念的最基本方式”.

3)概念形成与概念同化的比较与结合

综上可知，概念形成主要依靠的是具体事物的抽象，概念同化主要依靠的是学生对新旧知识之间的联系，并且概念形成与人类自发形成概念的方式接近，然而概念同化则是具有一定思维水平的人自觉学习概念的主要方式. 但是对于较难理解的或新学科开始时的一些概念，仍然采用概念形成的学习方式. 还需要注意：在概念学习过程中，概念形成与概念同化往往又是结合使用的，这样既符合学生学习概念时由具体到抽象的认识规律，掌握形式的数学概念背后的事实，又能使学生在有限的时间内较快地理解概念所反映的事物的本质属性，掌握更多的数学概念，提高学习效果.

(3)概念学习的 APOS 理论

美国数学教育学家杜宾斯基认为，学生学习数学概念是在进行心理建构，该建构过程需要经历如下四个阶段，下面我们就以函数概念为例进行具体说明：

1)操作阶段

理解函数需要进行活动或操作. 例如，在有现实背景的问题中建立函数关系 $y=x^2$，此时需要使用具体的数字构造对应：

$$2\to4;3\to9;4\to16;5\to25;\cdots$$

通过操作理解函数的意义.

2)过程阶段

将上述操作活动综合成函数过程.通常有 $x \to x^2$,其他各种函数也可概括为一般的对应过程:$x \to f(x)$.

3)对象阶段

该过程将函数过程上升为一个独立的对象来处理.

4)概型阶段

此时函数概念以一种综合的心理图式存在于脑海中,在数学知识体系中占有特定的地位.该心理图式含有具体的函数实例、抽象的过程、完整的定义,甚至和其他概念的区别和联系.

APOS 理论集中于对特定的学习内容——数学概念学习过程的研究,对数学概念所特有的思维形式“过程和对象的双重性”做出了切实分析,对数学学习过程中学生的思维活动做出了深入研究,正确揭示了数学学习活动的特殊性,从而提出了概念学习要经历“活动”、“过程”、“对象”和“概型”四个阶段.从数学学习心理学的角度分析,以上四个学习层次分析是合理的,反映了学生数学概念学习过程中真实的思维活动.其中学生理解概念的一个必要条件为“活动阶段”,通过“活动”让学生亲身体验、感受概念的直观背景和概念之间的关系.“过程阶段”是学生对“活动”进行思考,经历思维的内化、压缩过程,学生在头脑中对活动进行描述和反思,抽象出概念所特有的性质.“对象阶段”是通过前面的抽象,认识到了概念的本质,对其赋予形式化的定义及符号,使其达到精致化,从而成为一个具体的对象,在以后的学习中以此为对象去进行新的活动.“概型阶段”的形成要经过长期的学习活动来完善,起初的概型包含反映概念的特例、抽象过程、定义及符号,经过学习建立起与其他概念、规则、图形等的联系,在头脑中形成综合的心理图式.APOS 理论揭示了数学概念学习的本质,是具有学科特色的学习理论.

2.数学命题学习

命题即表示两个或多个概念之间的关系的语句.那么数学命题的标准形式为“若 P 则 Q",此为一种肯定对象在一定条件下具有某种属性的判断.由于判断可以真也可以假,因而命题同样可以真也可以假,数学上把真实性为人们所公认而又不加以证明的命题称为公理.在数学科学体系中,一般要求公理组具有无矛盾性、独立性和完备性,然而中学数学内容中,考虑到学生的接受能力,通常将一些公理体系以外的真命题称为公理,即不一定严格要求公理体系的独立性.在数学中,定理即根据已知概念和已知命题,遵循逻辑规律、运用推理方法已证明真实性的命题.所以命题学习实际上是学习若干概念之间的关系,也就是学习由几个概念联合所构成的复合意义,命题学习主要是指数学公理、定理、公式、法则和性质的学习.它包括发现命题;理解其语句所表达的复合观念的意义;论证命题就其复杂程度来说,它一般高于数学概念学习,是意义学习的一种最高形式.

命题学习实质为新旧知识相互作用并形成新的认知结构的过程.通常来说,新学习的命题与学生原有认知结构中的有关知识构成下位关系、上位关系、并列关系,对应三种关系数学命题就有三种学习形式,即下位学习、上位学习和并列学习.

(1)下位学习

这是新知识与学生认知结构中已有概念或命题之间的最普遍的一种关系,即新学习的内容从属于学生认知结构中已有的包摄性较大的观念,这种新旧知识之间的类属关系便称为下位关系.下位学习利用此下位关系,运用原认知结构中较高层次的知识作为新知识的固定点,通过分化联系掌握新命题的学习形式.在下位学习中,新命题揭示的概念与概念之间的关系是由原认知结构中概括水平较高的有关知识分化出来，并通过新知识的补充而形成的.学习的效率取决于认知结构中原有的几类属作用的观念的稳固程度，原有的观念越巩固，就越容易固定新学习的知识，因而学习效果也就越好.

下位关系有如下两种形式：

一种是派生的下位，即新的学习内容仅仅是学生已有的包摄面较广的命题的例证，或是能从已有的命题中直接派生出来的.此种派生的下位学习相对来说比较容易，可以直接从认知结构中已有的具有更高包容性和概括性的概念或命题中推衍出来，或本身就蕴涵其中，即新知识只是旧知识的派生物.派生下位学习所派生出来的意义出现很快，学习比较省力.

另外一种是相关的下位，新内容虽然类属于学生原有的具有较高概括性的概念中，然而新内容能够扩展、修正或限定学生已有的观念，使学生已有的观念得到扩展、精致、限制或修饰.

综上可知，两种下位学习的结果对原有的类属概念的影响是不同的.在派生下位学习中，新知识纳入原有的旧知识中，原有的概念或命题只是得到说明或证实，然而其本质并没有发生任何改变.而在相关的下位学习中，每次新知识类属于原有的概念或命题，原有的概念或命题便得到扩展、深化、精致或修改.因此，区别这两种类属过程的关键为原有概念或命题是否发生属性的改变.

下位学习是命题学习中应用较多的一种形式，在命题下位学习中，新命题涉及的概念之间的关系，从属于原认知结构中处于包容性和概括水平更高的有关知识，所以此种学习的方式主要是分化，学习过程就是充实、完善并形成新的数学认知结构的过程.

(2)上位学习

当学生原有的认知结构中已经形成了几个概括性程度较小的观念，现在要在这几个观念的基础上学习一个包容程度更大的命题时，从而产生了上位学习，即通过对原有认知结构中有关知识的归纳与综合，概括出新命题的学习形式.在对被提供的材料进行归纳组织或把部分综合成整体时，均要进行上位学习.

上位学习是通过对已有的观念的分析和比较，归纳出其间的联系和规律，从而发现新的数学命题，此时原有的认知结构改造成为新的认知结构.

(3)并列学习

在上位学习和下位学习中，新定理均与原有认知结构中的观念有着直接的联系，因此新定理中的关系易揭示，且学生易获得.然而并列学习则没有这种直接的联系，所以学习起来难度相对较大.寻找新定理与原有认知结构中的有关定理的联系，使得它们能够在一定意义下进行类比为并列学习的关键所在.在并列学习中，概念之间的关系是通过类比处于并列关系的旧定理中的概念之间的关系获得的.

3.数学认知策略学习

学生从学校毕业后，研究数学和教授数学的人极少，使用数学的人也不太多.这样看来，对那些将来和数学不打交道的绝大多数学生来说，是不是就没有必要学习数学了？实际上，很多数学教育家已经意识到，数学知识中蕴含的数学思想方法在学生未来的工作和生活中应用更加广泛，所以数学教学应加强数学思想方法的教学.其实，数学思想方法是一种特殊的学习结果，现代心理学将其称为认知策略.

(1)数学认知策略的性质

我们不妨先从数学教师熟悉的数学思想方法谈起.例如在“一元二次方程的根与系数的关

系”教学时，教材首先要求学生求出几个一元二次方程的两个根 x_1, x_2，再计算 x_1+x_2, x_1, x_2 的值，具体操作，如表4-1所示.

要求学生填完表4-1，在引导学生根据上表格中的数据猜测一元二次方程 $ax^2+bx+c=0(a\neq 0)$ 两根之和、两根之积与方程的各项系数 a、b、c 之间的关系. 根据几个特例归纳猜想形成结论，当然，该结论不一定正确，所以，还要通过一元二次方程的求根公式去加以证明，从而得出韦达定理.

表4-1　求一元二次议程根的操作

方程	系数			两个根	两根之和	两根之积
	二次项系数	一次项系数	常数项	x_1、x_2	x_1+x_2	x_1x_2
$x^2-5x+6=0$						
$x^2-2x-3=0$						
$2x^2-3x+1=0$						
$4x^2+3x-1=0$						

在上述教学过程中，除了韦达定理这个具体内容以外，还蕴藏着“归纳——猜想——证明”的数学思想方法.“归纳——猜想——证明”这一思想方法，与求方程的两个根、两根之和、两根之积以及韦达定理证明等数学运算并不一样，它是在这些数学运算以外控制和调节这些数学运算的. 求出了第一个方程的两个根以及两根之和、两根之积后，根据归纳的基本要求，必须要有多个方程的根与系数的信息，所以此时还需计算其余几个方程的两个根、两根之和、两根之积以及系数；计算出所有四个方程的根与系数的信息后，提炼上述方程的根与系数的共同特征，进行数学猜想，推测一元二次方程根与系数之间的关系；形成猜想以后，还要检验、证明这一猜想，要么确认它，要么推翻它.

易知，求方程的两个根、两根之和、两根之积的运算是数学学习活动中的认知过程，“归纳——猜想——证明”的思想方法就是对上述认知过程进行组织、控制和调节的. 从中我们不难看出，数学思想方法作用的直接对象是内在的学习或认知过程. 加涅就把过程控制和调节自己注意、学习、记忆和思维的内部心理过程的技能称为认知策略.

通过上述分析可知，数学认知策略实质上是一种技能，或者称程序性知识，它对数学学习过程起着控制和调节的作用，更为形象地说，这一技能是为完成某个学习目标而组织调用有关数学知识的，数学思想方法大都属于数学认知策略.

(2)数学认知策略的习得

数学认知策略本质上属于程序性知识，其习得要服从程序性知识习得的规律，要经历从陈述性知识向程序性知识的转化过程. 然而，数学认知策略又属于一种对内调控的程序性知识，其习得与数学概念学习、数学命题学习是有区别的. 基于数学认知策略的这种特殊性，可将数学认知策略习得过程分为下述三个阶段.

1)孕育阶段

该阶段是学生在数学知识与技能的学习过程中，接触蕴含数学认知策略的例子. 此时掌握数学知识、获得数学技能为学生学习的主要目标，并没有明确意识到知识技能获得过程中蕴含的思想方法，只是在数学知识与技能学习过程中附带体验数学思想方法的运用. 该阶段持续时间较长，学生接触和体验数学认知策略的例子也比较多，然而这些仅是体验而已，并没有上升为明确的认识.

化归法是一种重要的数学思想方法，它是将陌生的问题化为熟悉的问题、未知的问题化为已知的问题、复杂的问题化为简单的问题的方法.学生若要习得该方法，在数学学习中必须先要接触大量化归法的例子.

2)明确阶段

该阶段是学生明确意识到所学内容中蕴含的数学思想方法.在孕育阶段，学生已学习了很多蕴含数学思想方法的例子，该阶段，学生要对这些例子进行有意识地比较与分析，从这些不同内容的例子中抽象提炼相同的思想方法.进行该种抽象提炼活动，要以学生能同时注意到这些例子为前提，研究发现，工作记忆是建立新知识的内部联系、新旧知识之间联系的地方.因此，例子与例子之间的类同，例子与数学认知策略之间的联系，都要借助工作记忆.在工作记忆中加工处理的信息是人们能直接意识到的，因而在明确阶段，学生同时注意到这些例子是数学认知策略学习得以进行的重要条件.

该阶段学生学习过程本质上是从例子到规则的.从这些意义上讲，数学认知策略学习应采用从例子到规则的学习.

3)应用阶段

该阶段是学生练习运用已经明确的数学认知策略，从而形成控制和调节自己的数学认知活动的技能.数学认知策略学习也要进行变式练习，在练习中不断获得反馈，数学认知策略学习有如下特点.

①变式练习范围广泛.数学认知策略是描绘人类思维活动的规律，有很高的概括性，可解释很多领域的思维活动.同样一个数学认知策略，可适用于数学学科的多种内容，甚至可应用于物理、化学等其他学科中.

②练习内容必须为学生所熟悉.对呈现给学生的练习题，学生要具备相关的原有知识，若内容不熟，他们也会难以运用策略.若要进行数学认知策略练习，只有等到学生对不同领域的数学知识都比较熟悉时才能进行.这也说明数学认知策略的教学不应过早进行.

③学生在练习中必须获得信息.具体地说，学生在练习中必须获得数学认知策略运用的条件和效益的信息，以作为以后选择数学认知策略的依据.人们在策略训练研究中发现，教会学生执行某种策略程序比较容易，然而教会学生主动运用策略比较困难.造成这种现象的原因有两个：一是学生没有认识到策略运用的条件，虽然已经掌握许多策略，在碰到具体问题时还是不知运用哪种策略；二是学生在练习中没有体会到运用策略给他们的学习与解题带来的效益，没有意识到运用策略可以有效解决问题.若学生在学习中感受到策略运用带来的便利和快捷，他在后续内容学习中会倾向于继续运用.

4.数学情感领域学习

改变传统教学注重知识传授的倾向，从知识与技能、过程与方法、情感态度与价值观三个维度重新制定课程目标，在重视传统教学对认知能力的培养的基础上，特别重视对学生非认知品质的培养.

(1)数学情感领域学习的性质

我们所讲的情感领域，是指作为学习结果的情感、动机、态度、意志等非认知的因素.在数学教学中，教师需要培养的主要非认知因素.

1)自我效能感

人们对自身完成既定行为目标所需的行动过程的组织和执行能力的判断称为自我效能感.它与个体拥有的技能无关,然而与个体对所拥有的能力能够干什么的判断有关系,相当于我们经常讲的自信心.

自我效能感是影响学生学习行为的重要因素如下.

①自我效能感影响学生选择学习任务.通常来说,学生倾向于避开超出自己能力的学习活动,选择自己有能力完成的任务.有研究者认为,对自己能力估计过高,会使自己选择力不能及的任务,会因无法完成任务受到挫折伤害;对自己能力估计过低,则会限制自己潜能发挥而失去奖励的机会.因此,我们应对自己作出稍稍超出自己能力的评价,这样既能促使我们去选择具有一定挑战性的任务,又能为能力的发展提供可能.

②自我效能感影响学生学习的坚持性.有人研究发现,自我效能感强的学生,在困难的情境中会投入更多的努力,学习得更好;但在他们认为是容易的情境中,会付出较少的努力,学习得很差.即学生自我效能感越强,会付出越多的努力,学习持续时间也会越长.

③自我效能感影响学生的思维方式和情感反应.自我效能感强的学生,在遇到困难时不会表现出太多的焦虑和痛苦,更多地去考虑外部环境的特点和要求;在遭遇失败时,倾向于将其归因于自身努力不够.自我效能感弱的学生,在遇到困难时,会表现出较多的焦虑,而且过分关注自身的缺点和不足;在遭遇失败时,与能力相当但自我效能感强的学生相比,倾向于将其归因于自己能力不足.

2)态度

态度是习得的、影响个人对特定对象作出行为选择的有组织的内部准备状态或反应的倾向性.即态度只是一种内部的准备状态,即准备作出某种反应的倾向性,但并不是实际反应本身.

现代心理学认为,态度是由认知成分、情感成分和行为倾向成分构成的.认知成分是个体对态度对象的观念,情感成分是个体在对态度对象认识的基础上进行一定的评价而产生的内心体验,行为倾向成分是个体对态度对象准备作出某种反应的倾向.

在数学学习过程中,学生在教师的教法、他人的看法及自身的体验等多种因素的影响下,形成了一些有关数学的态度.这些态度,有些是积极的,有些是消极的.

3)情感

情感是客观事物与人的主观需要之间关系的反映.人有生理、安全、归属与爱、自尊、认知、审美及自我实现七种需要,前四种属于缺失性需要,需要得到了满足就不再存在,后三种属于成长性需要,这类需要得到满足后还会有进一步的需要.

数学课程给人类提供了从数量和空间的角度认识世界的思想和观念,以满足人们的认知需要,并产生理智感.同时数学课程中又蕴含了许多美的因素,以满足人们的审美需要并产生美感.审美需要是在认知需要的基础上出现的,因此数学课程中的美感是更为高级的情感体验,我们可将数学课程中的情感教育目标归结为审美感受的获得和体验.

在数学教学中,我们可让学生感受数学美,具体包括:

①简洁美.这包括计算过程短、推理步骤少、逻辑结构浅显而明确、数学表达准确而简明等.

②奇异美.这是指作出的结果或有关的发展出乎人们的意料之外,从而引起人们极大的惊诧和赞叹.

③和谐美.这是指部分与部分、部分与整体之间的和谐一致,其中一种主要表现形式是对

称美.

(2)数学情感领域学习的规律

1)自我效能感形成的规律

自我效能感的形成至少要经历两个阶段:先要获得有关自身能力水平的信息,后对这些信息进行认知加工,形成对自身能力的知觉.通常情况下,学生是通过以下四种渠道获得自身能力的信息的:

①自己的成败经验,这是最有影响力的信息来源.

②他人的成败经验,又叫替代性经验.

③他人的言语说服.

④自己的生理状态.自己的生理状态也能传递有关自己能力的信息.

对来自不同渠道的信息,学生需要考虑加工的因素不尽相同.

①对自己成败经验的认知加工.在获得自身成败经验的基础上,学生要考虑到任务的难度,付出的努力以及获得外部帮助的多少等因素来作出自我效能感的判断.通常来说,在简单任务上的成功不大会增强自我效能感;在困难任务上的成功则有助于提高学生的自我效能感,付出很少努力就完成了困难任务,意味着水平很高,付出艰苦努力才获得成功,意味着能力低下,这不大可能提高自我效能感.另外,若学生认为自己的成功受外部环境因素控制,学生只有在获得极少外部帮助的情况下完成困难的任务,才有助于提高自我效能感.

②对替代性经验的认知加工.在用他人的成败经验来判断自己的能力时,学生主要从如下两个方面考虑.

第一个方面是自己与榜样的相似性.如果学生认为自己与效仿的榜样非常类似,则榜样的成功经验有助于增强学生的自我效能感,如某个同学看到与自己学习差不多则他也会认为自己有这个能力.

第二个方面是学生从榜样解决困难问题中习得了榜样所使用的策略,而且这种策略十分有效,导致榜样取得成功,那么掌握这种策略的学生也会提高自我效能感.

③对说服性信息的认知加工.说服者对学生能力的评价能否为学生接受,变成学生自己对自己能力的评价,要看说服者的信誉及其对活动性质的了解情况.另外,如果劝说者有顺利完成学生要完成的任务的经验,而且有客观评价他人的丰富经验,则劝说者对学生能力的评价也容易被学生接受.

④对生理性信息的认知加工.对生理状态信息的加工,一方面体现在对生理状态原因的分析上.若学生将某种生理状态视为由能力不足引起的,这会消弱自我效能感;若学生将某种生理状态视为常人都会有的经历,这会增强自我效能感.另一方面,一定的生理状态在记忆中总是与不同的事件联系在一起的,体验到了某种状态,会回忆起与之相连的事件,回忆起的事件会对自我效能感判断产生影响.

2)态度改变的规律

态度的学习包括两个方面:

①形成先前未有的态度.

②改变已经形成的态度.

从心理学角度看,态度改变具有以下规律.

①认知失调是态度改变的必要条件.个体具有一种一致性需要,即维持自己观点或信念的一

致.若个体的观点或信念不一致,就称之为认知失调,认知失调出现以后,个体会在一致性需要的推动下,试图通过改变自己的观点或信念重新获得一致.在此过程中,个体态度有可能会发生变化.

②观察模仿榜样是态度形成与改变的有效方式.这里选择出来的观察模仿榜样,往往体现了一定的态度或一定的行为选择模式,并且榜样的态度还受到了一定奖励.这样就会替代性地在学生身上产生强化作用,即学生也倾向于模仿榜样的行为选择,从而习得相应态度.榜样可为活生生的人.

③直接强化行为选择是态度形成与改变的有效途径.对学生的行为选择进行直接强化有助于态度的形成与改变.

3)审美感受获得的规律

对一定事物的情感是以对该事物的认知为基础的,在这个基础上,再运用一定的标准对这一认识进行评价,从而就形成了情绪情感体验.

对数学美的感受,其心理过程也大致如此.首先,学生要对蕴含数学美的数学学习内容进行一定的认知加工,这种认知加工可以具体化为运用数学概念和规则进行推理、计算等活动.在认知加工活动中或者认知加工活动结束之后,学生运用一定的审美标准对自己的认知活动的过程与结果进行评价,若符合自己的审美标准,就会产生审美体验.这里所说的审美标准可以是我们在前面提及的和谐、简洁、奇异等外在标准,也可以是学生运用自己设定的标准或自己原有的相关知识经验进行评价.

第四节　数学学习的记忆与迁移

相信每位学习者都不仅是希望通过数学学习掌握一些基本的数学知识和思维方法,而更加希望把它们应用于进一步的数学学习中,应用于其他学科(如物理、化学等)的学习中,这些都是以记住所学的数学知识和达到数学学习中的迁移为前提的.所以说,数学学习中的记忆和迁移一直是数学学习论研究的重要课题,在数学教育中具有重要的意义.

一、数学学习的记忆

1.数学记忆的概念

数学学习包括知识获得、知识保持、知识再现三个阶段.数学学习记忆是学生学过的数学知识、经验在头脑中的反映.在知识保持的阶段,学生可通过记忆将获得意义的新知识保留在头脑中,从而便于在需要的时候及时提取并加以运用.因此,数学记忆是数学学习的重要一环.对于学生的数学学习来说,离开了记忆,学生的数学能力就不可能得到发展,因而,数学记忆是一种非常重要的技能.

从形式上来分,数学记忆可以分为机械记忆、理解记忆和概括记忆三种.这三类记忆不仅形式上不同,而且层次上也不同.

(1)机械记忆

机械记忆是最低层次的数学记忆.即学生只能按照数学事实、数据、定理、概念、法则等所表现的形式进行记忆.

这种记忆尽管在数学学习中也是必需的,然而这种记忆必须发展、上升到理解记忆,否则会很快遗忘，即使记住了，也难以在适当的情况下提取出来.

(2)理解记忆

理解记忆是记忆的第二个层次.即学生根据对数学学习材料的理解，运用有关的知识、经验进行记忆.

要达到理解记忆，需要做到以下几个方面：

①所学习的数学材料必须有意义，即材料所代表的客观事物的空间形式和数量关系能和学生的某些知识、经验建立一定的联系.

②在理解记忆时要理解所记忆的数学材料，即认识所学习的材料代表着什么样的空间形式和数量关系，和自己的哪些经验有关.

我们常说的要在教学中揭示概念的背景知识，从记忆的角度来看，这种方式就是为了学生理解，达到理解记忆.

(3)概括记忆

概括记忆是最高层次的数学记忆.必须在理解的基础上，把所学习的材料进行概括，对其一般模式的概括进行记忆.实际上，学生在理解了所学的数学材料后，建立了和原有数学知识、经验的联系，概括成为一般的模式，从而成为概括记忆.

从能力上来说，机械记忆能力和学生的数学能力并没有太大关系.然而，理解记忆和概括记忆却和学生的数学能力有着密切的关系，数学能力强的学生往往采用的是理解记忆和概括记忆，而数学能力弱的学生则在概括意义上表现较差.

2.数学记忆的过程

研究数学记忆过程有助于帮助学生掌握记忆规律，从而使所学的知识不遗忘或尽量少遗忘.对数学记忆过程，有各种不同的说法，前面提出了三个层次的数学记忆，其实，从数学记忆的发展来看，它展现了数学记忆的过程.从一开始的机械记忆，上升到理解记忆，最后达到概括记忆.认知心理学认为，记忆的过程是人脑加工信息的过程，即信息的输入、编码和检索的过程，如图4-2所示为数学记忆的模式：

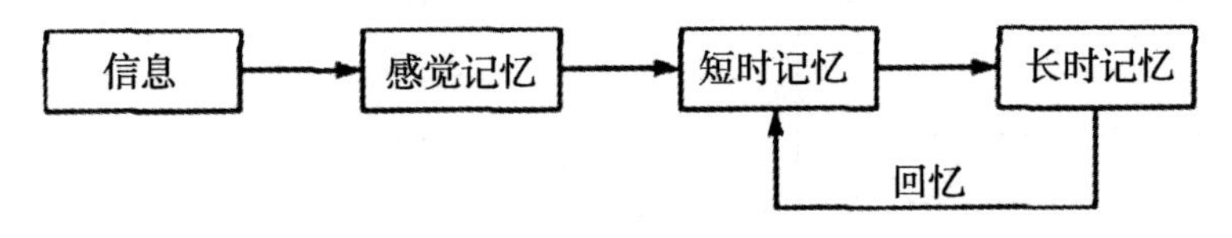

图4-2　数学记忆模式

以奥苏伯尔的认知—同化理论来分析数学记忆过程，那就是：如果数学学习是改变原有数学认知结构，建立新的数学认知结构的话，那么记忆则是保持数学认知结构.

数学知识的获得阶段即新知识和原数学认知结构相互联系，获得新意义的阶段.获得阶段是数学记忆的第一步，所以其在整个记忆过程起着至关重要的作用，若原有数学认知结构中的有关数学知识、经验本身不巩固或者根本没有适当的知识、经验，那么这样获得的意义一开始就含糊.研究表明，新意义的获得和个人当时的态度、倾向密切相关，因此，一般在获得阶段它们很可能成为导致记忆错误的主要原因.同样知识水平的学生，由于认知态度、倾向的不同，获得的意义则可能不同，“个人不同的认知结构，比学习材料本身在决定意义的内容方面有更大影响”.

数学知识的获得阶段，即数学知识输入原数学结构以后，新知识和原数学认知结构中的有关知识发生相互作用，原数学认知结构得到了改造，学生获得了新的意义，然而这种新旧知识的相互作用并不是在知识输入时新的意义一出现就结束，而是还在继续进行.这种继续进行的相互作用即为数学记忆过程的心理机制.

数学知识的保持阶段是指保持获得的意义，即保持新知识与原有数学认知结构的联系，意义保持并非是那种机械吸收，而是新知识和原数学认知结构继续相互作用的过程.从信息论的观点来看，就是对新知识进行加工、编码、储存.保持阶段是导致意义获得的同化过程的后一阶段，新意义不仅被保持下来，而且新意义产生了如下两方面的变化：

①新获得的意义更加稳定.

②新意义以与数学认知结构中特殊的观念相连的方式保持在认知结构之中，使新知识更有条理性.

为了保持新知识和与原数学认知结构的联系，应该进行强化和复习，否则新知识和原数学认知结构的联系就会脱离，从而失去所获得的新意义.

数学知识的再现阶段即把保持的意义提取出来.这不仅和被保持的意义同它的原有数学认知结构中的分离程度有关，而且和学生当时的任务、兴趣、情绪状态等有关.

3.记忆规律在数学学习中的应用

十分明显，数学记忆也是有规律可循的.在数学学习中，应该不断与遗忘作斗争，加强数学知识的保持.通常情况下，我们应该注意下面几点：

①明确记忆的目的和任务.

②理解所学的知识内容并概括成系统.

③合理安排复习.

④借助直观形象和语言的作用加强数学记忆.

例如，行列式的性质：把行列式的某一行乘以同一个数后加到另一行上去，行列式值不变.仅从文字上记住这个性质对于学生来说比较困难，然而在理解的基础上，用以下更加直观的方式表示，记起来就十分容易了.

$$\begin{vmatrix} \cdots & \cdots & \cdots & \cdots & \cdots \\ a_{i1} & a_{i2} & a_{i3} & \cdots & a_{in} \\ \cdots & \cdots & \cdots & \cdots & \cdots \\ a_{j1} & \cdots & \cdots & \cdots & a_{jn} \\ \cdots & \cdots & \cdots & \cdots & \cdots \end{vmatrix} = \begin{vmatrix} \cdots & \cdots & \cdots & \cdots \\ a_{i1}+Ka_{j1} & a_{i2}+Ka_{j2} & \cdots & a_{in}+Ka_{jn} \\ \cdots & \cdots & \cdots & \cdots \\ a_{j1} & a_{j2} & \cdots & a_{jn} \\ \cdots & \cdots & \cdots & \cdots \end{vmatrix}$$

若用三阶行列式作代表，那就更容易记了.

$$\begin{vmatrix} a_{11} & a_{12} & a_{13} \\ a_{21} & a_{22} & a_{23} \\ a_{31} & a_{32} & a_{33} \end{vmatrix} = \begin{vmatrix} a_{11} & a_{12} & a_{13} \\ a_{21}+Ka_{11} & a_{22}+Ka_{12} & a_{23}+Ka_{13} \\ & a_{31} & a_{32} \end{vmatrix}$$

因为语言是概括的，可以利用语言把复杂的事物概括起来，从而记忆也就变得更加容易.

⑤在发展中巩固知识.

所谓在发展中巩固知识，是指在新知识的学习中复习巩固旧知识.新旧知识是相互联系的，在新知识的学习中，复习旧知识，不但使新知识的学习有了基础，而且使旧知识在数学认知结构中更加牢固.在发展中、在广泛的知识背景中把握数学知识间的联系，不仅能理解深刻，而且还记得牢固.

二、数学学习的迁移

1.数学学习迁移的概念

所谓迁移,就是一种学习对另一种学习的影响.迁移是数学学习的一个重要方面,学习能够迁移,这是学习中的普遍现象.

(1)顺向迁移和逆向迁移

顺向迁移,即先前学习对后继学习的影响;逆向迁移,即后记学习对先前学习的影响.

(2)正迁移和负迁移

一种学习对另一种学习,起促进作用就叫正迁移,起干扰或者抑制作用就叫负迁移.

(3)纵向迁移和横向迁移

纵向迁移,即将习得的内容作为更高一级内容的学习基础,前后学习不在同一层次,表现为:或是从易到难、由简单到复杂、由低级到高级的阶梯渐进式迁移,或是由高向低、由一般到特殊的分化式迁移;

横向迁移,即把习得的内容应用于类似的新情境中去,前后学习处于同一层次,表现为举一反三、触类旁通.

由此可以看出,让学生在各种不同情境中运用某种东西,有助于形成横向迁移能力,从而为纵向迁移打好基础.

2.迁移的一般理论

一种学习中的什么东西在何种条件何种原因下影响了另一种学习是研究迁移的最基本的问题,对这个问题的不同回答形成了历史上不同的迁移理论.

(1)传统的迁移理论

传统的迁移理论主要有以下几种:

①形式训练说.形式训练说源于古希腊罗马时期,是最早的迁移理论.它形成于17世纪,盛行于18～19世纪,但在20世纪初以后,不断遭到来自心理学实验结果的驳斥.该学说认为,组成“心”的各个官能通过训练可以提高其能力,并能将这种官能的提高自动迁移到其他情境中.传授知识远不如训练官能重要,知识只是训练官能的材料.

②相同要素说.鉴于形式训练说的局限性,桑代克于20世纪初提出这一学习迁移说.该学说认为,只有在原先的学习情境与新的学习情境有相同要素时,原先的学习才有可能迁移到新的学习中去,而且迁移的程度取决于这两种情境系统要素的多寡.

③概括说.概括说是贾德针对要素说的不足而提出的一种学习迁移说.贾德通过实验指出,迁移的重要条件是学生能够自己概括出一般原理.概括说也叫泛化理论,所谓泛化理论,就是指学生能够把自己在一种情境中得到的经验“泛化”,并把它们运用到另一种情境中去.所以,为了使学生能够迁移,应该重点放在让学生思考可能被泛化到各种情境中去的那些特征上.

④关系转换说.关系转换说又叫转化理论,这是格式塔学派提出的一种学习迁移说,该学说认为,学习迁移是一个转化或关系转换的问题.在他们看来,一种情境中手段—目的的整体关系是迁移的基础.也就是说,产生迁移的原因,并不是两种情境之间存在着作为零碎成分的迁移要素,而是由于两者之间存在着相同的关系、型式或完形.格式塔学派强调学习者必须发现两种情境之间共同的关系或完形,通过理解而不是机械记忆来学习,迁移才能产生.

⑤学习定势说.这是目前最为流行的迁移理论之一,它的奠基人是哈罗.学习定势说认为,学生通

过学习获得的学习方法、态度或策略是可以迁移的.学习定势理论可以认为是关系转换说的一种替代,该理论认为新问题的解决不是通过顿悟来实现的,而是通过学会学习的能力迁移实现的.

上述每个理论局面在克服之前迁移理论的不足的基础上,又都各自提出了各个理论所强调的某个方面.

(2)现代迁移理论

现代学习理论研究者从知识分类的角度,提出了三种有价值的迁移理论.

①认知结构迁移理论.它是由奥苏伯尔首先提出的一种与陈述性知识学习相对应的认知结构迁移理论.所谓的"为迁移而教",实际上是塑造良好认知结构问题,注重设计"组织者",通过"组织者"来增强新旧知识之间的可辨别性,充分利用先前学习的稳定性和清晰性及对后来学习的固着点作用.

②产生式迁移理论.其由安德森提出的一种与程序性知识学习相对应的产生式迁移理论,认为两种技能学习产生迁移的原因,是两种技能之间"产生式"的重叠.

③元认知迁移理论.它是一种与认知策略学习相对应的元认知迁移理论,认为学习者的自我评价和自我调节是影响迁移的一个重要因素.

这些迁移理论都从不同侧面反映了学习迁移某种实质性特点,都有积极的作用.教师在校内教学活动时,要合理利用迁移知识,针对不同的学习内容和学生特点,在课堂教学中充分运用上述迁移理论的合理思想,促进学生学习迁移的发生.

3.促进迁移的策略——类比迁移

通过前面的学习,我们已经知道了迁移的一般理论主要想解决的是解决什么内容在什么条件下以及为什么这些内容会产生迁移的问题.而促进迁移的策略则主要是解决怎么样更好地促进迁移的发生问题.即我们不仅要关心迁移的对象和原因,更要关心促进迁移的方法和策略.为了搞好数学学习,我们应当在数学学习中充分发挥正迁移的作用,防止负迁移的产生.促进正迁移的方法和策略比较多.考虑到发现问题和解决问题是数学与数学学习的特点都不能缺少的,这里特别提出促进迁移的有效策略——类比迁移,即借助类比方法进行学习迁移.

类比迁移是一种用解决熟悉问题的方法去解决某个新问题的问题解决策略,目前对于它的研究比较广泛.也就是当人们遇到一个新问题时,常常想起一个过去已经解决的相似的问题,并运用源问题的解决方法和程序去解决新问题.

类比迁移又分为横向类比迁移和纵向类比迁移.所谓横向类比迁移,就是在一些情况下,类比迁移发生在具有相同结构特征的两种不同的概念领域之间;所谓纵向类比迁移,就是指在另外一种情况下,类比迁移发生在相同或者非常接近的概念领域的不同层次之间.比如,学生观察式子$\frac{x_i-x_j}{1+x_ix_j}$的结构特征,就会发现它与熟悉的三角公式$\tan(\alpha-\beta)=\frac{\tan\alpha-\tan\beta}{1+\tan\alpha\tan\beta}$具有相同的结构,通过构造映射$x=\tan\alpha,\alpha\in\left(-\frac{\pi}{2},\frac{\pi}{2}\right)$,就可以把新问题的解决归结到源问题的解决上去,这是一个横向类比迁移的例子,类比迁移就是发生在数式与三角公式两个不同领域的概念之间.又如,当学生遇到靶问题"任意$n+1$个实数总有2个数x_i、x_j,满足不等式$0\leqslant\frac{x_i-x_j}{1+x_ix_j}<\tan\frac{\pi}{n}$,联想到已经解决的熟悉问题"任意7个实数总有2个数x_i、x_j,满足不等式$0\leqslant\frac{x_i-x_j}{1+x_ix_j}<\frac{1}{\sqrt{3}}$,这是一个纵向类比迁移的例子,这种类比迁移就发生在相同概念领域的不同层次之间.

在数学学习中，运用类比促进迁移的途径很多，归纳起来，主要有数式与数式、数式与图形、离散与连续、有限与无限、低维与高维等.

第五节　数学学习中的智力因素与非智力因素

智力因素和非智力因素是影响数学学习的内部因素. 在数学学习过程中智力因素和非智力因素二者不可或缺，只有智力因素与非智力因素协同发展，才会产生好的学习效益. 以下就影响数学学习的这两种内部因素分别给以介绍.

一、智力因素

智力是保证人们成功地进行认识活动的各种稳定心理特点的综合. 它主要是由观察力、记忆力、想象力、思维力和注意力五种基本因素组成的，其中观察力是基础，思维力是核心. 在数学学习过程中，思维力和想象力开始分化，逐步形成逻辑思维能力和空间想象能力，成为数学能力的组成部分. 智力因素直接承担着加工和处理信息的任务.

二、非智力因素

所谓非智力因素，是有利于人们进行各种活动的智力因素以外的全部心理因素的总称，它主要是由动机、兴趣、情感、意志、性格五个基本因素组成的. 非智力因素不直接参与加工和处理信息的过程，它只是推动知识的加工和处理，发挥动力性作用. 非智力因素中，学习动机、学习兴趣、学习意志等对学习进程影响较为关键.

1. 学习动机

学习动机是指个人的意图愿望、心理需求或企图达到目标的一种动因、内在力量. 它是直接推动学生学习的一种内部驱动力. 动机产生于需要，人有了某种需要，就产生满足需要的愿望. 当有了能够满足他们这种愿望的条件时，就产生了行动的动机和积极性. 学习是人类社会和每个人的需要. 中学生学习数学，既是国家、社会的需要，也是个人的需要. 从需要出发，才能有效地培养与激发学生的学习动机.

学生的学习动机一般有“追求成功的动机”和“避免失败的动机”两种. 追求成功的动机指企图运用自己的才能，克服学习上的障碍，完成学习任务，取得优异成绩的学习动机. 陈景润在读书时，听了关于哥德巴赫猜想故事的讲解后，产生了学习数学的强烈愿望，这就是一种追求成功的动机. 追求成功的动机是积极的动机，相对说来，避免失败的动机是消极的动机. 同时，种种实验表明，追求成功的动机大于避免失败的动机时，往往容易取得好成绩. 反之，就不容易取得好的成绩. 所以要激发和培养学生积极一面的动机，以达到促进学习的目的.

2. 学习兴趣

学习兴趣是学生对学习活动和学习对象的一种力求趋近或认识的倾向，是内部动机中最现实、最活跃的成分，是推动、激励学习最有效的动力. 兴趣是人们爱好某种活动或力求认识某种事物的心里倾向，它和一定的情感相联系. 兴趣是在需要的基础上产生，在生活实践过程中逐步形成和发展起来的. 浓厚的兴趣，是学好数学的重要因素. 诚如爱因斯坦所指出的那样：“兴趣是最好的老师，它永远胜过责任感”.

兴趣又可以分为直接兴趣和间接兴趣两种. 直接兴趣是对事物本身感到需要而引起的兴趣.

间接兴趣只对这种事物或活动的未来结果感到重要,而对事物本身并没有兴趣.间接兴趣和直接兴趣在数学学习中都是必要的,它们之间也是有可能转化的.我们在教学中,应尽可能通过多种途径有针对性地培养学生学习数学的兴趣.正如波利亚所说:教师有责任使学生信服数学是有趣的.

3.学习意志

意志是人们为实现某个预定目的进行自觉努力的一种心理活动过程.良好的意志品质具有主动性、独立性、坚持性和果断性,它们是学好数学的必要条件.

在学习数学的过程中,会遇到种种困难.怎样坚定信心,继而认真对待困难并战胜困难,从而获得知识、技能和能力,这期间经历的就是一个意志过程.只有培养学生顽强的意志和坚韧的毅力,才能学好数学.不少后进生在学习中不是充满自信、自尊、自重,而是自疑、自卑、自弃;不是知难而上,而是见难就退.这是缺乏坚强意志的表现.

那么怎样培养学生学好数学的意志呢?重要的就要经常结合教学,进行学习目的性的教育,激发学习责任心,帮助他们树立坚强的信念.同时,坚强的意志是在困难中形成的,教学中要有意识地创设一些困难情境,让学生磨炼自己的意志.在学习中严格要求,在遇到困难时予以指导、鼓舞,以逐步提高他们的学习意志.

从上面的讨论可以看出,学习数学是一个十分复杂的心理过程,涉及学生自身的认知结构、智力因素和非智力因素等多个方面.除了受到智力因素和非智力因素等内部因素影响之外,数学学习还受教学方法、教育观念以及文化传统等外部因素的影响.研究分析的结果认为:也许正是由于教学模式上的区别(一种是强调问题情境、鼓励学生积极探索、充分发挥学生能动性的教学;一种是强调基础知识、基本技能、以讲授为主学生被动接受的教学)造成美国学生在过程开放题上的成绩比中国学生的成绩好,而中国学生在计算题、简单文字题、过程受限题上的成绩比美国学生的成绩好.

第六节　数学学习的原则与方法

一、数学学习的原则

数学学习原则是用以指导数学学习活动的基本原理和准则.它是从数学学习的实践和数学学科理论的分析中概括出来的,它反映着数学学习的特点和一般规律.在贯彻中,它受到诸如培养目标、教学规律、人的认识规律以及学习者本人情感、意志的多方面影响.认真贯彻数学学习原则不仅有利于教学质量的提高,而且有利于养成学生良好的学习习惯,掌握科学的学习方法,使学生在学习知识过程中不断发展自己的能力.

1.数学思维能力自我培养原则

数学思维能力是指逻辑思维能力、形象思维能力和直觉思维能力,它既包括抽象概括的能力,也包括观察、实验、类比、归纳的能力以及猜测、想像、反驳的能力.

数学是与思维联系密切的科学.无论是充满机智和活力的数学创造,还是一丝不苟的逻辑推理都是思维的结果.可以说,没有思维就没有数学的产生与发展,也就没有数学.对于数学的学习而言,数学思维能力的培养和提高至关重要,但这种能力的获得和提高主要不是来自老师的教导,而是来自学生本人的自我培养.对于学习的研究表明,学生实际上是根据新的经验来建造自己的思维方式的，只有当学生本人能形成适合自己理解能力和智力状态的思维方式时，数学的学习才变得富有成效．也只有这时，学生才会根据面临的不同实际问题，不断调整自己的思维方式和思维结构，训练自己的思维能力，并用灵活的方法去解决旧问题，开拓新的学习方向，因此数学思维能力的自我培养原则，应当成为数学学习的首要原则．

通常数学思维的自我培养原则有以下几点要求：

(1)提高数学思维能力放在首位，获取知识放在第二位

要求学生在数学学习中把提高数学思维能力放在首位，而把获取知识放在第二位．爱因斯坦说过："人们解决世上的所有问题是用大脑的思维能力和智慧，不是搬书本．想像力比知识更重要，因为知识是有限的，而想像力概括着世界上的一切，推动着进步，并且是知识进化的源泉．"

爱因斯坦所说的想像力、思维能力和智慧在数学上就是数学思维能力．爱因斯坦的话表明，我们在数学教学中应当注重思维能力的培养，不应当让数学的学习沦为仅是数学知识的积累和技能的培养．从另一个角度讲，社会对受过数学教育的人的大部分需要是他们的思维能力(数学脑瓜)而不在于他们的数学专业知识．为了满足社会对人才的需要，我们必须把提高数学思维能力放在首位，并用这种思想去组织数学教学活动．

(2)重视数学基本思维方法的学习

数学中有许多基本的思维方法，例如，抽象思维方法，包括弱抽象思维法、强抽象思维法、构象化抽象思维法、公理化抽象思维法．

逻辑思维方法，包括归纳的方法、分析的方法、演绎的方法、类比的方法．

形象思维方法，如几何形象思维法、类几何形象思维法等．这些基本的数学思维方法是数学学科的精髓，对它们的学习与掌握永远是数学学习的重要任务．我们必须在具体的教学过程中，根据不同的教学内容和教学对象，有的放矢地对学生加以培养，以帮助他们掌握基本的思维方法、提高思维的技巧．

(3)培养思维的严密性

严密性是数学思维的显著特点之一．爱因斯坦曾说过："为什么数学比其他一切科学受到特殊的尊重，一个理由是它的命题是绝对可靠的和无可争辩的，而其他一切科学的命题在某种程度上都是可争辩的，并且经常处于会被新发现的事实推翻的危险中．数学给予精密的自然科学以某种程度的可靠性，没有数学，这些科学是达不到这种可靠性的．"而数学的这种可靠性，所依靠的正是它的严密性．没有严密性，数学就不能保证它的每个结论的"正确性"．因此，在数学学习中，应当努力养成思维的严密性，做到思维缜密、证明有据、表达清楚、层次分明、语言精确．

但要求思维的严密性不等于否定猜测和想像等非逻辑性思维方法的作用，后者在数学创造活动中具有重要意义．

(4)自觉进行解题训练

波利亚曾指出："解题是人类最富有特征的一种智力活动"．这句话充分表明，解题对于提高智力、促进思维具有非常重要的意义．教学实践表明，学生数学思维的自我培养与训练主要是通过解题训练进行的．在解题训练中，不仅可以积累思维的经验，提高对数学材料加工的能力，还可以提高观察力、记忆力、判断力、想像力、推理能力和表达能力．因此可以说．没有解题训练就没有数学的思维训练．

值得注意的是，自觉进行解题训练不等于把自己抛到题海之中，盲目做题，而是通过有选择的解题，学习和体验思维技巧，培养思维习惯，学会如何寻找问题，如何观察、分析问题的条件(包括蕴

含的条件),如何运用类比、归纳等方法发现问题的症结,如何举一反三,从而提高自己的思维水平和解决问题的能力,并在解题中培养克服困难的决心和耐心.这里一定要切记防止盲目追求解题数目,“就题论题”,忽视解题的质量和积累解题经验,把培养思维能力变成纯粹的技能训练.

(5)学思结合

学思结合是指学习时要和思考相结合,学会思考,在思考中加深对知识的理解.学思结合是一种重要的学习方法,这种学习方法对学习数学学科尤为重要.“学而不思则罔,思而不学则殆.”光学习而不积极思维就会迷失方向,而思维不以学习为基础,就会流于空想.

2.循序渐进原则

循序渐进原则是指在学习过程中,“进”要受到“序”的制约,“序”表现为教材内容中科学知识的内在逻辑顺序和学生认识活动的顺序.

循序渐进原则是一个古老的学习原则.古今中外许多教育家、思想家曾作过精辟的论述.如在两千多年前,战国时期成书的世界上最早的教育专著《学记》中,就把循序渐进作为学习原则,提出了“大学之法”,即“豫、时、孙、摩”,其中的“孙”就是循序渐进原则,而“豫”“时”“摩”则分别指预防性原则、及时性原则和观摩性原则.宋代大学者朱熹在其名篇《读书之法》中,也把循序渐进作为学习的主要方法,明确提出:“读书之法,在循序而渐进,熟读而精思”.17世纪捷克的大教育家夸美纽斯也强调学习要循序渐进,他在《大教学论》这部重要的教育著作中,多次提到学习要“不性急”“慢慢前进”“从容易的进到较难的”,把这些方法作为教与学的原则.

把循序渐进原则作为学习原则,首先是科学知识本身的特点所决定的.苏联著名教育家凯洛夫曾说过:“科学理论是像锁链环节一般地相互联系着,由许多原理和规律所组成,这些环节不是机械地一个跟着一个,而是依逻辑的必然性,一个导源于另一个的”.其次,是由人的认识活动规律所决定的.人的认识活动总是由浅入深,由低级到高级,由已知到未知,由感性到理性这样一个逐步提高的过程.即使在认识上有“飞跃”的时候,这个“飞跃”也是长期积累的结果,先“学(博学)、问(审问)、思(慎思)、辨(明辨)”而后“方可穷理”.没有认识的积累过程,不可能有认识上的飞跃.

为了贯彻循序渐进的学习原则,学生必须做到以下几点:

(1)努力打好基础

根据美国著名心理学家奥苏伯尔的有意义学习理论,一切新的有意义的学习都是在原有的学习基础上产生的,任何有意义的学习必须包括迁移,并且原有的认知结构对新的学习的影响主要取决于以下三个方面:在认知结构中是否有适当的起固定作用的观念可利用;新的潜在的有意义的学习任务与同化它的原有观念系统的可辨别程度;原有的起固定作用的观念的稳定性和清晰性.奥苏伯尔的观点表明,原有的学习基础对于新的学习具有决定性意义.

数学是一门有严密逻辑体系的学科,学生对该学科认知结构的建立要遵循结构的组建、发展和完善这三个阶段.对于认知结构而言,无论是组建、发展或完善,都需要必要的知识基础,并且这个基础越是坚实,就越有利于认知结构的完善,即越有利于学习新的知识.正因为如此,许多数学家都十分注重开头下功夫打好学习基础,把它作为学习成功的经验.

(2)学习新知识要联系旧知识

学习新知识联系旧知识是贯彻循序渐进学习原则的基本要求.这种联系不仅可以帮助我们进一步理解和记忆新知识,巩固原有的知识基础,还可以帮助我们在新旧知识之间建立起逻辑联系,使新知识成为旧知识合乎逻辑的发展,并尽快把它们纳入原有的知识体系之中.当然,为了牢固掌握新知识仅仅联系旧知识是不够的,还必须对新知识加以认真领会,做到如同著名数学家华罗庚先生所说的那样："把已经学过的东西咀嚼消化，组织整理、反复推敲、融会贯通，提炼出关键性的问题来，看出了来龙去脉，抓住要点，再和以往学过的比较，弄清楚究竟添了些什么新内容、新方法.只有经过这样一个过程，学习才能真正有长进."

(3)学会自我检查

循序渐进原则要求学生学会自我检查.即学会通过做作业、考试、复习或与同学交流等多种手段进行学习的自我检查，及时发现和弥补自己的知识缺陷，以减少接受新知识可能出现的困难.

3.模仿与创新相结合原则

模仿通常是指个体在自己的行动中，依照别人的举止言行，自觉或不自觉地进行仿效，做到同样或类似的行为的过程.模仿不仅是一个人学会赖以存在和发展的基本方法，更是青少年学生学习习惯形成的重要方式之一.学生通过模仿获得最初的知识与技能，并产生团体的行为规范与价值观.模仿就是学习.

数学学习中所提倡的模仿，包括模仿教师的读书习惯和读书方法，模仿教师的思维过程和解题策略，模仿教科书的语言描述、符号使用、作图方式、解题方式和定理证明方法等.同时还包括模仿身边同学优良的学习习惯和学习方法，以及模仿他们积极回答问题的行为方式.

但数学学习不能停留在模仿的水平上，必须在模仿的同时，力求创新.这种创新，既包括探求新的知识、新的理论和方法，也包括根据自己的体验与思维方式对已有的数学知识重新进行创造.

我们主张进行创新性学习，首先是数学学科发展的需要.历史是靠革新推动的，数学是靠创造发展的，没有创新就没有数学的今天和未来."创新"是数学学习的基本目的之一.

其次是社会的需要.社会对受过数学教育的人才的实际需要主要是他们的创造力和创造精神，是他们的创造性思维能力和表现能力，而不是他们的数学知识.关于这一点，在计算机科学高度发展、许多知识可以通过计算机的快速检索而得到查询的今天，更是如此.可以断言，在未来的社会中，创新能力的高低，将是一个人的主要价值之所在.因此，从现在起，在学校要中就要特别注重培养学生的创新意识和创造精神，才能使他们适应今天和未来社会对人才的需要.

再次，在学校学习的知识，随着岁月的流逝，可能会逐渐变成落后时代的东西，学生在数学学习中必须养成重视学习新理论、新方法的习惯，才能逐渐具备学习新知识的能力.

最后，在创新过程中，可以加深学生对所学知识的理解，巩固所学知识.与单纯的复习相比，创新是学习，而且是一种更为重要的学习.

为了贯彻模仿与创新相结合学习的原则，要求做到以下几点：

①教学思想和教学方法要实现如下转变：从强调"教"变为强调"学"；从强调教师的"行为"变为强调学生的"活动"；从强调体会"思维成果"变为强调体会"思维过程"；变单纯传授知识为传授知识技能和培养创新精神结合.

②教师要努力为学生介绍学习每个单元知识的有效学习方法，为他们提供一套经过加工、整理并简化到可以让学生尽快掌握的解题策略与方法，并鼓励学生模仿教科书和教学参考书中例题的作图、符号使用、解题方法，掌握典型例题的解题程式与步骤.

③学生要主动认真学习教师思考问题的方法以及描述解题：过程的方法，即不仅学习教师的解题思想，又学习他们表达这些思想的方法和语言，同时也要学习教师记忆、整理数学知识的方法.

④教师要为学生提供数学创造的机会.在数学学习中,存在着进行创造的许多机会,大至开创新的学科,提出新的理论与方法,小至为一个练习、习题提出新解法和灵活的构思.教师要培养学生的创新意识,鼓励他们尝试对命题、定理、性质进行推广,寻找一题多解的方法,压缩证明过程,改善解题方法,寻找反例和敢于发表不同的看法,让他们在创新活动中培养创造意识和创造能力.

4.独立思考与互帮互学相结合原则

数学学习是学生在教师指导下,以书本作为主要信息载体,吸取前人创造的精神财富——数学知识的过程.这些知识对于学生来说是间接的、抽象的、概括的,需要经过学生本人的思维加工才能加以领会和掌握.

现代认知学派认为,在学习过程中,只有经过学习者自己探索和概括的知识,才能真正纳入其自身认知结构,获得深刻的理解,在应用时才易检索.这里的"自己探索和概括"就是独立思考.

数学作为一门结构严谨、内容抽象的学科,其研究对象是现实世界的数量关系和空间形式,以及在此基础上多次抽象出来的广义的数与形,乃至各种抽象结构和形式体系,是"远离"了现实的思维创造物.对这些思维创造物的学习,既需要教师的耐心讲解和指导.更需要学生本人的独立思考和认真探索.因此,通过独立思考领会数学学科的基本原理、基本概念和思想方法,掌握解题的基本方法和策略,并尝试进行数学创造是数学学习的主要方法和基本原则.

然而,学习数学特别是要学好数学毕竟是一项十分困难的任务,它需要得到别人的启发与帮助.只有通过互帮互学才能更好地启发思维、集思广益,提高思维质量,减少学习的弯路.互帮互学还可以提高学习的兴趣,加深同学间的友谊,培养群体精神,从而提高集体中成员的学习意志,提高学习效率.

互帮互学的方式有多种多样,如:伙伴讨论法,即集体讨论共同关心的数学问题,以求深入学习数学的理论与方法;伙伴互学法,即伙伴间分工学习具有一定难度的内容,再分别讲解所学内容的理论、思想与方法;伙伴作业评改法,即互相评改作业,发现他人思考问题的方式与长处;伙伴竞赛法,即同学间开展数学竞赛,提高学习数学的兴趣和积极性;师生互学法,即教师与学生之间开展互帮互学,达到激发学生的创造精神和思维积极性,促进师生间的情感交流,密切师生关.

最后必须指出,互帮互学必须在独立思考的基础上进行.没有事先的独立思考,就谈不上互帮互学.为此,教师要十分注意引导学生培养独立思考的兴趣和习惯,要让他们通过体验学习的乐趣去调动学习情感,激发求知欲和好奇心,养成独立完成作业和做练习的习惯,抛弃抄袭作业和回避困难、懒于思考的不良习惯,使互帮互学成为促进独立思考,提高独立判断能力的有效手段.

5.及时反馈原则

及时反馈原则是一条重要的学习原则.按照现代控制论、信息论和系统论的观点,一个完整的学习过程由学习者的吸收信息、输出信息、反馈信息和评价信息四个方面组成.学生是一个自控系统,该系统在运作过程中(即在学习过程中)必须有反馈信息,以便对自己的学习进程进行有效的控制和调节,避免趋于盲目状态.

从心理学的认知过程看,所谓学习过程就是学习者吸收新知识,形成新的认知结构,通过反馈和评价使学习过程不断强化,以达到预期目标的过程.这里反馈与评价是学习过程必不可少的组成部分.

在贯彻及时反馈原则时要注意以下几点.

(1)反馈要及时

教学实践与心理学的研究表明,在学习过程中,及时反馈不仅有利于学生针对学习上存在的问题和所取得的经验及时纠正错误并选择正确的学习方法和策略,而且有利于增强学生的学习欲望,因为及时的反馈利用了刚刚留下的鲜明的记忆表象,使学生产生一种改进自己学习的愿望.而不及时的反馈会由于学生意识中完成任务时的情景已经淡化,使反馈的效果下降.

(2)反馈信息多以鼓励为主

在反馈给学生的信息中要包含学生获得成功的信息,要以鼓励为主.众所周知,学生的学习活动是一种目的行为,实现学习目的的程度对学习动机具有反馈作用,它既可以使学习动机强度增大,也可以使学习动机的强度减弱.实现学习目的的程度越高,就约会增强学习动机的强度,反之就减弱.

(3)提高反馈信息的质量

提供给学生的信息不能仅是泛泛的表扬或批评,还应当具体说明学生正确的部分和不足的地方,分析犯错误的原因,并指明改正错误的方法与步骤,只有这样才能提高反馈的作用.

(4)充分利用多种途径获得反馈信息

对教学而言,反馈回路有四条:第一条是来自学生的反馈信息,包括课堂上教师所感受到的学生在知识上和情绪上的反映,以及学生的作业和考试情况;第二条是教师的自我反馈,包括教师对教学质量的自我评定和教师间的研讨;第三条是通过家长了解学生学习状况和思想状况;第四条是社会对学校教育质量的评价.有计划地收集、分析这些反馈回路所提供的信息,可以避免反馈信息的局限性和片面性,为教师改进教学提供可靠的依据.

(5)增强学生自我评价意识

增强学生的自我评价意识也是贯彻及时反馈原则的重要方面.必须教育学生要经常进行自我总结、自我检测和自我评价,积极阅读教师批改过的作业,认真思考教师的评语,并把自己的想法、建议通过各种途径及时反馈给教师,促进教学相长.

(6)及时复习

及时复习是贯彻及时反馈原则的重要环节.复习既有巩固所学知识的作用,又有发现学习上存在问题的功能,是一种重要的反馈渠道.但复习必须及时,及时复习不仅可以大大降低对所学知识的遗忘程度,而且可以加深对新知识的理解,从而提高应用新知识的技能和学习效率.

二、数学学习的方法

从学习心理学的角度看,数学学习的基本方法主要有“模仿学习”、“操作学习”、“创造性学习”等几种.这几种方法属于不同水平层次,它们之间存在着密切联系.在数学学习过程中,它们往往被同时使用.

1.数学模仿学习

所谓数学模仿学习,就是按照一定的模式去进行学习,它直接依赖于教师的示范.模仿是数学学习最原始的方法之一,它可以是有意的,也可以是无意的.在数学学习的过程中,数学符号的读写、学具的使用、运算步骤的掌握、解题过程的表达、数学方法的运用、学习习惯的养成等都含有模仿的部分.按照复杂程度可以将模仿分为两个层次,即简单模仿和复杂模仿.

简单模仿是一种机械性模仿,往往不是有意义学习.拿学生按老师上课例题中的方法去解决同类问题来说,如果不知道方法的来龙去脉、原理和实质而机械地套用,那么就属于简单模仿.

复杂模仿一般需要很强的逻辑思维能力,因为学生很少能一次就学会用某个模式去解决数学问题,所以常伴有“尝试—错误”的过程.这事实上也体现了人类的两种最原始的学习方法——模仿和摸索.例如,在学习了用十字相乘法因式分解后,接着练习分解因式这种类型的习题时,就属于比较复杂的模仿,往往要经过若干次尝试后才能成功.复杂模仿发生在看出方法与问题两方面实质性的联系以后,根据这些联系对方法加以灵活运用,虽然有模仿的成分,但含有对实质的理解,是在理解实质基础上的模仿.

2.数学操作学习

所谓数学操作学习,指可以对数学学习的意义和效果产生强化作用的学习行为,一般是在知识的保持阶段所采用的学习方法.练习是操作学习的主要形式.

一般来说,学生在获取知识的过程中所形成的数学概念、原理和方法,在起始阶段往往认识不够全面、不够深刻,这就需要在知识保持阶段通过练习来强化和加深.按照数学有意义学习的理论,在知识学习的保持阶段,新知识意义的同化过程、意义的建构过程还在继续,而且正是在这个阶段,学生可以从中感悟和获得超越传授信息以外的新信息、新意义.因此,经常性的练习不仅能起到巩固知识、保持记忆、减少遗忘的作用,而且对提高技能、培养能力、掌握思维方法也是必不可少的.

数学操作学习也有机械学习和有意义学习之分.如果仅仅是反复操练,而没有意义和继续同化,没有意义的继续建构,没有信息的超越,显然这种操作学习是没有意义的,属于机械学习.

3.数学创造性学习

所谓数学创造性学习,就是利用已有的知识、技能、方法去发现和解决新问题的过程.它是学习探索新知识、解决新问题的方法.

对学生来说,学习不仅意味着接受知识,而且还要“创造”知识,即超越给定信息,生成新的知识.当然这种创造属于再创造的性质,所谓“创造性学习”也多是属于“再创造学习”.

一个人不管拥有多少现存的知识,也不管掌握了多少技能,都不能保证他具有创造能力.也就是说,一个人的知识和技能与创造力并不是成正比的.如果学生只是习惯于掌握现成的知识和技能,学生的创造性很难得到发展.因此,学生在学习数学时要学会独立思考,进行创造性学习活动.

创造性学习有两个特点:其一,是知识和技能向新的问题情境迁移;其二,是在熟悉的问题情境中发现新问题.数学学习中的创造性,不仅在于能够利用已掌握的数学知识和技能去寻找解决新问题的方法,更重要的在于能够提出和发现新问题.

如果说模仿学习和操作学习是解决“知与不知”、“会与不会”的问题,那么创造性学习则是解决“怎样想”、“为什么这样想”的问题.

教学工作是师生共同发展的过程,教学方式的改革也要求建立新的学习观.所以说,有效的学习活动仅仅依靠单纯的模仿与记忆还远远不够,动手实践、自主探究、合作交流也是学生学习数学的重要方式.

新课程下数学学习方法主要有几下方面:变被动接受为自主学习,包括合理创设学习乐学的情境,留给学生研学的时间、空间,渗透学法指导让学生善学等方面;变教师讲述为学生操作;变个人学习为合作交流,包括构建适合学生合作学习的环境、合作学习前留出学生独立思考时间、合作学习中教师精心设计问题等方面;变统一模式为发展个性,包括形成学生个性、培养独立个性等方面.

第五章　数学教学的基本理论分析

第一节　数学教学目标

一、数学教学目标概述

数学教学目标，是根据我国教育的性质、任务和课程目标，依据数学学科的特点和中学生的年龄特征而制定的，是国家的教育方针在数学教学领域中的体现. 数学教学目标是数学教育一切活动的起点和归宿，也是确定数学教学内容和选择教学方法的依据和指南. 一般来说，教育目标规定了教学应当完成的知识传授、能力培养等方面的目标和思想、个性品质等方面的教学任务，它既是指导教学的依据，也是教学评估的依据. 因此，研究数学教学学必须正确理解和全面把握数学教学目标.

数学教学目标明确了学习数学应达到的要求是每个公民所必须达到的，不论是日常生活、参加生产劳动，还是升学和进一步学习，人人都应达到的总体要求. 在 1993 年试行的《九年义务教育全日制初级中学数学教学大纲(试用)》中，指出："初中数学的教学目的是：使学生学好当代社会中每一个公民适应日常生活、参加生产劳动和进一步学习所必需的代数、几何的基础知识与基本技能，进一步培养运算能力、发展逻辑思维能力和空间观念，并能够运用所学知识解决简单的实际问题. 培养学生良好的个性品质和初步的辩证唯物主义观点. "1996 年，国家教委基础教育司颁布了与《九年义务教育全日制初级中学数学教学大纲(试用)》相衔接的《全日制普通高级中学数学教学大纲(供试验用)》，规定高中数学的教育目的是："使学生学好从事社会主义现代化建设和进一步学习所必需的代数、几何的基础知识和概率统计、微积分的初步知识，并形成基本技能；进一步培养学生的思维能力、运算能力、空间想象能力，以逐步形成运用数学知识来分析和解决实际问题的能力；进一步培养良好的个性品质和辩证唯物主义观点. "同时，基于数学学科特点及受教育者学习基础、年龄特征和认识水平，数学教学还必须有它具体的目标. 中学数学教育的具体目标一般包括：知识认知目标、智能发展目标、观念形态目标和情感教育目标.

1. 知识认知目标：奠定基础知识

(1)数学基础知识

中学数学教学活动的基础性目的，是使学生获得适应社会生活、社会生产发展和进一步学习现代化科学技术所必需的数学基础知识和基本技能. 不仅要让学生掌握一定的数学基本原理、思想和方法，更重要的是使学生充分了解数学原理、思想、方法对客观存在的覆盖范围和应用范围.

数学基础知识，从要求上讲，应以"最低限度"为当；从质上讲，应是现代数学最初步、最基本的部分的方法. 它除了包括大纲规定的数与代数、图形与几何、概率与统计等内容外，还包括由这些数学知识所折射出来的数学思想和方法. 达尔文说过："最有价值的知识是关于方法的知识". 数学思想和方法不仅构成了数学知识内部的方法论部分，而且由于其具有概括性、稳定性和广泛应用性的特色，已经成了哲学和科学方法论的组成部分. 因此，教学中应特别注意将数学思想和方法的培养与数学知识的教学融为一体,充分让学生了解其覆盖领域和应用范围.

(2)数学基本技能

技能是指顺利完成某种任务的动作方式或心智活动方式,是个体运用已有的知识经验,通过练习而形成的智力动作或肢体动作的复杂系统,通常表现为一系列固定下来的自动化活动方式.无论是头脑中的思维操作还是外部的行为动作,都属于技能的范畴,前者是内部心智技能,后者是外部操作技能.

数学基本技能是在熟练运用数学基础知识的过程中形成的技能.中学数学教学中,要培养的基本技能主要表现为能算、会画、会推理.例如,按照一定的绘图技能;按照一定的步骤和程序去推理是推理技能;按照一定的步骤和程序处理数据是处理数据的技能等.一般来说,高中数学中的基本技能,主要是运算技能、处理数据(包括使用计算器)的技能、推理技能和绘图技能等外部操作技能.

技能是通过操作训练的方式才能掌握的.数学的练习与习题发挥的作用之一正是培养和训练技能.技能训练如何掌握一定的"度",这需要认真仔细的研究,要讲究练习科学化,绝不是教师随心所欲随意布置.目前学生作业量过大,重复和不必要的、无教育价值的练习在其中占了很大比例,给学生加重了负担,并未真正起到训练技能的作用,技能形成到一定程度后,即使增加练习训练量也不会再有什么提高,教师应该清醒地认识到这点.

当然,数学基础知识和基本技能不是千古不变的东西,随着社会、经济和科学技术的发展,很多数学知识的价值也会相应发生变化.例如,计算器和计算机的出现与发展,使估算、近似计算能力变得更加重要了,而使复杂笔算的地位降低了.因此,从总体上看,教学内容的每一次变革,都要在一个数学知识集合中,重新考察一下每项知识的价值,再通过比较,从中筛选出那些最为基本、有用的部分.当然,这种知识的选择不仅要考虑到知识价值的一面,还要考虑到可能性的一面,特别要考虑到教师对一些新内容是否熟悉,教学是否存在困难.也就是说,考虑这个问题时必须将"需要"和"可能"有机地结合起来,过分强调其中的一个方面而忽视另一个方面都是不恰当的、有害的.在这个问题上已有不少值得吸取的教训.

2.智能发展目标:培养数学能力

数学能力是指运算能力、逻辑思维能力与空间想象能力,最终要落实到运用知识解决实际问题上.这里指的实际问题包括日常生活中的问题、生产中的问题以及其他学科中的数学问题.这些问题如何抽象成数学问题需要经过认真分析、抽象和转化,这个过程既培养了应用数学的意识又培养了应用数学解决问题的本领.

中学生的数学能力,可以具体分为不同层次的四纵基本能力,即思维能力、数学运算能力、空间想象能力、解决实际问题的能力.

(1)思维能力

思维能力是人们所有能力的核心,在思维能力中逻辑思维能力与非逻辑思维能力都是最基本的成分.

逻辑思维能力,是思维能力的核心.它是按照逻辑思维的规律,运用逻辑思维的方法进行思考、推理和论证的能力.在高中数学教学中应当培养的逻辑思维能力主要包括三个方面:一是运用分析、比较、综合、抽象、概括的方法形成概念的能力;二是运用演绎方法进行推理论证的能力;三是运用分类方法建构知识体系的能力.具备一定的逻辑思维能力不仅有助于深刻地理解新知识,而且有助于人们正确地表述思想和解决问题,这对于新的学习无疑具有促进作用.

非逻辑思维能力主要指归纳、类比及直觉思维的能力.归纳是由个别到一般的思维形式,类比是由个别到个别的思维形式,虽然推理的结果均具有或然性,其正确与否还有待于验证,但与逻辑思维相比,这两种思维形式都具有很大的创新性,属于创造性思维的范畴.直觉思维不受逻辑规则的约束,是直接洞察事物本质和内在联系的一种思维形式,同样属于创造性思维的范畴,而且由于简约了思维过程,应用十分方便.

在中学数学教学中,培养学生的非逻辑思维能力主要有三个方面的内容:首先,要使学生熟悉正确的思维过程,即从特殊到一般的抽象化过程和从一般到特殊的具体化过程;既要使学生善于从认识具体的、个别的、特殊的事物的特征,逐步扩展到认识同类一般事物的内在的、本质的特征,又要使学生能以这种一般认识为指导,继续研究同类新的事物,认识其特殊的本质,从而丰富和发展这种共同的本质的认识.其次,要重视数学思想和数学方法的教学,使学生掌握各种逻辑思维方法与非逻辑思维方法.最后,利用直觉思维和合情推理,培养学生提出假设与猜想的能力.

(2)数学运算能力

运算是一个广义的概念.所谓运算能力,是根据运算法则,按照一定的步骤去推理运算并求得结果的能力,是善于分析题目的条件,寻求合理简捷的方法与途径达到运算结果的能力,这是运算能力的双重涵义.从结构上看,运算能力包含四个要素,即准确程度、快慢程度、合理程度和简捷程度,这四个要素反映出运算能力的大小.

中学数学中的运算不仅包括数值的计算,还包括各种代数运算、初等超越运算、分析运算以及式的变形等.具体来说,中学数学中的运算主要有五种,即六种代数运算;指数运算、对数运算、三角运算等初等超越运算;求导数、微分、积分等分析运算;统计与概率运算;集合运算等.

(3)空间想象能力

中学数学研究的空间就是人们生活的现实空间,也就是一维、二维和三维的空间,就数学科学的体系来说,则属于欧氏空间.数学中的空间想象能力,是指人们对客观事物的空间形式进行观察、分析、抽象思考和构造创新的能力.想象是创造性思维能力的基础,要造就一代富于创造性和开拓性的人才,在中学数学教学中努力培养学生的空间想象能力显然是一项重要的任务.

通常认为,数学教学应当培养学生的数学能力,即运用数学知识分析和解决实际问题的能力.从数学能力的结构来看,除了三大基本能力之外,还包括观察能力、记忆能力以及发现和提出问题的能力等一般能力.

知识、技能与能力虽然都是巩固了的概括化的系统,但概括的对象与概括水平是不同的.一般认为,知识是对经验的概括;技能是对动作和动作方式的概括;能力则是对调节认识活动的心理过程的概括,是较高水平的概括.知识、技能与能力虽然存在着上述质的不同,但它们又是互相联系互相转化的.一方面,知识与能力是形成技能的前提,制约着技能掌握的速度、深浅与巩固程度;另一方面,技能的形成与发展又影响着知识的掌握与能力的提高.因此,它们的关系是辩证的统一.

3.观念形态目标:树立数学观念

数学观念是指人们对数学的本质、数学思想及数学与现实世界的联系的根本看法和认识.它是数学思维乃至整个人类现代思维的基本观察角度、出发点和归宿,正确的数学观念是高层次的科学素质.因此,一个人的数学观念支配着他从事数学活动的方式,决定着他用数学处理实际问题的能力,影响着他对数学乃至整个客观现实的看法.

近一个世纪以来,数学在社会各个领域都有了长足的发展,数学的应用更是从自然科学延伸到社会科学和人文科学.人们对数学的认识与了解也日趋成熟.与此同时,数学教育一直是教育界的热点,目前较为一致的看法是:数学教学不仅仅是基础知识的学习,而且也是一种观点、理念和态度的形成过程,而数学精神、思想、方法的启发、锻炼、体验对今后无论从事何种职业的人来说都是必须的.正因为如此,世界各国都很重视学生数学观念的培养,并把它作为数学教育的重要目标,为培养具有创新意识的人才打下良好基础.

学生正确的数学观念是在不同的学习阶段逐步形成的,并随着学习活动的深入和数学视野的开拓而逐步完善的.又由于认识结构的差异,每个人的数学观念在层次上也不尽相同.但对中学生而言,要求学生通过对数学内容的感知及具体的数学活动方式的体验,逐渐了解数学的价值,增进对数学的理解和认识,习惯运用数学的思维方式去观察、分析现实社会,解决一些简单的实际问题,还是切实可行的.

目前,中学生应形成的具体的数学观念有哪些还没有较一致的看法,但至少应具备如下的一些基本观点、意识:

①数学与客观世界有密切的联系,数学是以数和形的形式揭示了客观世界所具有的秩序、和谐和统一美的规律.

②高新技术的基础是应用科学,而应用科学的基础是数学.

③数学是提高思维能力的有力手段,是理性思维的基本形式.

④数学是一种深刻的文化素养.

⑤在数学活动中产生的数学思想方法也是探索未知世界的一种科学方法,学会了这种方法将受益终身.

总之,数学教学不仅要教知识、学知识,更重要的是在知识的基础上让学生形成数学观念.数学观念的存在不是抽象的,而是非常具体生动的.它存在于任何一种数学知识之中.

4.情感教育目标:进行品德教育

中学阶段是一个人的人生观、价值观逐渐形成的重要阶段.要把学生培养成德、智、体、美、劳全面发展的,有理想、有道德、有文化、有纪律的一代新人,思想品德教育便显得至关重要.

数学教学中的思想品德教育,应结合数学本身的特点,通过具体的数学内容进行.主要有以下几个方面:

①在数学教学活动中,结合数学在日常生活、生产和科学技术领域中的广泛应用性及科学文化价值,激发学生为“四化”学习数学的责任感和积极性,进行社会主义前途和个人远大理想的教育.

②逻辑的严谨性、结论的确定性,数学语言的精确性、简约性和一义性是数学的基本特征.在教学中充分利用数学这些特征,培养学生言必有据、一丝不苟、坚持真理、修正错误的实事求是的科学态度和严谨作风.

③数学中蕴含着丰富的辩证关系和辩证思想,因而,使培养学生的辩证唯物主义观点,成为数学教育责无旁贷的任务.

④充分利用数学模型的创造性、概括性,教学方法的灵活性、多样性等特点,鼓励学生一题多解、多题一解,以培养学生独立思考、积极主动、百折不挠、勇于创新的精神.

⑤结合教材内容介绍我国古今数学的辉煌成就,培养学生爱国主义思想,增强民主自尊心和自信心,激励学生为赶超世界先进水平,为使中国在21世纪成为世界数学大国而刻苦学习.

⑥通过数学教育,进行审美教育

二、数学教学目标与数学教学的现代化

数学教育目的改革是现代数学教育改革的重要内容，是数学教育现代化的需要. 为了使我国中学数学教育更好地适应未来发展的趋势，我们认为改革中学数学教育，新的数学教育目的观应具有以下特点和要求.

1. 中学数学教学目标的改革应体现新课改的精神和理念

当前，我国正处于新一轮课程改革与发展的重要时期，实现数学教育由“精英教育”向“大众教育”转变，由“应试教育”向“素质教育”转变. 新课程改革带来了新理念，教师的角色、学生的学习方式都发生了重要变化，教学工作的重心就是以学生的发展为本，围绕数学活动的开展，在教师的组织和指导下进行学生的主动参与、合作交流、自主探索已成为主要的教学方式. 这一大的转变形成了数学教育改革的一个基本指导思想：以全面提高学生的素质为核心，改变以升学为中心、以考试为模式的数学教学体系，要让所有学生学到适应现代生产发展和现代社会生活，人人必须学到而且能够学到的最基本的数学内容，并通过有效的数学活动，学习、掌握基本的数学技能和思想方法，发展自身的能力，使学生体会到数学的科学价值、社会价值和文化价值，成为全面和谐发展的适应社会主义现代化建设事业需要的公民.

同时，随着社会的发展，“人的可持续发展”和“终身学习”等教育理念进一步得到人们的认同，数学教育观面临着重大变革. 实践与创新是时代赋予数学素养的鲜明特点，并将成为新世纪公民素质结构中的一个重要组成部分. 围绕新的课程理念，就需要我国处于基础教育阶段的数学教育，无论哪一个层次、哪一个范围的教学都无一例外地明确素质教育方面应该达到的目标要求，突出体现义务教育的普及性、基础性和发展性，使数学教育面向全体学生，实现“大众数学”的目标.

2. 中学数学教学目标的改革应与国际同步

数学教育是一个开放的系统. 数学教学的新趋势是数学教学实践的产物，它总是在一定的教育活动中孕育、生长的；数学教学的趋势也必然体现于数学教育的国际潮流中. 随着全球经济一体化进程的加快，国际间综合国力的竞争日趋激烈，数学教育的国际性也越来越强. 当今，世界各国都非常重视调整培养目标，关注学生整体发展目标的调整，努力使新一代国民具有适应 21 世纪社会、科技、经济发展所必备的全面素质，而不仅仅是关注学业目标. 一些国际潮流中的许多问题都值得我们重视，如“大众数学”、重视数学交流、问题解决、数学应用等观念，都在广泛的意义上影响着我国数学教育的改革与发展. 此外，数学建模、开放性问题教学、现代的数学思想方法、数学文化观、数学作为信息交流工具的价值，以及各种水平上对计算机的使用等，这些都应该结合我国的实际情况，作为数学教育目的的要素，在适当的教学层次上得到体现.

3. 中学数学教学目的应具有适当的趋前性生

数学教学目的的适当的趋前性，是相对于当前的教学现状而言的. 数学教育、对人才的培养是具有一定年限的周期性活动，培养规格的形成仅在中学阶段就有一个长达 6 年的过程，加之在培养过程中，随着时代的前进和社会的发展，对数学教育的要求也在改变，因此教育目的的着眼点不能局限于眼前，更应着眼于未来，我们现在所从事的是培养跨世纪人才的工作，教育目的责无旁贷地应该在面向新世纪的数学教育中发挥它应有的作用.

关于数学教育目的的讨论，已经引起数学教育界的广泛重视. 近年来，随着我国教育改革的不断深入和发展，我国数学教育界对中学数学教育如何适应新时代目的的改革与发展，正在进行

许多有益的探索，开始形成一些理论研究成果，但如何在教学实践中具体运用还有待进一步探索、研究.

第二节　数学教学原则

一、数学教学原则确立的依据

从前面的内容更可以看到，国内外的许多教学论著作，对教学原则的提法各有不同；而当今数学教育界，也提出了许多不同的数学教学原则体系，名目繁多，不一而足. 因此，如果没有一个确立教学原则的范围和合理的统一的划分标准，便很可能会出现不同体系的数学教学原则. 在本节，先介绍确定教学原则的科学准则，然后再探讨确立数学教学原则的一些主要依据.

1. 确定数学教学原则的科学准则

(1)完备性准则

完备性准则是指数学教学过程中的一些基本要求都应当在数学教学原则体系中得到反映. 这里所说的完备性，是从严格的科学意义上说的，在实践上却具有相对性. 因为到目前为止，还没有可能发现全部的数学教学规律，所以还不能完整地提出数学教学一般性原则的体系，数学教学原则具有发展性. 目前许多数学教学论著作中所提出的若干数学教学原则，都具有阶段性特点，都有待进一步完善和充实. 但是，我们提出的教学原则体系应最大限度地符合完备性准则.

(2)独立性准则

独立性准则是指体系中各条原则应相对独立，不重复，不重叠，任何一条不为其他一条或若干条所替代、所包含. 例如，上一节我们曾介绍，有的学者将“具体与抽象相结合”与“数与形相结合”作为两条数学教学原则同时提出，似乎就有违反独立性准则之嫌. 如果将“数”看成是抽象的，而将“形”看成是具体直观的，那么“具体与抽象相结合原则”便包含“数与形相结合原则”. 应该指出，独立性也是在相对意义上的独立.

(3)简练性准则

简练性准则是指的是不要将过于一般化的内容列入体系中来，也不要将过于具体的内容列入其中，应使体系中的原则条文尽可能简练和经济. 当然，对简练性的把握有一定的难度. 一般来说，不宜将教学论的一般原则、哲学的一般原理、认识论的一般原理、一般政治标准直接“移植”过来作为数学教学的一般原则；也不应将数学教学原则具体到十分仔细的程度. 如将“口语与手势相结合”、“语调与表情相结合”等之类列到数学教学原则之中，则是不符合简练性准则的.

(4)相容性准则

相容性准则是指体系中各条原则不能相互矛盾，任何一条与其他各条都要相容，任何一条包含的要点也要求彼此相容. 例如，如果“理论联系实际”和“直观性”同时作为数学教学的原则，那么会产生不相容问题，因为在有些情况下. 要求“直观”就意味着“理论与实际”的脱离. 比如说，要证明$\sqrt{3}$是一个无理数，我们就很难做到“直观”. 因此，对直观的要求不具备普遍的意义.

(5)界定性准则

界定性准则是指对所讨论的问题的范围、内涵要有一定的界定，要有针对性，要适当，要对口. 教学原则体系是讨论教学领域的问题，就应界定在这个范围讨论，而不应扩大为教育领域，更不能扩大为社会领域，虽然与这些领域有密切联系，但不能取而代之，首先应具备教学的“个性”.

另外，这里讨论的是教学的"原则"问题，不是教学规律，也不是教学目的，当然也不是指教学方法，因此也就不能以这些教学规律、目的、方法等来代替"原则"本身．如果讨论的是数学教学原则，那么这些原则就不仅应在"教学"的领域内讨论，要具备教学的个性，而且还要具备数学的个性特点．例如，有人将"数与形结合"作为一条数学教学原则，就不符合"界定性"准则，将其看做一种数学方法更为恰当．

2．确立数学教学原则的主要依据

(1)数学的特点

数学是一门相对独立的科学，它和别的学科，如物理、化学、语文等具有共性，但又具有鲜明的个性特点．作为一门特殊的教育学科，它的教学原则应当突出反映其本身学科的特点，这样才能最有效地指导数学的教学．例如，考虑到数学的严谨性和抽象性的两个基本特点，因此确立了"具体与抽象相结合"、"严谨性与量力性相结合"这两条基本的数学教学原则，这两条教学原则不仅有别于社会科学学科的教学原则，还有别于自然科学学科，如物理、化学等学科的教学原则，具有鲜明的特殊性．

(2)数学教学目的

前面我们已经提到，数学教学原则是根据一定社会的教学目的而确定的．这也就是对数学教学原则的目的性要求．这不仅要求数学教学原则要反映数学教学的目的，而且还要反映教育的总目的．另外，由于科技发展水平不同、教学对象和教学内容不同，在不同的社会和不同的历史时期，数学教学原则会随着教学目的等因素的变化有不同的侧重．因此它还应该是一个变化发展的体系．由教学目的确定的数学教学原则，是属于方向性的原则，在数学教学原则中属于最高层次．

(3)学生学习数学的心理、思维特点

许多数学教育学论著在确立本身的数学教学原则体系时，都注意到了教学目的、教学规律以及数学的基本特点等方面的依据，但由于数学学习、思维方面的研究在我国起步较晚，因此国内的一些数学教育学论著在确立本身的数学教学原则时，还不能很有效地吸收现代数学学习论、数学思维方法论、数学学习心理学等方面的优秀成果，将它们作为确立数学教学原则的重要依据．综合国内外众多学者的研究可以发现，学习是学习者经过一定的训练之后出现的某种变化，这种变化是复杂的、运动的、情感的、认知的，这种变化的心理机能也是多种多样的，有条件反射、尝试错误、模仿领悟等．引起这些变化的原因，有学习情景的因素与学习者自身的因素等．

对于数学思维，应受到一般的思维方式的制约，包含一般思维所具有的本质，但它又表现出自己的特性．这些特性是由数学的基本特点以及数学用以认识现实世界现象的方法所决定的．高度抽象性和严谨性是数学的基本特点，它的抽象程度远远超过了自然科学中任何一种抽象，因此，有许多学者认为数学思维比任何一种思维都更间接．另外，因为数学的研究对象本身便是概括的结果，这种概括又往往以理想化的形式出现，而且数学逻辑推理规则、方法是总结了许多长期积累起来的经验，在实际应用中固定下来，概括成为一定的方法和规则，所以，数学思维还是在概括基础上的在概括．

对于数学语言，它是特有的形式化的符号体系，依靠这种语言进行思维能使思维在可见的形式下再现出来，并且是思维结果可用简洁的形式表达，还可加快数学思维的熟读，因为这时思维可在形式下进行，可省略其过程中某些具体到抽象的过程．因为数学中充满着大量的辩证关系，因此数学被认为是辨证的辅助工具，其思维具有明显的思辨色彩．

对于同一数学教学规律，人们的认识不同，可能就会提出不同的教学原则，唯意志论者与唯物论者可能会提出截然相反的教学原则来，这也就是数学教学原则体系五花八门的原因之一. 因此，数学教学原则虽然是数学教学规律的反映，但绝不等同于数学教学规律；凡是符合教学规律的原则，就是正确的教学原则，贯彻得法就必能取得良好的教学效果；凡不符合教学规律的原则，必定是错误的原则，用它去指导教学必然会使教学失败. 例如，传统的数学教学对数学教学规律认识不清，用“注入式”的教学原则指导数学教学，实践证明，这样的教学是失败的，应该用“启发式”原则去取代它.

(4)数学的教学规律

数学教学原则是数学教学规律的反映，是千千万万的数学教育工作者通过长期的教学实践积累起来的经验总结. 因此，数学教学的规律是确立数学教学原则的重要依据. 当然，数学教学作为一门特殊的教育学科，应具有一般的教学规律，所以一般教学论的规律是确立数学教学原则的基础性依据，也应反映到数学教学原则中去. 但要注意，数学教学规律是客观存在的，是不以人的意志为转移的，在一定条件下，它是永远合乎实际和正确的，但数学教学原则是人的主观反映.

二、数学教学的一般原则

存在于数学课堂教学中有三个基本矛盾关系，如图 5-1 所示，数学教师教的主动性与学生学的适应性之间的矛盾关系、数学课程的数学特征与教育特征之间的矛盾关系、数学教学内容与学生原有水平之间的矛盾关系. 这三个方面的矛盾稳定和长久地存在于数学教学全过程，这些矛盾运动的结果导致数学教学不断前进.

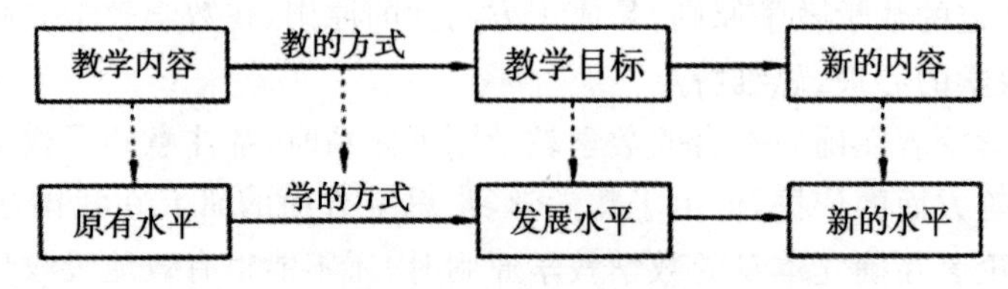

图 5-1　数学课堂教学中有三个基本矛盾关系

1. 主动性原则

教学的普遍原则为主动性，然而数学教学中所强调的主动性，具有其自身的特点. 数学教学过程的基本规律表明：数学教学实质上就是教师作为教学向导的主角引导学生去探究、去发现，把本来要教的东西变为学生主动去探索他所应该学的东西的过程. 学习的主人是学生，他们的数学能力的发展和数学知识的建构最终要通过自己的主观努力才能获得，因而必须参与到数学活动中，这就要求学习者必须积极主动地参与数学活动，即数学教学必须遵循主动性原则.

主动性原则的基本标志是智力参与和独立思考. 怎样才算主动？是看学生是否真正投入地进行了数学的思考，是否将自己的思维力、注意力、想象力、观察力等智力活动都参与进来. 以动手为主的外部操作性参与必须结合或上升到智力参与的层次才能说教学是主动的.

在教学中突出主动性原则的途径主要有如下两个：

①在主动学习的方法上多加引导，通过介绍、讨论、对比思考的角度和方法，提高学生独立思考和智力参与的经验和质量.

②注重培养学生主动探究的意识，要充分将学生置身于探究的情境中，注意激发学生主动参与的兴趣和动力.

2. 发展性原则

通过教学使学生在爱国热情、民族精神、高尚的情操、健全的人格、创造的精神、丰富的知识、敏锐的认识力等各方面获得最大限度的发展，特别是获得可持续发展力为教学的发展性原则.

从具体的数学学科教学的角度考察，以可持续发展为特征的发展性原则主要体现在以下几点：

①使学生学会学习.保持学生可持续发展力的关键途径为学会学习.要把“教学生怎样学”作为数学教学的基本指导思想，注重对学生学习方法的指导，使学生掌握独立的获取知识的能力、科学研究的基本方法，学会从提出问题、形成假设，到探寻方法、构建概念、验证猜想、语言表述，直至最终构建和解决问题.

②发展学生的认识力.数学教学的最重要的教学原则之一要把发展学生的思维力、想象力、洞察力、判断力、鉴赏力、鉴别力、辨析力等认识能力放在最突出的地位.学过的数学知识很容易被忘掉，但在学习数学的过程中所获得的抽象的认识力却作为一种基本的数学素养留在人的身上，持久地发挥效力.因此，每节数学课都应把发展学生的认识力作为教学的最大目标.

③使学生充满主动学习的热情.这就是要使数学教学以培养学生学习数学的求知欲、好奇心为起点，以激发学生的主动探究数学的积极态度、学习兴趣为原则，始终使学生保持主动学习的动力和热情.

3. 启发性原则

教师作为教学向导的主角，其引导作用主要是通过启发来实现的，而学生作为主动的探究者，也离不开教师适时的启发引导.即数学教学的基本指导思想为启发性原则.启发性原则最基本的要求，就是教师要站在学生的角度，从学生的思维水平、知识水平、经验水平出发，提出适当的问题，设置合理的问题情境，去引导学生思考，使学生的思维向着新知识或问题的目标靠拢，最后达到目标.

“产婆术”和“愤悱术”为教学中的启发的两种基本方式.此两种方式都强调通过教师的向导作用来引导学生主动积极地学习，但两种方式又有很大的差异.

产婆术是由古希腊学者苏格拉底提出的启发式教育思想，他认为学生获得真理正像接生婆帮助产妇以其自力分娩婴儿那样，靠自身的力量去孕育真理，生产真理.其基本要义是教师凭借正确的连环提问，诱导、刺激、调控学生的思考，引导学习者沿着教师所希望的方向，通过自身的思考，亲自去发现真理.“问—答—问—答”是“产婆术”启发式的基本展开方式.所以他的产婆术又被称为“对话术”.

产婆术的最大特点在于把握发问的技术，这种发问技术是根据学生不同情况，朝着问题的目标，由远及近地发出具有暗示作用或具有启迪意义的问题，通过学生自身对启迪的领悟，达成对问题的解决.这种启发的方式在数学教学中使用比较普遍，毕竟数学中的很多问题不是学生自己所能够提出来的，很多数学的方法也不是学生自己所能完全独立发现的，对学生而言，数学中多数问题的提出和方法的发现，离不开教师的这种发问式的启迪和暗示.

这种“问答式”启发，由于学生的回答必然朝着教师所引导的方向发展，因而似乎学生比较被动，但是这种发问的关键是教师问而不答，而问题的解决、问题的思考都是学生自己完成的.在这个过程中，学生仍然是积极主动的探索者，教师的向导作用则好比为侦破案件提供一些寻找证据的线索.

愤悱术是我国古代教育家孔子的启发式教育思想，他主张“不愤不启，不悱不发”.“愤”是学生发愤学习，积极思考，想搞明白而没有搞明白的心理状态，这时正需要教师去引导他们解除疑团，把问题弄明白，这叫做“启”.“悱”是经过思考，想要表达而又表达不出来的窘境，这时正需要教师去指导学生把事情表达出来，这叫做“发”.

可以看出，愤悱术的最大特点在于把握启发的时机，即只有当学生达到独立思考，积极投入，潜心探索的状态时，正是学生“思潮汹涌，呼之欲出”之时，教师不失时机地予以暗示、点拨，才能使学生茅塞顿开，产生水到渠成的启发效果.这是一个由内向外的迸发过程，而不是一个由外向内的牵引过程.在这个过程中，学生是独立自主的思索者，教师的向导作用好比指点迷津的指路牌.

相比较而言，两种启发方式各有其优势.“产婆术”偏重于教师的发问设计和引导，关注学生思考问题的合理性、自然性，在实际教学中比较便于把握；“愤悱术”更注重学生的自由探究、独立思考，强调关键处的适时点拨，比较难以把握.

贯彻启发性原则时，英国提出了一种“时间等待”理论，就是从提出问题到要求学生回答有一个等待时间，若适当地延长该等待的时间，则能获得更好的效果.实验表明：适当延长等待时间，学生回答正确的答案增多；学生表现出的自信程度提高；多走弯路的回答减少；学生提出问题的频率增多；作出答案的种类增多；推理反应的影响扩大.“时间等待”理论是启发性原则的一种极好体现，它可以大大克服教师越俎代庖，代替学生思考的现象.

4.理论联系实际的原则

数学与现实世界有着密切的关系.人们认识空间形式和数量规律，正是从生产实践和日常生活中开始的，通过对物理世界常识性材料的知觉、感觉形成一定的感性认识，进一步借助经过思维抽象、直观的语言描述、精雕细琢、逐步演化为形式化的数学.抽象数学知识的产生过程离不开生活中的普通常识或者由生活常识发展而来的数学常识.因此，数学教学应遵循理论联系实际的原则，尽可能地从学生已有的生活经验出发，注意突出某些数学对象的实际背景，培养学生用数学的意识，使抽象的理论化数学与现实原型紧密结合起来.

(1)防止理论联系实际的庸俗化

为了加强数学与实际应用联系，培养学生的数学应用意识，在教学中适当突出某些数学对象的实际背景很有必要.但是要防止走向另一个极端，要反对搞成新“八股”.牵强附会地把每一个内容都搞一个应用背景，不但这些背景不能揭示数学的本质，相反变得庸俗化了.

(2)加强数学实际应用的教学

学数学的根本目的还在于学会使用数学，如果数学教学始终停留在理论阶段，学生不知道如何用数学，那么不仅会使学生感到数学枯燥乏味，从而也使数学教学失去意义.因而，要加强数学实际应用的教学，逐步培养学生的应用意识.一方面，可以在教学中向学生介绍数学在现实社会中的广泛应用.逐步渗透数学与现实世界密切联系的观点；另一方面，教学中多注意引导、鼓励学生用数学知识解决一些力所能及的实际问题，尝试让学生从实际情境中发现问题，建立数学模型，体会数学的应用价值.

(3)突出某些数学对象的实际背景

例如，概率统计中的“独立重复试验”，就是基于生活中只会出现两个结果的事件.教学中就应突出其实际背景材料，使学生借助相应的现实原型分析思考，亲身经历将实际问题抽象成数学模型的过程.数学对象的实际背景一般具有较强的生动性和趣味性，以此引入新知识，不仅能够激发学生主动探究的热情，还为学生建构新知识的意义提供了可以支撑的“脚手架”，可以说是理论联系实际原则的最好体现. 但要注意，并不是所有的数学对象都能找到合适的实际背景，有时候也不一定非要呈现并不合时宜的实际背景，应根据数学教学的现实情况灵活机动地处理.

(4)使学生适时借助已有的生活经验理解数学

有些抽象的数学知识能够直接或间接地与学生的生活经验联系起来，教学过程中就要注意引导，利用这种联系，使学生借助自己的亲身经历和个人体验去理解知识，解决问题. 从而使抽象的数学知识建构在学生具有深刻体验的、容易引起共鸣的经验之上，建构在学生容易认识、熟悉的事物之上.

三、数学教学的特殊原则

根据数学学科的特点，数学教学又有其自身的特点. 针对中小学生学习数学的过程与特点，为解决数学教学中存在的基本矛盾，数学教学的特殊原则主要有以下三条：独立钻研与合作探讨相结合的原则；模型抽象与现实背景相统一的原则；实际运用与思维训练相结合的原则.

1. 模型抽象与现实背景相统一的原则

从某种意义上讲，数学就是一种模式的科学，正是由于这种数学模式的推动，从而促进了许多新学科相互交织发展. 数学中的“模式”是来源于具体“现实情境”，人们需要对现实经验进行理性思维的提炼成具体的模型.

代数与几何是数学中两个最经典的分支，是数学思想与方法的重要源泉，也是中小学数学教学的基本内容. 古典的欧氏几何曾统治数学及其教学有 2000 年的历史. 伴随着解析几何的诞生，把代数方程引进几何研究，使得初等几何的问题形式化、代数化，从而为数学研究的机械化、模式化、程序化奠定了基础. 更进一步，数学的代数化成为 20 世纪数学发展的重要特征之一. 代数在从其他领域吸取新方法、新思想的同时，不断深入到数学的其他领域以及数学之外的领域，这是由于它的方法与结果形成的一种一般模式具有广泛性.

学生学习数学的规律还需要从学生的认知特点出发. 人类认识过程的最基本的规律为从具体到抽象. 模式的抽象是建立在学生的具体的经验基础之上，为学生提供了感性认识的基础，为学生的思维提供一个好的切入口，为学生学习活动找到一个好的载体，符合学生的认识基础. 学生的经验背景不仅包括摸得着、看得见的实际材料，而且包括数学知识经验和数学活动的经验成分. 另外，在学生已有水平之上进行教学才能激发学生有意义学习的心向，有助于学生进入“愤”“悱”状态.

原则的贯彻应采用：

从具体模型—初步形成的新的数学模型—再到具体模型的路线，结合学生的经验背景进行.

①不能误认为与学生经验背景相统一就是将数学知识“生活化”. 在过去的数学教学中，忽视数学与生活密切相关. 新课程十分重视数学与生活的联系，如“强调从学生已有的生活经验出发，让学生亲身经历将实际问题抽象成数学模型并解释与应用的过程”. 但与生活情境的不恰当联系、过分的引入等都会影响数学知识的学习，同样是不可取的.

②充分利用经验背景，检验和运用初步获得抽象的数学概念和原理，帮助学生体会知识的应用价值，感受数学的整体性.

③从学生已有的“数学”经验或其他知识经验背景中去发掘具体原型，为新知识的学习提供固着点，有助于知识的顺应与同化，建立数学知识的内在联系以及与其他学科知识的关联.

由于数学模型是逐级抽象的，并非每一抽象理论都反映具体的实际现象. 例如，用分蛋糕来解释简单的分数的运算和大小十分有用，可复杂的计算如因式分解的理论与方法，只能按照运算的公式和法则进行. 帮助学生用内心已有的体验来学习数学，既有助于区分新旧知识的异同点，又为新知识的建构提供基础.

④结合学生的生活经验，运用形象、生动的现实材料或实物模型来引入和阐明新的概念和原理等内容. 例如，通过新闻中的西瓜“成熟率”、“降水率”等实际生活中常见的生活现象引入“概率”内容，使学生正确理解随机事件发生的不确定性及频率的稳定性，澄清日常生活中一些错误认识，如“中奖率为$\frac{1}{10000}$的彩票，买 10000 张一定能中奖”，且让学生解释天气预报的可信度等.

教学中，一方面可以让学生了解到数学的许多原理和概念是从现实世界中抽象概括出来的. 例如，从对高速公路通车总里程和加油站等现实问题的思考，让初中生体验生活中处处充满变量间的依赖关系，从生活中的变量入手，让学生观察、体验变量之间的依赖关系，从而引入函数概念. 另一方面，也让学生体会如何抓住事物量的本质，从实际的问题中抽象、概括出数学模型的过程. 建立在生活经验之上只是手段，主要目的为要培养学生概括、抽象能力.

【例 5-1】 我们的校园(片段)

课题：我们的校园

教材：人教版义务教育课程标准实验教科书，数学，一年级上册

教学过程：(片段)

展示校园内学生的活动：踢足球、跳绳、练习武术、出板报、跑步.

数学老师：从美丽的校园里，你们看到了什么？想提出什么样的数学问题呢？

数学老师：刚才大家看到了校园内活动的图片，提出并解决了许多问题，还复习了以前学过的知识. 根据统计出来的每种活动的人数，我们还可以把他们进行一些整理.

①出示统计图.

②老师解释并示范.

图左边一列的图片表示各种活动，右边的人头图片表示人数. 每项活动有几人参加，就贴几个，比如说办黑板报的是 4 人，我们就涂上 4 个笑脸娃娃.

③分组协作完成统计图.

在老师指导下，前后 4 人为一个小组，每组发给一张统计图，要求各组的每一个人都完成一项活动的统计.

④小结统计，汇报情况.

⑤渗透统计观念.

数学老师：同学们想一想，看这个整理起来的图，与看活动图片有什么不一样？根据这个统计图，我们还能提出什么问题？

老师总结：从统计图上，我们能够很清楚地看到所有的内容.

总评：本节实践活动课《我们的校园》是人教版义务教育课程标准实验教科书第一册第九单元的教学内容. 本课的学习，一方面是通过让学生参与多种活动，感受生活中处处有数学，逐步学会从实际生活中提出和解决数学问题的方法，并渗透统计的思想；另一方面是 10 以内的加减法和 20 以内的进位加法以及问题解决的复习，本课是学生建立统计概念的初次尝试，也是以后学习统计的基础. 教学过程中，老师以情境提问的形式，引导学生观察场景，促进学生提出问题、联系生活、小组合作、解决问题. 问题是开放的，并且是由学生自己提出来的，学生学习的主动性被

充分调动起来，参与面广．校园活动图片如果是老师根据学校实际进行设计、拍摄的．这样会更加贴近学生生活，学生的学习热情会更加高涨．

2．实际运用与思维训练相结合的原则

数学长期以来被人们认为是一种思维科学，数学教学在思维能力的培养中具有不可替代的作用．如何处理好这一关系十分重要．

早在古希腊时代，柏拉图就把世界区分为“现实世界”和“观念世界”，“现实世界”是不完善的，因而是暂时的、不完美的、不真实的．而“观念世界”是真实的、永恒的、完美的，而“观念世界”的作用是至上的，“现实世界”只不过是“观念世界”的反映．在该观念的指导下，古希腊的数学充分发展演绎推理的思想方法，使数学成为人类直接应用逻辑的力量探索现实世界的独一无二的科学，对整个人类产生了巨大的推动和影响作用．

古代西方数学教育通常作为心智训练、形式陶冶之用．公元前 386 年，柏拉图创办了一所学校教学内容为“四艺”，特别重视数学，柏拉图之所以这样推崇数学，把它列为“四艺”之首，不是因为数学特别有用，而是为了最高形式的理性训练．

计算机的广泛运用，为数学的应用提供了更为广阔的天地，数学的力量已成为现代人发挥本质力量，通向美好生活不可或缺的重要组成部分．加强数学应用教学，提高数学教学解决实际问题的能力成为近年来课程改革中一个十分重要的口号．

数学教学方式的变革都受到数学价值观的制约和影响．从其人文意义上看，数学不仅作为探索真理的事业，同时还造就一种独特的人格气质．在数学的探索过程中，数学家尊重事实、实事求是的求实精神，勇于坚持真理、自我否定、勇于怀疑的批判精神，勇于创新为真理而献身的精神蕴涵极其丰富的文化教育价值．科学精神也并非只是自然科学的精神，而是整个人类文化精神不可缺少的组成部分．它同道德精神、艺术精神等其他人文精神不仅在追求真、善、美的最高境界上是相通的，而且不可分割地融合在一起．从而也表明了以“问题解决”为核心的教育价值观的局限性．新课标改变了传统的以演绎体系为核心的数学，重视了数学中算法体系的构建，以及概率统计、信息技术的整合等内容的加强，让学生从不同的侧面更好地认识数学的本质．数学教育的文化价值和科学价值同时受到了重视，发展、完善了对数学教育的价值认识．

【例 5-2】 矩形组合（片段）

课题：矩形组合

教材：美国 Glencoe/McGraw-Hill 公司 2002 年版五年级数学教材

教学过程：（片段）

老师：有两个以上因数的数为合数；只有两个因数的数为质数．下面，你们可以通过矩形的组合探索一个数是质数还是合数．

①探索 6 是质数还是合数．

②探索 11 是质数还是合数．

学生：用 6 个正方形瓷片组合成尽可能多的矩形，可以得到 1×6 和 2×3 的两个矩形．所以 6 的因数有 1、2、3、6．所以 6 为合数．

学生：用 11 个正方形瓷片组合成尽可能多的矩形，只能得到 1×11 一个矩形．所以 11 的因数只有 1、11．所以 11 是一个质数．

你的探索：

①用 2 个和 12 个正方形瓷片分别重复上面的过程．

②哪个数目的正方形瓷片只有一种组合？

③哪个数目的正方形瓷片有不止一种组合？

④从12到25之间哪些数目的正方形瓷片会有不止一种组合形式？

⑤回顾：请你用一句话描述质数与合数的特征.

点评：整数理论中的两个基本概念为质数、合数，对小学生来说比较抽象.该“动手做”活动，让学生通过动手操作和研究获得了对质数、合数的感性认识，再通过抽象、概括质数与合数的特征，进而深化对概念的本质理解和认识.“动手做”的过程，整合了学生操作、实物、图形的直观经验，培养了学生数学语言的表达、数学符号的运用以及思维的能力.把抽象的概念学习与图形的组拼联系进来，不仅体现了数形结合，而且符合人们所倡导的“做中学”的教学思想.

3.独立钻研与合作探讨相结合的原则

学数学的目的就是为了能得到一个理想的分数，进而升入一所理想的学校，这是许多学生、教师追求的“目标”.数学的应用，数学与生活的联系成为一种装饰.对大多数学生而言数学只不过是一个“跳板”，学习数学只是一种无奈.人人都知道数学很重要，那只是因为在“知识改变命运”中举足轻重，决定了一个人的“前程”.

近年来，特别是随着新一轮数学课程改革的推进与深化，数学课堂正发生着重大的变化.

老师创设了一系列与生活相关的问题情境，让学生通过剪一剪，拼一拼，做一做，猜一猜，在实践活动中发现数学、学习数学，让数学贴近生活，让学生了解到数学在生活中的应用.通过这样的方式，让学生身临其境地解决一个个生活问题，数学走进了学生的生活，数学从理念世界回归到学生的生活世界.

在相当长的时期，人们普遍认为数学活动只是一种个体化的活动.交流、合作与数学以及数学家的特性相关甚少.即以往的数学活动过于强调个体的独立活动.事实上，在数学共同体中，数学家必须与相应群体保持密切的联系，建立有效的合作关系，及时了解新的研究成果，掌握新的、更为有效的方法，与群体分享思想，共同促进数学的发展.数学家常常通过举办讲习班、讨论班的形式对一些问题开展合作研究.对于学生的数学学习独立思考是需要的，同伴合作、交流，共同分享思想的习惯养成也应是数学学习的需要.

在教学过程中，丰富多样的活动方式，鼓励学生积极参与活动，运用自己的经验表达和交流自己对知识的理解.但不能用合作探讨来代替独立钻研，这不仅会造成部分学生产生依赖，失去合作的意义，同时，也弱化了学生独立思考的意识.无论学习方式如何改变，最终的目标是要培养学生能独立的分析问题、提出问题和解决问题，并能针对非数学问题的环境能数学地去思考，形成创造能力和实践能力.

4.归纳与演绎并用的原则

众所周知，归纳法和演绎法为数学中最基本的推理方法.归纳推理和演绎推理是根据思维过程的不同加以区分的.演绎是由一般到个别的推理，归纳是由个别到一般的推理.归纳和演绎是两种不同的思维过程，但它们又有着密切的联系，这种联系表现在如下两方面：

一方面，从归纳的前提看，归纳对于所考察的每一个特殊结论一般都经过演绎思考的，从归纳的结论来看，它的正确性也需要经过演绎证明才能确认.因此，归纳以演绎为指导，演绎为归纳提供了理论依据.

另一方面，从演绎的前提看，它最初的基础是从数学公理和原始概念开始的，而所谓的数学公理和原始概念都是从实践中归纳出来的，从演绎所要证明的公式、定理、法则来看，这些结论开始也是人们在实践中通过归纳猜想而得到的.而后才是对它们给予演绎证明.因此,演绎以归纳为基础,归纳为演绎准备了条件.

从归纳与演绎的关系我们不难看到,归纳的过程蕴含着数学问题的猜测与发现的过程,归纳法具有一定的创造性.演绎过程是对数学问题的整理过程、证明,演绎法是扩展数学知识体系,揭示知识的内部联系的主要方法.所以归纳和演绎在数学理论形成和发展的过程中,都有起着巨大的作用.

然而,在现实的数学教学中,普遍存在着重演绎而轻归纳的现象.反映在教材处理和教学方法上,似乎力求把数学知识组织成演绎的逻辑体系来进行教学,把学生注意力吸引到形式论证的"严密性"上去,忽视了如何教会学生发现真理、寻求真理的本领,在一定的程度上,忽略了归纳推理在数学活动中的重要性.在中小学数学教学中,重演绎轻归纳的现象有如下三种情况:

①在定理、公式教学中,重视对定理、公式证明的教学,而忽视通过放手让学生去实践从猜想、观察、归纳中得出结论的教学.

②在解题教学中,重视给出一个完美解答模式的教学,而忽视引导学生共同思考获得解题方式归纳过程的教学.

③在概念教学中,重视对概念的解释和运用概念进行解题的教学,而忽视对形成概念的背景材料的归纳与概括过程的教学.

事实上,科学认识总是归纳与演绎的结合,过分重视演绎推理能力训练的教学,往往掩盖了一个最重要的事实:在数学的实际创造性活动中,观察、归纳和猜想起到了不可或缺的作用.

当然,在我们分析重演绎轻归纳的现象时,也不能忽视另一种情况,看重归纳并排斥演绎.认为演绎是从一般到个别的推理,因而运用演绎法得不出什么新的结论来,只有归纳法才能发现新的东西,这是片面的.由于认识了一般不等于认识了所有的个别情形,要判定某个复杂的个别结论是否真实可靠、是否为一般结论下的逻辑结果时,正需要利用多个一般性结论进行演绎论证.一般结论与个别结论之间的关系有时并非一目了然,要确认个别结论为真理常常需要艰苦的演绎工作.所以学会演绎不仅使人思维清晰、严密、而且也是发现和确认真理不可缺少的部分,同时不完全归纳所得出的结论也并不总是正确的.

例如,有一节关于"三角形内角和"的课堂教学,我们看成是典型的重演绎轻归纳现象.老师采取先让学生看课本上的定理全文,然后再通过实验的方法进行验证.在定理证明教学时,也是先让学生看看课本证明的全文,然后再回答辅助线是怎样添加的等问题.这样处理是纯演绎性教学法的典型案例,学生的学习过程,仅仅是在知道结论的基础上,作一些反思,由于缺少猜想、归纳的过程,所以学生数学能力得不到培养.

另外一节"三角形内角和定理"课是这样设置的.在提出三角形三个内角之间有什么关系问题后,设计实验如下:

用橡皮筋构成 ΔABC,其中顶点 B,C 为定点,A 为动点,如图 5-2 所示,放松橡皮筋后,点 A 自动收缩于 BC 上.请同学们考察点 A 变动时所形成一系列三角形 ΔA_1BC,ΔA_2BC,ΔA_3BC,……,那么内角会产生怎样的变化?

在上述实验的基础上,学生可能得到下面结论:

①三角形的最大内角不会等于或大于 180°.

②三角形各内角的大小在变化过程中是相互联系,相互影响的.

③ΔABC 中,当 A 点离 BC 越来越近时,$\angle A$ 越来越接近 180°,而其他角越来越接近于 0°;

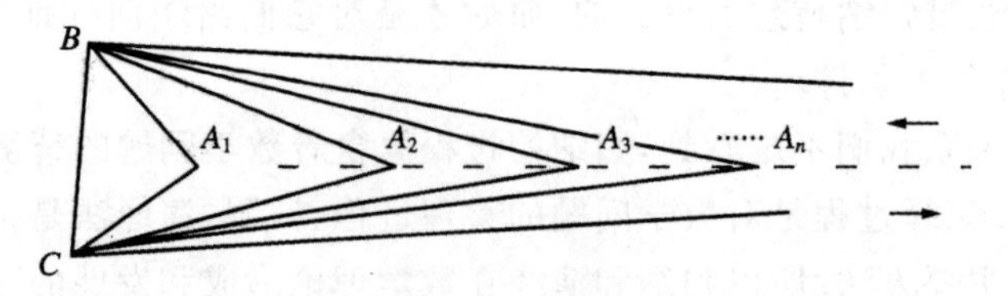

图 5-2 像皮筋构成的△ABC

当 A 点远离 BC 时，$\angle A$ 越来越小逐渐接近于 $0°$，然而 AB 和 AC 逐渐趋于平行，$\angle A$ 和 $\angle C$ 逐渐接近为互补的两个同旁内角，即 $\angle A+\angle C\to 180°$.

④我们猜想：三角形三个内角和可能为 $180°$.

本节试验遵循了从生动的直观到抽象、归纳到演绎的认识规律，力求实现最大限度调动学生学习的积极性，把教的过程转化为学生自我观察、猜测、归纳、探索、论证、发现的过程，学生的数学学习能力从而得到充分的提高.

又如，等比数列前 n 项和公式的教学. 为了探求"错位相减法"的由来，可由归纳入手，得到猜想，然后再由分析法和综合法给出公式完美的推导过程.

以国王奖励象棋发明人的故事引出等比数列 $S_{64}=1+2^1+2^2+\cdots+2^{63}$ 求和问题，然后将上述问题一般化，就是如何求等比数列前 n 项和

$$S_n=a_1+a_1q+a_1q^2+\cdots+a_1q^{n-1}$$

的问题.

当 $q=1$ 时，$S_n=na_1$.

当 $q\neq 1$ 时，我们从特殊情况考察起：

$$S_1=a,$$
$$S_2=a_1(1+q),$$
$$S_3=a_1(1+q^1+q^2),$$
$$\cdots\cdots$$
$$S_n=a_1+a_1q+a_1q^2+\cdots+a_1q^{n-1}.$$

以 S_3 为突破口，根据 $S_3=a_1(1+q^1+q^2)$ 联想到 $1-q^3=(1-q)(1+q^1+q^2)$ 推得 $1+q^1+q^2=\dfrac{(1-q^3)}{(1-q)}$，从而有 $S_3=a_1\dfrac{(1-q^3)}{(1-q)}$，类似地我们可将 S_2，S_1 变形，则有

$$S_2=a_1\frac{(1-q^2)}{(1-q)},$$

$$S_1=a_1\frac{(1-q)}{(1-q)}=a_1.$$

根据 S_1，S_2，S_3 归纳猜想，则有 $S_n=a_1\dfrac{(1-q^n)}{(1-q)}$，接下来我们证明该式成立.

证明上式成立，即证

$$S_n-qS_n=a_1(1-q^n).$$

我们观察等式左边的结构：

S_n-qS_n 为两项之差，那么该差的来源为？则此时我们会自然想到要在

$$S_n=a_1+a_1q+a_1q^2+\cdots+a_1q^{n-1} \tag{5-1}$$

两边同时乘以公比 q 可得，

$$qS_n=a_1q+a_1q^2+a_1q^3+\cdots+a_1q^n \tag{5-2}$$

然后将(5-1)、(5-2)两式求差即可，从而可得课本上的“错位相减法”.

5.融辩证逻辑思维能力培养于数学教学之中的原则

众所周知，数学中含有丰富的辩证法思想与美学因素.但美学与哲学对数学学习带来积极的、深远的影响，然而却往往被人们忽视.教学中如何处理好数学、哲学、美学三者的辩证关系，更好地发挥数学教育在提高人的素质方面的功能？应该在数学教学中贯穿观念教育.着重使学生树立正确的整体观念、价值观念、审美意识、哲学信仰等，潜移默化地向学生灌输科学的世界观和方法论，使理科教学能以更深层次、更自然的方式进行思想教育，发挥育人功能.所谓观念，这里是指人们对客观事物的概括认识和基本看法.例如，怎样看待数学，怎样看待自己，怎样看待周围环境，怎样看待问题等.所以正确观念的树立，对于确立正确的人生观，调动人的积极性，使人的活动更加符合客观规律，从而对促进人的全面发展，都有着重要的意义.

自然科学研究者要学会运用辩证法.在阐述数学知识发生和发展规律之中，传播唯物辩证思维观；在剖析数学定理、公式之中，揭示解决数学问题的辩证思维过程；从方法论的哲学高度来阐明数学思想方法的实质；分析学生在学习中出现的典型错误，说明掌握辩证的

思维方法对学习数学的重要指导意义.

例如，数系的对立与统一，体现了数学的辩证思维.同时也体现严谨的数学结构.

自然与不自然、实的与虚的、有理与无理、正的与负的、有限与无限这五对矛盾好像是不可调和，结果它们又非常和谐的统一在一个严谨的实数系里和复数域里.

著名的欧拉公式：

$$e^{i\pi}+1=0,$$

该公式中出现了五个数：

$$0,1,\pi,e,i,$$

其中中性数 0，自然数 1，无理数 π，e，虚数 i，说明它们之间不是矛盾到不可调和，是完全可以互相转化的，所以，说它们为统一的.

若以此公式的改写和由来再加剖析，“数系”该五对对立统一的辩证关系，从而就更加明显地表露出来.

我们只需要把 1 移动到右端

$$e^{i\pi}=-1,$$

两边取对数可得：

$$i\pi=\ln(-1)$$

或者

$$i=\frac{1}{\pi}\ln(-1),\pi=\frac{1}{i}\ln(-1).$$

此时显出 π，i 之间的关系，它们之间可以相互转化.

如果 e^z 按照复幂级数展开，从而可得到 e^z 无限表示：

$$e^z=1+\frac{z}{1!}+\frac{z^2}{2!}+\cdots+\frac{z^n}{n!}+\cdots$$

我们在考虑下正弦和余弦的幂级数展开，可得：

$$e^{i\theta}=\cos\theta+i\sin\theta.$$

从而可以看出有限与无限的对立统一. e^z 用无限的幂级数来表示,从而得到它们之间的有限关系式 $e^{i\theta}=\cos\theta+i\sin\theta$,同时又揭露三角函数、指数之间的有机关系;虚与实之间并不是完全对立的,虚与实只是一个统一体的两个侧面,它们之间存在着不可分割的密切关系.

正确世界观的形成,除了道德品质教育之外,重要的一条途径是通过学科知识的学习以及了解学科知识的历史发展,具体、生动、有效地培养辩证唯物主义、历史唯物主义的世界观. 所以通过阐述数学发生和发展的规律、揭示数学知识的联系和变化,在学生的头脑中逐渐编织成一幅关于自然界的辩证图景:世界是物质的,物质是运动的,运动是有规律的,规律是可以认识的,认识是无止境的.

马克思主义哲学是一门智慧学、聪明学. 它不仅能弥补某些知识上的不足,使人能深刻地理解方法和知识,更能帮助人们进行新的突破、新的探索,从而取得新的成就.

首先,自然科学的发展历史表明,任何一个自然科学家都离不开哲学. 其次,现代自然科学的一个重要发展趋势是,各门学科不断分化又相互渗透,边缘学科大量出现. 因此,现代自然科学日益成为"联系的科学". 然而辩证法是最深刻、最完整而无片面性弊病的关于发展和联系的学说. 所以掌握唯物辩证法,才能揭示出从无生命到生命,从基本粒子到宇宙万物,从自然界到人类思维内在的辩证的演化. 所以,科学技术愈要发展,愈需要有正确的哲学思想作指导.

其实辩证法并不神秘,例如有一道题:"两个半圆,大圆的弦 $CD /\!/ AB$,且与小圆相切,已知 $CD=24$,试求图中阴影部分的面积,如图 5-3 所示".

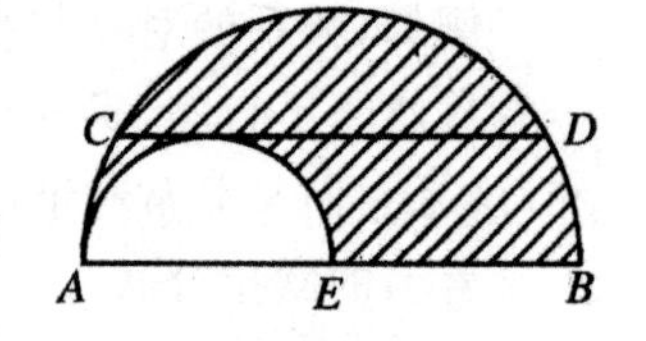

图 5-3　示例图

曾有人用其来考查过 2 名初一级学生,他们有如下解法:

当小圆的半径逐渐缩小以至变成一点时,$CD=AB=24$,故所求面积就是直径 24 的半圆面积.

又如,一位刚学了三角形中位线定理还未学习相似形的学生,他认为三角形的三条中线应该相交于一点,理由是:原△ABC 的三中线,也是中点△DEF 的三中线,如此下去,这些三角形最终变成一点,如图 5-4 所示.

上述的解法虽然存在着漏洞,确切地说,他们是发现结论而不是证明结论,但它却给我们留下一些值得思考的信息:对于中学生,辩证法也是可以接受的;他们已在有意无意中运用了辩证思维,用运动、变化、联系的观点去观察分析问题;辩证法确实在一定程度上弥补了知识上的不足,这是需要值得注意的.

必须强调,数学老师必须要创造条件,让学生舒展辩证思维的翅膀,学会运用辩证法. 如要求学生从思想方法的高度分析自己出现的错漏;出一些需要分析矛盾、抓住本质、揭示联系、实现转化的题目,让学生在辩证法的指导下,发现问题的结论,选择解题的途径,设计解题的步骤等等,增强解题的目的性和预见性;要求学生进行知识总结与归类. 所谓知识归类或解题规律的总结与概括,并不是知识的罗列,而是把所学过的知识规律化与系统化,并把纵横的知识沟通起来,把表面看来支离破碎的、互不相关的知识纳入一个系统中. 因此,知识归类的实质就在于揭示知识间的辩证的内在联系,就是要完成学习由"厚"到"薄"的过程. 因而,知识的归类与总结,更离不开正确思想的指导.

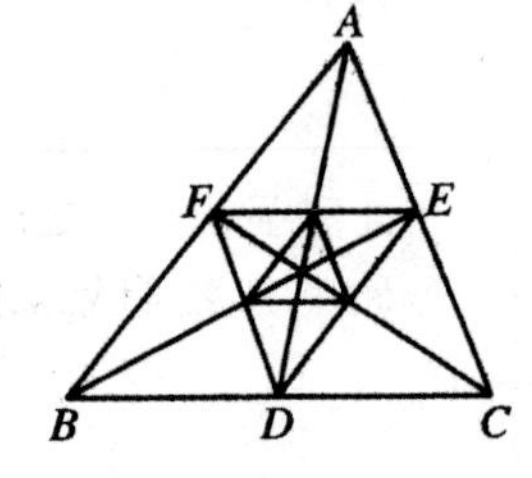

图 5-4　示例图

接下来我们讨论,在数学教学中如何使学生辩证逻辑思维能力与形式逻辑思维能力相协调发展的问题. 逻辑思维能力的培养,理应包括形式逻辑思维与辩证逻辑思维，两者是互为补充、互相促进的. 在培养学生形式逻辑思维的同时，有意识地发展他们的辩证思维，培养学生运用唯物辩证法的思想观点去观察、分析、解决问题. 只有从形式逻辑和辩证逻辑两个不同侧面，对学生进行逻辑思维的培养和训练，才能使他们及早地迈上科学思维的道路.

例如，有一位学生在学习同心圆的概念之后，提出一个猜想，“两平行直线截同心圆所得的圆弧中，大圆的弧 AB 小于小圆的弧 CD.”该同学的思维充满了辩证性. 如图 5-5 所示，如果让大圆的半径逐渐变大，以至于无穷大，则 AB 便逐渐接近于两条平行线间的距离. 这种思维既具有辩证性.

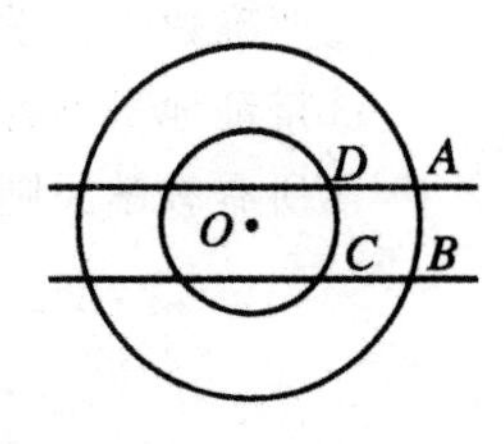

图 5-5　示例图

在平面几何相交弦定理、中垂径定理、切割线定理、割线定理等四条定理之间存在着辩证关系. 其中切割线定理是割线定理的特殊情况，垂径定理是相交弦定理的特殊情况. 如图 5-6 所示，不管 P 点在圆内还是在圆外，$PA \cdot PB$ 只与 P 点的位置有关，与过 P 点的弦或割线无关. 所以四条定理可统一叙述为：直线通过圆内或圆外一点 P，与定圆相交于 A，B 两点，则 $PA \cdot PB$ 为定值. 当定点在圆内时，定值等于经过定点的最短弦长一半的平方；当定点在圆外时，定值等于经过定点的圆的切线长的平方.

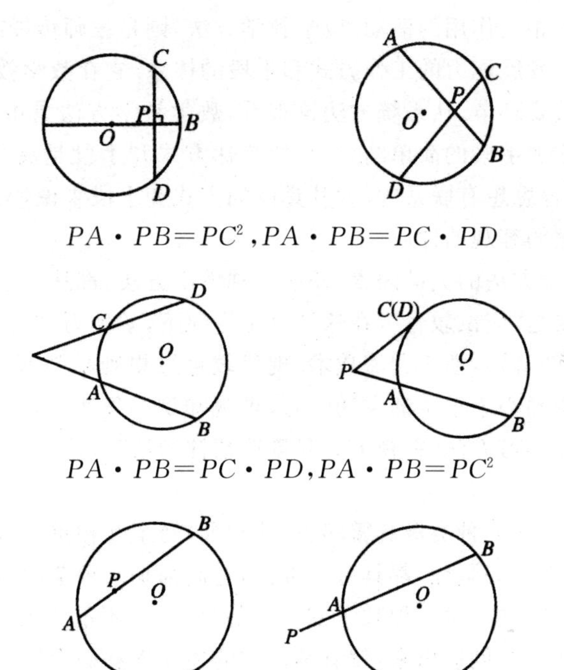

图 5-6　关系图

事实上，数学知识在人们的头脑中经历的是辩证思维过程，由不知到知，由少知到多知，在这一过程中又不断形式化，符合形式逻辑思维的规律. 事实还表明，形式逻辑思维完成之后，仍然在继续着辩证思维的过程.

四、数学教学原则的选择

数学教学原则是教学规律的反映，是广大一线教师实践经验的结晶，对指导当前数学教学有很强的指导意义. 但教学原则的选择不是孤立的，应根据教学内容、教学对象恰当地使用教学原则.

下面我们介绍下使用数学教学原则应注意的几个问题：

①在中小学数学教学中既要贯彻一般的数学教学原则，又要注意数学自身的特点，贯彻特殊的数学教学原则，体现数学教学改革的要求.

②明确数学教学原则对数学教学实践的指导作用.

③辩证地贯彻各个原则，防止绝对化，片面性.

④所有教学原则都必须在全部教学活动中加以贯彻.

第三节　数学教学方法

一、数学教学方法概述

1. 数学教学方法含义

教学方法是指为达到教学目的，实现教学内容，运用教学手段而进行的、由教学原则指导的、一整套方式组成的、师生相互作用的活动. 数学教学方法，则是教师传授或师生共同讨论，学生学习数学基础知识、技能和发展能力的工作方式和手段的体系. 它在数学教学过程中起着重大的作用，是决定教学质量的重要环节. 从系统方法论来看，数学教学方法是由许多教学方式和手段构成的，但又不是各种方式和手段的简单结合. 它的表达方式和手段是灵活多样的. 就其整个体系来说，是与哲学体系、教育思想有联系的；就其具体的方式和手段来说，又相对独立于哲学体系和教育思想，具有比较普遍的客观的性质.

教育思想是决定教学方法的关键因素，任何一种教学方法，都从一个侧面反映着一种教育思想. 传统的教育思想主要是“应试教育”，在这种思想指导下，学生为了应付升学考试，满足于对知识的机械记忆和模仿式的解题，惯于题海战术. 现代教育思想则是强调素质教育，是以培养智能型人才为目的的，教学中倾心于学生的主动学习，重视知识的发生过程，重视分析问题解决问题的思考方法，重视学生的学习方法，重视能力和创造精神的培养，重视学生的情绪生活，以此形成了现代教学方法的特点.

我们知道数学教学方法的种类极其繁多，彼此歧异，乃至互相重叠. 但无论过去还是现在，每种教学方法都有其优越性和局限性，都具有二重性，它们都是某种范围内由于对其性能的需要和在一定的运用条件下而产生的. 每一种教学方法都是综合体，不能强行归属于某一类，分类只是相对的. 每一种教学方法一经创造出来，就有其性对的独立性和稳定性.

2. 数学教学方法的发展历程

在我国传统的教育观念中，对于教学双方，一向偏重于教而忽视学. “传道、授业、解惑”都是教师的天职，而对学生的学习是如何进行的、学生获得知识的机理是什么、教学应如何促进学生的最大发展等问题却甚少探索. 自 1919 年，陶行知主张把“教授法”改为“教学法”，才开始把学的方法提到重要的位置上来. 从 20 世纪 50 年代以来，一些先进国家把教学法研究推向现代水平. 原苏联教育家凯洛夫的“三中心”论，即以教师为中心、以课本为中心、以课堂教学为中心，比起杜威的实用主义教育思想是一个进步，但其根本的缺陷在于忽视学生在认识活动中的主体地位，忽视学生智力的开发和能力的培养. 凯洛夫的影响一直延续到 60 年代. 在七八十年代，美国教育心理学家布鲁纳倡导“发现法”. 美国心理学家和教育学家斯金纳根据操作条件反射和积极强化理论,设计了程序教学法等.这些数学教学方法,从心理学基础来分析,都带有明显的行为主义色彩,却集中反映了现代发展教学观代替了传统的知识教学观的思想,认为教学过程是教师传授现成知识与学生接受、理解、记忆和复现所传授的知识两方面机械组合的认识活动,是把传授知识、培养智能、促进发展结合起来的过程.同时代或稍后的维果斯基的"最近发展区"理论、巴班斯基的"最优化教学理论"、瓦根舍因的"范例方式教学论"、原苏联的苏霍姆林斯基的"和谐教育"理论等也有不同程度的传播.

以上不同阶段的西方现代教学理论对我国中学数学教师探索新的数学教学方法产生了很大的影响.

建国初期,受原苏联教育家凯洛夫的教学"三中心"的影响,我国中学数学教育界盛行的教学方法是"讲深讲透".

20 世纪 60 年代上半期又发展为"精讲多练",教学方法重系统知识的传授、重学生解题能力的训练和培养,培养出了一批数学思维能力强、特别善于解难题、特别能钻研的学生;但另一方面,学生陷入"题海",由于很少顾及数学的文化价值、数学知识的背景,越来越忽视数学的应用和学生个性品质的培养,不可避免地造成了更多的数学差生.

20 世纪 70 年代后期,随着国外心理学理论的主流已被认知主义所取代,很快在我国数学教育界也产生了影响.1978 年秋以"精简、增加、渗透"原则为指导的新编中小学数学教材开始试用.怎样迅速推进数学教学的改革? 广大教师自然把数学教学方法的改革作为创造新的数学教学体系的突破口.人们开始突破传统的"教学方法是一种阐明讲授内容的方法"的观念,从在教师的主导作用下学生如何积极地获取知识,以及教师如何培养并发展学生的智能的整个过程来讨论教学方法.

20 世纪 80 年代以来,随着我国数学教育目的"三要素结构"的规范逐渐形成,中学数学教学方法的改革发展很快.广大教师和理论工作者根据现代社会对培养人才的要求,并以现代教学理论作指导,在批判继承、借鉴外来经验的基础上,不断探索和总结.我国不少学校和有关人员进行了大量数学教学方法的改革和创新的试验.

二、现代数学教学方法

随着我国数学教育改革的不断深入和数学教学研究的不断发展,教学方法也有了很大的革新和变化.下面介绍的是曾在我国颇为盛行的基本教学方法.

1.发现式教学法

发现式教学法是依据教师或教材所提供的材料和问题,学生通过自己积极主动的思维活动,亲自去探索和发现数学的概念、定理、公式和解题方法等的一种教学方法.这是美国著名心理学家布鲁纳于 20 世纪 50 年代首先倡导的让学生自己发现问题、主动获取知识的一种教学方法.布鲁纳从青少年好奇、好学、好问、好动手的心理特点出发,提出了在教师的指导下,通过演示、实验、解答问题等手段,引导学生像当初数学家发现定理那样去发现知识,以便培养他们进行研究、探讨和创造的能力.发现法又因其思维方法的不同,分为类比法、归纳法、剖析法、学习迁移法和知识结构法等.

发现式教学法的特点是要学生运用创造性思维进行学习,让学生主动地发现未知的结果,因而具有主动性、开放性和创造性的特点.发现式教学法的一般步骤是:创设发现情境、寻找问题答案、交流发现成果、小结发现成果、运用发现成果.发现式教学法可使学生既学到知识,又学到科学的思想方法,学习到发现问题、探索问题的一般方法,养成探索和研究的习惯.但发现式教学法不利于学生掌握系统的知识和形成必要的技能技巧,且由于费时、较难控制,运用时要做充分的准备,一般说来也难以加以普遍运用.

2.程序教学法

程序教学法是美国心理学家和教育学家斯金纳于20世纪50年代根据控制论原理首创的.它是指让学生按照一定程序独立获取知识的一种教学方法,其基本思想是把学生掌握知识、技能与技巧的过程程序化,使学生按程序进行独立的、个别化的学习.

程序教学法的一般步骤:精选教材内容编写成包括课本、练习和答案在内的程序教材,或借助电子计算机和其他教学仪器将教材内容予以呈现;学生按照程序,边看教材做练习,边对照答案,及时获得反馈信息,以不断调整自己的学习活动,遇到困难再由教师进行个别或集体辅导.程序教学法又可分为基本程序和复合程序两种.

这种教学方法的优点是能充分调动学生的学习积极性,有利于培养学生的自学能力、动脑动手的能力,有利于因材施教.在数学教学中,恰当地运用程序法,会起到提高教学质量的作用,但并非所有内容都易做到程序化,况且学生的活动过于程序化,会消弱教学的教育性,从而不利于学生只能的发展.

3.单元整体教学法

单元整体教学法是北京市景山学校于20世纪60年代初系统提出来的一种教学方法.它是根据知识结构和学生水平将教材划分为若干单元,并分四个步骤进行:

①自学探究,即教师对本单元的学习目的、方法进行简单的揭示和引导后,让学生阅读教材,提出问题展开讨论.

②重点讲解,即教师简要地讲解本单元的重点难点和易混淆之处.

③综合训练,即学生在模仿教材做一般性练习的基础上,着重研究那些综合性、技巧性的练习.

④总结提高,即在学生对本单元进行整理与归纳的基础上,教者再加以深化、提高,即由学生的“自我总结”过渡到师生的“共同总结”.

单元整体教学法的核心是在教者充分掌握教材、了解学生的基础上,找到学习这部分内容的知识结构和学生主动学习这部分知识的认知结构,并将两者有机地结合起来,即找到最佳点时,教学就能取得明显的效果.这种方法的优点是以教材为主线,有利于培养学生的自学能力和探究精神,有利于学生获得比较系统、完整的知识.

4.“读读、议议、讲讲、练练”教学法

“读读、议议、讲讲、练练”教学法,又称“八字教学法”,是上海市育才中学于20世纪70年代首先总结出来的.所谓读,就是引导学生学习教材和参考书,读书笔记,这是教学的基础;所谓议,就是学生之间开展讨论,主动探究问题,这是教学的关键;所谓讲,就是教师解惑,可以教师讲解,也可以在教师指导下由学生讲解,这是教学的主要环节;所谓练,就是让学生亲自动手练习,这是学习、巩固知识的重要途径.

这种方法的优点是将“读”、“议”、“讲”、“练”穿插进行,能够调动学生的积极性,有利于提高课堂教学效率,减轻学生的课外负担,有利于培养自学能力、表达能力和创新精神,但教学过程不易控制.

5."尝试、指导、变式、回授"教学法

"尝试、指导、变式、回授"教学法是从1977年起由顾泠沅主持的上海青浦县大面积提高数学教学质量的改革实验.他们按时间和内容将实验划分为四个阶段:三年教学调查、一年筛选实验、三年实验研究、三年传播推广,到第八年就取得了数学教学质量大面积提高的效果.这个实验的特点是:通过大规模收集、分析、提炼教学经验,进行教学改革.通过实验,他们找出了大面积提高数学教学质量的教学结构:

①把问题作为教学的出发点.既不以单纯的感知为出发点,也不以直接告诉现成知识结论为出发点,而是通过创设问题情景启发诱导、激发学生求知欲,让学生在迫切要求下学习.

②指导学生开展尝试活动.在教学的同时,辅之以指导学生探究、发现、模仿、应用,在活动中学习.

③组织分水平的变式训练,防止机械模仿,向学生提供给出问题条件的机会,逐步增加创造性因素,提高训练效率.

④连续地构造知识结构.适时指导学生归纳所获得的新知识和新技能方面的一般结论,归入知识系统.

⑤根据教学目标,及时反馈,回授调节,随时搜集与评定学习效果,有针对性地进行质疑讲解,对有困难的学生给予补授的机会,使之达到所定目标的要求.

这种教学结构来自实践,反映和吸收了现代教学论的新思想,而且与传统经验结合得很自然.1986年,该研究成果获国家教委"建国四十年优秀教育科学成果"一等奖,1992年4月,国家教委在上海召开现场会,将青浦经验向全国推广.

6.六课型单元教学法

六课型单元教学法是湖北大学黎世法教授于20世纪80年代中期提出来的.这种教学方法将教材分为若干单元,依次通过下列六种课型进行教学.自学课——学生根据教师的要求,在课堂上自学教材;启发课——教师进行重点讲解;复习课——教师指导学生在课堂上进行独立复习;作业课——教师指导学生在课堂上独立作业;改错课——在课堂上师生结合,共同批改作业;小结课——将知识技能概括化、综合化.这种方法可减轻学生的学习负担,也可减轻教师批改作业的工作量.

7.学导式教学法

学导式教学法是以学生的自学为主,并得到教师必要的指导,是近年来在全国兴起的又一种新的教学方法.它包括学生自学、互相解疑、教师精讲、学生演练四个环节.在学生主动掌握知识的过程中,注重发展智能,有利于智力五要素:注意力、观察力、记忆力、思维力、想象力,和能力七要素:自学——探索能力,表达——表演能力,体力——操作能力,社交——管理能力,革新——创造能力,情感——审美能力,意志——调节能力的有机统一.学导式教学法体现出学生学在前,教师导在后;教师把教集中在导上,教为学服务;教法来自学法,根据学法的需要来确定.学导式教学法有利于因材施教,培养开拓型人才,是对注入式教学法的否定.从注入式发展到启发式,从启发式再发展到学导式,标志着教学方法进入了一个新的发展阶段.

8."自学、议论、引导"教学法

"自学、议论、引导"教学法是江苏南通市第十二中学数学教师李庚南同志提出的.所谓"自学",就是学生阅读教材和参考书,自我掌握基本知识和基本技能,通过观察、分析、推理,自己去发现问题和解决问题;所谓"议论"是指师生间讨论知识结构、学习思路、解题规律和经验教训;所谓"引导"指教师用点拨、解惑、释疑的方法激发学生学习兴趣.该成果已由全国中学数学教学研究会编辑成录像带出版发行.

三、现代数学教学方法的特点与发展趋势

1.现代数学教学方法发展的新特点

教学方法是受教育目的、教材、学生的发展水平等诸多因素制约的，而社会的发展则是上述各种因素发生改变内的总根源，随着信息社会的高速发展，数学教学方法的改变也是必然的.在大力推行素质教育和创新教育的形势下，我国数学教育界特别是广大的中学数学教师，更新观念，对传统的数学课堂教学不断改革，在长期的教学实践探索中，又总结出了一些较好的教学方法如"问题探究法"、"问题情境"教学法、"学案"教学法、"自主—创新"教学法等，既体现了当前我国新一轮基础教育课程改革的新理念，也是在数学课堂教学中实践自主探究教学模式的体现，形成了具有数学学科特色的教学方法.

纵观近几年来国际数学教育发展的趋势和我国数学教育发展的现状，我国数学教学方法的发展有以下几个新特点：

①以学生在学习中的主体地位为出发点，调动学生的主动性和积极性.教师的主导作用在于促进主体学习的完成.

②以学生的知识、技能、能力和思想品德的全面发展为目的，注重全面素质的培养.

③注重数学问题(概念、原理、法则、公式)的发生、探索、发现、论证及应用的全过程的展开，特别是注重数学知识发生和应用的过程的教学，较好地体现了过程性目标.

④突出以发展学生思维能力为核心，注重调动学生积极参与数学活动，注意培养学生的思维品质和创造力.

⑤对教学方法的评价，强调情感、态度和价值观在教学中的作用，关注学生的差异与个性品质，重视非智力因素对教学的影响，又从教学中去促进学生非智力因素的健康发展.

⑥注意数学文化素质(数学思想和方法、数学史、数学文化等)的培养.

⑦数学教学方法开始借助于高科技和运用现代教育技术手段，技术含量明显提高.

概括地说，现代的数学教学法是发挥学生的学习主体作用，注重智能和情感的双重发展，注重知识、技能、能力、品德与个性的全面发展，教学活动是师生和生生多边活动促进学生潜能发展的过程.

2.我国数学教学方法的发展的几种趋势

(1)由"单重教师的教"转向"注重师生共同合作"

数学教学方法中，"单重教师的教"把学生的学习过程建立在人的客体性、受动性和依赖性的基础上，造成以教师为中心的学生的被动学习.自美国学者纽曼提出学习方式是指学生在教学活动中的参与方式以来，20世纪90年代，关于学生参与的研究涉及行为参与、情感参与和认知参与等不同方面.研究者把学生学习方式作为一种组合概论，看做行为参与、情感参与和认知参与及社会化参与的有机结合.今天的社会尤其需要民主合作的精神和人格完善.原苏联的合作教学研究应时代要求应运而生.合作将是未来社会的主流.国务院于2001年5月颁发的《国务院关于基础教育改革与发展的决定》，其中专门提及合作学习，并对合作学习给予了高度重视，指出："鼓励合作学习，促进学生之间的相互交流、共同发展，促进师生教学相长."事实上，学生的数学活动也是一种群体行为，他们是作为"学习共同体"的一员进行自己的学习活动的，而教师与学生都是

这个“共同体”中的成员.只有共同体中的全体成员积极参与、相互作用,激发和调动每个人的经验、意向和创造力,实现“优势互补”,才能使数学学习富有成效.这样,对于教师来说,他应该注意到自己是学习共同体中的一员,真正树立教学民主意识,为学生提供一个宽松自由的、使学生有心理安全感的学习环境,以促进学生自主活动的展开;对于学生来说,就应该充分调动自己已有的知识经验,在开展独立自主的思维活动、自己理解相应知识的基础上,积极主动地与教师、同学开展交流,以实现对数学知识的多层次、多侧面的理解.

(2)引入以“问题解决”为中心的教学模式

关于“问题解决”,无论美国的《21世纪数学纲要》还是英国的Cockcroft报告,表述都各不相同,但问题解决的目的是很明确的,就是要提高解决非常规的实际问题的能力,而这种能力的培养是通过一个创造性的思维活动过程来完成的.问题解决在素质教育中属于创造能力层面,其特点是通过应用数学知识和思想方法,用新颖的方法组合两个或更多个法则,抽象、化归并解决所提出的问题.问题解决的教学方法,是以问题作为教学的出发点,提供给学生现实的问题情境的材料或设计编选具有趣味性的问题,要引导学生积极思考、想象和猜测,挖掘问题情境中的数量关系与空间形式,形成数学概念,产生数学命题,以数学思想方法为核心揭示数学的规律.因此,数学教学中引入以“问题解决”为中心的教学模式,是将数学知识、数学方法和应用意识融为一体,实现数学教学方法从以习题演练为基础向“问题解决”为教学目标的过渡.它不仅有助于强化数学应用的意识,解决实际问题,而且也有利于数学基础知识和基本技能的掌握以及数学创造性能力的提高,并使学生在数学思想方法和数学知识的实际应用过程中体验成功的喜悦,激发学生学习数学的兴趣和积极性,锻炼了学生的数学思维能力.由此可见,“问题解决”是数学教学的有效方法,在未来数学教学方法改革与发展中占有重要地位.关于如何建立以“问题解决”为中心的教学模式的问题,目前国内系统性的论述较少.比如,影响“问题解决”的因素有哪些?如何培养“问题解决”的能力?“问题解决”与数学思维方法的关系如何?数学教学方法中如何实现“问题解决”的迁移等,这都将是值得深入研究的重要课题.

(3)由“封闭式”转向“开放式”

当前,我国正处于世界性的社会背景下,加入WTO以后,教育正面临着从传统教育向现代教育的转折.“封闭式”教学拘泥于预先设定的固定不变的程式,几乎全部是封闭的班级授课制,它不适应素质教育的需要,尤其是不适应个性充分发展、人格全面完善的需要.“开放式”教学从过程角度上讲视人为开放性和创造性的存在,教学过程是师生交往、互动的过程,在空间形态上综合运用集体授课与活动、分组讨论与交流、个别自学与辅导等多种形式;在时间流程上,不局限于传统的课堂教学的固定环节,而是按照实际需要在课内外有机结合、延伸拓展,为学生素质的全面提高创造一个多种多样、颇为开阔的时空环境.长期以来,数学课程总是强调它的逻辑性、演绎性、封闭性.20世纪70年代日本数学教育家岛田茂等提出了“开放性问题”,在国际数学教育界引起了广泛的注意,数学开放问题已成为世界性的数学教育热点,开放化的数学教学模式是世界性的数学教学新的发展趋势.开放式教学方法之所以成为当今国际数学教育界的热门话题,究其原因在于这种崭新的教学方法是着力培养学生分析问题和解决问题的多方面活动能力和数学思维能力,让学生能够按各自的目的、不同的选择、不同的能力、不同的兴趣选择不同的教学并得到发展.显然,在课堂教学的开放性观点下,学生观、教学观都应该有相应的变化.在1998年,由国际数学教育委员会在韩国召开的第一届东亚国际数学教育大会上,一个集中讨论的课题就是数学教学的“开放化”.现在和将来一段时期,“开放化”教学也将成为我国数学教学方法研究的一个新的增长点.

(4)“探究式”、“再创造”教学方法将深入研究

“探究式”是一种全新的数学课堂教学模式,与布鲁纳的“发现式”教学法在本质上是一致的,其特点是根据学生的认知规律和心理特征,在教师的引导、启发和点拨下,通过调动学生的积极性、主动参与性,指导学生运用实验、观察、分析、综合、归纳概括、类比、猜想等方法,进行自主数学探索、发现.一般经过情境设疑、探究释疑、归纳疏疑、验证应用、小结反思等几个重要环节.国家数学课程标准鼓励学生进行数学探究活动,强调“在教学过程中应该让学生充分地经历探索事物的数量关系、变化规律的过程”.“再创造”教学法是荷兰数学家弗赖登塔尔提出的,他将学生学习数学作为一个“再创造”的过程,学生不是被动地接受知识,而是在创造,把前人已经创造过的数学知识重新创造一遍.他指出数学教学应指导学生像科学家发现真理一样,通过自己的探索和学习,发现事物变化的起因和内在联系,从而找出规律,形成概念.他还提出数学教学过程是学习“数学化”和“形式化”的过程,体现数学教育的特征.

“探究式”、“再创造”教学方法是建立在充分发挥学生的主体地位,体现“以人为本”的现代教学理念基础之上,也是当代基础教育课程改革倡导的新的教学模式和方法.我国目前对这两种教学法的理论探索较多,但具体的、大面积可以推广的成功实验还没有.“探究式”和“再创造”教学法对培养学生的创造性思维能力是十分有利的,有些文献对实施这两种教学法的教学提出了一些设想,但这种教学模式的系统研究依然是一个相当长期的任务.

(5)借助于现代信息技术手段的数学教学将大面积开展

借用现代化教学手段将是教学方法改革与发展的一项重要内容.数学课堂教学的辅助手段对教学效果有着重大影响,而且使用新的现代化手段就会有新的与之相应的教学方法.可以用于数学教学的信息技术主要有投影、录像、计算机、科学计算器、图形计算器等.计算机是当今社会先进生产工具的代表,计算机辅助教学(又称 CAI)是指计算机辅助教师教学和学生学习的各种形式,主要用于管理教学、对各种电化教学工具起程序控制作用,训练、练习、解答问题、个别指导和模拟.这些作用和功能在某个具体的课件中,可以综合应用,以达到理想的辅助教学效果.计算机辅助教学不仅是教学手段和方法的更新,更为现代教学模式的实践提供了可靠的平台,如开放式、探究式教学,创造情景让学生自己动手学习、培养学生的创造精神与实践能力.

信息技术在数学教学以及学生学习数学中的应用是一种不可阻挡的趋势,它的优越性十分明显:知识网络化、资源共享、丰富的表现力;以 Basic 语言、几何画板、Authware 集成平台等作为中介,运用动画模拟、过程演示、局部放大或内容重输等手法,形象直观、逼真、容量大;可通过实物展台、晶液投影等展示学生的做题规范性,创设生动活泼的课堂教学气氛,提高课堂效率等,使教学过程得到优化.

随着现代信息技术的不断发展,可用于数学教学的系统软件,将有巨大的发展潜力,如函数作图分析系统、几何绘图系统、电子表格的数据编辑系统、整合的网页浏览功能系统、计算机符号代数系统、数据处理系统、微软的系统、程序编辑系统等.此外,几何画板、Z+Z 智能教育平台、TI 的 APPS 等都是有待于进一步开发的软件.

第四节　数学教学模式

一、数学教学模式

在实际的教学工作中，数学教师们创造了多种多样的数学教学方法.为了交流传播的需要，将这些数学教学方法大体分类并从理论上提升到一个更高层次，就形成了所谓的数学教学模式.俗话说"教无定法".研究了解数学教学模式，不是为了"套用模式"，而是为了"运用模式"，教学中根据已有的教学条件对教学模式作出恰当的选择，并加以变通与组合，提高教学效率.

1.当前我国数学教学模式的发展趋势

20世纪90年代我国开始出现对数学教学模式的研究，研究数学教学模式是数学教学相对成熟的表现.在龙敏信先生主编的《数学课堂教学方法研究》中曾汇集了24种教学方法，分别是：

①尝试指导，效果回授法.

②自学辅导式教学法.

③读读、议议、练练、讲讲八字教学法.

④三环节二次强化自学辅导教学法.

⑤指导、自学、精讲、实践教学法.

⑥三教四给教学法.

⑦四段式教学法.

⑧自学、议论、精讲、演练、总结教学法.

⑨自学、议论、引导教学法.

⑩启发式问题教学法.

⑪引导探索式教学法.

⑫研究式教学法.

⑬纲要信号教学法.

⑭格式化教学法.

⑮层次教学法.

⑯低起点、多层次教学法.

⑰程序教学法.

⑱合作学习教学法.

⑲辐射范例教学法.

⑳单元教学法.

㉑数学解题教学法.

㉒目标递进教学法.

㉓目标教学法.

㉔发现式教学法.

但是，稍加分析就能感到，上述的教学方法有不少是大同小异的.为了确定鉴别本质上有一定区别的数学教学方法，将其化为教学常规，就需要对各种数学教学方法进行理论概括和归整，于是形成对数学教学模式的研究.近一二十年来，我国广大数学教育工作者在教学实践中对教学模式进行了大量的探索和研究，呈现出以下研究趋势：

①教学模式的理论基础得到加强. 不同教学方法产生的基本学习认识论是什么，这个基本理论导向推动了数学教学模式的深入研究. 现代教育心理学的研究成果，对数学哲学观、数学方法论的研究，尤其是对建构主义认识论的研究，使数学教学模式得到了很大发展. 这在小学阶段比较明显，现代心理学研究正在逐步渗透到中学阶段的"高级数学思维"过程中.

②数学教学模式由"以教师为中心"，逐步转向更多的"学生参与". 比如自学辅导式教学法等就是这种转向的体现. 这种发展趋势主要是和谐社会建构的国策，以人的发展为本的教育思想特别是建构主义学习理论的影响，使得教师与学生在教学中的关系发生了许多变化. 如何使学生真正参与学习是这一方面教学模式研究的根本问题.

③教学模式由单一化走向多样化和综合化. 任何一种教学模式的形成都是其合理因素的积淀，都有其自身的优势，但却不能独占所有的数学教学活动. "在我们所研究过的教学模式中，没有一种教学模式在所有的教学模式中都优于其他，或者是达到特定教育目标的唯一途径". 所以，在数学教学中，提倡多种数学教学模式的互补融合，而这同时也是实现数学新课程的知识与技能、过程与方法、情感态度与价值观目标体系的需要.

④现代教育技术成为改变传统教学模式的一个突破口. 在现代教育技术下，不仅教学信息的呈现多媒体化，学生对网络信息择录的个性化得到加强，而且学生面对丰富友好的人机交互界面，其主体性也能得到充分发挥.

⑤随着"创新教育"的倡导，研究性学习列入课程之中，探究和发现的数学教学模式将会有一个大的发展.

二、基本教学模式

教学实践是数学教学模式理论生成的逻辑起点. 数学教学模式作为教学模式在学科教学中的具体存在形式，是在一定的数学教育思想指导下，以实践为基础形成的. 数学教学模式受社会文化的影响，表现为一定的倾向性. 数学教学模式通常是将一些优秀数学教师的教学方法加以概括、规范，上升为理论，并在实践中成熟完善，转化为一种教学常规.

这里，我们依照主导性教学特征的大致历史发生的起点顺序将教学模式分为四种形式.

1. 讲授式教学模式

这种教学模式的基本特征是师生关系与"讲解—接受"相对应，所体现的教学方法通常表现为，教师对教材内容作系统、重点的讲述与分析，学生集中倾听. 这种教学法主动权在教师，是教师运用智慧，通过语言和非语言，动用情感、意志、性格和气质等个性心理品质向学生传授数学知识的一种历史悠久的方法，一直是我国数学教学的主要方法. 讲授的成效极大地依赖于讲授水平，高水平的讲授突出三个方面：一是充实概念内涵，扩大处延，使概念具体化、明晰化；二是充分考虑学生的思维水平，运用恰当的举例、比喻，借助学生已有的知识、经验，深入浅出地阐述问题；三是讲授思维方法，通过提出问题、分析问题、解决问题，挖掘数学知识的思想方法.

讲授式教学模式的教学过程基本如下：

组织教学——讲授新课——练习巩固——检查评价

讲授式教学模式的特点是可使学生比较迅速有效地在一定时间内掌握较多的信息，比较突出体现了教学作为一种简约的认识过程的特性，所以，这种模式在教学实践中长期盛行不衰．但由于这种模式中，学生客观地处于接受教师所提供信息的地位，所以不利于主动性的发挥．然而，接受学习不一定都是机械被动的，关键在于教师传授的内容是否具有潜在意义的语言材料来支持；教师能否激发学生的学习积极性，并引导他们从原有的知识结构中提取相关联的旧知识，接纳新知识；教师能否选择恰当的巩固知识发展能力的练习．

讲授式教学毕竟只是讲授者单方面的教学活动，易误入灌输式歧途，使学生陷于被动接受知识的状态．所以，有一定局限性．随着教育的发展，教学理念的转变讲授式教学模式也在不断改良，已经从实在性讲授逐步转向松散性讲授，即在讲授过程中渗透学生的自主活动，以达到最佳讲授效果．

2.引导发现式教学模式

引导发现式教学模式大致起源于20世纪70年代末．引导发现式教学模式是指学生在教师的指导下，通过阅读、观察、实验、思考、讨论等方式，发现一些问题，总结一些规律，共享知识的发现．这种教学模式的显著特点是注重知识的发生、发展过程，让学生自己发现问题，主动获取知识，所以有利于体现学生的主体地位和掌握解决问题的方法．

引导发现式教学模式的教学过程基本如下：

问题情境——分析研究——猜测归纳——验证反思

引导发现式教学一般适用于新概念或知识的讲授，教师在一些重要的定义、定律、公式、法则等新知识的教学中，为学生创设发现知识的机会和条件，让学生经历知识的探索过程，在这一过程中得到思维能力的锻炼．引导发现式教学也可用于课外教学活动，学生根据自己已有的知识经验去发现和探索现实中的数学问题．

引导发现式教学的主要目标是学习发现问题的方法，培养、提高创造性思维能力，主要过程包括：

①教师精心设计问题情境．

②学生基于对问题的分析，提出假设．

③在教师的引导下，学生对问题进行论证，形成确切概念．

④学生通过实例来证明或辨认所获得的概念．

⑤教师引导学生分析思维过程，形成新的认知结构．

【例5-3】　勾股定理的引导发现教学．

问题情境：要求学生在坐标纸上至少画5个斜正方形，如图5-7所示．斜正方形的顶点在格点上．让学生计算这些斜正方形的面积．

教师引导：让学生在每个斜正方形外围画外接正正方形，启发学生思考斜正方形与外接正正方形的面积之间的关系．

学生猜想：通过观察计算斜正方形与外接正正方形组成的4个三角形的面积，可能发现这些三角形三边边长之间的关系．

教师进一步引导：把图中的方格纸背景除去，并隐去a、b的具体数值，是否能得到原猜想的结论？直角三角形两直角边的平方和等于斜边的平方，这一命题是从顶点为整数格点的几个特殊例子得到的，而对于一般的直角三角形，它是否仍成立呢(学生继续操作、交流、讨论)？

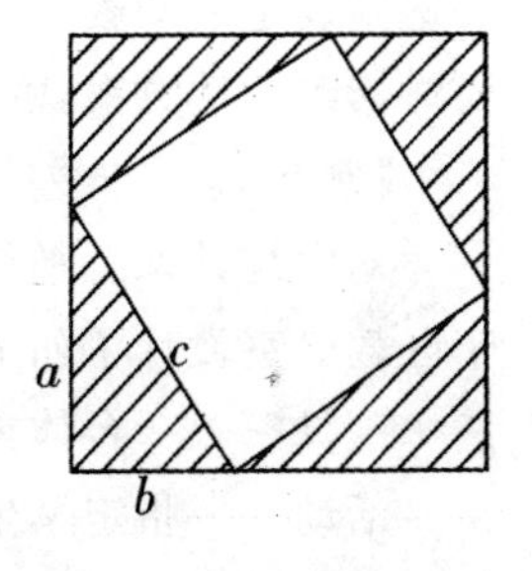

图5-7　示例图

整个猜想过程基本完成之后，教师带领学生作逻辑论证.

人类对勾股定理的真实发现过程至今仍是一个谜. 现代数学课堂里是否让学生猜想和证明勾股定理是有争论的. 事实上，多数教师教勾股定理，基本采用讲解操作的方式，重点放在勾股定理的应用上，只有少部分教师将重点放在勾股定理的探究与发现上. 数学教学中要培养学生数学计算、数学论证乃至数学推断等能力，勾股定理的教学应当是一个比较合适的例子. 但是对于让学生探究而言，在教学设计上存在两个难点：一是通过度量直角三角形三条边的长，计算它们的平方，再归纳出 $a^2+b^2=c^2$，由于得到的数据不总是整数，学生很难猜想出它们的平方关系；二是勾股定理的证明有难度，一般来说学生很难自行组织逻辑证明，需要得到外在帮助. 在教学中以什么方式进行勾股定理的教学，应视学生的水平、教学条件(教学工具等)、教师的教学设计能力而定.

采用引导发现式教学，对学生的发现效益应有客观的评价. 让学生完全独立地发现知识，这种要求未免过高. 课本上每一个概念、定理、定律的产生大都经过漫长的历史过程. 引导发现式教学的目的是改变接受式学习方式，引导学生参与到知识形成的过程中，经过思考活动，与他人与教师共享知识的发现. 但是，在解决数学问题或实际问题时，应鼓励学生独立地发现解决问题的数学方法.

3. *活动式教学模式*

活动式教学是学生在教师指导下，通过实验、操作、游戏等活动，以主体的实际体验，借助感官和肢体理解数学知识的一种数学教学模式. 小学阶段开展活动式教学的时间较早，而在中学阶段活动式教学到了 20 世纪 90 年代才有了开端，新世纪初新课改以来才较为普遍地流行开来. 活动没有形式和规模之分，可以是现实材料活动，也可以是电脑模拟活动；可以是小组活动，也可以是班级活动；活动可以在课内进行，也可以在课外进行.

教学活动是教师根据一定的教学目标组织学生开展的，学生在活动中领悟数学知识，经过思维分析，形成数学概念或理解数学定律. 活动式教学模式的数学过程基本如下：

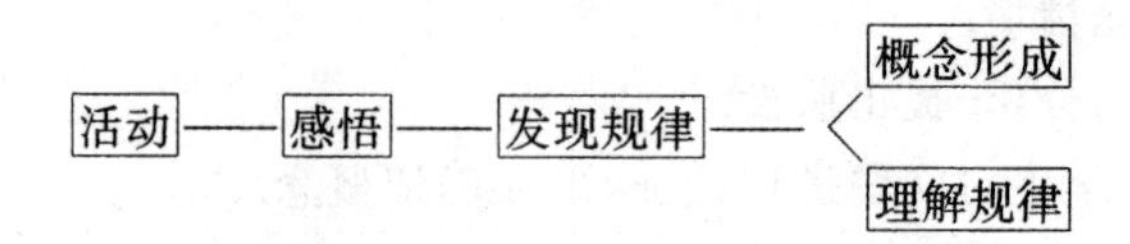

数学活动包括电脑操作、测量、数数、称重、画图、处理数据、比较、分类等. 设计优异的实验既能提高学生学习兴趣，又能从直观上帮助学生理解概念，掌握概念实质. 如借助电脑软件，能够发现数学的很多相关概念；借助直尺、圆规等工具，能够发现平面几何中的有关定理；借助计算器，能够做近似计算、画模拟曲线等；经过实际活动(掷币、抽牌等)，可建立频率或概率的概念等. 为了达到设定活动教学目标，活动要有周密部署，教师要事前充分准备，有时教师还要事先试做，必要时修改活动方案，确保活动达到预期目的.

【例 5-4】 “方差”概念的活动教学

初中统计课有平均数和方差两个基本概念，许多学生只会计算，却不懂其含义. 于是，上海长宁区教研室设计了如下的活动教学：

工具——一台体重秤

活动——指定学生组成两个三人组：A 组中三人体重相仿，均为中等；B 组中一人较胖，一人较瘦，一个中等. 这 6 人分别称体重，在黑板上记结果. 全体同学计算平均体重及各组的方差体重.

效果：经过计算分析，两组学生的平均体重差不多，而方差却大不相同，通过比较，学生较好地理解了方差的含义.

【例 5-5】 估计 5 人中至少有 2 人是同月生的概率有多大.

八年级学生初接触概率概念，尚未学习概率的形式计算. 要解决这个问题. 必须通过活动来实现，于是参加课改的老师们设计了如下教学活动：

材料——扑克牌

活动——指定学生分成 10 个 5 人组(该班 52 人)，剩下 2 人作统计. 每人手中持 12 张牌，分别出现 1，2，…，10，J，Q，代表出生的月份，J 代表 11 月，Q 代表 12 月，各组的 5 人每次随机出一张牌，看作一次模拟实验，看是否有 2 张以上牌的数字相同，报告结果，在黑板上写下统计结果，如表 5-1 所示.

表 5-1　统计结果表

实验次数	10	20	30	40	50	60	70	80	90	100
2 张以上数相同	6	13	17	25	29	37	42	49	54	61
频率	0.6	0.65	0.56	0.625	0.58	0.616	0.6	0.61	0.6	0.61

概率的近似值为$\frac{61}{100}\approx 0.61$.

效果：学生通过这个活动，首先理解了“模拟”的意义和“对应”的数学思想. 其次切身感受到频率这个值随着实验的次数增加不断在变化，且总在一个数(比如 0.6)的左右变化. 学生的这一感受为进一步学习概率概念打下良好基础.

活动式教学模式符合数学发生及数学学习的规律，亦对培养学生的数学兴趣有益，作为主流教学方式的补充方式是十分合适的. 采用活动式教学应当紧密围绕教学目标，以发展数学概念为目的. 数学活动中应引导学生对自己的判断与活动甚至语言表达进行思考并加以证实，有意识地了解活动中体现的数学实质. 这样的活动——以反思为核心——才能使学生真正深入到数学建构之中，也才能真正抓住数学思维的实质.

活动式教学模式适用于较低学段或者是某些较为抽象的数学概念或定律的教学中. 因为低年级学生的数学抽象思维能力较弱，需要借助直观形象来理解把握抽象的数学概念. 对较高学段的学生而言，有些抽象的数学概念或定律的理解也需要借助于一定形式的活动来完成. 不过，活动式教学模式由于所花的时间较多，而且也容易使学生限于活动本身的形式之中，从而忽视活动蕴涵的数学内容，所以，不宜在教学中频繁使用.

4. 现代技术教学模式

利用计算机软件或多媒体技术制作课件，辅助数学教学的方法称为现代技术辅助法. 随着信息化时代的到来，信息产品的普及，越来越多的数学教师在教学中使用现代技术教学手段. 数学课程标准要求教师要恰当地使用信息技术，改善学生的学习方式，引导学生借助信息技术学习数学内容，探索研究一些有意义、有价值的数学问题.

利用现代技术将数学现实化、直观化、效能化(减少繁冗的计算或操作)，能够提高学生学习数学的兴趣，有助于改善数学教学. 计算机的教学功能主要是演示和实验，演示的作用在于把抽象的数学概念具体化、动态化，帮助学生理解数学概念而数学实验的作用在于让学生利用计算机及软件的数值功能和图形功能展示基本概念和结论，去体验发现、总结和应用数学规律的过程，以及根据具体的问题和任务，让学生尝试通过自己动手和观察实验结果去发现和总结其中的规律.

现代技术辅助教学模式过程基本如下：

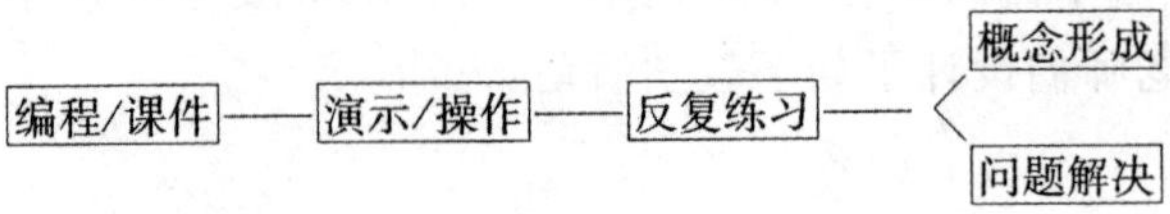

编程/课件——演示/操作——反复练习——〈 概念形成 / 问题解决

【例 5-6】 利用计算机模拟实验估计 π 的值.

作一个半径为 1 的圆 A，再作它的外切正方形 Ω，如图 5-8 所示. 在该正方形内随机投掷 1 个质点，则由几何概型知识，质点落入圆 A 的概率是

$$P(A)=\frac{A\text{ 的面积}}{\Omega\text{ 的面积}}=\frac{\pi}{4}.$$

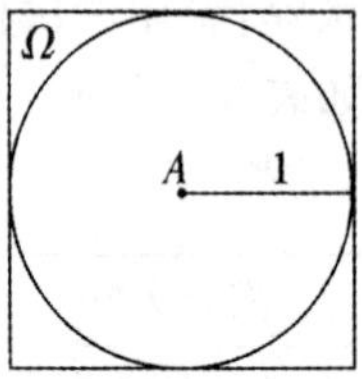

视 π 是未知的，可以用如下的方法进行模拟计算，独立重复地在 Ω 中投掷 N 个质点，对于较大的 N，质点落入圆 A 的频率为

$$f_N=\frac{\text{落入 }A\text{ 的质点数}}{N}.$$

图 5-8 示例图

由频率和概率的关系知 f_N 是 $P(A)$的近似，所以对较大的 N，$f_N\approx\frac{\pi}{4}$，f_N 是可以计算的，于是 $\hat{\pi}=4f_N$ 是 π 的估计.

计算机模拟实验：利用计算机在 Ω 中随机投掷 $N=10^2,10^3,10^4,10^5$ 个质点，把依次得到的 $\hat{\pi}$ 列入表 5-2，从表中看出，对于较大的 N，$\hat{\pi}$ 对 π 的近似是不错的.

表 5-2 数据表

N	10^2	10^3	10^4	10^5
$\hat{\pi}$	3.080	3.148	3.160	3.149

为了看清计算机模拟结果的随机性，再一次进行模拟计算时，得到的结果如表 5-3：

表 5-3 结果表

N	10^2	10^3	10^4	10^5
$\hat{\pi}$	3.163	3.221	3.121	3.144

计算器也是数学教学的重要辅助工具，目前课堂上较为流行的是科学计算器和图形计算器. 计算器的功能越来越强大，吸引着越来越多的中小学生使用. 现代计算器的功能主要有计算、作图、数据表格、动态几何、计算机代数系统等. 计算器目前主要用于数据处理、函数作图、函数性质分析等教学，它的功能正在逐步被挖掘.

三、对数学教学模式的认识

数学教学模式通常是将一些优秀数学教师的教学方法加以概括、规范，上升为理论，并在实践中成熟完善，转化为一种教学常规. 数学教学模式受社会文化的影响反映出以下特点：

文化性——数学教学模式带有社会文化的烙印，师道尊严的时代，讲授式教学模式盛行；改革开放时期，倡导引导发现式教学模式；到了信息技术时代，又提倡信息技术与数学教学整合.

交合性——数学教学模式不是孤立的，不同的教学模式在实践中往往糅和在一起使用，糅和的效果强于单一的效果.

主观性——数学教师倾向于哪一种教学模式，与教师的观念、行为、习惯、知识水平、信息技术技能水平有关.坚持学科价值的教师多倾向于讲授式教学模式，崇尚人文价值的教师多倾向于引导发现式教学模式，现代技术水平较高的教师在教学中使用现代技术辅助教学的频率自然就比较高.

客观性——数学教学模式的倾向也来自教学条件和学生因素，与学生的知识基础、学生的班级规模、学校的条件以及学生的文化背景等因素有关.

随着教育改革的深入，构建和谐社会的倡导，数学教学不再追求统一化、程序化，数学教学方式越来越灵活，现代技术方法逐步渗入，因而要正确认识数学教学模式的倾向性.

1.相对性

数学教学模式的相对性是指一种教学方式的采纳与否是相对于所要达成的教学目标而言的.比如，是学习新知识还是复习巩固旧知识；学习内容是抽象的概念、定理还是具体的计算、绘图；是做普通练习题还是解决实际问题.针对不同的目标，选择的教学方式可以不同.一种教学方式的有效范围是有限的，没有适用于各种学习活动的数学教学方式，万能的教学模式是不存在的.单一的教学方式不能适应学习的复杂性，不能反映数学教学的本质规律，难以在教学实践中贯彻执行数学教学的基本原则.单从教学效果上看，各种教学方式也并无优劣之分，比如，讲授式与引导发现式的教学效果主要取决于教师的教法设计或教学过程的组织.就引导发现式教学来说，如果为了引导学生发现而将过程组织得“滴水不漏”，就像老师牵着学生的鼻子走，或者过程中设计问题过多过细，学生抓不住要点，产生不了什么发现，那么，这种引导发现式教学就是无意义的，不如设计成重点突出简明扼要的讲授式教学.又比如，如果为了一味追求现代技术的作用，设计精美的课件在课堂上大量使用，这样就会掩饰数学思维的过程，学生看得多，想得少，教学效果还会适得其反.现代教学的发展趋势表明，教学越来越趋向于多样化，学生越来越适应多样化，绝对化和机械化的倾向也就应当尽量避免.

2.局限性

数学教学模式的局限性是指任何一种教学模式的功能都不能体现于所有学习现象上.每一种教学模式的形成都来自课程的驱动，与课程目标、课程内容、课程评价等方面的要求密切相关.比如在数学课程标准引导下的课程改革提出了学习数学知识，体验过程掌握方法，培养数学情感与价值观的三项数学课程目标，这就迫使讲授式教学模式必须有所发展，但也绝不能被废弃.当前比较提倡的引导发现式教学模式很适合数学课程标准的理念，这类形式的教学方法无论是在促进学习知识、发展心理品质，还是在培养学生对未来生活、工作的适应能力上都十分有价值.但是，从教学内容上看，并不是所有内容都适合用发现法进行教学.有些内容（或方法）的原创发现十分艰难，不乏有偶然因素，再现这类过程既困难又无必要，但可以通过学生对知识的经验验证去体现“发现”.比如，无理数的发现是历史上的一大震撼，当时的很多数学家对无理数都持排斥态度.要学生发现无理数的思维要求就过高，但可以让学生通过计算满足 $a^2=2$ 中的 a，用计算器逐次去逼近，发现无限不循环的小数的确存在.还有一些内容（或方法）的原创发现，其过程未必艰难，常产生于某些天才数学家的灵感，这类过程同样很难暴露，如费马和帕斯卡的随机数学问题. 如果硬让对这类内容的学习来一个思维过程,必然非常困难. 发现式学习有成功也有局限,而当屡次发现遭遇失败的时候,就会破坏学生的情绪,损伤学生的自尊,严重的还会导致学生厌学,失掉学习的兴趣和信心. 又比如,现代技术辅助教学模式虽然符合潮流,但对教学的内容应有所选择,屏幕上的变化与显示适合于直觉思维而未必适合于培养逻辑思维. 中小学教师的经验表明,过多使用多媒体课件上课,学生的学习成绩将受到影响.

3. 互补性

每一种教学模式中的教法都存在与其他教学模式中的教法互补结合的可能性和现实性,这种可能性和现实性决定于数学学习的各种要求. 学生在学习抽象数学的过程中需要得到教师的帮助,此时教师的认真分析与讲解很有必要. 同时,教师还有责任引导学生发现和掌握数学思想方法,引导发现式教学也不可少. 当然,学生解决实际问题的能力又离不开对数学活动的体验,包括信息技术的应用. 实际教学过程中只有适时地综合使用各种教学方法,才能完成不同的教学要求,达到相应的教学目标.

在教学实践中,往往需要根据不同教学内容综合地使用不同教学模式,下面是综合运用不同教学模式的教学案例.

【例 5-7】 函数概念教学的教学法设计.

如表 5-4 所示.

表 5-4　函数概念教学的教学法设计表

内　容	教学形式
对应、映射和函数	讲授、议论
表示函数的方法	活动、讨论、总结
用计算机作图、列函数表	上机操作
从图象看函数性质	讨论、讲授
从解析式看函数性质	讨论、讲授
函数的定义域和值域	讲授、练习
分段函数	活动、讨论、交流
二次函数的图象和性质	上机、讲授

总之,每一种教学模式都有其独特的性能、适合的对象和条件,选择教学方式要力求适应,根据具体内容进行取舍、综合. 从教育理论上说,有意义地接受学习与探究的发现学习都具有一定的合理成分.

现代数学教育的理念,正是希望追求两种教育模式的整合. 从大量数学教学改革实践的经验中,数学教育工作者悟出一个道理,即以中国文化为底蕴,重新整合上述两种教学取向,平衡的数学教育作为现代数学教育的特征之一,其实践基础也在于此.

从国际数学教育来看,教学方法的改进也是沿着综合性的方向进展. 下面是第三次国际数学与科学研究小组对美国、英国日常数学教学(八年级)方式的调查显示:在美国,教师演讲式的讲课占 20%的授课时间,其次是教师指导下的学生练习 18%和学生的独立练习 17%,家庭作业的复习也占到 15%的教学时间,有 12%的时间用于重新教授或澄清某些内容及过程,11%的时间进行考试或测验,6%的时间用于班级管理,另有 4%的时间用于处理其他事务. 有半数以上的数学课会包含合作形式的学习，高年级这种学习形式的频率更高．计算器在数学课堂上的使用频率很高，而使用计算机的频率却不高．在英国18%的时间用于演讲式授课，1%的时间用于澄清或是重新教授某些概念或过程，24%的时间让学生进行独立练习，8%的时间用于测试和评定工作，6%的时间用于对家庭作业的讲评，3%的时间用于课堂管理，其余3%的时间用于其他．与美国一样，英国数学课堂上计算器的使用频率较高．近年来，日本的数学教育特别重视“课题学习”，基本数学形式是：创设问题情境，激发学生兴趣；在教师组织下，学生讨论；各小组发表结果，并说明思考方法；全班共同讨论各小组的结果；教师归纳总结；推广结果或激发学生向类似问题挑战．

第五节　数学教学过程

一、数学教学过程的基本要素分析

1．*数学教学活动的要素*

(1)教学对象

数学教学活动是为学生组织的．没有学生就没有组织数学教学活动的必要与可能．学生是学习的主体，是数学教学活动的根本因素．学生这个因素主要指的是学生的身心发展水平、已有的知识结构、个性特点、能力倾向和学习前的准备情况等．

(2)教师

教师是数学活动的组织者，也是学生进行数学学习的引导者．在教学活动中，学生方面必然也有时多时少的自学活动成分，但这种自学是在教师指导下的活动，仍属数学教学活动的组成部分，而且在教学活动中还要依靠教师来发挥主导作用．教师这个要素主要指的是教师的思想、业务水平、教学态度、教学能力、个性修养等．

(3)数学教学目的

组织数学教学活动是为了达到一定的教学目的．教学活动是有目的的活动．所以，数学教学目的也是数学教学活动必不可少的要素之一．这里说的目的是广义的．目的有远的、有近的、有比较抽象的、有比较具体的．它所包括的范围大小也可能很不一样，大之如一个现代公民应具备的数学素质标准和各级各类人才的培养规格，中之如数学学科该完成的教学任务，小之如一个学习单元或一节课所完成的具体目的，乃至学生方面的学习动机，都可以包括在教学目的这一要素的含义之内．

(4)数学课程与教材

教学目的凭借什么去完成？在数学教育中主要凭借数学教学内容，或者说是数学课程．这是数学教学活动中最有实质性的因素．它指的是一定的数学知识、技能、数学思想、方法、数学问题等方面内容组成的结构或体系．具体表现为数学课程方案、教学大纲、数学课程标准和具体的数学教材——文字的及音像的．我们可以把所有这些包括在课程这一要素的范围之内．

(5)教学方法

教师怎样根据并运用课程教材来使学生学习，从而达成教学的目的？这就必须依靠一系列方法．所以方法也是教学活动的一个要素．这里所说的方法是广义的．它包括教师在课内和课外所使用的各种教学方法、教学艺术、教学手段和各种教学组织形式．不管它们是具体的、显见的，或者是潜移默化的．

(6)教育环境

有一个常被人忽略甚至无视的教学要素就是教学环境.任何教学活动都必须在一定的时空条件下进行,这一定的时空条件就是有形的和无形的特定的教学环境.有形的教学环境包括校园的内外是否美化,教室设备和布置是否齐全、合理与整洁,以及当时气候与温度的变化等.无形的环境包括师生之间、同学之间的人际关系,课堂上的气氛,校风、班风等.所有这些环境条件既然是教学活动必须凭借而无法摆脱的,因此它就必然构成教学活动的一个要素,不管你承认它还是不承认它.一般教学论者都不把它作为一个教学要素,因而不注意加以认真研究,这是一个很大的失误.

(7)教学反馈

数学教学是在教师与学生之间进行信息传递的交互活动.这种信息交流的情况进行得如何,要靠反馈来表现.不注意反馈的教学是寡效的.寡效也仍是反馈的一种表现.

对于反馈,过去从事数学教学工作的人也是较少注意的.这可能是因为反馈有时表现得不是那么明显、具体,从而易被忽略.也可能是因为过去一般过于强调教的一方面,比较忽视学的一方面的缘故.不管怎样,不承认反馈是数学教学活动的要素之一,也是对数学教学活动认识上的片面性的一种表现.

2.数学教学各要素之间的关系

以上七个要素之间的关系是相互影响的,情况是错综复杂的.现在对它们之间的关系,概要地加以分析.

①学生是学习的主体.所有的数学教学要素都是围绕着学生这一主体来组织安排的,数学教学质量与效果也是从学生身上体现出来的.因此,学生是数学教学活动的出发点,也是教学活动的落脚点.在整个数学教学活动中,学生占着中心的地位.

②数学教学目的一方面受社会发展、数学的特点所制约,另一方面受学生本身的发展所制约,在两重制约的结合点上形成了不同层次的教学目的.数学教学目的形成之后,它又制约着数学教学活动的全过程.可以说,数学教学活动的全过程都是为达成数学教学目的而进行的.但直接受其制约的是课程、教材与方法.也可以说,数学教学目的主要是通过具体的课程与方法而实现的.

③再就数学课程与教材来说,课程受制约于教学目的,当然也受制约于决定目的的上述两种条件——社会的发展与人本身的发展,而后二者不仅决定着数学教学的方向,同时也决定着数学课程的具体内容.这也就是说,直接制约着数学教学内容的是社会的需要、文化科学技术发展的水平和学生身心各方面发展的程度.而课程形成之后,就成为数学教学活动中最具有实质性的东西,占有特别重要的地位.

④至于说到教学方法,它主要受制约于数学课程和学生.它是为把课程的内容转化为学生的知识、能力、思想、感情,从而达到教学目的而服务的.在方法的进程中,它必然也要受到教学环境客观条件的制约.方法是由教师来掌握的,因之,教师的教学能力水平,对于方法的效果来说,产生着关键的作用.

⑤教学环境主要受制约于外部条件.这些条件包括物质的和精神的,可控制的和不可控制的.教师有责任来和学生一起,尽量创造、控制环境,使环境对于数学教学活动产生有利的影响,减少或避免不利的影响.由此可以看出,环境在一定程度上制约着数学教学过程;同时教师和学生也可以在一定程度上去制约教学环境.

⑥关于反馈.数学教学活动的反馈是师生双方主要围绕着课程和方法而表现出来的.如前所述,由于它容易被人忽略,加之有时表现得不那么显著,具有一定的弹性,因此特别需要教师有意识地观察掌握.最好能见微而知著,及时地做出自己的反馈,来影响数学教学的进程.所以,反馈虽然是师生双方自然而然地表现出来的,但重要的是要靠教师有意识地去捕捉来自学生方面的反馈.除了包括数学测验与考试等的教学评价以外,教师对学生课外特别是课堂上表现的观察,也是捕捉反馈信息的一条非常重要的渠道.只要数学教师认识到反馈这一要素,承认其重要性,并经常注意这一问题,他们就可以获取这方面的大量信息,并以之作为一种重要的参照系数来改进数学教学工作.

⑦最后我们再就教师这一角度来看.以上六个要素都对教师发生影响,也可以说,它们都在一定程度上制约着数学教师的活动,或者说它们大都是通过教师来影响到学生的学习活动的.既然它们大都通过教师这个中介,那么教师就可以在整个教学过程中发挥他的主动性,去调整、理顺各要素(包括教师自己这个要素);之间的关系,使其达到最优化的程度,以收取最大的教学效果.正因为教师处于这样一个关键的地位,所以我们才承认教师在教学活动中起着主导作用.当然,这种主导作用所产生的教学效果如何,我们最终还得从学生方面来检验,因为学生是学习的主体.

二、新课程下的数学教学过程

1.新课程标准下的数学教学过程是多种要素的有机结合体

"数学"一词,最简单的理解便是"教"与"学 ",也可理解解为"师教生学",或"以教导学"、"以教促学".归根结底,"教"为了"学".在新课程下,数学教学过程是实现课程目标的重要途径,它突出对学生创新意识和实践能力的培养,教师是数学教学过程的组织者和引导者.新课程要求教师在设计教学目标、选择课程资源、组织教学活动、运用现代教育技术以及参与研制开发学校课程等方面,必须围绕实施素质教育这个中心,同时面向全体学生,因材施教,创造性地进行教学.新课程标准下还要求教师学习、探索和积极运用先进的教学方法,不断提高师德素养和专业水平.

新课程标准还认为学生是数学教学过程的主体,学生的发展是教学活动的出发点和归宿,学生的学习应是发展学生心智、形成健全人格的重要途径.因此,数学教学过程是教师根据不同学习内容,让学生采取掌握、模仿、探究、体验等学习方式,使学生的学习成为在教师指导下主动的、富有个性的过程.新课程标准认为教材是数学教学过程的重要介质,教师在数学教学过程中应依据课程标准,灵活地、创造性地使用教材,充分利用包括教科书、校本资源在内的多样化课程资源.

2.新课程标准下数学教学过程强调教师的组织性和协调性

新课程标准下教师已经不再是单纯地传授知识,而是帮助学生吸收、选择和整理信息,带领学生去管理人类已形成和发展的认识成果,激励他们在继承基础上加以发展;教师不单是一个学者,精通自己的学科知识,而且是学生的导师,指导学生发展自己的个性,督促其自我参与,学会生存,成才成人.教师的劳动不再是机械的重复,不再是在课堂上千篇一律的死板讲授,代之而行的是主持和开展种种认知性学习活动,师生共同参与探讨数学的神奇世界;新课程标准下的教师也不再是学生知识的唯一源泉,而是各种知识源泉的组织者、协调者,他们让学生走出校门,感受社会和整个教育的文化.促进人的发展,促进文化和科学技术的发展,促进社会生产的发展,这是新课程标准下数学教师的根本任务.

心理学家皮亚杰认为“科学知识永远在演进中，它是一个不断构造和改组的过程”，新课程标准的教学观正是接受了这种辩证的认识，而把学习过程看成是一系列信息加工的过程，是学生认知结构的重组和扩大的过程，而不是单纯地积累知识的过程.因此科学的数学教学过程应当注重学生认知结构的构建，在展现知识的产生和发展过程中，引导学生逐步形成科学的思维方式和思维习惯，进而发展各种能力.教师应时时刻刻把这种观念渗透到教学设计中，准确把握不同类型的课型特征，挖掘出教材知识背后所蕴涵的思维方式、方法，通过各种形式巩固和训练，最终达到学生能自如地运用，真正“会学”的目的.

3.新课标准下数学教学过程的核心要素是师生相互沟通和交流

新课程标准下数学教学过程的核心要素是加强师生相互沟通和交流，倡导教学民主，建立平等合作的师生关系，营造同学之间合作学习的良好氛围，为学生的全面发展和健康成长创造有利的条件.因此数学教学过程是师生交往、共同发展的互动过程，而互动必然是双向的，而不是单向的.

由于教学活动是一种特殊的认识过程，在这个过程中，师生情感交流将直接影响教学效果.在数学教学过程中，讨论是情感交流和沟通的重要方法.教师与学生的讨论，学生与学生的讨论是学生参与数学教学过程，主动探索知识的一种行之有效的方法.新课程标准要求教学要依照教学目标组织学生充分讨论，并以积极的心态互相评价、互相激励、相互反馈，只有这样才能有利于发挥集体智慧，开展合作学习，从而获得好的教学效果.新课程标准下教师高超的教学艺术之一就在于调动学生的积极情感，使之由客体变为主体，使之目的明确地、积极地、主动热情地参与到教学活动中来.

新课程标准强调数学教学过程中教师与学生的真诚交流.新课程标准认为数学教学过程中不能与学生交心的老师将不再是最好的老师.成功的教育是非显露痕迹的教育，是润物细无声的教育，是充满爱心的教育.在课堂教学过程中，真诚交流意味着教师对学生的殷切的期望和由衷的赞美.期望每一个学生都能学好，由衷地赞美学生的成功.比如，1968 年，瑞典教育家罗森塔尔对美国一所小学 18 个班的学生进行的试验，进一步表明外界的殷切期望会对人产生强烈的激励效应.作为教师，应该在数学教学过程的始终，都要对学生寄予一种热烈的期望，并且要让学生时时感受到这种期望，进而使学生为实现这种期望而做出艰苦努力.教师在数学教学过程中以肯定和赞美的态度对待学生，善于发现并培养学生的特长，对学生已经取得或正在取得的进步和成绩给予及时、充分的肯定评价，从而激发学生的自信心、自尊心和进取心，不断将教师的外在要求内化为学生自己更高的内在要求，实现学生在已有基础上的不断发展.

4.新课程标准下数学教学过程的完美实现在于教师与学生的充分理解和信任

新课程标准下要求教师在数学教学过程中充分理解和信任学生.理解是教育的前提.在教学中教师要了解学生的内心世界，体会他们的切身感受，理解他们的处境.尊重学生，理解学生，热爱学生，只要你对学生充满爱心，相信学生会向着健康、上进的方向发展的.

基于以上的观点，教师在课前应该认真了解学生的思想实际、现有的认知水平，尤其是与新知识有联系的现有水平；了解他们心中所想、心中所感.在吃准、吃透教材和学生的基础上设计双重教学方案：备教学目标，更备学习目标；备教法，更要备学法；备教路，更备学路；备教师的活动，更备学生的活动.我们的教师以前在讲课时，对学生的能力往往是信任不够，总怕学生听不明白、记不住，因此，课上教师说得多、重复的地方多，给学生说的机会并不多.其实“说”也只是浮在表面上，并没有什么深度地说.教师的讲为主的数学教学过程，占用了学生发表自己看法的时间，使教师成为课堂上的独奏者，学生只是听众、观众，这大大地剥夺了学生的主体地位.其实，学生并不是空着脑袋走进教室的. 在走进课堂前，每个学生的头脑中都充满着各自不同的先前经验和积累，他们有对问题的看法和理解，也想表达、诉说. 契可夫曾说过："儿童有一种交往的需要，他们很想把自己的想法说出来，跟老师交谈. "这就要求教师在新课程标准下要转变观念，积极创设能激起学生回答欲望、贴近学生生活、让他们有可说的问题，让他们有充分发表自己看法和真实想法的机会. 当然，教师作为教学的组织者也不能"放羊"，在学生说得不全、理解不够的地方，也要进行必要的引导.

以往的教学中，教师在讲到某些重、难点时，由于对学生学习潜力估计不足，所以教师包办代替的多，讲道理占用了学生大量宝贵的学习时间. 即使让学生自学也是由"扶"到"半扶半放"，再到"放". 叶圣陶先生说："教者，贵在于引导、启发. "这就是说教师是指导者就不能"代庖"，教师是启发者就不能"填鸭". 因此新课程标准要求教师把自己视为教学的指导者、促进者和帮助者，是"带着学生走向知识"而不是"带着知识走向学生". 基于此，课堂上教师可以采用"小组合作学习"的教学形式，以小组成员合作性活动为主体. 学生在小组内相互讨论、评价、倾听、激励，加强学生之间的合作与交流，充分发挥学生群体磨合后的智慧，必将大大拓展学生思维的空间，提高学生的自学能力. 另外，教师从讲台上走下来，参与到学生中间，及时了解到、反馈到学生目前学习的最新进展情况. 通过学生的合作学习和教师的引导、启发、帮助，学生必将成为课堂的真正主人.

为了让学生真正成为课堂的主人，在数学教学过程中，对于学生的提问，教师不必作直接的详尽的解答，只对学生作适当的启发提示，让学生自己去动手动脑，找出答案，以便逐步培养学生自主学习的能力，养成他们良好的自学习惯. 课上教师应该做到三个"不"：学生能自己说出来的，教师不说；学生能自己学会的，教师不讲；学生能自己做到的，教师不教. 尽可能地提供多种机会让学生自己去理解、感悟、体验，从而提高学生的数学认识，激发学生的数学情感，促进学生数学水平的提高.

5. 新课程理念下中学数学教师行为的改变

新课程要求教师由传统的知识的传授者转变为学生学习的组织者，学习活动的引导者，学生学习活动的合作者，具体主要有以下几点.

①组织学生发现、寻找、搜集和利用学习资源.

②组织学生营造教室中的积极的心理氛围.

③引导学生设计恰当的学习活动.

④引导学生在自主探索合作交流的过程中，真正理解和掌握基础知识和基本技能.

⑤教师要引导学生感受、体验数学.

⑥在观察、倾听和交流中成为学生学习的合作者.

⑦和学生一起分享感情与认识.

⑧与学生一起寻找真理.

第六章 数 学 能 力

第一节 数学能力的概念与结构

一、数学能力的概念

1. 能力

尽管我们在日常教学工作中经常说到“能力”，但究竟什么是能力，至今没有统一的定义. 孟昭兰教授采用了这样的定义：“能力是人完成某种活动所必备的个性心理特征，它在心理活动中表现出来，是影响活动效果的基本因素，是符合活动要求的个性心理特征的综合.”

根据上述观点，我们理解能力概念时应注意以下三点：

①能力是一个人的个性心理特征，是个体在认识世界和改造世界的过程中，所表现出来的心理活动的恒定的特点. 例如，敏锐的观察能力是学生出色完成学习活动所必备的个性心理特征，这里的观察能力是在生活、活动中经过感觉、知觉、模式识别等心理活动，在捕捉信息方面积累的个体经验.

②能力与活动关系密切. 具体体现为以下几方面：其一，活动是能力产生和发展的源泉. 人一生下来并不存在心理，也就不存在什么心理特性，只有通过后天的实践活动，才会产生相应的心理活动，从而逐渐形成特性，即能力. 其二，能力的形成对活动的进程及方式直接起调节、控制作用. 这一点把能力与个体的性格区别开来. 性格也是个体的一种心理特性，但性格的作用在于制约个体活动的倾向，对活动的进程及方式并无直接的调节、支配作用. 其三，能力只有在活动过程中才能体现出来，离开了活动就不能对能力进行考察与测定. 一个人如果在实践中取得了成功，达到了预期的效果，这就证实了这个人具有了进行某种活动的能力. 因此，活动效果是衡量能力高低的唯一标准.

③能力是一种稳固的心理特性. 这就是说，能力对活动进程及方式所发挥的调节、控制作用还具有一贯的、经常性的、稳定的特性. 一个人一旦形成某种能力，他便能在相应的活动中表现出来，并能持久地发挥作用. 概括能力强的学生，无论是掌握概念、发现原理，还是总结解题经验，都能优于其他学生，就是这个道理.

综上所述，我们可以这样界定能力的意义：能力是一种保证人们成功地完成某种任务或进行某种活动的稳固的心理品质的综合.

2. 数学能力

数学能力是顺利完成数学活动所具备的而且直接影响其活动效率的一种个性心理特征. 它是在数学活动中形成和发展起来的，是在这类活动中表现出来的比较稳定的心理特征.

数学能力按数学活动水平可分为两种：一种是学习数学（再现性）的数学能力；另一种是研究数学（创造性）的数学能力. 前者指数学学习过程中，迅速而成功地掌握知识和技能的能力，是后者的初级阶段，也是后者的一种表现，它主要存在于普通学生的数学学习活动中；而后者指数学科学活动中的能力，这种能力产生具有社会价值的新成果或新成就，它主要存在于数学家的数学活动中.在学生的数学学习活动中，往往会经历重新发现人们已经熟知的某些数学知识的过程，这对学生自己来说的确是一种新发现，实际上与数学家的发明具有同样的性质，只是二者在程度深浅和水平高低上有着差异而已.

从发展的眼光看，数学家的创造能力也正是从他在数学学习中的这种重新发现和解决数学问题的活动中逐步形成和发展起来的.所以，在我们的中学数学教学中，通常所说的数学能力，包括学习数学的能力和这种初步的创造能力，并且这种创造能力的培养，在中学数学教学中已越来越引起人们的重视.因此在中学数学教学中不能把两种数学能力截然分开，而应用联系和发展的眼光看待它们，应该综合地、有层次地进行培养.本章所讲述及的数学能力也是指这种学习数学的数学能力.

3.数学能力与数学知识、技能的关系

(1)智力与能力的关系

智力与能力都是成功地解决某种问题(或完成任务)所表现出来的个性心理特征.把智力与能力理解为个性的东西，说明其实质是个体的差异.我们通常所说的能力有大小，指的就是这种个体差异.而智力的通俗解释就是阐明“聪明”与“愚笨”.智力与能力的高低首先要看解决问题的水平.这也是学校教育为什么要培养学生分析问题和解决问题能力的所在.智力与能力所表现的良好适应性，出自智力与能力的任务，即主动积极地适应，使个体与环境取得协调，达到认识世界、改造世界的目的.智力与能力的本质就是适应，使个体与环境取得平衡.所以人们通常把智力与能力总称为智能.

智力与能力是有一定区别的.智力偏于认识，它着重解决知与不知的问题，它是保证有效地认识客观事物的稳固的心理特征的综合；能力偏于活动，它着重解决会与不会的问题，它是保证顺利地进行实际活动的稳固的心理特征的综合.但是，认识和活动总是统一的，认识离不开一定的活动基础；活动又必须有认识参与.所以智力与能力的关系是一种互相制约、互为前提的交叉关系.教学的实质就在于认识和活动的统一，在教学中发展智力和培养能力是分不开的.

(2)数学能力与数学知识、技能的关系

数学能力与数学知识、数学技能之间是相互联系又相互区别的.概括来说，数学知识是数学经验的概括，是个体心理内容；数学技能是一系列关于数学活动的行为方式的概括，是个体操作技术；数学能力是对数学思想材料进行加工的活动过程的概括，是个性心理特征.数学技能以数学知识的学习为前提，在数学知识的学习和应用过程中，通过实际操作获得动作经验而逐渐形成，并且对知识学习产生反作用.

数学技能的形成可以看成是深刻掌握数学知识的一个标志.作为个体心理特性的能力，是对活动的进行起稳定调节作用的个体经验，是一种类化了的经验，而经验的来源有两方面，一是知识习得过程中获得的认知经验；二是技能形成过程中获得的动作经验.而且，能力作为一种稳定的心理结构，要对活动进行有效的调节和控制，必须以知识和技能的高水平掌握为前提，理想状态是技能的自动化.

能力心理结构的形成依赖于已经掌握的知识和技能的进一步概括化和系统化，它是在实践的基础上，通过已掌握的知识、技能的广泛迁移，在迁移的过程中，通过同化和顺应把已有的知识、技能整合为结构功能完善的心理结构而实现的.简言之，数学知识是形成数学技能的基础，数学知识和数学技能又是形成数学能力的基础，且数学技能是从数学知识掌握到数学能力形成和发展的中间环节；反过来，数学能力的提高又会加深数学知识的理解和技能的掌握.

4.影响能力形成与发展的因素

研究影响能力形成与发展的因素，可以回答个体的智力与能力在多大程度上可以得到改变，改变的可能性有多大等问题.这些问题的讨论有助于树立关于中学生数学能力培养的正确观念.一般说来，影响能力形成与发展的因素不外乎遗传、环境与教育.它们对能力发展的作用究竟如何，心理学家们对此进行了长期而深入细致的研究，主要结论如下.

(1)遗传是能力产生、发展的前提

良好的遗传因素和生理发育，是能力发展的物质基础和自然前提.不具有这个前提，能力的培养与发展便成为无本之木、无源之水.遗传对能力发展的作用体现为以下两个方面.

①遗传因素是影响智力或能力发展的必要条件，但不是充分条件.最近的研究表明，人与人之间的血缘关系愈近，智能的相关程度愈高.同卵孪生子的遗传相同，他们之间智力相关最高，这显示遗传是决定智能高低的重要因素，但绝不是决定因素.具有良好遗传素质的人并不能确保其智能得到充分的发展.

②遗传因素决定了智能发展的可能达到的最大范围.阴国恩等把遗传因素决定的智能发展可能达到的范围形象地比喻为"智力水杯".有的儿童生来"智力水杯"小一些，有的儿童生来"智力水杯"大一些."智力水杯"小，则装较少的"水"；"智力水杯"大，则有装入较多"水"的可能."智力水杯"的大小，反映了它的装"水"潜力的大小，即相当于智力潜力，它制约着儿童智力开发的最大限度.但实际上装了多少"水"，还取决于后天的生活经验与环境教育，即后天的环境教育及活动经验决定了智力或能力发展的实际水平.

(2)环境与教育是智力或能力发展的决定因素

智力或能力的产生与发展，是由人们所处的社会的文化、物质环境以及良好的教育所决定的，其中教育起着主导作用.遗传因素为智力或能力的发展提供了生物前提和物质基础，确定了发展的最大上限，而丰富的文化、物质环境和良好的教育等环境刺激，则把这种可能性变为现实.大量实验表明，在遗传因素相同的情况下，环境刺激越丰富，个体的智能越能得到充分的发展，测得的智商(IQ)就越高.

环境刺激对智力或能力发展所起的决定作用，主要体现于决定了智能发展的速度、水平、类型、智力品质等方面，决定了智能开发的具体程度.一般情况下，绝大多数学生都具有发展的潜能，但能否得到充分的发展，则取决于学校、家长、社会能否为他们提供丰富的、良好的刺激环境.在所有的环境刺激中，学校教育是一个特殊的环境刺激，它是有目的、有计划、有系统地影响中学生能力发展的社会实践.

尽管环境与教育是能力发展的决定因素，但一个人能否利用这些外部因素来充分开发自己的潜能，还必须取决于他的主观努力程度和意识能动水平等非智力因素，许许多多在逆境中努力奋发最后取得成功者证实了这一点.这说明，尽管智力、能力属于认识活动的范畴，但能力的发展与培养不能忽视非智力因素的作用.

二、数学能力的成分与结构

对数学能力的认识是一种发展的过程.首先，数学学科本身在发展，这种发展改变人们的数学观，使人们对数学本质的认识有更深刻的理解，从而导致人们对数学能力含义的理解发生变迁.现代数学的理论与思想对传统数学带来巨大冲击，这些新的理论和思想渗透在数学教育中，使数学教学内容的重心转移，数学能力成分及结构也随之解构与重建. 其次，社会的进步、科学的发展使数学教学目标不断有新的定位，这必然导致对数学能力因素关注焦点的改变. 再次，随着心理学研究理论的不断深入，研究方法的不断创新，对数学能力的因素及结构有着不同角度的审视. 正是由于以上原因，所以到目前为止，对数学能力的成分结构还没有形成统一的认识. 但这并不妨碍人们力图经由不同的视角剖析数学能力的含义.

1. 数学能力成分结构概述

传统的看法，学生的数学能力包括运算能力、逻辑思维能力和空间想象能力，后来对这种提法作了拓展，即运算能力、思维能力、空间想象能力以及分析问题和解决实际问题的能力. 建国以来，我国数学教学大纲、数学课程标准的提法基本上是上述观点，国内众多的学者也是持这种观点. 应该说，这样划分数学能力因素在一定程度上体现了数学能力的特殊性，对我国的数学教育尤其是培养学生的数学能力起了很大的作用. 但另一方面，可以看出这种划分显得过于笼统和不确切. 因此许多学者对此有一些新的看法. 比如，有学者认为应当对这种提法作了更深一步的探讨，对每一种数学能力重新表述并且作了进一步细分，试图求得在理论上严谨，实践中便于操作.

（1）克鲁捷茨基对数学能力结构的研究

对国内中小学生数学能力结构研究产生重要影响的是前苏联教育心理学家克鲁捷茨基的工作. 他通过对各类学生的广泛实验调查，系统地研究了数学能力的性质和结构. 他认为，学生解答数学题时的心理活动包括以下三个阶段：①收集解题所需的信息；②对信息进行加工，获得一个答案；③把有关这个答案的信息保持下列. 与此相适应，克鲁捷茨基提出中小学数学能力成分的假设模式，列举中小学教学能力的九个成分：①能使数学材料形式化，并用形式的结构，即关系和联系的结构来进行运算的能力；②能概括数学材料，并能从外表上不同的方面去发现共同点的能力；③能用数学和其他符号进行运算的能力；④能进行有顺序的严格分段的逻辑推理能力；⑤能用简缩的思维结构进行思维的能力；⑥思维的机动灵活性，即从一种心理运算过渡到另一种心理运算的能力；⑦能逆转心理过程，从顺向的思维系列过渡到逆向思维系列的能力；⑧数学记忆力，关于概括化、形式化结构和逻辑模式的记忆力；⑨能形成空间概念的能力. 克鲁捷茨基注重分析思维过程，以数学思维为核心阐述了数学能力的主要成分，更加突出了数学能力的特性，而且这种细致的描述在理论上作了开拓，在实践中便于操作，因此，数学能力的九成分理论对数学能力的传统认识带来了比较大的冲击.

（2）卡洛尔对数学能力的研究

卡洛尔（John B. Carroll）采用探索性因素分析、验证性因素分析以及项目反应理论对数学能力进行了研究，得出了认知能力的三层理论. 其中，第一层 100 多种能力；第二层包括流体智力、晶体智力、一般记忆和学习、视觉、听觉、恢复能力、认知速度、加工速度；第三层为一般智力. 卡洛尔还研究科各种能力与数学思维的关系以及能力与现实世界中的实际表现之间的关系等等.

（3）林崇德对中小学生数学能力结构的研究

我国林崇德教授主持的“中小学生能力发展与培养”实验研究，从思维品质入手，对数学能力结构作了如下描述：数学能力是以概括为基础，将运算能力、空间想象能力、逻辑思维能力与思维的深刻性、灵活性、独创性、批判性、敏捷性所组成的开放的动态系统结构. 他以数学学科传统的“三大能力”为一个维度，以五种数学思维品质（思维的深刻性、灵活性、独创性、批判性、敏捷性）为一个维度，构架出一个以“三大能力”为“经”，以五种思维品质为“纬”的数学能力结构系统. “三大能力”与五种思维品质不是并列关系，而是交叉关系，这种交叉关系形成 15 个交叉点以及上百种表现形式,其中概括是数学能力的基础.

此外,林崇德教授还对15个交叉点做了细致的刻画.比如,逻辑思维能力与思维的独创性的交汇点,其内涵是:①表现在概括过程中,善于发现矛盾,提出猜想给予论证;善于按自己喜爱的方式进行归纳,具有较强的类比推理能力与意识;②表现在理解过程中,善于模拟和联想,善于提出补充意见和不同的看法,并阐述理由或依据;③表现在运用过程中,分析思路、技巧运用独特新颖,善于编制机械模仿性习题;④表现在推理效果上,新颖、反思与重新建构能力强.

(4)胡中锋对高中生数学能力结构的研究

胡中锋采用经典测验理论与项目反应理论相结合,以及探索性因素分析与验证性因素分析相结合的方法,对高中生的数学能力结构进行了研究.该研究在广东省抽取了近2000名被试,其中有效被试1291人.首先编制了中学生数学成就测试量表,采用先进的测量方法对量表的质量进行了分析,保证了量表的高信度和高效度.然后,将1291名被试随机分成两组,一组采用传统的因素分析方法进行探索性的因素分析,抽取因子数为2～6个;再用现代统计方法中验证性因素分析法对每一种假设进行验证,结果得出了高中生数学能力结构的四因素模型,其中四因素为逻辑运演能力、逻辑思维能力、空间思维能力、思维转换能力.

(5)李镜流等对数学能力结构的研究

李镜流在《教育心理学新论》一书中表述的观点为:数学能力是由认知、操作、策略构成的.认知包括对数的概念、符号、图形、数量关系以及空间关系的认识;操作包括对解题思路、解题程序和表达以及逆运算的操作;策略包括解题直觉、解题方式及方法、速度及准确性、创造性、自我检查、评定等.郑君文、张恩华所著的《数学学习论》写道:"数学能力由运算能力、空间想象力、数学观察能力、数学记忆能力和数学思维能力五种子成分构成."王岳庭等提出了五种数学能力成分构想:数学抽象能力、数学概括能力、数学推理能力、数学语言应用能力、数学直觉能力.此外张士充从认识过程角度出发,提出数学能力四组八种能力成分,即观察、注意能力,记忆、理解能力,想象、探究能力,对策、实施能力.喻平从斯滕伯格的智力三元理论中得到启示,重构数学能力结构的三个层面:①数学元能力,即自我监控能力;②共通任务的能力:数学阅读能力、概括能力、变换能力、逻辑思维能力和空间思维能力;③特定任务的能力:数学发现能力、数学解题能力、数学应用能力和数学交流能力.

2.我国数学教育关于数学能力观的变化

1963年,《全日制中学数学教学大纲(草案)》指出"三大能力"的教学理念,是我国数学教学观念的重大发展.从1960年开始,"双基"和"三大能力"一直成为我国数学教学的基本要求.

1978年、1982年、1986年、1990年、1996年的中学数学教学大纲中关于能力的要求方面,进一步注意到解决实际问题的能力,因此,在以上"双基"和"三大能力"之外,又提出了"逐步形成运用数学知识来分析和解决实际问题的能力".1996年的中学数学教学大纲,将"逻辑思维能力"改成"思维能力",理由是数学思维不仅是逻辑思维,还包括归纳、猜想等非逻辑思维.1997年以后,创新教育的口号极大地促进了数学能力的研究,于是2000年的中学数学教学大纲关于能力的要求,在上述基础上又增加了创新意识的培养.

进入21世纪,由于数学教育的需要,我国在《标准1》和《标准2》中提出了数学教学的许多新理念.它突破了原有"三大能力"的界限,提出了新的数学能力观,包括提高抽象概括、空间想象、推理论证、运算求解、数据处理等基本能力;在以上基本能力基础上,注重培养学生数学地提出问题、分析问题和解决问题的能力,发展学生的创新意识和应用意识,提高学生的数学探究能力,数学建模能力和数学交流能力，进一步发展学生的数学实践能力.

3. 确定数学能力成分的标准

对于确定数学能力成分的研究必须遵循一定的原则和标准，这样才能保证所做的研究是合理、有效的.

①数学能力成分的确定应当满足成分因素的相对完备性. 所谓完备性，指数学能力结构中应包括所有的数学能力成分. 但事实上，要达到绝对的完备是难以做到，甚至是不可能的. 作为对数学能力的理论研究，应尽量追求对象的完备性，而从教育的角度看，追求数学能力的绝对完备却没有实在意义. 确定作为培养和发展学生的数学能力因素，要根据社会发展对培养目标提出的要求，研究哪一些数学能力成分对于培养未来公民所必备的数学素质是必不可少的因素，哪一些数学能力因素具有某种程度的迁移作用，即能促进学生综合能力的发展. 选出重要的，必需的能力因素，组成一个相对完备的数学能力结构体系.

②数学能力成分的确定要有明确的目标性. 这有两层含义，一是指所确定的能力因素确实可以在教学中实施，而且能够达到预期的目的，即能力因素具有可行性. 譬如，把“数学研究能力”作为培养中学生数学能力的一个能力要素，就不具有可行性. 第二层含义是指对每种数学能力成分应有比较具体可行的评价指标. 因为数学能力存在着个性差异，同一种数学能力因素会在不同的学生中表现出明显的水平差异，因此要制定一个统一的标准，去衡量学生是否已具备了某种数学能力，是否达到了数学能力发展的目标. 标准的拟定要适宜，定得太高，不易实现，定得太低，又会降低培养目标.

③数学能力成分应满足相对的独立性. 即各种能力因素符合在一定意义下的独立. 与完备性相同，独立只是相对的. 在确定数学能力成分时，应考虑各种能力因素的外延，尽量缩小外延相交的公共部分，避免出现两个因子的外延有相互包含的关系，使数学能力成分满足相对的独立性. 否则，所确定的数学能力结构从理论上讲是不准确的，在实践中也会造成目标模糊、重叠而不便实施.

④数学能力成分的确定应具有可操作性. 在满足数学能力成分相对独立的前提下，在具体的教学中，可对每种能力成分再进行一定程度上的“细分”，如孙宏安先生将“计算能力”细分为四种子成分，这样就便于制定培养的子目标，设计针对性较强的教学方案和实施计划.

4. 数学能力的成分结构

数学能力是在数学活动过程中形成和发展起来，并通过该类活动表现出来的一种极为稳定的心理特征. 研究数学能力也应从数学活动的主体、客体及主客体交互作用方式三个方面进行全方位考察. 就数学活动而言，对活动主体的考察主要立足于对主体认知特点的考察，对客体的考察则主要是对数学学科特点的考察，至于主客体交互作用方式则突出表现为主体的数学思维活动方式. 因此，对数学能力成分的把握最终取决于对主体认知特点、数学学科特点、主体数学思维活动特点的全面理解.

数学活动包含以下心理过程：知觉、注意、记忆、想象、思维. 因而，在数学活动中形成和发展起来的数学观察力、注意力、记忆力、想象力、思维力也就必然构成数学能力的基本成分. 就数学学科特点、主体数学思维活动特点来分析，数学能力指用数字和符号进行运算，对运算能力、空间想象能力、包括逻辑推理与合情推理等、数学思维能力以及在此基础上形成的数学问题解决能力.

数学观察力、注意力、记忆力是主体从事数学活动的必然心理成分，因此是数学能力的必要成分，称为数学一般能力；而运算求解能力、抽象概括能力、推理论证能力、空间想象能力、数据处理能力则体现了数学学科的特点，是主体从事数学活动而非其他活动所表现出来的特殊能力，称为数学特殊能力. 数学一般能力和数学特殊能力共同构成数学能力的基础，同时二者又是构成数学实践能力这一更高层次的数学能力的基础. 数学实践能力包括学生数学地提出问题、分析问题和解决问题的能力，应用意识和创新意识能力，数学探究能力，数学建模能力和数学交流能力. 以上三种能力为形成主体数学发展能力奠定基础. 从学生的可持续发展和终身学习的要求来看，数学发展能力应包括独立获取数学知识的能力和数学创新能力. 培养学生数学发展能力是数学教育的最高目标，也是知识经济时代知识更新周期日益缩短对人才培养的要求.

(1)数学一般能力

①数学观察能力. 数学观察能力是指对用数字、字母、符号、文字所表示的数学关系，各种图形、图表的结构特点的感知能力，以及对概括化、形式化、空间结构和逻辑模式的识别能力. 它不仅是对数学对象的视觉系统上的感知，还要注视事物的各种特征，进行比较分析，了解它们的性质、关系和变化，因此观察不是一种单纯的知觉过程，还包含着积极的思维活动.

数学观察能力具体表现为：在掌握数学概念时，善于舍弃非本质特征，抓住本质特征的能力；在学习数学知识时，善于发现知识的内在联系，形成知识结构或体系的能力；在学习数学原理时，能从数学事实或现象展现中，掌握数学法则或规律的能力；在解决数学问题时，善于识别问题的特征，发现隐含条件，正确选择解题途径和数学模型的能力，以及解题的辨析能力.

②数学注意能力. 注意是一种心理现象，是心理(意识)对一定对象的指向和集中. 注意可分为内部注意、外部注意、无意注意和有意注意. 注意能力包括注意力的集中、注意力的分配、注意力的持续、注意力的转移等性能.

数学注意能力具体表现在：在内部注意上有良好的自我评价意识，在外部注意上不仅善于用分析的态度对某个对象的局部或个别属性加以注意，而且善于用综合的态度对对象的整体或全部特征属性加以注意. 研究表明，有意注意是直接影响注意能力提高的因素，因此，数学注意能力还表现在能否从无意注意中迅速引发有意注意.

③数学记忆能力. 数学记忆是学生学习过的数学知识、经验在头脑中保存的印记，是学生通过数学学习积累数学知识、经验的功能表现，是数学学习的一切智力活动所包含的心理活动. 数学记忆能力的特征是从数学科学特定的特征中产生的，是一种对于概括化、形式化结构和逻辑模式的记忆力. 记忆能力不仅包括对众多抽象的数学符号、定义、公式、定理、数学图形的记忆能力，也包括对典型的推理模式、重要的运算格式和步骤、数学模型的物理背景的记忆能力，以及再现不同数学概念之间逻辑联系的能力.

记忆能力在任何时候都是数学学习和数学创造获得成功的重要因素之一. 教育实践表明，数学能力强的学生把推理或论证的模式记得很牢，但并不是去强记一些事实和具体数据，不是机械的记忆，而是在理解的基础上，对语义结构的记忆和对证明方案和基本思路的记忆. 因此，数学记忆力的本质在于对典型的推理和运算模式概括的记忆力. 布鲁姆将数学记忆力分为如下成分：对具体数学事实、术语的记忆力；对数学概念、算法的记忆力；对数学原理、法则的记忆力；对数学问题类型标志、解题模式的记忆力；对数学解题方法、思想的记忆力.

(2)数学特殊能力

①运算求解能力. 运算求解能力是指逻辑思维能力与运算技能的结合，在运算定律的指导下，对具体式子进行变形的演绎过程. 运算求解能力包括：进行精确运算的能力，近似计算的能

力，手算、心算、使用计算器和计算机进行数值计算的能力，估算能力，求近似解的能力，风险估计和对不确定情况进行推断的能力，选择适当的计算方法的能力，解释和评价运算结果的能力.

运算求解能力具体表现在：不仅会根据法则正确地进行运算，而且能理解运算的算理，能根据题目条件探求解题途径，寻求简捷合理的算法. 其中，选择算法的能力对运算具有决定性意义. 中学数学课程中涉及的运算主要有：数与式的各种代数运算，初等超越运算，微积分中的求导、求积的初步运算，集合运算，逻辑运算，概率统计运算等.

②数据处理能力. 数据处理能力是指合理收集、整理、分析数据以及从所获得的数据中提取有价值的信息，做出判断并合理决策.

数据处理能力具体表现在：能结合具体问题选取合适的调查方式收集数据；具有良好的统计意识及对统计图表的准确理解能力；能从多个统计图表中合理获取数据信息；能整理、描述数据并计算相关统计量；能借助加工信息和计算所获得的统计量，科学合理地进行统计推断；能应用概率统计的知识、方法去解决实际问题；等等.

③空间想象能力. 空间想象能力是指人对大脑中所形成的空间表象进行加工、改组，从而创立新思想、新形象的能力. 这种能力的特点是在大脑中构成研究对象的空间形状和简明的结构，并能将对事物所进行的一些操作，在大脑中作相应的思考. 空间想象能力可分为三个不同层次的成分：空间观念，建构表象能力，表象操作能力. 空间观念包含三层意思：第一层意思就是空间感，即能在大脑中建立二维映像，能对二维平面图形三维视觉化；第二层意思就是实物的几何化；第三层意思就是空间几何结构的二维表示及由二维图形表示想象出基本元素间的空间结构关系. 建构表象的能力是指在文字、语言刺激指导下构想几何形状的能力. 表象操作能力是指对大脑中建立的表象进行加工或操作以便建构新表象的能力.

空间想象能力在数学学习中表现为：根据条件画出正确的图形，根据图形想象出直观形象的能力；正确地分析出图形中基本元素及相互关系的能力；对图形进行分解、组合与变形的能力；运用图形语言进行交流的能力.

④推理论证能力. 数学推理有两种：论证推理和合情推理. 论证推理也叫做演绎推理或逻辑推理，是根据已有的事实和正确的结论按照严格的逻辑法则得到新结论的推理过程，表现形式是逻辑运演. 主要运演手段有：分析、综合、抽象、概括、完全归纳等. 逻辑运演是科学论证的基本形式，更是数学严谨性的有力保证. 合情推理是人们根据已有的知识经验，在某种情境和过程中，运用观察、实验、归纳、类比、联想、直觉等非演绎（或非完全演绎）的思维形式，推出关于客体的合乎情理的认知过程. 在解决问题的过程中，合情推理具有猜测和发现结论、探索和提供思路的作用，有利于创新意识的培养. 论证推理和合情推理是数学思维的双翼，是既不相同又相辅相成的两种推理形式，科学结论（包括数学的定理、法则、公式等）的发现往往发端于对事物的观察、比较、归纳、类比，即先通过合情推理提出猜想，再通过演绎推理证明猜想正确或错误. 正如波利亚所说：我们靠论证推理来肯定我们的数学知识，而靠合情推理来为我们的猜想提供依据.

数学推理论证能力具体表现在：能掌握演绎推理的基本方法，并能运用它们进行一些简单推理，能利用归纳、类比等合情推理的方法及一般的科学方法，如特殊化与一般化、观察、实验、猜想、联想、直觉等方法，探索学习新知识，解决新问题.

⑤抽象概括能力. 抽象与概括是在对事物的属性作比较、分析、综合的基础上进行的，并借助判断、推理的形式表达出来. 抽象和概括紧密联系，抽象是概括的基础，概括是抽象的目的，概括能够使抽象达到更高的层次. 通过抽象与概括，人们就能认识事物的本质，实现感性认识向理性

认识的转化、形象思维向抽象思维的飞跃.数学中的概念、性质、法则、公式、数量关系等都是抽象概括的产物.数学抽象概括能力是指从具体对象中抽取出其中蕴含的数学关系或结构,并将其共同属性和本质特征进行推广的能力.数学抽象概括能力是数学思维能力,也是数学特殊能力的核心.

数学抽象概括能力具体表现为:发现普遍现象中存在着差异的能力,在各类现象间建立联系的能力,分离出问题的核心和实质的能力,由特殊推广到一般的能力,从非本质的细节中使自己摆脱出来的能力,把本质的与非本质的东西区分开来的能力,善于把具体问题抽象为数学模型的能力等.

(3)数学实践能力

数学实践能力包括问题解决能力、数学应用能力、数学探究能力和数学交流能力等.数学应用能力、数学探究能力体现在问题解决能力中,因此,在这里只讨论问题解决能力和数学交流能力.

①问题解决能力.关于问题解决,由于人们认识角度的不同,到目前还没有一个统一的界定,在数学学习心理学中,问题解决一般理解为一种操作过程或心理过程.所谓问题解决,是一系列有目的指向的认识操作过程,是以思考为内涵,以问题目标为定向的心理活动过程.具体来说,问题解决是指人们面临新的问题情境,由于缺少现成对策和解决方法而引起的解决问题的思考和探索过程.问题解决是一种带有创造性的高级心理活动,其核心是思考和探索.

数学问题解决能力主要包括:对问题情境进行分析和综合,从而提出问题的能力;把问题数学化的能力;灵活运用各种数学思想方法的能力;进行数学计算和数学证明的能力;对数学结果进行检验评价的能力等.由此可见,数学问题解决能力是多种基本数学能力综合作用的结果,是一种综合能力.

②数学交流能力.数学交流能力是指运用数学语言进行知识信息、思想观念、情绪感受的交流的能力.数学交流,既包括对数学语言表达方式的选择,又包括对大脑中的思维成果进一步澄清、组织、巩固等一系列再加工的过程.因此数学交流是主体数学思维活动的延续,是思维活动社会化的重要环节.

数学交流能力具体表现为:能够阅读、倾听、讨论、描述和写作数学.具体来说,就是会用口头或书面的、实物或图表的、自然语言或符号的方式来表达、演示和模拟数学问题与情景,通过主体的操作活动和内心体验,能领悟与建构起图表及实物材料与数学概念之间,自然语言及直觉观念与抽象的数学语言之间的联系;从数学交流中能反映和理清自己关于数学概念与问题的思考,获得和提出令人信服的数学观点及论证;能自如地应用数学语言和数学思考进行讨论.

(4)独立获取数学知识的能力

独立获取数学知识的能力在这里主要指数学自学能力,它是在具有一定的数学能力的基础上,通过自学数学材料等发展起来的一种独立获取数学知识、技能的能力.它是多种能力的有机结合,是一种综合的能力.这种能力是在教师的指导下,通过学生自己阅读数学课本或有关的参考书、资料,深入理解和领会其精神实质,解答相应的练习题或问题等实践逐步形成的.数学自学能力由数学阅读能力、数学特殊能力、元认知能力和独立思考能力等四个子能力组成,它们有机结合在一起,相互影响、相互制约,构成一个整体.

第二节　空间想象能力及其培养

一、表象和想象

1.表象

空间想象与表象有关.认知心理学认为,表象与知觉有许多共同之处,它们均为具体事物的直观的反映,是客观世界真实事物的类似物.两者的区别在于,知觉是对直接作用于感觉器官的对象或现象进行加工的过程,知觉依赖于当前的信息输入.当知觉对象不直接作用于感官时,人们依然可对视觉信息和空间信息进行加工,这就是心理表象.即表象不依赖于当前的直接刺激,没有相应的信息输入,其依赖于已贮存于记忆中的信息和相应的加工过程,是在无外部刺激的情况下产生的关于真实事物的抽象的类似物的心理表征,是由感知保留下来的形象的痕迹的再现.所以,表象使得人们有可能在物体不直接作用于感官时,头脑中浮现物体的某些属性,并对它进行加工.

作为不直接作用于感官的真实事物的现象的类似物,表象与感知相比,具有不太稳定、不太清晰的特点.正由于表象具有不太稳定、清晰的特性,所以,当人们需要从表象中获取更多的信息时,常根据表象画出相应的图形,以便于进一步加工.图形是人们根据感知或头脑中的表象画出的,是展现在二维平面上的一种视觉符号语言,是对客观事物的形状、位置、大小关系的抽象.与表象相比,图形所反映的客观事物比较直观、清晰、稳定,并且还具有某些语言的特性,如可传递、储存等.数学空间形式的研究,就是通过研究几何图形的性质来进行的.

2.想象

想象是在客观事物的影响下,在语言的调节下,对头脑中已有的表象经过结合、改造与创新而产生新表象的心理过程.因此,想象又称为想象表象.

因为想象的结果可能会产生全新的思想与念头,所以,人们常把丰富的想象力视为创造才能之源.

二、空间想象能力结构

综合已有研究成果,结合数学学习的特点,考虑到空间想象能力的层次性,我们将空间想象能力分为如下四个基本成分:

1.空间观念

义务教育初中数学课程标准对义务教育阶段学生应该具有的空间观念规定如下:

①能够由实物的形状想象出几何图形,由几何图形想象出实物的形状,进行几何体与其视图、展开图之间的转换,能根据条件做出立体模型或画出图形.

②能描述实物或几何图形的运动和变化,能采用适当的方式描述物体之间的位置关系.

③能从较复杂的图形中分解出基本的图形,并能分析其中的基本元素及其关系.

④能运用图形形象地描述问题,利用直观来进行思考.

2.建构几何表象的能力

在语言或图形的刺激下,在头脑中形成表象,或者在头脑中重新建构几何表象的能力称为建构几何表象的能力.这种建立表象的过程必须以空间观念为基础,必须在语言指导下进行,图形刺激仅起到辅助作用.

例如,老师告诉学生,图 6-1 是两条异面直线,学生就会在头脑中形成异面直线的表象,若没有老师语言的提示,图 6-1 就可能被学生看成是平面内两条线段.

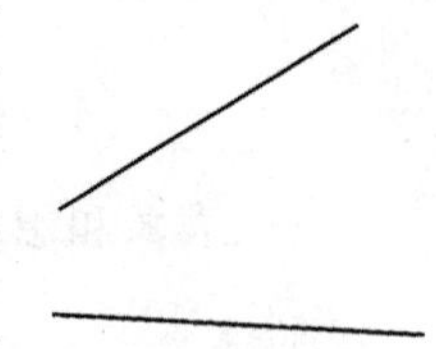

图 6-1 示例图

下面是一个需要建立几何表象的例子.

【例 6-1】 用同样大小的正方体木块构造一个造型,图 6-2、图 6-3 分别是其正视图与侧视图.

问:构造这样的造型,最多需要多少木块? 最少需要几块?

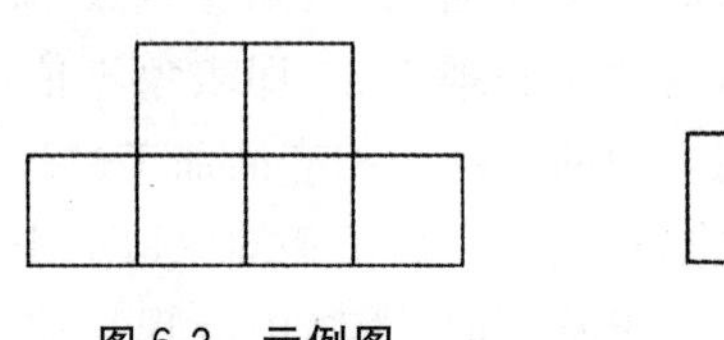

图 6-2 示例图　　图 6-3 示例图

分析:根据造型的前视图、侧视图,在头脑中想象造型的三维形状:造型共有两层,底层至少需 5 块小木块,至多需 16 块;上层至少 2 块,至多 4 块.因此,造型最少需 7 块,最多需 20 块.

3. 对几何表象或几何图形的变换、加工能力

在空间观念与建立表象的基础上,对表象与图形的变换加工,即要求对大脑中的表象或视觉中的图形进行平移、分解、翻折、旋转等操作活动,以建立新表象.

下列问题的解决是该能力的具体体现.

【例 6-2】 图 6-4 中的正方体的每个面都有互不相同的英文字母,在方框内的每一对几何体,或者不相同,或者完全相同.请指出两个相异正方体所在的框.

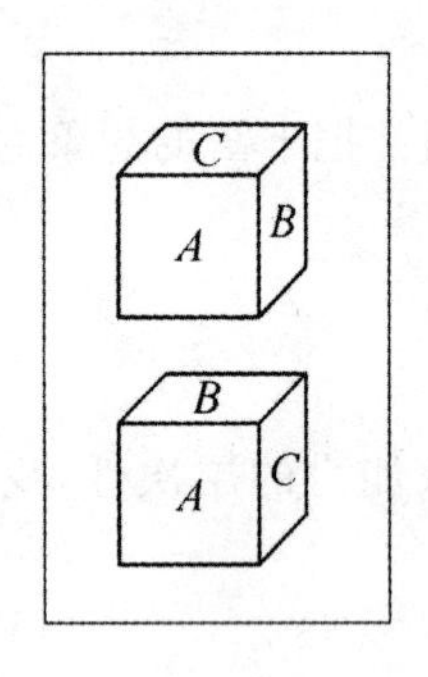

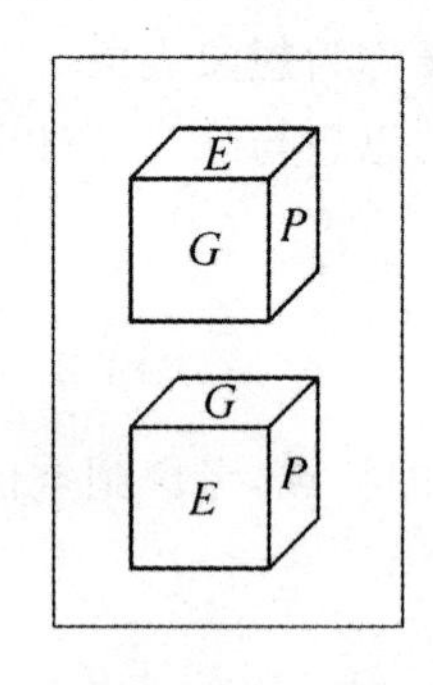

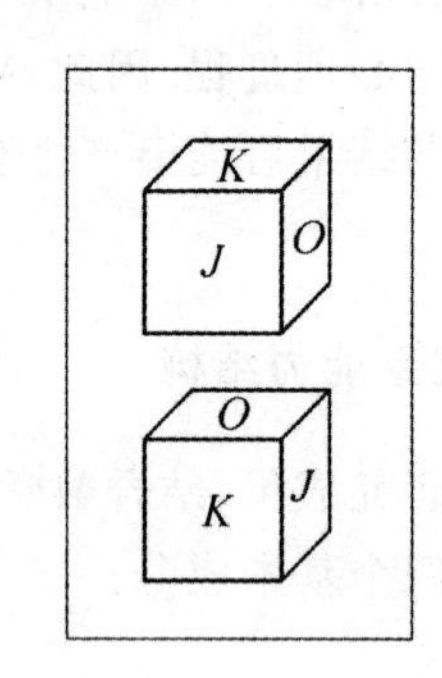

图 6-4 示例图

分析:在解决此问题时,学生必须在头脑中旋转每对正方体中的一个,看能否与另一个重合.虽然看到图形,然而图形无法旋转,必须在心理上进行,因此又称为"心理旋转"."心理旋转"的问题常用来测试对表象的变换、加工能力.

4. 数学问题形象化、直观化的能力

将数学问题从几何上形象化、视觉化,也是空间想象能力的一个基本成分.在数学学习中,几何形象化、视觉化的能力不仅有助于促进数学知识的理解、记忆和提取,而且有助于提出和解决数学问题.例如,下面卡尔·邓克尔设计的一条智力题,就是通过直观想象的方式得以解决的.

一天早晨,一位和尚开始爬一座高山,他忽快忽慢地攀登着,不时地停下来休息或吃饭.太阳

落山时,他到达了山顶上的寺庙.几天后,他沿着同一条路踏上归途,仍然日出时分出发,仍然忽快忽慢地行走.当然,他下山的平均速度要比上山的要快.

证明:途中存在一点,和尚在往返途中都是于白天的同一时刻经过这一点.

解决此问题最简单直观的方法是想象:

设想有两个和尚在日出时分出发,一个在山脚重现上山的过程,一个在山顶重现下山的过程,则不管他们走的速度如何,必然会在某一时刻在某一点相遇.

从而可看出,用直观形象的方法解决抽象复杂问题的独创性,所以,人们常把几何形象化、直观化视为培养创造能力的基础.显然,这是最高层次的想象能力,必须以空间观念以及形成表象、变换表象与图形等能力为基础才能得以形成和发展.

通过上述分析可看出,空间想象能力的结构是有层次的.其中基础为空间观念,核心为形成表象、变换表象与图形,而几何形象化、直观化能力是前三种成分的系统化、概括化的结果,是空间想象能力在其他领域中的迁移.

三、空间想象能力的培养途径

从数学的角度看,研究空间形式,就是研究客观事物的视觉抽象类似物——图形的形状、度量、结构、分类,以及基本元素之间的位置关系,而实物与图形之间的中介是表象,所以,空间想象能力的培养与几何教学有关.

研究九年制义务教育与普通高中数学课程标准,中学数学研究图形的方法主要有如下四种:

①直观实验的方法:通过制作模型、画图、搭积木、识图,对图形进行描述、分类等学习活动,认识、理解我们所处的现实世界的几何空间,以形成空间观念.

②变换的方法:运用变换理解、研究图形.

③坐标的方法:在坐标系中研究图形的数量关系与位置关系.

④演绎的方法:运用逻辑推理的方法研究图形的性质.

空间想象能力是在综合运用上述方法研究图形的性质与位置关系的过程中逐步形成的.具体来说,在图形的教学中应注意如下几点.

1.加强几何教学与实际联系,以培养空间观念

空间观念为空间想象能力的基础,而空间观念是基于对我们现实世界的直接感知与认识,所以,应加强几何教学同实际的联系,帮助学生将具体的现实空间同抽象的几何概念统一起来,培养和发展空间观念.

几何教学加强与实际的联系的具体措施如下:

①给予学生动手操作、实践活动的机会,以发展空间观念.

②运用生活实例或实际问题引入几何概念、探讨几何图形的性质.

③重视几何知识在实际生活中的应用.

我国的几何教学在这些方面积累了较丰富的经验.在学习多边形内角性质时,可从房屋装修的角度提出问题:为什么用全等的三角形能不重叠地铺满平面?哪些多边形能铺满平面?哪些不?为什么?学生在对这些实际问题的思考过程中,可发现多边形内角的性质与规律.

2.处理好实物与几何图形的关系

几何学习中,学生所获取的空间信息主要来自于实物、语言描述、几何图形以及它们之间的相互转换.所以,要培养学生的空间想象能力,必须处理好实物、图形、语言之间的关系.

(1)恰当运用实物模型进行直观教学

某一几何图形学习的初始阶段,如果教师能恰当地运用实物、模型,可使抽象的事物获得生动的形象,使平面上的图形有立体感.

在思考问题时,直观模型的作用也不可忽视.例如,教师提问:“在空间中,若两直线同时垂直于第三条直线,则这两条直线的位置关系如何?”此时,在二维平面上无法表示出这三条直线的位置关系,必须在头脑中形成两直线同时垂直于第三条直线的表象.

需要指出,使用直观模型本身并不是目的,过分依赖于模型的使用可能会引起不良后果.在教学过程中,这种模型的直观性应逐步地让位于“图形”的直观性,否则会阻碍空间想象能力的进一步发展.

(2)进行画图训练,实现由“模型”到“图形”的过渡

要使学生摆脱对直观模型的依赖,就必须进行画图训练.当然,画图训练应有层次性.首先训练学会画平面图形、空间几何体的直观图,画好后引导学生将直观图与实际模型作对比,再根据直观图想象其实际形状,这样做对提高空间想象能力以逐步丢掉“模型”有着十分显著的作用.然后,让学生根据用语言表述的图形性质或关系画出相应的图形.

3.增强对图形的加工、变换能力

按照英国心理学家理查德·斯根普的观点,几何图形为一种视觉符号,与表象的形成密切相关.所以,图形以及图形的加工、变换能力在培养与发展空间想象能力的过程中起了关键作用.

图形的变换一般分为下述三种类型:

(1)图形的运动与变式

当学生已逐步摆脱掉直观模型的约束,转而对图形进行认知时,应适当增加图形运动变化的训练,力求在图形变式与运动过程中认识图形的本质特征,从而克服一些由图形带来的思维障碍.通常情况下,一个图形只是某几何概念外延集合中的一个特定对象,而学生在形成概念时,总把引入概念时所用的图形与该概念建立牢固的联结,形成某种图形经验.此图形经验有时会把图形中非本质属性也作为概念内涵的一部分而产生消极影响.例如,利用图6-5来引入“三角形高”的概念时,图形中“ΔABC为锐角三角形”、“高在形内”、“AD是铅直位置、BC边是水平位置”等均为与“三角形高”这个概念无关的背景因素,而学生对图形的感知具有整体性,在该图基础上形成的视觉表象,与“三角形高”的概念联系起来,无形中扩大了概念的内涵.

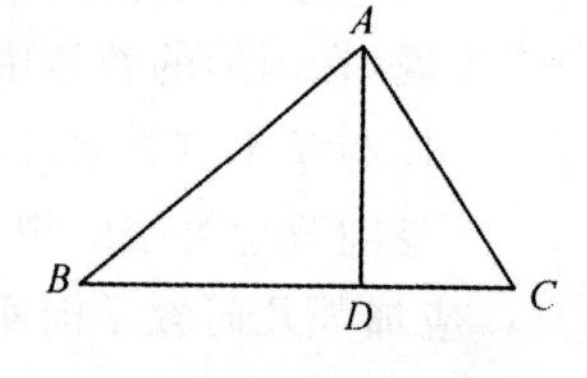

图6-5 示例图

(2)图形的分解与组合

在几何问题中给出的几何图形,常由表达基本概念、定理的基本图形经过组合、剖解、交错、叠加形成.这样的图形容易干扰对几何对象的感知,也影响了对基本图形之间关系的发现.要想克服类似的障碍,教学中最常见的方法是运用彩色粉笔从背景图形中勾画出几何对象.若从培养空间想象能力角度考虑,比较积极的方法是让学生进行图形的分解与组合的练习.在平面几何或立体几何教学中,图形分解与组合的练习可有多种形式.比如,经过旋转、平移、对称变换等运动,简单图形演变为复杂图形,将平面图形折叠成空间几何体,或将空间几何形进行割补,或将空间几何体的表面展开.

(3)平面图形与空间图形的对比、类比与转换

一维、二维图形与实物形状以及人的视觉形象基本一致，所以平面图形能真实地反映基本元素间的位置关系和数量关系，学生只需通过观察图形则可获得有关的信息. 然而在三维空间中，基本元素间的关系要复杂得多，并且，三维空间形体的位置关系与数量关系是用二维平面上的直观图来表示的，因为实物、人的视觉形象与图形不完全一致，给准确地捕捉直观图所提供的信息带来困难.

为了帮助学生克服这种学习障碍，在立体几何教学中，教师应重视平面几何概念与空间概念、平面图形与空间图形的对比与类比，使学生通过二维到三维的拓广、三维到二维的投影等练习，掌握空间基本图形的性质与演变，从而能进行建立在心理表象上的理性思考，有效地提高空间想象能力.

4. 进行抽象问题形象化的训练，培养几何直觉能力

空间想象能力结构中的最高层次为将抽象问题形象化的几何直觉能力. 所以，要培养空间想象能力，进行抽象问题形象化的几何直觉能力的训练也是不可忽视的方面.

抽象的数学概念的形成与理解，离不开形象化例证的支撑. 例如，对于函数的单调性此抽象概念的学习，单从定义“对于定义域中任意 x_1，x_2，若 $x_1 \geqslant x_2$ 时，$f(x_1) \geqslant f(x_2)$”的字面分析，此时学生很难理解单调性的本质属性. 只有把一些特殊函数如 $y=\left(\frac{1}{2}\right)^x$ 的图象与定义结合起来，使学生不仅能从定义的语义上去理解、记忆概念，并且在出现“单调性”概念时，此时头脑中会立刻浮现出这些函数的图象所表示的单调性的形象，从而真正把握单调性的概念. 同样，用直观、形象的图形、图示来表示数学公式的证明及相互关系，有助于对数学公式的理解与记忆.

结合我国中学数学内容的特点，培养与训练将数学问题形象化的几何直觉能力可从下述几方面进行：

(1)利用函数图象

函数解析式给出变量之间的制约关系，然而函数图象则直观地显示了此函数的性质. 当遇到函数问题或可转化为函数的有关问题时，利用函数图象将问题形象化，是训练几何直觉能力的一种常用途径.

【例 6-3】 如果 a，b 为互素的正整数. 证明：

$$\left[\frac{a}{b}\right]+\left[\frac{2a}{b}\right]+\cdots+\left[\frac{(b-1)a}{b}\right]=\frac{(a-1)(b-1)}{2}.$$

其中，$\left[\frac{ia}{b}\right]$ $(i=1,2,\cdots,b-1)$表示不大于$\frac{ia}{b}$的整数.

分析：由于直接证明比较麻烦. 因此考虑函数 $y=\frac{a}{b}x$，则$\frac{a}{b}$，$\frac{2a}{b}$，$\cdots$，$\frac{(b-1)a}{b}$分别为函数$y=\frac{a}{b}x$ 当 $x=1,2,\cdots,b-1$ 时的值. 点 $P_i\left(i,\frac{ia}{n}\right)$在直线 $y=\frac{a}{b}x$ 上. 设过 P_i 且垂直于 x 轴的直线与 x 轴交于 Q_i，则$\left[\frac{ia}{b}\right]$表示线段 P_iQ_i 上的整点个数(其中不包括点 Q_i). 设 C 点坐标为(b,a)，B，A 分别为 C 点在 x，y 轴上的投影，那么 $\sum\limits_{i=1}^{b-1}\left[\frac{ia}{b}\right]$ 等于 ΔOBC 内部的整点的个数.

因为 a，b 互素，所以线段 OC 内没有整点，于是 ΔOBC 内部整点的个数是矩形 $OBCA$ 内部整点个数的一半，即

$$\sum_{i=1}^{b-1}\left[\frac{ia}{b}\right]=\frac{(a-1)(b-1)}{2}.$$

(2)利用代数表达式的几何意义

坐标系的建立，实现了几何空间结构的数量化、代数化，同时几何的概念、术语也进入代数，从而使抽象的代数概念有了形象而直观的模型，某些纯符号的代数表达式具有了容易理解和把握的几何意义. 在解决问题时，联想到有关代数式所表示的几何意义及相应的直观图形，从而利用图形的性质来反映问题中的数量关系. 这种代数式几何意义的再现，不但有利于解题，而且也给出了问题直观化、形象化的目标与方向，从而有益于抽象问题形象化的几何直觉能力的培养.

【例 6-4】 已知 $x+2y+3z=a, x^2+y^2+z^2=a^2$，试求证：

$$\frac{3-\sqrt{65}}{14}a\leqslant x\leqslant\frac{3+\sqrt{65}}{14}a.$$

分析：把方程 $x+2y+3z=a, x^2+y^2+z^2=a^2$ 分别看成是平面上的直线束 $ax+2y=a-3$、同心圆 $x^2+y^2=a^2-z^2$，直线与圆有交点的充分必要条件是直线到圆心的距离不大于圆半径，即

$$\frac{|a-3z|}{\sqrt{5}}\leqslant x\leqslant\sqrt{a^2-z^2}.$$

从而解得

$$\frac{3-\sqrt{65}}{14}a\leqslant x\leqslant\frac{3+\sqrt{65}}{14}a.$$

(3)构造图形揭示数学问题的本质关系

若说利用函数的图象或代数式的几何意义将问题形象化与数学知识掌握的熟练程度有密切联系的话，则构造一个图形或图解描绘出问题的本质关系，则是几何直觉能力的直接体现. 哥尼斯堡七桥问题就是一个非常好的例证. 在别人解决该问题屡遭失败之后，欧拉以其独具的灵性，舍弃了问题中河流、岛屿、河岸的大小、形状等非本质属性，画了个图形刻画了与解决问题有关的关键因素，即岛屿、河流、河岸之间的位置关系，把七桥问题转化为如今人们熟悉的几何图形的“一笔画”问题.

下面的例子进一步说明了构造图形的作用与巧妙.

【例 6-5】 某轮船公司每天中午有一艘轮船从哈佛开往纽约，并且在每天的同一时间也有一艘轮船从纽约开往哈佛. 轮船在途中所花的时间，来去都是七昼夜.

试问：今天中午从哈佛开出的轮船，在整个航程中，将会遇到几艘同一公司的轮船从对面开来？

分析：在 xOy 平面上，Ox 轴表示时间，Oy 轴表示地点，以原点 O 代表哈佛，Oy 上任取一点代表纽约，如图 6-6 所示，则轮船的时间—位置曲线就是图中的两组平行线，粗黑线表示从哈佛开往纽约的一只轮船的时间—位置曲线，由于它与另一组平行线相交 15 次，因而，这艘轮船将遇到 15 只轮船，其中 2 只是开出哈佛与到达纽约遇到的，其余 13 只是在海上相遇的.

综上所述，可看出，抽象问题形象化的几何直觉能力是数学学习的真谛，是空间观念、意识与想象力在处理数学问题时的迁移与运用. 所以，几何直觉能力的训练与培养应贯穿于各个数学学科的学习过程之中. 比如，函数的图象、数轴、集合的文氏图、三角函数的几何意义等，均可通过数量分析的方法加深对几何图形的理解. 这样，通过数与形、直观与抽象、感知与推理相互结合，既可有效地提高和培养空间想象能力，同时有助于数学问题的解决.

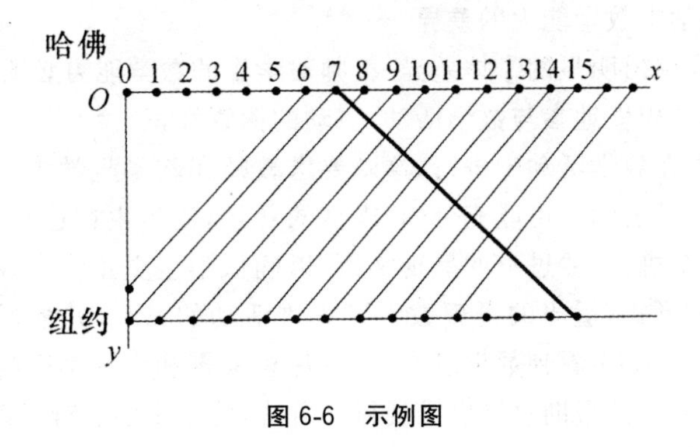

图 6-6　示例图

第三节　数学能力的培养

一、培养数学能力的基本原则

数学能力培养需要满足如下六项原则：

(1)启发原则

教师通过设问、提示等方式，为学生创造独立解决问题的情景、条件，激励学生积极参与解决问题的思维活动，参与思维为其核心.

(2)主从原则

教学要根据教材特点，确定每一章、每一节课应重点培养的一至三个数学能力. 可依据数学能力与教材内容、数学活动的关联特点去确定每章和每节课应重点培养的数学能力.

(3)循序原则

循序原则的实质，在于充分认识能力的培养与发展是一个渐进、有序的积累过程，是由初级水平向高级水平逐步提高的过程. 所以若简单的认知能力不具备，也就不可能形成和发展高一级的操作能力，乃至复杂的策略运用能力.

(4)差异原则

教学要根据学生的不同素质和现有能力水平，对学生提出不同的能力要求，采取不同的方法和措施进行培养，即因材施教. 教师应及时了解教学效果，随时调整教学. 反馈原则是控制论中反馈原理在教学中的应用. 教学系统是一个有序的控制系统，其信息通道应是一个闭合回路.

(5)情意原则

在教学过程中，建立良好的师生情感，培养学生良好的学习品质，是能力培养不可忽视的原则.

杨骞系统的阐述了数学能力培养的问题，其中谈到了培养数学能力的如下几个心理学原则：

(1)要认识到每一个正常的学生都具有学好数学的基本素质

人所具有的能力是在先天生理素质的基础上，通过社会活动，系统教育科学的训练逐渐形成和发展起来的，其中生理素质是能力形成和发展的先决条件和物质基础. 学生能否真正学好数学，还要在于教师能否采用有效手段去激发学生的兴趣和求知欲望，充分发挥他们的潜能作用，发展他们的能力.

(2)教师必须正视学生数学能力的差异

学生的数学能力表现出明显的个体差异.教师对学生的数学能力必须给予正确的评估.

(3)采取措施让学生积极地参与数学活动,主动的探索知识

数学能力的培养要在数学活动中进行,这就要求教师在数学教学中必须强调数学活动的过程教学,展示知识发生、发展的尽可能充分的、丰富的背景,让学生在这种背景中产生认知冲突、激发求知、探究的内在动机;不要过早的呈现结论,以确保学生真正参与探索、发现的过程;正确的处理教材中的"简约"形式,适当的再现数学家思维活动的过程,并根据学生的思维特点和水平,精心设计教学过程,让学生看到数学思维过程;注意暴露和研究学生的思维过程,及时引导、启迪、发现错误,及时纠正,并帮助总结思维规律和方法,使学生的思维逐渐发展.

(4)数学能力培养的目标观

教师应该依据教学内容制订数学能力培养的具体目标,把能力培养作为数学教学任务来要求.那种学生数学能力"自然形成观"对培养学生的数学能力是极不利的.

(5)数学能力培养的策略观

数学能力培养既有一般规律,又有特殊规律,是一个系统工程,要有一定的战略战术,要讲究策略,要有具体明确的培养计划.

史亚娟等在建构一种数学能力结构模型基础上,探讨了中小学生数学能力培养的问题,提出了以下几方面的原则:

(1)全面、准确地认识中小学生数学能力结构,充分发挥模式能力的桥梁作用

为了促进中小学生数学能力的全面发展,教师要全面、准确地认识中小学生数学能力结构.一方面要全面认识、准确理解中小学生数学能力的成分.另一方面要正确认识这些能力成分之间的关系.在教学中要充分发挥模式能力的桥梁作用,使得各个成分之间互相联系,形成一个整体结构系统.

(2)精确加工与模糊加工相结合

数学是一门具有高度的抽象性、严密的逻辑性的科学.现代数学知识体系的特征为精确、定量.然而除了精算能力之外,发展学生的估计能力对于提高学生的问题解决能力也是非常重要的,二者不可互相代替.

(3)形式化与非形式化相结合

形式化是数学的固有特点,也是理性思维的重要组成部分,学会将实际问题形式化是学生需要学习和掌握的基本数学素质.但不应因此而忽视了合情推理能力的培养.从抽象到抽象,从形式到形式的一系列客观数学事实,使学生无法理解数学与现实世界的联系,无法激发学生的数学学习兴趣.并且,就学生的思维发展来说,也要经历一个从具体形象到抽象逻辑的过程.

二、数学能力的培养策略

数学能力的培养主要是在课堂教学中进行的,根据具体的教学内容,确定具体的教学目标,明确培养何种数学能力要素,并通过有效的教学手段去实现教学目标.

1.能力的综合培养

光华在对数学能力结构进行定性与定量分析后,提出了数学思维能力培养策略.

①各种能力因素的培养应在相应的思维活动中进行.数学思维能力及各构成因素是在数学思维活动中形成和发展的,所以,有必要开发好的数学思维活动.数学思维活动可以看作是按下

述模式进行的思维活动：

- 经验材料的数学组织化，即借助于观察试验、归纳、类比、概括积累事实材料.
- 数学材料的逻辑组织化，即由积累的材料中抽象出原始概念和公理体系并在这些概念和体系的基础上演绎地建立理论.
- 数学理论的应用.

②能力因素的培养要有专门的训练. 教学过程中应设计一些侧重某一能力因素的训练题目. 能力的培养需要一定的练习，但不是盲目做题，练习，要有规律地去训练.

③教学的不同阶段应有不同的侧重点. 每一知识块的教学都可分为入门阶段和后继阶段. 在入门阶段，新知识的引入要基于最基本、最本原、最一般与原有知识联系最紧密的材料上，使学生易于过渡到新的领域，要尽早渗透新的数学思想方法，使学生思维能有一般性的分析方法和思考原则. 后继阶段是思维得以训练的好时期，由于有了入门阶段建立起的思维框架，加之学习的深入，已经掌握了学科的核心部分及学科的结构特点，学生的思维空间得到拓广，各项思维能力因素都应得到训练.

④注意学生的思维水平.

2. 特殊数学能力要素的培养策略

许多研究是围绕某些特殊的能力要素的培养展开的.

(1)运算能力的培养

运算能力是在实际运算中形成和发展，并在运算中得到表现. 这种表现有两个方面：一是正确性；二是迅速性. 正确是迅速的前提，没有正确的运算，迅速就没有实际内容；在确保正确的前提下，迅速才能反映运算的效率. 运算能力的迅速性表现为准确、合理、简捷地选用最优的运算途径. 培养学生的运算能力必须做好以下几个方面.

①牢固地掌握概念、公式、法则. 数学的概念、公式、法则是数学运算的依据. 数学运算的实质，就是根据有关的运算定义，利用公式、法则从已知数据及算式推导出结果. 在这个推理过程中，如果学生把概念、公式、法则遗忘或混淆不清，必然影响结果的正确性. 学生运算能力差，普遍表现为运算不正确，即在运算中出现概念、法则等知识性的错误.

②掌握运算层次、技巧，培养迅速运算的能力. 数学运算能力结构具有层次性的特点. 从有限运算进入无限运算，在认识上确实是一次飞跃，过去对曲边梯形的面积计算这个让人感到十分困惑不解的问题，现在能辩证地去理解它了. 这说明辩证法又进入运算领域. 简单低级的没有过关，要发展到复杂高级的运算就困难重重，再进入无理式的运算，那情况就会更糟，甚至不能进行. 在教学中，应该一个层次一个层次地"夯实"，打好基础，切不可轻视那些简单的、基础的运算.

在每个层次中，还要注意运算程序的合理性. 运算大多是有一定模式可循的. 然而由于运算中选择的概念、公式、方法的不同，往往繁简各异. 由于运算方案不同，有的烦琐容易出错，有的简便合理，运算迅速正确. 要做到运算迅速、正确，应从合理上下功夫. 所以教学中要善于发现和及时总结这些带有规律性的东西，抓住规律，对学生进行严格的训练，使学生掌握这些规律，自然而然提高运算速度.

如果数学运算只抓住了一般的运算规律还是不够的，必须进一步形成熟练的技能技巧. 因为在运算中，概念、公式、法则的应用，对象十分复杂，没有熟练的技能技巧，常常出现意想不到的麻烦.

此外，应要求学生掌握口算能力. 运算过程的实质是推理. 推理是从一个或几个已有的判断，作出一个新的判断的思维过程.运算的灵活性具体反映思维的灵活性:善于迅速地引起联想,善于自我调节,迅速及时地调整原有的思维过程.一些学生之所以在运算时采用较为烦琐的方法,主要是因为他们思考问题不灵活,不能随机应变,习惯于旧的套路,不善于根据实际问题的条件和结论,迅速及时地调整思维结构,选择出最恰当的运算方法.

(2)逻辑思维能力的培养

①重视数学概念教学,正确理解数学概念.在数学教学中要定义新的概念,必须明确下定义的规则.例如,“平角的一半叫直角”的定义中,平角是直角最邻近的种概念,“一半”则是类差.所以在定义数学概念时,若用“种概念加类差”定义,必须找出该概念的最邻近种概念和类差,启发学生深刻理解.只有如此,定义才能牢固地掌握,不致使学生思维能力得不到充分发挥而陷入混淆的境地,也不至于在推理论证上由于对概念理解不全面而导致论证失败.

②要重视逻辑初步知识的教学.学生掌握基本的逻辑方法.传统的数学教学通过大量的解题训练来培养逻辑思维能力,除一部分尖子学生外,这对多数学生来说,收获是不大的.

③通过解题训练,培养学生的逻辑思维能力.通过解题,加强逻辑思维训练,培养思维的严谨性,提高分析推理能力.要注意解题训练要有一个科学的系列,不能搞“题海战术”.

首先,要让学生熟悉演绎推理的基本模式——演绎三段论(大前提—小前提—结论).由于演绎三段论是分析推理的基础,在初一代数教学中,就可以进行这方面的训练.在教授数或式的运算时,要求步步有据,教师在讲解例题时要示范批注理由.

其次,平面几何的学习中,要训练学生语言表达的准确性,严格按照三段论式进行基本的推理训练,并逐步过渡到通常使用的省略三段论式.经过这样的推理训练,学生在进行复杂的推理论证时,才能保持严谨的演绎思维序列,不致发生思维混乱.

(3)空间想象能力的培养

①适当的运用模型是培养空间想象力的前提.感性材料是空间想象力形成和发展的基础,通过对教具与实物模型的观察、分析,使学生在头脑中形成空间图形的整体形象及实际位置关系,进而才能抽象为空间的几何图形.

②准确地讲清概念、图形结构,是形成和发展空间想象力的基础.“立体几何”是培养学生空间想象力的重要学科.准确、形象地理解概念和掌握图形结构,有助于空间想象能力的形成和发展.

③直观图是发展空间想象力的关键.对初学立体几何者来讲,如何把自己想象中的空间图形体现在平面上,是最困难的问题之一.所谓空间概念差,表现为画出的图形不富有立体感,不能表达出图形各部分的位置关系及度量关系.因此能否正确画出直观图,是学生空间概念的重要指标.

④运用数形结合方法丰富学生空间想象能力

通过几何教学进行空间想象力的训练,固然可以发展学生的空间想象的数学能力,但是培养学生的空间想象力不只是几何的任务,在数学的其他各个科目中都可以进行.

(4)解题能力的培养

解题能力主要在解题过程中获得的,一个完整的数学解题过程可分为三个阶段:探索阶段、实施阶段与总结阶段.

①探索阶段.在探索阶段主要是弄清问题、猜测结论、确定基本解题思路,从而形成初步方案

的过程.具体的数学问题往往有很多条件,有很多值得考虑的解题线索,有很多可以利用的数量关系和已知的数学规律.在从众多条件、线索、关系中很快理出一个头绪,形成一个逻辑上严谨的解题思路的过程中,学生的思维能力便得到了训练和提高.在教学中,教师应经常引导学生理清已学过知识之间的逻辑线索,练习由某种数量关系推演出另一种数量关系,进而把问题的条件、中间环节和答案连接起来,减少探索的盲目性.

具备猜测能力是获得数学发现的重要因素,也是解题所必不可少的条件.数学猜测是根据某些已知数学条件和数学原理对未知的量及其关系的似真推断.它具有一定的科学性,又有很大程度的假定性.在中学数学教学中进行数学猜测能力的训练,对于学生当前和长远的需要都是有好处的.

②实施阶段.实施阶段是验证探索阶段所确定的方案,最终实现方案,并判定探索阶段所形成的猜测的过程.这个过程实际上就是进行推理、运算,并用数学语言进行表述的过程.从一定意义上讲,数学可以看成一门证明的科学,其表现形式主要是严格的逻辑推理.因此,推理是实施阶段的基本手段,也是学生应具备的主要能力.推理、运算过程的表述就是运用数学符号、公式、语言表达推理、运算的过程.表述的基本要求是准确、清晰、简洁,实现这些基本要求有三种方法:恰当选用数学符号、准确使用关联词以及广泛应用数学语言.

(5)总结阶段

数学对象与数学现象具有客观存在的成分,它们之间有一事实上的关联,构成有机整体,数学命题是这些意念的组合.因此,数学证明作为展示前提和结论之间的必然的逻辑联系的思维过程,不仅仅是证实,在数学学习过程中更重要的是理解.从这一观点出发,我们推崇解完题后的再探索.正如波利亚所强调的,如果认为解完题就完事大吉,那么“他们就错过了解题的一个重要而有益处的方面”,这个方面称为总结阶段.在这个阶段通常必须进一步思考解法是否最简捷,是否具有普遍意义,问题的结论能否引申发展.进行这种再探索的基本手段是抽象、概括和推广.

【例 6-6】 数形结合的实例

①求证:

$$\sqrt{a^2+b^2}+\sqrt{a^2+(1-b)^2}+\sqrt{(1-a)^2+b^2}+\sqrt{(1-a)^2+(1-b)^2}\geqslant 2\sqrt{2}.$$

我们想象,若设法将根号化去,从而可得一个复杂的高次不等式.根据 $\sqrt{a^2+b^2}$ 的结构特点,可想到其几何意义为直角三角形的斜边边长,而且其他的几个根式也具有类似的结构.我们是否可用一个图形来集中体现各个根式的意义?

根据图 6-7,显然有

$OA=\sqrt{a^2+b^2}$,$OB=\sqrt{(1-a)^2+b^2}$;

$OC=\sqrt{(1-a)^2+(1-b)^2}$,$OD=\sqrt{a^2+(1-b)^2}$,

且 $AC=BC=\sqrt{2}$,

由于三角形两边之和大于第三边,因此不等式成立.

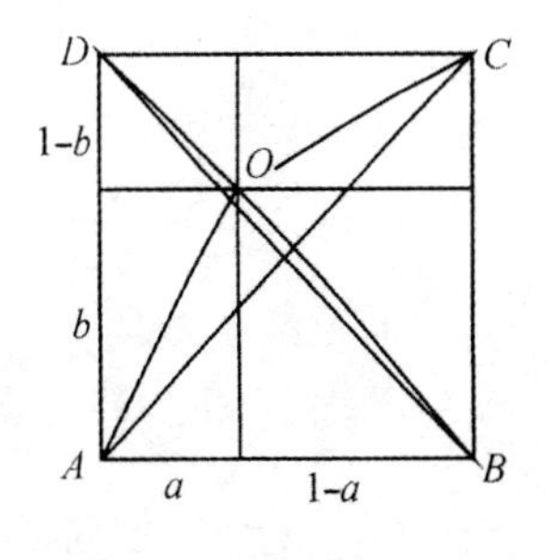

图 6-7　示例图

②化简 $\frac{a}{|a|}+\frac{b}{|b|}+\frac{c}{|c|}+\frac{abc}{|abc|}$.

作树枝图,图 6-8,显然的相应的解答.

根据图的直观性,可得

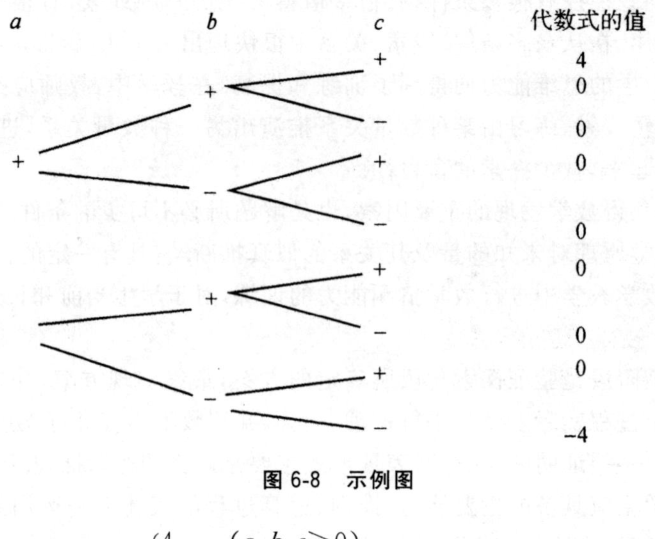

图 6-8　示例图

$$原式=\begin{cases}4 & (a,b,c>0)\\0 & (a,b,c\text{ 中一个或者两个为负数}).\\-4 & (a,b,c<0)\end{cases}$$

第七章 数学思维方法与教学

第一节 数学思想方法教学中存在的问题

数学思想方法的探究在各种数学教学研究中如影随形，广大数学教师对它不能说不重视，但在具体教学过程中，在认识及教学策略上似乎还存在一些问题．我们根据对一线数学教师的调查和交流并查阅相关文献，对数学思想方法教学存在的问题进行归纳．

一、认识侧重点存在偏差

我们认为，数学思想方法教学存在认识上的偏差，主要是处理知识与数学思想方法的渗透过程以及数学思想方法的内在联系上．例如，有的教师认为，过程重要，知识只是思维的载体，似乎一改以往的重知识轻方法的做法，我们认为，这是走另一个极端．又如，数学思想与数学方法是怎样的关系？不少老师认为很难区分，干脆就以数学思想方法来统一称呼即可，也有的老师在解决同一个数学问题时对不同的数学思想方法的渗透主次关系上也存在认识上的问题．

1．数学思想方法与知识的关系

目前有一种说法："知识只是思维的载体"，甚至有一种极端的说法："知识不重要，关键在于过程"．这对以往只重视知识的教学，忽略数学思想方法的渗透的认识似乎是一种进步，但这种认识如果走向极端，可能会造成学生的学习基础不扎实现象．实际上，在数学教学过程中，有很多场合不能把知识与过程的关系一概而论的，有的场合是知识重要，而数学思想方法可以退其次；有的场合则是数学思想方法重要，而结论似乎可以不关心；很多场合则是数学思想方法与数学知识并重．

【例 7-1】 和式 $1^2+2^2+\cdots+n^2=\frac{1}{6}n(n+1)(2n+1)$ 的教学．

以前对这个式子采用数学归纳法进行证明，并且作为公式要求学生记住，而右边的结构相对复杂，增加了学生的记忆负担．实际上，无论是学生将来的学习还是生活，使用该公式的情形很少，因此，其结论并不重要，而关键是让学生会证明（采用数学归纳法）即可，而探索 $1^2+2^2+\cdots+n^2$ 的和则是更高的教学要求了．也有不少的教师要求学生记住，这是不恰当的．但我们认为，学生应该记住 $1+2+\cdots+n=\frac{1}{2}n(n+1)$，因为它使用得太频繁了，可以提高学生的解题效率．

值得指出的是，目前由于应试教育的负面影响，一些教师搞题海战术，试图将过程模式化，掩盖了数学思想方法的重要教育价值，得不偿失．数学思想方法是灵活的，一旦模式化，则变成知识，失去了数学思想方法的应有灵性，学生学习数学的智慧就不能得到体现．

【例 7-2】 圆周角定理的教学．

在初中教材中，圆周角定理是一个非常重要的定理，但我们发现，一些教师只对结论感兴趣，对过程处理草率．实际上，从圆周角定理的发现到对它进行分类讨论证明，其中的数学思想方法都很有教育价值，当然，它的结论也是很重要的，我们不能对任何一方的处理有偏颇，这是一个过程与结论并重的数学知识.以前，很多老师批评一些重结论轻过程的教学行为，很大一部分是指在处理一些结论与过程并重的数学问题上出现的偏颇.

2.数学思想方法的内在关系

数学思想方法的内在关系处理有两个方面的意思：

①数学思想与数学方法的关系.

②很多数学问题含有多种数学思想方法，如何体现主要数学思想方法的教育价值协调问题.

目前，中学数学教学在这两方面存在重方法轻思想和主次不分的认识偏差现象，针对这些偏差我们提出如下见解.

第一方面，数学思想与数学方法的关系是否区分似乎并不重要，因为它们本身就联系非常密切.任何数学思想必须以数学方法得以显性体现，任何数学方法的背后都有数学思想作为支撑.但我们认为，在教学过程中我们数学教师应该有一个清醒的认识，学生掌握了好多问题的解决方法但不知道这些方法背后的数学思想的共性情况比比皆是；同样，有数学思想，但针对不同的数学问题却“爱莫能助”的情况也不少.

【例 7-3】 数学归纳法的教学.

数学归纳法是解决与自然数有关命题的一个有效工具，其背后的依据是公理：“自然数集合是有序的(即任何非空自然数集存在一个最小的元素).”我国中学数学教学一般对此方法不采取证明，而是采用说明的方式让学生理解，而一些学生不能很好理解，尽管他们采用数学归纳法解决了一个又一个数学问题，但对背后的数学思想方法不理解，还是出现了问题.例如，用数学归纳法证明：

$$1^2+2^2+\cdots+n^2=\frac{1}{6}n(n+1)(2n+1).$$

中学生证：当 $n=1$ 时，左边=1，右边=1，等式成立.

假设当 $n=k(k>1)$ 等式成立，即

$$1^2+2^2+\cdots+k^2=\frac{1}{6}k(k+1)(2k+1).$$

那么当 $n=k+1$ 时，

$$\begin{aligned}左边&=1^2+2^2+\cdots+k^2+(k+1)^2=\frac{1}{6}k(k+1)(2k+1)+(k+1)^2.\\&=\frac{1}{6}(k+1)(2k+1)(2k+3)\\&=\frac{1}{6}(k+1)(2k+1)[2(k+1)+1]\\&=右边,\end{aligned}$$

所以当 $n=k+1$ 时等式也成立.

综上所述，等式对一切自然数 n 都成立.

有一半以上的学生认为这位中学生的证明基本正确；有一半左右学生指出了 $\frac{1}{6}k(k+1)(2k+1)+(k+1)^2=\frac{1}{6}(k+1)(k+2)(2k+3)$ 的过程跳跃太快；很少学生指出“当，$n=1$ 时，左边=1，右边=1，等式成立”及“假设当 $n=k(k>1)$ 时，等式成立”中的错误.

数学技能中有很多的方法模块，这些方法模块背后有一定层次的数学思想方法和理论依据，在解决具体问题时，可以越过使用这些模块的理论说明，直接形式化使用，我们姑且称之为原理型数学技能. 数学中一些公理、定理、原理，甚至在解题过程中积累起来的“经验模块”（如二次不等式的某些解法、直线与二次曲线的截弦“公式”、分式不等式的“标根法”等）等的使用，能够使数学高效解决问题. 为了建立和运用这些“方法模块”，首先必须让学生经历验证或理解它们的正确性；其次，这些“方法模块”往往需要一定的条件和格式要求，如果学生不理解其背后的数学思想方法，很可能在运用过程中出现逻辑错误，数学归纳法就是一个很典型的例子.

二、数学策略认识尚模糊

曾经有一位学者说：“我如果有一种好方法，我就想能否利用它去解决更多更深层次的问题. 如果我解决了某个问题，我会想能否具有更多更好的其他方法去解决这个问题.”此即解决问题与方法的纵横交错关系，尽管我们在数学教学过程中强调“一题多解”、“多题一解”等方面的训练，但真正有策略地关于知识与方法的关系处理，尤其是关于数学思想方法的教学策略的认识似乎还欠清晰. 我们在数学教学过程中关于数学思想方法的教学策略的认识需要提高，这方面的研究目前还缺乏系统性. 从大的方面上讲，我们认为有两点是目前急需指出的，其他方面希望读者进行一些必要的研究.

我们现在编写教材也好，教师上课也好，基本上是采取以数学知识为主线，而数学思想方法却似乎是个影子，忽隐忽现，其中的规律也很少有人去认真思考过. 我们不反对让数学思想方法“镶嵌”在数学知识和数学问题中，采取重复或螺旋形方式出现，但我们缺乏一些基本和认真的思考，数学思想方法教育几乎处于一种随意和无序状态恐怕有些不妥. 数学思想方法的教学策略为什么会出现这样的现象？我们认为，有如下几点需要注意.

①数学思想方法的相对隐蔽特性使得它的隐现与教师水平“相协调”. 要从一些数学知识和数学问题中看出其背后的数学思想方法需要教师的数学修养，有的教师能够用高观点从一些看似普通的数学知识与数学问题中看出背后的数学思想方法，而有的教师却做不到这一点，当然导致数学思想方法的教学出现了差异.

②数学思想方法教学的相对弹性化使得它的隐现与教学任务“相一致”. 在中学数学教学过程中，数学知识教学属于“硬任务”，在规定时间内需要完成教学任务，而数学思想方法的教学任务则显得有弹性. 如果课堂数学知识教学任务少，教师可以多挖掘一些“背后的数学思想方法”，反之则可以少讲甚至不讲. 正因为数学思想方法具有这样的特性，所以可能产生以下两种后果：

一方面，如果教师能够高瞻远瞩，充分运用数学思想方法教育弹性化特点，能够把知识教学与数学思想方法进行有效融合，融会贯通，达到良好的教学效果.

另一方面，如果数学教师眼界不高，看得不远，很可能捉襟见肘，使一些重要的数学思想方法得不到有效灌输，而一些非主流的数学思想方法却得到不必要的重复关注.

【例 7-4】　同位角、内错角、同旁内角的教学.

同位角、内错角、同旁内角的概念引入是为判断两直线是否平行做准备的，如果我们能够了解同位角、内错角、同旁内角的概念引入背后的数学思想方法“暗线”，就能够高屋建瓴地指导我们教学. 我们认为，同位角、内错角、同旁内角的概念背后的数学思想方法“暗线”之一是采用“看得见的相交”去研究“难确定的平行”；之二是采用一线为道具进行“定向”来研究两条直线的位置关系；之三是优化选择“研究数学道具”的问题. 就拿第一种数学思想方法暗线来说，教师可以进行以下的教学片断设计.

教师:我们知道,平面内两直线的位置关系有平行和相交两种,在图 7-1 和图 7-2 中我们能够指出,a,b 及 c,d 之间的关系吗?

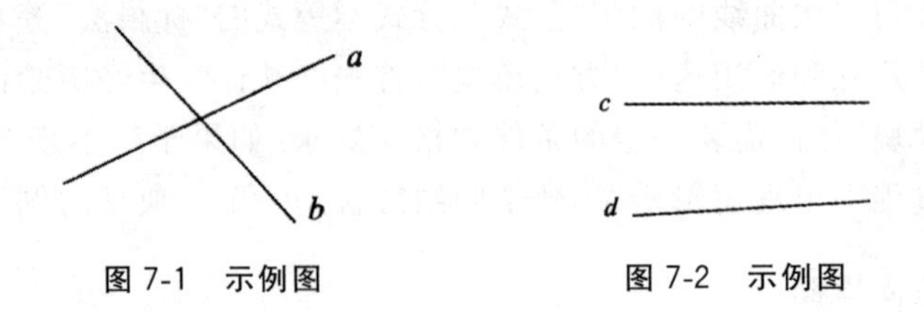

图 7-1 示例图　　图 7-2 示例图

学生 1:直线 a,b 相交,而直线 c,d 平行.

学生 2:好像 c,d 也有相交的可能,由于两直线没有画足够长,很难通过眼睛判断是否平行.

教师:这种情况怎么办? 难道我们都要把它们画足够长吗?

学生 3:如果两平行直线中的一条稍微斜一点点,那么它们的交点会很远,画足够长恐怕有时办不到.

教师:那怎么办?

学生:……

教师:我们生活中有判断两直线是否平行的例子吗? 例如铁路的两条铁轨是否平行? 我们采用什么方法?

学生 4:用两根与铁轨都垂直的枕木是否相等来判断.

教师:需要两根吗? 如果有一根与铁轨都垂直,能否断定两铁轨平行?

学生 5:可以.

教师:这给我们什么启发?

学生 6:可以画一条直线与其中一条垂直,再看是否与另一条是否垂直?

教师:如果画的一条直线与其中一条相交但不一定垂直.那么是否也能够观察与另外一条直线所成的角来断定它们的位置关系? 比如在图 7-3 中,我们能够达到目标吗?

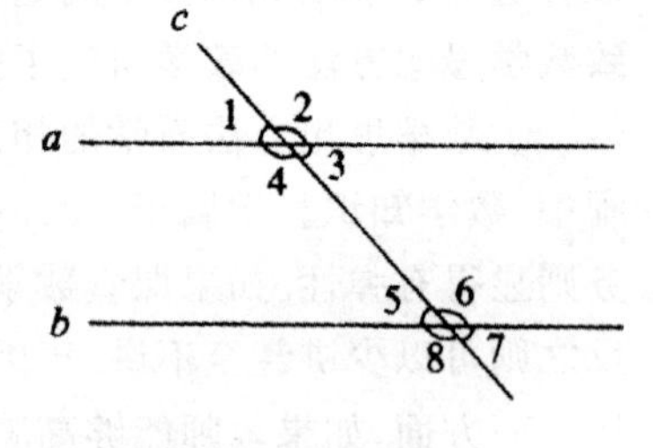

图 7-3 示例图

学生 7:可以,我感觉好像∠1 与∠5 或∠7 相等.也可以断定直线 a,b 平行.噢,好像还有好多判定方法……

教师:好! 这就是我们今天要学的课题……

体现数学思想方法之二的设计是采用“无中生有”的手段,即画一条直线在自身上找不同两点进行旋转,让学生进行观察的方法;体现数学思想方法之三的教学设计就要解决如果有学生提出诸如“为什么没有外错角? 为什么没有异位角? 为什么没有同旁外角”和“既然两个同位角相等就可以推出内错角相等和同旁内角互补,那么就不必再提同位角和同旁内角的概念了.”等问题.

教师可能有这么一个疑问,有必要对背后的数学思想方法进行如此“急功近利”的设计吗? 留一些让学生感受如何? 我们认为,这种提法有一定道理.例如,本例中的思想方法之二、之三的设计就可以放缓,因为它们可以暂时被认为属于非主流的数学思想方法.但思想方法之一如果不采用显性的设计,恐怕有点不妥,因为首先这要涉及“为什么要学习这些概念的问题”;其次,采用添一条线“搭桥”,即添第三个元素作为中间媒介来解决两个似乎直接发现关系有些困难的对象的手段，是我们数学经常采用的思想方法. 根据我们了解，现在一个普遍的做法是教师直接采用引入“三线八角”让学生观察，并指出同位角、内错角、同旁内角的概念. 这对学生的学习积极性不利，同时对数学思想方法的迅速渗透也似乎效率偏低.

③数学知识及数学问题所蕴涵的数学思想方法的多样性使得一些数学思想方法的隐现受制于教师注意力的临时状态. 绝大多数数学问题具有多种解决方案，也就是说，一个数学问题往往具有多种数学思想方法的教育功能，除了取决于教学任务外，往往还取决于教师的兴趣偏好，特别值得指出的是，还受制于教师教学注意力的临时状态.

【例 7-5】 求函数 $y=\frac{2+3x}{1+x}$ 的值域.

对这个问题，教师的注意力至少有如下五个方向：

①关注代数式变形化归思想，他会想到化为函数 $y=3-\frac{1}{1+x}$.

②关注导数应用，采用求导数考察函数单调性求值域也是一种方法.

③关注斜率公式应用，他看到表达式是个比值后会产生联想，其中比较容易联想到的是连接 $P(1,2)$ 与 $Q(-x,-3x)$ 两点的斜率.

④关注方程与函数的联系，他会采用反解法 $(y-3)x=2-y$ 进行.

⑤关注定比分点公式，联想更多的是定比分点公式，即 $M(y,a)$ 是 $P(2,b)$ 与 $Q(3,c)$ 所连直线上的定比分点，且 M 分有向线段 $\overline{PQ}$ 的比是 x，由于 M 不能与 Q 点重合，故 $y\neq 3$.

显然，教师在数学思想方法教育的即时状态决定着数学思想方法教育的方向，一些数学思想方法在教师脑中“暂时失去记忆”是无法得到很好的教育. 但我们认为，如果不是为了进行“开拓性思维”教学目的，一般经过专业训练的数学教师，针对数学问题中数学思想方法的通性通法还是能够适应的，例如，尽管一些教师能够注意到最后一种解题方法，但这些悟性达到一定境界的教师却宁愿“返璞归真”，使用最初的方法：$y=3-\frac{1}{1+x}$，因为这种效率更高. 最后一种只能作为数学解题思想方法教育的“花絮”. 值得指出的是，目前很多数学问题的巧解、妙解是“有解再有题”而非“有题再有解”，即有些人想到了一些解题方法，然后再有人编拟可以采用这个方法来解的数学问题，我们阅读时是先看到问题再看到解决方法，往往觉得解法“很妙”，如果我们数学教师没有清醒地认识到这一点，教学中就会本末倒置，让学生苦不堪言.

三、数学思想方法及渗透策略急需研究

数学思想方法有宏观和微观的，除了我们前面指的数学思想具有宏观和隐性、数学方法具有微观和显性的一层意思外，还有一层意思是，如果我们把数学思想与数学方法看成一个整体，用数学思想方法简称之，那么“大一些”的数学思想方法是由“小一些”的数学思想方法组成，或者说一些数学思想方法经过逐级抽象或适度组合形成“更高级”的数学思想方法. 例如，化归思想，它就是有诸如换元法、配方法等一些“小数学思想方法”整合而成. 可以这样认为，数学思想方法是由知识教学向智慧培养转移的重要手段，也是我国数学教育工作者提出的具有中国特色数学教育理论的一个尝试，目前，数学思想方法的提法已经普遍得到国内数学教育工作者的认可，并在数学教学实践中得到研究和实施. 但是，很多理论和实践层面的问题似乎还不成熟，还需要广大数学教育工作者的进一步参与. 以下，我们罗列几个需要研究的问题，希望读者能够参与相关的思考与讨论.

①数学思想方法属于整体概念还是可以看成“数学思想”+“数学方法”？这个问题一直没有达成一致的认识.由于数学思想方法这个概念属于我国数学教育工作者提出的，没有国外的参考样本，更没有古人的借鉴，我们在书中试谈自己的观点，只是一孔之见.

②中小学数学包含哪些数学思想方法？各种数学思想方法的教学“指标”是什么？能否采用硬性的指标把数学思想方法的教学要求写进课程标准中？

③能否把整个中小学的数学思想方法的教学进行整体规划？然后在这个规划的前提下，制定各个学年、各个学期、各个单元、各节数学课乃至各个数学知识和数学问题的数学思想方法教学目标？

④数学思想方法是如何形成的？需要分成几个阶段进行教学？学生形成数学思想方法的心理机制是什么？

⑤数学教学过程中以数学知识和数学技能为主线的传统做法，能否更改为以数学思想方法为主线的教学策略？

第二节　数学思想方法的主要教学类型探究

在上一节的最后，我们提出了几个问题，这里试图去探索几个，本节我们就数学思想方法的主要教学类型进行初步研究.

一、情境型

数学思想方法教学的第一种类型应该属于情境型，人们在很多问题的处理上往往“触景生情”地产生各种想法，数学思想方法的产生也往往出自各种情境.情境型数学思想方法教学可以分为“唤醒”刺激型和“激发”灵感型两种.“唤醒”刺激型属于被激发者已经具备某种数学思想方法，但需要外界的某种刺激才能联想的教学手段，这种刺激的制造者往往是教师或教材编写者等，刺激的方法往往是由弱到强，为了到达这种手段.教师往往采取创设情境的方法，然后根据教学对象的情况，进行适度启发，直至他们会主动使用某种数学思想方法解决问题为止；“激发”灵感型属于创新层面的数学思想方法教学，学习者以前并未接触某种数学思想方法，在某个情境的激发下，思维突发灵感，会创造性地使用这种数学思想方法解决问题.

情境型数学思想方法教学必须具备以下几个条件：

①一定的知识、技能、思想方法的储备.

②被刺激者具有一定的主动性.

③具有一定的激发手段的情境条件.

情境型数学思想方法教学的主要意图在于通过人为情境的创设让学习者产生捕捉信息的敏感性，形成良好的思维习惯，将来在真正的自然情境下能够主动运用一些思想方法去解决问题.

【例 7-6】 解不等式 $x^2>x$.

可以这样认为，任何呈现在解题者眼前的数学问题都是一个情境，解题者头脑中的数学思想方法如何被激发要看解题者的动机和储备.就本题而言，如果解题者脑中只有利用二次函数图像进行解一元二次不等式的方法，那么，他很可能只会作函数 $y=x^2-x$ 的图像解之，假如解题者的动机只是把问题解决，那么，他的其他数学思想方法的激发就到此为止.假如外界再次要求其寻求其他方法解决，那么，他很可能会想到分类讨论法：

$$x^2>x\Leftrightarrow\begin{cases}x>0\\x>1\end{cases}\text{或}\begin{cases}x<0\\x<1\end{cases}$$

$$x^2>x\Leftrightarrow x^2-x>0\Leftrightarrow x(x-1)>0$$

$$\Leftrightarrow\begin{cases}x<0\\x-1<0\end{cases}\text{或}\begin{cases}x>0\\x-1>0\end{cases}.$$

假如外界一再“逼迫”:“是否还有更多的方法?”解题者可能再也想不出别的方法了.如果外界“启发”:“如果 x 为正数,你对 x 有何联想?”解题者此时如果能够联想到正方形的面积,那么他的解法可能如下:

①如果 $x<0$,不等式恒成立.

②如果 $x=0$,不等式不成立.

③如果 $x>0$,不等式可以看成 $x^2>x\times1$,构造图 7-4,得到 $x>1$.

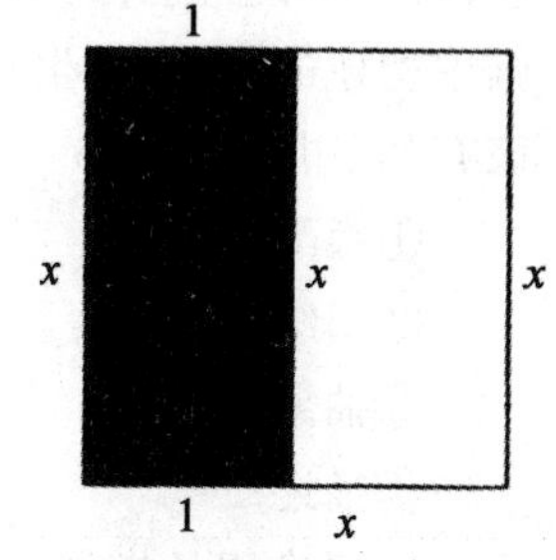

图 7-4　示例图

从这个例子我们可以看出,外界情境刺激的强弱对主体的数学思想方法的运用是有一定关系的,当然与主体的动机及内在的数学思想方法储备显然关系更密切.就动机而言,问题解决者如果把动机局限在问题解决,那么他只要找到一种数学思想方法解决即可,不会再用其他数学思想方法了.而教育者的目的是要达到教育目的,它往往会诱导甚至采用“逼迫”的手段使受教育者采用更多的数学思想方法去解决同一个问题.即使教师的启发,本例找到了采用面积的方式解决,学生很可能会产生疑问:“有必要运用该方法吗?”这就提出了一个关于数学思想方法的优选问题:在同一个情境下,可能激发多种数学思想方法,哪个最为理想?我们认为,应该以通性通法作为数学思想方法的教育主线,至于每一道数学问题解决的“偏方”,可以在解决之前由学生根据自己临时状态处理,解决后可以采取启发甚至直接展示等手段以“开阔”学生的解决问题的视野,不过,这种做法要与教学目的相联系,不能引导学生“走邪门”,出现“钻牛角尖”现象.

任何一个数学问题可以理解为激发学生数学思想方法运用的情境,其实,在教学过程中,任何一章、一个单元、一节课,都有必要创设情境,其背后都有数学思想方法教育的任务,这一点在具体的数学教育中往往被教师忽视.

不管是一个章节还是一个具体的数学问题,这种情境激发学生的数学思想方法去解决问题的最终目的是使学生在将来的实际生活中能够运用所形成的数学思想方法甚至创设一种数学思想方法去解决相关问题.所以,我们现在的课程比较注重创设实际问题情境,引导学生用数学的眼光审视、运用数学联想、采用数学工具、利用数学思想方法去解决实际问题.欧拉从人们几乎陷入困境的七桥问题构思出精妙的数学方法,并由此诞生了一门新的学科——拓扑学,高斯(C. F. Gauss)很小就构思出倒置求和的方法求出前 100 个自然数的和,被人们传为佳话而写进教科书.因此,创设生活情境让我们学生运用甚至创造性地运用数学思想方法去解决实际问题也是我们数学教师不可忽视的教学手段.

情境型数学思想方法教学应该正确处理好数学情境与生活情境的关系,两种情境的创设都很重要.尽管现在新课程引入比较强调一节课从实际问题情境中引出,但我们应该注意,都从实际问题引入往往会打乱数学本身内在的逻辑链,不利于学生的数学学习,而过分采用数学情境引入则不利于学生学习数学的动机及兴趣的进一步激发和实际问题的解决能力的培养,数学思想方法的产生和培养往往都是通过这些情境的创设来达到的,因此,我们要根据教学任务,审时度势地创设合适的情境进行教学.

二、渗透型

渗透型数学思想方法的教学是指教师不挑明属于何种数学思想方法而进行的教学.它的特点是有步骤地渗透,但不指出.

【例7-7】 点、线、面的教学.

数学概念的教学有一部分属于元概念教学,元概念是数学大厦最“底层”的基石,其特点是这些概念不可再定义,只能采用其他途径让学生建构.足够的感性经验积累是一些元概念在学生头脑中构建的前提,学生在中学阶段已经积累一定的点、线、面的“生活原型”,对这些概念的教学应该有如下几个环节:

①唤醒.

②归纳.

③抽象.

④描述.

所谓唤醒是指创设一定的情境把学生在平时生活中积累的经验从无意注意转到有意注意,激活学生的“记忆库”,并进行记忆检索;而归纳是指将学生激发出来的不同生活原型和体验进行比较与分析,并对这些原型和体验的共性进行归纳,这个环节是能否成功抽象的关键,需用足够的“样本”支撑和一定的时间建构;抽象过程是需要主体的积极建构,并形成正确的概念表征;描述是教师为了让学生形成正确概念表征的教学行为,值得注意的是,教师的表述不能让学生误以为是对元概念的定义.

元概念的教学以学生能够形成正确的表征为目标,需要学生一个逐步建构的过程,教师不能越俎代庖,否则欲速则不达.

其实,点、线、面的教学有数学思想方法的“暗线”.首先,研究繁杂的空间几何体必须有一个策略,那就是从简单到复杂的过程,第一个策略是从“平”到“曲”,然后再到“平”与“曲”的混合体.第二个策略是对“平”的几何体需要进行“元素分析”,自然注意到点、直线、平面这些基本元素.其次,如果对空间几何体彻底进行元素分析,点可以称得上最基本的了,因为直线和平面都是由点构成的,但是,纯粹由点很难对空间几何体进行构造或描述,就连描述最简单的图形直线和平面也是有困难的,如果添加直线,由直线和点对平面进行定义也是有困难的,因此,把点、直线、平面作为最基本元素来描述和研究空间多面体就容易得多了.第三,要用点、线、面去研究其他几何体,理顺它们三者之间的关系成了当务之急,这就是为什么引进点、线、面概念后要研究它们关系的基本想法.第四,点可以成线、线可以成面这是学生都知道的事实.立体几何中点、线、面的教学就是典型的渗透型数学思想方法的教学.

渗透型数学思想方法几乎贯穿于整个数学教学过程,教师的教学过程设计及处理背后都往往含有很丰富的数学思想方法,但教师基本上不把数学思想方法挂在嘴上,而是让学生自己去体验,除非有特殊需要,教师可以点明或进行专题教学.

三、专题型

专题型数学思想方法教学属于教师指明某种数学思想方法并进行有意识的训练和提高的教学.

【例 7-8】换元法的教学.

换元法的数学思想本质是采用"阶段性整体观点"解决问题，所采取的措施是"构造子函数".换元法在中学数学的问题解决中经常可见，它的教学特点是零散、反复.例如，教师在讲求函数值域的方法时，列举了诸如"求下列函数的值域：① $y=2x+\sqrt{x-3}$；② $y=\sin^2x-2\cos x$"的问题；而教师在学生进行解方程的训练时，列举了诸如"解下列方程：① $4^{x+1}-2^x-3=0$；② $\cos 2x-\sin x=0$"的问题……事实上，换元法是其"载体"流散在数学各个角落的数学思想方法，要让学生在遇到可以采用换元法解决问题占优势的数学问题时不错过使用该法不是一蹴而就的事情，需要反复不断地出现，让学生找到产生"触景生情"的感觉.为了让学生掌握换元法，有的教师寄希望于在总复习的时候集中进行换元法的专题训练.其实，这种处理方法并不一定十分奏效.我们认为，为了有效地进行换元法训练，应该进行"散落训练法"，关键是教师要有这种意识，尽管最后总复习是一种弥补，但不能过多寄托希望.

数学中很多"小法"具有"雕虫小技"的味道，这些方法往往具有"一把钥匙开一类锁"甚至是"一把钥匙开一把锁"的特点，教学经验不足的年轻教师往往被这些"千奇百怪"的方法所困扰，不小心就陷入"捡了芝麻丢了西瓜"的教学误区.我们这里举的换元法并不是十分小的方法，数学问题解决中也经常采用，但有些方法我们无需分配过多的注意力.

数学教学中应该以通性通法为教学重点，如待定系数法、十字相乘法、凑十法、数学归纳法等，教学应该给这些方法予足够地重视.值得指出的是，目前对一些数学思想方法，各个教师的认识可能不尽相同，因此处理起来就各有侧重.例如，十字相乘法有教师认为应用范围窄小而将其在教材中删除，很多在"十字相乘法环境"中"培养长大"的教师却觉得非常可惜.我们认为，数学思想方法教学有文化传承的意义，中国数学教学改革及教材改革应该对此有所关注，我们以前津津乐道的十字相乘法、韦达定理、换底公式等方法在数学课程改革中岌岌可危，似乎厄运在即.

四、反思型

数学思想方法林林总总，有大法也有小法，有的大法是由一些小法整合而成的，这些小法就有进一步训练的必要，而有些小法却是适应范围极小的雕虫小技，有一些"雕虫小技"却也可以人为地"找"或"构造"一些数学问题进行泛化来"扩大影响力"而成为吸引学生注意力的"魔法".因此，如何整合一些数学思想方法是一个很值得探讨的话题，而这些整合往往得通过学习者自己进行必要的反思，也可以在指导者的组织下进行反思和总结，这种数学思想方法的教学我们称之为反思型数学思想方法教学.

【例 7-9】　不变量思想方法的教学.

很多数学思想方法是由多个数学方法并列整合而成，也显示了一些小的思想方法的顽强生命力.众所皆知，数学的一种研究方法是用运动的观点看问题.不变量思想正是这一背景下产生的数学思想方法，"以静制动"、"以不变应万变"都是"透过现象看本质".例如，任意三角形的角、边可以千变万化，但其内角和是不变的，两边之和大于第三边的关系也是不变的；平移图形可以改变图形的位置，但图形的形状是不变的，图形上任意一点为起点和它平移后的点为终点的向量都是一样的；函数 $y=f(x)$ 是自变量通过映射法则而得到其函数值，人们很自然去关注哪个自变量 x 通过映射 $f(x)$ 变换后不变，于是，方程，$y=f(x)$ 自然成为我们研究的焦点；等等.正是这些落实在具体问题上看似小法的数学思想方法经过抽象与整合就成为"不变量数学思想方法".并成为数学教学与研究的重要指导性思想方法.

多个数学方法通过并列整合而成的数学思想方法的教学需要提供足够多的"案例"进行训练,然后通过不断地总结和反思来进行归纳和逐步抽象,并促使学生自觉地运用这些方法去解决相关问题.在具体的训练中,教师就应该有意识地灌输不变量思想,通过创设一定的情境,来引导学生从无意注意转向有意注意,进行必要的反思,然后重复更换数学背景进行训练,达到相应数学思想方法的教育的目的.

不变量思想方法针对的数学对象是千差万别的,寻找不变量的教学是有一定技巧的.就拿三角形来说,三角形内角和是一个不变量的结论学生是不知道的.所以,不变量思想方法只是一个思考方向,一些不变量的发现是需要教师精心设计的.

下面,我们就五位教师在发现三角形内角和是一个不变量的设计提供如下,并作简要评述,读者可以进行相关话题的探究.

设计方法一,教师让学生画一个三角形,量出其内角并求和或用剪刀剪下三个内角拼成平角.从而得出三角形内角和等于 180°.

点评,该方法能体现引导学生在"做中学"的教学理念,并且"效率高",不是把知识简单地传授给学生,而是让学生通过自己的行动来得出结论,实现数学发现的再创造,但是对实现数学再创造的宏观思维培养缺乏.为什么要对三角形内角要进行求和,或怎么知道要将三个内角拼成平角?因此,有学者认为这种教学方法对培养学生的探索能力并没有多少好处,甚至认为是"假探索".

设计方法二,拿两块三角板,一块是等腰直角三角形三角板,另一块是有一个内角为 30°的直角三角板.让学生比较它们的共同特征,引导学生发现它们其中一个共同特征是内角和为 180°.从而进一步提出一般的猜想,然后再执行方法一.

点评,该方法体现出来的教学理念是方法一的进一步整合,即采用从特殊到一般的方法进行探索的理念,培养学生的宏观探索策略.但是对实现数学再创造的宏观思维培养仍然有缺陷.为什么会拿出两块直角三角板进行比较和探索?为什么我们会对三角形内角求和感兴趣,而不对其他问题感兴趣?难道是教师事先已经知道这里有一个结论才引导学生去探索?

设计方法三,教师让全班学生每个人都画一个三角形,量出三个内角.与学生做一个游戏:要求学生报出自己所量的三个内角中的两个大小,老师就能知道第三个角大小,激发了学生的好奇心,比较几个三角形的内角后,然后让学生探究其中的奥秘,引导学生通过特殊法发现三角形内角和为 180°,再执行方法一.

点评,教师能抓住学生的好奇心,将娱乐与数学教学有机地结合在一起,提高了学生学习数学的兴趣,同时也注重探索方法的培养.但是,学生如果没有教师的游戏提示,仍然无法注意到三角形内角和的问题上来.

设计方法四,教师提出问题:如何研究三角形?然后引导学生采取从特殊到一般的研究策略,即首先画一个很特殊的三角形,然后单独研究.结果发现太特殊又缺乏对比,于是又画另一个特殊三角形进行对比研究,比较它们的共同点和:不同点,提出更进一步的猜想,三角形内角和为 180°的猜想是其中之一.在否定或暂且搁置验证其他一些猜想后,将三角形内角和为 180°首先提到研究日程上来,再执行方法一.

点评更着重培养学生的宏观探索策略,让学生感悟研究问题的科学方法,是教师教学理念整合的进一步升华.但是由于强调探索的宏观和微观思维培养,将数学发现的过程让学生充分体验,可能"浪费时间"且"效率低下",如果每节课都采用此种方式教学.教学进度会跟不上.

设计方法五，教师提出问题：如何研究三角形？然后引导学生观察三角形的结构，即三角形有三个内角和三条边，与学生一起探讨，得出采用分角角关系、边边关系、角边关系三个步骤进行研究．在暂且搁置边边关系、角边关系的情况下，首先研究角角关系．接着提出问题：三角形的三个内角是否存在关系？即当一个内角发生变化时，其他两个角会不会发生变化？换句话来说，当一个角变大时，另两个角如何变化？如果把握另两个角变化有难度时，可以让其中一个角不变．如学生发现当一个角变大，一个角不变时，则第三个角必须变小．进一步引导学生提出猜想：三角形三个内角的和或积会不会发生变化？在肯定三个内角积会发生变化的情况下，再执行方法一．

点评在注重培养学生的宏观探索策略的同时，让学生体会从数学到数学的研究策略，让学生感悟用运动和联系的观点来研究数学问题的方法策略，是教师把一般学科的教学理念和数学学科教学理念的有机整合．但是有教师认为过于数学化使学生感觉抽象，同时也存在时间效率问题．

以上的五种设计方法，都需要学生进行必要的反思相配合．也可以这样认为，整个数学教学过程都需要学生进行必要的反思，反思型数学思想方法的教学贯穿于整个数学教学过程．

五、升华型

升华型就是将数学思想方法逐步抽象和类比，成为更高级甚至直接与其他思想方法“胜利”会师的教学方法．学习数学达到一定境界后，数学思想方法与其他学科的思想方法融会贯通，就拿我们前面的“求函数 $y=\frac{2+3x}{1+x}$ 的值域”而言，我们可以“编造”这么一个故事：赌徒甲对赌徒乙说：“我今晚输（赢）的赌资都是你的三倍（两人同输赢），我现在口袋里还有两块钱，而你还有一块钱．”生活经验告诉我们，无论甲、乙赌徒是同输还是同赢，甲的总赌资肯定不会是乙的三倍．于是，从这个例子我们可以凭生活经验很轻松地得到 $y\neq 3$．

【例 7-10】 求证：函数 $y=\frac{1+x}{8+7x}$ 在 $(0,+\infty)$ 内单调递增．

向一杯浓度为 $\frac{1}{8}$ 的甲种糖水中添加浓度为 $\frac{1}{7}$ 的乙种糖水，显然，添得越多，混合后的浓度越大．从这个生活例子，我们很轻松地得到函数 $y=\frac{1+x}{8+7x}$ 在 $(0,+\infty)$ 内单调递增，而且将“一通百通”地得到函数 $y=\frac{c+dx}{a+bx}$（a,b,c,d 均为正数）在 $(0,+\infty)$ 内的单调性（当 $\frac{c}{a}<\frac{d}{b}$ 时，函数 $y=\frac{c+dx}{a+bx}$ 在 $(0,+\infty)$ 内单调递增；当 $\frac{c}{a}>\frac{d}{b}$ 时，函数 $y=\frac{c+dx}{a+bx}$ 在 $(0,+\infty)$ 内单调递减；当 $\frac{c}{a}=\frac{d}{b}$ 时，函数 $y=\frac{c+dx}{a+bx}$ 在 $(0,+\infty)$ 内不具备单调性）．众所皆知，两杯浓度不同的溶液混合后的浓度一定介于两者之间，即得到数学结论：若 $\frac{c}{a}<\frac{d}{b}<1$（$a,b,c,d$ 均为正数），则 $\frac{c}{a}<\frac{c+d}{a+b}<\frac{d}{b}$；而两杯浓度相同的溶液混合后的浓度与原来两杯相同．也得到数学结论：若 $\frac{c}{a}=\frac{d}{b}<1$（$a,b,c,d$ 均为正数），则 $\frac{c}{a}=\frac{c+d}{a+b}=\frac{d}{b}$．由这些生活经验得到的结论，一方面帮助学习者理解数学．另一方面也为我们探索数学提供了方向．

【例 7-11】 数学思想方法与规则意识.

公民的法律意识、道德意识尽管属于社会范畴的行为规则，我们对学生从小学开始就以数学为载体进行灌输，学生在学习概念、法则、公理、定理、公式等时，一开始我们就让学生理解并接受它们，在具体应用时，就需要向学生交代清楚这些概念、法则、公理、定理、公式等的适用范围. 如果学生得出某个数学结论，教师就问："你的依据是什么?"如果依据不足，那么他就会受到扣分的惩罚. 这些工作对学生将来走向社会后的公民行为的规范约束是何其相似. 可以这样认为，数学教师在学生面前尽管不一定讲政治，但他对学生灌输规则意识却是每天都在如影随形地进行着. 一套以严谨的公理化体系编写的《几何原本》在西方的印刷量仅次于《圣经》，与西方国家公民的法律意识如此之强似乎不无干系. 美国的《独立宣言》能够为治理国家 200 多年且至今仍然发挥巨大作用，其思想方法显然与数学不谋而合. 有人认为，数学还与民主密切相关，因为要建立一套完整法律体系，没有依据可言，只能通过投票产生，这个过程就是一种数学行为. 在古希腊的各邦就是采取这种手段产生早期民主的(《几何原本》也是出自古希腊).

为了达到数学对培养合格公民的贡献，除了重视数学知识本身的直接应用价值外，数学教师应该将其思想方法进行有效地"投射"，以下的几个方向我们可以进行尝试：

①拓宽教师的视野，与其他学科融会贯通地看待数学教学行为，只有这样，才能对学生有意识地进行数学思想方法渗透，教学效果才会理想.

②严格要求学生按照数学规则办事，在学生可接受范围内培养他们的理性精神.

③在教学过程中有意识地进行各种思想方法与数学思想方法的比较，催化学生的感悟意识.

数学思想方法达到一定的境界后，与其他学科及生活融会贯通，甚至我们可以这样"定义"数学：数学是人们对现实世界的一个"视角". 它是人们观察世界的一个策略，它的思想方法本身就是人类思维的一个有机组成部分，与其他思想方法融会贯通理所当然. 这也是我们数学思想方法教育的最高境界.

第三节　思想方法培养的层次性

学生头脑中的数学思想方法到底是怎样形成的？如何进行有策略的培养？这些显然是我们数学教师关心的问题. 中小学数学中的思想方法很多，但培养层次高低不同，有的属于"小打小闹"，做到"一把钥匙开一把锁"或"点到为止"即可；有的却是"无限拔高"而要求"修炼成精". 尽管任何一种数学思想方法形成的教学要求有高低，但根据我们的观察，它们应该从低到高经历不同的层次，也可以理解为不同的阶段：隐性的操作感受阶段、孕伏的训练积累阶段、感悟的文化修养阶段.

一、数学思想方法培养的层次性简析

1. 第一层次：隐性的操作感受

学生接受一些数学基础知识及技能开始时一般采取"顺应"的策略，他们也知道这些数学知识及技能背后肯定有一些"想法"，但出于对这些新的东西"不熟"，一般就会先达到"熟悉"的目的，边学习边感受. 而教师一般也不采取点破的策略，只让学生自己去学习，把一些掌握知识和技能的"要领"对学生进行"点拨"，有时也借助一些"隐晦"的语言试图让一些聪明的学生能够尽快地感悟. 应该说，此时的数学思想方法的感悟处于一种自由的感受直至感悟阶段，不同的学生感

受各不相同.

【例 7-12】 数形结合思想方法的"隐性的操作感受".

数形结合思想方法主要是指"数"与"形"相互结合，以快速解决数学相关问题的一种思维方法策略. 它的培养首先要经历"隐性的操作感受阶段"，否则在遇到一个数学问题时，学生将很难"触景生情"，从而想到采用数形结合思想方法来解决问题. 例如，在学习勾股定理的时候. 学生知道直角三角形的两直角边的平方和等于斜边的平方；反之，如果一个三角形的两边的平方和等于第三边的平方，那么它是直角三角形. 教师在授课的时候，也只能让学生知道这个结论，不可能也不必要进行诸如此类的引申——"由此可以采用计算的办法来证明一个三角形为直角三角形或证明两条直线互相垂直"，而应该给学生经历一个"隐性的操作感受阶段"，让他们自己去感受和整合. 实际上，如果教师在这个阶段急于求成，很可能缩短学生的"感知时段"或缩小他们的"想象空间"，对学生的其他思想方法培养不利，也影响了他们的创新思维培养.

"隐性的操作感受"主要有如下几个特征：

①知识的反思性极强. 对数学知识和技能的获得方法的反思、对数学知识的结果表征和对技能的获得的观察、多向思考尤其是逆向思维的运用等. 均需要学生边学习边反思.

②处于"意会期"情形较多. 这个时期的数学思想方法可谓"只可意会，不可言传"，尽管有一些可以通过语言讲述，但教师更多的是让学生去体验和感悟，给学生一个观察与反思的机会，以培养学生的"元认知"能力.

③发散度极强. 对于"感悟性极强"的数学思想方法培养，应该给学生思维以更大的发散空间，而"隐性的操作感受"恰好符合这个要求. 因为对人类已经发明或创设的数学知识及背后的思想方法进行重新审视和反思，往往能够提供给初学者一个创新机会，知识传授者不可以以自己已经定势的思维对学生进行直接的"引导"来限制或剥夺学生的"创造空间"，最好暂时保持"沉默"，以换来学习者更大的"爆发".

2. 第二层次：孕伏的训练积累

尽管我们给学生一个"隐性的操作感受"，但由于学生的年龄特征及知识和能力的局限，如果没有进行必要的点拨，他们也很可能无法"感悟到"知识背后的一些数学思想方法，所以教师应该适时进行点拨. 教师通过数学知识的传授或数学问题的解决，采用显性的文字或口头语言"道出"一些数学思想方法并对学生有意识训练的阶段称为"孕伏的训练积累阶段"，其中"孕伏"是指为形成"数学文化修养"打下埋伏. 这个阶段教师的导向性比较明显，是将内蕴性较强的数学思想方法显性化传输的一个时期，也可能是学生有意识地去"知觉"的阶段，是学生对数学思想方法感悟和学习的重要提升阶段.

【例 7-13】 公理化思想方法的"孕伏的训练积累".

从某种角度上讲，所谓的"公理化思想"就是人类认识世界的平台策略在数学上的运用. 学生从小学乃至幼儿园的数学学习，就开始经历"公理化思想"的"隐性的操作感受"，可谓"时期漫长"，教师直到高中数学才将这一思想"曝光"而"告诉"学生. 说明一些数学思想方法必须长期处于"隐性的操作感受阶段"，但如果只让学生停留在"感性认识"阶段，而不以显性的表达方式"告知"学生，恐怕是一个遗憾，也不利于学生对数学的进一步学习. 例如，一个高中老师在讲授不等式的第一个性质："已知 $a<b$，求证：$b>a$."一个学生看着老师在证明. 觉得很好奇："已知 $a<b$，那么 $b>a$ 当然成立，还需要证明吗？"其实，这个结论学生在小学就已经知道，他在初步感受阶段已经将这个性质当做"常识"或"公理"来处理. 如果教师在这个时候没有告诉学生在不等式这一章的知识处理是采用"公理化"的平台策略，即什么作为公理，什么作为性质或定理，那么很可能会使学生学习数学过程中产生思维混乱. 我国目前的初中数学的"公理化思想"渗透仍然处于"犹抱琵琶半遮面"的"隐性的操作感受阶段"，教师并没有"曝光"，与 20 世纪 80 年代的教材处理存在认识上的差别，这里也需要我们数学教师认真思考和理解.

处于"孕伏的训练积累"的数学思想方法教学具有以下几个特征：

①显性化. 教师"一语道破天机"，采用抽象和精辟的语言概括出学生所学数学知识背后的数学思想方法，使学生从"初步感受阶段"中"豁然开朗".

②导向性. 教师在这个阶段的教学行为导向性非常明显，不仅使用显性而明确的语言概括出数学活动背后蕴涵的数学思想，而且还编拟一些数学问题进行训练，以增强运用某种数学思想方法的意识.

③层次性. 教师根据学生在学习的不同阶段，采用不同层次的抽象语言来概括数学思想方法，经常采用"××法"等过渡性词语来表达一些数学思想.

④积累性. 人类对自己的思想方法也是一个无限发展的过程. "孕伏的训练积累阶段"就是将一些数学思想在学生面前的"曝光阶段"，很可能在学生面前"曝光"一种数学思想方法却同时在孕育着另一种更高层次的数学思想方法，低层次的数学思想方法培养的"孕伏的训练积累阶段"可能是更高层次的数学思想方法培养的"隐性的操作感受阶段".

数学思想方法在"逐级抽象"到一定的程度时，很可能会"抛弃"数学这一"载体"，与其他学科的思想方法"胜利会师".

我们认为在概括数学思想方法的时候，应该特别强调具有"数学味"，是想体现以数学为载体在培养人的思想方法方面的特殊价值，让数学思维成为人类思维活动的一枝奇葩.

3. 第三层次：感悟的文化修养

所谓"感悟的文化修养"是指学生已经掌握了某种数学思想方法，成为他的"数学修养"中的组成部分，一旦"触景"他将"生情"，成为他的"下意识"行为.

【例 7-14】 对称思想方法的"感悟的文化修养".

严格意义上讲，对称思想方法并非是数学学科所特有的，其"孕育期"从一个人出生就开始了，也就是说，学生从出生到数学教师"一语道破天机"这个漫长阶段都是数学对称思想方法的"初步感悟阶段". 因此，有的学者认为对称思想方法不是数学思想方法，而是它在数学上的应用，这是具有一定道理的. 但是，对称思想方法与数学的有机结合需要一个漫长的"磨合期"，才能进入数学思想方法的"感悟的文化修养阶段"，尤其在代数上的运用更是如此. 例如，判断方程组

$$\begin{cases} 2x+3y=k \\ \dfrac{x^2}{9}+\dfrac{y^2}{4}=1 \end{cases} \tag{7-1}$$

解的个数. 一个具有数形结合思想的学生马上想到这是判断直线与椭圆的交点个数的问题，但他马上发现还得回归到方程组的解的个数问题. 而进入对称思想方法"感悟的文化修养阶段"的学生，发现所给的方程组中的 x, y 是非对称的，但他进行变换：

$$\begin{cases} \dfrac{x}{3}=x' \\ \dfrac{y}{2}=y' \end{cases},$$

得到方程组

$$\begin{cases} x'=y'=\dfrac{k}{6} \\ x'^2+y'^2=1 \end{cases}. \tag{7-2}$$

方程组(7-2)中的未知数 x'，y'就对称了，然后通过判断方程组(7-2)的解的个数来判定方程组(7-1)的解的个数.(7-2)的交点个数问题可以转化为“圆与直线的位置关系问题”，这样就可以利用数形结合思想了.显然，对称思想运用后，另一个思想方法“数形结合”就继续发挥作用了.其实，这个问题的解决过程是“仿射变换思想”和“拓扑思想”的“隐性的操作感受阶段”的行为.

感悟的文化修养阶段的数学思想方法具有这样的几个特征：

①优选性.处于“内化感悟”的一种思想方法能够有效地“融合”在其他数学思想方法中，一旦需要，就能够选择并发挥这种思想方法的“优势”，顺利解决某个数学问题.

②灵活性.当学生触景生情地想使用某种思想方法来解决某个问题，他往往能够很快地发现这种思想方法是否具有“优越性”，并且及时地决定是否改变方向而选用其他思想方法来解决.

③整体性.这一时期的某个思想方法，学生并非孤立地看待，而是与各种数学思想方法一起采用整体的观点来审视，发挥不同数学思想方法的有机结合作用.

④发展性.当一种数学思想方法进入“感悟的文化修养”，不是停滞不前，而是在解决问题过程中不断地进行反思和抽象，进入更高一级的数学思想方法的“隐性的操作感受阶段”.

二、数学思想方法阶段性培养的几点思考

数学思想方法形成的层次性或阶段性分析是我们的一个尝试，目的是提醒我们在培养过程中根据不同的时期，灵活选择培养手段.我们将注意事项暂概括为以下三点，读者可以进一步探索和补充.

1.要准确把握好各个阶段的特征

一种数学思想方法必须经历孕育、发展、成熟的过程，不同时期的特征各不一样，教育手段也差距甚远，如果我们不根据阶段性特征而拔苗助长，很可能会违背数学教学规律而“受到惩罚”.例如，处于“隐性的操作感受阶段”的数学思想方法的培养，教师必须有足够的耐心“等待”，为学生提供足够多的感性认识.因为一些数学思想方法是需要学生感悟的(有些还需要一定的思维能力和心理成熟条件)，需要一个磨合或“发酵”的过程，没有这个过程，即使教师“道破天机”并且天天挂在嘴上也是枉然，甚至让学生产生厌烦心理，得不偿失，美国 20 世纪 60 年代的“新数运动”的教训就是一个典型的例子.当然，条件成熟后，没有进入另一个时期也是不恰当的，这样会让学生“只见树木，不见森林”，思维缺乏概括性，错失数学思想方法进一步培养的良机.例如，公理化思想、反证法思想在高中阶段如果还停留在“隐性的操作感受阶段”恐怕就不妥了，一方面学生已经经历和积累了大量的感性认识，同时他们的抽象思维已经接近成人的水平，再不进入后两个阶段，对学生的终身发展是一个缺憾.值得指出的是，各种思想方法培养所经历的不同时期的时间往往是不一致的，我们应该了解各种思想方法的特征，从学生今后发展的宏观角度认识数学思想方法的价值，有意识、有步骤地进行渗透和培养.

2.注意各种思想方法的有机结合

各种思想方法的有机结合有多个方面的意思.一是思想方法具有逐级抽象的过程，“低层次”的数学方法可能“掩盖”了“高层次”的数学思想.我们发现，目前的教学过程中以“法”代“想”的现象比较普遍.虽然我们可能将“微观”中的“法”作为“宏观”中的“想”在“隐性的操作感受阶段”的

感性材料,但是,或许我们并没有将一些本该进一步"升华"的"法"发展和培养成"想"的意识.二是对同一个学生而言,各种思想方法培养所处"时期" 可能也不一样,我们应该注意培养的侧重点,不能因为一种已经进入成熟的思想方法掩盖了尚处于前两个时期的思想方法,错失培养的良机.三是一种数学知识可能蕴涵着多种数学思想方法,一个数学问题可以采用多种思想方法中之一来解决,也可能需要多种数学思想方法的合理"组合"才能解决,我们应该引导学生进行优选和组合,使学生具有良好的学习数学和解决数学问题的综合能力.

3.认真体验和反思数学思想方法

数学方法具有显性的一面,而数学思想往往具有隐性的一面,数学思想通过具体数学方法来折射,一些学者由于数学思想和方法的紧密联系,往往就不加区分统称为数学思想方法.我们不要以为讲授了一些问题的具体处理方法就已经体现了背后的思想,这其实存在一个认识误区.学生采用多种方法解决了一个又一个数学问题,但他们说不出背后思想的情况比比皆是.徐利治教授的 RMI 法则的提出离现在还不久,说明我们现在已有的所谓数学思想方法还有更多的"提炼空间".可以这样认为,能否在千变万化的数学方法中概括出数学思想是衡量一个学生或数学教师的水平和数学修养的重要标志,我们只有提升自己的认识水平,才能高屋建瓴地有效培养学生的数学思想,因此,我们完全可以通过体验和反思目前已有的数学思想方法,使我们的观点和水平得到进一步提高.

第八章　基于基本活动经验的数学教学

第一节　数学活动经验的相关界定

在讨论数学活动经验的话题之前首先得搞清楚几个基本概念，因为“数学活动经验”涉及“数学”、“活动”、“经验”三个基本词汇，也应该理解为三个基本概念，但是，前两个已经属于大家的“常识”，下面我们就这三个基本词汇的组词——“数学活动”、“数学活动经验”所涉及的概念作一些必要的探究.

一、数学活动

活动是生命运动的重要特征，它包括外在能够观察得到的“运动”和不易被人们所觉察的思维运动. 顾名思义，数学活动应该是指与数学有关的一切生命活动，这种活动带有明显的智慧特征，应该属于高级思维活动. 数学活动最为重要的是内在的思维活动，外在的动作协调也是不可忽视的环节. 如果没有引发内在的数学思维活动，有些活动尽管表面上与数学密切相关，但应该不属于数学活动. 例如，一条狗看到前面有一根肉骨头，它一般会选择直线型线路迅速到达目的地叼走肉骨头，对这条狗而言，它或许只是在一种本能驱使下而走直线，并没有产生数学思考，应该理解为不是数学活动. 而人类在观察这条狗走直线的过程，产生了“两点间的距离以线段最短”的数学思考活动，那么，对人类而言，观察狗的运动并产生数学思考的过程就是数学活动. 因此，我们认为，所谓数学活动就是指能够使主体产生数学思考的一切生命运动的总和. 我们在数学教育过程中要“培养”学生“用数学眼光看世界”的道理或许就在于此.

二、数学活动课的设置

现代社会人人需要数学，义务教育阶段是实现“大众数学”目标的第一阶段. 数学活动课设置要做到合理、可行，就必须坚持突出特长性、注重应用性、贯彻趣味性的原则，将义务教育阶段的数学教学内容与社会发展需要及学生个性发展结合起来，设置较为完整、全面、独立的特长性数学活动，供学生选择参加. 数学活动门类和内容编排在整体上要符合以下几点：

1. 具有系统的应用体系

即与一定的特长目标相关联，有助于学生增长才干并学得一技之长，进而使学生顺利走向社会生活或进一步学习发展，切不可为了活动而活动.

2. 紧扣学科教学大纲

学科教学大纲的内容编排本身蕴涵了学生认知发展的心理顺序，我们可以依照数学学科教学大纲的指示单元，配以相关素材设计来安排数学活动，以充分利用学科课程的知识技能及业已获得的成熟性，降低活动课师资培训的难度. 活动特长与学科内容的相关性越强，它们的整体功能就会越大.

3.合乎有效学习的基本原理

要有利于激发学生学习数学的兴趣,体现认识规律,展示探究过程,使经验、思维、方法融为一体,让学生获取终身受益的文化力量和实践能力.

4.体现“五育”整合的功能

特长性数学活动应遵循“外因通过内因而起作用”的哲学基本原理,其教学应该是学科教育培养的认识能力得以升华,不断发展学生的创造性实践能力,这是具有深层意义的智育;学生的主动活动,应是实现由道德认识向道德行为习惯转化的实践活动,也是学生理解规则、体现美感、领略自由的实践过程,成为德育和美育的现实途径;活动无疑要有助于学生身心的和谐发展,它本身就是体力、意志力的锻炼与运用,有利于人脑两半球技能的平衡协调发展,从而开发学生的指挥潜力;活动实践中每一个物化的劳动成果,都将有力地完善学生的个性和人格.

三、数学活动经验

“经验”有如下两个层面的含义:

①指从多次实践中得到的知识或技能(experience).

②指人的亲身经历(draft).

那么,结合相关的含义,数学活动经验强调的是主体参与相关的活动并产生数学思考的体验过程.因此,我们在这里给“数学活动经验”下这样的一个定义:

数学活动经验是人类亲身体验一些活动并进行数学思考的过程.

为了更好地理解数学活动经验,我们这里不妨摘录最新的“义务教育阶段课程标准(2011实验修改稿)”中的“总目标”,即通过义务教育阶段的数学学习,学生能:

①获得适应社会生活和进一步发展所必需的数学的基础知识、基本技能、基本思想、基本活动经验.

②体会数学知识之间、数学与其他学科之间、数学与生活之间的联系,运用数学的思维方式进行思考,增强发现和提出问题的能力、分析和解决问题的能力.

③了解数学的价值,提高学习数学的兴趣,增强学好数学的信心,养成良好的学习习惯,具有初步的创新意识和科学态度.

从这个“总目标”看来,里面所提的数学活动经验其实就是指与其他思考活动经过一定的磨合后所积累的与数学思考密切相关的体验.其主要特征如下:

①能够产生数学思考的一切生命运动形式在主体上的体验积累.

②需要经历过数学与生活(包括其他学科)体验的磨合而产生的“知识”或“经验”.

③强调主体参与现实世界的活动并主动引发数学思考的过程与体会.

这三个特征与荷兰数学家与数学教育家弗赖登塔尔所强调的“再创造理论”有着密切的关系.

第二节 数学活动的形式

数学活动与课堂教学的一个重要区别在于它的灵活、自由、形式多样,而且数学活动还可以根据时间、地点、对象的不同,灵活地选择活动形式,甚至可以充分发挥教学条件的作用而创造出更适宜的数学活动.数学活动的实例有很多,在这里,我们简单列举如下几个具体实例,以便于读者参考.

一、 数学游戏与电子计算机游戏

1. 数学游戏

通过巧妙的设计,将数学问题置于游戏之中,让学生在做游戏的过程中学到数学知识、数学方法和数学思想,这就是数学游戏. 不言而喻,数学游戏必须具备以下两个特点:

①它必须是游戏,能够玩,即必须具备趣味性、娱乐性.

②它必须蕴含数学原理,在游戏过程中需要自觉或不自觉地解决一些数学问题,即必须具备知识性、思维性.

数学游戏在启迪学生智慧,培养学生的想象和创新能力,开发人才的过程中起着巨大的、不可替代的作用. 且不说游戏在开发青少年及儿童智力中占有何等重要的地位,就是很多重要的数学发现,也是受了游戏的启示,才开始在数学家脑海中产生的. 因此,很多杰出的数学家都非常重视数学游戏. 美国著名刊物《科学的美国人》编辑部在介绍《从惊讶到思考》一书的前言中就描述了如下历史事实:

欧拉就是通过对哥尼斯堡七桥问题的分析打下了拓扑学的基础. 莱布尼兹也写过他独自玩插棍游戏(一种在小方格中插小木条的游戏)时分析问题的乐趣. 希尔伯特证明了切割几何图形中的许多重要定理. 冯·诺伊·曼奠定了博弈论. 最受大众欢迎的计算机游戏——"生命"是英国著名数学家康威发明的. 爱因斯坦也收藏了整整一书架关于数学游戏和数学谜的书.

所以说,大数学家往往会更加重视"趣味数学"问题,很多的数学理论都带有强烈的游戏色彩. 可见,开展数学游戏在数学教学中的地位之重要. 当然,也不是随便的的游戏就可起到有益于数学教学的作用,在组织学生做数学游戏时,游戏的选择十分重要. 选择游戏时要注意以下几点:

①游戏所涉及的数学知识要适合不同年龄段的学生的接受能力,不要任意拔高.

②选择那些规则简单,玩起来比较新奇有趣或竞争性较强的游戏,尽量避免在游戏中出现复杂的计算和推导.

③对少数智商较高的学生,可给他们选择一些难度较大的游戏.

④若游戏带有低级庸俗或封建迷信色彩时,要加以改造.

显而易见的是,寻找合理的数学游戏资料是数学教师备课的关键所在,关于数学游戏的来源,主要是从报刊书籍中寻找. 近年来,我国许多报刊书籍发表或翻译了大量的数学游戏资料. 如《科学的美国人》每一期都会在"数学游戏"专栏中发表一些新的数学游戏. 其中很多游戏都是数学家设计的. 这些游戏对中学生来说难度较大. 但我们可以根据实际情况加以改造. 我国现在有该刊物的中译本,就是大家熟知的《科学》. 国内有很多刊物也经常刊载一些好的数学游戏,如《科学画报》等. 另外,近年来我国也出版了大量包括数学游戏在内的科普读物. 这些报刊书籍为我们提供了极为丰富的资料. 很多专家学者对数学游戏作了大量研究,他们为普及数学游戏做了很多有益的工作,读者可以在书店或互联网上查找相关的文献资料. 在教学条件允许的前提之下,我们也提倡教师自编一些数学游戏,这样可以更紧密地结合学生实际与数学教学实际,达到更好的数学教学效果.

2. 数学游戏故事

不仅是数学游戏本身可以启迪学生智慧,培养学生的想象和创新能力,而且一些数学游戏故事也可达到同样的效果. 把数学问题以故事形式写出来,在故事中数学知识又以游戏方式来表达,这就是数学游戏故事.

通过前面的讨论我们知道,数学游戏区别于一般的游戏,它是按数学原理设计的,它把数学原理融于娱乐之中.学生通过反复做游戏,能较长时间地揣摩寓于游戏之中的数学原理.数学游戏由于其自身的趣味性,特别受学生的欢迎.把游戏融于故事之中,有情节,有玩法,既动脑又动手,让青少年在游戏中不知不觉地了解数学原理,确实是值得提倡的做法.尤其是在一些教学条件相对落后的地区,很多数学游戏不容易实现,可以选择性地在课外活动中开展数学游戏故事教学.

3.电子计算机游戏

近年来,随着计算机技术的飞速发展,微型计算机越来越普及,计算机游戏越来越被广大青少年所熟悉、喜爱.开展计算机游戏既可以丰富青少年的业余生活,又可以锻炼学生的智力、开阔学生的视野、激发学生的学习兴趣,同时还能促进计算机知识的普及.电子计算机游戏是青少年课外科技活动的重要内容之一,它把学生带入具有一定竞争性和冒险性的环境,使学生感到学习就是与一个忠实而又具灵感的伙伴一起探索和游戏,会大大提高学生的积极性,使得数学教学更加生动,而且具有乐趣性.

当然,我们需要特别指出的是,作为数学活动的计算机游戏,是游戏型的数学教学软件,而不是以游戏为主要目的的那种电子游戏机游戏.把数学知识巧妙地揉在游戏程序中,使学生在游戏的同时也能领受到数学的乐趣.现在的计算机游戏很多,教师应精心选择,尽量采用那些与教学紧密结合的、趣味性强的、带有启发性的游戏,并注意使用的时机、目标与对象.下面是一个典型的计算机游戏实例.

美国PLATO教学系统上有一个著名的算术游戏程序,叫作“如何取胜西铁”.计算机轮流为双方游戏者产生三个数,游戏者用这三个数构成一个算术式,计算机将根据此算术式的值决定游戏者棋子移动的距离,首先到达终点者取胜.设计算机产生的三个数为3、4、5,规定只能用一次乘法和一次加法,将三个数构成算术式,若学生给出算术式$3\times4+5$,他只能移动17步,若给出了$3\times(4+5)$,他可以移动27步,若给出$(3+4)\times5$,则他可移动35步.这个程序把游戏和四则运算结合起来,可让学生在游戏的同时进行生动的算术操练,而且由于比赛有输赢,可刺激学生多次练习,提高综合运算能力.

总之,计算机游戏利用计算机产生一种带有竞争性的环境,把科学性、趣味性和教育性融为一体,对于激发学生学习兴趣,开发智力具有较好的效果,许多教育学家、心理学家都开始重视计算机游戏的教育作用.顺应时代发展的潮流,我们提倡教师在课外活动中积极地开展有益的计算机游戏.

二、数学故事会

在数学活动中有一种很受学生欢迎的教学形式,就是开展数学故事会.特别是初中生,他们非常喜欢听故事.有经验的教师都有这种体会,那就是不愿意学习的学生每年都有,不爱听故事的学生却很少遇到.数学故事是用故事的方式普及数学知识的作品.给学生讲数学故事的主要目的是增加学生对数学的兴趣,提高他们学习数学的积极性,开扩他们的眼界,激发他们的想像力.数学故事一定要突出故事性,情节要引人入胜,还要强调口语化.其内容可以包括数学发现的故事、数学家的故事、自编的数学故事、数学童话故事等等.在这里,我们简单阐述如下.

1. 数学发现的故事

数学发现的故事是以故事体裁来介绍数学概念的发现,数学方法的发展,新数学分支的发现史等.它从历史角度讲述数学某个分支的建立和发展,向学生介绍数学的思维方法.故事的内容既可以介绍成功的典范,也可以介绍失败的反思.数学发现的故事要注意通过故事来阐明某些新的数学思想或方法,提高学生对数学本质的认识.在这里讲故事不是主要目的,重要的是要画龙点睛,讲清故事所阐明的思想.好的数学发现的故事有很多,如下的故事就是一个很好的实例.

谈祥伯写的"向一千万进军".作者在讲述了几个计算 π 值的故事后,写了如下一段话:"π 的各位数字之间,虽然毫无规律,可是人们预料,0,1,2,3,4,5,6,7,8,9 十个数码应当'平分秋色'.换言之,它们的出现应当服从'均匀分布'的规律.事实真相究竟如何呢?盖尤乌芳旦娜小组一起进行了统计,结果是很有趣的.原来,在 π 的 100 万位小数中,大体上说来,各位数码的出现频率基本上相差不大,然而,也显现某种起伏.就绝对数字而言,5 出现得最多,6 出现得最少.各个数码在理论上均应出现十万次,但实际上并不完全如此".

通过这个故事,可以清楚地看出来,近代研究 π 值并不是单纯为了打破什么"记录",而是想找到 π 的统计规律,故事虽然是讲求 π 的故事,而上述一段话才是作者真正想告诉读者的东西.显然,这一故事对学生日后深入理解 π 的实际意义有着很大的促进作用.

2. 数学家的故事

数学家的故事是以介绍数学家生平事迹为主要对象,既记人也记事.通过动人的事迹、典型的事例,表现出他们不断进取、严谨治学的精神,高尚的道德品质及理想情操,使学生从中吸取力量,得到教益.给中学生讲数学家的故事,要以数学家的青少年时期作为重点,如果把数学家的一生看做一株大树,那么他的青少年时期就如同大树的根基,他们的理想、品质和奋斗精神是在青少年时期形成的.着重介绍数学家青少年时期发愤学习的故事,这对于现代的青少年会有很大鼓舞.

3. 数学童话故事

我们熟知的童话通常分为文学童话和科学童话(又称知识童话)两类,数学童话是科学童话的一种.数学童话以数学知识为主要内容,它要普及一定的数学知识,并通过这些知识提高读者对数学的认识.它适合于初中一、二年级的学生阅读.只要细心发现并且注意收集,数学童话故事其实很多,如下就是一个很好的数学童话.

《爱丽丝奇遇记》就是一部世界著名的数学童话,由于这部童话名著,使爱丽丝这个名字家喻户晓.《爱丽丝奇遇记》既可以说是文学童话,也可以说是数学童话.由于作者刘易斯·卡罗尔是位数学家,他担任牛津大学理工学院讲师近 30 年,在这部作品中不时流露出许多数学的"理趣".美国著名数学家、控制论的创始人维纳在他的名著《控制论》中多次引用爱丽丝的奇遇与有规律的客观世界作对照.数理逻辑学家贝利克·洛隆在《数学家的逻辑》中也大量引用了《爱丽丝奇遇记》的原文.这部童话之所以受到数学家的青睐,就是因为其中或隐或显地讲了一些数学道理.有兴趣的读者不妨可以阅读,并且将其中合适的片段应用于现实的教学中去.

当然,一篇好的数学童话,要求科学内容和表现形式有机地结合,既要做到数学知识的介绍准确、深刻,又要使文章描述形象、生动、幽默,读起来有童话意境.不能把一些深奥的数学知识,简单地通过童话人物之口大段大段地讲述出来,使得童话故事成为油水分离的作品.这样并不能发挥数学童话故事的真实作用.

4.自编的数学故事

当然,数学史料为基础的数学家的故事和数学发现的故事虽然很多,但也比较有限,考虑到对学生的适用性,可以利用的现成故事更是不足.此时,我们还可以发动学生自编数学故事.编写故事时,在不违背科学真实的前提下,对于人物和情节可虚拟.在编写故事时,不要把作者想讲述的知识、方法直截了当地说出来,而应该巧妙地融进故事中去.编得好的数学故事,从表面看好像不是在讲什么数学知识和方法,但是听完后却获得不少数学知识和方法,这就要求在编写过程中注意表现手法.在自编数学故事时要注意以下几点:

(1)要处理好人物和情节的关系

数学故事要有人物,要有情节.但是与小说不同的是,故事侧重于情节叙述,人物与情节相比处于次要地位,甚至可以用 A、B、C 来简单地表示人物,而侧重在故事情节的发展和变化上.

(2)要将数学知识融于故事之中

编写数学故事的目的是向学生传播数学知识,故事只是一种表现手段和方法.在编数学故事肘,要力争做到水乳相融,避免在故事中出现"知识硬块".所谓"知识硬块",就是在故事中,借数学家或其他人之口,大段地讲述数学知识,讲定义、定理、公式,大量的推算,犹如在上数学课.带有"知识硬块"的数学故事,往往是把故事情节和数学知识硬拼在一起,貌合神离,很难成功.

编写数学故事是很受学生欢迎的一种课外活动形式,但是要把数学故事编得短小、生动、吸引人却不是一件容易的事,这一点可多借鉴文学故事的写作手法.

三、数学讲座

在数学活动中,数学讲座也是很受学生欢迎的一种活动形式.这种活动没有什么限制,可以吸收广大学生参加.我国有许多老一辈数学家都曾热心给中学生举行过数学讲座.比如,1978年北京市中小学生数学竞赛委员会邀请许多著名数学家给中学生作讲演.赵慈庚讲了《谈谈解答数学问题》,秦元勋讲了《无限的数学》,华罗庚讲了《谈谈与蜂房结构有关的数学问题》.这些讲座每场都有上千名中学生参加,取得了十分良好的效果.

如果能够请到数学家给学生作专题数学讲座,当然是很荣幸的事,如果不具备这样的条件,也可请本校老师或高年级学生来作数学讲座.数学讲座通常具备以下特点:

(1)题小而有趣

在数学讲座作,所讲的题目不宜很大,题目过大会使讲座内容松散或概念化.对于中学生来讲,由于所学数学知识比较少,走马观花似的粗线条讲解,学生不宜接受.讲座的题目小一点,内容讲得详细一点,中间再穿插一些故事、趣闻、轶事,可以增加学生听讲的兴趣.比如,讲"七桥问题",可以先讲七桥问题的来历,欧拉是如何解决这个问题的,最后讲到图论的基本知识.如果事先画好欧拉的头像,做一个哥尼斯堡七桥的模型,讲座的效果也许可以更好一些.

(2)内容广泛,不受限制

数学讲座的主题和内容可以多种多样,不受体裁的限制,可以是专题讲座,比如"谈谈数的发展",从中学生熟悉的实数出发,讲到复数的建立,再讲到四元数的出现,还可进一步与学生探讨建立八元数的可能性.与此同时,结合这些新数的出现适当插入一些数学史的故事,如结合无理数的出现讲希伯斯之死,结合四元数的建立讲著名的四元桥等;可以是数学名题,比如,"七桥问题"、"三十六军官问题"、"费马猜想"等;可以是数学新进展,比如,"四色问题和机器证明"、"什么是模糊数学"等.总之,数学讲座在选题上可以是灵活多变的,只要把握住所讲内容对学生有益,讲授的方式易于被学生接受，通过讲座可以是学生加深对相关数学知识的认识，激发学生专研数学的兴趣，启发学生的创新思维即可.

(3)不宜有过多的推演和证明

讲座的主要目的是开阔学生思路，提高他们的兴趣.主讲人不宜在黑板上进行大段的推演和证明，因为冗长的数学推演会使学生一时难以理解，容易挫伤他们的积极性，而且讲座就成了变相讲课.对于一些必要的证明，可以重点讲一下证明的思路，其证明的详细过程，可以印发给学生，让有兴趣的学生自己去看.这样不仅在讲座的过程中可以收到较好的效果，而且有助于喜欢思考的学生培养独立研究问题的能力.

四、数学竞赛

当今，数学竞赛是一种十分热门的数学活动.以班级、学校为单位，以区、县为单位，以省、市、自治区为单位的各种大小规模的竞赛活动此起彼伏，接连不断.加上为竞赛服务的讲座、辅导、集训等等.数学竞赛已成为中学生数学活动的重要组成部分.数学竞赛与竞赛数学是当今数学教育的重要研究课题之一.但是，过热的竞赛与竞赛辅导活动也带来了一些消极影响.如某些地区发现了冲击正常教学活动的问题.再有就是加重了学生的负担.对于数学竞赛的意义究竟有多大，国内外一些专家持有不同的意见.对此我们应该以科学的态度来认真对待.那么，如何组织好数学竞赛呢？综合国内外一些数学竞赛的情况来看，应该把工作重点放在以下几个方面：

(1)做好赛前辅导工作

数学竞赛不同于课堂测验，其知识的深度与广度，思想方法的灵活性和深刻性都要超出一般教学要求.因此，必须做好赛前的辅导工作.辅导的形式多种多样，最主要的是专题报告，报告内容可以按数学知识来划分单元，也可以按数学方法划分单元.如“高斯函数 $y=[x]$”、“抽屉原则”、“递推方法”、“组合数学中的染色问题”、“几何不等式”等等就是按数学方法划分单元的.除专题报告外，还可以采用分析试题、模拟竞赛、读书讨论班等多种多样的形式.

(2)认真做好命题工作

在条件允许的情况下，我们提倡要尽可能由经验丰富、学术水平较高的教师主持命题工作，确保试题质量.试题确定以后，参加命题的教师应先做出答案，并考虑有无简单的解法，有无一题多解等情况.

(3)做好周到细致的组织工作

数学竞赛是一项复杂的工程，赛前赛后要进行许多周到细致的组织工作.一般说来，赛前准备工作包括制定竞赛细则、收集试题、审定试题、确定评分标准、印制试卷、准备考场等工作.赛后工作主要有阅卷、确定名次、颁奖等.值得一提的是，由于竞赛试题一般比较灵活，很有可能在学生的答卷中出现主试者事先未能预料的正确答案，因此在阅卷时要本着对学生负责，努力发现人才的原则，格外认真地分析学生的答案.

(4)赛后要进行评估

竞赛之后，应对试卷质量和学生成绩进行科学评估.评估的目的在于科学地总结以往的竞赛工作，确定以后的努力方向.

(5)参赛选手的选拔

对于规模较大、层次较高的数学竞赛，参赛选手一般都经过层层选拔.这种选拔形式较好地解决普及与提高的矛盾，既照顾了竞赛的群众性，又保证了选手的优异性.

五、课外阅读

苏联近代教育家、教育科学院通讯院士苏霍姆林斯基说:"课外阅读,用形象的话来说,既是思考的大船借以航行的帆,也是鼓帆前进的风.没有阅读,就既没有帆,也没有风.阅读就是独立地在知识的海洋里航行."可见,课外阅读是培养学生自学能力的重要手段之一.在数学活动中合理利用,效果会很好.

阅读数学课外读物不同于阅读文学作品,要考虑到数学课外读物的深度和读者的数学水平.读物的内容太深,许多内容读不懂,必然影响阅读的积极性;反之,内容过浅,读者读起来索然无味,也激发不起读书的兴趣.读书过快是青少年学生普遍存在的问题.他们读数学读物好似看小说,只追求情节或好玩的部分,忽视数学原理和方法,舍本求末.这是应当防止的,在组织学生进行课外阅读时,要有以下要求:

①教师要向学生推荐深浅适中的数学课外读物.

②教师要进行阅读辅导.

③要提倡做读书笔记.

④要组织讨论和写读后感.

值得一提的是,我国教育部、共青团中央每年都向中学生推荐阅读书目,一些数学读物如《奇妙的曲线》《数学花园漫游记》《数学传奇》等曾被推荐为阅读书,希望可以引起教师的足够重视.

六、数学游艺会

数学游艺会是一种以文艺演出和游艺活动为主的综合性数学活动,也称数学晚会或数学联欢会.数学游艺会可以单独搞,也可以和其他自然科学的游艺会合起来,搞成科学游艺会.组织者可因地制宜,充分调动学生的积极性,把游艺会搞得生动活泼、丰富多彩.其主要形式有如下几种.

1.数学文艺演出

实践证明,利用演出节目的形式来宣传科学知识,是青少年所喜闻乐见的,会受到青少年的热烈欢迎.数学是一门抽象的科学.利用文艺演出的形式宣传数学知识固然有一定难度,但是大量的事实证明,这一工作不但可行,而且大有发展的余地.以动画片为例,美国的《唐老鸭漫游数学奇境》,我国"电视剧制作中心"根据李毓佩同名作品改编的《小数点大闹整数王国》、上海电视台的《快活的数字》等节目播出后,受到了青少年的热烈欢迎,收到了良好的效果.

同一切戏剧一样,数学戏剧小品也应该注意人物性格的刻画和巧妙情节的展开,要有矛盾和冲突,有情节高潮.要搞好文艺演出,教师应该研究儿童和青少年心理.也许某一部作品从成年人的角度来看是幼稚和肤浅的,但对于学生来说,却能看得津津有味.教师要理解学生,也要有一颗童心.

2.数学魔术

数学魔术是利用数学原理来设计和表演的魔术.数学魔术既不需要复杂的道具,也不需要专门的技术.任何一个人只要准备一点简单的道具都能够表演.数学魔术之所以产生神奇的效果,既不靠道具,也不靠手法,而是靠数学原理.为什么数学原理能产生神奇的魔术效果呢?至少以下几点原因是可以考虑的:

(1)利用人对事物的认识规律

人们对事物的认识一般从表面现象开始，而后逐渐认识事物的本质．当学生们被魔术的表面效果所困扰，来不及对其中的数学知识做理性的思维时，就会产生魔术效果．下面一个例子就说明了这一点．

有一种“猜数术”，让猜者想好一个数，之后把这个数乘以4再加15，然后除以3，再以所得商减去原数的$\frac{4}{3}$，把答案告诉表演者，变魔术的人能立刻猜出猜者想好的数是5．事实上，这个魔术是一个简单的代数运算，具体过程如下：

设所想的数是x，按照上述运算过程，得

$$(4x+15)\div 3-\frac{4}{3}x=5,$$

原来在运算过程中消去了x，不管事先想的是什么数，结果都能得到相同的结果，这个结果就是“5”．

(2)利用数学知识的深奥性

事实上，很多的数学知识非常深奥，对大多数人来说是陌生的东西，多少有些神秘感．如魔术“预知得数”，即使学生了解了这个魔术的真相，也仍然对算术中竟然有这样的奇事感到不可思议．这样可以大大激发学生思考数学问题的兴趣．

(3)利用人的认识所可能出现的片面性

对有些问题，人们对它的认识可能是片面的，甚至是错误的，数学推导出的正确结论与人们的这些认识存在着较大的差异，某些魔术就是利用了这种认识上的差异产生魔术效果的．正如下面这个实例：

任何50个人中，生日相同的概率是很大的，但人们往往认为这种可能性不大．利用人在这些概率上的错误认识就可以设计一些魔术．

在这里，我们必须指出的是，表演数学魔术时，也应该给数学知识披上一些神秘的外衣，以产生表演时的魔术效果．如做些夸张的动作，像在道具上吹口气、划个圆等等．甚至，在表演中还可以运用一些诙谐的，故作玄虚的语言．

著名数学家徐利治教授在谈及数学美时指出：“奇异是一种美，奇异到极度更是一种美．”我们主张做数学魔术，除了有利于提高学生学数学的兴趣外，也有利于人们体验数学美，追求数学美．对数学美的追求是学生学好数学的一个内在动力．数学魔术的意义正是在于它生动地向人们展示了数学的奇异美．作为一个数学教育工作者，我们不仅要向学生传播数学知识，讲授数学方法，还要向学生揭示数学美．站在这个高度来看待数学魔术以及后面提到的数学游戏等，我们才不会以为它们微不足道，才能够认真地对待这些活动，并在搞好课堂教学的同时，努力地进行研究和实践．

3．数学谜语

数学谜语粗略地可分为如下两大类．

①谜底与数学知识有关，例如，两牛打架(打一数学名词)：对顶角．

②另一类谜面与数学知识有关，当然也有一些谜语谜底和谜面都与数学知识有关．

数学谜语如果如果按谜面进行分类，则大致有如下几种：

①数字谜，如：699(打一字)：——皂．

②算式谜，如：7÷2(打一成语)：——不三不四.

③方程谜，如：＋ － × ÷(打一成语)：——支离破碎.

④哑谜：如桌上放有分别写着1、2、3、4、5、6、7、8、9、10的十张纸片，出谜人将写有4、5、6、8、9的五张纸片拿走，请人猜一俗语.谜底是不管三七二十一.

如果按谜底进行分类，大致有如下几种：

①数学名词谜，如：马路没弯——直径.

②弓数量词谜，如：舌头——千.

③数学家谜，如：虎丘春游——苏步青.

数学联欢会所需的谜语来源主要是从报刊书籍上收集.近年来我国出版了不少谜语方面的专著，其中不乏数学谜语.一些娱乐性较强的数学科普读物也收录了很多数学谜语.另外，青少年科普报刊和综合报刊也经常刊登数学谜语.收集数学谜语要注意进行筛选，因为有些谜语牵强附会，质量不高.同时，谜语所涉及的知识面不要超出学生所掌握的范围.

在数学联欢会上搞猜谜活动有如下两种可供选择的方式：

①由主持人口头出谜，或用题板出谜，请与会者举手竞猜，再由主持人公布谜底.

②把谜语抄在纸条上，用绳挂起来.与会者可自由浏览，猜中哪个谜，即把纸条揭下来，到领奖处核对谜底，领取奖品.

一般而言，目前数学谜语中涉及到的数学知识都是比较肤浅的.如何在谜语中容纳更丰富、更深刻的数学知识或数学思想，感兴趣的读者不妨在这方面作些探索，相信一定可以有所收获的.

七、数学制作与实践

数学制作与实践活动对于领会数学对象的生动形象是一个非常有效的方法.著名数学家希尔伯特曾说："在数学中，像在任何科学研究中那样，有两种倾向.一种是抽象的倾向，......另一种是直观的倾向，即更直观地掌握所研究的对象，侧重它们之间的关系的具体意义，也可以说领会它们的生动形象."这句话深刻地指出了数学制作与实践的重要性，数学制作主要包括立体几何模型的制作，数学教具的制作，数学玩具的制作等.数学实践是指应用某些数学知识的实践活动，如实物测量、概率实验、统计应用等.通过数学制作与实践活动，可以提高学生的空间想像力，激发学生学习数学的兴趣，强化学生对数学知识的感性认识，为培养学生的抽象思维能力奠定良好的基础，所以我们十分提倡把数学制作与实践合理地引入到数学活动中.接下来，我们将立体几何模型的制作、数学教具的制作以及数学实践活动具体分析讨论如下.

1.立体几何模型的制作

培养学生的空间想像力是中学数学教师的重要任务之一，也是难点之一.培养空间想像力的途径是多方面的，在教学中广泛采用直观教具是一个行之有效的方法.如果在教师演示模型的基础上，让学生直接动手制作立体几何模型，将更有利于空间想像能力的培养.大量的事实证明，让学生动手制作立体几何模型，可以最大限度地调动各种感觉器官的作用，从不同的感觉渠道同时向大脑输送相关的信息，强化这些信息，从而提高学生感知、记忆和想像模型空间形式的能力.制作几何模型可以使学生在空间想像力的各个方面都能受到锻炼，是开发学生智力的有效途径.

制作立体几何模型的方法很多，所用的材料也多种多样，如胶泥、石膏、木材、铅丝、透明胶片、硬纸等.有的教师指导学生用土豆、萝卜切出各种几何模型，这种模型可以任意剖分，不失为一个好方法.不同材料具有不同的特点,例如:用透明胶片制作的模型晶莹透明,视觉效果好,但要求制作精度高,工艺也比较复杂;用铅丝制作,不太美观,但方便耐用,一般用于尺寸较大的教具;木材、石膏制品坚固美观,但制作工艺复杂,不适合在课堂上使用;最适合在课外活动中采用的材料是硬纸.选择硬纸的原则是厚实、坚韧、平滑、挺括、颜色单纯.常用的纸有绘图纸、白卡纸、水彩纸、铜版纸,等等.废弃的挂历纸也可以利用.不过利用挂历制作模型时,一定要注意将彩印的一面折到模型内侧,因为过于鲜艳的色彩会影响模型的整体视觉效果,总之我们要根据需要与可能制作几何模型.

在这里,我们必须指出的是,培养空间想像力是一项长期而艰巨的任务,方法多种多样,借助几何模型仅是其手段之一.借助模型的目的在于摆脱模型,让学生对空间的思维从直观向抽象过渡.

2.数学教具的制作

除了提倡让学生进行立体几何模型的制作以外,在数学活动中,我们还提倡学生自制教具,其意义远远超过教具本身的使用价值.从非智力角度考虑,可以培养学生艰苦奋斗的精神,提高参与数学活动的积极性.从智力角度考虑,则有助于提高学生的思想品质,发展创造思维能力,因为学生自制教具必须在对数学知识有比较深刻、正确的认识的基础上进行.反过来自制教具又有助于学生对数学知识的进一步理解和创造力的培养.发动学生自制教具应注意以下几方面的问题:

(1)实用性

自制教具应能够在教学中发挥实际作用.应结合教学中的重点、难点,设计和制作相应的数学教具,使这些教具在课堂教学中对学生掌握重点、难点确实起到积极作用.

(2)创造性

除去一些传统教具外,还可以创造一些新型的教具.在教具中可反映一些现代数学概念和观点,如集合、映射、变换等.

(3)科学性

教具应正确地反应教学内容.要防止出现与科学不符的错误.正确的教具制作能给学生留下正确的印象,错误的教具制作则给学生留下错误的印象.这一点不能忽视.另外制作教具一定要尽量反应概念的一般情况,不要以特殊代替一般.再有,制作教具还要讲究一点心理科学.因为教具是通过以视觉为主的感觉使学生完成认知过程的,教具的形式要适应学生感觉心理学规律.在教具制作中应尽可能调动形、色、质感、动态、节奏、趋势等诸多因素对学生的感觉器官的刺激作用,以更好地实现教具的功能.在这方面,教师可学习一点实验心理学和现代设计知识.

(4)量力性

能制作一些利用光、电、声技术的复杂教具固然好,但对大多数学生而言,因知识、技术和物质条件的限制,还是制作一些简单教具更恰当.要尽可能利用一些废弃的材料.教具的结构也不要太复杂.我们很多中学教师制作的一些教具非常简单,但在教学中发挥了很大的作用.当然,在条件允许的前提之下制作一些高难度的教具或许也可以带来更好的效果,教师可以根据具体情况而选择,进行教育创新.

(5)美观性

制作教具也是美育的一部分内容.制作的教具应尽可能整洁、美观.

3. 数学实践活动

在中学开设课外活动，给我们增加学生实践活动的设想创造了一个非常好的机会. 数学课有没有相应的实践活动，这本是一个无需争议的问题. 我们不应因为强调数学的抽象性和现代数学的“自由创造性"而否定数学与现实的联系. 从根本上说，数学作为一种科学理论，也来源于实践，并在实践中得到检验. 中学数学与实际的联系是非常密切的.

数学实践活动的形式是多种多样的. 如参观工厂、农村、科研机构，参观科学博览会，利用数学知识解决生产生活中的实际问题，制作数学教具、模型，在生产生活实践中检验数学结论的正确性等等.

八、写数学小论文

为了更好地发挥青少年学生数学方面的聪明才智，增强他们的创造意识和开拓精神，提高他们发现问题和解决问题的能力，可以在学生中开展写数学小论文的活动. 写数学小论文要注意以下几点：

(1)论文尽量要以定理的形式来写

数学小论文以定理形式写出来更具有一般性、严格性，能教给学生解答数学问题的方法. 自从古希腊欧几里得的《几何原本》问世以来，数学家找到了公理化体系这样一种数学框架. 两千多年来，数学家丰富和发展了这种以逻辑为基础的数学框架，总是以定理形式把自己的研究成果表示出来. 中学生对定理和证明也不陌生，让学生学习用定理形式来写论文，不仅对促使学生进一步理解数学定理的作用有很大帮助，而且在培养学生的逻辑思维能力和严谨认真的科研作风方面也大有帮助.

(2)论文所提问题最好是课堂教学的引申

数学小论文所讨论的内容不要脱离中学生的数学基础，不要引导学生们去写一些不熟悉的知识. 如果让他们去写一些不熟悉的知识，会使大多数学生觉得小论文太难写，可望而不可及. 所以，在写数学小论文之前，教师对每一篇论文的题目要严格审查，保证学生所讨论的问题难易适中.

(3)老师的指导是必要的

除了确定选题时教师要给予指导外，在写论文的过程中教师也要及时指导. 因为有时学生从道理上把问题解决了，但是要把论证问题的过程写成论文还有许多困难. 教师要帮助学生克服困难，完成小论文的写作. 但也要防止教师包办代替的做法.

如果初中一、二年级学生写数学小论文有些困难，可以先让他们写数学科普文章，如数学小品、数学故事、数学童话等.

第三节　数学活动经验的教学探究

在新的数学课程标准中，提出“数学活动经验”尽管经过了一些颇为强烈的争议，但其强调数学过程的“原始体会”是一个值得我们关注的数学教育理念. 这种改变或者改良了我们过去比较关注的数学学习数学间接经验的做法，这是一种进步. 对我们以往太不够重视数学直接经验的极端做法的一种纠正，也是对数学极端应试教育的一种纠正性尝试. 但如果把“数学活动经验”无限扩大化而把我们以往一切优秀做法都推翻，那是一种矫枉过正的做法，得不偿失，万万要不得. 为此，如何把“数学活动经验”纳入我们的数学课堂教学的全过程是一个很值得研究的话题. 由于这样的话题刚提出不久，相关的研究特别是基于实践层面的教学研究更值得大家去探究．为此，我们在这里进行一些研究并对相关问题提出我们自己的一些看法．

一、 数学活动经验的教学目标

1．数学活动经验的教学目标综述

在说明这个问题之前，我们不妨把最新的“义务教育阶段课程标准（2011 实验修改稿）”中的“总目标”从四个方面的具体阐述摘录下来，然后再进行讨论，如表 8-1 所示．

表 8-1　总目标的四个方面阐述表

知识技能	①经历数与代数的抽象、运算与建模等过程，掌握数与代数的基础知识和基本技能 ②经历图形的抽象、分类、性质探讨、运动、位置确定等过程，掌握图形与几何的基础知识和基本技能 ③经历在实际问题中收集和处理数据、利用数据分析问题、获取信息的过程，掌握统计与概率的基础知识和基本技能 ④参与综合实践活动，积累综合运用数学知识、技能和方法等解决简单问题的数学活动经验
数学思考	①建立数感、符号意识和空间观念，初步形成几何直观和运算能力，发展形象思维与抽象思维 ②体会统计方法的意义，发展数据分析观念，感受随机现象 ③在参与观察、实验、猜想、证明、综合实践等数学活动中，发展合情推理和演绎推理能力，清晰地表达自己的想法 ④学会独立思考，体会数学的基本思想和思维方式
问题解决	①初步学会从数学的角度发现问题和提出问题，综合运用数学知识解决简单的实际问题，增强应用意识，提高实践能力 ②获得分析问题和解决问题的一些基本方法，体验解决问题方法的多样性，发展创新意识 ③学会与他人合作交流 ④初步形成评价与反思的意识
情感态度	①积极参与数学活动，对数学有好奇心和求知欲 ②在数学学习过程中，体验获得成功的乐趣，锻炼克服困难的意志，建立自信心 ③体会数学的特点，了解数学的价值 ④养成认真勤奋、独立思考、合作交流、反思质疑等学习习惯 ⑤形成坚持真理、修正错误、严谨求实的科学态度

在这个表格的后面，“总目标”还添加了如下一段说明：

总目标的这四个方面，不是相互独立和割裂的，而是一个密切联系、相互交融的有机整体．在课程设计和教学活动组织中，应同时兼顾这四个方面的目标．这些目标的整体实现，是学生受到良好数学教育的标志，它对学生的全面、持续、和谐发展有着重要的意义．数学思考、问题解决、情感态度的发展离不开知识技能的学习，知识技能的学习必须有利于其他三个目标的实现．

如果我们采取“基本数学活动经验”的“视野”看我们的数学教学的整体目标，几乎都能够“扯得上关系”．可以这样理解：“基本数学活动经验”在数学教学过程中“既有形”，但“也无形”，它是对数学教学过程的一种倾向性视野或诠释，属于一种理念性极强的数学教学导向．如果把“基本数学活动经验"列入具体的数学教学目标，恐怕数学教师从制订计划开始就需要有较高的数学教育境界和涵养，而非将其视为一种"摆设".

2.在设置数学活动经验教学目标坚持基本原则

既然数学课程标准中明确把数学活动经验写进去，那么，在数学课程教学设计目标中应该得到有效的体现，于是，如何将数学活动目标写进我们的教学设计就成了我们需要考虑一个关键问题.为了使数学活动达到更好的目标，我们在设置数学活动经验教学目标时一般要坚持如下三个基本原则：

①数学活动经验教学目标应该在过程中体现出来，属于过程性目标，这种目标属于一种体验，用词"文采性"很浓，似乎给人"很虚"的感觉，因为里面的"形容词很多".故我们在这里需要提出：数学活动教学目标需要坚持实效性原则，教师要把数学活动教学目标"装在心中"而形成一种"意识"，而非是一种摆设.

②如果从广义的角度上讲，我们过去的数学教学目标设置中，都能够与数学活动经验"扯得上关系"，因为任何数学教学都必须使人们进行数学地思考，这些思维活动都是数学活动，自然会留下"数学活动经验".然而，这种毫无目的或毫无计划的数学活动不是我们所需要的，我们需要不同数学课堂教学的数学活动经验具有一定的倾向性，需要有侧重点.因此，我们认为，数学活动经验教学目标的设置需要遵循全局性和侧重性相结合的原则，这或许也是我们数学课程标准所指出的要关注数学活动经验教学的根本原因.

③既然我们课标提出把数学活动经验纳入"四基"教学范畴，肯定是有其意图的.我们认为，这是针对我国数学教育的"软肋"而设置的.因此，在设置数学活动经验教学目标的时候，要坚持弥补性原则，要针对过去我们的一些薄弱的数学活动经验有意识地进行弥补.例如，我国目前数学教学过程中往往是"想得多，做得少"，强调的是间接经验，对直接经验的教学往往忽视.一些本来应该让学生进行体验的数学活动，一些教师怕"浪费时间"而采取各种方法将其剥夺了.或许，这个主要是"应试教育惹的祸"，但我们教师应该有一个清晰的认识，要领会课标的意图，要有长期的教学眼光.

3.要用宽广的视野审视数学活动经验的教学目标

用宽广的视野审视数学活动经验的教学目标主要表现在以下三个方面：

(1)对数学活动经验教学目标的理解

从字面上的解释，"数学活动经验"强调的是主体的"直接经验"，但从我们前面对"数学活动"的理解，只要属于学生亲自体验数学学习并进行思考的过程也可以理解为"数学活动经验"的积累过程，故不要狭隘地理解为学生必须进行一些操作实验之类的活动，也就是说，一些数学结论我们是反对教师的单向灌输的，而是让学生有一个"动手"并引发"动脑"的过程，这就是我们强调"数学活动经验"的重要一面.

(2)依教材而着眼全局

一些具体的数学实验操作和观察应该结合教材的内容特点有一个全局的打算，不是每一节课都要搞一个所谓的"数学实验"，"数学活动经验"更加强调的是学习主体的参与度及反思度.

(3)数学活动经验是一种"附加"或"扩充"

"数学活动经验"是对过去我们不注重学生个体的数学活动过程的极端做法的纠正，是在"双基"(基础知识和基本技能)教学目标上"附加"的，这种"附加"实际上有强调的成分，也有"扩充"的成分."附加"的成分是指在"双基"的基础上强调学生主体的主动参与及关注他们经验的积累，

“扩充”的成分则试图在教学内容设计上让学生多一些体会数学的来源，而非空穴来风. 通过“数学活动经验”的“积累”过程中培养学生的数学创造力.

4. 要结合整体灵活设置数学活动经验的教学目标

在理解“数学活动经验”概念的基础上，我们接下去就得考虑如何设置基于“数学活动经验”视野下的教学目标问题.

(1)要根据具体情况来个“统筹安排”

要结合整体灵活设置数学活动经验的教学目标，首先就要考虑“直接经验”与“间接经验”在数学教学过程中的“比例”问题，需要根据具体情况来个“统筹安排”. 数学发展到现在，不可能所有的事情都让学生“试一遍”，有些数学结论让学生“认可”即可，这些教学措施就是让学生有一个“同化”的过程. 至于哪些让学生感受或认可，哪些需要通过自己的切身体会甚至是通过严谨的论证，这些一方面需要数学教育工作者在学术上的论证，另一方面需要教师自己凭着教学经验和“感觉”来进行. 我们来看如下两个具体实例：

【例 8-1】 棱柱的性质教学.

棱柱的一些性质教学在高中是需要学生严格论证的，例如，初中教材中的“直棱柱的侧棱相互平行且相等”只需要让学生观察和感受，这种“同化”过程只要求学生进行“浅尝辄止”即可，并没有在数学理性思维体验中提出过多的要求.

【例 8-2】 十字相乘法的教学.

“十字相乘法”在因式分解中的应用曾经是初中数学教学的热门话题，学生需要经过大量的可以采取“十字相乘法”来进行因式分解的训练. 但是，现在初中教材却在一些专家的“论证”下让学生感受一下即可，然而，高中数学教师对此却很有想法，一些学生不得不在初中毕业后与高中学习的“衔接”过程中补充“体验”“十字相乘法”的过程.

(2)要考虑“情景教学”的“全景性”问题

情景教学贵在“全景”，但在实际的数学教学中一般无法做到这一点，这就要求数学教师对所讲数学问题所对应的情景必须有一个清醒的认识，在可能的情况下尽力而为. 我们来看如下两个具体实例：

【例 8-3】 最短路程的问题.

曾经有这样的一位老师，他为了让学生懂得如何在平面内一条直线上求一点到直线同侧上两点距离和最小问题，他就“创设”了这样的一个情景：

如图 8-1 所示，A 村和 B 村都在河 L 的同一侧，一天，B 村忽然发生火灾，A 村村民马上拿着脸盆、水桶等工具先到河边盛水，然后再去救火，问盛水点位置应该选择在哪里？

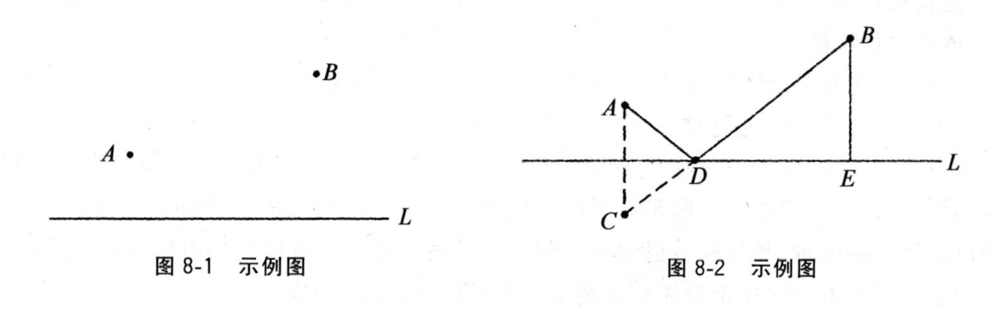

图 8-1　示例图　　　图 8-2　示例图

本以为学生会按照如图 8-2 所示，以对称的策略找到盛水点 D，却有一位学生提出如下质疑：

尽管在 D 取水的路程最近，但在 D 点盛水，装满水后人的负担重了，走路反而慢了. 我不如选择过 B 点作直线 L 的垂线 BE，选择垂足 E，这才是最好的路径.

学生的回答显然出乎教师的意料. 有时，我们在选择情景教学的时候，如果真的让学生进行数学活动，他们得到的答案与我们预想的有差异甚至相反.

【例 8-4】 关于比例的问题.

我们曾经观摩过一段美国课堂教学的视频，教师拿出一只篮球运动员的球鞋，所有学生大声惊呼："喔！"由于这个运动员的鞋子极大，给学生产生视觉上强烈的反差，当教师把鞋子与其中一个学生脚的尺寸作比较的时候，学生再次发出惊呼. 这种全景性的震撼感估计学生一辈子都忘不了，然后教师要求学生估计这个篮球运动员的身高、体重等相关数据，显然，学生的参与积极性也得到了很大的提高. 一些西方国家（如美国）与我们使用教室有很大的不同，主要表现在：

①教室宽敞，学生采取圆桌排列座位，显得宽松、民主，也为教师提供给学生观察的机会带来了方便，学生可以在很宽松的环境中体验一些数学活动.

②美国数学教师往往有自己的固定教室，学生处于走读状态，因此，里面摆设的教具都不需要搬动，给教师的教学带来了极大的方便.

(3)要重视学生主动参与和体验的过程

在数学活动经验教学中，学生参与是数学活动经验积累的起码条件，一些教师为了"高效率"，往往会忽视学生的主体性，越俎代庖地把一些本身应该由学生切身体会的数学活动过程给省略掉了. 这种做法是不可取的，必须充分发挥学生的主观能动性，让学生主动参与和体验的过程，我们来看如下实例：

【例 8-5】 巨人的鞋子.

刚才我们举了一个例子，说美国教师亲自把篮球运动员的鞋子拿到教室中，如果教师觉得这样做似乎很浪费时间而且麻烦，于是就拍张照片播放，这样似乎既省力又可以让学生"亲眼"看到这样的大鞋，何乐而不为？其实，给学生亲眼所见的比播放视频的震撼感完全"不在同一个档次"上.

【例 8-6】 打针是疼还是不疼的问题.

有人告诉你"打针会疼"，估计你也会同意的，但如果有人每天都告诉你同样的一句话，你也许会反感与不太在意. 假如你因为生病了，需要每天都打针，这样的体验估计你可能会因受皮肉之苦而萌发："能否发明一种注射方法，使得在药物注射过程中不会疼？"于是，"无痛型药物注射器"很可能就在你的手中产生. 学生主动参与和体验过程是催化他们体验数学活动过程的重要举措，这种体验过程比那些通过多媒体播放例题及其解答过程效果要好得多.

有些教师因为有多媒体的辅助教学，往往认为只要讲清楚数学问题及其解决的思路即可，而解决的过程因抄写或板书比较麻烦，往往用多媒体播放，以为这样学生已经掌握. 其实，这里面就有一个认识上的误区：学生对教师的讲解缺乏数学活动经验，而根本无法寻找合理的数学问题解决，一些教师在课堂教学中往往满足于"教师讲清楚，学生听明白"即可，但他们往往又是觉得纳闷："我已经讲得很清楚，并且学生也表示听明白"，到底是哪个环节出问题而使"知识与技能无法落实"？其实，其根本原因在于身体相关的感官受到的"刺激度"有限.

(4)要允许学生进行多方向的思维体验

数学活动教学的体验,其目标性不要太强,允许学生进行适度的多向思维的体验.一些看似属于数学活动的体验往往夹杂着其他思维的过程,如果换一个视角,很可能就是其他学科的活动,教师就不可以过早地引导或干预,让他们处于一种"自然人"的思维状态,然后再在"收官"阶段进行比对和优化,让学生体会到数学思考仅为众多思维中的一种方式,有时或许是"占便宜"的,要让学生体验到:"什么时候使用数学思维方式能够占便宜?"

【例 8-7】 "用二分法求方程的根"的教学情境设计.

有一位老师在设计"用二分法求方程的根"的时候,创设了这样的情境:"有一段自来水管埋在地下,水表显示有漏水现象,为了尽快找到漏水点,应该如何挖掘?"于是,师生之间就采取"数学眼光"来"寻找"这个漏水点.奇怪的是,所有学生都是顺着老师的思路"走"到了"二分法"的构想,竟然没有一位学生提出质疑.在真实情况下,一般工人会先考虑这样的几件事:

①这条水管的长度是多少?

②地面能否看出漏水迹象?水管埋设的深度是否均匀,有无很浅的地方甚至几乎处于暴露的地方?

③这段水管在埋设前有无接头或修理过的地方?

④水管所经过的路段有无工程施工或重物碾压的现象?

⑤挖的难度有多大?水管老化程度如何?与重新埋设一条水管的费用相比,哪个更省钱?

⑥有无更现代的探测仪来探测?

或许,有的教师会这样认为:"哪有那么多废话!如果这样,我这节数学课要不要上了?"显然,数学教师在设置数学活动的时候,其目的应该是明确的,需要引导学生用"数学的眼光看世界".然而,学生今后走向社会,属于"自然人",应该进行"自然地思考",数学仅为其思维选择之一.我们静观现代普通公民,在设计实际问题处理方案的时候,到底有几个人采取"数学地思考"?

其实,增加数学活动体验的一个真正目的在于培养学生学会在什么情况下"进行数学地思考"的意识,如果这个过程我们数学教师过早干预,让他们省去了"各种方法的比对"的体验,才导致将来无法在恰当的时候使用数学工具去解决的现象.

二、数学活动经验的教学方法

或许,这是一个很荒唐的数学教育命题.因为我们以前所有的数学教学都可以理解为数学活动的教学,其数学教学方法都可以理解为数学活动的教学方法.但我们不得不承认这样一个事实:我们的数学活动教学与西方人的做法有很大的差距,按照张奠宙教授指出的,我们的学生在数学基础上具有"花岗岩的基础",但在上面盖的却是"茅草房".由于我们需要培养学生应付那些离现实很远的卷面考试,而且对教师的劳动评价也以此为依据,这使得我们数学教师不得不放弃那些既"浪费时间"又"吃力不讨好"的数学实际活动.这样就导致我们的学生一旦考试完毕,他们会将数学书及练习付之一炬,清除了"数学临时文件夹",我们的数学教育初衷也"随之东流"了.然而,随着数学教育改革的进一步深入,应试教育的误区也让人们感受到了,我们必须要在改变这种现状上"有所作为",为此,我们就基本数学活动经验的教学方法谈自己的几点想法,希望读者自己再进行一些探索.

1. 情景促真法

有些数学活动的设计确实很难在周围找到模型，教师可以借助一些现代数学教育工具创设一些情景，以增加学生的"真实感"，从而为他们积累数学活动经验提供帮助.

【例 8-8】 圆锥曲线的教学.

圆锥曲线应用很广，但就在"教室旁边"的恐怕不多，有些需要我们教师通过提供图片、模型和播放一些视频等来增加学生的感性认识. 其实，让教师拿个手电筒(其反射面是一个抛物面)示范问题不大，但是，让教师拿个太阳灶、卫星接收器恐怕就难以做到了，这只能借助多媒体等来增加学生的"感性认识"了.

2. 真实操作法

尽管数学有相当多所研究的对象离学生所面临的世界已经很远，但在基础教育阶段，很多数学活动还是可以让学生进行真实操作.

【例 8-9】 直棱柱的教学.

我们的一位实习生在直棱柱的教学引入的时候，把教材章头图(维多利亚港)扫描在 PPT 上，然后播放给学生，再引入课堂中的《直棱柱》一章的教学. 其实，这是一种舍近求远的做法，教师只要打开窗户(当时的教室正在五楼)，让学生观察外面的各种建筑物，同时也观察教室里面的空间几何体的形状，就可以让学生增加切身体会，其效果比播放 PPT 的要好得多.

在真实操作方面，只要我们教师肯动脑筋，很多数学活动的真实体验还是可以进行的. 尤其是与几何有关的数学活动的教学设计中，我们都可以一试. 真实操作法能够调动学生的各个"感官"，以增加学生的活动经验和加深印象.

3. 任务驱动法

数学活动更多的还是一种思维活动，而人们对数学思维的活动的经验积累可以分为有意识和无意识两种. 数学活动与一个人的元认知能力及意识具有一定的关系，如果教师将学生的数学思维的反思作为一项任务提出来，则往往能够促进学生对数学活动经验的有意识积累. 例如，教师在学生解决某个数学问题之前，预先布置："大家思考一下，并谈谈你的体会与同学共享."“任务驱动法”中还有一种是"前瞻后思法"，即让学生对即将开始的数学活动提出预测并在活动后谈自己的体会，以加深对数学活动过程的印象.

4. 合作互动法

对一个事物的认识有时往往像"瞎子摸象"的故事一样，每个人的经验体会是有差异的. 为了完善学生的活动经验以及促进他们相互之间的交流，教师应该为学生创设一个数学活动经验互动的交流平台. 同时，有些数学活动需要学生之间的相互配合才能够完成，因此，教师有时需要对学生采取分组合作来完成.

【例 8-10】 如图 8-3 所示，曲线瓶盛水高度(h)与体积(V)之间函数关系.

这个过程可以让学生合作操作比较好，因为一个人的操作比较浪费时间，如果学生之间(3 个人，一个负责装水，一个负责观察并阅读刻度，另一个负责记录数据并描绘函数图像)合作，这个问题就能够很快解决.

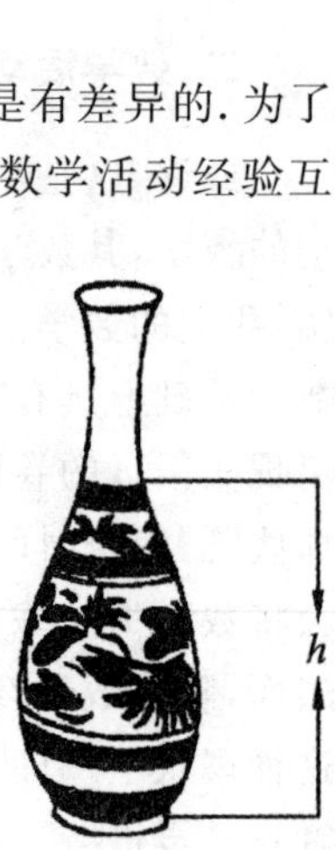

5. 回顾反思法

一个人的活动经验有时需要及时地整理和巩固，数学活动经验与一个人的记忆力有密切的关系，根据艾宾豪斯的遗忘曲线，教师应该及时对学生的数学学习过程进行总结，有时还需要不断地反复，促使学生数学学习活动经验的

图 8-3 示例图

有效积累.

以上是我们对数学活动经验的积累以"教学法"的方式给出，其实，这仅是一种帮助学生有效积累数学活动经验的措施而已，是以往我们对这个现象不够重视的一种补充，既然课程标准已经把数学活动经验摆在日程上，那么，这方面的工作就要开展起来，期待读者结合自己的教学实践对此进行一些研究，我们的提法仅为一种抛砖引玉的措施而已.

三、数学活动经验的教学说明

新课标把"基本数学活动经验"作为"四基"中的"一基"，说明至少我们应该对此要引起足够的重视.其实，以前我们对数学活动经验积累的教学也都在做，只不过重视程度及侧重点有所不同而已.作为对以往做法的一种"纠正"，我们对数学活动经验的教学的几点注意事项作以下的说明.

1.舍得花费时间

由于考试文化的影响，一些教师往往把做数学等同于数学解题，解题固然是数学活动经验的一个重要组成部分，但是，它不能取代数学的所有活动，尤其是一些建模、数学试验和探究，而一个人由于数学活动经验的积累所产生强烈的数学应用意识更是数学解题所无法取代的.由于一些与实际结合密切的数学活动相对要费较多时间，并且这些经验的积累很难看得出"效果"，所以，一些教师更愿意把时间花在解题上.这是我国教育评价制度的缺陷所引人的误区，但我们认为教师应该具有一定的教育远景目光，不能只顾眼前的"蝇头小利"而坑害了我们的后一代，在可能的情况下有必要让学生进行一些有别于数学解题的数学活动，以丰富数学活动的多样性.诸如数学调查、数学实验、数学建模、数学游戏、数学寻根、讲数学故事等数学活动，估计能够从一定程度上改变学生对数学学习的厌倦感.我们曾经撰写了一本初中生课外阅读书籍，旨在为改变目前市场上铺天盖地的数学习题集这一单调面孔尽点力，以提高学生对数学题的兴趣.

2.关注情景教学

在最新课标(2011年)出台之前，我们对情景教学已经比较关注.然而，在具体的教学过程中还存在这样或那样的问题.情景教学是促使数学活动经验有效积累的一个很重要的举措，由于让学生置身于一定的情景中，其各个感官能够得到一定的调动，往往能够引发"触景生情"的效应，我们强调情景教学的根本意图在于"频繁触景，意在生情"，即学生将来走向社会后，能够在"可以用到数学去有效解决问题"的情景下不放过任何机会，采取"数学的眼光看世界".

就目前的情景教学实施情况而言，根据我们的调查和了解，还不是十分理想，主要体现在：

①不少教师还是不把情景教学"当回事"，没有引起足够的重视.

②有些教师尽管重视了，但往往出现"为情景而情景"，搞一些"花架子"，结果出现了"假情景"，导致一些啼笑皆非的现象，让学生对数学产生厌恶感.

③一些教师只关注生活情景而忽略数学情景，在处理这两者的关系上出现了偏颇，导致不良的效果.

3.促进思维跨越

过去我们把不注重数学来源和应用的教学戏称之为"掐头、去尾、取中间"，其实，这三个部分数学教学都不能出现偏颇.数学原始模型是数学活动的源泉，"数学成品"是数学活动的内核，数学应用则是数学活动的最终目的之一.除此之外，促进一个人的思维发展也是数学教育的另一个非常重要的目标，是以人为本教育理念在数学教育中的重要体现，无论是学生亲自动手操作实验还是学生拿起笔来解题,要提高学生进行数学活动境界的重要举措就是有效促使学生进行数学思维的跨越,不要处于一种就事论事的状态,要求学生多提出和思考几个"为什么".下面,我们举一个简单的例子

让学生通过活动得出三角形内角和为180°后,学生应该通过自己的活动经验去思考:"三角形三边和是否为定值?""三角形的三个内角乘积是否为定值?如果不是定值,有没有最值?""四边形内角和是否为定值?""n边形内角和是否为定值?"……

一项数学活动,如果没有采取有效措施让学生活动后进行反思,就几乎种了果园而不采摘果实的一样.因此,在学生进行数学活动后,教师应该通过一定的设问,除了把学生的活动经验进行有效交流外,还有引导学生进行抽象,实现数学思维的跨越.这一个环节必须教师引导,因为学生之间往往只能停留在一些数学活动的表面现象,如果没有教师的有效引导,学生的思维往往无法跨越和提炼,教师在学生进行数学活动后的提炼和引导也就是教师在数学活动中所扮演的重要角色之所在.

4.加强反思交流

直接经验毕竟由于个人精力的有限性而位居少数,学生学习的数学内容大多源自于课本的"间接经验",我们现在强调的数学活动经验意在扩大学生学习数学的"直接经验"在总体"数学经验"中的比例,这样可以让学生更好地接受"间接经验",完善他们的认知结构.另外,让学生群体在参与同一种数学活动中,不同学生的感受交流所产生的"间接经验"比起那些看起来似乎很遥远的书本所提及的"间接经验",其教育效果要好得多,同时,这种交流给每个学生往往产生"立体感"效应,对完善认知结构具有很好的效益.就前面我们提到的学生观测瓶子装水容量与高度的函数关系的数学活动而言,负责装水的学生,他需要掂量每次装水需要通过手感来达到尽量均衡的目的,而且舀水的时候不能溅出以免弄湿坐标纸,他体验到了手感与水重量的"函数关系".负责读刻度的学生需要懂得为了使实验数据更加准确,必须注意如何观察刻度,并有效地和另外两位同学配合.而负责记录的学生,他也在感受记录、描点、连线的过程.如果现场进行交流,三个人都学习到了整个实验过程的经验,这种"现身说法"的举措对学生取得良好教育效果是显而易见的.

第四节　数学活动需注意的问题与数学活动经验教学的误区

一、开展数学活动应注意的若干问题

中学数学活动是中学数学教学计划的一部分,对这项活动的安排要注意以下问题:

1.要有统一的安排和计划

为了保证数学活动的正常进行,应该像课堂教学一样把此活动纳入教学计划.课外活动要统一安排,做到计划落实、师资落实、时间落实、活动经费落实、检查落实.尽量有专职教师负责这项工作.数学活动的内容要张榜公布,使学生有参加的机会并有选择余地.

2.要允许学生根据自己的兴趣来选择数学活动小组

与必修课不同,学生可以根据自己的兴趣爱好,来选择参加什么样的数学活动小组.正因为他们对自己的选择感兴趣,他们才有学习的积极性和主动性.

为了使学生有选择余地,学校应该多设置几个数学活动小组,多组织一些活动.许多活动也

可以让学生自己组织,也可请高年级学生帮助低年级学生开展活动.

为了防止课外活动小组放任自流,应该根据活动内容不同,成立相应数学活动小组,比如,成立数学奥林匹克小组、电子计算机小组、数学课外阅读小组、模型制作小组,要指定组长,每次活动要有考勤.各小组还可以举办一些活动,比如,“数学讲座”、“数学晚会”、“有奖征文”、“电子计算机解题比赛”等.另外,要注意保持小组成员的相对稳定,充分发挥学生的积极性.

3.要因材施教,争取发挥每个学生的聪明才智

开展数学活动的一个重要目的,就是为学生创造一种发挥个人聪明才智的机会,我们应当根据学生的不同特长和爱好,因材施教,鼓励他们参加能发挥其能力的课外活动.例如,有的学生数学天赋比较高,具有较强的推理能力和计算能力,就要鼓励这样的学生参加奥林匹克学校,进一步培养他们,有的学生对计算机感兴趣,善于编制程序,有较强的计算机实际操作能力,可以让他们进电子计算机班,既提高他们的理论水平,又给他们更多的上机实践的机会.

另外,要注意推荐有突出才能的学生参加各种竞赛活动,使他们有表现自己才能的机会,也使教育部门有可能发现他们.

4.要在数学活动中对学生进行正确引导

在数学讲座、数学故事会中不免要提到古今数学上的难题和未解之谜,比如,“古代三大几何难题”、“费马大定理”、“哥德巴赫猜想”等.这些问题表面看起来“浅显易懂”,好像有点数学知识就可以解决,许多青少年好奇心、好胜心强,往往容易钻进死胡同里出不来,这是我们应当注意防止的.以“三等分任意角”为例,这本来是一个已经解决了的“尺规作图不可能”问题,但是,目前国内仍有少数青少年热衷研究它,企图想证明其可能性.许多国家的科学院每年都收到为数不少的稿件,都声称“解决”了三等分角问题.

一位法国数学家认为这些“三等分角家”害着一种“聪明病”,他还通过总结规律,发现每年春天这种病症加剧.出现这种情况,其实是这些青少年对尺规作图和它的历史一无所知的情况下,盲目上阵造成的.有些青少年对搞数学研究有一种误解,以为不必深入学习,关起门来纸上算算、画画就叫科研,这种误解害了不少青少年.数学活动中遇到上述问题,一定要对学生进行引导,以免个别学生钻进死胡同,浪费宝贵的时间.

5.要强调趣味性

要吸引学生参加数学活动,首先这项活动要有趣味性,学生有兴趣参加,参加后有所得.课外活动的趣味来源有多种.有来自数学知识本身的,譬如“三十六军官问题”、“七桥问题”、“回文数猜想”等等,这些问题本身都带有一段非常有趣的故事,把这些故事介绍给学生,他们会很感兴趣的.有来自数学和游戏的有机结合的,譬如:带有故事情节的数学游戏故事、智力问答等.有的则来自课外活动的多样性,譬如“数学晚会”、“快乐的周末”等活动形式,这些活动都可以以数学知识为主,并以青少年喜闻乐见的形式来吸引他们,形式和内容尽可能丰富多彩,如“数学谜语”、“数学相声”、“数学接力赛”、表演“数学魔术和哑谜”、放映数学动画片等,都是一些很好的活动形式.

6.要建立完善的考核制度

为了使数学活动有始有终正常进行,建立起完善的考核制度是十分必要的.每次活动要记考勤.有些活动可以留作业,期末要有考核成绩.只有严格要求,才能使数学活动收到好的效果.

二、数学活动经验教学的误区

任何数学教学都离不开数学活动,反思引发学生进行数学思考的数学学习均称之为数学活

动,然而,新的课程标准把数学活动经验作为“四基”中的“一基”显然是有其意图的,一方面其比较关注学生数学活动的经验交流及反思,另一方面,也似乎在强调一些学生亲自参与的有别于数学解题活动的实际探究、建模等数学活动.这是一个教学导向,也是所有教师应该认真探索的重要话题.根据以往的教学调查及我们的理解,我们认为,数学活动经验的教学存在一些误区,我们罗列三点,抛砖引玉,希望读者进行相关的研究.

1.暗示有余,启发不足

理论上讲,数学活动需要在教师精心设计下进行.但在具体操作过程中学生的注意方向以及原有的活动经验的差异性,往往导致数学活动的“生成”丰富多彩,需要教师适度的引导,否则很难“收拾”.

首先,数学活动教师要不要干涉的问题.有观点认为,既然数学活动属于教师精心设计,活动过程应该让学生充分自主,到了收关阶段,教师再进行干预也不迟.我们认为,这个观点有一定道理,因为教师过早干预,有些学生进行的数学活动很可能产生蕴含创新因素受到抑制而“消亡”,这些因素是一股宝贵的教学“生成”,如果是因为教师的过早干预而失去,那是很大的损失.但是,如果教师不对学生的活动过程进行干预,有些学生由于“不明就里”,往往处于一种“混”的状态,等大家活动已经结束,这些学生还是无所作为,什么都得不到.因此,我们认为,学生在活动期间,教师的适度干预还是很有必要的,教师不仅要有数学活动的设计经验,也应该具有数学活动的组织和指导经验.应该在学生进行数学活动的过程中做到精心设计、明确任务、仔细观察、恰当干预、表扬创新、系统总结、督促反思.

其次,在干预学生正在进行的数学活动过程中,教师应该以启发为主,少一些暗示.但在实际操作过程中,一些教师往往暗示多启发少.“暗示”与“启发”的区别在具体数学教学过程中很难得到学界的注意,往往将其等同.“暗示”是指用含蓄、间接的方式使他人的心理、行为受到影响.暗示者可以是个人、群体(外来暗示),也可以和受暗示者同为一人(自我暗示).可采用言语,也可通过手势、表情、动作以及环境进行.而启发则是:开导指点,使产生联想并有所领悟;阐明,阐释:启发篇童,校理秘文.

显然,启发的本质是提高学生的思维品质,而暗示则倾向于外界的干预让学生容易想到问题的解决方案使问题得到解决,对本身思维能力的提高帮助不大.举一个简单的例子,在讲解三角形内角和的问题时,教师让学生测量三个内角,然后要求学生将三个内角相加,这就是一种暗示(几乎是一种明示).有教师与学生做游戏:“你只要报其中两个角的大小,我就能够知道第三个角.”这样激起了学生的好奇心理,在进行多次操作以后学生慢慢地知道了其中的“奥秘”,这其实也是一种暗示行为.如果教师问学生:“三角形由什么元素组成?”在得到学生“由三条边,三个内角所组成”的回答后,教师马上追问:“我们如何对它进行研究?”在学生得到先分“三条边”、“三个内角”分别进行研究后,教师继续追问:“如何研究三个内角?”学生得到的是“各自的范围”及“相互之间是否存在关系?”……这种提问带有启发性质的味道就“浓一些”.当然,由于学生年龄的不同,适度的暗示有时还是必要的.

2.流于形式,疏于实质

一些数学活动看似外表热闹,实质上火候未到,显示出数学活动内涵上的不足.一方面,数学活动的双面性(外在的体态活动和内在的思维活动)在被第三者观察(如公开课的听课教师)的时候,显然“外在的体态活动”占优,因此,一些教师对数学活动的理解似乎只要是看得见的外在操作,而对需要沉思的数学思维活动过程可能就没有那么在意了;另一方面,学生的一些外在活动一旦开展,不同学生的注意力、操作能力、兴趣等往往存在很大的差异,一些教师为了赶教学进度,在一些学生活动不充分的情况下打断学生的操作,使这些学生由于不能很好地操作而对数学本质的理解出现了障碍.

数学的外在性活动(主要指动手操作、讨论交流等)尽管具有表面上的热闹,但其有背后支撑的思维主线,有效的数学活动需要经过缜密的安排和教师宏观的掌控.活动组织不充分、学生在活动的时候目的不明确、分工存在不协调、反思不足、提炼组织不充分等往往是数学外在活动教学经常存在的弊端.

数学活动的根本目的在于促进良好数学思维习惯的有效形成和数学思维的全面开展,以及促进数学数学经验的有效积累.数学活动经验的积累是一个漫长的过程,尽管目前新课标提出了数学活动经验作为"四基"中的"一基",但它也和数学思想方法的教学一样,其客观教学评价还有待于我们进一步研究.

3.我行我素,依然如故

有些教师可能认为考试制度不改变,任何所谓的课程改革都是一句空话.而且,数学活动经验顶多是解题经验能够在考试中得到体现.因此,在目前考试制度不改变的情况下依然我行我素,无论课程改革如何变化,只要考试制度及方式不变,这些教师的教学方法不会有多大变化,什么数学思想、数学活动经验,一切都是空谈.

这种等靠的思想很是被动,也很可能贻害了自己的学生.我们经常听到一些教师的口头禅:"请大家注意听,这个地方在高考中经常出现类似的问题"、"这部分很重要,历年高考……"在这些教师的眼里,数学除了高考,似乎用途不大.有一次,我们对教师讲座的时候提出了这样的一个命题:"假如没有中考、高考,我们数学教师拿什么来吸引学生?"这个命题在一些职业高中已经显露出来了.在职业高中的学生眼里,数学仅为一门"副科",不少数学教师很有一种失落感.

4."综合与实践活动"才是积累数学活动经验的重要载体

在数学活动经验教学中,"综合与实践活动"才是是积累数学活动经验的重要载体,这一点看上去很容易理解,但是,现实教学中往往会被很多教师所忽略.我们必须时刻警惕这一错误的发生.《数学课程标准》提出"人人学有价值的数学;人人都能获得必需的数学,不同的人在数学上得到不同的发展."要遵从这一基本理念,学生的数学学习生活应当是一个生动活泼,主动和富有个性的过程.要让数学课堂焕发生机,教学中就必须从学生的生活经验和已有的知识背景出发,提供给学生充分进行数学实践活动和交流的机会,让学生主动参与数学实践活动,从活动中交流数学思维,从活动中获得数学知识,从活动中培养学生的创新意识和实践能力.

第九章 当代数学教学的逻辑基础

第一节 数学概念

概念是思维的基本单位，是思维的基础．现代心理学研究认为，大脑的知识可以等效为一个由概念结点和连枝构成的网络体系，称为“概念网络”．由于概念的存在和应用，人们可以对复杂的事物作简化、概括或分类的反映．概念将事物依其共同属性而分类，依其属性的差异而区别．因此概念的形成可以帮助学生了解事物之间的从属与相对关系．数学概念是数学研究的起点，数学研究的对象是通过概念来确定的，离开了概念，数学也就不再是数学了．

一、数学概念概述

1．概念的定义

概念是哲学、逻辑学、心理学等许多学科的研究对象；各学科对概念的理解是不一样的，概念在各学科的地位和作用也不一样．哲学上把概念理解为人脑对事物本质特征的反映，因此认为概念的形成过程，就是人对事物的本质特征的认识过程．

依据哲学的观点，数学概念是对数学研究对象的本质属性的反映．由于数学研究对象具有抽象的特点，因而数学是依靠概念来确定研究对象的．数学概念是数学知识的根基，也是数学知识的脉络，是构成各个数学知识系统的基本元素，是分析各类数学问题，进行数学思维，进而解决各类数学问题的基础．它的准确理解是掌握数学知识的关键，一切分析和推理也主要是依据概念和应用概念进行的．

学生学习数学，首先要掌握好概念．学生对概念的认知，是大脑内部对给定概念作出响应的过程，是大脑对概念的对象进行抽象概括的过程．

2．概念的内涵与外延

任何概念都有含义或者意义．例如“平行四边形”这个概念，意味着是“四边形”、“两组对边分别平行”．这就是平行四边形这个概念的内涵．任何概念都有所指．例如，三角形这个概念就是指锐角三角形、直角三角形与钝角三角形的全体，这就是概念的外延．因此，概念的内涵就是指反映在概念中的对象的本质属性．概念的外延就是指具有概念所反映的本质属性的对象．

内涵是概念的质的方面，它说明概念所反映的事物是什么样子的．外延是概念的量的方面，通常说的概念的适用范围就是指概念的外延，它说明概念反映的是哪些事物．概念的内涵和外延是两个既密切联系又互相依赖的因素．每一科学概念既有其确定的内涵，也有其确定的外延．因此，概念之间是彼此互相区别、界限分明的，不容混淆，更不能偷换．教学时要概念明确，从逻辑的角度来说，基本要求就是要明确概念的内涵和外延，即明确概念所指的是哪些对象，以及这些对象具有什么本质属性．只有对概念的内涵和外延两个方面都有准确的了解，才能说对概念是明确的．例如，对于“方程”这个概念，只有弄清它是怎样的等式，同时又弄清都有些什么样的方程，才能说对方程这个概念是清楚的．

应当指出：

①按着传统逻辑的说法，概念的外延是一类事物，这些事物是那个类的分子，但按现代逻辑的说法，习惯上把类叫做集合，把分子叫做元素，这样就把探讨外延方面的问题归之为讨论集合的问题.

②有些概念是反映事物之间关系的，例如，“大于”等，它们的外延就不是一个一个的事物，而是有序对集.就自然数而论，“大于”的外延就是包括(2,1)、(3,2)、(3,1)…这样的有序对集.

③概念的内涵和外延是相互联系、互相制约的.概念的内涵确定了，在一定条件下，概念的外延可由之确定.反过来，概念的外延确定了，在一定条件下概念的内涵也可以因此而确定.例如，“正整数、零、负整数、正分数、负分数”是有理数的外延，它是完全确定的.掌握一个概念，有时事实上不一定能知道它的外延的全部，有时也不必知道它的外延的全部，比如“三角形”这个概念是我们大家所掌握的，但是我们不必要，也不可能知道它的外延的全部，即世界上所有的具体三角形.但是我们只要掌握一个标准，根据这个标准就能够确定某一对象是否属于这个概念的外延，而这个标准就是概念的内涵——概念所反映对象的本质属性，对某一个具体图象，我们都可以明确地说出它是三角形或不是三角形.

二、数学概念的分类

对概念的分类，是心理学家的一种追求，因为这是问题研究的一个起点.给数学概念分类的目的在于：一是从理论上解析数学概念结构，从而为数学概念学习理论奠定基础；二是在教学设计中，便于根据不同类型概念制定相应的教学策略.

概念分类有不同的标准，对概念分类主要采用以下几种方式：从数学概念的特殊性入手分类，突出刻画数学概念的特征；从逻辑学角度进行分类，在一般概念分类的基础上对数学概念进行划分；依据学习心理理论对概念进行分类，以揭示不同概念学习的心理特征.从教育心理学的角度看，对概念进行分类的目的都是为概念教学服务的，围绕“如何教”的概念分类是人们追求的目标.

(1)原始概念、入度大的概念、多重广义抽象概念

有学者依据概念之间的关系，把数学概念分为原始概念、入度大的概念、多重广义抽象概念.徐利治先生认为，数学概念间的关系有三种形式：

①弱抽象.即从原型A中选取某一特征(侧面)加以抽象，从而获得比原结构更广的结构B，使A成为B的特例.

②强抽象.即在原结构A中添某一特征，通过抽象获得比原结构更丰富的结构B，使B成为A的特例.

③广义抽象.若定义概念B时用到了概念A，就称B比A抽象.

如果将一组相关概念$A_1,A_2,\cdots,A_n$对应于平面上的几个点$a_1,a_2,\cdots,a_n$，有抽象关系的概念在其对应的两点之间连接一条有向线，那么，$a_1,a_2,\cdots,a_n$连同这些有向线便组成了一个有向图.如果$A_1<A_2<\cdots<A_n$，则称为一条链，A_1称为起点，A_n称为末点.当一个概念A是至少两个不同概念的始点或末点，则称A为交汇点或分叉点.从分叉点引出链的条数以及在交汇点汇集链的条数，分别称为该点的“出度”或“入度”.记出度为$d^+(A)$，入度为$d^-(A)$.基于这样的认识，把一条链的起点概念称为原始概念.原始概念表现为教材中的公理或不做严格定义的初始概念等.这些概念一类是以实物为原形，对实体的抽象；另一类则是以包摄程度最高的概念作为原

始概念. 而入度大的概念就是 $d^-(A)$较大的概念，表明定义 A 时用到了另外若干个概念. 此外，对于概念 A，若 $d^-(A)\geqslant 2$，且定义 A 所用概念与 A 之间均为广义抽象关系，则称 A 为多重广义抽象关系.

严格意义上讲，这不是对概念的分类，只是刻画了一些特殊概念的特征. 它的教学意义在于，教师进行教学设计时可以重点考虑对这三类概念的教学处理，或作为教学的重点，或作为教学的难点.

(2)陈述性概念与运算性概念

在对概念结构的认识方面，认知心理学家提出一种理论——特征表说，所谓特征表说即认为概念或概念的表征是由两个因素构成的：一是定义性特征，即一类个体具有的共同的有关属性；二是定义性特征之间的关系，即整合这些特征的规则. 这两个因素有机地结合在一起，组成一个特征表. 有学者根据这一理论和知识的广义分类观，对数学概念进行分类.

一个数学概念可以表述为 $C=R(x_1,x_2,\cdots,x_n)$，其中，$x_1,x_2,\cdots,x_n$ 为 n 个定义性特征(或上一级概念)，R 为整合这些特征的规则. 如果 R 及 $x_1,x_2,\cdots,x_n$ 没有数学的运算意义，那么称这类概念为陈述性的概念，否则称为运算性概念. 例如，对于平行四边形概念，如果 $AB/\!/CD$ 并且 $AD/\!/BC$，那么称四边形 $ABCD$ 为平行四边形. 这里是两个定义性特征的合取，不存在运算性特征，所以平行四边形概念是陈述性概念. 对于运算性概念，依据运算方式的不同又可分为程序性概念和构造性概念两种类型. 程序性概念是指该概念的定义中给出了判断概念本质属性的运算程序，如“偶数”、“最大公因式”概念等. 构造性概念指在判断一个概念时，需要构造出一个满足某种属性的对象后再实施运算的概念，如“有界数列”的概念. 于是，得到关于数学概念的一种分类：

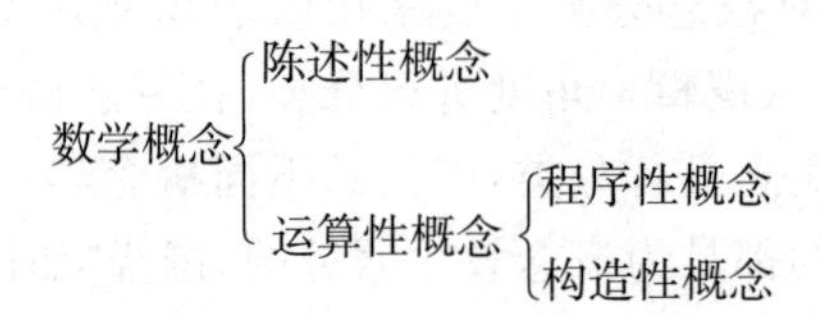

将数学概念分为陈述性概念和运算性概念，比较好地刻画了数学概念的特征. 相对说来，陈述性概念有“静”的一面，而运算性概念有“动”的一面. 陈述性概念的理解主要应明确定义性特征和整合定义性特征的规则，运算性概念的理解则要掌握运算的意义和运算的程序.

(3)合取概念、析取概念、关系概念

有学者依据概念由不同属性构造的三种方式(联合属性、单一属性、关系属性)，分别对应地把数学概念分为合取概念、析取概念、关系概念. 所谓联合属性，即几种属性联合在一起对概念来下定义. 这样所定义的概念称为合取概念；所谓单一属性，即在许多事物的各种属性中，找出一种(或几种)共同属性来对概念下定义，这样所定义的概念称为析取概念；所谓关系属性，即以事物的相对关系作为对概念下定义的依据. 这样所定义的概念称为关系概念(曹才翰等，1999). 显然，这种划分建立在逻辑学基础之上，以概念本身的结构来进行分类. 这种方法同样适合于对其他学科的概念进行分类，因而没有体现数学概念的特殊性.

(4)叙实式概念、推理式概念、变化式概念和借鉴式概念

有论者认为数学概念理解是对数学概念内涵和外延的全面性把握. 根据不同特点的数学概念所对应的理解过程和方式可将数学概念分为叙实式数学概念、推理式数学概念、变化式数学概念和借鉴式数学概念等 4 种类型.

叙实式数学概念是指那些原始概念、不定义的概念，或者是那些很难用严格定义确切描述内涵或外延的概念. 这类概念包括平面、直线等原始概念，包括算法、法则等不定义概念，还包括数、代数式等外延定义概念等. 所谓推理式数学概念，是指能够对概念与相关概念的逻辑关系本质进行描述的数学概念. 此类概念的特点可归纳为：前有因，后有果，同层有联系. “前有因”指的是它在一些基本概念的基础上产生的；“后有界”指的是它还能推出或定义出一些概念；“同层有联系”指的是与它所并列于同一个逻辑层次上的其他概念有着一定的逻辑相关性. 所谓变化式数学概念，包括以原始概念为基础定义的，包括那些借助于一定的字母与符号等，经过严格的逻辑提炼而形成的抽象表述的有直接非数学学科背景的概念，还包括在其它学科有典型应用的概念. 例如，导数、梯度和数学归纳法等概念.

三、数学概念间的关系

概念间的关系是指某个概念系统中一个概念的外延与另一个概念的外延之间的关系. 依据它们的外延集合是否有公共元素来分类，这里约定，任何概念的外延都是分控集合.

1. 相容关系

如果两个概念的外延集合的交集非空，就称这两个概念间的关系为相容关系. 相容关系又可分为下列三种：

(1)同一关系

如果概念 A 和 B 的外延的集合完全重合，则这两个概念 A 和 B 之间的关系是同一关系. 具有同一关系的概念在数学里是常见的. 例如，无理数与无限不循环的小数；等边三角形与等角三角形，都分别是同一关系. 由此不难看出，具有同一关系的概念是从不同的内涵反映着同一事物. 比如，等边三角形与等角三角形这两个具有同一关系的概念，就分别从“等边”与“等角”这两个不同的内涵揭示了同一类三角形.

了解更多的同一概念，可以对反映同一类事物的概念的内涵作多方面的揭示，有利于认识对象，有利于明确概念. 比如说，我们只有运用等腰三角形底边上的高、中线、顶角平分线这三个具有同一关系的概念的内涵来认识底边上的高，才能看清楚这条线段具有垂直平分底，同时平分顶角的特征，从而加深对这条线段的认识，为灵活运用打下基础.

具有同一关系的两个概念 A 和 B，可表示为 $A=B$，这就是说 A 与日可以互相代替，这样就给我们的论证带来了许多方便. 若从已知条件推证关于 A 的问题比较困难，就可以改从已知条件推证关于 B 的相应问题.

(2)交叉关系

若两个概念 A 和 B 的外延仅有部分重合，则这两个概念以和 B 之间的关系是交叉关系. 具有交叉关系的两个概念是常见的. 比如，矩形与菱形；等腰三角形与直角三角形，都分别是具有交叉关系的概念. 具有交叉关系的两个概念 A 和 B 的外延只有部分重合，所以不能说 A 是 B，也不能说 A 不是 B，只可以说有些 A 是 B，有些 A 不是 B. 例如可说：“有些等腰三角形是直角三角形，”也可以说“有些直角三角形是等腰三角形”. 但不能说“等腰三角形不是直角三角形”，也不能说“直角三角形不是等腰三角形”. 这一点对于初学具有交叉关系概念的中学生来说往往易出现错误. 如果我们在教学中抓住交叉关系的棚念的特点，提出一些有关的思考题启发学生，就可以避免以上错误认识的形成.

(3)属种关系

若概念 A 的外延集合为概念 B 的外延集合的真子集，则概念 A 和 B 之间的关系是属种关系.这时称概念 A 为种概念，B 为属概念.即在属种关系中，外延大的，包含另一概念外延的那个概念叫做属概念，外延小的，包含在另一概念的外延之中的那个概念叫种概念.具有属种关系的概念表现在数学里也就是具有一般与特殊关系的概念.例如，方程与代数方程，函数与有理函数，数列与等比数列，就分别是具有属种关系的概念，其中的方程、函数、数列分别为代数方程、有理函数、等比数列的属概念，而代数方程、有理函数、等比数列分别为方程、函数、数列的种概念.

属概念所反映的事物的属性必然完全是其种概念的属性.例如，平行四边形这个属概念的一切属性明显都是某种概念矩形和其种概念菱形的属性.因此，不难知道，属概念的一切属性就是其所有种概念的共同属性，称之为一般属性，各个种概念特有的属性称之为特殊属性.一个概念是属概念还是概念不是绝对的，同一概念对于不同的概念来说，它可能是属概念，也可能是种概念.例如，三角形这个概念，它对等腰三角形来说是属概念，而对多边形来说则是种概念.再如，超越函数对初等函数来说是种概念，对指数函数来说则是属概念.

一个概念的属概念和一个概念的种概念未必是唯一的.例如自然数这个概念，其属概念可以是整数，也可以是有理数，还可以是实数，而其种概念可以为正奇数，也可以为正偶数，还可以为质数、合数.再如，四边形、多边形是平行四边形的属概念.矩形、菱形和正方形都是平行四边形的种概念.在教学中，我们要善于运用这一点，帮助学生明确某概念都属于哪个范畴以及又都包含哪些概念，将有关的概念联系起来，系统化，从而提高学生在概念的系统中掌握概念的能力.

2.不相容关系

如果两个概念是同一概念下的中种概念，它们的外延集合的交集是空集，则称这两个概念间的关系是不相容关系.不相容关系又可分为两种：

(1)矛盾关系

如果具有全异关系的两个概念 A 和 B，它们的外延之并等于它们的某个共同属概念 C 的外延(概念 C 的外延有时也称论域)，那么就说 A 与 B 在 C 下为矛盾概念，即 $A\subset C$，$B\subset C$，且 $A\cup B=C$，$A\cap B=\varnothing$.具有矛盾关系的两个概念 A 与 B 的内涵是互相矛盾的，互相否定的，因而我们可以说，若概念 A 与 B 之间具有矛盾关系，则 A 的反面就是 B，B 的反面就是 A.比如有理数与无理数在属概念实数下是具有矛盾关系的两个概念.在实数范围里面，有理数的反面是无理数，无理数的反面是有理数.

只有学好和运用好概念的矛盾关系，才能加深对某个概念的认识.比如，一个学生只有在不仅懂得了怎样的数是有理数，而且懂得了怎样的数是无理数时，这个学生才能真正把握无理数这个概念.在教学中我们要善于运用这一点，引导学生，注意分析具有矛盾关系的两个概念的内涵，以便使学生在认清某概念的正反两方面的基础上，加深对这个概念的认识.

(2)对立关系

如果具有全异关系的两个概念 A 和 B 的外延之并集为它某一个共同属概念 C 的外延的真子集，即 $A\subset C$，$B\subset C$，且 $(A\cup B)\subset C$，$A\cap B=\varnothing$.那么就称 A 和 B 之间具有反对关系.具有反对关系的两个概念的内涵是有本质区别的，但并非相互矛盾，也并不互相否定，并不是一个概念是另一个概念的反面.然而常发现有些中学生对此并不理解.比如，有的同学认为，在整数范围内，正数的反面就是负数，负数的反面就是正数，若将这种误解运用到反证法中去，必然导致错误.

具有全异关系的两个概念是反对关系还是矛盾关系有时不是绝对的.比如，有理数与无理数在实数范围内是矛盾关系，但在复数范围内却是反对关系．看来，两个全异概念之间构成反对关系还是矛盾关系，要由此二概念研讨的范围而定，因而我们在教学中应十分注意这一点．

任何两个概念间的关系或为同一关系，或为从属关系，或为交叉关系，或为全异关系，也就是说任何两个概念必然具有以上四种关系中的一种关系．只有在学科的概念体系中分清各概念之间的区别和联系，才能达到真正明确概念的目的．因而我们在教学中要善于引导学生在分清概念间的关系的过程中掌握各个概念．

四、数学概念定义的结构、方式和要求

1．定义的结构

前面已经指出，概念是由它的内涵和外延共同明确的．由于概念的内涵与外延的相互制约性，确定了其中一个方面，另一方面也就随之确定．概念的定义就是揭示该概念的内涵或外延的逻辑方法．揭示概念内涵的定义叫做内涵定义，揭示概念外延的定义叫做外延定义．在中学数学中，大多数概念的定义是内涵定义，只有少量是外延定义．

任何定义都是由三部分组成：被定义项、定义项和定义联项．被定义项是需要明确的概念，定义项是用来明确被定义项的概念，定义联项则是用来联接被定义项和定义项的．例如，“有两边相等的三角形叫做等腰三角形”．在这个定义中，“等腰三角形”是被定义项，“有两边相等的三角形”是定义项，“叫做”是定义联项．

2．定义的方式

(1)邻近的属加种差定义

在一个概念的属概念当中，内涵最多的属概念称为该概念邻近的属．例如，矩形的属概念有四边形、多边形、平行四边形等，其中平行四边形是矩形邻近的属．要确定某个概念，在知道了它邻近的属以后，还必须指出该概念具有而它的属概念的其他种概念不具有的属性才行．这种属性称为该概念的种差．如“一个角是直角”就是矩形区别于平行四边形其他种概念的种差．这样，我们就可以把矩形定义为：“一个角是直角的平行四边形叫做矩形”．

一般地，邻近的属加种差的定义方式可用下面的公式来表示：

被定义项＝种差＋邻近的属

需要指出的是，对于同一个概念，可以选择同一个属的不同的种差，作出不同的定义．当被定义的概念的邻近的属概念不只一个时，也可选择不同的属及相应的种差下定义．中学数学中最常用的定义方式就是邻近的属加种差的定义．

(2)发生定义

发生定义是邻近的属加种差定义的特殊形式，它是以被定义概念所反映的对象产生或形成的过程作为种差来下定义的．例如，“圆是由一定线段的一动端点在平面上绕另一个不动端点运动而形成的封闭曲线”．这就是一个发生式定义．类似的发生式定义还可用于椭圆、抛物线、双曲线、圆柱、圆锥、圆台、球等概念．

(3)关系定义

关系定义是邻近的属加种差的另一种特殊形式，它是以被定义概念所反映的对象与另一对象之间的关系，或它与另一对象对第三者的关系作为种差的一种定义方式．例如，$b(b\neq0)$整除a，就是存在一个整数c，使得$a=bc$．

(4)外延定义

外延定义是用列举属概念下的所有的种概念的办法来定义属概念的.例如,“整数和分数统称为有理数”就是一个外延定义.外延定义还有一种特殊形式,即外延的揭示采用约定的方式,因而也称约定式定义.例如,$a^0=1(a\neq 0)$,$C_n^0=1$ 等都是这种定义.

(5)语词定义

语词定义就是规定或说明语词意义的定义.语词定义可以分为两种:一种是说明式的语词定义;另一种是规定的语词定义.当别人不了解某一个语词的意义时,就要用一个语词定义来说明这个语词的意义,这就是说明的语词定义.例如,“乌托邦”是一个希腊字,按着希腊文的意义,“乌”是没有,“托邦”是地方,乌托邦是一个没有地方,是一种空想和虚构.这就是说明“乌托邦”词义的语词定义.

还有一种语词定义叫规定的语词定义.例如,有这样的定义:“$\in$”表示属从关系;$\varnothing$ 表示空集.这些定义可以理解为规定了新符号“$\in$”和“$\varnothing$”的意义,也可以理解为给出了“属于关系”、“空集”的简称或略语.规定的语词定义犹如给人或物取名.

(6)公理定义

公理定义在数学中也是常见的.如群的定义可看做公理定义(在集合 G 上定义了一个运算,如果满足封闭性、结合性、有零元、对 G 内每一个元有逆元,那么 G 对这个运算来说叫做一个群——这四条合起来可看做群的定义).

在欧氏几何的希尔伯特公理系统中,对“点”、“直线”、“平面”等基本概念(原始概念)是不加定义的,但它们必须具备公理所刻画的性质和关系.任何对象只要满足这些有关的公理,我们就将它解释为“点”、“直线”和“平面”,从这个意义上可以说,这些公理实际上就是给这些概念下了定义.我们称这样的定义为公理定义,也称之为隐定义.这种定义方法对现代数学的发展和应用都起了巨大的作用.

(7)递归定义

在数学中,被定义的事物与自然数性质直接有关时,常采用递归定义.例如,$\sum_{i=1}^{n}a_i$ 表示 $a_1+a_2+\cdots+a_n$,但这里的省略号是什么意思不明确.如果采用递归定义就确定了.

定义:$\sum_{i=1}^{n}a_i=f(n)$,这里的,$f:N\to R$ 且满足在

①$f(1)=a_1$.

②$f(n+1)=f(n)$.

递归定义只适用于与自然数的性质直接有关的事物.

(8)充分必要条件定义

如“一个四边形是平行四边形当且仅当它的对边分别平行”.以上定义的八种方式在数学中是经常出现的.

3.定义的要求

为了使概念的定义正确、合理,应当遵循以下一些基本要求:

(1)定义要清晰

定义要清晰,即定义项所选用的概念必须完全已经确定.

循环定义不符合这一要求.所谓循环定义是指定义项中直接或间接地包含被定义项.例如,

定义两条直线垂直时，用了直角："相交成直角的两条直线，叫做互相垂直的直线"．然后定义直角时，又用了两条直线垂直："一个角的两条边如果互相垂直，这个角就叫做直角"．这样前后两个定义就循环了，结果仍然是两个"糊涂"概念．同词义义反复也不符合这一要求，因为它是用自己来定义自己．例如，"互相类似的图形叫做相似形"．显然，这样的"定义"是什么也没有定义．

此外，定义项中也不能含有应释未释的概念或以后才给出定义的概念．

(2)定义要简明

定义要简明，即定义项的属概念应是被定义项邻近的属概念，且种差是独立的．例如，把平行四边形定义为"有四条边且两组对边分别平行的多边形"是不简明的，因为多边形不是平行四边形邻近的属概念；如果把平行四边形定义为"两组对边分别平行且相等的四边形"也是不简明的，因为种差"两组对边分别相等"与"两组对边分别平行"不互相独立，由其中一个可以推出另一个．

(3)定义要适度

定义要适度，即定义项所确定的对象必须纵横谐调一致．

同一概念的定义，前后使用时应该一致，不能发生矛盾；一个概念的定义也不能与其他概念的定义发生矛盾．例如，如果把平行线定义为"两条不相交的直线"，则与以后要学习的异面直线的定义相矛盾；如果把无理数定义为"开不尽的有理数的方根"，就使得其他的无限不循环小数被排斥在无理数概念所确定的对象之外，造成数概念体系的诸多麻烦以致混乱．

要符合这一要求，如果是事先已经获知某概念所反映的对象范围，只是检验该概念定义的正确性时，可以用"定义项与被定义项的外延必须全同"来要求．上面的例子，都是定义项与被定义项的外延不全同的情形．

(4)定义项一般不用负概念

负概念是指反映对象不具有某种属性的概念．从纯逻辑观点看，定义项用负概念是允许的，中学数学中有些概念的定义项也用负概念，例如，"不能被 2 整除的整数叫奇数"、"无限不循环的小数叫无理数"等等．但是，从教学的角度考虑，负概念较难理解．因此，除了非用不可的少数概念以外，大多数数学概念的定义项都不宜用负概念．

第二节　数学命题

数学家对数学研究的结果往往是用命题的方式表示出来，数学中的定义、法则、定律、公式、性质、公理、定理等，都是数学命题，因此数学命题是数学知识的主体．数学命题与概念、推理、证明有着密切的联系，命题是由概念组成的，概念是用命题揭示的；命题是组成推理的要素，而很多数学命题是经过推理获得的；命题是证明的重要依据，而命题的真实性一般都需要经过证明才能确认．因此，数学命题的教学，是数学教学的重要组成部分．

一、数学命题概述

1.判断和语句

判断是对思维有所肯定或否定的思维形式．例如，对角线相等的梯形是等腰梯形；三个内角对应相等的两个三角形是全等三角形；指数函数不是单调函数等．

由于判断是人的主观对客观的一种认识，所以判断有真有假，正确地反映客观事物的判断称为真判断，错误地反映客观事物的判断是假判断．

判断作为一种思维形式、一种思想，其形式和表达离不开语言．因此，判断是以语句的形式出现的，表达判断的语句称为命题．因此，判断和命题的关系是同一对象的内核与外壳之间的关系，有时我们对这两者也不加区分．

数学命题是表示数学判断的语句，这种语句还可以用符号的组合来表达．在数学中我们常用 p,q,r 等来代表任意的命题，通常我们称为“语句变元”当语句变元 p 表示一个真值语句时，我们说它取真值，记为“$p=1$”，否则我们说它取假值，记作“$p=0$”．

2．命题特征

判断处处可见，因此命题无处不在．例如，在数学中，“正数大于零”、“负数小于零”，“零既不是正数，也不是负数”就是最普通的命题．命题就是对所反映的客观事物的状况有所断定，它或者肯定某事物具有某属性，或者否定某事物具有某属性，或者肯定某些事物之间有某种关系，或者否定某些事物具有某种关系．如果一个语句所表达的思想无法断定，那么它就不是命题，因此，“凡命题必有所断定”，可看成是命题的特征之一．

命题的主要特征是：“凡命题都有真假”．如果一个命题真实地反映了客观事物的情况，那么它就是真命题；否则，它就是假命题．例如，“1 米＝100 厘米”、“除法是乘法的逆运算”、“$6\neq7$”等都是真命题．又如，“任意两个无理数的和是无理数”就是假命题．形式思维对命题的基本要求是：命题要真实．数学命题的真假，需要由数学理论加以证明或反驳．科学命题的真实性，需要在理论上加以证明，并在实践中加以检验．

3．命题与语句的关系

任何命题都要用语句表达，但并非所有的语句都能表达命题．一般地，只有陈述句表达命题，疑问句、祈使句、感叹句不能表达命题．例如，79 是质数，这是陈述句，肯定了 79 具有质数性质；0 是最小的一位数吗？这是疑问句，只提出了问题，并没有指明 0 是或不是最小的一位数；画一个六边形！这是祈使句，只表示了要求；这个数好大啊！这是感叹句，只是抒发了情感．因此它们都不表达命题．

表达命题的语句与命题，通常不是一一对应的．同一个命题可以由不同的语句表达，数学中通过等价命题，用不同的语句表达同一个命题是很常见的．例如，杏树比梨树少 300 棵；梨树减少 300 棵和杏树一样多；杏树增加 300 棵和梨树一样多．这里三个不同的语句，都表达梨树比杏树多 300 棵这一命题．在日常生活中，比如，用话语或文字与别人交流时，常常选择不同的语句表达同一个命题，使得表达得体、优雅、幽默．比如，“禁止践踏草地”，就不如“小草在成长，请勿打扰”来得优雅、亲切．

在数学中，同一个语句只能表达一个命题．但在生活中，同一个语句，在不同的语境中，可以表达不同的命题．例如，“那是白头翁．”这个语句可以理解为对一位老大爷的陈述，也可以理解为对一只鸟的陈述，还可以理解为对一株植物的陈述．自然语言中虽然有许多歧义句，但在特定的语言环境中，或者加上语言的严格限制，所表达的命题还是唯一的．比如说：“那是一位白头翁．”就只能理解为是对一位老大爷的陈述，因为在汉语中对鸟和植物的陈述不用量词“位”限制．因此，要准确地理解一个语句所表达的命题，必须弄清楚一个语句所处的语言环境及说话者的客观环境．

二、简单命题与复合命题

1. 简单命题

本身不包含其他判断的判断称为简单判断，表示简单判断的命题称为简单命题. 简单命题有两个概念组成，用单个句子表达. 在逻辑学中，简单命题就是指没有逻辑联结词的命题. 简单命题按其所判定的是对象的性质还是对象间的关系又分为性质命题与关系命题.

(1)性质命题

性质命题，就是断定某事物具有(或不具有)某种性质的命题. 性质命题由主项、谓项、量项和联项四部分组成. 主项表示判断的对象，通常用S表示；谓项表示主项具有或者不具有的性质，通常用P表示；量项表示主项的数量，反映命题的量的差别. 两项分两种，表示对象全体的叫做全称量项，常用“所有”、“一切”、“每一个”等全称量词来表示；表示对象一部分的叫做特称量项，常用“有些”、“至少有一个”、“存在”等存在量词来表达. 全称量项常常可以省略. 联项表示主项与谓项之间的关系，反映命题的质的差异. 通常用“是”或“有”表示肯定联项；用“不是”或“没有”表示否定联项.

根据量项的“全称”或“特称”的量，以及联项的“肯定”或“否定”的质，性质命题可以分为四种形式：

①全称肯定命题，即断定一类事物的全部对象具有某种性质的命题. 例如，“有理数是实数”与“5是自然数”都是全称肯定命题. 其命题形式用“所有 S 是 P”表示，或者简写作“SAP”，简称“A 命题”.

②全称否定命题，即断定一类事物的全部对象不具有某种性质的命题. 例如，“0不是一位数”与“所有的梯形不是平行四边形”都是全称否定命题. 其命题形式用“所有 S 不是 P”表示，或者简写作“SEP”，简称“E 命题”.

③特称肯定命题，即断定一类事物部分对象具有某种属性的命题，例如，“有些三角形是直角三角形”就是特称肯定命题. 其命题形式用“有些 S 是 P”表示，或者简写作“SIP”，简称“命题”.

④特称否定命题，即断定一类事物部分对象不具有某种性质的命题. 例如“有些自然数不是质数”就是全称否定命题. 其命题形式用“有些 S 不是 P”表示，或者简写作“SOP”，简称“O 命题”.

(2)关系命题

关系命题，就是判定事物与事物之间关系的命题. 关系命题由主项、谓项与量项组成. 主项又称关系项，是指存在某种关系的对象；谓项又称关系，是指各个对象之间的某种关系；量项表示主项的数量. 具有两个关系项的关系命题可用公式 aRb 表示，读作“a 和 b 有关系 R”.

按照关系的逻辑特征，主要关系有以下三种：

①对称关系. 如果 aRb，则 bRa 成立，就称关系 R 为对称关系. 例如，数学中的“全等关系”、“相似关系”、“平行关系”、“垂直关系”、“不等关系”等都是对称关系.

②传递关系. 如果 aRb 且 bRc 成立，则 aRc 成立，就称关系 R 有传递关系. 例如，数学中的“包含关系”、“平行关系”、“大于”、“小于”、“相似关系”等都是传递关系.

③自反关系也称反身关系，即 aRa 成立的关系称为自反关系. 例如，“全等关系”、“相似关系”、“相等关系”等都是自反关系，而“大于”与“小于”就不是自反关系.

在数学中，如果集合 A 的一个关系同时满足上述的三条，即对称、传递、自反同时满足，则称其为等价关系. 例如,“全等关系”与“相似关系”都是三角形集合上的等价关系,利用给定集合上的等价关系可将集合的元素进行分类.

2. 复合命题

本身还包含其他判断的判断称为复合判断,表示复合判断的语句叫做复合命题. 复合命题通常有两个或两个以上的简单命题通过逻辑联结词联合起来组成. 组成复合判断的简单命题称为复合命题的肢命题. 肢命题可以是简单命题,也可以是复合命题. 任何一个命题或为真或为假,这种命题的真假的性质,在逻辑学中叫做命题的值. 真命题具有的值是真值,假命题具有的值是假值,命题的真假值称为逻辑值,常用“1”表示真,用“0”表示假.

复合命题按基本肢命题的不同组合情况(指按不同的逻辑联结词联结),可分为联言命题、选言命题、假言命题和负命题.

(1)联言命题(合取)

同时判定了事物几种情况的命题叫做联言命题,其联结词的词语有“与”、“而且”、“既……,又……”等,若 p,q 分别表示命题变项(肢命题),以符号“∧”(读作“合取”)表示联言命题的逻辑连接词,则联言命题的逻辑公式为:“p∧q”即“p 而且 q”. 一个联言命题,必须在每个肢命题都真时才是真的. 因此,只要其中有一个肢是假的就为假. 例如,菱形既是平行四边形,又是等边形. 联言命题与命题演算“合取”对应,相当于集合交的运算. 合取这种关系与日常思维中的“并且”有一定的区别. 比如,虽然“2+2=4”和“雪是白的”都是真命题,但在日常思维中,一般不会断定“2+2=4 并且雪是白的”. 再如,从真值形式上说,“p 并且 q”与“g 并且 p”是等值的,但在日常思维中,联言支互换位置后,联言命题所表达的意思有时却很不一样,如“屡战屡败”与“屡败屡战”. 另外,像“不但……而且……”、“虽然……但是……”、“宁可……也不……”等句型,仅从联言支的真假以及它们所表达的事物情况都存在类似状况. 它们表达了联言命题之外更多的含义. 虽然日常语言中的“并且”有更多的含义,但是合取式的含义是日常语言中的“并且”所必然具有的含义.

(2)选言命题(析取)

判定事物若干可能情况的命题叫做选言命题. 若在一个选言命题中,各个选言肢所判定的几种可能情况是可以并存的,则称为相容的选言命题(与集合的并运算相对应). 例如,这个三角形是直角三角形或等腰三角形,就是相容选言命题. 相容的选言命题的逻辑公式是“p 或者 g”,用符号“∨”(读作“析取”)表示其逻辑联结词,于是又可表示为“p∨g”. 相容的选言命题至少有一个选言肢是真时,选言命题就为真.

若在一个选言命题中,选言命题判定的几种可能情况是不能并存的,则称为不相容的选言命题. 例如,这个三角形要么是直角三角形,要么是锐角三角形,要么是钝角三角形. 不相容的选言命题(与集合的不交并运算相对应)的逻辑联结词用“要么……,要么……”表示. 一个真实的不相容的选言命题不仅须有,而且只能有一个选言命题真时,选言命题才为真.

(3)假言命题(蕴涵)

有条件地断定某事物情况存在的命题称为假言命题. 它是反映事物之间的条件和结果关系的命题. 例如,“如果两个三角形的两边及其夹角相等,那么这两个三角形全等”,它是有条件地对事物作出判断. 表示条件的肢命题叫做假言命题的前件,表示依赖条件而成立的肢命题称为命题的后件. 不同的条件联系构成不同的假言命题,就条件而论,通常有必要条件、充分条件、充要条件,因而作为反映不同条件关系的假言命题也有三种:

①充分条件假言命题. 充分条件假言命题指前件(p)是后件(q)的充分条件(充分保证)的假

言命题.逻辑联结词通常用“若……,则……”、“如果……,那么……”,用符号“$\rightarrow$”(读作蕴涵)表示逻辑联结词.充分条件假言命题的逻辑公式为“若 p 则 q”,也可用蕴涵式“$p\rightarrow g$”表示(读作“p蕴涵着 q”).充分条件的假言命题,只有当它的前件真,后件假时,假言命题才假;其余情况下,充分条件假言命题都真.

②必要条件假言命题.必要条件假言命题指前件是后件的必要条件(必不可缺少)的假言命题.逻辑联结词通常是“除非……,就不……”、“只有……,才……”,其逻辑公式为“只有 p,才有q”,实为 $p\leftarrow q$”.必要条件假言命题,只有当它的后件真,前件假时,必要条件假言命题才假.其余情况下,必要条件假言命题都真.

③充分必要条件假言命题.前件既是后件的充分条件又是必要条件的假言命题,称为充要条件假言命题.其逻辑联结词通常有“只有而且只有……,就……”、“当且仅当……,则……”等,其逻辑公式为“当且仅当 p,则 q”,用符号“$\leftrightarrow$”(读作“等价”)表示联结词,其逻辑公式可表示为 $p\leftrightarrow q$”读作“p 等价于 q”或“p 等值于 q”.

(4)负命题

负命题是否定一个命题所构成的命题.它是一种比较特殊的复合命题,用符号“$\neg$”(读作“非”)表示否定的联结词,命题 p 的负命题用 $\bar{p}$ 表示,读作“并非 p”.例如,并非所有的马都是千里马.负命题“$\bar{p}$”与命题“p”的真值是相矛盾的,即当“p”真时,“$\bar{p}$”为假;当“p”假时,“$\bar{p}$”为真.“$\bar{p}$”可以通俗地理解为 p 不是真的.任何一个命题都可对其否定而得到相应的负命题.

三、命题的在数学中的应用

1.数学命题的表现形式

我们已经知道,用来表示数学判断的语句或数学符号的组合称为数学命题.数学命题的表现形态通常有数学公理、数学定理(包括引理、推论)、数学公式(包括法则)等.以下就其常识予以简介.

(1)数学公理

数学公理(也称公设)就是指经过实践长期反复的检验,其真实性非常明显,无需进行论证就被人们公认的所谓不证明的数学命题.因此,数学公理在数学论证过程中,理所当然地是证明某一数学命题真实性的论据或理由.例如,在欧几里德几何中有五条公设:

①连接任何两点可以作一直线段.

②一直线段可以沿两个方向无限延长而成为直线.

③以任意一点为中心,通过给定的另一点可以作一圆.

④凡直角都相等.

⑤过已知直线外的一点只能作一条直线平行于该已知直线.

还有五条公理:

①等于同量的量彼此相等.

②等量加等量,其和仍相等.

③等量减等量,其差仍相等.

④彼此能重合的物体是全等的.

⑤整体大于部分.

欧几里德几何中的所有几何命题的真实性证明都是建立在这五条公设及五条公理的基础之

上的.实际上,在数学王国里,每门分支学科都有自己的公理体系,而且“公理化”还成为一种特别重要的数学思想方法.

(2)数学定理

所谓数学定理就是指具有真实性的数学命题,这种命题的真实性必须根据其他已知概念和真命题,经过逻辑推理而加以证明.例如,“平行四边形的对角线互相平分”以及正弦定理、余弦定理等都是数学定理.

定理同公理相比,其真实性远不及后者直观——不证明,而定理再直观也需进行严格证明.人们常常说“某定理不真”,或“某定理的逆定理不真”,这种说法是不妥当的.为什么?因为在数学上真的命题才叫定理,既然不真怎么能叫定理呢?正确的说法应该是:“某命题不真”,或某定理的逆命题不真”,这样说才不会自相矛盾.对于数学入门者来说,明白这一点是非常重要的.

定理还有一个鲜明的特点,就是具有广泛的应用,也就是说由它能产生更多的数学真实命题.从理论上说,学生在数学学习过程中,经过严格证明的数学证明题都可称其为定理,但这些命题的重要性及应用的广泛性比起教材中的定理要逊色许多.因此,通常不称它们为数学定理.

事实上,一个定理的重要性只有放在一门学科的所有定理组成的定理系统中去考察,才能体现出来.也就是说,只有了解一个定理和其他定理的关系,通过比较,才能知道哪个定理更重要、更基本,需要给予更多的注意和研究.例如,代数学中的代数基本定理,微积分中的微积分基本定理,它们都是相应理论中最重要、最基本的定理.

与数学定理密切相关的还有引理与推论.

引理通常是为证明某一个定理而预先证明的定理,因此也叫预备定理.数学家们在证明重大定理时,通常需要给出许多引理,为什么这么做?德国大学者莱布尼茨(G. W. Leibnitz, 1646~1716)有一段精彩的论述:

“在数学中,若把每一件事都简化为直觉知识,则其证明就会变得极其冗长.因此数学家总是聪明地把困难加以分解,进而分别地去证明一系列中间命题,其中当然包含着许多技巧.中间定理(通常称为引理)往往可用多种方法去设计,为了便于理解和记忆,最好选择那些证明过程简短易行的结果作为中间定理.”

所谓推论,就是指由某一数学定义、数学公理、数学定理等真命题直接推出,而且其真实性相当直观的数学真命题.例如,从定理“三角形任何两边的和大于第三边”可以得出一个推论:“三角形任何两边的差小于第三边”.推论也是真命题,它与定理的不同之处,主要在于推论的导出过程比较“直接”、“简单”,所以它的真实性相当直观.

(3)数学公式

用数学符号标记的数学命题,称为数学公式.一般说来,将若干具体符号按照一定的数学原理用相应的关系符号连接起来,即形成数学公式.例如,梯形面积公式 $S=\frac{h(a+b)}{2}$ 所标记的命题是:“梯形的面积等于梯形的高与上、下底之和的一半的乘积”.这个公式就是用相等关系符号连接而成的.而不等式 $\frac{(a+b)}{2}\geqslant\sqrt{ab}(a>0,b>0)$ 等,则是分别用不等关系符号和近似相等关系符号连接起来的数学公式.

凡是用数学符号记述数学定义、数学性质、数学规律、数学关系和数学定理等都是数学公式.使用数学公式时,要注意公式成立的前提条件或应用范围,不得任意扩大或缩小.否则,会犯误用公式的逻辑错误.

2.数学命题的四种基本形式

数学命题通常用蕴涵式“$p\to q$”给出.对同一对象,可以做出四种形式的命题.

①原命题 $p\to q$.

②逆命题 $q\to p$.

③否命题 $\neg p\to\neg q$.

④逆否命题$\neg q\to\neg p$.

例如,以命题“对顶角相等”为原命题,把原命题的条件和结论交换,就得原命题的逆命题“相等的角为对顶角”;否定原命题的条件和结论并交换位置,就得原命题的你否命题“不相等的角分对顶角”.

从四种命题的表达形式,可以看出:原命题和逆命题是互逆的,否命题和逆否命题也是互逆的;原命题和否命题是互否的,逆命题和逆否命题也是互否的;原命题和逆否命题是互为逆否的,逆命题和否命题也是互为逆否的.

如果一个命题的条件(前提)和结论都是简单命题,那么它的逆命题、否命题和逆否命题都是容易确定的.如果原命题的条件和结论都是复合命题,那么在得出它的三种命题时就比较复杂了,在这里不做详细研究.

互为逆否的两个命题的真假性是一致的,同真或同假.互为逆否的两个命题的同真同假的性质通常为逆否律(或叫做逆否命题的等效原理).用符号表示为

$$p\to q\equiv\neg q\to\neg p;q\leftarrow p\equiv\neg p\to\neg q$$

互逆或互否的两个命题的真假性并非一致,可以同真,可以同假,也可以一真一假.根据逆否律,对于互为逆否的两个命题,在判定其真假时,只要判定其中一个就可以了.当直接证明原命题不易时,可以改证它的逆否命题,若逆否命题得证,也就间接地证明了原命题.从欲证原命题,到改证逆否命题这一逻辑思维方面来说,逆否律是间接证法的理论依据之一.

互逆的两个命题未必等价,但是当一个命题的条件和结论都唯一存在,它们所指的概念的外延完全相同,是同一概念时,这个命题和它的逆命题等价.这一性质通常称为同一原理或同一法则.例如,“等腰三角形底边上的中线是底边上的高线”是一个真命题,这个命题的条件“底边上的中线”有一条且只有一条,结论“底边上的高线”也是有一条且只有一条.这就是说,命题的条件和结论都唯一存在.由于这个命题为真,所以命题的条件和结论所指概念的外延完全相同,是同一概念.因此,这个命题的逆命题“等腰三角形底边上的高线是底边上的中线”也必然为真.同一原理是间接证法之一的同一法的逻辑根据.对于符合同一原理的两个互逆命题,在判定其真假时,只要判定其中的一个就可以了.在实际判定时,自然要选择易判定的那个命题.

3.数学命题的构造

(1)数学逆命题的构造

对数学问题提出反问题是扩大与加深数学知识的重要手段.而提出数学的反问题最常见的手段是构造命题的逆命题.

只有一个题设和一个题断的简单命题的逆命题是很容易制造的,我们只要将原命题的题设与题断互换就可以了.对于题设或题断不止一个的复合命题来说,其逆命题的制造比较麻烦,我们把交换部分题设与题断所得的新命题称为原命题的偏逆命题一般说来偏逆命题有多个.例如,原定理“在圆内,弦的垂直平分线必过圆心而且平分弦所对的弧.”不难得到如下的原定理的五个

偏逆命题：

①在圆内，过圆心而且平分弦的直线必平分该弦所对的弧.

②在圆内，平分弦和这弦所对弧的直线必过圆心而且垂直该弦.

③在圆内，过圆心而且垂直于弦的直线必平分该弦与它所对的弧.

④在圆内，垂直弦且平分该弦所对弧的直线必过圆心且平分该弦.

⑤在圆内，过圆心且平分弦所对弧的直线必垂直平分该弦.

一般地，如果定理的条件分成 m 条（$A_1, A_2, \cdots, A_m$），定理的结论也分成 n 条. 那么我们可以把其中的某些条件与同样多条的结论互相对换，而形成偏逆命题. 用这种方法构造出来的偏逆命题有些可能是真的，有些可能是假的. 只有通过证明，我们才能知道哪个真，哪个假.

（2）数学否命题的构造

大家知道，反证法是数学中的一种非常重要的数学证明方法. 反证法的关键是提出原命题的否命题，如何构造否命题并不是一件容易的事情. 构造否命题的关键是弄清楚如何对逻辑量词作否定. 因此有必要介绍基本的逻辑量词及数学命题形式化的常识.

设 p 是关于某论域 U 中元素 x 的一个性质，如对论域 U 中的一切元素 x 都具有性质 p，则简记作 $\forall x\mathrm{p}(x)$. 如在 U 中存在一个元素 z 具有性质 p，则简记作 $\exists x\mathrm{p}(x)$. 这里给出的两个逻辑符号“$\forall$”和“$\exists$”分别叫做全称量词与存在量词（统称为量词），并分别读作“任意一个”和“存在一个”. 一般地，关于全称量词与存在量词的否定有如下规律：

$$\overline{\forall x\mathrm{p}(x)}=\exists x\,\overline{\mathrm{p}(x)},\ \overline{\exists x\mathrm{p}(x)}=\forall x\,\overline{\mathrm{p}(x)}.$$

关于否命题的构造，以下分情况予以讨论.

1）简单命题的否定

简单命题的否定，分以下几种情况：

①对关系命题的否定只需在原命题前加“并非”.

②对单称性质命题的否定，也只需在原命题前加“并非”.

③全称命题 $\forall x\mathrm{p}(x)$ 的否定为 $\overline{\forall x\mathrm{p}(x)}=\exists x\,\overline{\mathrm{p}(x)}$.

④特称命题 $\exists x\mathrm{p}(x)$ 的否定为 $\overline{\exists x\mathrm{p}(x)}=\forall x\,\overline{\mathrm{p}(x)}$.

此外，若命题中含有两个（以上）的量词，则称这样的命题为多元命题. 对多元命题的否定，只需遵循求全称、特称命题的否定原则，将全称量词与特称量词互换，同时作出判定的否定即可.

2）复合命题的否定

复合命题的否定，分以下几种情况：

①对 $\mathrm{p}\wedge\mathrm{q}$（合取命题）的否定为 $\overline{\mathrm{p}\wedge\mathrm{q}}=\bar{\mathrm{p}}\vee\bar{\mathrm{q}}$.

②对 $\mathrm{p}\vee\mathrm{q}$（析取命题）的否定为 $\overline{\mathrm{p}\vee\mathrm{q}}=\bar{\mathrm{p}}\wedge\bar{\mathrm{q}}$.

③对假言命题的否定，用逻辑公式写出比较复杂，利用否命题的定义反而更方便.

如果一个命题的前提与结论不止一条时，构造否命题的方法与构造逆命题的方法类似，它也有多种变化. 例如，原定理“等腰三角形的顶角平分线必平分底边”的否命题有：“过等腰三角形顶点不平分顶角的直线不是底边的平分线”与“不是等腰三角形的顶角平分线就不是底边的平分线”.

结构复杂的复合命题的否命题的构造是一项困难的工作，需要对命题的条件与结论的结构分析透彻，才能构造出所需的否命题.

(3)数学命题的推广

数学命题由条件(前提)和结论两部分组成. 一般说来,命题的条件改变了,命题的结论也随之发生相应的变化,这是由数学自身的特点所决定的. 数学命题的推广有多种方式,比如:从特殊推向一般;从低维拓向高维;改变命题的某些条件(包括条件减弱);改变命题的结论(包括加强);考虑命题的反命题等等,都可以看作是将数学命题推广. 任何事物都是从简单到复杂、从低级到高级逐步发展的. 数学也不例外,它正是通过从简单到复杂、从特殊到一般的过程中不断完善、不断深入、不断发展的. 从这个意义上说,数学推广是拓宽数学王国疆土的重要途径. 实际上,数学推广对促进数学发展所起的作用是很巨大的. 大家知道,数学的概念的扩充就是一种典型的数学推广,它促进了数学自身的发展,而且逐步加深了人们对数学的认识.

按照国际数学教育学家波利亚的观点,数学的推广有两种类型,一种是价值不大的,另一种是有价值的. 推广之后冲淡了的是不好的,推广之后提炼了的是好的. 在数学研究中,当然要做有意义的推广工作,通常这又是很困难的工作. 数学命题的推广通常有以下几条途径:

①从低维推广到高维.

②向问题的纵深发展(弱化条件,强化结论).

③类比、横向推广(同学科的类比,不同学科的类比).

④反向推广(考虑反问题).

⑤联合推广(多种途径兼联合使用).

第三节　数 学 推 理

人们在认识客观世界的过程中,不仅运用概念概括事物的本质属性,运用判断(命题)对思维对象作出判断,而且还要依据已知的判断(命题)推出新的判断(命题). 就人类知识宝库总体而言,虽然一切知识从本质上说都来源于实践,但并不意味着任何知识都要通过直接经验获得. 实际上,大量知识都是人们获取新知识的重要逻辑手段. 同样道理,数学推理就是人们在从事数学活动的过程中,获取数学新知识、不断丰富数学知识宝坤的重要逻辑手段,而且数学推理还是数学证明的基本工具. 数学推理通常包括演绎推理、归纳推理与类比推理.

一、逻辑思维的基本规律

要想准确地运用定义、定理等思维形式进行推理和证明,必须遵循逻辑思维的基本规律,即同一律、矛盾律、排中律以及充足理由律.

1. 同一律

同一律(the law of identity)是指在同一思维过程中,使用的概念和判断必须保持同一性,又可称为“确定性”. 它是一切正确思维都必须遵守的逻辑规律,它有两点具体要求:一是思维对象应保持同一,在思维过程中,所考察的对象必须确定,要始终如一,不能中途变更;二是表示同一事物的概念应保持同一,在思维过程中,要以同一概念表示同一思维对象,不能用多个概念表示同一事物,也不能用同一概念表示对个事物.

同一律最主要的作用,是保证思维的确定性. 它的客观基础,是事物在绝对运动的过程中所具有的质的相对稳定性. 也就是说,这里的同一是相对的,而不是永远的.

2. 矛盾律

矛盾律(the law of contradiction)是指在同一论证过程中,对同一对象的两个互相矛盾(对立)的判断不能成立,其中至少有一个是假的. 它要求一种思想不能自相矛盾,所以又叫做"不矛盾律",违反这个要求的逻辑错误叫做自相矛盾.

矛盾律是同一律的引申,这是用否定形式来表达同一律的内容,是从否定方面来肯定同一律. 矛盾律说明矛盾的双方不能同真,但可以同假. 矛盾律是否判断的逻辑基础,它的作用是排除思维中的自相矛盾,保持思维的不矛盾性. 这里所说的矛盾,是人们思维陷入混乱状态或故意玩弄诡辩时产生的思维矛盾,它同客观事物本身存在的矛盾是完全不同的.

3. 排中律

排中律(the law of excluded middles)是指在同一论证过程中,对同一对象的肯定判断与否定判断,这两个相矛盾的判断必有一个是真的. 也就是说,在同一思维过程中,两个互相矛盾的概念或判断,不能同假,必有一真.

排中律要求我们在两个互相矛盾的判断中必须承认有一个是真的,这就要求人们的思维有明确性,避免模棱两可. 它是同一律和矛盾律的补充和发挥,进一步指明正确的思维不仅要求确定、不互相矛盾,而且应该明确地表示肯定还是否定,不能含混不清.

排中律与矛盾律既有联系,又有区别. 二者都允许有逻辑矛盾,违反了排中律,同时也就违反了矛盾律. 它们的区别在于矛盾律是指出两个互相矛盾的判断,不能同真,必有一假;而排中律则指出两个互相矛盾的判断,不能同假,必有一真.

排中律是反证法的逻辑基础. 在我们不易直接证明某一命题的真实性时,我们可以通过证明这一判断的矛盾判断是假的就可以了. 这里的矛盾也只是指思维中的逻辑矛盾.

4. 充足理由律

充足理由律是指在论证和思维过程中,要确定一个判断为真,必须有充足的理由(充足的根据). 充足理由律要求理由和推断之间,存在着本质上的必然联系. 理由应是推断的充分条件,推断应是理由的必要条件. 在数学科学系统中,数学原始概念和公理就是其他判断的原始根据,这些原始根据是人们对客观世界的空间形式和数量关系的直接反映.

客观事物之间的联系是十分复杂的,事物本身以及事物与事物之间的关系也是不断变化的. 因此,充足理由律所起的作用也是有条件的. 不同的对象有不同的理由;同一对象,从不同方面来说,也有不同的理由等,因此我们一定要结合实际情况,具体问题具体分析.

充足理由律和前三个规律也有着密切的联系. 同一律、矛盾律和排中律是为了保持一个判断本身的确定性和无矛盾性;充足理由律则是为了保持判断之间的联系有充分根据和有论证性. 因此,在思维过程中,如果违反了同一律、矛盾律或排中律,则必然导致违反充足理由律. 也就是说,数学推理、证明必须要求思考的对象和认识是确定的(同一律),判断不自相矛盾(矛盾律),不是模棱两可(排中律). 有充分根据(充足理由律),才能保证得到正确的结果. 在数学教学中应培养学生严格遵守这些规律来进行思考问题的习惯,借以发展学生的思维能力.

二、推理结构及类型

推理是从一个或几个判断中得出一个新判断的思维形式. 在推理中,所根据的已知判断叫做推理的前提,得出的新判断叫做推理的结论.

一切推理(inference)都由前提与结论两部分组成. 前提(premise)是已知的判断(命题),是推理的出发点和根据；结论(conclusion)是由推理所推出的新的判断(命题)，是推理过程的结果．因此，前提说明已知的知识是什么，结论说明新得到的知识是什么．

在推理中，前提对结论提供证据支持．前提对结论的证据支持关系表明：前提的真在很大程度上保证了结论的真．通常用“证据支持度”(degree of confirmation)这个概念来刻画前提对结论的证据支持关系．一个推理的证据支持度是100％，就是指，若前提真则结论不可能假；一个推理的证据支持度小于100％，就是指虽然前提真但结论却不一定真．能提供100％证据支持度的推理称为必然性推理．只能提供某种小于100％证据支持度的推理称为或然性推理．

一般说来，演绎推理(deduction)是必然性推理．所谓演绎推理，就是以某类事物的一般判别为前提，作出这类事物的个别特殊事物的判断的思维形式，它是一种由一般到特殊的思维方法．因此，演绎推理也叫论证推理(或合理推理)．由于这种推理对前提的承认自然能带来对结论的承认，每一步推理都是可靠的、无可置辩的和终决的，因而可以用来肯定数学知识，建立严格的数学体系数学上的证明就是论证推理．呈现在我们面前的数学科学是一门以论证推理为特征的演绎科学，数学科学所呈现的东西是数学大厦建造过程结束之后的“成品”，是数学家创造性工作结出的果实，但这仅仅是数学科学的一个方面；而在整理成这些定型的逻辑“成品”材料之前，有着更为漫长的探索发现过程，这是数学科学的另一个侧面．换句话说，数学科学看不见的一面，就是数学成果是如何被发现的？

数学发现方法之一就是合情推理．粗糙地说，合情推理是一种合乎情理的、好像为真的推理，合情推理是或然性推理．物理学家的归纳推理、律师的案情论证、经济学家的统计论证和历史学家的史料论证都属于合情推理之列．也就是说，数学中的合情推理是根据已有的事实和正确的结论(包括定义、公理、定理等)、实验和实践的结果，以及个人的经验和直觉等推测某些结果的推理过程．

数学中的合情推理有多种形式，其中归纳推理(induction)和类比推理(analogy)是两种用途最广的特殊合情推理．法国数学家拉普拉斯(Laplace，1749～1827)说：“甚至在数学里，发现真理的工具也是归纳和类比．”归纳也好、类比也好都包含有猜想的成分．在解决问题的过程中，合情推理具有猜测和发现结论、探索和提供思路的作用，有利于学生创新意识的培养，而演绎推理则有助于逻辑思维能力的提高，它们紧密联系、相辅相成，构成了数学教育重要的两大板块内容．

三、推理有效性

推理是命题与命题之间的有机联系，并不是任何几个命题凑合在一起就能组成一个推理．已知的命题(前提)与要推出的新命题(结论)之间必须具有一定的逻辑联系，这种逻辑联系的具体表现称为推理形式．任何推理都具有内容和形式两个方面，内容就是指前提与结论的真假性问题．

形式思维对推理的基本要求是推理要合乎逻辑．所谓推理合乎逻辑就是指由前提推出结论的过程要合乎逻辑规律和推理形式．一个推理如果它的前提和结论之间具有这样的关系，即前提真而结论不真是不可能的(即结论必须真)，那么就称这个推理合乎推理形式，或称这个推理是有效的．

推理由一系列命题有机组合而成，真与假是命题的基本特征，有效与无效是推理的基本特征．推理内容真实性与推理形式有效性有关系，但这种关系并不是唯一确定的．例如，“因为$2=3$，等式两边同乘一个数仍然相等，因此$0=0\times2=0\times3=0$”，在这个推理中，推理是有效的，前提假但结论真．再如“有些质数是奇数，有些奇数是9的倍数，所以有些质数是9的倍数”，在这个推理中，推理是无效的，因为前提是真的，结论却是假的.

在一个推理中，假若结论是假的，那么就能断定：或者推理是无效的，或者推理前提中至少有一个是假的. 由此可见，为了在推理中得出真实的结论，必须是推理有效与前提真实这两个条件同时满足，满足这两个条件在逻辑学中被称为完善的推理. 形式逻辑通常只研究有效推理，数学所要研究的是完善推理，也就是说，数学中的推理要做到内容真实与推理有效两者兼顾.

例如，有一座装有10000千克粮食的粮仓，粮食入库时，经检验含水率为18%，过了一段时间，这批粮食要出库了，经检验含水率下降为14%. 问10000千克粮食减少了几千克(假定没有其他损耗)?

推理如下：因入库时含水率为18%，所以入库时的无水粮食含量为(1－18%)＝82%，折算成无水粮食斤数为10000×82%＝8200(千克)；因为出库时含水率为14%，所以出库时的无水粮食含量为(1－14%)＝86%；又因为入库时和出库时无水粮食的千克数不变，所以出库时含水粮食质量为8200÷86%≈9534.9(千克)；因此，出库时粮食减少10000—9534.9≈465(千克).

上述解题过程中的每步推理的前提是真实的，推理是正确的，因此，此题解答的结果是真实的.

四、推理的形式

由于划分的标准不同，推理可以分成许多种类. 数学中常用的推理有演绎推理、归纳推理和类比推理.

1. 演绎推理

演绎推理(又叫演绎法)是由一般到特殊的推理，也就是由一般原理推出符合特殊场合知识的思维形式. 演绎推理的前提和结论之间有着必然的联系，只要前提是真的，推理合乎逻辑，得到的结论就一定正确. 因此，演绎推理可以作为数学中严密证明的工具.

演绎推理的形式多种多样，数学中运用最普遍的有"三段论"推理，还有联言推理、选言推理和关系推理.

(1)三段论

在演绎推理中，由两个前提(大前提、小前提)推出一个结论的思维形式成为"三段论"推理，又称"三段论"法.

大前提是指一般性事物，如已知的公里、定理、定义、性质等，它是反应一般原理的判断. 小前提是指有一般性事物特征的特殊事物，它是反应个别对象与大前提有关系得判断. 结论是由两个前提推出的判断.

"三段论"的理论根据式逻辑中被称为公理的一个规律. 这个规律是：

如果某一集合M中的所有元素x都具有性质F，而x_0是集合M的一个元素，那么x_0也具有性质F. 符号表示为

$$\forall x F(x) \to F(x) \text{或} \frac{\forall x F(x)}{F(x_0)}$$

对于任何一个属性F都是正确的. 其推理规则为：$\frac{\forall x F(x)}{F(x_0)}$. "三段论"推理规则实际上还隐含着问题的另一面：如果某一集合M的所有元素x都不具有某种属性E，而x_0是M中的一个元素，那么x_0也不具有属性E.

(2)联言推理

联言推理是其前提或结论为联言判断,根据联言判断的逻辑性质进行推演的推理,联言推理分为分解式的联言推理与组合式的联言推理.

①分解式的联言推理.前提是一个联言判断,而结论是一个性质判断,依据联言判断的逻辑特性进行推演的联言推理,叫做分解式的联言推理.其逻辑形式为

$$\frac{p\wedge q}{\text{所以},p(\text{或})q}$$

②组合式的联言推理.前提是几个简单的性质判断,而结论是一个联言判断,根据全部肢判断真而推出联言判断真的推理形式,叫做组合式的联言推理.其逻辑形式为

$$\frac{\begin{array}{c}p\\q\end{array}}{\text{所以},p\wedge q}$$

(3)选言推理

选言推理是指在推理的两个前提中有一个是选言判断,根据选言判断选言肢之间的制约关系而进行推演的推理.按习惯,选言推理中的选言判断称为大前提,另一个判断(一般是简单性质判断,也可以是联言判断)称为小前提,选言推理就是通过小前提对大前提的选言肢进行肯定或否定来推理的.由于作为大前提的选言判断可能是相容的也可能是不相容的.因而选言推理分为两类.

①否定肯定式.否定大前提中的其余的选言肢.这是在选言判断本身真实的前提下,相容的宣言推理和不相容的选言推理必须遵守的相同的逻辑规则,其推理形式为

$$\frac{\begin{array}{c}p\vee q\\\bar{p}\end{array}}{\text{所以},q},\quad\frac{\begin{array}{c}p\,\overline{\vee}\,q\\\bar{p}\end{array}}{\text{所以},q},\quad\frac{\begin{array}{c}p\vee q\vee r\\\bar{q}\wedge\bar{r}\end{array}}{\text{所以},p},\quad\frac{\begin{array}{c}p\,\overline{\vee}\,q\,\overline{\vee}\,r\\\bar{q}\wedge\bar{r}\end{array}}{\text{所以},p}$$

②肯定否定式(不相容的选言推理的形式).不相容的选言推理还有一条规则,即肯定大前提中的一个选言肢,从而否定另外的选言肢,通过肯定而进行否定的形式,其推理形式为

$$\frac{\begin{array}{c}\underline{p\,\overline{\vee}\,q}\\p\end{array}}{\text{所以},\bar{q}}\quad\text{或}\quad\frac{\begin{array}{c}\underline{p\,\overline{\vee}\,q\,\overline{\vee}\,r}\\p\end{array}}{\text{所以},\bar{q}\wedge\bar{r}}.$$

(4)关系推理

关系推理是根据符合逻辑规律的关系命题进行推演的推理.关系推理的前提与结论都是关系判断.但前提与结论中包含关系判断的推理却不一定是关系推理,只有前提与结论都是关系判断,而且是根据关系的逻辑性质进行推演的才是关系推理,关系推理分为直接关系推理和间接关系推理.

①直接关系推理.从一个关系判断推出另一个关系判断的关系推理称为直接关系推理(属于直接推理).常见的直接关系推理有对称关系推理和反对称关系推理.

- 对称关系推理.以公式 $aRb\rightarrow bRa$ 表示(相等关系是对称关系).
- 反对称关系推理.以公式 $aRb\rightarrow bRa$ 表示(实数的“$>$”是反对对称关系).

②间接关系推理.从两个关系判断推出一个新的关系判断的关系推理称为简洁关系推理.长剑的间接关系推理有传递关系推理和反传递关系推理.

- 传递关系推理.以公式 $aRb\wedge bRc\rightarrow aRc$ 表示(“$>$”,“//”都是传递关系).
- 反传递关系推理.以公式 $aRb\wedge bRc\rightarrow a\bar{R}c$ 表示(在平面内,直线的“$\perp$”是反传递关系).

2.归纳推理

在形式逻辑(传统逻辑)中,归纳一词即指归纳推理,也称归纳方法,两者不加以严格区分.通俗地说,归纳推理(方法)就是以个别(或特殊)的知识(命题)作前提,导出一般性知识为结论(新命题)的推理方法.

从认识论的角度看,归纳是由个别、特殊到一般的一种认识过程,即通过对特例或事物的一部分进行观察与综合,进而发现和提出关于一般性结论或规律的过程,这是通过揭露对象的部分属性过渡到对象整体属性的过程,归纳的本质就是从已知探索未知;归纳的最大特点是,虽然考察的只是若干个别现象,但是所得结论却能超出考察的范围.归纳的认识论依据是同类事物的各种特殊情形中蕴涵着同一性和相似性.

从认识的过程看,归纳推理具有两种不同的形式:第一种是简单枚举归纳,它是从一一枚举的经验事实中寻找其规律性,是概括经验事实的最简单方法.第二种是直觉归纳,它是较高层次的归纳.在这里,"归纳"指的是一种直觉思维过程:人们从某个随机的子集合中发现某种共同的性、质和关系,于是顿悟式地把这种性质或关系推广到整个事件集合中去.科学史上不少重大发现都得益于归纳,其间多数是直觉归纳.数学也不例外,费马猜想、哥德巴赫猜想等,它们的得来,都可恰当地归结于直觉归纳.

一般地,在经典逻辑中,归纳推理包括完全归纳推理和不完全归纳推理,归纳法是指收集和整理经验材料的方法和探求因果联系的方法.按照现代逻辑的观点,完全归纳推理(或称完全归纳法)应归属演绎推理(论证推理)而不是归纳推理.因此,我们这里所说的归纳推理就是指不完全归纳推理,或称不完全归纳法,或称经验归纳法,或称实验归纳法等.

不完全归纳推理所获得的结论通常是或然的,也就是从推理的严格意义上说,归纳推理的结论是不可靠的.尽管不可靠,但它无论在生活中还是在科学研究中都有很大的价值.人生需要展望未来,科学需探索未知,正是因为已知与未知之间是否具有演绎(必然)关系,人们才需要对未知做出各种猜想.简单地说,人们在生活和科学探索中,不可避免地要在可能性思维空间中做出种种猜想,这种猜想的结论虽然不一定可靠,但又不是一定不可靠的,因为判断的前提总是为判断的结论提供某种根据和理由.物理学中的玻意耳-马略特定理、化学中的门捷列夫元素周期表、数学中的勾股定理等,都是运用归纳推理发现真理的典型例证.归纳推理作为一种寻找真理和发现真理的手段,在数学研究中具有特别重要的地位.

根据归纳的出发点的差异,不完全归纳又分为枚举归纳推理与因果归纳推理.

(1)枚举归纳推理

枚举归纳推理又称为简单枚举法,它是根据某种属性在部分同类对象中的重复而没有遇到反例,从而推出该类对象的全部都有某种属性的归纳推理.

枚举归纳推理的逻辑形式可以表示如下:

S_1 是 P

S_2 是 P

……

S_n 是 P

$$\frac{S_1, S_2, \cdots, S_n \text{ 是 } S \text{ 类的部对分象,且不在 } S_i(i=1,2,\cdots,n) \text{ 不是 } P}{\text{所以,所有 } S \text{ 是 } P}.$$

枚举归类推理的结论不是充分可靠地,即使前提真,结论也有可能假.因此,为提高枚举归类推理结论的可靠性,需要注意两点:一是前提中被考察的对象数量越多,范围越广,结论的可靠程度就越高;二是注意考察可能出现的反例.因为在前提中只要发现一个反面事例,结论就会被推翻.在运用枚举归纳推理时,如果不注意这两条要求,往往会犯"以偏概全"或"轻率概括"的逻辑错误.

简单枚举归纳推理是根据某种属性在某类对象中不断出现而且未遇到相反情况,从而得出一般结论的推理.一般人都会运用它,可以说这是一种最普及的归纳推理它的推理规则简便易行,人们在日常生活和工作中,通过这种推理获得了大量的一般性的知识.例如,水能止渴、火能取暖、雪是白的、人有生必有死,这些最简单、最大量的生活常识和工作经验都是通过简单枚举归纳推理的方法而获得的.

但是简单枚举法所得出的结论并不是绝对可靠的,以往的情况,已经列举的情况并不能保证未来、没有列举的情况不出现例外.例如,人们观察到很多地方的乌鸦是黑颜色的,从而归纳出"天下乌鸦一般黑"的结论,可是,后来人们又观察到阿尔卑斯山有白乌鸦,于是对"天下乌鸦一般黑"的归纳结论便表示怀疑.然而,"天下乌鸦一般黑"的结论在一定范围还是有作用的,即可以说成"很多地方的乌鸦是黑颜色的".

(2)因果归纳推理

因果归纳推理又称因果归纳法,它是以因果律(有因必有果)为主要根据,依据对某类事物中部分对象与某种属性之间所具有的因果关系的分析,推出该类事物的全部对象都有某种属性的归纳推理.

因果归纳推理的逻辑形式可表示如下:

$$S_1\text{ 是 }P$$
$$S_2\text{ 是 }P$$
$$\cdots\cdots$$
$$S_n\text{ 是 }P$$
$$\frac{S_1,S_2,\cdots,S_n\text{ 是 }S\text{ 类的部分对象,并且如果 }S\text{ 那么 }Q}{\text{所以,所有 }S\text{ 都是 }P}$$

因果归纳推理与枚举归纳推理都属于不完全归纳推理,它们的前提都只是考察了一类事物的部分对象,其结论都是对一类事物的全部对象的断定.由于它们的结论所断定的范围都超出了前提所断定的范围,因而前提和结论的联系都不是必然的.二者的区别主要有三点:

其一,推理的根据不同.枚举归纳的根据是某种属性在某类部分对象不断重复而没有遇到反例,因果归纳则以分析对象与其属性之间的因果联系为主要根据;其二,结论的可靠程度不同,虽然二者的前提与结论之间的联系都是或然的,但是,由于因果归纳以对象与其属性之间的因果联系为根据,所以,其结论的可靠程度比枚举归纳要大得多;其三,对前提数量的要求不同,对于枚举归纳来说,前提中所考察的对象数量越多,结论就越可靠,但是,对于因果归纳来说,前提中考察对象数量的多少不起重要的作用.

3. 类比推理

"类比"来源于希腊文 analogia,原意之一为比例,后引申为某种类型的相似.类比是一种合情推理方式,它是根据两个不同的对象,在某些方面(如特征、属性、关系等)的共同之处,猜测这两个对象在其它方面也可能有类同之处 ,并作出某种判断的推理方法.

(1)最基本的类比推理

最基本的类比推理的推理模式如下：

对象 A 和对象 B 都有属性 a,b,c

对象 A 和对象 B 都有属性 a,b,c

对象 A 还有属性 d

所以，对象 B 也有属性 d

以上公式中的对象 A 和对象 B，可以是不同的个体，如地球和火星；可以是两个不同的类，如动物和植物；也可以是两个不同的领域，如宏观世界和微观世界；还可以是某类事物的个体与另外一个类；

(2)因果类比的推理

因果类比的推理模式为：

A 中属性 a,b,c 与 d 有因果关系

B 中属性 a',b',c' 与 a,b,c 相同或相似

B 可能具有属性 d'（d' 与 d 相同或相似）

(3)协变类比(数学相似类比)的推理

协变类比(数学相似类比)的推理模式有两种：

①两对象有若干属性相似，且在两者的数学方程式相似的情况下，推出它们的其他属性也可能形似.

A 具有属性 a,b,c 且对 A 有 $f(x)=0$

B 具有属性 a',b',c' 且对 B 有 $f(x')=0$

B 可能有属性 c'（因为 $f(x')=0$ 与 $f(x)=0$ 相似）

②两对象的各种属性在协变关系中的地位和作用相似，推出它们的数学方程式，也可能相似.

A 具有属性 a,b,c 且对 A 有 $f(x)=0$

B 具有属性 $a',b'c'$

B 可能有 $f(x')=0$（因为 a,b,c 与 a',b',c' 相似）

(4)综合类比的推理

综合类比的推理模式为：

A 具有属性 a,b,c,d 以及他们之间的多种关系

B 具有属性 a',b',c',d' 及他们之间它们之间的多种关系

由 a,b,c,d 的量值可能推出 a',b',c',d' 的相应量值

类比推理有下述两个基本特点：

①从思维进程来看，类比推理主要是由个别到个别的推理，它的前提和结论一般都是对个别对象的断定.

②类比推理的结论是或然的，结论所断定的范围超出了前提的断定范围，因此，当前提真时，结论未必真.

类比推理是一种比较开放的推理方法，它能使我们跳出狭小的类属关系，在更为广阔的范围中寻求事物之间的联系，作出由此及彼的推演. 也就是说，类比推理既是富有创造性的推理方法，同时也具有很大的局限性. 在进行类比推理时，往往容易犯“机械类比"的错误. 所谓

机械类比，就是将两个或两类本质不同的事物，按其表面的相似来机械地加以比较，而得出某些结论.

为了发挥类比推理的优越性，克服其局限性，提高类比推理结论的可靠性，需要注意以下几点：

①前提中所提供的相同或相似的属性越多，结论的可靠性就越大. 这是因为两种对象间的相同或相似属性越多，两种对象所属的类别就可能越接近，两种对象共同具有某种属性的可能性就越大.

②前提中所提供的相同或相似的属性与类推属性之间的关系越密切，结论的可靠性就越大. 一般说来，前提中作为根据的属性与结论中推出的属性必须具有本质上的联系. 如果只根据对象之间表面上的某些相同或相似，就推出它们在其他方面也相同或相似，就会犯“机械类比”的逻辑错误.

③类比推理以比较为基础，在实际运用中，要注意从极不相同的对象中寻找相同点，或者从极其相同的对象中寻找不同点.

第四节　数学证明

所谓证明，是指根据已知真实的判断来确定某一判断的真实性的思维形式. 证明是数学最显著的特点之一，任何数学结论不管其多么显然，都必须经过证明以后才能被接纳. 这是与其他学科的重要区别，在数学中，无论重复多少次，也无论多么精确的观察都不能代替证明，正是因为数学对证明的依赖性，才保证了结果的可靠性. 也正是这一原因，使数学成为各学科的典范，因此，突出证明的意义，是教学中应该注意的问题.

数学中大多数证明属于演绎证明，就是以一些基本概念和公理为基础，使用合乎逻辑的推理去决定判断是否正确. 证明是由论题、论据和论证三部分组成. 所谓论题，就是要判定真实性的那个命题. 所谓论据，就是证明中确立论题真假所依据的判断. 所谓论证，就是把论题和论据联系起来的一系列推理，也就是证明中采用的推理形式，它实际上是由一系列命题，根据逻辑推理规则构成的一个逻辑推演的程序.

一、数学证明的教育价值

数学证明的教育价值主要体现在以下几个方面.

1. 使学生能够感受理性精神，学会理性思考

“言必有据”的思想是当代每一位普通公民所必须具备的基本素质，数学证明对这一思想的形成具有重要的意义. 数学对证明的依赖性，说明了在数学中任何权威、迷信都是行不通的，这也就是数学的理性精神. 所谓理性精神就是一种信念，它相信自然是可以被认识的. 我们知道数学精神的重要内涵就是数学的理性精神，而理性精神的重要表现就是对真理的思索和不懈追求. 理性精神是数学贡献给人类的最重要的精神财富. 理性精神也是创造精神的重要组成部分，伟大的数学家、解析几何的创立者笛卡儿的名言“我思故我在”是理性精神的典范. 正是因为理性的精神引导他从方法论的角度改变了数学的面貌，将变量引入数学，从而创建了解析几何. 恩格斯对此给予了高度评价“数学中的转折点是笛卡儿的变数；有了变数，运动进入了数学；有了变数，辩证法进入了数学；有了变数，微分和积分也就立刻成为必要的了. ”数学证明实际上就是理性精神在数学中的体现，因而，发展学生证明意识的同时，也就是培养理性精神的过程.

数学学科的演绎证明和公理化的形式体现了数学文化的理性精神，因此数学教育适合于培养学生的理性精神，特别是数学证明的教育更是如此，因为证明要求论题真实、论据确凿、论证严密.

理性精神的培养对中国当前的基础教育具有特别重要的现实意义. 我国古代在数学方面有很多成就，但现代却落后于西方. 这里有一个重要的原因，就是中华文化过于强调实用，而缺乏理性的思维和方法. 原北京大学校长蒋梦麟在他的著作《西潮》中就指出，“我们中国人最感兴趣的是实用东西……如果有人拿东西给美国人看，他们多半会说：‘这很有趣呀！’碰到同样的情形时，中国人的反应却多半是：‘这有什么用处？’……我们中国对一种东西的用途，比对这种东西的本身更感兴趣.”

因此，数学教育应担负起理性文明、科学精神启蒙的使命，训练出其他学科所需要的清晰思维的智力. 具体地说，一方面要在数学教育中坚持演绎证明的要求，逐步提高学生的逻辑思维能力. 另一方面，在具体的数学证明教学过程中对推理能力的要求要因人而定，要把发展学生求真与质疑的意识放在首位.

2. 使学生加深对知识的理解

数学家戴维斯与赫什在《数学经验》一书中说：“在最好的情况下，证明通过揭示事物的核心而增强理解”，一个好的数学证明应能给出证据以帮助建立数学事实、概念和原理之间的逻辑关系，帮助寻找新旧知识之间的内在联系，使学生能系统化其所获得的知识，促进自我表现和认知结构的发展与完善，从而去建构自己对数学的理解. 而一旦理解了数学证明，则会澄清一些数学观念，还有可能获得一些新的数学关系，从而诱发新的思考，获得新的发现.

因此，学生学习数学证明更多的是为了加深对命题的理解和培养他们对各种智力活动的鉴赏能力，从而更好地理解数学家的思想和方法，以及数学学科的结构和性质.

3. 训练思维

数学是“思维的体操”，数学证明要求论题真实、论据确凿、论证严密. 数学文化要求数学知识必须按演绎体系组织起来，数学证明集中体现了这一点，成为一切思维中最纯粹、最深刻、最有效的手段. 通过适当的证明过程，使学生体验数学的文化特点和提高思维的严密性，有积极的意义.

二、数学证明的作用

数学证明的作用相当于数学王国中的“清道夫”. 如果我们把数学王国看成是富有生命活动的有机体，那么在这个有机体中必存在一种自然调节机制，这种机制把重要的、次要的、毫不重要的成果（产品）区分开来；把正确无误的结果保留下来，把错误的结果加以修补或者排除；把看似无关的理论统一融合起来，把纷杂的成果精简整理，一代又一代地传授下去. 数学证明正是这种调节机制的重要组成部分，通常认为，数学是最具有真实性的严谨科学. 实际上，“数学严谨”这种美誉得益于数学证明.

对于数学来说，“严谨”是最宝贵的精神元素. 但只有“严谨”还远远不够. 法国数学家Hadamard曾经说：“许多数学上的创造性成果可以看成通过数学直觉俘获来的‘战利品’，而逻辑好比是‘关卡’，在这里起到了验收战利品的作用.”

我国著名数学家徐利治教授在谈论治学方法时也说过，数学上的许多新成果，包括新方法、新理论、新定理等，大都是通过“先猜后证”或是“边猜边证”的工作过程建立起来的，所谓“猜”，就是主要通过以关联直觉为基础的类比联想及合情推理等方式所形成的假设或预见；所谓“证”，就是按照逻辑演绎方式所形成的证明过程.而这种过程所包含的主要环节也可成为被猜测的对象内容.进一步,他还说,从事数学创造性研究如同人在迷雾中摸索前进,需要用眼睛辨识方向,要靠双腿迈向目的地.直觉就好比眼睛,起到向导领路作用;逻辑就是双腿,没有逻辑就不可能一步一步地到达目的地.所以,直觉和逻辑思维在研究活动中必须相互配合,正好比眼睛和双腿要相互协作才能行路.

另外,数学虽然严谨,但这种严谨永远只能是相对的.数学史上有许多事例,说明严密只是相对而言的.最典型的例子就是被西方数学界奉为瑰宝的欧几里得《几何原本》里面大部分的证明,若是用今天的眼光去看,是不够严谨的.诸如卷一第1条定理,证明任一线段上可构作正三角形,一开始便假定了以线段两端为中心,线段长为半径,作两圆,它们必相交于一点.然而只凭那5条公理与5条公设,可不能保证这回事.譬如,在有理数平面上考虑平面几何,即只看坐标是有理数的点,则欧几里得的全部公理、公设成立.但这几何里的任一线段,没法构造以它为一边的正三角形.

从认识论的角度看,数学证明是通向数学理解之路的"金桥".从客观世界事物间的相互作用或由数学理论内部矛盾运动摧生出来的数学新命题,仅仅是人们处在感性认识的阶段,要使数学命题成为数学定理,必须经过数学证明这道关卡.但有经过数学证明,感性认识才能上升到理性认识阶段.在数学中,这种认识上升的过程,就是数学理解的过程.

从数学教育价值的角度看,数学证明的作用就是培育数学基本能力,养成良好道德情操的心灵鸡汤".大家知道,数学证明具有两个最根本的特性:顺序性和严格性.数学证明的顺序性在于,证明中决不使用尚未证明的命题,决不使用尚未引入的概念,也就是说,要循序渐进,反对任何形式的"跳跃".数学证明的严格性在于:按照逻辑推理,一步一步地进行,在任何一个步骤中,都不能也不必要再凭借直觉和默许,一个好的证明就是一个坚实的逻辑链,任何一个环节都是打不开缺口的.证明的语言是准确的,说理是充分的,但又没有多余,使一步一步跟着证明走过来并且明白了的人确信无疑.因此,通过数学证明,无声地教育了人们尊重事实,服从真理这样一种科学的精神.

这就是说,数学证明不仅在认识真理,或者在宣传真理方面起着重要作用.而且在数学教学过程中,在引导学生学习前人所发现的真理,特别是在学生模拟(再创造)发现真理的过程中,对于提高学生的逻辑思维能力和提高道德情操方面都有至关重要的作用.因此,学习数学的证明,掌握数学证明方法,被认为是从事数学职业的一项基本能力要求,也是这门学科的特殊标志,同时还是培养高尚道德情操的心灵鸡汤".

另外,对于数学教育来说,仅仅局限于逻辑严密性是不够的,数学合情推理能力的培养也是绝对不能忽略的.

三、数学证明的方法

数学证的方法按不同的分类标准可分为很多种,这里只介绍常见的三种形式,即直接证法、间接证法与数学归纳法.

1. 直接证法

直接证法是有论题的已知条件和已有的定义、公理、定理等作为论据,运用逻辑推理法则来证明论题结论真实性的证明方法.在数学证明中,关键在于找到从已知到求证的通路,即证明途径.为了寻找证明途径,根据思考推理过程的方向不同,思考方法分为分析法和综合法.

(1)分析法

分析法是从问题的结论出发,寻求其成立的充分条件的证明方法,即先假定所求的结果成立,分析使这个命题成立的条件,把证明这个命题转化为判定这些条件是否具备的问题.如果能够肯定这些条件都已具备,那么就可以断定原命题成立,称之为"执果索因".

分析法的逻辑模式为"若要……,只需……,"即要证明什么,为此只需证明什么,如果要证明的命题是 $p\to q$,那么,分析法的思维过程可表示成如下:

特设条件 $p\leftarrow\cdots\cdots\leftarrow$使 q 成立的条件$\leftarrow$结果或结论 q 成立

分析法并不是一开始就确信由结论出发所产生的推断都正确,它只是企图建立与待证命题的等效关系,因而需要对这些关系逐步进行分析与判断,在得到了所需要的确定结论时,才知道前面部分推理的正确与否,从而找到证明的思路.

分析法是从结论出发,寻求其充分条件,直至定理或已知条件等,而不是由结论推导出题设,把题设作为结论的必然结果.因此不要把分析法误解为由命题的结论去证明题设.

运用分析法的优点在于易找到证明思路.有不少问题,运用分析法有打开思维通路的奇效.这是因为公式、定理只有几个或十几个,而由此引发的命题却成百上千,如何发现证明?最好是用分析法顺藤摸瓜.

在数学教学过程中,多运用分析法探讨数学问题解决或数学定理证明,对培养学生的分析问题能力与解决问题能力是有帮助的.分析法也是最常用的数学证明方法.特别地,分析法是证明不等式的最基本的方法,稍微复杂一点的不等式的证明都要用到分析法.

在向已知条件的追溯过程中,由于题设条件的不同,追溯程度有差异.在中学数学中,分析法常分为追溯型分析法、构造型分析法、选择型分析法、可塑型分析法等形式.

①追溯型分析法.追溯型分析法是将研究对象看成一个整体,假设在它存在或成立的情况下,将它分解为各个部分,再研究各个组成部分存在的原因或成立的条件,从而得出整体事物存在的原因或原命题成立的条件.追溯型分析法的思维模式如下:

假设整体成立→各部分成立的条件或存在的原因→整体成立的条件

追溯型分析法的管家内时如何恰当地将整体分解为各个组成部分,并寻求出各个部分成立的条件,这两个问题一旦解决,整体成立的条件就不难得到了.

②构造型分析法.构造型分析法是将研究对象中成立的部分和不明确的部分看做成立的情况下(因而整个事物也被看作是成立的,此即为"构造")来进行分析研究的,由此找出不明确部分成立的条件,从而得出整体事物成立的条件.构造型分析法的思维模式如下:

假设整体成立→不明确部分成立的条件→整体成立的条件

③选择型分析法.欲证"$p\to q$",从 q 出发,希望能一步步地把问题转化,却难以逆推转化到 p,进而转化为分析要得到 q 需要什么样(充分)的条件,并为此在探求的"三岔口"作方向猜想和方向择优,"选择型"因此而得名.假设有条件 r,就有 q,即 r 就是选择找到的使 q 成立的充分条件($r\to q$).同样地,再分析在什么样的条件下能选择得到使,成立的充分条件 s,即 $s\to r$……最终追溯到 p 就是某过渡性"中间结果"的充分条件,于是有"$p\to q$"成立.在运用选择性分析法解题时,常使用短语"只需……即可"来刻划.

④可逆型分析法.如果在从结论向已知条件追溯的过程中每一步都是推求的充分必要条件,那么这种分析法又叫可逆型分析法.因而,可逆型分析法是选择型分析法的特殊情况.用可逆型分析法证明的命题都可用选择型分析法证明;反之用选择型分析法证明的命题用可逆型分析法

不一定能证.可逆型分析法的证明中,常用符号“⇔”来表示,或最后指出“上述每步可逆,故命题成立”.

(2)综合法

数学中的综合法,也称顺推法,这是由因导果的逻辑推证方法.所谓综合浅就是指从已知条件和已证得的真实判断出发,经过一系列的中间判断,寻找出它们之间的内在联系,最后概括得到证明结果的思考方法.综合法的逻辑模式,如图 9-1 所示.

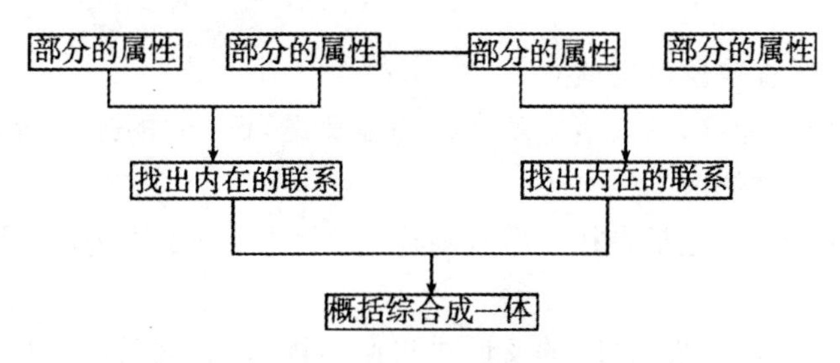

图 9-1 综合法的逻辑模式

综合法的特点是,从“已知”看“可知”,逐步推出“未知”,其逐步推理实际是寻找它的必要条件.其思路是由条件和已证的真实判断出发,经过一系列的中间推理,着力于寻找它们之间的内在联系,最后综合推得所要证明的结论.这一系列的中间推理是由条件到目标的“中途点”来实现的.

综合法是数学证明最常用的方法之一,数学中绝大多数的证明过程最终都是采用综合法书写,这是因为综合法具有文字精炼、所占篇幅较少的优点.然而,运用综合法时,有时候还要靠直觉作出正确的选择(猜想、试探),这是运用综合法的困难所在.每前进一步都可能遇到困难被卡住,而无法形成连贯的、分段的逻辑推理链,要突破这一困难,应从以下 3 方面去努力.

①培养正确理解数学语言与运用数学语言的能力(基本功扎实).

②建立概念、公理、定理之间的逻辑结构体系,形成知识网络,提高信息的检索能力(知识系统化).

③掌握推理规则,领会常规思维方法,发展直觉思维,既要大胆作出猜想,又要小心按逻辑思维作出严格证明.

2. 间接证法

间接证法是通过证明论题的反论题不真;或证明其等效论题为真,以间接地达到证明论题真实性的一种证明方法.

常见的间接证法有反证法、同一法两种.

(1)反证法

反证法是从需证命题结论(论题)的反面(即反设)出发,通过导致矛盾来推倒这个反设,然后根据逻辑学中的排中律(即论题真与论题假必有一个成立)来确定原命题结论(论题)真的一种证明方法.这里所说的导致矛盾(或者说推出矛盾)是指导出与已知事实(包括公理、定义、定理)、题设(包括反设)、临时假定相矛盾或自相矛盾.

从辩证法的观点看,反证法的实质是通过矛盾转化而达到解决问题的目的.用反证法证明命题实际上是这样一个思维过程:假定“结论不成立”,由结论不成立就会推出毛病,这个毛病是通过与已知条件矛盾,或者与公理、定理矛盾,或者与临时假定矛盾,或者自相矛盾的方式暴露出来的.这个毛病是怎么造成的呢?推理没有错误,已知条件,已知公理、定理没有错误,这样,唯一有可能就是一开始假定的“结论不成立”有错误.根据排中律,“结论不成立”与“结论成立”必然有一个正确,既然“结论不成立”有错误,就肯定结论必然成立了.运用反证法证题一般包括以下三个步骤:

①反设.否定结论,即将题设的反面作为假设.

②归谬.将反设作为条件加到题设中去,然后从题设及反设出发,通过一系列逻辑推导得出矛盾.

③存真.由所得矛盾肯定原命题成立.

若导出矛盾是与题设冲突,则其实质就是证明原命题(p→q)的逆否命题($\bar{q}\rightarrow\bar{p}$).这是反证法的一种形式,称之为换质位法.

若导出其他类型的矛盾(包括自相矛盾),则称之为矛盾法.矛盾法是反证法中一种最广泛的形式.

当题设的反面只有一种可能,这时的反证法叫作归谬法;若题设的反面不止一种情况,就必须将诸情况一一加以驳倒,这种反证法叫做穷举法.

反证法的应用非常广泛,但究竟什么时候应该使用反证法,哪些命题适宜用反证法,却无定规可循.因为适宜用反证法证明的命题没有固定的格式,即使是同一类型的命题,也往往是有些适宜用反证法,而有些又不适宜用反证法.原则上,只能是因题而异,以简为宜.首先从正面考虑,当不易攻破.再从反面考虑.由假设原命题结论的反面成立去推出矛盾比证明原命题更容易时,就应该用反证法.简言之,正难则反.

以下归纳几种比较适宜运用反证法的场合:

①结论为否定形式的命题.否定形式的命题的结论常用“不……”、“没有……”、“不是……”、“不存在”、“不可能……”等形式来表示.一方面,由于否定性论断即是指研究对象不具有某一或某些性质,因而往往没有能揭示该对象的具体性质,这就给直接证明带来困难.若从假设研究对象具有这一或这些性质出发进行反证推理,则可以引用与这一(些)性质有关的概念、定理、公式,因此推证一般比较容易,所以对于这类命题常用反证法;另一方面,由于数学中的定义、定理等多以肯定形式出现,所以用它们来直接证明否定式命题就不太方便,但否定的反面是肯定.因此,从结论的反面入手,用反证法来证往往容易奏效.

②结论以“至少”、“至多”、“任一”、“唯一”、“无一”、“全部”等形式出现的命题.结论中含有“至少”、“至多”、“任一"、‘‘唯一”、“无一”、“全部”等数量概念,不易直接把握,但其否定一般比较容易把握,因而适宜运用反证法,不过在证明中要注意上列数量概念的否定的含义,不要再错和混淆.现罗列如下:

- “至少有一个元素具有(或不具有)某一性质”,其否定是“没有一个元素具有(或不具有)某一性质”.
- “至多有佗个元素具有(或不具有)某一性质”,其否定是“有 $n+1$ 个元素具有(或不具有)某一性质”.
- “任一元素具有(或不具有)某一性质”,其否定是“有某一元素不具有(或具有)某一性质”.
- “唯一一个元素具有(或不具有)某一性质”,其否定是“有两个元素具有(或不具有)某一性质”.
- “无一个元素具有(或不具有)某一性质”,其否定是“有一元素具有(或不具有)某一性质”.
- “全部元素具有(活不具有)某一性质,其否定是“有些元素不具有有(或具有)某一性质”.

③结论以“无限”的形式出现或涉及“无限”性质的命题.有限要证明的结论中涉及“无限”的问题.例如,要证明具有某些性质的元素有无穷多个,一般来说,要直接证明是不容易的,因为具有某种性质的元素有无限个,所以证明中绝不可能将所有情况都一一列举后加以讨论.运用反证法,通过反正假设可以变无限为有限,在有限形式下能应用的知识和方法相对来说就比较多些,而且也比较容易理解,因而以“有限”为前提进行推理论证就要方便得多,处理“”无限的手段不够,否定“无限”即成为有限,容易进行论证.“无限性”命题的结论常用“无限……”、“无穷……”等形式来表示.有时“无限”又表现为“数或式的无穷表示”.例如要证明一个数或式是无理数,实为“无限性”问题.

④关于存在性的命题.由于某种(些)与元素从理论上说确实存在,但又未必能列举出来.因此,许多结论要求证明存在性的问题就不易用直接证法求解,此时用反证法求解往往能收到奇效.

⑤如果原命题与其逆命题都正确,那么其命题的正确性往往可以用反证法来证明.

(2)同一法

有些命题与其逆命题具有相同的真实性,这一性质称为同一原理,这类命题称为同一性命题.同一法时通过证明这类命题的逆命题成立,从而证明原命题真实性的一种证明法.

同一法常常用来证明符合同一原理的几何命题,应用同一法的一般步骤为:

①作出符合命题结论的图形.

②证明所作图形符合已知条件.

③根据唯一性,确定所作的图形与已知图形重合.

④断定原命题的真实性.

3.数学归纳法

数学归纳法是用来证明某些与自然数有关数学命题的一种证明方法.数学归纳法在内容和名称上与归纳法有关,但实质上它是演绎证法.

数学归纳法有两种基本形式:

(1)第一数学归纳法

设 $\mathrm{p}(n)$ 是一个关于自然数 n 的命题,如果① $\mathrm{p}(1)$ 成立,②若命题 $\mathrm{p}(k)$ 成立,则命题 $\mathrm{p}(k+1)$ 成立,那么,对于任意自然数 n,命题 $\mathrm{p}(n)$ 成立.

第一数学归纳法的变形:

第一变形:设 $\mathrm{p}(n)$ 是一个关于自然数 $n\geqslant n_0$ 的命题,如果① $\mathrm{p}(n_0)$ 成立,②若命题 $\mathrm{p}(k)(k\geqslant n_0)$ 成立,则命题 $\mathrm{p}(k+1)$ 成立,那么对于任意自然数 $k\geqslant n_0$,命题 $p(n)$ 成立.

第二变形:设 $\mathrm{p}(n)$ 是一个关于自然数 $n\geqslant n_0$ 的命题,如果① $\mathrm{p}(n_0),\mathrm{p}(n_0+1),\cdots,\mathrm{p}(n_0+q-1)$ 都成立,②若命题 $\mathrm{p}(k)$ 成立,则命题 $\mathrm{p}(k+q)$ 成立,那么对于自然数 $n\geqslant n_0$,命题 $\mathrm{p}(n)$ 成立.

(2)第二数学归纳法

设 $\mathrm{p}(n)$ 是一个关于自然数 $n\geqslant n_0$ 的命题,如果① $\mathrm{p}(n_0)$ 成立,②若对任意自然数 $k,n_0\leqslant k<n$ 命题 $\mathrm{p}(k)$ 成立,则命题 $\mathrm{p}(n)$ 成立,那么对于任意自然数 $n\geqslant n_0$,命题 $\mathrm{p}(n)$ 成立.

使用数学归纳法证明的命题都是含无穷多个自然数 n 的命题,但不能直接应用于含有无穷运算(如无穷级数求和等)的数学命题,也不能把数学归纳法用于只含有有限个自然数的 n 的数学命题.是不是涉及自然数的命题都使用数学归纳法呢?显然不是.那么,何时使用数学归纳法,何时不使用数学归纳法呢?笼统地说,具有递推关系的命题可使用数学归纳法,而没有递推关系的命题不能使用数学归纳法.有些数学命题可用数学归纳法证明,也可用其他方法证明,要视实际情况而定.

以上是数学教学中常用的证明方法,具体证明方法还有很多,这里不一一列举.使用各种证明方法的关键时掌握问题的实质,灵活运用各种证明方法.

第十章　数学教学的常规工作

第一节　备　　课

一、备课的实质

整个教学工作中十分重要的环节为备课，其为课堂教学过程的基础，是上好课的必要条件和前提，更是提高教学质量的先决条件.一堂课的质量如何，其很大程度上取决于教师是否认真备课和善于备课.

不管教师的知识经验如何丰富，如果不进行备课则很难将课本知识系统地传授给学生，教师的知识和经验仅可说其具备了潜在的教学能力.所以，备课是形成教学能力的过程，是将教材中的知识转化为教师的知识，把对教学工作的安排转化为教师教学活动的指导思想，是把教师掌握的教材内容转化为学生的知识.备课即为了完成教学任务，提高教学质量，教师上课前所进行的钻研教材，了解学生情况，制订教学计划，确定教学目的要求，选择教学方式，制作教具，编写教案等一系列的准备工作.

二、备课

备课工作包括学习国家课程标准、大纲，钻研教学内容，阅读参考资料，选择具体恰当的教学方法，编写课时教学方案等.按照这样的工作程序，备课中备什么？

1.备“思想”，备课中应注意思想教育

在数学教学中，需要讲解什么内容，联系怎样的生活和生产实际事例，都具有鲜明的思想性.

数学课中的思想教育，主要有下述四个方面：

①辩证唯物主义世界观的教育.

②爱国主义和民族自尊心自信心的教育.

③良好个性品质的教育.

④正确的学习目的的教育.

思想教育应贯穿于数学教学的始终，教师应根据教学内容，掐当地地选取可能的材料，从而使思想教育取得实际效果.

2.备“教材”，掌握教材之间的内在联系

(1)熟悉教材

从教材的系统性着手，通晓全部教材，了解教材的整体脉络，了解各部分内容在整个教材中的地位和作用，确定教材的深广度.

【例 10-1】　在初中几何“相似形”中，三角形内角平分线性质定理的证明，一方面要考虑到和前面知识的联系，如图 10-1 所示，AD 为 $\angle A$ 的平分线，过点 C 作 $CE//DA$，交 BA 的延长线于 E，应用平行线分线段成比例定理可证；另一面还要考虑与后续知识的联系.在学习了“解三角形”以后，则三角形内角平分线性质定理的证明可简化如下：

在ΔADC中，如图10-2所示.

$$\frac{AC}{\sin\alpha}=\frac{DC}{\sin\frac{A}{2}}\Rightarrow\frac{AC}{DC}=\frac{\sin\alpha}{\sin\frac{A}{2}}$$

同理

$$\frac{AB}{BD}=\frac{\sin(180^\circ-\alpha)}{\sin\frac{A}{2}}=\frac{\sin\alpha}{\sin\frac{A}{2}}$$

因此

$$\frac{AC}{DC}=\frac{AB}{BD}\Rightarrow\frac{AB}{AC}=\frac{BD}{DC}$$

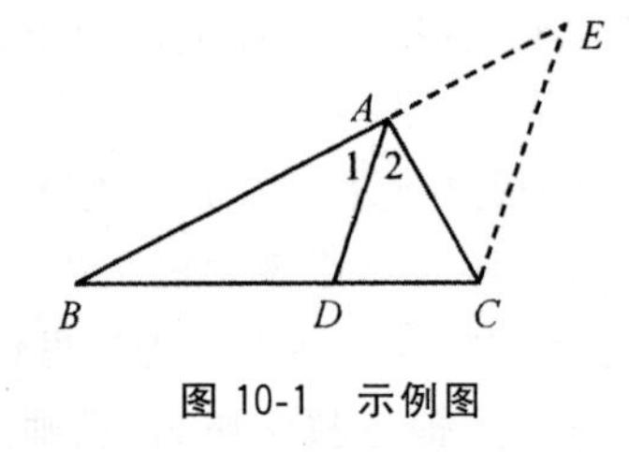

图10-1 示例图

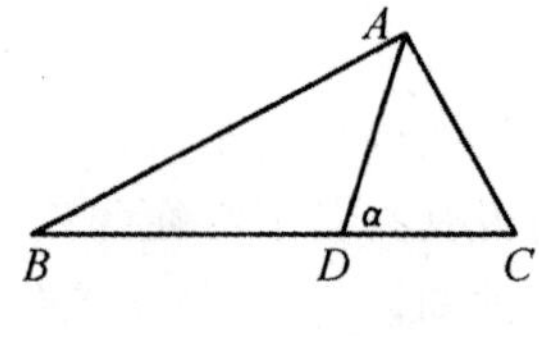

图10-2 示例图

(2)分析钻研教材

在“精读”教材的基础上，对教材内容进行全面而深刻的剖析，研究教材的思想性，研究数学中运动，发展、转化，由量变到质变，对立统一等观点在教材有关章节中的具体体现.特别是在概念教学中侧重于观察、抽象、概括、辨析等能力的培养；在定理教学中侧重于归纳、类比、分析、综合等探究能力的培养；对教学内容较易的侧重于自学能力的培养；对教学内容较难的则侧重于分析问题和解决问题能力的培养.

此外，在备课中要按照一般和特殊的辩证关系，掌握知识间的纵横联系，寻找教材之间的“规律”.人们的认识规律总是由特殊到一般再由一般到特殊的，数学知识之间的纵横联系也必然反映出人们这一认识规律.例如，根据三角形的画法可知道，若一个三角形具有下列性质条件之一：

①已知三条边.

②已知两边和它们的夹角.

③已知两角和它们的夹边.

则此时该三角形的形状、大小就完全确定了，从而另外三个元素(边或角)也随之确定.然而它们之间的内在规律如何？人们首先认识的是直角三角形边角的内在规律：勾股定理和锐角三角函数.在掌握它们之后，则可解直角三角形了.在锐角三角函数推广到任意角三角函数后，那么可进一步导出正弦定理和余弦定理，从而掌握了任意三角形边角之间的内在联系，从而可解任意三角形，这是一种纵向联系.另外还应注意内容的横向联系.

(3)处理教材

①紧扣教学目的，克服教学中的盲目性.教育学指出：学习是一种有目的的活动，学习的目的性越明确，学生的学习积极性就越高.心理学也认为：学习上的自觉性，就是指学生对学习目的和它的社会意义有清晰的认识.从而转化为学生自己需要所产生的学习积极性.为达到中学数学教学总目的，必须使学生明确每一章节乃至每一节课的目的，离开这一个小的教学目的，大目的就

会落空.

教学目的和要求应考虑如下几个方面：

第一,思想品德教育体现在哪些方面.

第二,对基础知识和基本技能、技巧的学习应达到何种程度？提出何种水平的要求？

教学目的的提出要明确、具体、恰如其分,太宽则过于笼统而针对性不强,太窄易流于枝节,则易忽略重要内容,太高则不宜兑现,太低则不能达到国家课程标准或教学大纲的要求.

②突出教学重点,克服学习的复杂性.根据教学目的和教学特点,联系学生实际,组织教材,确定什么地方该详讲、略讲或不讲,也就是要确定教材的重点.

教材的重点是指在整个教材中处于重要地位和作用的内容,如何确定内容的重要程度呢？

第一,对教材的有关部分,它是不是核心.

第二,它是不是今后学习其他内容的基础,或者是否有广泛的应用.

教师在备课中要突出重点,避免孤立地讲授知识,以利于形成知识系统,同时还要防止只注意系统而面面俱到,突出重点,就是要抓住知识的"纲",做到"纲举目张".

【例 10-2】 我们在讲两角和与差的三角函数时,从而确定两角和的余弦公式 $\cos(\alpha+\beta)=\cos\alpha\cos\beta-\sin\alpha\sin\beta$ 为重点.由于 $\cos(\alpha-\beta)$ 可通过 $\cos(\alpha-\beta)=\cos[\alpha+(-\beta)]$ 推出,$\sin(\alpha+\beta)$ 可化为 $\cos\left[\frac{\pi}{2}-(\alpha+\beta)\right]$,则可通过 $\cos\left[\left(\frac{\pi}{2}-\alpha\right)-\beta\right]$ 推出,从而进一步推出 $\sin(\alpha-\beta)$ 的公式.

③突破教学"难点",及早防止可能出现的错误.教学中的难点常表现在以下方面:知识过分抽象,知识的内在结构错综复杂,知识的本质属性比较隐蔽,知识由旧到新要求用新的观点和方法去研究以及各种运算的逆运算等.通常采取抓住关键,突破难点或者分散难点逐步解决的办法.这就要求备课时周密考虑关键所在,在教学中,充分运用直观、具体模型,逐步抽象,由浅入深;充分利用已有知识经验,温故知新等方法扫除障碍.

3.备"习题",提高练习的质量

习题是整个教材内容的一部分,习题在数学教学中占有特殊的地位和作用.要使学生牢固地掌握数学知识,如果没有恰当的例题讲解和练习,那么学生就不可能巩固所学知识,掌握有关的基本技能和进一步培养能力.因此教师必须对例题和练习题精心设计和选择,细心安排处理才能收到好的教学效果.

(1)例题的选择和挖掘

提高课堂教学效率的重要手段为精选例题.例题的选择应有利于加深对概念和基础理论的理解掌握,通过例题的讲解,明确概念,传授方法,启发思维,培养能力,所选讲的例题应具有一般性和代表性.数学教材课本中,在每一节的概念、定理、公式之后,均配备了一定的例题,教师应认真钻研、深刻理解每个例题的教学目的,并在教学过程中紧扣和实现教学目的.另外,如在教学中或章末复习中增加例题,则应精选,并注意以下几点：

①具有目的性.设计例题主要从巩固知识和获取技能两方面考虑,同时还要考虑学生的未来发展,选择例题要目的明确,分层设计来组织例题,一般可采用题组形式,围绕目的,层层展开.

②具有启发性.通过典型例题的讨论,学生对这类问题的条件、解题方法的理解深刻了,不仅能思考问题的本身,而且还可以思考更广泛更深远的一般性问题.

③具有延伸性.为使例题延伸,可通过对例题的挖掘深化,使问题在更大范围内延伸展开.其中横向延伸主要指对例题的一题多解;纵向延伸主要是指改变例题的条件和结论,采取有层次的

“题组式”教学，其优点是思路流畅，脉络清晰，规律性强，也有利于学生推广、归纳、分类，从而加强探索能力.

④具有典型性.具有典型性的例题即具有代表性.研究其典型意义，可“以点代面”，使学生举一反三、触类旁通.

【例 10-3】 在解析几何中采用代入法求动点轨迹问题.如图 10-3 所示，设 A 的坐标为(2,0)，Q 为圆 $x^2+y^2=1$ 上任一点，OP 为 ΔAOQ 中 $\angle AOQ$ 的平分线，试求 P 点的轨迹.

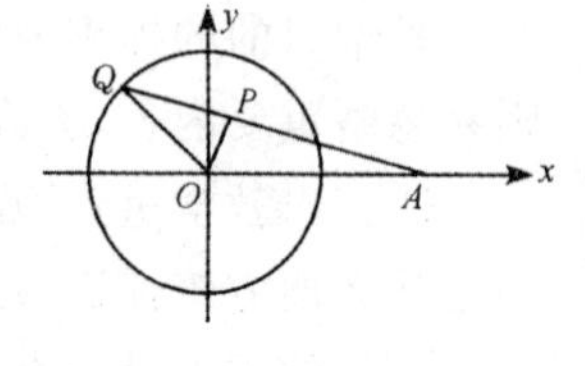

图 10-3

从上述问题中可抽象出利用“代入法”求动点轨迹的一般模型和方法.

(2)课堂练习的安排

课堂练习的目的在于使学生将所学得的基础知识及时得到巩固，掌握有关的基本技能并趋向熟练.加强练习，不仅要注意练习的机会多，形式多，更重要的是提高练习的质量，讲究练习的效果.精心选择练习题要注意什么呢？中学数学教学大纲(全日制普通高级中学数学教学大纲(试验修订版))指出：“练习是数学教学的有机组成部分，是学生学好数学的必要条件，练习的目的是使学生进一步理解和掌握数学基础知识，训练、培养和发展学生的基本技能和能力，能够及时发现和弥补教和学中的遗漏或不足，培养学生良好的学习习惯和品质.”与此同时，初中数学教学大纲也作了完全一致的论述.为了使练习能起到应有的作用，教师在备课中安排练习时应注意以下几点：

①妥善安排，练习及时.课堂练习安排在何时进行，安排多少时间，要根据教学的年级和教学的内容而定.通常情况下，是先讲后练，然而需要注意，这并非是指都要等新知识全部讲完后再一起练习.事实上若一堂课的新知识可明显地分为几个层次，则练习就可相应地穿插于其中，整节课就分成了几个“回合”，特别是对于低年级更应注意该点.低年级学生能集中注意力的时间比较短，及时练习，动手动口，可避免因教学形式的单调引起大脑皮层的过早抑制，促使学生积极动脑，主动思维，鼓励学生独立完成作业.

②事先演算，明确目的.课本上的“练习”是供课堂上用的，通常情况下比较简单，然而不因此而在备课中轻视它.而应该事先准备，对题目进行精选，明确各道题的目的作用，并尽可能利用这些材料.

③例题示范，注意格式.在学生做练习前，应用例题作为示范，包括如何应用新知识，要注意的问题以及解题格式，一般情况下，学生练习时，示范的例题应保留在黑板上，以便学生遇到困难时可主动对照解决.

④弄清概念，辨明是非.练习中常有是非题，为的是通过正反两方面的例证及其比较，来弄清概念，辨明是非，从而防止以后出错.要高度重视这些是非题的作用.是非题的练习所安插的位置，也要视具体内容而定.通常情况下，若是对于概念本身的理解问题，可在讲完新概念后即作此练习；若是应用新知识中会出现的是非问题，则可在进行了一定的基本技能训练后再作是非练习.

⑤循序渐进，逐步提高.练习应由浅入深，由单一到综合，还要有适当的开放题，当学生的练习分成几段进行时，要注意有明显的层次，每一段都应有新的明确的目的，更要注意的是，不要把简单的练习放在讲完较难的例题之后再进行.由于，虽然看上去这些练习完成得很顺利，但已失去了做此练习原有的意义，违背了循序渐进的要求.

⑥安排板演，共同评议. 适当地安排板演，并由师生共同评议，不仅可及时了解学生掌握知识，技能情况，得到信息反馈，而且可养成学生进行研讨的好习惯和提高思维的批判性，通常来说，评议应先由学生来进行，学生解决不了的，教师引导；学生解决不好的，教师纠正或补充.

⑦题量适度，难度适中. 题量要适度，首先要保证必需的基本题，人人达标. 习题难度要适中，布置作业要区别对待，对学有困难的学生，要给予必要的辅导，对于实习作业和探究性活动要求学生必须切实完成.

(3)课外习题的布置和配备

备数学课要认真备习题. 首先教师需按照对学生的要求，将教材上全部习题演算一遍，明确各题的要求，解题关键，解题技巧，解题的格式. 从而区别哪些习题是主要的，次要的，哪些是巩固性的，哪些是创造性的，哪些是单纯性的，哪些是综合性的，哪些学生可以独立完成，哪些需要提示，哪些可作为教材讲授，对每道题的难度与演算时间做到心中有数.

教师还要根据教材和学生需要自编、改编、选编一些题目，一章、一节、一单元后尤其应如此要求.

编选数学习题，是一种有意义的创造工作，应考虑如下几点：

①应考虑正确性.

②考虑推证及运算的烦琐程序，不能矫揉造作，故弄玄虚.

通常情况下，编数学题要掌握两条原则：

①编几何题时，首先要明确需要多少条件才能确定一个图形的形状与大小.

②求几个未知数就需要几个关系式.

下面提出几种编题方法.

①倒果为因法. 预先约定一个条件 A，经过有目的的运算或逻辑推理，从而得出一个结论 B. 若这些运算和推理都是可逆的话，从而得出以 B 为条件，以 A 为结论的习题，或得出与推演过程有联系的习题.

【例 10-4】 先约定以 a,b,c 成等差数列，作以下演绎：

$$a-b=b-c \Rightarrow (a-b)-(b-c)=0 \Rightarrow [(a-b)-(b-c)]^2=0$$

考虑恒等式

$$(a-b)+(b-c)=a-c,$$

$$[(a-b)-(b-c)]^2-[(a-b)-(b-c)]^2=4(a-b)(b-c)$$

从而可得

$$(c-a)^2-4(a-b)(b-c)=0,$$

因为上述过程可逆，因此可得题目：

“已知$(c-a)^2-4(a-b)(b-c)=0$，求证 a,b,c 成等差数列.”

②类推仿造法. 根据原有题目的特点，进行类推仿造新的习题.

【例 10-5】 原题：若 $a>0$ 那么 $a+a^{-1}\geqslant -2$；若 $a<0$，那么 $a+a^{-1}\leqslant -2$.

仿造题：

(a)设 $2k\pi<\alpha<(2k+1)\pi$(k 为整数)，求证 $\sin\alpha+\csc\alpha\geqslant 2$.

(b)设 $2k\pi-\dfrac{\pi}{2}<\alpha<2k\pi$($k$ 为整数)，求证 $\tan\alpha+\cot\alpha\leqslant 2$.

(c)设 α 是任意实数，求证$\dfrac{a^2+4}{\sqrt{a^2+3}}\geqslant 2$.

③改造成题法. 对原有习题进行加工、改造、深化是编造习题的重要方法. 从变换原题条件入手,编造新命题.

【例 10-6】 原题:已知 $M(-5,0)$,$A\left(-\frac{9}{5},\frac{12}{5}\right)$,$B\left(-\frac{9}{5},-\frac{12}{5}\right)$三点,动点 P 到 AB,MA,MB 的距离分别为$|PC|$,$|PD|$,$|PE|$,并且$|AC|^2=|PD|\cdot|PE|$,试求 P 点的动点轨迹方程.

改编题:

(a)设等腰 ΔOAB 的顶角为 2α,高为 h,在 ΔOAB 内存在一动点 P 到三边 OA,OB,AB 的距离分别是$|PE|=|PD|+|PF|$,试求 P 点轨迹.

(b)上题中的 P 点为改在 ΔOAB 之外,将$|PE|=|PD|+|PF|$改为$|PE|=|PD|-|PF|$,试求 P 点轨迹.

另外,还可对定理、公式、习题继续推演,得到新的结论和结果,也可把几个题揉合在一起,利用它们之间的关系,编造新习题. 当然,编出的习题是否正确,还要通过实际推证或演算来进行检验.

(4)备"学生",知己知彼效果显著

教学过程是师生共同劳动的过程,在吃透教材之后还必须了解调查受教育的对象.

①要了解学生原有的知识结构、技能水平、思想状态、学习兴趣以及他们的学习方法和学习习惯,做到因材施教,从而保证教学不脱离实际.

②要在了解的基础上进行研究,作出比较准确的预见,预见到学生在接受新知识时会有哪些困难,做到心中有数.

第二节　上　　课

教学是师生互动的过程. 教的主体为教师,其主要体现以下两个方面:

①在决定向学生传授的内容和方法方面起着主导作用.

②在调动学生的学习自觉性和积极性方面起着主导作用.

学生是学的主体,因此积极调动学生参与教学显得十分重要,若在课堂上学生的学习积极性没有被调动起来,学生没有认真听讲,没有积极思考,没有动手尝试,没有主动发现,那么教师讲解无论多么生动,设计无论多么精妙,那么这些努力只能付诸东流.

其实,一堂课上得好与差,主要是在以下两个方面留给人们深刻印象:

①语言.

②板书.

苏联教育家凯洛夫提出了课堂教学的五大环节:组织教学、复习提问、讲授新课、巩固新课、布置作业. 从 20 世纪 50 年代开始,教师们严格遵循这个教学程序进行课堂教学. 后来,人们批判这一教学理论把课堂教学过程引入公式化.

下面我们将介绍课堂教学的五大环节及其作用.

1. 组织教学

组织教学是指上课的铃声响过后,教师进入教室、登上讲台利用口头语言或形体语言等手段提示学生"开始上课"的准备环节. 其目的在于稳定学生的情绪,督促学生做好一切准备,集中精力上好课,保证课堂教学顺利进行;同时,培养学生的组织纪律性和集体主义精神,树立全局观点.

2. 复习提问

教师在讲授新课前，利用提问、练习或测验等方式，回顾旧知识导入新课的环节称为复习提问. 复习提问的内容一般是上一节课学习的内容或是以前学习的知识而又与新课有关系的内容. 复习的问题要形式多样、难易适度、富有启发性，能促进学生独立思考，有些复习的问题还要为新课的引入埋下伏笔. 提问、练习或测验后教师要对学生的回答作出及时、明确的反应. 或肯定、或否定、或点拨、或追问，教师恰当的评价可强化提问的效果. 另外，教师及时的反应还便于学生找出自己学习上的不足，促进他们养成良好的思维习惯.

复习提问的作用在于了解学生的学习情况，及时改进教学；督促学生认真听讲，积极思考，课后主动自觉地进行复习；也为建立新旧课之间的联系、讲授新课打下良好的基础.

3. 讲授新课

讲授新课是指教师在对复习提问做出讲评小结后，用简练的语言揭示新旧课的内在联系，从而引入新课，板书课题后进行讲练活动，实现传授新知识技能和发展学生的思维能力的任务的教学环节.

讲授新课具体工作包括如下几个方面：

①如何引入课题.

②如何揭示概念的内涵.

③如何探索命题结论.

④如何证明定理等.

课堂教学的中心环节为讲授新课. 该环节实施的如何，将在很大程度上决定课堂教学的成败. 讲授新课此环节的处理方法不拘一格. 然在新课程标准下讲授新课的核心特点是“探究”. 该教学环节的核心问题为转变教师教的方式，转变学生学的方式. 如何进行这个环节的教学，不同教师有着自己不同的看法. 然而，“教学有法，教无定法”，课堂教学本身就是存在多样性和灵活性的特点.

4. 巩固新课

巩固新课是指教师在新授课后，当堂对所学知识进行检查、复习，达到强化知识的环节. 巩固可采用例题、习题和练习的方式，也可通过小结的方式进行，一般发生在讲授新课之后. 根据遗忘曲线知道，在学习刚结束的一段时间遗忘的速率最快，之后遗忘继续发生，但是要缓慢得多. 所以，当堂巩固新课十分必要，巩固的目的就是强化. 当然强化不只发生在巩固阶段，强化往往也与讲授新课交替进行.

5. 布置作业

教学最后环节为布置作业，给学生布置需课后完成工作的环节. 作业是教学的延续，是反馈、调控教学过程的实践活动，也是在老师的指导下，由学生独立运用和亲自体验知识、技能的教育过程. 它不仅可加深学生对基础知识的理解，丰富学生的知识储备，且有利于形成熟练的技能和发展学生的思维能力和创造才能，促进和谐课堂的建立，是整个数学教学工作的重要环节.

布置作业要做到明确目标、任务和具体要求；加强指导，难易适度，既照顾一般又兼顾个别；作业量要适当，灵活多样，调动学生的积极性和主动性.

第三节　说　课

说课为教师在对数学教学的某个内容认真备课的基础上，面对数学教育同行或者专家，系统、详尽地叙述自己对教学内容的理解和教学设计的思路，阐述自己准备采用什么教学方法、策略，尤其是突出重点、化解难点、抓住关键的总体设想及其理论依据，然后由听课者评析，从而达到相互交流、实现共同提高的目的.

解说和评说为说课的两个基本组成.其中，重点为解说，主要说明教什么、怎么教、为什么这样教等等；评说是针对说课者的解说而进行的评议和研讨.

一、说课的特点

说课作为一种数学教研活动，具有如下几个特点.

(1)简易性和便利性

说课不受时间、地点、人数和教学进度的限制，简便灵活，说课内容及其要求具体明确，并且具有可操作性和规范性，能够吸引广大数学教师参与.

(2)交流性和共享性

无论是数学教学同行，还是数学教研人员，他们通过评议说课了解教师如何进行教学设计，并能促进他们认识教学内容.他们也思考如何完善教学设计，如何优化教学过程，并且把该种思考述说出来，供说课者参考，帮说课者改进.在这种信息交流过程中，从而实现了教学信息资源的共享.

(3)群体性和研究性

说课通常是由众多教师、同行参与的，说课人员对说课的内容作了充足的准备，评课者对说课的内容作了深入的思考，所以无论说课还是评课都带有一定的研究性质，从该意义上讲，说课实质上是一项群体性的教学研究活动.

二、说课的内容

1.说教材

(1)分析教学内容

教师应根据课程标准的要求，在认真钻研教材、充分备课的基础上，说出教学课题涉及的数学知识的特点、地位作用，并认真分析教学内容对学生数学能力培养的要求和体现.

(2)明确教学目标

教学设计的起点和归宿为教学目标，教师应明确指出教学目标及其层次要求，具体包括如下几个方面：

①数学基础知识掌握的层次.

②数学基本技能训练的要求.

③数学能力发展的要求.

④情感态度和价值观等个性品质发展的要求.

教学目标越具体明确，从而说明教师的备课思路越清晰，教学设计越合理.所以，说课时要从基础知识、基本技能、能力发展、个性品质等教学目标出发，并对各个教学目标提出具体的层次要求.

(3)分析重点难点

课堂教学的关键任务为突出重点、化解难点，也是衡量课堂教学效果的重要考查指标.所以，说课时必须强调本节课要解决的重点和难点是什么，为什么说它们是重点和难点，重点是怎样突出的，难点是怎样化解的.例如，在“两角和与差的余弦公式”说课时，此时则需要指出：掌握公式 $\cos(\alpha+\beta)=\cos\alpha\cos\beta-\sin\alpha\sin\beta$ 为其重点，公式推导过程为其难点，在单位圆上用角 $\alpha,\beta,\alpha+\beta$ 的正余弦函数表示点的坐标，并根据两点间的距离公式得到等式为其突破难点的关键.

2.说学生

在数学教学活动中，学习的主体为学生，数学教学的根本目标为学生知识的获得、能力的提高、个性的发展，这就要求教师在说课时必须说清学生的活动特点及其方式，具体包括如下几个方面：

(1)已有知识能力

学生的学习本质上是学生自主建构发展的过程，其取决于学生已有的知识经验和能力水平，所以教师应对学生的知识与能力进行透彻分析，并且根据分析结果设计教法指导方案.在说课时，教师要指出学生已有的知识经验和能力水平及其对新知识的学习将会产生什么样的影响，学生会在哪些方面感到困难，需要做些什么引导或预习准备等.

(2)具体学法指导

教师应根据新知识的内容特征，从而设计适合学生的学法指导方案.在说课时，教师需要指出如何选择学生感兴趣的问题，如何灵活采用自主探索、交流讨论、阅读自学等学习方式.与此同时，还应说清如何培养学生思考的习惯、质疑的精神、思维的方法、学习的主动性等.

(3)学习特点风格

因为学生在年龄、身体和智力上均有所差异，所以也形成了不同的学习特点和认知风格，这些也是影响课堂教学效果的重要因素，在说课时，教师应说清班级学生的实际情况，准备采取哪些措施有针对性地指导学生学习.

3.说教法

说教法就是说明准备选用什么样的教学方法，采取什么样的教学手段，及其使用这些教学方法和教学手段的理论依据.

(1)选用教学方法

针对教学内容的特点及具体课型，说明适合选用的一种或几种数学教学方法以及这些教学方法的具体特点.

(2)优化教学方法

在一节课的教学中，若同时使用两种或者两种以上的教学方法，则这些方法之间就存在着优化组合的问题，那么在说课时，需要说出如何综合使用各种教学方法，采取哪些突出重点、克服难点、把握关键的措施等.

(3)运用教学手段

伴随着现代科学技术不断发展，数学课程改革倡导运用现代信息技术并把其作为促进教师的教和学生的学的一种手段.在说课时，需要说出如何使用现代化的教学手段及媒体以及这样做的理由与注意事项.

4.说程序

教学程序是指教学过程的具体进程，其表现为如何引入、如何深入、如何结束的时间序列.

说程序是说课的重点，只有通过这一说课内容，才能全面反映教师的教学安排，反映教师的各种观念，反映教师的教学风格，才能看出教学设计的合理性、科学性和艺术性.在说教学程序时，应说清楚以下内容：

(1)教学过程中的细节处理

在说课时，还要说出教学过程中的细节处理，如问题情境的创设，反馈调控的策略，教师提问的设计，演示活动的设计等.

(2)教学思路与教学环节安排

在说课时，教师要把自己对教学内容的理解和处理，结合学生具体的特点，采取哪些教学措施来组织教学的基本想法说清，具体内容只需简要介绍，使人能听明白教什么、怎样教、为什么这样教等.

(3)教与学的双边活动安排

教与学的双边活动安排能够反映出教师的教学组织能力和数学教学观念.在说课时，需要说出怎样运用现代教育理念指导教学活动，怎样体现教师的主导作用和学生的主体地位的有机统一，怎样做到教师的讲授活动和学生的发现活动的和谐统一，怎样做到智力发展和情感教育的和谐统一等.

第四节　听　　课

在新课程推进过程中，不少学校均开展了校本教研活动，听课就是其中一种形式.听课是教师必须具备的一项基本功，教师通过听课，可以互相交流，取长补短，促进教师自我反思，提高课堂教学能力.

一、听课的意义

听课是教师的一项不可少的、经常性的职责与任务，教师之间经常听课，在听课后保持交流，从而可收到如下效果：

(1)提升教育教学质量

教师的专业发展了，良好的氛围形成了，最终能够转变教学思想，更新教学观念，提高教学水平，提高教学质量.

(2)促进教师专业发展

教师之间开展经常性的听课，相互学习好的教学做法，指出对方教学的不足之处，从而可达到相互取长补短，共同提高，促进教师的专业成长的目的.

(3)形成良好教学氛围

通过听课这一简要形式，可以在学校里形成好的教学风气，人人通过听课受益，在促进专业发展的同时，也有利于教学改革不断深入.

二、听课前的准备

听课前的准备工作包括两方面：思想准备和内容准备.

1.积极做好思想准备

要做好向同行教师学习、耐心把课听完的思想准备.必须清楚此时自己是作为一个不能参与教学活动的"学生"身分听课的.不能参与教学活动是指在讲课教师讲课过程中若出现一些问题,听课者不能上讲台发表自己的看法,也不能在下面相互议论影响课堂秩序.

2.熟悉有关教学内容

熟悉有关教学内容可有两个途径:

①在听课前看看相关教材,熟悉有关内容.

②在听课初再用很短的时间看看有关内容.

熟悉听课内容的目的是为了在听课中判断讲课教师是否抓住教材的重点、难点,为后面的评课做好准备.

三、听课的基本方法

听课的基本方法可概括成以下五个字:听、看、记、想、谈.

1.听

①听老师怎么讲的,结构是否合理,重点是否突出.

②听讲得是否清楚明白,学生能否听懂.

③听教师启发是否得当.

④听学生答题,答题中显露出来的能力和暴露出来的问题.

具体的讲,就是听上课老师是怎样复习旧知识的,是怎样引入新知识的,是怎样讲授新课的,是怎样巩固新知的,是怎样结课的,是怎样布置作业的;还要听学生是怎样回答问题的,是怎样提出问题的,是怎样讨论问题的.

2.看

(1)看教师

看教师的教态是否自然亲切,精神是否饱满,板书是否合理,清楚,教具运用是否熟练,教法选择是否得当,指导学生学习是否得法,对学生出现的问题处理是否巧妙等.

(2)看学生

看学生情绪是否饱满,参与教学活动的机会和表现,思维是否活跃;练习情况;发言、思考问题情况,活动时间长短是否合理;各类学生特别是后进生的积极性是否调动起来;与老师的情感是否交融;自学习惯、读书习惯、书写习惯是否养成;分析问题、解决问题的能力如何等.

3.想

即仔细思考这堂课有什么特色,教学目的是否明确,教学思想是否端正,教学结构是否科学,教学重点是否突出,注意点是否强调,难点是否突破,板书是否合理,教态是否自然亲切,教学手段是否先进,教法是否灵活,学生学习的主动性、积极性是否得到充分的调动,寓德育、美育于教学之中是否恰到好处,教学效果是否好,"双基"是否扎实,能力是否得到培养,有哪些突出的优点和较大的失误.

4.记

即记录听课时听到的、看到的、想到的主要内容.

①记听课的日期、节次、班级、执教教师、课题、课型.

②记教学的主要过程,包括主要的板书要点.

③记本节课在教学思想、教学内容处理、德育渗透、教学方法改革等方面值得思考的要点.

④记学生在课上的活动情况.

⑤记对这堂课的简要分析.

5.谈

即与执教老师和学生交谈.可先请执教老师谈这节课的教学设计与感受,请学生谈对这节课的感受;然后再由听课老师谈自己对这节课总的看法,谈这节课的特色,谈听这节课所受到的启迪与所学到的经验,谈这节课的不足之处,谈自己的思考与建议.

四、听课的注意事项

1.听课要有计划

听课是教师的职责与工作,因此要有计划性,学期初每位教师要在学校和教研组的统一要求下,结合自身的实际情况安排好听课计划.

2.听课要有准备

教师听课前要做到:

①要掌握课程标准和教材内容.

②要了解上课教师的教学特点.

③要了解听课班级的学生情况.

这样听起课来就会心中有数,也就收到好的听课效果.

3.态度必须端正

必须抱着向其他教师学习的态度,进入课堂后要集中注意力,做到认真听、仔细看、重点记、多思考.

4.记录详略得当

要以听为主,将注意力集中到听和思考上,不能把精力集中到记录上.记录要有重点,详略得当,教学过程可作简明扼要记录,符合教学规律的好的做法或不足之处可作详细记载,并加批注.

5.课后交换意见

听课后要及时和执教老师交换意见.交换意见时应抓住重点,多谈优点,多谈经验,存在问题也不回避.

第五节　观　　课

一、观课的含义

观课是教师或研究者带着明确的目的,凭借眼、耳、手等自身感官及有关辅助工具,直接或间接地从课堂情境中获取相关的信息资料,从而达到从感性认识到理性认识的一种学习、评价及研究的教育教学方法.

二、听课与观课的比较

观课与听课区别:

①"听"指向声音,"听"的对象是师生在教学活动中的有声语言往来;然而"观"强调用多种感

官以及有关辅助工具收集课堂信息.包括师生的语言和行为、课堂的情境与故事等.

②“听”通常指一般性了解,而非用于研究的目的;而“观”的目的却指向一定的研究问题,有明确的目的.

③“听”通常是面面俱到,缺乏针对性,而“观”是针对研究问题收集相关的课堂信息,针对性强.

④“听”通常是凭借经验进行,而“观”需要理论的指导,需要借助观察记录表等.

观课以提升教师课堂教学研究的水平为目的,是认定课堂教学优劣的一种手段和途径.通常观课有助于及时了解和掌握学校、教师的教育教学现状,有助于教师之间相互学习,共同提高;有助于良好教学风气的形成,促进教学改革的深入;有助于教师特别是青年教师学习优秀教师的先进教学经验,促进教师的专业成长;有利于转变教学思想,更新教学观念,提高教学质量与水平.

三、观课的要求

1.做好物质资料准备

进入课堂之前,观课者要携带听课专用的笔记本和笔,并填好听课需要记录的基本信息,以便在观课时专心听课;要自行准备教科书、参考书、纸张等.此外,观课者的衣着要整洁大方,装扮也要得体.观课者最好提前进教室,通过与座位周围的同学寒暄和聊天,了解和关心他们的学习和生活等,舒缓学生可能的紧张和压力,同时密切与学生的关系.

2.做好心理准备

观课者在进入课堂之前要做好情绪上和态度上的准备称为心理准备.每次观课,观课者都要调整好自己的情绪,做到心平气和;观课者应站在学习者的角度,抱着虚心学习、沟通交流、研究问题的心态去观课;在观课过程中若出现一些问题,观课者不能高声评论甚至当即指责,抑或用中途离开等.

3.选取合适的观察位置

要把观课的凳子从教室后边移到学生中间.观课焦点从教师转移到学生.只有这样,观课教师才能直接了解和观察学生的精神状态、学习活动、学习的感受和体验,才能从学生学的角度提出更有价值和意义的讨论话题和问题.

4.观察课堂细节

观察的对象不仅有教师,而且包括学生.学生自主探索阶段,在小组内合作交流之时,在学生做课内练习时,我们可站起来,看看学生们在做什么,了解学生的认知策略、性格特征,检查学生的学习效果.在观课过程中,教师要集中注意力及时捕捉课堂信息,由于在鲜活的课堂中,有些细节转瞬即逝.如果忽略某些细节,感知就会出现断裂,影响对问题的深入研究.观课,不能只记录标题和黑板提纲,要记录细节,由于教学就是一堆细节.细节往往最能反映教学的理念、功底和内涵.

5.积极主动思考

需要思考“假如我来执教,我该怎么处理?”此思考使观课者不做旁观者,而是置身其中.在观察老师教的行为和学生学的行为时,必须思考授课教师行为背后的教学理念和教育追求,需要判断执教老师的教学行为是否收到了预期的效果,需要思考效果与行为之间有什么样的联系.这种思考使我们对课堂教学的研究和讨论不是就行为而行为,而是行为和理念统一,理论和实践统一.

6. 注意观察和记录

课堂观察是指观察者根据一定的目的，凭着自己的感官及辅助工具，在课堂隋境中采集信息，并根据这些信息进行研究的一种研究方法. 观课时，一方面运用课堂观察技术、有效地观察师生的课堂教学行为，另一方面做好课堂教学活动的必要记录. 通常情况下要记教学过程、板书设计、学生的典型发言、教师的重点提问、有效的教学方法和手段、师生的互动情况、教学中符合教学规律、有创新、有特色的好做法或失误等. 同时，观课者还应记录自己的主观感受、思考和零星评析. 若教师为什么要这样处理教材、换个角度行不行；对教师成功的地方和不足或出现错误的地方要思考原因，并预测对学生所产生的相关性影响；若是自己来上这节课，应该怎样上？进行换位思考；若自己是学生，考虑自己是否能掌握和理解教学内容；新课程的理念、方法、要求等到底如何体现在日常课堂教学中，并内化为教师自觉的教学行为；这节课是否反映教师正常的教学实际水平等.

7. 及时整理和总结

在分析总结时，要注意比较、研究，取长补短. 每个教师在长期教学活动中都可能形成自己独特的教学风格，不同的教师会有不同的教法. 观课者要善于比较、研究，准确地评价各种教学方法的长处和短处，并结合自己的教学实际，吸收他人的有益经验，改进自己的教学.

四、观课要点

课堂教学是每一位教师教育思想的折射，教学观念的渗透，反映出教学方法的实施，教学基本功的运用，从而也展示了教师的应变和驾驭课堂的能力. 那么，观课观什么呢？我们归纳起来应应包括如下几方面：

1. 听目标

观课首先要“听”授课教师对于本节课教学目标或教学任务的正确制订与落实，是衡量课堂教学好坏的主要尺度. 从教学目标制订来看，要看是否全面、具体、适宜，看是否能从知识、能力、思想情感等几个方面来确定. 具体指知识目标要有量化要求，能力、思想情感目标要有明确要求，并能体现学科的特点. 适宜指确定的教学目标能以课程标准为指导，体现专业、年级及符合学生年龄实际的特点，难易适中. 从目标达成来看，要看教学目标是不是明确体现在每一个教学环节中，教学手段是否能紧密地围绕目标，为实现目标服务；要看课堂上能否尽快地接触重点内容，重点内容的教学时间是否得到保障，重点知识和技能是否得到有效地巩固和强化；要看教学目标的落成情况——是顺利、圆满地完成，还是基本完成，或是没有完成本课的教学目标等.

在观课时需要更多地去考虑下述问题：

①课堂中教学目标的落实是否是通过教师的灌输来完成的？上课教师是怎样积极组织、引导、启发学生的？上课教师是如何促进学生通过主动选择、合作交流的过程来掌握知识的？

②课堂中教学目标的落实是否靠教师的压制来进行？上课教师是如何营造良好的课堂气氛的？上课教师是如何让学生在理性与情感、和谐与合作中进行课堂学习的？

③课堂中教学目标的落实是否靠教师的高超教法才得以解决的？上课教师是如何让学生在不断参与问题的提出与解决，在不断形成良好的学习方式与习惯，在逐步领悟学法中实现教学目标的？

2. 听重点、难点、关键

观课不仅要看教学目标的制订和落实，还要看教者对教学内容的组织和处理，更应注意观察讲课教师是否能根据教学目标和学生的实际情况，对教材和相关内容进行二次加工和创造，是否能赋予教材全新的内涵，是否突出了重点，突破了难点，抓住了关键.

听重点、难点、关键，应注意如下几个方面：

①要听讲课教师所定位的重点、难点、关键是否准确、到位?

②要看教师所定的重点、难点、关键是笼统、模糊还是具体可操作?

③要具体观摩教师在把握重点、帮助学生解决学习中的困难，即突破难点方面所设计、组织的教学活动的效度.

通常情况下，突出重点的方法很多，如抓住关键字词句或运用图表、内容结构、通过对比设疑等；突破重点的方法，常见的有动手操作、化整为零、多媒体演示等.

3. 听教法

听教法，即要“听”授课教师对于完成教学目标或是教学任务，突出重点突破难点、抓住关键所采用的方法和手段. 同样一节课，同样一个教学目标，不同教师会使用不同的教学手段，会采取不同的教学方法，那么也就会达到不同的教学目的.

听教法包括下述几个主要内容：

(1)教法是否多样化

教学活动的复杂性决定了教学方法的多样性，教学方法最忌单调呆板. 因此观课既要看教师是否能够面向实际，恰当地选择教学方法，又要看教师教学方法是否多样，从而使课堂教学常教常新.

(2)教法的选择

教法的选择应是优选活用. 教学是一种复杂多变的系统工程，不可能存在一种固定不便的万能方法；一种好的教学方法是相对而言的，其总是因学生、课程、教师自身特点的不同而相应发生变化.

(3)现代教学手段运用是否恰当

恰当使用多媒体所达到的效果是传统课堂教学所无法比拟的，其能拓展学生的视野，挖掘学生的思维速度，并为学生认知活动尤其是高水平的思维活动提供有效的帮助. 在教师采用多媒体上课时，应关注课堂中是否出现多媒体取代了教师的现象；多媒体功效是否被过度放大，教师在教学中是否根据班级、学生和自身的实际情况，恰当地选择多媒体，是否最恰当地把握时机，寻找最佳切入点；课堂上是否出现了由“满堂灌”到“满堂看”“满堂听”的现象. 所以，在观课中应该更多地关注多媒体应用是否适量、适时、适宜.

(4)教法是否改革与创新

听教法既要看常规教法，更要看教法的改革和创新；要看新的课堂教学模式的构建，要看课堂上思维训练的设计，要看主题活动的发挥，要看创新能力的培养，要看教学艺术风格的形成等.

4. 观效果

观效果，就是看课堂教学内容的完成程度、学生对知识的掌握程度、学生能力的实现程度等. 主要看教学是否注意联系学生生活的实际，从而使学习变成学生的内在需求；是否注意挖掘教学内容中的情意因素；是否坚持因材施教，让每一个学生在其原有基础上得到最好发展，学有所获.

好的教学效果，可从如下三个方面来衡量：

①学生受益面大，不同程度的学生在原有基础上都有所进步，教学的三维目标达成.

②教学效率高，学生思维活跃，气氛热烈.

③有效利用课堂时间，学生学得轻松愉快，积极性高，当堂问题当堂解决，学生负担合理.

第六节　评　　课

一、评课的含义

评课即课堂教学评价，是对照课堂教学目标，对教师和学生在课堂教学中的活动及由这些活动所引起的变化进行价值判断.

课堂教学评价通常是以一节课为评价内容，是对教学的实际水平和效果进行定性与定量评价的过程. 课堂教学评价具有鉴定、诊断、导向、调节、激励和改进教学等功能，是提高课堂教学质量的重要手段.

二、评课的理念

评课的理念如下：

①数学课堂教学是数学活动的教学，是师生之间、学生之间交往互动与共同发展的过程.

②数学课堂教学的主体为学生，学生数学活动的组织者、引导者与合作者为教师.

③数学课堂教学是教师依据数学课程标准的理念与基本要求，在全面驾驭教科书的知识结构、知识体系和编写意图的基础上，按照学生的具体情况，对教学内容进行再创造的过程.

④数学课堂教学是数学教师的教学能力、教学技能、文化修养、教育观点、业务水平、师德和思想素质的综合表现.

⑤数学课堂教学的评价目的在于，总结优秀的教学经验，诊断教学的不足，从而更有效地改进教学.

⑥数学课堂教学评价的过程也是教师进行教学反思、交流教育理念与教学思想，总结教学经验，探讨教学方法，帮助、指导执教老师和参与听课活动的教师提高教学能力，促进自我发展的过程.

三、评课的类型

评课作为课堂教学评价是一种特殊形式的教育评价活动，根据目前国内开展评课活动的情况，评课大致可分为三类：经验性评课、指标性评课和环节性评课，上述三类评课均有各自的特点和功能.

1. 经验性评课

评课教师根据听课印象、记录，并结合自身或他人的教学经验及评课常识进行口头评议称为经验性评课又称传统评课. 通常要求从教学目标、学法指导、教法运用、教学过程、教师素质等方面进行评价，其特点在于评课教师在随堂听课的基础上，对授课教师课堂教学行为有所侧重地作出一分为二的定性评价，肯定优点，指其中出存在的不足.

经验性评课一般采用“评议结合法”进行评价，虽不如总结性定量评价精确，然而便于评价者和被评价者双方沟通交流. 这类评课方式是在学校教研组进行观摩教学时，使用最为广泛的一种. 然而从评价效果看，经验评价易受评价者的业务水平、听课时的心理状态等因素的影响.

2.指标性评课

指标性评课，即将课堂教学过程列出若干评价指标，并根据评价因素的内涵进行具体的量化评价.指标性评课是在经验性评课的基础上发展起来的，其能有效地克服经验性评课中的个人主观因素，能对课堂教学进行比较直观、公正的评价.所以，其广泛应用于示范课、研究课等不同课型的评价之中.

当前较为流行的课堂教学评价指标体系的一般范式是“指标体系、权重系数、量化测定、加权平均”，其主要部分是对评价指标体系进行准确的量化测定.在使用指标性评价过程中，要求评课人员有较高的教学水平，学科专业知识、敏锐的观察能力，扎实的教育教学理论功底，能正确把握评价指标体系，对评价指标有较完整的理解.

3.环节性评课

以课堂教学过程的环节为对象，并逐个进行口头或量化评价称为环节性评课.其特点是评价过程层次分明，便于掌握，然而易受教学方法及其课堂教学结构等因素的影响.所以，要求评课人员必须善于学习，了解当前课堂教学方法的现状，掌握多种课堂教学结构模式及其特点.

在实际评价过程中，三种评课方式可有选择地应用，也可混合使用.在选择某种评价方式时，应有针对性.

四、评课的基本原则

评课的基本原则如下：

(1)科学的全面性原则

对一节课的客观评价称为评课，评课时要教材内容、联系课标、和学生实际，并注意运用教育学、心理学的原理去分析.评议的内容要做到准确.在评课时要充分肯定成绩，看到不足，要用全面的、发展的眼光看问题.同时，评价的手段可采用定量与定性相结合的方式，恰当地对每一个环节作出及时的评判，从而使评价结论具有较强的说服力.

(2)以“评”促“学”原则

评课不仅要着眼于课堂教学的全过程，而且要抓住特色和重点进行评议，对突出的优缺点进行分析，以进行有针对性地诊断和指导，明确改进的方向和措施，将评价的重点从“评教”转移到“评学”上面，从而使执教者从中受到教育和启发，认清自己的优势和存在的问题，促进教师观念转变.

(3)因人施评的原则

因执教者情况不同，课堂教学的形式不同，评价的侧重点应相应的有所不同.评课要有一定的特色与区别，例如，对于青年教师既要充分地肯定他们的成绩，又要多帮助他们找到教学中存在的差距；对一些骨干教师要求适当拔高，挖掘特长，促使其个人教学风格的形成；对待性格直爽的教师，可直截了当，从各个角度与之认真交流；对待性格固执的教师应谨慎提出意见等.评课时要注意语言的技巧、评价的方向和火候，以便发挥评课的功能，从而有助于推进教学工作的健康发展.

五、评课的主要内容

通常情况下，评课可从教学目标、内容处理、教学方法、教师基本功、教学效果等方面进行.

1. 评教学目标

可观察、可测量、最终可达成的行为目标称为教学目标，其是规定学生应该学什么、怎样学的问题. 有人将课堂教学比喻成一个等边三角形，然而三维教学目标——过程与方法、知识与技能以及情感态度与价值观恰好是这个三角形三个顶点，若其中某一个顶点得不到重视，那么此三角形就失去了平衡. 该比喻形象而恰当地表现了三维目标的相互依赖的关系，反映了这三个目标不可分割的关系. 所以教学目标就是评课时的关注点和反思时的着力点.

对教学目标的评价，应从下述几个方面考虑：

①关注教师的教学手段和行为是否指向目标、为实现目标服务. 对课堂上教师的言语、教态、行为、表情以及各种手段的运用，乃至一些师生互动方面的考察，既要关注它们本身的特点和性质，更需要关注它们对目标达成的有效性和功能价值.

②关注教师是否重视了"生成性目标"，即课堂上产生的一些教师事先没有也不可能预设的结果，对学生的发展有着直接的作用甚至具有重大的意义.

③考察教师是否预设了合适的、明确的、具体的教学目标，关注这节课的任何阶段、任何步骤、任何活动是不是紧扣目标，最终有没有达成这个目标.

2. 评内容处理

教学过程中教师对教学内容，主要是对教材中的知识、方法、思想等由书面文字形式的"数学教育"加工，转化为课堂教学形式的"教育数学"的创造性行为称为内容处理.

对内容处理的评价，应从教师对教学材料的驾驭与挖掘，教学内容的组织安排，教学过程的设计与布局，知识的系统结构和学生的认知能力结构的协调发展，情感态度价值观与数学素质教育的体现等方面进行价值判断. 表 10-1 为数学课堂教学中"内容处理"的评价细则，此表仅供参考.

表 10-1　数学课堂教学中"内容处理"评价表

<table>
<tr><td rowspan="19">内容处理</td><td rowspan="2">传授知识基础扎实</td><td>能为讲授新课程提供充足的认知、情感或者操作前提</td></tr>
<tr><td>在讲授新内容前，要做到及时弥补学生的知识缺陷</td></tr>
<tr><td rowspan="4">传授内容科学、严谨</td><td>能过准确把握并表达数学概念及原理</td></tr>
<tr><td>推导过程及解题步骤规范合理</td></tr>
<tr><td>准确理解内容所反映出的数学思想方法</td></tr>
<tr><td>准确把握教材各内容的内在联系性创造性地处理教材，内容系统完整，没有缺陷</td></tr>
<tr><td rowspan="3">重点、难点处理得当</td><td>重点与难点的确定准确</td></tr>
<tr><td>突出重点，围绕重点组织教学，将主要精力放在关键性问题的解决上</td></tr>
<tr><td>能分散难点、调动教材等相关因素从而为解决难点作铺垫</td></tr>
<tr><td rowspan="3">教学过程安排合理</td><td>能够根据课型和教材特点设计教学过程，课堂结构科学合理、完整严谨</td></tr>
<tr><td>各部分之间布局合理、逻辑性强、过渡自然、思路清晰</td></tr>
<tr><td>教学容量适中，事件安排恰当，教学节奏紧凑</td></tr>
<tr><td rowspan="4">传授知识、培养能力有机结合</td><td>注意形成并且不断完善学生的知识结构</td></tr>
<tr><td>通过训练从而使学生形成数学基本技能</td></tr>
<tr><td>注意培养和发展学生的数学能力</td></tr>
<tr><td>注意培养学生的记忆、观察等一般能力与运用数学解决实际问题的意识与能力</td></tr>
<tr><td rowspan="3">重视数学思想方法的训练和培养</td><td>重视让学生经历数学知识形成、发展与应用的思维过程</td></tr>
<tr><td>创设问题情境，结合教学内容，渗透数学思想方法训练</td></tr>
<tr><td>将数学思想方法作为教学主线，帮助学生总结数学思想方法并且指导应用</td></tr>
</table>

3.评教法运用

主要评价教师主导作用的发挥与教学方式、教学媒体的运用,例如教师对来自课堂中的各种信息,如何收集、筛选与评判,形成何种反馈信息,又是如何处理反馈信息,以及采取何种偏差纠正方案与应对措施等.

4.评学法指导

学法指导主要评价教师在课堂教学中对学生学法指导的情况,以及学生主体地位的体现,例如是否充分发挥学生主体性,采用多样化的学习方式,促进学生主动地、富有个性化地学习,挖掘学生学习潜力等.

数学课堂教学中"教学方法"评价的具体操作细则,如表10-2所示,此表仅供参考.

表10-2　数学课堂教学中"教学方法"评价表

内容处理	因课制宜,选择有效的教学方法与教学媒体	选用的教学方法符合教学内容主次难易与特点
		选用的教学方法符合学生认知水平与心理特点
		恰当地使用教具与运用现代化教学手段
		选用的教学方法应服务于教学目标的完成
	正确处理主导与主体的关系	善于启发、示范,恰当地把握对学生数学学习活动指导的"度",具有良好的教学组织、用变机智
		注重学生自主学习与个性发展,合理有效第运用合作、探究的学习方式
		准确把握学生数学学习心理,有效激发学习兴趣
	面向全体,注重课堂信息反馈与调节	注意暴露思维过程,提高数学化能力,从而使每个学生都会使用自身的情感体验主动参与数学学习
		随时了解学生双基掌握情况,即使纠正学习错误
		因此施教,分类指导,关注学习困难学生的进步

5.评教师基本功

教师教学基本功,在这里专指教师完成课堂教学任务所应具备的一些外显的基本教学能力.对教师基本功的评价,主要从语言、教态、板书等方面进行价值判断.

(1)评语言

教学也是一种语言的艺术,教师的教学语言有时甚至关系到一节课的成败.教师的课堂教学语言,要语言准确简练,生动形象,要富有启发性、直观性和感染力;语调要高低适宜,抑扬顿挫,快慢适度,富有变化,具有节奏性;能准确、熟练地使用数学语言,表达科学规范,具有科学性.

(2)评教态

教师的教态,包括教师的视线、教师的姿态、教师的情绪.教师的视线不能只面对课本、教案、黑板,要注视全班学生,通过视线与学生交流信息,及时反馈;教师的姿态稳重、大方,举止从容、仪表端庄;教师的情绪要饱满、乐观、热情,师生情感融洽和谐.

(3)评板书

板书是一节课主要内容的浓缩,使学生通过对板书的观察与回顾,对本节课内容进行整体把握,从而对所学内容进行更好地梳理.因此,板书设计要科学合理,有计划性与艺术性;板书内容要详略得当,条理清楚,作图规范,字迹工整,示范性强;板书应具有启发性,通过板书促进学生积极思维，正确理解和记忆主要内容；板书要注意传统板书与多媒体演示等的协调配合.

6. 评教学效果

评价课堂教学的根本指标为教学效果. 教学效果，这里专指课堂教学活动的短期效果，表现为学生群体参与的程度与学生所显示的教学目标达成程度.

教学效果的评价，从下述几个方面进行.

①学生的注意力是否集中，学习是否积极主动，能否准确地完成课堂练习，能否对一堂新授课归纳出主要内容、进行独立的课堂小结，并对自己的学习情况进行准确的自我评价等.

②教师是否在规定的时间内完成了教学任务，是否在知识的传授、能力的培养、情感态度价值观方面都实现了目标要求.

六、评课的依据与标准

一堂好课并不存在绝对的标准，然而却有一些基本的要求. 表 10-3 为中国教育学会数学教学专业委员会组织全国中学青年数学教师举行优秀课评比活动制定的数学课堂教学评价标准. 表 10-3 是依据该标准制定的数学课堂教学评价等级.

表 10-3　数学课堂教学评价标准表

课堂教学要以国家颁布的《数学教学大纲》和《数学课程标准(实验)》为基本依据，

贯彻“以学生的发展为本”的科学教育观，根据教学内容选择恰当的教学方式与方法，充分发挥学生的积极性、主动性，激发学生的学习兴趣，引导学生开展自主活动与独立思考，切实搞好“双基”教学，注重提高学生的数学能力，加强创新精神和实践能力的培养，注重培养学生的理性精神. 课堂教学通过现场教学实践的方式进行.

课堂教学评价标准包括如下几个方面.

1. 教学目标

按照当前的教学任务和学生的思维发展水平，正确确定学生通过课堂教学在基础知识和基本技能、数学能力，以及理性精神等方面应获得的发展. 教学目标的陈述应准确，使目标成为评价教、学结果的依据.

2. 教学内容

正确分析本堂课中学生要学习的各部分知识的本质、地位及其与相关知识之间内在的逻辑关系. 其包括对所教学的知识的本质及其深层结构的分析；对如何从学生的现实状况出发组织教材，将学过的知识融入新情景，以旧引新的分析；对如何选择、运用与知识本质机理相关的典型材料的分析；对如何围绕数学实质的本质及逻辑关系，有计划地设置问题系列，使学生得到数学思维训练的分析等.

3. 教学过程

正确组织课堂教学内容：正确反映教学目标的要求，突出重点，把主要精力放在关键问题的解决上；注重层次、结构；注重建立新知识与已有的相关知识的实质性联系，保持知识的连贯性、思想方法的一致性；易混淆、易错的问题有计划地复现和纠正，使知识得到螺旋式地巩固和提高.

在学生思维最近发展区内提出“问题系列”，使学生面对适度的学习困难，激发学生的学习兴趣，提高学生数学思维的参与度，引导学生探究和理解数学本质，建立相关知识的联系.

精心设计练习，有计划地设置练习中的思维障碍，使练习具有合适的梯度，提高训练的效率.

恰当运用反馈调节机制，根据课堂实际适时调整教学进程，引导学生对照学习目标检查学习效果，有针对性地解决学生遇到的学习困难.

4. 教学资源

根据教学内容的特点以及学生的需要，恰当选择和运用教学媒体，有效整合教学资源，从而更好地揭示数学知识的发生、发展过程及其本质，帮助学生正确理解数学知识，发展数学思维. 其中，信息技术的使用注意遵循必要性、平衡性、有效性、实践性等.

（续表）

5.教学效果 使每一个学生都能在已有的发展的基础上，在“双基”、数学能力和理性精神等方面得到一定的发展. 6.专业素养 (1)数学素养 准确把握数学教学概念与原理，准确把握教材各部分内容的内在联系性，准确理解内容所反映的数学思想方法. (2)教学素养 准确把握学生数学学习心理，有效激发学生的数学学习兴趣，根据学生的思维发展水平安排教学活动，贯彻启发教学思想，恰当把握对学生数学学习活动指导的“度”，具有良好的教学组织、应变机智. (3)基本功 语言：科学正确、简练明快、通俗易懂、富有感染力. 教态：自然大方、富有激情与活力. 板书：正确、工整、醒目、美观，板书设计系统.

模式化、机械化、概念化的评价标准会束缚教学的创新与个性发展.评课时应更多从学生的学习接受和发展方面来评价教师的教学，尽量整合简化繁杂的评价标准.

七、从评课走向议课

议课不是对课堂教学下结论的评课，议课要对课堂教学的问题和现象“议”.其有一个策略就是直面问题.

接下来我们对评课与议课进行比较：

①“评”是对课的好坏下结论、做判断，其过程是展开对话、促进反思的过程；“议”是围绕观课所收集的课堂信息提出问题、发表意见.

②“评”有被评的对象，下结论的对象，有“主”“客”之分；“议”是参与者围绕共同的话题平等交流.

③评课活动主要将“表现、展示”作为做课取向，做课教师重在展示教学长处；议课活动以“改进、发展”为主要做课取向，且鼓励教师主动暴露问题以获得帮助，求得发展.

④评课需要在综合全面分析课堂信息的基础上，指出教学的主要优点和不足；议课强调集中话题，超越现象，深入对话，议出更多的教学可能性供教师自主选择.

观课议课要促进教师反思.议课时，可首先让教师分析教学设计与教学效果之间的差距、原因，以及对某些调整的思考.议课要议出联系，“联系”主要包括这几个方面：

①学生的学习方式和状态与教的方式和状态的联系，通过学生的学来映射、考察教师的教.

②教学行为与教学理念的联系，从行为入手讨论支撑行为和技术的理念，探讨怎样通过改变理念达到改变行为的目的.

③教学过程与教学结果的联系，从过程入手推测结果，探讨怎样通过优化过程达到理想的结果；实际教学与学生实际情况的联系.

④教学实践与教育理论的联系，等等.

议课既要认识到已经发生的课堂事件只是一种可能，更要关注探讨新的和潜在的发展可能性.议课的任务是讨论和揭示更多的发展可能以及实现这些可能的条件和限制.议课的过程，是参与者不断拓宽视野,不断开阔思路的过程.

综上,评课是教师应该具备的一项基本功,真正掌握这项基本功并不是一件十分容易的事情.要评议好一堂课,只有在掌握评课基础理论知识的前提下进行评课实践,才能真正掌握评课的技能.

第七节　作业的布置与批改

学生完成作业是整个教学过程的重要一环.学生通过自己的实践活动巩固基础知识和掌握基本技能,并逐步形成能力.

作业一般分为如下两种:

①课堂内在教师指导下进行的,叫做课堂作业.

②在课外由学生自己独立完成的,叫做课外作业或者家庭作业.

课外作业是课堂教学的延伸,是数学教学工作的重要组成部分.为了提高作业质量,切实促进学生理解数学,教师须明确作业的目的,精心选择布置作业,并且及时批改、讲评作业.

批改作业是教师了解学生学习情况和检查教学效果的一个有力手段.所以正确对待作业是教师和学生都面临的一个重要课题,而随着注意各种能力的培养,对作业的要求也就越来越受到重视.

一、作业的布置

作业一般分为课堂练习和课外作业两种,现将有关形式简介如下:

1.练习本形式作业

作业是最常见的形式为练习本形式作业,此种作业是每次老师布置作业后,由学生按先后顺序独立完成,按时报交.其目的是使学生深刻地理解和完整地掌握课堂上所学的知识,系统地训练学生应用数学知识的技能、技巧并发展学生的思维能力,其可通过作业,从而使教师全面地了解学生在学习中对某个环节掌握的情况.因此这种传统的作业形式仍深受广大师生的欢迎,是学生作业的主要形式.

2.活页式作业

活页式作业是由作业纸一张一张组成,每次在事前由教师根据教学内容编写刻印好,让学生课后像考试一样独立完成并交回.这种作业有如下优点:

①作业规范.

②书写清楚.

③便于复习.

④便于保留.

⑤有利于让学生养成保留资料的良好习惯.

⑥容量可大可小,学生不抄题,无监考,可养成良好的自学习惯.

⑦教师批改较作业本方便,便于携带.

因此活页式作业法越来越受到师生喜爱.

然而活页式作业,对教师备课要求很高.首先要求教师在钻研教材的基础上对作业精选细排,不仅要考虑书本上作业,还要补充一些课外作业.在安排上也像出试卷一样,考虑习题的梯度、深度和广度，这显然增加了教师一定的负担，但其收效却是显著的. 通常情况下，这是学生作业的辅助形式.

3. 自检式作业

在某种情况下由于教师备课任务重，学生作业多，除上述两种形式作业外还布置一些作业是不收的，只公布答案让学生自我检查. 这种作业可给学生一定机会接触大量习题，也可让优生对综合题的了解更全面. 然而自检式作业不宜太多，否则将流于形式，效果不佳.

二、作业的批改订正

教师全面了解学生的主要途径为对作业的批改. 因此作为教师，他将付出量的时间去批改作业，对作业的处理一般有如下几种形式：

1. 全批全改形式

对数学作业学生每天交，教师每天改，从而可经常了解学生交纳作业与作业质量情况，可督促学生每天按教师要求去完成学习任务. 然而采用这种批改形式教师必须做到对作业进行登记，定期公布，并列为成绩考核的一部分；另外对作业错对不能只画“×"、“√”，而应指出错误所在直至面批，及时总结.

2. 轮流批改形式

因为全批全改此时教师的负担太重，占用时间太多，然而教师的精力应主要花在备课上，因此部分批改是教师赢得时间的有效手段. 即将学生分成几组，每次批改一部分，对发现的问题及时在课堂上总结纠正，对原则性错误和普遍性错误更应着重强调和提出解决办法. 但是还要根据实际情况而定，特别是如果学生学习自觉性不高则还应全批全改.

3. 公布答案形式

公布答案形式是教师不直接改作业，而只公布答案，让学生自检. 通常要求教师将标准答案不应只写在黑板上，否则写后即擦，大部分学生课后仍无答案可查.

4. 课堂讲解形式

课堂讲解形式是将上次布置的作业在开始上课时加以讲评. 这种形式全班同学都可通过讲解而详细了解自己作业的对错，其缺点为占用新课时间，不宜普遍应用，而只能对普遍存在严重错误的作业，或者对有益于引进新课的作业题采取这种方法.

作业批改教师要评定成绩登入记分册，评分可鼓励先进，督促后进，起到调动学生学习积极性的作用.

第八节　课外辅导

课堂教学主要针对大部分的中等学生，然而对于学优生来说，会有“吃不饱”的感觉，对学困生来说，会有“吃不了”的感觉，为了弥补课堂教学这种不足，此时教师应在课外对各类学生进行辅导. 提高教学质量的一项重要举措为课外辅导，它可使学生得到提高和发展，也有助于教师深入了解学生，有效开展教学设计.

课外辅导通常采用小组辅导和个别答题的形式，在数学学习上有困难的学生和在数学学习上有天赋的学生为其辅导重点对象.

一、学困生的辅导

在学习课本知识内容上有困难的学生称为数学学困生.辅导学困生的目的是预先防止和及时补救他们在学习数学的双基知识上存在的缺陷,从而帮助他们跟上教学进度,提高数学学习水平.

大多数学困生在学校的测验和考试中分数都比较低,排名靠后,老师不喜欢,同学看不起,从而使学生背上沉重的思想包袱,久而久之,他们会对数学学习产生畏惧心理,最终放弃数学学习.

下面就来谈谈怎样做好学困生的课外辅导.

(1)感情上重视

教师要做到从思想感情上去真正关心学困生,不要贬低他们,不可以向学生施加压力,尽量减轻这些学生思想上的负担.另外,教师还要教育班上其他的学生关心他们,并采取切实可行的措施帮助他们.

(2)措施上得力

教师要有计划地采取具体措施帮助学困生赶上去,要深入了解学困生落后的原因,针对学困生的具体情况,既从发展他们的智力水平上下工夫,也从培养他们的情感态度上下工夫,还从训练他们的学习方法上下工夫培养他们的学习兴趣,这样才能真正发挥他们自己的主观能动性,有效提高学习水平.

(3)形式上合适

学困生的辅导形式也很重要,通常适合于将学困生分成小组进行辅导,每组 3～4 人,这种学习小组在知识缺陷和学习能力上都应当是比较一致的.在辅导时,若条件允许,应最大限度地进行个别辅导.

(4)方法上得当

教师在回答学生的疑难问题时,要抓住问题的本质,主要指出问题解决思路,启发学生思维,一般不要把解题的具体步骤告诉学生,要从数学方法的角度去启发,还要给学生留下深入思考的空间和触类旁通的余地.

学困生的辅导活动不要过于频繁,以免造成新的学习负担,按照个别辅导计划,可与学生的课外作业相配合,每周辅导一次较为合适.

二、学优生的辅导

学优生在数学学习中能轻松地掌握课本知识,有较强的数学学习兴趣,有很强的分析能力,能够用独特的眼光看待问题.他们能够看透问题实质,不用通过大量训练就能学会数学技能,思维比较敏捷,能对问题做出迅速反应,能够独立阅读数学课外读物,主动获取数学知识.

唤起和发展他们对数学及其应用的持久兴趣,拓宽数学知识的视野,加深数学知识的理解,充分地发展他们的数学才能,发展他们创造性地使用教材的能力,培养他们独立性地获取知识的能力为学优生的辅导目的.

教师应详细了解学优生的知识基础与兴趣爱好,然后根据具体情况,指导和帮助他们开展某些学习研究活动,例如,可以指导他们阅读一些数学课外读物,如带有普及性质的某些专题小丛书;可以鼓励和指导学优生写一些数学学习体会或专题小论文,还可以把一些写得好的小论文推荐到有关的刊物上发表.

指导和培养学优生是一项光荣的教学任务，只要教师能对学生热情关心，周密统筹，合理组织，耐心指导，让每一位学生都能在自己已有的基础上不断提高，就一定能在数学教学中取得出色的成绩.

第九节 考核成绩

一、成绩考核的目的与作用

教学中经常性的工作为成绩考核与评定，其在数学教学中具有十分重要的作用. 它是督促学生勤奋学习，使他们坚持进行系统学习和练习，及时、准确完成各种作业的有效手段. 通过考核与评定，可使学生了解自己掌握知识、技能和发展能力的水平，从而明确今后努力的方向. 对教师来说，成绩考核与评定的结果，会促使教师认真检查自己的教学工作，及时总结经验教训，改进教学工作；根据考核中发现的问题，调整自己的教学计划；对学生学习中的缺陷，积极采取补救措施加以弥补，从而达到提高教学质量的目的.

二、成绩考核类型

学生考核从形式上可分为如下两种：

①口头考查主要是通过课堂提问、板演等方式评定平时成绩.

②书面考核又分为平时测验、期中考试和期终考试三种.

口头考查一般要求对提出的问题要有一定的范围，题目要明确，教师应仔细听学生回答，对其错误要及时纠正，在回答中不轻易打断学生讲话，在停顿时可提出一些提示性的问题.

书面考核的次数不应过多，一般以每章终结或每月一次. 在书面考核中试题的选择十分重要，难易程度应符合新课程标准要求并要考虑学生实际情况.

以下所说的考核主要是指书面考核.

三、命题与评分

1. 命题

(1)中学数学试题的类型

①计算类试题. 典型的数学试题为计算题，其包括求方程、方程组、不等式、不等式组的解等. 通常用来考查学生的基本功——熟练掌握规则. 该类型的试题也是各类试卷的基本组成部分之一.

这类试题的目标指向清晰，学生解题过程的主要活动是回忆并严格按程序操作等，适合考查学生对一些数学公式、数学技能的熟悉程度与熟练情况，还可以考查学生书面表达能力，但不适于考查学生对概念和方法的理解、对数学本质和思想方法深层次的理解.

②客观性试题. 正确答案唯一的试题称为客观性试题，其包括选择题、填空题、是非题、排序题等. 客观性试题一般结构简洁，所含信息单一、明确，易于被学生掌握，试题覆盖面大，评分客观、准确、省力、省时. 客观性试题可考查学生的分析、记忆、推理、鉴别的能力. 然而由于解决问题时只需直接给出答案，不必提供具体的求解过程，因而我们无法知道学生在解决问题的过程中所经历的数学思维过程，也无法了解他们真实的数学理解状况，更难考查学生综合运用知识解决问

题的能力.

③应用性试题.一直以来数学学业考试的题型之一为应用性试题,在今天这一传统的题型被赋予了新的内涵、新的目标.应用性问题适合考查学生应用数学的意识和数学建模能力,也就是考查学生从所熟悉的生活、生产和其他学科的实际出发,进行观察、分析、联想、综合、抽象、概括和必要的逻辑推理,抽象出数学模型的能力.

应用性试题的背景应当是来自于生活实际和其他学科的事实,能反映时代特征,内容应包含丰富的数学内涵,叙述的方式要简练、明了.

④证明题.证明题提供的条件和结论都比较明确,所包含的信息较为丰富,所涉及的活动既有寻找这些数学逻辑关系的探索性活动,也有对相关数学证明方法、证明技巧的有效应用,甚至还蕴涵对问题不同角度的理解、不同方式的表达等.

适合考查学生逻辑推理能力、对数学命题之间逻辑关系的寻求与把握、对数学证明的过程与方法的理解和掌握情况等.

该类型的试题,一方面有其独到的作用;另一方面也存在一些评价的"盲点",特别是对学生认识问题的角度、思维特点等.因此在编制此类试题时,教师要充分考虑到数学与其他学科的联系,关注从不同角度解决问题,避免在问题的表述中对求解思路有所提示.试题的"难度"不应落实到能否找到某个特定的证明模式或证明技巧上,而更应关注一些普遍的、有一般意义的方法和策略.

⑤探究性试题.学生的数学学习不应当是单纯的被动模仿、接受、复制,自主探索、动手实践、合作交流也是重要的学习方式.学生的实践能力、探究能力也需要得到评价,因此在数学试卷中有必要设立探究性试题,从而考查学生的学习过程和探究发现能力、动手实践能力、数学反思能力以及经历、归纳概括能力、体验、感悟、情感态度等过程性目标.

⑥开放性试题.开放性问题是相对于条件和结论明确的封闭题而言,是指能引起学生发散性思维的一种数学试题.其条件、结论变化不定,有的条件多余,有的隐蔽,有的解法多种.任何一个人,解决问题时都会与自己的解题经验相联系,不少开放性问题的解答没有固定的、现成的模式可循,必须经过自己主动探索,在问题情境中去寻找自己的解题策略并对其进行自我评价.不同认知水平和特点的学生对解决问题的策略、角度、层次是各不相同的,具有各自的认知特征.

开放性试题是最富有价值的数学问题题型.在设计时,问题一般要求起点低、方法多、思路广、拓展性强,问题的开放性应落实在问题所提供的条件具有不确定性、解决问题的策略多样化、问题结构的可改变性等方面.一个好的开放性问题要有现实感、时代感,有较好的趣味性、可延展性和丰富的数学背景,能体现重要的数学思想.

开放性问题在评价的过程中,不应该设置唯一的标准答案,应作不同层次的评价,使不同的学生都能给出自己的理解.

另外,还有阐述性试题、阅读性试题、交流性试题、自主选解题等,这里就不再一一解释.

(2)编制数学试题的基本方法

①改编旧题.改编旧题是指把已有的试题进行改造,加入新的元素,符合新的评价理念,是编制试题的一种常用方法.主要通过改变旧题的条件或结论得到新题.

②由某种情境直接命题.观察生活中的各种现象,从数学的角度对这些数学的或非数学的现象进行分析,或以一定的知识为背景,编制新的数学题.例如,或者分析某一情境,构造具体的数学试题,往往是越简单的情境越有利于从不同的角度来命题.

③从生活实际中抽象出数学命题.生活永远是数学问题不枯竭的源泉,以生活中的特别是学生身边或可理解的实际问题为背景,编制出的数学题既能体现数学的应用价值,又可使学生有一种亲近和解题的欲望.

在试卷的呈现方式上,问题的提出要注意多采用与学生交流的方式,增加对话和交流性题目.这样可使学生更好地进入问题所创设的情境之中,激发学生的答题欲望.

在试题类型配置上要加强变式测试,注重能力培养,设置一定的探索题和开放题,以培养学生的归纳、分析、运用知识的能力,同时也考查学生的思维过程和数学思想方法,为学生的个性发展提供空间.

(3)命题应注意以下几点

①要根据教学大纲的基本要求来命题.既要考查学生理解和掌握数学基础知识和基本技能的情况,又要考查学生的能力,包括解决实际问题的能力.

②明确考试的目的及不同类型考试的具体要求.

③试题的分量要适当.一般应估计学生能有充裕的时间完成解答,使学生不致因时间不够而造成笔误、书写不全等不能反映学生真实水平的情况.一般按 1∶3 的比例掌握比较合适,即 1 为教师解题时间,3 为学生解题时间.

④试题安排顺序最好由浅入深、由易到难、由简到繁.要避免把繁、难试题排在前面,给学生造成心理上的压力,使其丧失考试信心,影响水平发挥.

⑤试题的难易程度要适当.题目不应当过难,挫伤学生的学习积极性;但题目也不能过于容易,以免拉不开档次.题目要难易适当、有合理的梯度,既有基本要求,又有较高要求,才能检查出教学的真正效果.

为了使考查能够真正反映学生的学习质量,除了按上述要求命题外,教师还必须认真评阅试卷,正确评定学生成绩,给予恰当的分数.为此,教师应事先根据试题做好标准答案和拟好评分标准,以便按统一的标准和要求评定成绩.在评卷时,教师要仔细考虑学生对各题的解答情况,不仅要注意错误的多少,而且要分析错误的性质,区分细小的错误和重大的错误.

2.评分

评定学生成绩是学校的重要工作之一,有时可能作为是否升级、毕业的科学依据.

一般说每学期评定学生成绩由平时测验、期中考试、期末考试三部分组成,总评时一般期末考试占的比例较大.在评分中教师要仔细准确,要注意各种不同解法,要持客观、公平的态度来评定每一个学生的成绩,发现漏评错评应及时改正,这样才不会降低教师的威信.

四、试卷分析

经过考试评分后,教师还必须对试卷进行认真的分析.试卷分析的目的在于总结学生学习质量检查的结果,从整体和全局上认清前一阶段教学所取得的成绩和存在的主要问题,并从中找出今后教学的努力方向,必要时调整自己的教学计划,对学生学习中的缺陷,积极采取补救措施.

试卷分析包括如下两种:

(1)定量分析

定量分析可通过几个统计表进行.

①学生成绩分布状况统计表.学生成绩分布状况统计表把成绩分成若干分数段,填入各分数段的得分人数,各段人数占总人数的百分比,登记及格率和优秀率.这种表能反映出全班学生一

次考试中所获成绩的总体分布状况.

②学生成绩登记表.学生成绩登记表用以登记历次书面测验和考试的成绩,是学生学期成绩的档案.按一定权重求得的加权平均值,可作为学生的学期成绩.

③各题得分情况统计表.依题号分别统计出六组数字:应得分总数,实得分总数,得分率,得0分人数,得满分人数,得部分分人数.各题得分情况统计表可反映全班学生对某项具体的基础知识或基本技能掌握的情况,同时,又可作为衡量某试题是否恰当的重要依据.

除了这三种统计表外,有条件的教师还可以设计综合程度更大的、影响学习质量的多因素统计分析表,求出各因素的相关系数,从中找出影响学习质量最显著或显著的因素.

(2)定性分析

定性分析是在定量分析的基础上进行的.内容包括:总结成绩,指出存在的主要问题,分析产生这些问题的原因,提出下一阶段学习中的注意事项.

总结成绩时,要特别注意突出如下两个方面:

①对具有独创精神的解法或最合理的简便解法要给予高度评价.

②对学困生的进步要加以肯定和鼓励.

对答卷中反映出来的问题,教师应根据它们的性质进行归类.通常是划分计算类、概念类等类型.在各类问题中,详细列出典型的具体表现形式.

分析错误原因应结合平时教学工作及对学生的考查资料进行.由于大多数学生出现的缺点和错误,都是平时学习情况的反映,有学习态度方面、心理素质方面的原因,也有教师教学方面的原因.应该根据试卷中出现的具体问题进行具体分析,找出产生问题的主要原因.

第十一章　当代数学教学设计与分析

第一节　数学教学设计概述

一、数学教学设计的概念与意义

1. 数学教学的本质

为了准确把握数学教学设计的内涵，首先来了解什么是数学教学.

(1)数学教学过程的主要矛盾

不管是哪一层次、哪一阶段的数学教学，都是由教师、学生、教学内容和教学目标这4个要素组成的一个系统.显然，数学教学系统中存在着许多矛盾.比如说学生的实际水平和教学目标之间的差异所构成的矛盾、学生和教学内容之间的矛盾、教师的教与学生的学之间的矛盾、教师和教学内容之间的矛盾等.在这些矛盾中，学生的实际水平和教学目标之间的差异所构成的矛盾是数学教学系统最核心的矛盾.它决定着数学教学过程的性质和层次，规定和影响着其他矛盾的存在和发展.

首先，这个矛盾决定着数学教学过程的存在、层次，并贯穿于一切数学教学过程的始终.学生之所以参加数学教学活动，就是因为学生的实际水平和教学目标之间存在着差异.教学的目的就是为了缩小这个差异，一旦这个差异被消除，原来的教学过程就完结，学生的水平得到提高.但是，当向学生提出更高的教学目标要求时，新的差异就产生了，学生又转入新的、更高层次的教学系统.当体现课程目标的各种教学目标得以实现后，即"差异"得以消除，一个阶段的教学过程就此结束，学生就毕业或者进入社会.当社会对他提出更高的要求时，新的差异就会产生，学习者又重新回到教学活动中来.比如说各种职业培训、在职教育就属于这种情况.因此，学生的实际水平与教学目标之间的差异是教学过程存在的根本原因.

其次，这个矛盾规定和影响着其他矛盾的存在和发展.数学教学系统中的许多矛盾，如学生和教师之间的矛盾、学生和教学内容之间的矛盾、教师和教学内容之间的矛盾、教学目标和教学内容之间的矛盾，都是随着"差异"这个矛盾的产生而产生，随着这个矛盾的消失而消失.这些矛盾的解决都是为了解决"差异"这个矛盾.

(2)教师的主导作用

数学教学过程是学生在教师的指导下能动地建构自己的数学认知结构的过程.教师在这个过程中起着举足轻重的主导作用，主要表现在以下几个方面：

①教师作为学生和数学知识结构之间的中介.学生之所以参加数学活动，那是因为学生的数学认知结构水平和数学知识结构水平之间存在着差异.教学的目的就是为了缩小这个差异，在二者之间建立联系.由于数学知识结构是既定的客观实在，它不能主动向学生传输.而学生在一定的学习阶段，由于受自身条件，如年龄特征、智力水平、知识水平等的限制，不能有效独立地将新知识内化，教师恰好充当连接这两个系统的桥梁，使二者产生联系，从而消除它们之间的不平衡.

②熟悉教材的内在逻辑结构，对教学内容进行加工．要使学生将数学知识结构很好地内化为他们的数学认知结构，除了了解学生原有的数学认知结构外，教师还要熟悉教材的内在逻辑结构．不仅要熟悉教材各个部分之间的联系，而且还要熟悉教材的整体结构，熟悉教材中隐含的数学思想方法，为学生接受新知识提供最佳的固定点．在熟悉了学生原有的数学认知结构和教材的逻辑结构之后，教师就应该有针对性地对教学内容进行必要的加工处理，使之与学生的数学认知结构产生尽可能多的联系，选用适当的教学方法和教学手段进行教学，不能把数学知识作为一种“结果”直接传授给学生，要把数学知识的学习作为一种过程让学生参与．教师应注意充分暴露自己的思维过程，使学生从教师思考、探索和再发现的过程中学到今后真发现的本领．

③了解学生原有的数学认知结构．要发展学生良好的数学认知结构，教师必须了解学生原有的数学认知结构，也就是要了解学生头脑中的知识结构以及学生的智力、能力、个性心理特征，这样才能选择、提供合适的数学材料，使新的数学知识和学生原有的适当观念联系起来．也只有在了解了学生原有的数学认知结构之后，教师才能对于那些缺少的观念进行补充，使那些模糊的和稳定性不强的观念变得清晰和稳定．例如，在平面几何学习中，要用内错角定理来证明三角形的内角和定理，如果学生不了解平行公理，或不知道内错角定理，或平角的概念是模糊的，或缺少转化的思想观念，那么学生是难以理解的．

总而言之，在数学教学中，教师应在新旧知识之间架设好认知的“桥梁”，创设问题情境，激发学生的学习兴趣和求知欲望，暴露解决问题的思路，揭示解决问题的思想方法，使学生的数学认知结构得到良好的建构．

(3)学生的主体地位

数学教学过程是学生的数学认知结构的建构过程．数学知识结构只有通过学生本身的内化才能转化为学生头脑中的数学认知结构．因此，学生在数学教学中处于非常重要的主体地位．学生发展的根本原因是学生内部的矛盾性，而不是学生之外的诸如教材、教学手段等外部条件．学生内部的矛盾性主要表现为求知欲和自身的数学水平之间的矛盾．求知欲中包含着自觉、积极、主动和独立的特性，表现为学习的兴趣、愿望、信念等形式．学生能根据客观条件和自身的需要、目的、计划和聪明才智来支配自己的活动，以满足自己的需要，获得自身的发展．由于学生具有这种自主性、选择性和能动性，因而从发展的眼光来看，学生的数学认知结构决定了数学教学过程的层次和进程．随着数学认知结构的不断建构与优化，学生由不会学发展为会学，由完全依赖教师发展为部分依赖或不依赖教师，教师对学生的影响逐渐减少．从此意义上讲，教师的“教”就是为了“不教”．

因此，在数学教学中，教师不能忽视学生学习的主观能动性，应充分激发学生的求知欲，加强启发引导，让学生阅读，让学生想，让学生讲，让学生议论，让学生练，让学生验证，帮助学生正确建构自己的数学认知结构，提高他们的数学水平．

综上所述，数学教学系统有4个基本要素：教师、学生、教学目标、教学内容．教学过程的主要矛盾是学生的实际水平和教学目标之间的差异，它规定和影响着教学过程中其他矛盾的存在和发展；学生是教学过程中最重要的因素，他决定着教学过程的进程；教师在教学过程中起着调控作用，调控作用的大小取决于学生的发展水平．“数学教学的本质是学生在教师的引导下能动地建构数学认知结构，并使自己得到全面发展的过程．”

2．数学教学设计的意义

研究数学教学设计具有非常重要的意义，具体表现在以下几个方面：

(1)数学教学设计有助于提高数学教学质量

由于数学教学设计是在正确的理论指导下,运用科学的方法,对数学教学的目标、内容、方法、形式和手段进行系统的分析、组织、实施和评价,进行一系列的优化设计、优化控制和优化决策,构建数学教学过程的最优化的教学结构,使数学教学系统达到最佳状态.因此它有助于实现数学教学过程最优化,有利于提高数学教学质量.

(2)数学教学设计有助于数学教学科学化

数学教学设计与传统意义上的数学备课不同.过去的备课主要是凭个人的经验,备课的质量往往取决于经验的多少,备课的决策往往取决于个人的主观意向,没有科学的理论指导,也没有明确的分析研究方法和科学的操作步骤与程序.数学教学设计则是将数学教学活动的设计建立在科学的基础上,以数学学习论、数学教学论等理论为依据,指导数学教学设计.运用科学的系统方法,分析数学教学问题,设计数学教学方案,把数学教学理论转化为数学教学技能,使数学教学走上科学化的轨道.

(3)数学教学设计有助于数学教学现代化

数学教学设计是一项现代数学教学技能,它在现代教育理论的指导下,运用现代科学方法和现代科学技术,包括多媒体信息技术,对数学教学活动进行设计,使数学教学逐步实现现代化.

二、数学教学设计的核心

我们知道,任何教学设计理论的基本前提都是为学习者的学习而设计教学.因此,学习者的学习问题就是教学设计者应解决的根本问题,除此之外,为了解决学习问题而必需的各种条件(如环境、媒体、资源等)方面的问题也构成了设计必须面对的教学问题.问题有定义完善和不完善之分,定义完善的问题有唯一正确的解,而且问题的初始条件、唯一解及其有限的解答途径都是事先约定好的;定义不完善的问题则没有唯一正确的解,在面对可能的无数多的解的时候,谁也难以肯定哪种解是最好的,问题的初始条件及作出令人满意的解的过程与标准都是不确定的,人们只能希望获得满足大多数需要或全部需要的解.显然,教学设计中的问题是定义不完善的,而且,在教学过程中教学问题也是动态、实时地产生着,并非所有的信息对教学设计者都有用,也不可能对设计的各种问题在教学前进行详尽无遗的分析,所以不能套用固定的程序来解决教学情境中实时发生的问题.

针对学校学习情境中的学科教学设计而言,大多都是问题解决定向的.尤其在数学课程改革背景下,数学教学设计要解决以下几个方面的问题:

如何激发学习者的兴趣和动机?

希望学习者真正学到什么?

如何使学习者认识到数学的价值及其与生活的关联性?

如何让学习者运用自己的知识去解决真实场景中的问题?

学习环境中是否提供了足够的信息、指导和支撑?

概括起来,教学设计实质上要解决四个基本问题:

①目标.即教学目标的设计,包括显性目标和隐性目标.这是基于对教学内容、学生认知状况的分析.

②定位.即教学起点的分析,包括学生已有的知识经验、年龄特征、兴趣爱好、能力差异、知识结构、认知水平以及将要学习的新知识与已有的知识基础之间的内在联系等.这是基于对学生特

征、教学内容的分析.

③行动.即教学材料、媒体与教学策略的选择以及教学过程的设计.这是基于对教学内容、教学问题诊断分析、学生认知状况分析等.

④评价.即目标检测的设计及整个教学设计的科学性、合理性、可行性的评价与修正.通过课堂教学,目标是否达到,需要以一定的习题、练习等评价进行检测.这是基于对所预设的教学目标、教学内容、教学过程、教学策略的科学性、合理性、可行性进行评价反思和适时修正.

任何设计工作要保证其设计方案的科学性,必须以一定的科学理论为指导.数学教学设计是对数学教学活动中教和学的双边活动进行设计,必须以数学学习论、数学教学论等理论作为数学教学设计的基础,只有这样,数学教学设计才会更加的科学和合理.

三、数学教学设计的理念

1.提高教学效率

数学教学设计最基本、最重要的理念是提高教学效率.教学效率的高低体现在:是否激发了学生学习的动机,尤其是内在动机;是否促进了学生的学习;是否落实了教学目标要求.

2.实施系统设计

数学教学过程是一个涉及教师、学生、教学内容和教学目标这4个要素的一个动态系.在这个系统中,4个要素是相互作用,相互影响的,必须全面地考虑它们在系统中的作用,而不能只重视其中之一二.因此,数学教学设计要求实施系统设计.也就是说,教师要真正将数学教学过程作为一个动态的、开放的系统来设计.必须从整体上综合考虑数学教学系统中的各个要素,使它们协调统一,实现系统的整体功能,优化数学教学过程.

3.教是为了不教

数学新课程的核心理念是“一切为了学生的发展”.学生是数学教学系统中最重要的一个要素.数学教学必须以促进学生的学习为主要目标,体现“以人为本”的先进教育理念.现代的数学教育十分强调以问题解决教育为价值取向,这就要求数学教学设计必须以提高学生的问题解决能力为重要目标,使学生逐步学会独立学习,从而实现“教是为了不教”的最终目标.

4.三维目标设计

新课程提出,要改变课程过于注重知识传授的倾向,强调形成积极主动的学习态度,使获得基础知识与基本技能的过程同时成为学会学习和形成正确价值观的过程.在培养目标上强调知识与技能,过程与方法,情感态度与价值观三维目标的整合.因此,数学教学已不再仅仅以“双基”为目的,而是更加关注知识技能的形成过程和学习方式的多样化.让学生在多样化的数学活动中感受、体验数学的探索与创造,使学生对数学有好的理解,形成良好的数学观.

四、数学教学设计的思路

加涅认为,学生学习的结果分为5类:言语信息、智慧技能、动作技能、认知策略、态度.在数学教育领域,5类学习的结果的含义如下:

①言语信息是指通过言语传达信息的能力,即“知识”,“知道是什么”的能力.习得数学言语信息的学生,能够回答一些陈述性的数学知识,如会说、会背、会写一些数学概念、数学原理、数学事实结论,但并不能理解和运用.

②动作技能是指将各动作组成连贯、精确的完整动作的能力.例如,绘制函数图像,动手制作

几何模型，动手获取测量数据等.

③智慧技能是运用符号与环境相互作用的能力，即“知道如何去做”的能力. 习得数学概念的学生，学会了运用概念去识别概念的例证和反例，也就学会了以其为标准对个体进行归类的能力；习得数学原理的学生，能够将其用于具体的情境，也就是说学会了相应的心理运算操作能力. 更进一步，学会了综合运用原理解决问题的能力.

④认知策略是指指导自己注意、学习、记忆和思维的能力. 控制自身内部技能的能力. 认知策略包括一般的认知策略和元认知策略.

一般的认知策略包括复述的策略、精加工策略（给学习内容赋予心理意义，构建联系等）、组织策略（形成概念图、分类、类推、形成产生式、概括等）、问题解决策略（表征问题策略、波利亚策略、化归策略等）.

元认知策略是指个体对自身学习过程的有效监控策略. 它包括制订认知计划、实际控制认知过程、及时检查认知成果、及时调整认知计划，以及在认知活动偏离目标时采取补救措施，对自己的注意力或行为进行自我管理.

⑤态度是指影响个体行为选择的心理状态. 数学学习结果中的态度主要包括：

- 对数学学科的态度——数学信念. 例如，数学就是计算；数学就是证明；数学就是逻辑推理；数学是思维的体操；数学是解决其他学科问题的有力工具；数学是一种文化；数学就是一大堆的公式、法则和定理，是一种规定，没有什么实在意义.
- 对数学的兴趣. 比如，数学很好玩；我喜欢解数学题；我想研究数学；数学没有意思.
- 对数学具体内容的态度. 例如，函数概念太抽象了；勾股定理太漂亮了，可用来解决许多实际问题.

数学教学设计必须以数学教学的本质观为核心理念. 数学教学的本质是学生在教师的引导下能动地建构数学认知结构，并使自己得到全面发展的过程. 在这一过程中，学生是主体，教师是主导. 教学设计要体现以学生为本，以学生发展为核心，要体现教师的组织者、引导者与合作者的主导作用.

在数学教学设计中，制订教学目标时可以围绕学生学习的 5 种结果，即言语信息、动作技能、智慧技能、认知策略、态度来操作. 在评价教学或学生学习的效果时，可以从学习的结果这 5 个角度来进行.

数学教学设计的思路是以学生学前状况为起点，以数学教学目标为导向，以学生的学习为平台，以学生学习的类型、结果为依据的一个过程.

第二节　数学教学设计的前期分析

一、学生的特征分析

分析学生的目的是为了了解学生的学习准备状态、学习风格等方面的情况，为教学内容的选择和组织、教学目标的确定、教学过程的安排、教学模式的采用等提供科学依据，以便加强和提高数学教学设计的针对性、实效性，对学生的特征分析，是教学设计前期分析中的重要环节.

1. 一般特征分析

学生的一般特征指的是学生所拥有的与数学学科内容无直接联系，但影响其学习进程和效果的生理、心理和社会等方面的特点. 加涅曾指出，对学生的一般特征及时作一些分析，对教学方法和媒体的选择也是有益的.

学生一般特征分析涉及学生的年龄、性别、认知发展特征、心理发展水平、学习动机、生活经验及社会背景等诸多方面，其中，对学生认知发展特征的分析是很重要的一个方面，它体现了学生已有的认知发展水平对新学习的适应性. 在这里，我们将认知定义为知识的获得和使用，认知发展则主要地指主体获得知识和解决问题的能力随着时间推移而发生变化的过程和现象. 学生认知发展特征分析包括分析不同年龄阶段学生的一般认知发展及数学认知发展的特点，具体说即是，发展的总体水平与一般特征、发展的条件与机制以及认知结构等. 在这些方面，目前有相当多的研究结论可作参考.

另外一个要关注的方面是学习动机. 简言之，学习动机是学生对承担学习任务的愿望. 学习动机是影响学习绩效的一个重要因素，有研究表明，学生学习成绩中 16%～20%，甚至 30%的差异是由学习动机造成的. 因此，在教学设计中应重视对学生学习动机的分析，并应将有关动机的理论应用于教学设计. 目前研究人员对动机的基本认识是：

①人既有内部动机(不为某种利益驱动，“重在参与”等)也有外部动机(为达到某个目的或获某项奖励).

②人的动机既是一种特性，也是一种状态. 特性与能力相同，是一种稳定的心理需求；状态由情景引发，受外界影响.

③人的动机既有情感成分，又有认知要素.

由此启示我们：

①人的动机易受外部因素影响，可以通过对环境的系统设计去影响它，使其产生我们期望产生的变化或维持一定的水平.

②人的动机与他的期望、经验和认识等密切相关，是一种复杂的心理结构，因人而异.

③动机也有其稳定和可预测的方面，我们可以预测人的学习动机、工作动机和自我动机的变化，甚至进行量化分析.

④为了真正认识动机，必须将动机与其他影响学习绩效的因素联系在一起考虑，特别地，要重视研究情感和认知对动机的影响.

就动机复杂多变的方面，凯勒(J. M. Keller，1983)总结出了 12 个与动机有关的理论概念，这些概念包括 6 个与价值相关的理论概念：自我实现、成就需要、对激情的追求、个人能力的需要、强化价值、好奇心，它们可用来研究哪些目的、需要和价值能激发动机；以及 6 个与期望相关的理论概念：归因、个人因果、控制点、自我功效、习得无助、对成功的期望，它们可用来研究个体期望成功的主观因素.

同时，凯勒还开发了一个系统化的动机分析和设计的程序模型，这对在教学设计中如何激发学生学习动机方面具有一定的指导作用. 该模型称为动机设计的 ARCS 模型，其中包含四个要素：注意(attention)、相关(relevance)、信心(confidence)、满意(satisfaction)，这四者对学生课堂教学中的学习活动的作用机理可用，如图 11-1 来表述.

简言之，ARCS 模型告诉我们这样一个过程：为了激发学生的学习动机，首先要引起他对一项学习任务的注意和兴趣；再使他理解完成这项任务与他密切相关；接着要使他觉得自己有能力做好此事，从而产生信心；最后让他体验完成学习任务后的成就感，感到满意.

如何实现上述过程？一个重要的方面是对学习任务的设计. 根据 ARCS 理论，一个能激发

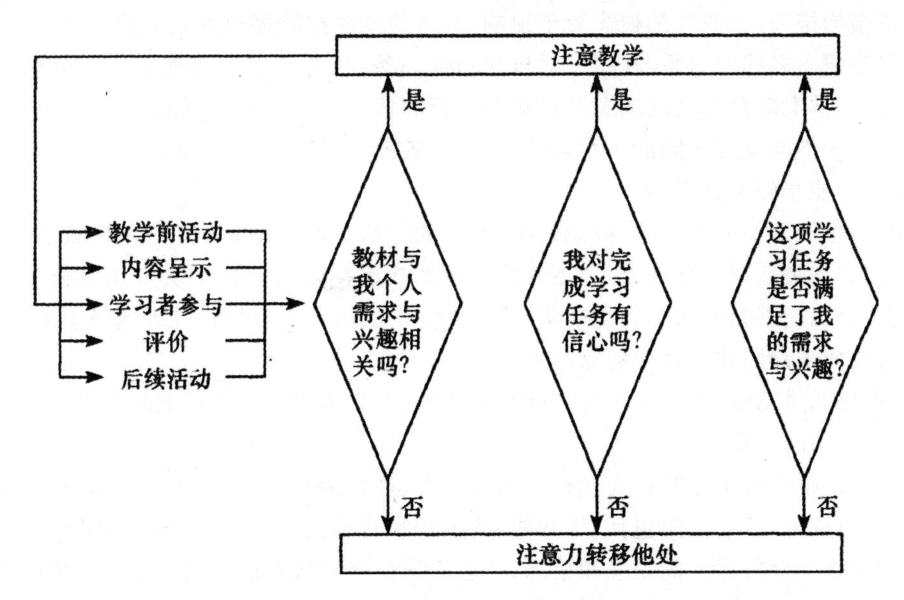

图 11-1　教学中的动机作用过程

学生学习的任务应是能吸引学生注意和兴趣的、学生能上手的、能够让学生自我实现和满足的.为此,我们必须作好教学设计中的各项工作.

2. 学生起点水平的分析

学生起点水平是指学生在学习新知识时,他们的原有知识水平和原有心理发展的适应性.如果说教学目标是教育的目的地,那么,学生的起点水平则是教学的出发点.学生的起点水平的分析就是要确定教学的出发点.对数学学习而言,学习起点水平包括学生学习新知识时已具备的知识基础、技能基础,以及对数学内容的认识、态度,即数学学习的心向.

(1)学生知识基础的分析

奥苏伯尔认为,当学生把教学内容与自己的认知结构联系起来时,意义学习便会发生了.因此,影响课堂教学中意义接受学习的最重要的因素是学生的认知结构.认知结构是指学生现有知识的数量、清晰度和组织方式,它是由学生眼下能回想出的概念、命题、理论等构成的.因此,要促进新知识的学习,就要增强学生认知结构与新知识的有关联系.其前提是要先了解学生的原有认知结构的状态,在此基础上,通过教学加强新旧知识的联系,这样才能把新知识纳入学生原有认知结构中.所以,分析学生起点水平的一个方面,就是了解、判断学生原有知识结构的状态.

怎样判断学生原有认知结构呢?美国著名学者约瑟夫·D·诺瓦克提供了判断学生认知结构的技术,这种技术叫做绘制"概念图"."概念图"是一种知识结构的表舫式,知识被视为各种概念和这些概念所形成的关系,其形式是一种网状的等级结构.由于学习上的差异,每个学生绘制的概念图也会各不相同,教学就是不断地完善这个概念图的过程.为了准确地把握学生现在具备了哪些知识,可让学生编制某一内容的概念图,然后据此判断学生掌握知识的水平,即原有认知结构的状态.

绘制概念图的基本步骤是:

①确定已学内容中的概念.让学生根据已学过的知识内容,利用关键概念,列出概念一览表.

②将概念排序.从最一般的、最广泛的概念开始排列,一直排列到最具体、最狭窄的概念.通

常按金字塔结构排列，一般性的概念置于顶端，具体的概念按顺序放在较低的层次上.

③确定各概念之间的关系.在每一对概念间画一条线，并选定符号表示两个概念的关系.随着认识的深化，学生对概念之间的关系可能会有新的认识，所以，线条可改动.

④找出图中不同概念之间的关系，在图上标出各种交叉联结线.

(2)学生技能基础的分析

加涅和布里格斯等人提出的“技能先决条件”的分析方法，是对学生技能基础进行分析的常用方法.这种方法是从终点技能着手，逐步分析达到终点技能所需要的从属知识和技能，一层一层分析下去，直到能够判断从属技能确实已被学生所掌握，从而教学设计者通过学生能否完成这些最简单的技能来判断他们技能起点水平.

另外，也可通过测试，了解学生的技能水平程度，据此确定学生的技能起点水平.

(3)学习心向的分析

学习心向是指影响个体的行为选择的内部状态，往往表现为趋向与回避、喜爱与厌恶、接受与排斥等.一般认为，学习心向包括：认知的、情感的和行为的三种成分.认知成分指个体对学习内容所具有的带有评价意义的观念和信念；情感成分指伴随认知成分而产生的情绪或情感，是学习心向的核心成分；行为倾向是指个体对学习内容企图表现出来的行为意图，它构成学习心向的准备状态.这几种成分在一般情况下是协调一致的，可以分别考察，也可以同时考察.

3.学习风格分析

学生是带着自己的学习特点进入学习的，这些特点的一个很重要的方面是学习风格.所谓学习风格，是指学生在学习时所表现出的带有个性特征的、持续一贯的学习方式和学习倾向的综合.为了使教学符合学生的特点，需要进行学生学习风格的分析.为此，我们首先要了解学习风格的构成因素及如何分类这两个问题.在这方面的研究成果有很多，如格雷戈克(Cregorc)将学生的学习风格分为具体—序列、具体—随机、抽象—序列和抽象—随机 4 种类型.考伯(Kolb)划分为善于想象的、善于吸收的、善于逻辑推理的、善于调和的 4 种类型.其次还需了解不同学习风格类型的学生所具有的不同学习特点.

另外，美国教学技术专家克内克(F. G. Knirk)等提出的有关学习风格的内容及其分类框架对在教学系统设计中如何把握学习风格也具有较强的操作性.他们指出，教学系统设计者为了向学生提供适合其特点的个别化教学，最好能掌握有关学生的下列情况：信息加工的风格、感知或接受刺激所用的感官、感情需求、社会性的需求以及环境和情绪的需求等.

其中，信息加工的风格包括下面的类型：用归纳法呈示教材内容时，学习效果最佳；喜欢高冗余度；喜欢在训练材料中有大量正面强化手段；喜欢使用训练材料主动学习；喜欢通过触觉和“动手”活动进行学习；喜欢自定学习步调等.

感知或接受刺激所用的感官方面包括：通过动态视觉刺激学习效果最佳；喜欢通过听觉刺激学习；喜欢通过印刷材料学习；喜欢多种刺激同时作用的学习等类型.

感情的需求包括需要经常受到鼓励和安慰；能自动激发动机；能坚持不懈；具有负责精神等类型.

社会性的需求包括喜欢与同龄学生一起学习；需要得到同龄同学经常性的赞许；喜欢向同龄同学学习等类型.

环境和情绪的需求包括喜欢安静；希望有背景声或音乐；喜欢弱光和低反差；喜欢一定的室温；喜欢学习时吃零食；喜欢四处走动；喜欢视觉上的隔离状态(如在语言实验室座位中学习)；喜

欢在白天或晚上的某一特定时间学习；喜欢某类坐椅等类型.

关于学生的学习风格，奥苏贝尔则认为，对教材学习有意义的认知风格中最为重要的因素是，学生倾向于成为概括者还是成为列举者，或倾向于成为这两者之间.概括者注重观念的整体方面，列举者注重其个别的方面.

二、教学内容的分析

教学内容分析可以为科学、准确地确定教学目标奠定坚实的基础.如果对教学内容的分析有误，将营销教学目标的确定；只有进行教学内容的分析，才能确定教学内容的范围(学生必须达到的知识和技能的广度)、深度(学生必须达到的知识深浅程度和能力的质量水平)；只有进行教学内容的分析，才能明确教师应该"教什么"，学生应该"学什么"的问题；只有进行教学内容的分析，才能解释教学内容各组成部分的关系，为教学活动安排奠定基础；只有进行教学内容的分析，才能给教师提供"如何教"、学生"如何学"的指导的内容依据，从而促进学生达到教学目标所确定的标准.

1.教学内容分析的意义

所谓教学内容，就是指为实现教学目标，由教育行政部门或培训机构有计划安排的，要求学生系统学习的知识、技能和行为经验的总和.教学内容是完成教学任务，实现教学目标的主要载体.对于教学内容的理解，一方面，教师内心所组织的内容及课堂中由于师生之间思维相互碰撞而产生的内容都是一种隐性的教学内容；另一方面，教学的载体已不仅仅局限于教材，教师在教学中对于教材应该进行再次加工，是一种再创造过程.具体步骤如下：首先在课程标准的指导下，分析教材内容，从整体上把握课程的基本结构，理清教材中数学知识的体系，在此基础上，具体分析教学内容在单元、学期及学段教材中的地位、作用、意义与特点；其次，明确教材编写思路、知识结构特点以及相互关系；最后确定数学学习的重点和难点，为建立教学目标奠定基础，值得注意的是，对教学中难点的分析并不只是停留在"是什么"、"怎么做"，还应分析"为什么"，为教学设计的展开扫清障碍.不应仅就教材而分析教材，而是就学生学习需要，即知识和技能的掌握、能力的发展和品格的养成的需要而分析教学内容.

数学教材是数学教学过程中协助学生达到课程目标的各种数学知识、信息、材料，是按照一定的课程目标，遵循相应的教学规律组织起来的数学知识理论体系，数学教材在数学教学过程中有很重要的作用.为了提高数学教学质量，成功进行教学设计，数学教师应认真研究和分析、理解和掌握数学教材.只有在深刻理解数学教材的基础上，才能灵活地运用教材、组织教材和处理教材，才能深入浅出地上好每一节课，取得良好的教学效果.数学教材分析是数学教师教学工作的重要内容，也是数学教师进行教学研究的主要方法之一.数学教学内容分析能充分体现教师的教学能力和创新能力.通过数学教学内容分析能不断地提高教师的业务素质和加深对数学教育理论的理解.因此，数学教学内容分析对于提高数学教学质量和促进数学教师专业发展都有十分重要的意义.

许多教师不重视教学内容的分析，缺乏对教材内容的深刻理解，不领会教材中有关内容在全书、全章中的地位，不能从整体和全局来把握数学教材，对数学教材的编写意图领会不深，对教学的目的和要求理解不透，导致课堂教学停留在一般的水平上，没有深度，经不起推敲，有时甚至不能达到教学目标，在很大程度上影响了数学教学质量的提高.例如，"角平分线的性质"一课，教材在开头简单地叙述了一段话"依据线段垂直平分线性质定理……"，其目的是提示教师可利用"类比”的方法进行教学，而有些教师由于没有深入钻研教材，未能领会其中的含义，而在教学中把角的平分线的性质定理直接搬出来，使学生失去了通过类比直观得出结论的机会，学生处于被动思维状态，教学效果不佳.

此外，只有深入分析教材，才能确定教学的终点、难点以及知识的衔接点，并制定出突出终点和突破难点的教学策略. 只有通过教材分析，才能找出有关章节的特点，并根据其特点和学习者特征，开发相应的教学资源和选择恰当的教学媒体、教学活动的组织形式与教学模式.

2. 教学内容分析的基本要求

①熟悉和钻研《标准》，深刻领会教材的编写意图和目的要求，这样才能避免盲目提高要求，增加教学内容的深度与广度或随意降低教学要求.

②统揽教材，从整体和全局的高度把握教材，明确各章、各节在整个教材中的地位、作用和前后内容之间的联系.

③从更深和更高的层次理解教学内容. 了解有关数学知识的背景、发展过程与其他有关知识的联系以及在生产和生活中的应用.

④分析教学内容中的重点、难点和关键，明确学生容易混淆、可能产生错误的地方和应注意的问题. 重点是进一步学习的基础、在教材中起核心作用、有广泛应用的内容；难点是学生理解、掌握或运用比较困难，容易产生混淆或错误的知识点；关键是教材中对掌握某一部分知识起决定性作用的内容，是教学的突破口.

⑤了解例题和习题的编排、功能和难易程度，并适时进行调整. 教师应了解例题、习题的编排及其功能，钻研它们的解法，应在一题多解、一题多得、一题多变、多题一解上下工夫. 此外，还应探讨解题思路的来由，渗透与提炼其中的数学思想方法，并考虑如何引导学生进行解题后的反思.

学习内容是教学目标的知识载体，教学目标要通过一系列的教学内容才能体现出来. 建构主义强调学习要解决真实环境下的问题，在完成真实任务中达到学习的目的，但真实的任务是否会体现教学目标，如何来体现，这需要我们对学习内容做深入地分析，明确所需学习的知识内容、知识内容的结构关系和类型(陈述性、程序性、策略性知识). 只有这样，在后面设计学习问题(任务)时，才能很好地涵盖教学目标所定义的知识体系，才能根据不同的知识类型，选择合适的教学方式和教学策略.

3. 教学内容背景分析

早在1990年代，严士健教授就指出，在数学教学中要向学生讲清楚数学知识的来龙去脉. 数学课程标准也提出，要让学生在数学学习过程中明确数学的作用，要体现数学教育的人文价值，要加强数学与生活、其他学科以及数学知识之间的联系. 因此，在对学习内容进行分析时，必须首先分析学习内容的背景. 一般地，学习内容的背景分析包括以下几方面：

①分析数学知识的发生与发展过程. 比如，学习有理数、实数、复数有关内容时，介绍数的概念的产生、发展过程，说明数的概念的扩充与生活的现实需要，以及数学本身发展的需要密切相关. 对数学知识发生、发展过程的分析，可以体现数学教育的人文价值，让学生在数学知识的学习过程中同时了解到数学发展的历史脉络，从中体验数学家的刻苦钻研、追求完美的精神.

②分析数学知识之间或者与其他学科的联系. 比如，代数与几何的联系、解析几何与平面几何、向量与物理的联系等. 分析数学知识之间的相互联系，以及与其他学科的联系，可以使学生拓广视野，整体地把握数学知识，为理解数学的本质提供丰富的资源.

③分析数学知识在日常生活中的运用.发生在我们身边的数学是随处可见的,在进行分析时,必须结合学生的生活背景,紧扣学习内容,分析学生所熟悉的生活实例.比如,具有不同生活背景的学生,对于"对称"概念就有不同的感性认识,必须因地制宜地挖掘教学资源.

④分析数学知识在后续学习中的地位与作用.比如,分式基本性质的作用是用于分式的通分与约分,离开了它,分式的变形与化简便寸步难行;椭圆是学习后面两种圆锥曲线的基础,双曲线、抛物线的研究内容、研究方法可以类比、对比椭圆相应的研究内容、研究方法.

⑤分析数学知识中蕴含的数学思想方法.比如,乘法公式中的数形结合思想方法,函数概念中的映射对应思想方法,概率初步中的随机思想方法,等等.数学思想方法的分析有助于提升数学观念,形成正确的数学意识.

4.教学内容范围的分析

教学内容范围是指教学课题范围或知识领域,其范围越大,知识点越多,学生的行为也就会越复杂.教学内容范围的分析主要包括以下两个方面:一是教学内容的广度,即学生在现有水平上必须达到的知识、技能的广度;二是教学内容的深度,即学生在现有水平上必须达到的知识深浅程度和能力的质量水平.值得指出的是,课程理论和教学理论都对教学内容的范围进行分析,但二者是从不同的角度来看待教学内容的.课程更多的是从社会需要和课程标准的角度来分析教学内容的,而教学更多的是从学生的教学需要和可能性的角度来看待教学内容的.其实,二者并行不悖,是相辅相成、互相促进的,不可偏废.

(1) 教学内容的广度

教学内容的广度主要是指知识点的数量.就一节数学课而言,并非知识点量越大越好.量大学生不能消化、理解,学后忘前,不深不透,甚至前后干扰,这样,还不如少学、不学.另外,如果这些知识点之间缺乏非人为的实质性联系,学生不是进行有意义的数学教学,而只是机械记忆,这样的知识至多能够应付一时的考试,却无法转变成能力,是惰性知识,不能应用.因此,确定知识点的数量应当适中.

(2) 教学内容的深度

教学内容的深度指内容的深浅程度,通常称为难度.衡量知识深浅程度的参照标准有两个,一是学生的知识基础与认知水平,二是数学知识结构的关系.一方面,现代教学设计要求为每一位学生设计适合他们各自水平的教学内容、提倡个别化教学.因此,数学课程标准希望实现"人人都能获得必需的数学"、"人人学有价值的数学"、"不同人在数学上获得不同的发展".另一方面,从数学知识内部结构关系分析,教学内容的深浅度也有一个相对客观的标准,这个相对客观的标准可以参照徐利治先生提出的数学抽象度概念和抽象度分析法.所谓抽象度就是"用以刻画一个概念的抽象层次"的,抽象度分析法是用来"描述一系列抽象过程的难易程度"的一种方法.数学概念之间的抽象关系分为三种:弱抽象、强抽象和广义抽象.为此,我们可以依据新教学内容与学生已有知识之间的抽象关系,将新教学内容的深浅度划分为低难度、中等难度和高难度.

可见,在分析教学内容范围过程中,既要按照教学目标和课程内容来选择教学内容、确定范围,也要考虑学生的实际状况来挑选素材,甚至可以自编素材,依据学生的起点水平和教学特征安排教学内容.

5.教学内容的结构分析

教学内容的结构分析,就是对教学内容的层次进行分析和划分.对数学教学内容来说,层次结构主要有平行层次、递进层次以及二者的综合.

对于一个教学课题中的内容，也存在着这样的层次关系，这平行于奥苏泊尔的下位教学、上位教学和并列教学.类似的，课题中格的知识之间也有上、下位关系和并列关系.例如，对于圆锥曲线这一章来说，圆、椭圆、双曲线、抛物线是一种并列的层次结构，而如果就椭圆这一课题来说，它是圆锥曲线的下位概念，随着对椭圆的教学，圆又是椭圆的特例：两个焦点重合的椭圆，即椭圆是圆的上位概念.这样，学生在中教学的基础上又一次获得了圆的概念，这是在椭圆的运动变化中获得的.通过结构分析，学生不仅加深了对于圆有关概念、知识的认识和理解.而且在圆类于椭圆的过程中对椭圆的本质属性的认识也得到了扩展与加深.

另外，教学内容的结构分析，不仅包括传统备课中对课题内容在教材中地位、作用的认识，更主要是对教学内容纵横结构、内外联系以及知识结构和学生认知结构深入、细致地剖析，从而客观、全面地把握教学内容.对于数学内容结构的分析，一方面取决于数学知识间内在的逻辑结构关系，另一方面，也取决于数学教师的知识水平、认识能力以及把握与分析数学教材的能力.

三、教学设计的必要性与可行性分析

1.必要性分析

教学设计是一个问题解决的过程，只有发现了问题，认清问题的本质才能着手对它进行解决.通过学习需要分析，揭示了教学中实际存在和需要解决的问题，那么这些问题是什么性质的问题？造成这些问题的原因是什么？教学设计是否是解决这个问题的合适途径？现有资源和约束条件是否可支持这些教学设计课题的实现？这即是要对教学设计的必要性和可行性进行分析，其中，教学设计的必要性分析可通过提出以下的问题和讨论步骤来进行：

①在学习需要分析中发现的问题是不是通过学习者的学习可以解决的？只有通过学习者的学习可解决的那些问题才能成为真正的学习需要，这时，将它们用行为术语（如说出、写出、解答、证明等）描述出来.

②成为学习需要的那些问题能否通过分析、归纳成为几个集中的问题？如果能，将它们确定为教学设计的项目.

③产生这些问题的原因是什么？有没有其他非教学的因素（如学生的身体状况、学生的学习态度、学习环境、教师态度以及师生关系等）引起的？教学设计中应排除那些非教学因素引起的问题.

④与教学因素有关的问题是否能通过一定的教育或培训解决？排除那些不能通过教育或培训解决的问题.

⑤其中的问题能否通过比较简单易行的方法（如调整教学进度和时间，改进某些教学方法或采用其他教材）来解决？若能，这些问题将不必通过教学设计来解决.

⑥深入考虑教学设计是不是解决问题的最佳途径？若答案是肯定的，说明教学设计是必要的.

2.可行性分析

教学设计的可行性分析包括3个部分的工作：

(1)分析资源和约束条件

指对支持和阻碍开展教学设计的人、财、物进行全面评估，包括经费、时间限制、人员情况、设施、设备、现存文献、资料、组织机构、规章制度和管理方法、教学组织形式、政策法规等要素.

(2)设计课题认定

通过资源和约束条件的分析之后,去掉那些条件不允许的问题项目,对留下项目还要作出进一步的认定,即对是否值得设计作出判定以及确定教学设计的优先课题.

对是否值得设计的问题的回答可根据两个标准进行考虑:①解决这一问题在人、财、物、时间上要付出的代价(记为A);②若不解决这一问题将付出的代价(记为B).当①<②时,说明该问题是值得用教学设计解决的问题.

对优先课题的认定需要在下面几个项目上作出评估:课题的紧急性、课题所反映学习需要的稳定性、课题存在的普遍性、课题的推广价值、课题对教学改革的意义以及时间、人员、经费要求.

(3)阐明总的教学目标

一旦设计课题确定了,就要给该课题起个名字,然后提供关于该项目要解决问题的总的陈述,即总教学目标的阐明.若确定的课题是属于"系统"层次的设计,就应给出人才培养的总目标;属于"产品"层次,就应给出产品的使用目标;属于"课堂"层次,则应根据相关学科的课程标准给出课程教学目标.

第三节　数学教学目标的确定

通过对学生的分析,确定了教学的起点;通过对学习内容的分析,确定了学生应该学习和掌握的知识、技能和态度等.接下来,就应当设计教学目标了,即确定学生通过学习之后,应当达到什么样的行为状态,并将学生最终所达到的行为状态用具体的、明确的和能够操作的语言陈述出来,作为评价教与学的依据.

一、数学教学目标确立的依据

确立课堂教学目标必须从教学目的、学校教学目标、课程目标以及课程单元目标等整个目标系统考虑,使课堂教学目标的确立系统化、科学化、具体化.除此以外,还必须考虑下面两个因素.

1.教学内容及其特点

教学内容及其特点,它在课程单元乃至整个学科中的地位和作用,以及与前后知识的联系等是影响课堂教学目标设立的内在的重要因素,它直接决定着课堂教学目标的水平层次.一般来说,对于与前后知识联系紧密、影响后继内容的学习和技能掌握,或在知识创新过程中具有重要意义的那些知识内容或方法,教学目标应有较高的要求,如灵活运用、综合应用、领悟等;对后继学习影响不大或一些繁、难、偏的内容,要求应相应的低一些,如了解、知道等.

2.学生实际

课堂教学目标的设立必须考虑学校教学目标、教学目的、课程目标、课程单元目标以及教学内容的特点,这使得课堂教学目标具有一定的客观性,从而使得不同的教师对同一教学内容所制定的课堂教学目标具有共同的参照系,为评判课堂教学目标的"合目的性"提供一个客观的基础和标准.然而,课堂教学目标的达成是以行为主体的行为表现来衡量的,因此,作为行为主体的学生是设立课堂教学目标重要的、不可或缺的关键因素.传统的课程理论和教学理论,由于过分强调课程和教学的客观性要求,是一种"无人"的理论,已经受到时代的猛烈抨击.教学必须为学生发展服务,学生已有的知识经验、认知能力和习惯、生理心理发展水平等是制定课堂教学目标的重要依据.所以,相同的教学内容针对不同的学生或不同的班级,即使同一个教师也应该制定出不同的、各具特色的课堂教学目标.

二、教学目标的体系

在教育目的的指导下,各级中小学校构成了一个有机联系的教学目标系统.这个目标系统包括教学目的、学校教学目标、课程目标、课程单元目标、课堂教学目标五个方面(图 11-2),其中,课堂教学目标处于系统的最底层,也是最具体的,具有较强的实践操作性.

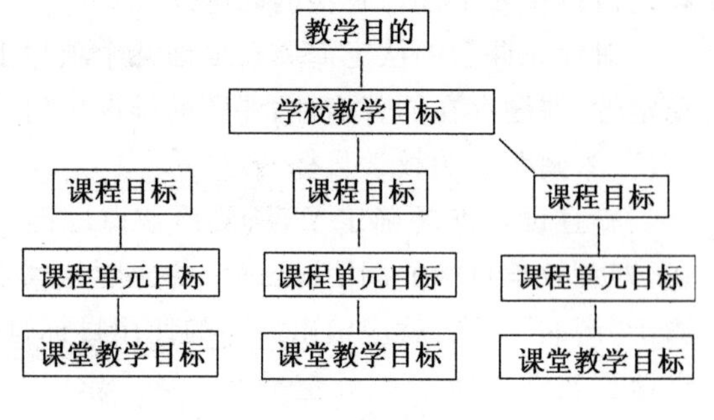

图 11-2　目标系统

对教师日常教学工作而言,设计课堂教学目标是教学工作中最基本、最频繁的工作,也是进行教学设计最基础性的环节.鉴于此,下面我们主要阐述课堂教学目标的设计.

1.课堂教学目标的分类

美国心理学家布鲁姆基于掌握学习理论与目标评价教学的理念对教学目标进行了分类,他提出教学目标包括认知、情感与动作技能三大领域,每个领域又可以由简到繁、由易到难地分为各个不同的目标层次.比如,布鲁姆将认知领域的目标分为知识、领会、运用、分析、综合与评价六个层次.

根据布鲁姆教学目标分类理论,国家《基础教育课程改革纲要》把课程目标分为结果性目标与过程性目标两大类,包括知识与技能、过程与方法、情感态度与价值观三个维度.对于数学课程来说,这三个维度的具体内容如下:

(1)知识和技能

这一维度指的是数学基础知识和基本技能.其内容主要包括 3 类:一类是数学概念、数学原理(即数学定理、性质、公式、法则)、基本的数学实施结论这样一些用于回答“是什么”问题的陈述性知识,它属于言语信息;第二类是涉及数学概念、数学原理、基本的数学事实结论的运用,用于回答“做什么”的问题的程序性知识,它属于认知技能;第三类是数学操作性技能,它属于动作技能.

知识与技能目标的要求可以分成以下 4 个层次:

①了解水平.能回忆出知识的言语信息;能辨认出知识的常见例证;会举例说明知识的相关属性.

②理解水平.能把握知识的本质属性;能与相关知识建立联系;能区别知识的例证与反例.

③掌握水平.在理解的基础上,能直接把知识运用于新的情境.

④综合运用.能把学习的知识应用于新的情景,解决一些较为复杂的问题,能对已学过的知识进行逻辑整理,形成完整的知识结构;能突破常规思维模式,灵活运用所学的知识解决较综合的知识或复杂的实际问题.

“了解”(知道、认识、辨认)、“理解”、“掌握”都是针对某一具体数学知识而言的.“综合运用”则强调综合运用各种知识来解决问题.而这里所说的“问题”则包括纯数学问题和实际问题,以及介于这两者之间的应用题(部分理想化了的实际问题).需要强调的是,“掌握”是以理解为前提的单个知识的运用水平.那种会套用而不理解的水平不属于“掌握”水平.

由于综合运用的难度主要取决于知识点的数量与由已知通向答案的步骤的数量，以及思路步骤间的跨度大小，因此，综合运用层次还可以据此细分. 在写知识与技能目标时，可以根据其知识与技能的内容和层次要求来写. 比如说，“了解什么”、“理解什么”、“掌握什么”、“综合运用什么”. 综合运用还可以再写细一些，如“使学生达到两个知识点三步骤的综合运用水平.”

了解和理解反映了构建知识意义的水平；掌握与综合运用反映了知识迁移运用的水平. 知识运用的水平可以分成正用知识水平、逆用知识水平和变形使用知识水平. 如“逆用……公式”、“逆用……定理”、“变形使用……公式”. “会解”、“会用”、“解决”这些术语既指单一知识点的掌握水平，也指综合运用水平.

(2)过程与方法

通过数学学习过程，把握数学思想方法、形成数学能力，发展数学思维和数学意识(如统计意识、应用意识、创新意识)，提高问题解决能力. 描述过程与方法目标的常见术语有：培养……能力、经历……过程、发展……意识、领悟……思想方法、学习……的问题解决方法；观察、参与、尝试；探索、研究、发现；合作、交流、反思.

在写过程与方法目标时，可以根据其内容和上述术语来写.

(3)情感态度与价值观

这里的情感是指，在数学活动过程中的比较稳定的情绪体验. 数学态度是指，对数学活动、数学对象的心理倾向或立场. 表现出兴趣、爱好、喜欢与否、看法立场. 数学态度可以演变为数学信念——对数学持有的较为稳定的总体看法、观念. 数学态度包括对数学学科的态度(即数学信念)、对数学的兴趣、对数学具体内容的态度. 这一维度目标的内容还包括宏观的价值观和数学审美观. 例如，对数学的科学价值、应用价值和文化价值的看法；辩证法的观点；数学的简洁整齐之美、统一和谐之美、抽象概括之美、对称之美、精确之美. 刻画情感态度目标的术语有：体会……、感受……、领悟……；养成……习惯、形成……观点、欣赏……之美.

在写情感与态度目标时，可以根据其内容和上述术语来写. 情感态度价值观属于内隐的心理结构，不是明确知识，而是意会知识，无法通过传授而直接获得，必须通过学生的过程学习间接获得. 教师在进行教学设计时，要以知识技能为基础，以过程方法为途径，在引导学生学习数学的过程中，为学生情感态度与价值观的发展创设适宜的土壤，把知识与技能的学习与情感态度与价值观的培养结合起来，使学生受到潜移默化的影响，最终形成良好的情感态度与价值观.

2. 教学目标表述方法

教育心理学家对于教学目标的陈述有两种不同的观点. 行为注意强调用可以观察、可以测量的行为来描述教学目标；认知学派则主张用内部心理过程来描述教学目标. 尽管这两种观点是不同的，但教学目标的重点应说明学生的行为和能力的变化这一观点是被共同接受的. 下面介绍两种陈述数学教学目标的方法.

(1)ABCD 法

美国心理学家马杰提出，教学目标应包括三个基本要素：行为、条件和标准. 后来在教学实践中又感到还需要补充教学对象，这样教学目标就更加明确，形成了 ABCD 法. 也就是说，课堂教学目标的表述应该包括四个要素，即行为主体(Audience)、行为动词(Behavior)、行为条件(condition)和表现程度(Degree).

①行为主体(A). 行为主体就是教学对象——学生，行为目标描述的应是学生的行为，而不是教师的行为. 比如有的目标表述成“教师将说明……”或“教给学生……”，都是不妥的.

②行为动词(B).行为动词用以描述学生应该达到目标的可观察、可测量的具体行为.各类目标的行为动词,见表11-1.

表11-1 各类目标的行为动词表

目标领域	水平	行为动词
知识与技能	知道/了解/模仿	了解、体会、知道、识别、感知、认识、初步了解、初步体会、初步学会、初步理解
	理解/独立操作	描述、说明、表达、表述、表示、刻画、解释、推测、想象、理解、归纳、总结、抽象、提取、比较、对比、判定、判断、会求、能、运用、初步应用、初步讨论
	掌握/应用/迁移	掌握、导出、分析、推导、证明、讨论、选择、决策、解决问题
过程与方法	经历/模仿	经历、观察、感知、体验、操作、查阅、借助、模仿、收集、回顾、复习、参与、尝试
	发现/探索	设计、整理、分析、发现、交流、研究、探索、探求、寻求
情感态度价值观	反应/认同	感受、认识、了解、初步体会、体会
	领悟/内化	获得、提高、增强、形成、养成、树立、发挥、发展

③行为条件(C).行为条件指能影响学生产生学习结果的特定的限制或范围,如"根据公式……"等.对条件的表述有四种类型:一是允许或不允许使用手册或辅助手段,如"可以使用计算器";二是提供信息或提示,如"能根据函数图象,说出……性质";三是时间限制,如"在5min内能做完……";四是完成行为的情境,如"在小组讨论时,能……".

④表现程度(D).表现程度指学生对目标所达到的最低表现水准,用以衡量学生学习表现或学习结果所达到的程度.如"能用3种方法解答"、"正确率达到90%"等.

(2)内外结合法

ABCD法虽然描述教学目标比较具体可测,避免了模糊性,但是也存在不足,它过分强调行为的结果,而不注意内在的心理过程;只注意行为的变化,忽视内在能力的变化和情感的变化.而且在目前情况下,具体教学实践中有很多心理过程无法行为化.因此,描述心理过程的术语尚不能完全避免.为此,可以采用内外结合的方法,先用描述心理过程的术语陈述教学目标,再用可观察的行为作为例子使这个目标具体化,将内部心理过程和外显的行为结合起来描述教学目标.这样既避免了用内部心理过程描述教学目标的抽象性,又防止了行为目标的机械性和局限性.

例如,"培养事物运动变化的观点",这是内在心理的变化,不能直接观察和测量,只能列举一些反映内在心理变化的行为的例子,通过对这些具体行为的观察,来判断学生是否形成了运动变化的观点.如"圆和圆的位置关系"中有一个目标是"培养运动变化的观点",可以这样来陈述:

通过两个圆在运动时,两圆公共点的个数的变化,体会事物是运动变化的;

通过两个圆在运动时,两圆圆心距与半径之间关系的变化,进一步体会事物是怎样运动变化的.

三、教学目标确立的要求与方法

1.教学目标确立的要求

由于课堂教学目标是教师进行课堂教学活动的指南,是教学目的等上位目标的具体体现和分解落实，因此，对课堂教学目标的设立有一定的要求.

(1)目标的陈述要明确

当课堂教学目标确定以后，就要根据知识与技能、过程与方法、情感态度与价值观等目标领域不同维度和具体要求，运用概括、明确的语言准确地表述出来.目标的陈述，既要有刻画知识技能掌握程度的目标动词，又要有刻画数学教学活动水平的过程性目标动词，既要概括又要具体，既要注意可测行为表现，又要隐喻高级内隐心智、情感的变化，明确而不模糊，便于教学实施、操作.

(2)目标的设立应适当

所谓适当就是目标的深度、广度要适中，既要落实课程目标等上位目标要求，又要照顾学生实际.太宽，不能显示本节课教学的具体要求和特色；太窄，三个目标维一度有所偏废，就会以其小失其大；过低，则会达不到学科目标所规定的要求；过高，脱离学生实际，反而完不成教学任务.因此，设计课堂教学目标应全面考虑，统筹兼顾，宽窄相宜，高低恰当.

(3)目标要具有可操作性

由于课堂教学目标直接作用于课堂实际教学活动过程，因此，要求设立的目标一定要具有可操作性，能够对课堂教学内容的组织、教学方法的选用、教学环节的安排活动主体等都具有具体、明确的规范、导向和约束，做到具体而不空泛，明确而不啰嗦，抽象概括而不模糊，能够直接指导课堂教学活动.如果缺乏操作性，就会使怎么上、上什么、上多少、上得怎么样缺乏依据和标准.

2.教学目标确立的方法

(1)研习课程标准

目前，基础教育改革的各个学科的课程标准都已出台，它是教师开展学科教学活动的依据和准绳.对课程标准的学习和研究不是开学初一次就能完成的事情，而应该是经常性的，做到常学习，常研究，常对照，才能使课堂教学目标的制定紧紧围绕课程教学总目标.

(2)了解学生

教师要深入了解教学对象的情况，了解他们已有的知识经验、能力、身心发展状况、学习风格、思维习惯等，使课堂教学目标的设立具有针对性、实践性、实效性，努力做到“因材设标”.

(3)确立本节课的教学目标点

在明确课程目标的总体要求和学生实际情况的基础上，教师要反复钻研教材，研究本节课的教学内容，确定本节课的具体教学目标点，搞清各个目标点的内容范畴，如对知识范畴的，要分清是事实(公理)、原理、概念，还是方法、程序、公式，以便选用适当的行为动词和确定具体的行为条件等.目标既要全面，又要突出重点，分解难点.

(4)确定目标点的掌握程度

确立教学目标点以后，就要确立每一个目标点的掌握程度.掌握程度必须符合学生实际，掌握程度主要取决于课程目标和学生实际两个因素，对学有余力的学生的要求可以达到课程目标的较高要求，对学习有一定困难的学生的要求能够达到课程目标的最低下限即可.对掌握程度的表述应尽可能是可测量、可评价的，以便自己、学生或他人对本节课的目标达成程度进行评价.

(5)修改

教学活动中存在许多不可测因素，因此，课堂教学目标的编制也就不可能一蹴而就，完美无缺，需要在教学实践过程中，不断地总结、修改和完善.

教学目标设计是教学设计的重要环节，关系课程与教学的有效实施.当前，我们应当从数学新课程理念的角度正确认识教学目标的功能、内容、制定依据和要求，遵循课堂教学目标设立的程序，制定出真正符合和体现新课程理念的课堂教学目标，以有效地落实、推进数学课程教学改革，提高课堂教学质量.

第四节　数学教学方案的设计

教学设计方案不同于一般的教案，它是建立在对学习过程和学习资源的系统分析基础上，因此更科学、更系统、更详细、更具体.

一、教案的内容

日常教学中，教师的教案有很大的差异，具有明显的个性化倾向. 有些教师喜欢写出详细的教案，而有些教师则喜欢写出几条作为备忘，这主要取决于教师自己的习惯做法、学习活动的性质和对教案的管理要求.

一般情况下，教案要反映出在备课过程中对教学的具体安排与思考，因此，在着手写教案之前，应充分考虑好下列问题：

①本节课的教学目标是什么？

②教学重点、难点是什么？

③怎样引入本节课的课题？

④如何围绕教学重点设计教学过程？

⑤如何解决教学难点问题？

⑥何时提问？提问的对象、内容是什么？

⑦教学各环节所需时间分别为多少？各环节之间如何承上启下，过渡自然？

⑧配置哪些例题、练习题和作业题？讲解例题和进行练习的目的是什么？如何讲解例题？怎样安排学生进行练习？

⑨板书的内容和目的是什么？如何使板书科学、合理、美观？

⑩如何激发学生的学习兴趣，使学生积极主动地学习？

⑪学生学习可能出现哪些问题？应如何解决？

考虑好上述问题之后，可着手编写教案. 教案有详略之分，但一般都包括说明、教学过程、注记三部分.

(1)说明部分

教案的说明部分主要包括以下内容：

①授课班级、授课时间.

②课题：即本节课的名称，必要时说明是什么内容的第几课时.

③教学目标：说明通过本节课的教学，学生必须达到的过程性目标与结果性目标.

④课型：说明本节课是新授课，还是练习课、复习课、进评课等.

⑤教材分析：分析本节课的教学重点、教学难点等.

⑥教学方法及教学媒体：说明教学中使用的主要的教学方法(如讲解法、谈话法、探索法等)，以及教学用具(如实物、模型、多媒体等).

以上内容中，有些可以省略，但课题、教学目标、教材分析、课型必不可少. 教案中说明部分的语言表述，要求简明扼要，一目了然.

(2)教学过程

教学过程是教案的主要内容，包括教学内容及其呈现顺序、师生双方的教学活动等.不同的课型有不同的教学过程，比如，新授课的教学过程一般包括复习导引、讲解新课、学生探究、巩固练习等环节.对于教学经验还不太丰富的年轻教师，在教学过程设计中还应配有相应的板书设计.

(3) 注记

注记包括以下两个方面：

①对教学过程中可能出现的具体问题的补充说明，比如，设计出的教学过程不一定适合学生的实际情况，如何修正；学生回答问题或练习时，可能会出现什么情况，如何解决；倘若时间多余，可以补充哪些内容的教学内容，等等.

②课后教师对教学设计、教学活动的安排以及教学效果的总结与反思，包括教案实施情况、教学中的优缺点、课堂教学的效果、学生存在的学习困难、解题中的特殊解法或普遍错误以及教师的体会与感受等.

值得注意的是，教学总结与反思对青年教师尤为重要，它是教师积累经验的基本素材，也是教学研究的基础工作，所以应引起足够的重视.

二、数学教学方案的格式

教案是个人化、情景化的产物，它随不同的教师、不同的学科、不同的目标以及不同的情景而有所不同，因此教案的格式并不是固定不变的.一般情况下，教案的格式可以分为两大类.一类是文本类，即把教案的内容依次写出；另一类是表格式，即用表格的形式来反映教案的主要内容.

1.叙述式教学设计方案

叙述式教学设计方案有课题名称、课题概述、教学目标分析、学习者特征分析、学习任务分析、资源、教学活动过程、评价、帮助与总结共九个部分组成.从形式上来说，在编写该类教学设计方案时，只需依照实际的教学分别填写这九个部分；从实质上来说，教学设计方案的编写是依照教学目标、教学任务、学习者特点、信息技术工具等因素完成教学设计的过程.

(1)课题名称

说明该课题的名称，可以是某个具体知识点的名称，可以是一个教学单元的名称，也可能是某次专题活动的专题名称.

(2)课题概述

①说明学科(数学、语言艺术等)和年级(中学、小学、学前等).

②简要描述课题来源和所需课时.

③概述学习内容.

④概述这节课的价值以及学习内容的重要性.

(3)教学目标分析

①对该课题预计达到的教学目标作出一个整体描述.

②可以包括：简要描述学习结果；学生通过这节课的学习将学会什么知识？会完成哪些创造性产品？描述潜在的学习结果；描述这门课将鼓励哪种思考方式或交流技能等，如逻辑推理能力、批判性思维、创造性解决问题的能力、观察和分类能力、比较能力、小组协作能力、妥协让步的交流技能……

(4)学习者特征分析

说明教师是以何种方式进行的学习者特征分析,比如说是通过平时的观察、了解;或是通过预测题目的编制使用等.

①智力因素方面:知识基础、认知结构变量、认知能力.

②非智力因素:动机水平、归因类型、焦虑水平、学习风格.

(5)学习任务分析

根据对学习内容和教学目标、学习者等的分析,设计能够使学生完成学习内容,达到教学目标的学习任务.学习任务可以包括各种类型,比如:

①一系列需要解决的问题.

②一项具有创意的工作.

③对所创建的事物进行总结.

④有待分析的复杂事物或事件.

⑤就某个问题阐明自己的观点立场.

⑥任何需要学习者对自己所收集的信息进行加工和转化的事情.

(6)资源

一方面,介绍学习者可用于完成学习任务的资源,如:

①学生可能获得的学习环境(多媒体教室、网络教室或实地考察环境等).

②学科系列教材.

③学科百科全书.

④文本、图片或音视频资料.

⑤可用的多媒体课件.

⑥学校图书馆里特定的参考资料.

⑦参考网址(建议在每个网址后写上一句话,简要介绍通过该网址可以获得的信息).

另一方面,为学生提供认知工具.同时,描述需要的人力资源及其可获得情况:需要多少教师完成这节课,一个人够吗?在教室中需要有助手的角色吗?需要有其他学校的教师协作吗?是否需要一些工厂中或博物馆以及其他团体中的协作者?

(7)教学活动过程

这一部分是该教学设计方案的关键所在.

①根据学习内容、教学目标和学习者的具体情况,设计真实的、能充分发挥学生主体性的学习情境.比如通过录像带再现历史事件;通过多媒体课件为学生的自主学习提供真实的情境;为学生的协作学习创设适当的网络环境;为学生设置角色扮演的情境等.

②针对不同的教学内容和目标选择合适的教学模式(对于同一个课题不同内容的学习,很可能会用到多种不同的模式,简要说明模式是如何应用的).常用的教学模式主要有:传递—接受式、发现式等.

③设计自主学习策略.可选用的自主学习策略有很多:教练策略、建模策略、支架与淡出策略、反思策略、支架策略、启发式策略、探索式策略、自我反馈策略、角色扮演策略、讨论策略、竞争策略、协同策略、伙伴策略、学徒策略、抛锚策略、随机进入策略等.根据所选择的不同策略,对学生的自主学习应作不同的设计.

④画出教学过程流程图.流程图中需要清楚标注每一个阶段的教学目标、媒体和相应的评价

方式.

(8)评价

创建量规,向学生展示他们将如何被评价(来自教师和小组其他成员的评价).另外,可以创建一个自我评价表,这样学生可以用它对自己的学习进行评价.

(9)帮助和总结

说明教师以何种方式向学生提供帮助和指导,可以针对不同的学习阶段设计相应的帮助和指导,针对不同的学生提出不同水平的要求,给予不同的帮助.

在学习结束后,对学生的学习做出简要总结.可以布置一些思考或练习题以强化学习效果,也可以提出一些问题或补充的链接,鼓励学生超越这门课,把思路拓展到其他内容领域.

2.表格式教学设计方案的模板

教学设计方案还可以采用工作表格的形式来编写,下面是一参考格式.

表 11-2 表格式教学设计方案

设计者:________ 执教者:________ 课题制作者:________

时间:________年________月________日 所教学校班级:________

一、教学内容(教材内容)

简要介绍:

二、学生特征分析

1.智力因素方面:知识基础、认知结构变量、认知能力

2.非智力因素:动机水平、归因类型、焦虑水平、学习风格

三、教学内容与教学目标的分析与确定

1.知识点的划分与教学目标的分析与确定

2.教学目标的具体描述

<table>
<tr><td>知识点</td><td colspan="2">教学目标</td><td colspan="3">描述语句</td></tr>
<tr><td>课题名称</td><td colspan="3">知识点</td><td colspan="2">教学目标</td></tr>
<tr><td rowspan="3"></td><td>1</td><td colspan="2"></td><td></td><td></td></tr>
<tr><td>2</td><td colspan="2"></td><td></td><td></td></tr>
<tr><td>3</td><td colspan="2"></td><td></td><td></td></tr>
<tr><td rowspan="2">1</td><td colspan="2"></td><td colspan="3"></td></tr>
<tr><td colspan="2"></td><td colspan="3"></td></tr>
<tr><td rowspan="2">2</td><td colspan="2"></td><td colspan="3"></td></tr>
<tr><td colspan="2"></td><td colspan="3"></td></tr>
</table>

3.分析教学的重点和难点

四、多媒体网络资源、工具及课件的运用

（续表）

知识点	学习水平	多媒体网络资源、工具及课件的内容、形式、来源	使用时间	多媒体网络资源、工具及课件的作用	使用的方式或教学策略
1					
2					

注：

五、形成性练习题和开放性思考题的设计

知识点	学习水平	题目内容
1		
2		

六、课堂教学过程结构的设计

画出流程图

对流程图作简要的说明：

修改意见：

第五节　数学教学方案的评价

一、数学教学设计方案评价的意义

评价是指对人、事、物的作用或价值作出判断.数学教学设计方案评价是指对数学教学设计方案作出肯定或否定判断,并加以修改和完善.不但在数学教学设计过程中涉及多种因素的评价活动,而且在数学教学设计方案的实施过程中也贯穿着评价活动.总的说来,数学教学设计方案评价可以提高数学教学设计工作的成效,从而提高数学教学工作的效果,完善数学教学设计理论.具体地说,数学教学设计方案评价具有以下意义：

(1)数学教学设计方案评价是数学教学设计活动的有机组成部分

评价活动是渗透在教学设计过程之中的.由于受传统观点的影响,一般认为评价活动是独立的一个设计环节,甚至于是独立于教学设计过程之外的.现在,这种认识已受到许多研究者的反对.在实际工作中,评价活动贯穿于教学设计的各个环节,在实施的时间上没有严格的先后次序.虽然我们的教学设计模式将它放在设计过程的最后一个阶段,但是其中往回的箭头充分说明它对各个阶段的介入性,是数学教学设计活动的有机组成部分.

(2)评价使数学教学设计及其方案更趋有效

评价可以诊断数学教学设计过程中存在的问题及其成因,为教学设计人员提供决策信息.决策过程按性质又可分为两种:一种是规划性决策,如根据人、物(学习资源)、社会需求等信息对数学教学设计的过程、方案进行初步规划;另一种是优化性决策,如依据教学设计方案实施的结果、有关专家和领导的意见,对初步制订的教学设计方案进行修改、完善.就教学设计整体过程而言,设计过程每向前推进一步,都要先对先前完成的工作进行评价,以避免工作的重复、浪费,以此来提高设计工作的效益,保证设计方案的科学性.

(3)评价能激励和调控数学教学设计人员的工作热情与创造热情

数学教学设计是一项富有创造性和改革意志的实践活动,要使教学设计人员保持积极的工作情绪与极富创造性的思想,必须对他们的心理进行调控,激发其创造的欲望和改革的动机.对数学教学设计方案的评价可以及时反映教学设计工作的效果与质量水平,是对设计者关于工作方案的价值观念和其创造性才能的认同,能使教学设计工作者在心理上获得满足和成功的体验,从而进一步激发其工作动机和向更高目标努力的积极性.而通过评价揭示的问题又使教学设计人员认识到自己工作中的不足,从而为他们调整自己的工作方式和创造思路提供客观依据.总之,数学教学设计方案评价有利于使教学设计过程成为一个随时得到反馈调节的可控系统,使教学设计方案越来越接近预期的目标.

(4)评价能提高数学教学设计研究的水平,推动数学教学设计理论的发展

评价本身就是一种教育研究活动,在评价中发现的问题即成为数学教学设计研究要解决的课题,而为评价所肯定的成绩经过研究又可成为一种教学设计理论,从而丰富和发展我们的数学教学设计理论.

二、数学教学设计方案评价的类型

依照不同的分类标准,可将数学教学设计方案的评价划分为不同的类型.如按评价内容的不同,可分为对数学教学目标设计的评价、对数学教学内容处理的评价、对数学教学方法、模式、策略选择与运用的评价、对数学教学媒体、材料的选择与运用的评价以及对数学教学设计方案的评价.按评价功能的不同,可分为诊断性评价、形成性评价和总结性评价.按照评价分析方法的不同,又可分为定性评价和定量评价.这里择要略作介绍.

1.诊断性评价

这种评价也称设计前评价或前置评价.一般是在某项设计活动开始之前,为了使教学设计工作得以顺利进行对实施设计活动所需的条件进行评估.目的在于摸清数学教学设计的基础,为教学设计者作出正确决策提供依据.例如,该教学设计活动的主要问题是什么?解决问题的关键在哪里?人员的配备是否足够?人员是否需要培训?资金是否足够?时间是否充足等.

2.形成性评价

形成性评价是在某项教学活动过程中,为了能更好地达到教学目标的要求,取得更佳的效果而不断进行的评价,它能及时了解阶段教学的结果和学生学习的进展情况、存在问题,因而可据此及时调整和改进教学工作.形成性评价在教学过程中用得最频繁,需要注意的是:由于学生进

行的都是自我建构的学习，对于同样的学习环境，不同学生学习的内容、途径可能相关不大，如何客观公正地对他们学习的结果做出评价就变得相当困难.很明显，对他们实施统一的客观性评价是不合适的.目前，人们比较赞同的是通过让学生去实际完成一个真实任务来检验学生学习结果的优劣.

3.总结性评价

总结性评价又称事后评价，一般是在教学活动告一段落后，为了解教学活动的最终效果而进行的评价.学期末进行的各科考试、考核都属于这种评价，其目的是检验学生的学业是否最终达到了教学目标的要求.建构主义所说的考试、考核与以往不同，在于它更注意学生个人实际解决问题的能力.总结性评价重视的是结果，借以对被评价者做出全面鉴定，区分出等级并对整个教学活动的效果做出评定.

4.定量评价

定量评价是从量的角度运用统计分析、多元分析等数学方法，从复杂纷乱的评价数据中总结出规律性的结论.在数学教学设计成果评价中，由于涉及人的因素，R 教学系统变量及其关系的复杂性，为了揭示数据的特征和规律性，定量评价的方向、范围必须由定性评价来规定.事实上，定性评价与定量评价是密不可分的，二者互为基础、互相补充，分别从不同方面反映数学教学设计成果的质量水平.

5.定性评价

定性评价是对评价数据作“质”的分析，是运用分析、综合、比较、分类、归纳、演绎等逻辑分析的方法，对评价所获取的数据资料进行思维加工.分析的结果是一种描述性材料，数量化水平较低甚至没有数量化.定性评价不仅用于对成果或产品的评价分析，更重视对过程和相互关系的动态分析，以评价变量之间相互影响的过程.

三、数学教学设计方案的评价

数学教学设计方案是数学教学设计活动的终结性成果，它可以是一份新的课堂教学方案，即通常说的教案；也可以是一套新的教学材料，如教科书、教学录像、课件、学习包；或者是一份新的培训计划、课程标准等.这些设计成果在推广使用之前，最好先在小范围内试用，测定它的可行性、适用性和有效性以及其他情况.

对数学教学设计方案的评价包括形成性评价和总结性评价，是对整个教学设计工作的全面总结和肯定.因此，它要进行全面系统的规划，从制订评价计划、选择评价方法、试用设计成果和收集资料、整理和分析资料、写出评价报告等都要作出耐心、细致的考虑.鉴于篇幅所限，这里不再展开讨论.

值得注意的是，为确保评价工作的科学性，必须根据数学教学的规律和特点，按照一定的要求来进行，具体来说，即是应贯彻以下原则：

(1)整体性原则

整体性原则，即在评价时，要对组成教学设计方案的各个方面作出多角度、全方位的评价，而不能以点代面，以偏概全.这首先要求评价标准要全面，尽可能包括教学设计工作的各项内容，防止突出一点，不及其余；其次要把握主次，抓住主要矛盾，在决定教学质量的主导因素和环节上花大力气；三要把前面的各类评价结合起来，过程与结果并重，定量与定性结合，相互参照，全面准确地判断教学设计方案的实际效果.

(2)客观性原则

客观性原则,即在进行教学设计方案评价时,应该以客观存在的事实为基础,以科学可靠的评价技术工具为保障来取得数据资料,并作出实事求是、公正严肃的评定.

(3)指导性原则

指导性原则是指在进行评价时,不能就事论事,而应把评价和指导结合起来,不仅使教学设计人员了解该份教学设计方案的优缺点,而且为以后进行教学设计指明方向.也就是说,要对评价的结果进行认真分析,从不同角度查找因果关系,确认产生问题的原因,包括哪些是由于评价工作本身造成的,哪些是由于试行方案过程中的偶然因素造成的.并及时通过信息反馈,让教学设计人员作出修改、完善.

第十二章　数学教学评价

第一节　数学教学评价及其种类

一、教学评价的含义

数学教学评价属于数学教育评价的范畴，是数学教育评价的重要组成部分，又是数学教学方法研究的重要课题，也是核心内容.

教育评价学是教育科学的一个重要分支学科.教育评价是从教育测量活动中发展出来的，始于1934年至1942年美国心理学家泰勒的“八年研究”.

教育评价经历了四个发展阶段，自19世纪中叶起到20世纪30年代80多年为教育评价的第一个时期——“心理测验时期”，教育测量的研究取得了一系列的成果，在考试的定量化、客观化与标准化方面，取得了重要的进展.强调以量化的方法对学生学习状况进行测量.然而，当时的考试与测验只要求学生记诵教材的知识内容，较为片面，无法真正反映学生的学习过程.到20世纪30年代至50年代是教育测量的第二个时期——“目标中心时期”，泰勒提出了以教育目标为核心的教育评价原理，即教育评价的泰勒原理，并明确提出了“教育评价”(education evaluation)的概念，从而把教育评价与教育测量区分开来，教育评价学就是在泰勒原理的基础上诞生与发展起来的.在西方，一般人们都把泰勒称为“教育评价之父”.20世纪60年代是教育测量的第三个时期——“标准研制时期”(20世纪50～70年代)，以布卢姆为主的教育家，提出了对教育目标进行评价的问题，由美国教育学家斯克里文、斯塔克和开洛等人对教育评价理论作出巨大的贡献.学者们把1967年界定为美国教育评价发展的转折点.到了20世纪70年代以后，教育评价发展到第四个时期——“结果认同时期”.这一时期非常关注评价结果的认同问题.关注评价过程，强调评价过程中评价给予个体更多被认可的可能，总之，重视评价对个体发展的建构作用，因此，又被称为“个体化评价时期”.

二、教学评价的功能

虽然评价只有一个基本目的，即评价某一事物的价值，但它可以起到很多作用.

1.诊断作用

评价是对教学结果及其成因的分析过程，借此可以了解到教与学等各方面的情况，从而判断其成效和缺陷、矛盾和问题.全面的评价不仅能估计所实施的教学或所开发的教学资源能在多大程度上实现预期的目标，而且能解释不能达标的原因何在.所以，教学评价如同体格检查，是对教学各个方面进行的一次严谨的、科学的诊断，以便为教学的决策或改进指明方向.

2.调控功能

评价对教学结果有诊断作用，对教学过程则有监督和控制作用.因为，评价的结果必然提供反馈信息，这种信息可以使教师及时知道自己的教学情况，也可以使学生得到学习成功和失败的体验,从而为师生调整教与学的行为提供客观依据.教师可以据此修订教学计划、改进教学方法、完善教学指导,学生据此改变学习策略、改进学习方法、增强学习的自学性,教学资源的设计与开发者可以通过经常性的评价及时发现设计与开发中出现的问题,及时予以纠正.

3.激励功能

评价除了对教学结果具有诊断作用、对教学过程具有监督和调控作用外,它在很多方面对学生的学习起促进作用.一方面,作为评价重要组成部分的测验本身是一种重要的学习经验,它可促使学生在测验之前对教材进行复习、巩固、澄清和综合,在测验过程中材料进行比较与评论.测验中的反馈信息不仅能确证、澄清和校正某些观念,还能明确指出要求进一步思考和研究的领域.另一方面,学生根据经常获得的外部评价的经验,可以学会如何独立地评价自己的学习结果.这种自我评价,有助于学业成绩和学术成就能力的提高.

三、教学评价的类型

根据不同的分类标准,教学评价可作不同的划分.

1.根据评价的对象不同进行划分

根据评价的对象不同,可分为计划评价、项目评价和产品(材料)评价三种类型

(1)计划评价

计划评价是对提供持续服务,通常包括对课程的教育活动进行评估,如对大学的继续教育计划等进行的评价就属于此类.

(2)项目评价

项目评价是对提供资金在限定时期内执行某一特殊任务的活动进行评估.计划和项目之间的关键差别在于前者可以持续相当长的时间,而后者的时间较短.项目一经制度化并生效就成为计划.

(3)产品(材料)评价

材料评价也称教学产品评价,是对与教学内容有关的物品(包括书籍、课程指导、电影、磁带以及其他有形的教学产品)的优点或价值进行评估.

2.根据评价的功能不同

根据评价的功能不同,可分为诊断性评价、形成性评价和总结性评价.

(1)诊断性评价

诊断性评价也称教学前评价或前置评价,和我们通常所说的“摸底"基本一样.它一般是在某项教学活动开始之前,对学生的知识技能及情感等状况进行了解,以判断他们是否具有实现新的教学目标所需的基本条件,据此设计出能满足不同起点和不同水平学习风格的学生所需的教学方案,提供尽可能适应不同学生差异的教学.

(2)形成性评价

形成性评价是一种过程性评价,是在一个计划或产品(或人员)的开发或改进过程中进行的,通常在内部主要由方案执行人员进行的评价.它要求在计划的试行过程的各个阶段不时地收集信息,以便在实施前加以修正,当然也可以是在实施阶段,检查学生能否有效地掌握某一特定的课程内容或提出为了达到目标还需进一步学习哪些内容.

(3)总结性评价

总结性评价是一种事后评价,可以由内部或外部评价者共同进行,考虑到信度的原因,它比

形成性评价更多地吸引外部评价者共同参加.它通常是在计划完成后,并在一定范围内实施后进行的.它的评价重点主要放在计划的有效性上.

3.根据评价的基准不同

根据评价的基准不同,可分为相对评价、绝对评价和自身评价.

(1)相对评价

相对评价是指在被评价对象的群体或集合中建立基准,然后把各个对象逐一与基准进行比较,来判断群体中每一成员的相对水平.为相对评价而进行的测验通常称作常模参照测验,测验成绩主要表明学生学习水平的相对等级.

(2)绝对评价

绝对评价是指在被评价对象的集合之外建立基准,把群体的每一个成员的某种指标逐一与基准进行比较,从而判断其优劣.为绝对评价而进行的测验一般称作标准参照测验,测验成绩主要表明教学目标的达标程度.

(3)自身评价

自身评价的评价基准既不是建立在被评价群体之内,也不是建立在被评价群体之外,而是在被评价个体自身上,主要是对被评价个体的过去和现在相比较,或者是对他的若干侧面进行比较.

第二节　数学教学评价的理念

什么样的心态和理念去进行数学教学评价是很值得探索的问题,由于进行评价的目的不同,所采取的评价心态及理念也不一样.我们认为,良好的评价能够有效地促进学生学好数学和形成良好的数学学习价值观,但由于选拔性考试这一严酷的现实让一些教师和学生不得不低头应付数学考试,一句话:“你怎么考,我就怎么教或怎么学!”使得数学学习的最终目标产生了扭曲.从理论上讲,学习数学的最终目标是为学生提供成长的“动力泵”而不是把数学当做一把“筛子”筛选学生.但现实的操作确实让我们感到很无奈.

一、课程标准的作用应该得到有效的体现

初中数学课程标准课程基本理念的第一段就指出:“数学课程应致力于实现义务教育阶段的培养目标,要面向全体学生,适应学生个性发展的需要,使得人人都能获得良好的数学教育,不同的人在数学上得到不同的发展.”这就为初中数学的评价导向定了调:既必须让所有的学生得到良好的数学教育,又必须让不同的学生根据自己的兴趣爱好及潜能在数学上得到不同的发展.高中数学课程标准的课程基本理念也有类似的提法和意思:

①构建共同基础,提供发展平台.

②提供多样课程,适应个性选择.

③倡导积极主动、勇于探索的学习方式.

④注重提高学生的数学思维能力.

⑤发展学生的数学应用意识.

⑥与时俱进地认识“双基”.

⑦强调本质,注意适度形式化.

⑧体现数学的文化价值.

⑨注重信息技术与数学课程的整合.

⑩建立合理、科学的评价体系.

从这些课程标准中我们解读出如下一些数学教育观念：

①大众数学观.即让所有人都能够学到必需的数学，数学应该成为每个学生将来成长的"动力泵".

②凸显个性观.允许不同的学生在掌握最为基本的数学后，对数学的继续掌握存在差异.

③数学有用观.要让学生意识到数学的应用无处不在，无时不在.

④数学文化观.要把数学看成一种文化现象，要从跨学科角度来看待数学教育.

⑤科学评价观.要一改过去单一的评价体系，形成多元的立体型评价体系.

为此，我们的评价体系应该做到如下几点：

①针对那些应用性强、将来继续学习所必需的、能够有效训练学生思维和陶冶他们情操的数学，也就是要靠所谓的"有价值的数学".

②要注意对学生提出最低要求的数学学习，并进行最低要求的评价，使那些"没有数学细胞"的学生也能够在将来不因数学而阻碍他们的发展.

③要根据不同的需要适当组织不同要求的考试，允许学生一定的考试选择自主权.

二、学生的学习水平应该得到有效的甄别

PISA 和 TIMSS 是由国际教育成就评价协会(the International Association for the Evaluationof Educational Achi evement，简称 IEA)组织的国际数学和科学教育的比较研究(The-Trends in International Mathematics and Science Study，简称 TIMSS)以及国际经济合作与发展组织(Organization for Economic Cooperation and Development，简称 OECD)主持的国际学生评价项目(The Programme International Student Assessment，简称 PISA)，是当前国际最著名的学生评价项目，它们所提供的指标在国际上具有广泛的影响，已经引起世界各国的高度关注.这些评价项目关注数学、科学等领域，代表国际上学生评价的先进水平.从这两个评价中，东亚国家的数学成绩一直占优，这种差异引起了西方数学教育界的强烈关注，目前，很多的研究就是由这种评价中的差异展开的，这体现了 PISA 和 TIMSS 在评价中的价值.PISA 主要是测试学生在数学上的能力，与我国数学竞赛考试题有些接近；TIMSS 则主要测试学生对常规数学的掌握情况，类似于我国的毕业会考.

从这两个测试的意图我们可以看出，国际上的数学评价也是根据不同意图来进行判断学生的学习情况的.要评价学生的差异性应该分个体差异与群体差异，个体差异是指每一个学生根据自己的学习在评价中的成绩与其余同学的差异来调整自己的学习情况；群体差异是评价中要能够甄别出不同地区的学校在教学上可能存在的差异，从中找出具有规律性的原因，调整教学及管理的策略.其实，一次测试要求达到如此目标有时是很难的，但在我们实施评价的时候应该树立起这样一种"理念"，为指导和改进教学提供一个努力方向.

三、教师的教学状况应该得到有效的检测

教学评价的一个很重要的目的是为教师提供教学信息从而达到有效促进教师改进教学的目的.这种"评价信息"可以分"硬性的"和"弹性的"两种."硬性的评价"主要是通过对学生学习进行

终结性评价和采取统计的方式来对教师进行民意测评."弹性的评价"是通过听课、走访、检查教案及作业布置和批改等情况来评估教师的教学状况.要对教师采取这两方面结合的方式来对其教学进行评价,否则很可能对教师产生不公的评价.例如,有的教师的数学课上得很精彩,但学生考试成绩一般;有的教师没有教案且对学生作业不加以批改,但学生对其授课很欢迎,学生的成绩比别人要好;有的教师所教的学生成绩比别人要好,但他很会"盯学生",甚至早读的时候也占用学生的时间来辅导数学.这样的案例在我们平时与中学教师的接触过程中都遇到过,作为一个学校管理部门,必须对这些教师予以客观的评价,尽量避免主观性.

四、教学的正常运作应该得到有效的促进

数学教学评价的根本意图在于既要促进数学教学有效进行又要维持整个教学的"生态平衡".首先,数学教学评价既要让师生看到奋斗的希望又要看到自己的不足,使师生在数学教学的内部评价中找到自身的"生态平衡".例如,有的教师发现学生对试卷点评很不重视,在试卷点评一段时间后,重新将该试卷原封不动地让学生测试,结果一些学生还是错误不断,达到教育学生要重视试卷分析课的目的.其次,数学教学评价要与其他学科的教学评价"和谐共处",也就是说,数学评价不应与其他学科评价有巨大差距.例如,每年的高考,数学高考的难度如果很大,那么,就会影响整个高考评价.2003年、2010年的高考,不少省市的数学难度偏大,导致一些学生在后续的科目考试中发挥失常,叫苦连天,甚至严重影响到后续学科考试水平的发挥.三是教学评价也应该作为考核教师教学水平的有效手段,成为教育管理部门合理调配教师的重要依据,成为教育管理奖惩的"晴雨表".

五、师生的身心健康应该得到有效的维护

数学是一门确定性很强的学科,学生一旦考完试后,就能够大致判断出自己的成绩,与其他学科相比,挫折感及成就感等心理起伏往往会比较大.著名数学家庞加莱曾经说过:"数学是一首最美的诗,当你解出一道难题时,你心灵上就感到最大的满足,心灵上的满足感就是最大的满足感."同样,如果在数学解题上一而再、再而三地碰壁,其挫折感可想而知.一份好的试卷的难度应该"错落有致",各种题型应该遵循"从易到难"的原则,试题应该"入口宽",使绝大部分学生都能够"参与解决",但不同的学生所花的"时间成本"存在差异.一些偏题、怪题尽量少出现.曾经有人说过:"每一道数学好题所拼凑起来的试卷很可能是一份很糟糕的试卷."这句话是有一定道理的.我们平时所说的"数学好题"往往都是考核意图深刻的数学问题,经常是那些具备一定难度的数学问题,一般学生往往承受不起那"一浪接一浪"的"心理冲击".数学试题的良好功效应有:

①让大部分学生有成就感.

②让大部分学生知道自己需要努力的方向.

③避免学生情绪出现剧烈的波动.

④达到相关的意图.

我们认为,一份好的数学试卷及其考试管理应该是让学生在"考得不好"的情况下自然归因为"学得不好",而非其他原因.

其实,教学评价除了试题外,教师平时的一些过程性评价以及考试评价后的举措也都应该考虑学生的心理状况.例如,有的教师毫不客气地把班级考试成绩公布于众,有的教师则动不动就把最差的作业进行"作业展览"等,根本不考虑一些学生的感受,这种做法是欠妥的.总之,对学生

的学习评价，应该以关注他们的身心健康为前提，否则，将得不偿失.

我国目前的教育处于一种很奇怪的时期，有人曾经给目前的教育进行这样的描述："轰轰烈烈的素质教育，扎扎实实的应试教育".从教学理念上，似乎素质教育"占上风"，一些杂志及媒体都大谈素质教育，但实际情况却是"应试教育"愈演愈烈.众所皆知，一个人的数学素养需要多种组合，很难用一张试卷能够完全测试得出，但我国现在选拔人才是采取"一卷定终生"的手段，过程性评价几乎不起作用，关注学生学习数学过程的各种素养还不如盯准中(高)考卷进行教学.由于中(高)考卷需要学生在规定的时间内解决题量很大的数学题，例如，2012 年的全国高考理科数学题共有大小题 24 题(不包括解答题中的小题)，要求在 120 分钟内完成，平均每 5 分钟解决一道试题，很多学生根本无法在短期内解决.这势必导致教师对学生进行强化训练，对前面的选择题、填空题，只有学生被训练成"见题即答"以达到"机械化"的程度或许能够为后面的解答题争取一些时间.这样，势必导致教学目标的转移，那些在课程标准中写得"堂而皇之"的目标在一些师生眼里几乎被架空.例如，我们平时所说的数学审美、数学实验、数学建模、数学发现等都很难在这些试卷中得到很好体现.学生在被动的情况下被训练成机械方式去应对，其心理压力的反弹可想而知，难怪出现一些学生在考试前撕书的现象.

在教学激烈竞争的教学评价中，教师的心理状态也需要我们重视.由于激烈的竞争性考试使得教师必须在平时教学过程中关注学生的"竞争力发展情况"，这种"竞争力"的晴雨表就是平时的"单元测试"、"模拟考试"等的结果，教师还必须对所谓"平均分"、"最高分"格外敏感，必须盯准每一个学生，加之家长、学校、社会的密切关注，这样竞争环境下教师的精神状态可想而知.

第三节　数学测验题的编制

教学评价是数学教学质量监控的必然举措，而测验则是教学评价所采取的最为常见的手段.显然，测验题的编制关乎整个数学教学评价手段的科学性和有效性问题，教育管理者已经注意到教师的命题水平，甚至采取"命题比赛"等措施，以促使教师命题水平的提高.如何编制一份优秀的测验题以更好地辅助我们教学已经纳入大家的研究视野.我们认为，数学测验题的编制应该遵循如下几个基本原则：

①目的性原则.

②激励性原则.

③协调性原则.

④科学性原则.

在遵循以上原则的基础上，如何编制数学测验题也是有讲究的，例如，一道数学问题以什么样的"面孔"出现？如何设置各种题型在一张试卷中的比例？如何控制数学测试问题的难度？这些问题都很值得探究.

一、数学测验题的编制原则

1.目的性原则

数学测验需要有明确的目的，数学测验题自然应该体现这种目的，作为总体教学过程中的每一个单元，需要"瞻前顾后"，一般说来，先要"自扫家门雪"，同时也需要兼顾整体教学，尤其是教完不久的前几个单元的内容.作为单元教学的数学测验需要体现如下几个意图：

①对本单元相关基础知识、基本技能的检测及训练.

②通过单元测验达到查漏补缺的目的.

③对相关的以前单元知识、技能的辅助回顾与提高,使其成为“滚雪球”式的对综合知识、技能回顾的一个环节.

④继续成为提高学生相关能力的一个有力“台阶”.

当然,不同单元在检测学生的知识、技能方面需要依据每一个单元的内容而采取不同侧重点的命题方式.例如,在高中函数单元的教学中,学生出现了对函数概念的理解困难现象,教师可以编制有助于学生理解函数概念的测验题,而不是函数应用上,更不是在函数的解题技巧上.例如:

【例 12-1】 (1)一个函数的图像可以是(   ).

(A)一个圆　　(B)一个三角形

(C)抛物线　　(D)两平行直线

(2)等式 $y=\sqrt{x-3}+\sqrt{2-x}$ 可以理解为(   ).

(A)定义域为[2,3]的函数　　(B)定义域为[3,2]的函数

(C)定义域为 ∅ 的函数　　(D)不可以表示一个函数

这些问题就是针对学生对函数概念理解所命的题.当然,为了更好地体现数学命题意图,需要预先确立命题的相关要求,教师再根据这些意图进行命题,而这种相关的要求往往是采取列表、作图等方式来进行的.例如,建立“数学命题细目表”就是一些教师经常采取的命题前工作,以下就是一张“数学命题双向细目表”,如表 12-1 所示.

表 12-1　数学命题双向细目表

考试内容		考试要求			试题难度及分值			题型			科学能力要素				试题来源				单元合计分值
					易	中	难	选择题	填空题	解答题	数感与符号感运算能力	几何图形空间观念	收集数据统计意识	应用数学解决问题的能力	教科书原题	教科书改编	自编	其他	
第一章	知识点1	√			3			√			√							√	11分
	知识点2		√			3			√			√		√		√			
	知识点3			√			5			√							√		
	知识点4																		

（续表）

考试内容	考试要求			试题难度及分值			题型			科学能力要素				试题来源				单元合计分值
				易	中	难	选择题	填空题	解答题	数感与符号感运算能力	几何图形空间观念	收集数据统计意识	应用数学解决问题的能力	教科书原题	教科书改编	自编	其他	
第二章																		
第三章																		
⋮																		
合计				70分	20分	10分												100分
估计平均分																		
实际平均分																		

这种纵横列表的方式很清晰地把需要考察的能力目标与单元的具体内容的关系体现出来.双向细目表的制作应该同课程标准及考试要求的相关规定具有一致性.考核知识内容的选择要依照课程标准以及整体教学评价的要求，试题既要具有一定的覆盖面，又要有侧重地考察相关重要内容，题量应该根据具体的教学操作需要而灵活确定，一般单元测试为教学时间的一节课或者连续的两节课，而较大的综合测试题量以一般学生在120分钟内能够解决为准.

制作双向细目表时，试卷中拟对学生进行考核的“考核知识点”需按章次进行编排；双向细目表中考核知识点的个数需与试卷中涉及的知识点个数相一致.

“识记”、“理解”、“应用”、“综合”是双向细目表中从知识、技能到能力的一种递进评价手段，它们不是独立的，而是前一个是后一个的基础的一种递进式评价要求.所以每一个知识点的教学层次要求在测试卷中应该恰到好处，不能一个知识点在不同题目中有不同的考核要求.例如，有些知识点要求达到“掌握”的，原则上就不要出现对这一知识点进行“识记”要求的测试题.

在一般考试中，理解水平以下的试题占整体试题量的五分之三，即控制在60%以内，对纯粹为了测试记忆水平的试题应尽量避免.

不同的课程有不同的特点，应该根据其特点灵活选择试题类型，除了我们常见的填空题、选择题、证明题、解答题(含计算题)外，诸如是非判断题、名词解释、辨析题、简答题、案例分析等也可以纳入我们测试题的范畴.除此之外，一些开放题也应该纳入测试题的范畴，不过，其评价标准应该仔细斟酌.要关注主观题和客观题的优点和局限性，合理搭配，对题型的种类在一份试卷中也需要适度控制.

从双向细目表中可以看出，依据“能力层次”和“题型”来对命题提出要求，显然对知识点的计算要复杂得多.采取简单的画“√”或者统计题号和题目个数也不是十分可行.内容材料维度和行为技能通过双向细目表(two-way checklist)的手段帮助测量工具的编制者决定应该选择哪些方面的题目以及应该呈现的方式及比例问题.

“庖丁解牛”式的布卢姆(B. Bloom)的目标教学理论自从20世纪80年代在我国盛行以来，也确实对我国数学教育在评价手段研究及具体实行上起着很大的推动作用，至今很多方法我们还在运用.然而，一切都是辩证的，死板的“八股化”的命题方式也使得一些数学的命题方式研究出现“窒息”，例如，对于一些开放题的评价，由于具体标准难以确定，也很难纳入考试的视野，目前尽管有所“松动”，但还需要大家继续努力.

2.激励性原则

任何一份试卷的测试结果都夹杂着学生的喜怒哀乐，试卷的难度值加大，一些优秀学生可能“脱颖而出”成为一枝独秀，而大部分学生则“看不到希望”；如果试卷出得浅，大部分学生“皆大欢喜”，而一些优秀学生则不能“拉大差距”，教师也觉得可能这样的试卷对学生的“触动”不大，考试达不到“有效训练”的目的.有学者认为，一份试卷的难度值应该控制在0.7左右，这样的测试对大多数学生都有激励作用.数学命题应该有效地鼓励学生对数学的学习兴趣，要让学生看到自己在数学学习方面的成绩.有些老师认为让学生考试分数太高，会让学生产生骄傲自满的情绪而不利于后续的学习，这种想法可能对某些学生而言有些道理，但我们认为，产生骄傲自满情绪的学生毕竟是少数，应该以激励为主.有些教师不喜欢“直接”的数学问题，总喜欢“拐个弯”，殊不知，这种“拐弯抹角”的做法，很可能会让学生茫然不知所措：到底是课本知识没有掌握还是能力、技巧不够？

【例 12-2】 粉碎机漏斗是个正四棱台形(图12-1)，要求制造铁皮面积为10000，斜高为50，高为40，求棱台上底面边长.

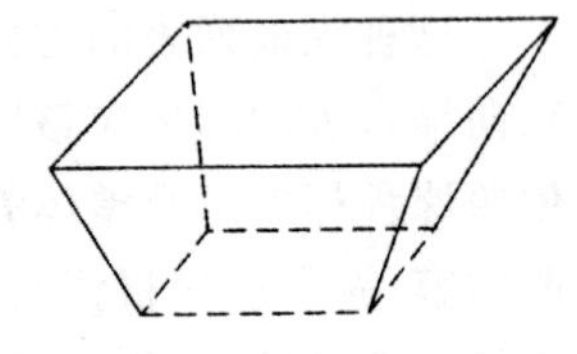

图 12-1 示例图

此题一些学生算得辛辛苦苦，有关正四棱台的相关计算都一清二楚，但最后，一些学生把“棱台上底面边长”与“粉碎机漏斗上底面边长”的概念搞混淆，导致最后答案错误.如果这是一道选择题或填空题，那么，这些学生将“颗粒无收”.他们往往不能正确归因而产生很强的挫折感，不利于后续的学习.一些“陷阱题”固然能够提醒学生要仔细审题，以免因粗心而功亏一篑，但如果频繁使用，会让学生摸不着北：到底是数学学习不好还是自己能力有问题，导致学习效果归因偏斜.

当然，数学教学是充满辩证的，对一些学生而言，激励性原则的间接做法是挫折教育.一些成绩优秀但有些浮躁的学生，应该适度对他们进行“挫折教育”.例如，有一所重点中学的一位特级数学教师，高考复习时，看到班级学生不重视课本，就把课本中的易错题整理成试卷，结果学生考得一塌糊涂，教师对这些学生就乘机教育.也有一位教师，看到学生对试卷分析课很不重视，过一段时间后把这份试卷原封不动地给学生重做一遍，结果还是很多学生考得不理想.所以，有时适度通过命题进行“挫折教育”也是一种贯彻激励性原则的有效举措.

3.协调性原则

我们这里所提的协调性原则是指数学测验题不仅要注意各单元(包括总体考核)之间建立彼

此呼应的协调关系，还要与其他学科测验建立协调关系.

【例 12-3】　一位高一物理教师向数学教师抱怨："我们都上到振动和波了，你们连三角函数的周期性还没有上，到底是怎么回事？我们考试中运用到的一些基本三角函数常识你们要求都很低，导致我们的一些物理题都没有办法出."

这是一些学校自行调节数学教学计划所造成的现象. 这个例子说明，数学教材的编写及测验也得考虑其他学科的需求.

单元数学测验题要正确处理好如下几个关系：

①本单元测试题应该包含多少分量的前几个单元内容？

②期末试卷中各个单元知识与技能的涵盖量应该是多少？

③单元测验的频率如何？每个单元都进行测试是否太频繁？如何将若干个单元的测试进行有效整合？

④对同一个年段而言，如何正确处理单元测试的统一化与个性化问题？

⑤集体命题还是个人命题？

值得指出的是，数学学科的测试与整个学校的宏观计划要协调，要注意与其他学科的"和谐相处"，不要出现诸如"本周各个学科都进行单元测试"出现让学生疲于奔命的现象. 考虑到数学的工具性特点，要注意其他学科的教学进度及要求，适度调节测试要求及时间表.

4. 科学性原则

数学测验题一旦产生错误，对学生的发挥很可能就产生影响，有时会完全颠覆学生的考试状态，特别是一些优秀学生，他们希望在重大考试中获得好成绩，而这些重大考试(如中考、高考)往往涉及面广，一般不允许有"纠正错误"的做法，致使后果严重. 当然，也有一些命题教师看不出错误的数学试题，学生很可能在完成考试后也不太清楚，尽管这些错题"不影响学生的情绪"，但给后来的评判工作带来难题.

教师命题一般采取的方法有如下几种：

①"原创". 教师根据自己的教学意图精心构思数学测试题，这些测试题由于属于原创，要保证科学性，同时对难度值和测试意图的实现等方面必须要有一个很好的估计，故要求教师必须谨慎.

②"改编". 教师查阅相关资料，结合自己的教学经验和测试意图，对一些陈题进行改编，诸如修改数据、条件、结论、题型或者进行类比而"改头换面"等. 此时在修改的时候要吃透陈题的立意，否则可能犯错而"贻笑大方"，因为一些陈题都是经过"千锤百炼"的，修改的时候也需要谨慎. 此外，一些陈题可能存在越改越难的现象，也需要教师注意.

③"转载"，教师根据自己的意图直接从以往数学测试题中摘录，在转载的时候，教师应该仔细做一遍，以免"以讹传讹".

值得指出的是，一些错题一旦发生，也需要站在教育价值的角度去审视. 我们认为，某些错题在某种程度上讲还是具有一定的"教育价值"的. 尽管我们要求教师必须谨慎，但有时一旦出现错题且恰在学生已经进入考试的时候，一些教师对待错题的做法连忙纠正，其实，让学生看得出某个数学问题是错题也是一种考验，教师应该根据错题的性质灵活处理.

二、数学测验题的类型探究

数学测验题按照数学问题的特点可以划分为不同的类型. 如果按照数学问题解答的外在形

式可以分为选择题、填空题、解答题等；也可以根据问题的答案的封闭性分为封闭题、开放题等；当然，也可以根据数学测验题的内容要求分为计算题、作图题、证明题等. 限于篇幅，这里仅就以下两种分类方法进行简单讨论.

1. 选择题、填空题、解答题

(1)选择题

选择题源自80年代，1983年，我国高考卷首次出现了选择题(5个，每道题2分)，当时的选择题是这样要求的："(本题满分10分)本题共有5小题，每小题都给出代号为A,B,C,D的四个结论，其中只有一个结论是正确的. 把正确结论的代号写在题后的圆括号内. 每一个小题：选对的得2分；不选，选错或者选出的代号超过一个的(不论是否都写在圆括号内)，一律得0分."这就为数学考试选择题定了个调——单选题. 在其他学科中经常出现多选题，而在数学学科中，我们一直采用单选题，数学学科的特点可能是一个主要考虑因素. 我们罗列自选择题出现以来我国高考全国理科试卷中选择题的个数及所占的分值供大家分析和参考，见表12-2.

表12-2　选择题分析表

年份	1951～1982	1983	1984	1985	1986	1987	1988	1989	1990	1991	1992	1993	1994	1995
选择题个数	0	5	3	5	10	8	15	12	15	15	18	17	15	15
分值	0	10	15	15	30	24	45	36	45	45	54	68	65	65
总题量	≤10	16	18	17	22	21	25	24	26	26	28	28	25	26
整卷满分	≤120	120	120	120	120	120	120	120	120	120	120	150	150	150

年份	1996	1997	1998	1999	2000	2001	2002	2003	2004	2005	2006	2007	2008	2009	2010
选择题个数	15	15	15	14	12	12	12	12	12	12	12	12	12	12	12
分值	65	65	65	60	60	60	60	60	60	60	60	60	60	60	60
总题量	25	25	25	24	22	22	22	22	22	22	22	22	22	22	22
整卷满分	150	150	150	150	150	150	150	150	150	150	150	150	150	150	150

从表中可以看出，选择题个数最多的是1992年的18个，占的分值比例也比较高(45%)，选择题占的分值最高的是1993年(45.33%)，近十年的选择题逐渐趋于稳定，均为12道题，其分值占整个分数的40%. 为什么选择题的分值会占如此高的比例？主要原因如下：

①选择题批改速度快，在我国如此众多的考生，批改试卷是一大难题，利用选择题可以使用机器批改，大大提高了批改的效率.

②选择题本身也具有一定的考核功能，如思维的灵活性、直觉的敏锐性等. 这些考核功能往往是填空题和解答题在考核时所不能完全具备的.

但有些数学教育工作者却对选择题有不同的看法，例如，有学者认为选择题不能完全考核学生对数学的掌握情况，也造成了一些学生的投机心理(例如，有些选择题可以采取排除法，即使学生对选择题的解答一无所知，他仍然有25%做对的概率)，加大了考试管理的难度.

(2)填空题

填空题是一种直接填写答案的数学问题，它不要求填解答过程，是一种不求过程，以"结论定胜负"的完成方式. 在历年我国高考中，最早以"填空题"字眼出现的是1989年全国高考试题中. 之前的 1984 年至 1988 年都是以“直接要求写出结果”的方式出现，属于填空题的“过渡时期”. 1982 年出现了“填表题”，不过，1952 年曾经出过“填空题”的原始雏形：“第一部分共二十道题，均答在题纸上，每题的中间印着一道横线，将正确的答案就填写在横线上.”该卷还给出了“例题”：“ $x-1=x+3$，则 $x=\underline{4}$. 本题的正确答案是 4，所以在横线上填写 4.”1952 年竟然有 20 道这样的数学题，可能教师或社会对这样的题有意见，时隔 30 年的高考题中没有出现过“填空题”. 后来出现的填空题基本上稳定在 5 个左右. 但近年各省份的新高考有些变化，例如，2008 年、2009 年、2014 年江苏省就有 14 道填空题，竟然占了 70 分. 该省用填空题完全取代了选择题.

填空题命题的优点是改卷速度迅速，要求学生解决问题要考虑周到且要求细心，结论表达规范. 但是，由于“只重结论，不问过程”也显示了一些弊端，例如，不能对学生思维的合理成分进行恰当评价，也有些学生在解决填空题中出现了“负负得正”和“歪打正着”的不公平现象，即学生的思路是错误的，但答案是正确的. 尽管这样的概率很小，但命题的时候也必须小心，尽量避免这样的现象产生.

【例 12-4】 填空题：函数 $y=\dfrac{x}{x^2+x+1}$ 的值域为________。

下面为一个学生的解答。

解　函数化为

$$yx^2+(y-1)x+y=0 \tag{12-1}$$

$$\Delta=(y-1)^2-4y^2\geqslant 0 \tag{12-2}$$

即

$$-3y^2-2y+1\geqslant 0$$

解得

$$-1\leqslant y\leqslant \frac{1}{3}。$$

所以函数 $y=\dfrac{x}{x^2+x+1}$ 的值域为 $\left[-1,\dfrac{1}{3}\right]$。

显然，这位学生的答案是正确的，但是过程是有瑕疵的：对(12-1)式没有考虑 y 是否为 0 的情况. 如果该题编拟成填空题，是无法看出学生的思维缺陷的，当然，对(12-2)式可以直接采取平方差公式也是无法看出学生的思维灵活性的. 因此，在条件许可的平时教学过程中，少用填空题，除非有某种训练的意图.

(3)解答题

解答题是一种比较“完善”的数学问题，既能够看出学生的数学思维过程，又可以以最后的结果作为评判学生数学问题解答的重要依据. 遗憾的是，要看学生的思维过程，就必须花很多的时间，这样，在批改任务繁重的情况下，都采取解答题的形式是不很现实的.

2. 开放题和封闭题

自 20 世纪 70 年代日本出现开放题以来，开放题引起了一些学者的关注. 在我国，以戴再平老师为首的中国学者对开放题作了全面的研究，也有了很多成果.

(1)开放题

所谓开放题是相对于传统的封闭题而言的，我国学者作了一些研究：“凡是具有完备的条件和固定的答案的习题；我们称为封闭题，而答案不固定或者条件不完备的习题，我们称为开放题.”“数学开放题是指那些答案不唯一，并在设问方式上要求学生进行多方面、多角度、多层次探索的数学问题.".开放性问题是"无终结标准答案,培养发散思维的数学问题"."具有多种不同的解法,或者有多种可能的解答"称之为"开放性"问题.综上所述,对于开放题概念的不同解读之根源,在于对"开放"这个核心词的理解不同.可以看出,尽管各个定义均不相同,但其中的某些核心词语在内涵上是有着一致性的.例如,对问题答案的多元性、解答方法的多样性等方面,学者们大都是认同的.

开放题在平时教学过程中,由于训练目标与传统的数学问题的培养目标及途径有不少差异,它在开发学生的思维,培养学生的数学思维创造性方面具有很高的价值,因此,开放题在我国数学教学中很受学者的关注.但是,由于一般开放题的解答很难有一个评判标准,作为学业成绩评判的测验题是有困难的.例如,请用直线、圆、椭圆、抛物线、双曲线设计一个美丽的花园.显然,这样的问题由于开放度大而很难有一个评判标准.尽管如此,一些学者和教师已经着手把开放题纳入数学测验题中,甚至呼吁在重大的中考、高考中放入个别开放题.近年在中高考中也陆续见到了一些"可以有评判标准的开放题".

【例 12-5】 (桂林中考题)如图 12-2 所示,已知任意直线 L 把平行四边形 $ABCD$ 分成两部分,要使这两部分的面积相等,直线 L 所在位置需满足的条件是________.(只需填上一个你认为合适的条件)

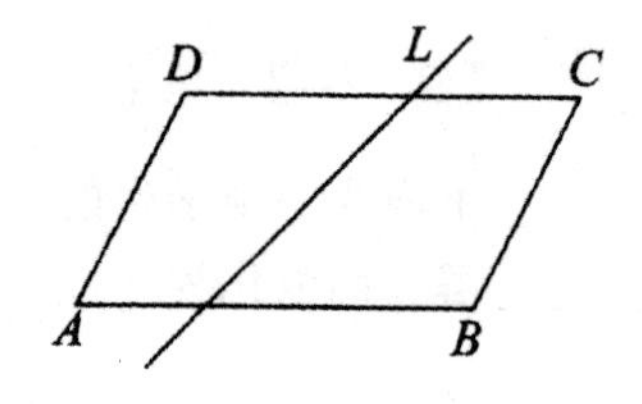

图 12-2 示例图

该题由于可以引导学生从特殊的情况出发探究满足问题的条件,例如,连接对角线 AC,BD 即可知道直线 L 应该"通过对角线 AC,BD 的交点",这种问题属于解决方法的"开放性",而解答的结论似乎有"绝对的评判标准".但是,假如一个学生是这样回答的:"直线 L 把平行四边形 $ABCD$ 分成全等的两部分图形"或者干脆"L 把平行四边形 $ABCD$ 分成面积相等的两部分"让我们数学老师给满分估计有点"心里不甘".

(2)封闭题

封闭题是在开放题名词出现后,我们给传统数学问题的一种冠名.戴再平老师给传统数学问题的"科学性"定下有如下几个标准:

①问题的结论是明确的.

②为获得此结论的条件不能少也不能多.

③条件之间不能产生矛盾.

目前,我们在数学教学过程中仍然以传统的数学"封闭题"为主.其实,我们认为,无论是开放题还是封闭题,关键在于"我们的脑子要开放".很多传统数学问题也具有开放的一面:

①封闭题的选题背景及适用场合具有开放性.

②封闭题的条件、结论的整合具有开放性.

③封闭题的表述形式具有开放性.

④封闭题的解答及评价具有开放性.

⑤封闭题的教育功能实现具有开放性.

第四节 数学课堂教学评价

数学教学评价大致分为两类:一是教师教学效果的静态评价,它常常以学生的数学表现来衡量,也就是说通过学习成绩间接评价教师教学;二是教师课堂教学的动态评价,它就是以教师课堂教学作为研究对象，依据一定标准，运用某种方法去对教学进行价值判断.

一、数学课堂教学评价的基本步骤

为了获得有用的教学信息，给出公正的评价结论，课堂教学评价应该按照规范程序进行，下面重点介绍前面三个步骤.

1.确定评价的目的和要求

在开展教学评价前，首先必须明确评价的目的、内容，评价对象、评价手段、评价要求等.确定评价目的，就是明确“为何评?”评价目的多种有样，有为探索教学规律的，有为开展教学研究的，有为检验教学效果的，有为甄别教学水平的，等等，目的不同，实施手段也有可能不同.

确定实施对象，就是确定“评价谁?”这个问题往往比较明确，评价对象一般就为授课教师.

确定评价内容，就是确定“评什么?”数学课堂教学要素很多，有教学目标、教学内容、教学方法、教学心理氛围、教师行为、学生行为、教学效果等.教学要素如此之多，在评价前必须确定要将哪些要素纳入评价范围.

确定评价主体，就是确定“谁来评?”根据评价目的不同，评价主体也会不同，如要评价数学课程理念落实情况，评价主体一般为课改专家；如要检查教师数学教学现状情况，评价主体为教育行政人员；如要开展课堂教学研究评价，评价主体一般为教师同行，除此以外，社区人员、学生家长、学生本人都有可能成为评价主体.确定实施手段，就是确定“怎样评?”比较常用的评价方法有观察法、问卷法、访谈法.

教学评价的有关要求应该在评价工作的早期确定，并尽可能详细周密，否则可能会导致信息量不足，影响教学评价的效率和质量.

2.确定信息获取的方法

评价必须基于某些信息展开，这些信息评价人员必须亲自收集，为此就需要确定信息获取的方法，也就是在确定实施手段时提到的方法.

3.选择和编制测量工具

要收集评价需要的信息，就要有相应的测量工具.在进行数学教学评价时，测试试卷、调查问卷、访谈提纲、听课评价表等都叫测量工具，不同的测量工具有不同的功能，因此需要结合评价目标，选择适当的测量工具.

二、数学课堂教学评价的标准

课堂教学是师生积极参与、互动、交往、共同发展的过程.

因而，现代课堂教学观强调创设基于师生交往的互动、互惠的教学关系，是使课堂充满活力的前提与基础.评价数学课堂教学需要重新审视.

1.紧紧围绕教学目标而预设和生成

教学目标是课堂教学的灵魂.预设表现在课前，指的是教师对课堂教学的规划、设计、假设、安排，从这个角度说，它是备课的重要组成部分，预设可以体现在教案中，也可以不体现在教案中；预设表现在课堂上，指的是师生教学活动按照教师课前的设计和安排展开，课堂教学活动按计划有序地进行；预设表现在结果上，指的是学生获得了预设性的发展，或者说教师完成了预先设计的教学方案.课堂教学是一种有目的、有意识的教育活动，预设是课堂教学的基本特性，是保证教学质量的基本要求.教师在课前必须对教学目的、任务和过程有一个清晰、理性的思考和安排.但是,预设要适度,要留有空间.过度的设计必然导致对教学的控制,导致对学生活动和发展的包办、强制和干预.

课堂上也需要按预先设计开展教学活动,保证教学活动的计划性和效率性,但是,教学不只是单纯的“预设”操作,而是围绕既定的教学目标而创生与开发的过程.完全按照预设进行教学,课堂必然变得机械、沉闷和程式化,缺乏生气和乐趣,缺乏对智慧的挑战和对好奇心的刺激,使师生的生命力在课堂中得不到充分发挥.从学生发展角度来说,既需要预设性发展,也需要生成性发展.预设性发展是指可预知的发展,即从已知推出未知,从已有的经验推出未来的发展;而生成性发展是指,不可预知的发展,即这种发展不是靠逻辑可以推演出来的,在教学中,它往往表现为“茅塞顿开”、“豁然开朗”、“怦然心动”、“妙不可言”;表现为心灵的共鸣和思维的共振;表现为内心的澄明与视界的敞亮.

2.娴熟地驾驭教材,充分发挥课程教材的功能

要充分发挥新课程教材的功能,用教材教而不是教教材,合理、科学地确定重点与难点,加强与学生生活以及现代社会和科技发展的联系,注意学科之间的整合,体现科学精神和人文精神的融合,面向学生的生活世界和社会实践,关注学生的学习经验,关注学生终身学习必备的基础知识和基本技能,培养学生的创新和实践能力.

3.构建合理的师生关系

要实现教师角色的转变,建立民主、平等、和谐的师生关系,转变教学方式,发挥学生学习的组织者、引导者、参与者的作用,营造平等、尊重、信任、理解、宽容和安全的学习环境.

4.关注真正意义上的教学(或称为有效的教学)

要落实学生的主体地位,创设学生积极有效地参与教学的氛围,实现师生互动、生生互动,建立师生共同发展的教学关系,使课堂教学成为师生的“学习共同体”.在课堂教学中,所谓“有效”活动,是指学生能够主动思考、踊跃交流,积极参与教学活动.这里的“有效”体现在学生思维的含量足、个体获得的发展效果明显.

课堂教学的有效性,一般是指,在实现基本教学目标的基础上,追求最大的教学效率与教学效益.其核心在于教学有效果、有效益、有效率.在这里,所谓“最大的教学效率与教学效益”,通常是指教学的实际效果至少不低于同类的一般水平.有效果指对教学活动结果与预期教学目标的吻合程度的评价,它是通过对学生的学习活动结果考察来衡量.

有效率是指,教学产出(效果)要与教学投入相匹配,而教学效率=教学产出(效果)/教学投入,或教学效率=有效教学时间/实际教学时间×100%,因此,有效益是指教学活动的收益、教学活动价值的实现.

当前倡导的“关注课堂教学的有效、高效”,实际上在于倡导教学要有价值、有效果、有效率、有魅力.其中,有价值是回答了教学是否做了值得去做的事情,而教学的价值体现在是否满足了学习者的学习需要;有效果回答了教学是否做对了应该做的事情,教学的效果体现在达成了学习者所要实现的目标;有效率回答了教学是否做到了尽可能的好,教学的效率体现在学习者用最少的投入(时间、精力和金钱)达成最佳的效果(至少达到预期的目标,如果能有所增值,效果更佳);有魅力回答了教学是否有长久深远的感染力、穿透与亲和力,教学的魅力体现在实际的教学能吸引学习者继续学习.

5.以学习为中心组织教学

从学生的经验和体验出发,遵循学生的学规律,创设引导学生建构知识的学习情境,激发学

生的学习兴趣，吸引学生有效参与，引导学生积极思维，开展自主、合作、探究学习，促进学生学方式的转变，提高学生的学习能力.

6.关注学生的个性与潜能

要尊重学生的个性差异，发现和发挥学生个性和潜能，分层教学，区别指导，为每位学生提供表现、创造和成功的机会，满足不同学生的需要.

7.教学手段、教学环境的改善

要运用现代信息技术，促进教学内容呈现方式、学生的学习方式、教师的教学方式和师生互动方式的变革，实现现代信息技术与学科课程的整合，为学生的学习和发展创设丰富多彩的学习环境和提供有力的学习工具.

8.关注学生的情感态度和自信心

要坚持新的评价理念，实施课堂教学发展性评价，关注学生的学习过程，包括学生的参与状态、交往状、思维状态、情绪状态等，赋予人文的关怀，保护和增强学生的自信心，以情鼓励和真诚赞赏引导学生始终处于积极的学习状态之中.

9.关注教学基本功能和教学特色

要坚持教学程创新，凸显教学风格，扬长避短，发挥自己的优势和特长，大胆实践，勇于探索，表现出个人高超的课驾驭能力、熟练的实践操作能力、丰富的语言表达能力、课程资源开发的能为及良好的教学基本功.

因而，按照前面的讨论，也可以得出，如表 12-3 所示的评课标准.

表 12-3　数学课堂教学评价表

项　　目	因　　素	优　　秀	良　　好	待　提　高
情意过程	教学环境			
	学习兴趣			
	自信心			
认知过程	学习方式			
	思维的发展			
	解决问题与应用意识			
因材施教	尊重个性差异			
	面向全体学生			
	教学方法与手段			
教学效果	达成目标的全面性，质和量的平衡			
教学基本功教学特色	教学基本功扎实、有效教学特色鲜明，教学符合教师自身条件			
总评				

总之，评价一节数学课必须坚持四个基本标准：

一是教学目标是否全面、合理，是否具有实效性.二是学生发展的状况，即是否关注学生发展的长期目标与当前水平、是否关注发展的全面性.三是教师的课堂表现.四是不同的评课目的，侧重点有所不同.

而评价一节课的基本目的：首先在于检验教学目标的达成情况；其次在于检验学生的进步与发展状况；再次在于检验教师的课堂表现及其教学基本功的实效；最后在于凝练教师的教学特色，为教师的专业发展提供建议和指导.

三、数学课堂教学评价的常用方法

1. 观察法

(1)观察法的含义和特点

课堂观察是一种科学的观察方法，作为一种研究方法，它不同于一般意义上的观察，它是指观察者带着明确的目的，凭借自身感观以及有关辅助工具(如观察表、录音笔、摄像机等)，直接或者间接从课堂情境中收集资料，并依据资料进行研究的一种科学研究方法.

观察法是一种现场实施的方法，在自然教学场景中，观察者在事件发生时就在进行研究，可以随时捕捉各种教学现象，相对其他研究方法而言，观察法虽然不能精确地反映课堂教学水平，但是这种方法的人为性比较低，研究方式比较直接，能获得具体生动的感性认识和真实可靠的原始素材.

观察法简便易行，操作灵活，能够在短时间内获取大量的原始材料. 尽管课堂观察需要进行精心的设计和实施，但相对于其他系统研究方法来说，课堂观察的设计较为容易，研究过程较为灵活. 当然，观察法也有自身的不足. 比如，由于观察者本人的主观性或片面性，就不可避免地将个人的主观臆断掺杂在观察记录中，这样就会影响评价结论的准确性和公正性. 而且，观察者的情绪、态度、水平、心情都会直接影响观察效果.

(2)观察法的基本步骤

观察法可分为三个阶段：观察前、观察中和观察后，其中每个阶段又包括一些具体的步骤.

①观察前的准备. 观察前的准备主要就是确定观察的目的和规划. 首先，要确定观察的时间、地点、对象、次数等. 其次，要确定观察的焦点，即需要记录的事件和行为. 例如，要评价数学课堂上教师提问的质量，那么观察的中心就应集中在教师身上，对教师所提的问题以及学生对问题的回答加以记录. 再次，设计或者选择观察记录的方式和工具. 观察之前，应选择一种最适当的记录方式或者现成的观察表，有时也可以根据需要自行设计观察表. 最后，若有可能应该事先确定被观察行为的一般标准，这个标准的确定过程往往较为科学和权威，如经过多次修改、有专家的参与等，能够得到人们普遍认可.

②观察中的记录. 观察中指观察实施阶段，包括进入课堂以及在课堂中按照事先拟定的计划和选择的记录方法，对所需的信息进行记录.

一般的说，教师对观察者有一种戒备心理，学生也会有好奇感，这些都会影响观察者的观察. 因此，在进入课堂时，应该事先征得同意，并尽快与被评价者建立起相互信任的关系.

在教学场景中，对被评价者的行为表现进行观察和记录是观察法的主要工作，记录方式大致可以分为两类：定性和定量. 定性记录方式包括描述体系、叙述体系、图式记录等. 定量记录方式包括编码体系、记号体系、项目清单、等级量表等；

③观察后的分析. 课堂观察结束以后，最好尽快对所收集的资料进行整理和分析，以免时间太长造成信息遗忘或者失真，从而影响评价结果，对于定性资料尤其容易出现这个问题，资料的整理和分析是一项复杂且重要的环节，往往比较耗时费力，它关系到原始资料的有效利用和评价结果的准确解释. 资料分析和整理后，就可以从系统的资料中归纳总结出研究结果，也就能提供

客观的评价.

2.问卷法

(1)问卷法的含义和特点

问卷法是一种通过发放和回收问卷而获得研究资料的方法,它在数学教育评价中应用非常广泛.

问卷法具有以下特点:

①运用范围极其广泛.

②问卷内容完全一致,是以统一形式收集资料.

③一般不要求被评价者在问卷上署名,这就有可能使被评价者如实回答问卷,使得信息真实可靠.

④问卷可以完全控制变量,找出事件之间因果关系.

⑤问卷法不受人数的限制,可以开展大规模的调查,它的调查结论具有较高的代表性.

(2)问卷法的步骤

问卷法包括以下四个步骤:

①问卷调查前的准备工作,包括确定调查课题、选取问卷对象、起草调查问卷、制定问卷计划、问卷工作的组织领导.

②发放与回收问卷.

③整理问卷.

④撰写问卷调查报告,给出相应评价结论.

(3)问卷结构

问卷通常包括以下三个部分:

①前言,就是写在问卷开头的一段话,是评价者向被评价者说明问卷目的与要求的一封简单的信.前言一般包括以下内容:调查的目的与意义;关于匿名的承诺和保证;对被评价者回答问题的要求;评价者的个人身份或者组织名称.

②主体部分,这是问题表,包括从研究课题与理论假设中引申出来的问题以及对回答的指导语,指导语主要有四种类型:

- 关于选出答案做记号的说明.
- 关于选择答案数目的说明.
- 关于填写答案要求的说明.
- 关于答案适用于哪些被评价者的说明.

③结语,一般采用三种表达方式:

- 对被评价者的合作表示感谢的一段短语内容以及关于不要漏填与复核的清求.
- 提出一个或者两个关于本次问卷调查形式与内容感受等方面的问题,征求被评价者的意见.
- 提出本次问卷调查研究中的一个重要问题,以开放性问题的形式放在问卷的结尾.

(4)问卷设计程序

问卷设计一般经过如下几个程序:确定所要收集的资料;确定问卷形式;撰拟问题的标题和指导语;撰拟问卷题目;修改和预试;编辑和考验(编辑主要是将问卷各个部分组合编排起来,形成一份完整问卷;考验主要是检验问卷的信度和效度).

(5)问卷设计原则

好的问卷必须符合以下标准：

①目的明确，要求做到：评价者提出的问题必须反映评价者的目的和假设.

②表述准确.

③语言通俗.

④理解清楚，评价者所提出的题目应该在被评价者能理解的范围内.

⑤避免主观性的情绪，包括避免主观情绪化的字句，避免涉及隐私性的问题，避免诱导回答以及暗示回答.

⑥选择角度合适.

(6)问卷问题形式

问卷问题形式包括两大类型：

①开放式，这主要有两种具体题型：填空式题型和问答式题型.

②封闭式，包括以下几种具体题型：

• 划记式. 由回答者按照同意与不同意，在答案上分别做记号“√”、“0”、“×”等.

• 是否式. 题目提供两个反应项目，让回答者选择其中一个，如“是”与“否”、“同意”与“不同意”、“有”与“没有”等.

• 排序式. 让回答者用不同的数字评定一些句子或类别项目的顺序.

• 选择式. 让回答者从多种答案中挑选一个或者几个.

• 配对式. 让回答者在已经配搭成对的答案中进行选择；

• 线段式. 这种形式旨在测量某种特质的程度.

• 表格式. 如果是一连串的问题，可以不必每题分开选择，而是把它们集中在一个表格中，一边是问题排列，另一边是勾选等级.

(7)问题编拟技巧

在编拟问卷题目时需要注意以下技巧：

①要避免题目中包含两个以上的概念或事件.

②避免采用双重否定.

③题意清楚，避免过于空泛.

④避免用不当的假设.

⑤避免使用容易被误解的字词.

⑥当反应项目属于类别项目时，反应项目彼此之间必须相互排斥，没有重叠现象.

⑦题目中如有需要强调的概念，应在这些词下面加线或者加点表示强调，以引起回答者注意.

⑧在回答者能懂的范围内提出问题.

⑨问题避免花费太多时间填写.

⑩避免启发回答或者暗示回答.

(8)问题排列顺序

问题排列一般可以考虑以下顺序：

①时间顺序，即按照事件发生先后顺序排列. 可以先问较近的，再问较远的；也可以先问较远的，再问较近的.

②理解顺序，即按照回答者理解的难易程度排序，一般的做法是：属于一般的或总论的放在前面，特殊的或专门的放在后面；比较熟悉的放在前面，生疏的放在后面.

③内容顺序，即依照不同内容进行排列.同种性质问题可以放在一起.

④交叉顺序，即按照问题中的变量交叉排列.

⑤类别顺序，即按照内容的类别进行分类.

3.访谈式

(1)访谈式的含义和特点

访谈法是评价通过与被评价者面对面的交谈方式收集资料，了解教学的一种方法.在评价课堂教学时，访谈法一般用于课后讨论，作为信息反馈的一种手段.

访谈法具有以下几个优点：

①较高的回答率.访谈是一种面对面的交流，一般都能了解到被评价者的真实想法.

②较强的灵活性.在访谈过程中，评价者可以随时了解被评价者的反映，并能根据访谈具体情况提出一些拓展问题，或者重复提问，或者对问题作出必要的解释和提示等.这些灵活处理方式可以最大限度地保证研究计划实施.

③更好的合作性.访谈是直接交谈的，评价者可以运用合适的方式，拉近被评价者与自己的距离，让被评价者不会感到拘谨约束，从而更真实、更全面地表达自己的想法.

④广泛的适用性.访谈法正是由于它的灵活性，大大拓展了其适用范围.无论教师的身份、教龄、资历，还是学生的年龄、学段、水平，只要具备一定的语言表达能力，都可以运用访谈法进行调查.

(2)访谈法的步骤

访淡是一种有目的、有计划的活动，因此需要按照一定的程序和标准进行访谈，一般来说，在教学评价中访谈法有以下几个步骤：

1)制定访淡计划

在访谈前，须对访谈中涉及的重要问题作出明确规定，如研究主要内容、调查基本问题、问题具体类型、问题回答规范等，都要作出明确规定，以保证访谈的科学性和准确性，访谈法运用于教学评价时，主要针对具体课堂，是在课前或者课后进行的，计划性表现就不是十分鲜明.在制定访谈计划时，大致包含以下几个问题.

①确定访谈目的.在访谈前，明确访谈目的是非常重要的.访谈的目的主要有以下几种：了解教师的教学设计、了解教师的教学目的、了解教师的自我评价、了解教学的具体背景.

②拟定访谈问题.要根据研究的目的，初步拟定访谈问题，这时要注意问题措辞的通俗性、中立性及层次性.以下就是一份教师访谈提纲.

a.教学目的.你这节课的教学目的是什么？你希望学生在这节课中学会什么？

b.教学设计.你做了哪些设计来达到教学目的？为什么要这样设计？在教学过程中，你是否根据学生的反应调整教学策略？做了哪些调整？

c.课的背景.包括这节课与前后教学内容的联系，与单元教学内容的联系.

d.教师基本情况.包括教育与培训经历、教学经历等.

e.学生基本情况.包括教师对所教班级学生能力的总体印象，学生间的差异.

f.教师对教学的自我评价.你自己对这节课满意吗？与平时的课相比较怎样？哪些达到了你设计的目的要求？你认为还有什么需要改进的？

③安排问题顺序. 一般把容易回答的、确实可行的以及了解常识的问题放在前面,把不好回答的、在访谈过程中可能引起被评价者感到不适的问题放在后面.

④确定访谈方式. 根据访谈需要,可以采用单独的访谈方式,可以采用群体的访谈方式,也要适当安排具体访谈程序.

⑤确定访谈时间. 由于教师的工作都比较忙,为了不致影响教师正常教学,或者降低这种影响,评价者可以与被评价者商谈约定访谈时间以及访谈时长.

2)进行正式访谈

在正式访谈前,一般都要经过一次试谈,以检查所设计的问题之间的排列顺序是否合适,问题以及提问方式是否恰当等. 在数学教学评价中所使用的访谈法,一般是针对特定的课堂、特定的教师进行的,因此无须试谈.

在正式访谈中,要注意访谈时间、地点的选择,要能够尽快地接近访谈对象,并让访谈对象消除不适,建立融洽的访谈氛围,自然地按照制定的访谈计划和拟定的访谈问题进行访谈,并且做好访谈记录. 例如,让被评价者阐述本节课的总体安排、教学设想及其实现程度,并且对照评价标准对本节课开展自我分析、自我评价.

3)分析访谈结果

访谈结束以后,要对访谈中所收集的材料进行整理和分析,原始材料的整理可能要进行分类和编码,如果在设计问题时已经考虑好了分类和编码,这时就可直接整理,如果没有分类记录,就要进行分类,研究问题回答的类型,确定分类的合适标准.

第五节　学生数学学习评价

数学学习评价就是根据数学课程目标与课堂教学目标,运用科学的评价方法,对学生的知识技能、数学思考、问题解决、情感态度的实际水平作出价值判断的过程,它是促进学生数学学习,改进教师数学教学的重要手段.

一、学生数学学习评价的内涵

学生的数学学习评价,包括对学生学习行为、学习过程及学习结果的评价. 对学习结果的评价分为常模参照评价和目标参照评价,主要依据是布卢姆的关于学习的目标体系理. 布卢姆把学习结果的整体目标分为认知、情感、动作技能三个领域. 其中认知领域的评价目标为:为了特定的目的对材料和方法的价值作出判断.

一是依据内在证据来判断,如逻辑上的准确性、一致性,判断交流内容的准确性;二是依据外部的推测来判断,如通过挑选出来的或回忆出来的准则评价材料. 情感领域的价值评价包括价值的接受,对某一价值的偏好、信奉等. 我国的数学学习评价以布卢姆的目标分类体系为基础,并对其进行了发展和完善.

《标准》强调对数学学习的评价不但要关注学生的学习结果,更要关注他们学习的过程;不但要关注学生数学学习的水平,更要关注他们在数学活动中所表现出来的情感与态度. 因此,对学生学习过程的评价是数学课程改革的重要内容之一.

数学学习过程评价又称“过程性评价”,指对学生数学学习各个环节历程的学习行为及其成效的评估. 它通过一切有效的手段和方法收集学生数学学习过程中各种有用的信息,对所收集的信息进行分析，评估数学学习过程本身的效果，调整学生在数学学习活动中的发展变化，促进学生的发展.

传统的数学学习评价只注重在课程实施之后对课程计划和学习情况进行考察的总结性的评价，具体形式就是考试(书面或口头)，并用分数进行量化.其优点是简便易行，也较为客观，易于服人.但对于学生的数学学习过程视而不见，即使学生的数学学习过程中表现出了公认的水平和能力，这种评价也无能为力，因而不利于全面客观评价学生的学习情况和学习效果，存在较明显的局限性，不能很好地发挥评价的激励与促进、反馈与调节的功能.

事实上，影响学生数学发展的很多因素都是在数学学习过程中形成的，如数学知识与技能，数学思维能力，数学思想方法，发现问题、提出问题、解决问题的能力，情感态度与价值观等等.所以把评价纳入学习活动过程中，将评价作为主动学习的一部分，以评价促进学生的数学学习和全面发展是必要的，也是科学的和公平的.传统式的评价是为了检查验收，以一次性的量化结果代替长期的学习历程的评价，忽略了学习过程中的发展变化及很多必然因素的作用，加大了偶然性的因素的作用.对数学学习的评价应将“过程取向的评价”与“主体取向的评价”相结合，充分体现以人为本的思想，综合应用量化评价与质性评价的手段，使学生自己能够了解自身的数学学习历程，体验到自己的成长与进步，充分认识自我.数学学习过程性评价的结果是评分、评语、座谈交流、学习情况反馈单、成长记录袋等的一个综合反映.

二、学生数学学习评价的目的

对学生数学学习的评价是一个有计划、有目的的过程.评价针对学生表现分为以下几个目的：反映学生数学学习的成就和进步，激励学生的数学学习；诊断学生在学习中存在的困难，及时调整和改善教学过程；全面了解学生数学学习的历程，帮助学生认识自己在解题策略、思维方法或学习习惯上的长处和不足；使学生形成正确的学习预期，形成对数学积极的情感态度与价值观，帮助学生认识自我，树立信心.评价针对教师表现为：及时反馈学生学习信息，了解学生学习的进展和遇到的问题；及时了解教师自身在知识结构、教学设计、教学组织等方面的表现，随时调整和改进教学进度和教学方法，使教学更适合学生的学习，更有利于学生发展.综上所述，数学学习的评价主要包括以下五个方面的目的.

1.提供反馈信息，促进学生的学习

评价应该为每一个学生提供反馈信息，帮助他们了解自己在数学能力、解决问题的能力等方面的进步，而不仅仅满足于掌握一些数学知识和技能.因此，教师通过评价为学生提供的反馈信息应该加强对学生思维方面的指导和促进作用，帮助学生发现解题策略、思维或习惯上的不足.虽然大多数的教师都承认，分析和解决问题的能力、对数学的理解以及应用意识这些都应是学校数学教学中的重要目标，但是这些高级思维能力往往很难直接教授或很难向学生提供有关他们思维过程的反馈和信息.传统的教学方法是试图教给学生一些特殊的技能，比如“如何给未知量赋值”或“如何审题”等.有经验的好教师会更多地关注解题的思维过程，比如鼓励学生绘制表示数量关系的线段图、猜测和检验或者将问题分解成几部分.但是在传统的评价模式下，教师和学生关注的仍然只是最后的答案是否正确，学生很少能获得有关他们所使用的问题解决策略或思维过程的任何建议或反馈.另外，反馈应自然地贯穿在整个教学过程之中，而不是等到单元或学期结束以后，那时提供反馈信息当然也有用，但对于促进学生进行及时的弥补和矫正性的学习还是为时已晚.

2. 收集有关资料，改善教师的教学

教师计划每一天、每一节课的教学任务，目的是为了促进学生的数学理解，但做好这一工作的前提是教师自身必须十分清楚地了解学生目前正使用和发展着的数学知识、观念以及思维的活动如何. 在教学过程中只要教师有意识地去收集这方面的数据，是很容易获得学生这方面的信息的，因为教师在每天的教学中，尤其是在新知识传授之后会很自然地提供一些需要学生解决的问题和任务. 通过观察学生对这些问题和任务的解决和讨论，教师所获得的有关数据将会比通过一次正规的单元测试所获得的数据更丰富和更有用. 它不仅能帮助教师看到学生可能在什么地方出错，在哪些地方还不清楚或没有牢固掌握，更重要的是它还能帮助教师发现导致错误答案背后的原因，找到解决学生学习困惑的症结所在，在错误被学生当成一个事实，或发展成一个习惯之前及时地调整自己的教学. 因此，要保证有效的教学设计，对学生学习状况的日常评价是至关重要的.

3. 对学生数学的成就和进步进行评价

对学生数学的成就和进步进行评价不同于前面提到的第一个目的，即提供反馈信息，促进学生的学习. 虽然对学生数学的成就和进步进行评价也必然能给教师和学生提供有用的反馈信息，但它们的侧重点不同. 第一个目的的侧重点在于加强对学生思维方面的日常指导，而后者的侧重点在于使学生明确学习后欲达到的标准，形成正确的学习预期. 使学生明确学习后欲达到的标准是教师和家长都十分关心的问题. 在传统的评价模式下，学生是通过大大小小的考试，特别是毕业和升学考试来获得有关学习标准的信息. 在这样的应试制度下，给学生传递的一个非常清晰的信号就是，考试比数学学习本身、思维过程、分析和解决实际问题的能力更加重要. 素质教育的中心任务就是要转变这种应试教育下忽视学生的发展、只追求分数的做法. 如果通过改善传统的评价方式，使学生的思维过程、解题策略、推理方法等得以表现，并加以正确的评价，让学生看到即使没有得出最后的答案或答案不正确，但如果在解题过程中表现出思维的某些合理性或创造性也能得到较高的评分时，他们就会改变对数学学习、思维过程、应用数学知识分析和解决实际问题能力的认识，形成对数学学习的正确预期.

对学生数学的成就和进步进行评价，与第一个目的的不同点还在于，一个主要是指诊断性评价和形成性评价；另一个主要是指总结性评价，即对学生数学的成就和进步进行评价必然要求对学生的数学学习状况评估出一个等级. 不过，这里很重要的一点是，现代的评价理念更强调目标参照和个人发展参照的终结性评价，而不鼓励常模参照的终结性评价. 所谓常模参照，可以是以班级、年级、省市等作为常模，强调在某个群体内部学生与学生之间的比较. 目标参照可以以学习内容及其具体行为目标参照，也可以以课程目标包括基础知识、基本技能和学生能力、思维品质等方面的发展为参照. 而个人发展参照包括发展纵向参照和潜力发展参照，强调学生自己和自己比，目的在于适应个别差异，因材施教.

4. 改善学生对数学的情感态度与价值观，增强学生的数学自信心

对学生数学学习结果的评价还将涉及对学生数学学习的情感态度与价值观的评价. 传统的数学学习方式和考试形式常常给许多学生带来焦虑和恐惧. 在抽象和繁难的数学试题面前，许多学生是受挫的，这进一步又导致他们在数学学习中缺乏自信，进而回避数学的学习. 现代评价的一个最令人鼓舞的评价策略，在于它强调从学校毕业后不再从事与数学领域有关的工作的大量学生在学校的数学学习中能经常获得成功的体验.

5.修改项目方案，包括课程、教学计划等

通过各种评价方法收集起来的有关学生数学学习状况方面的数据，还可以作为我们判断某个项目方案是否达到了欲达到的目标的一个有用的评价依据.在这里，项目方案指任何有组织的研究单元，其对象包括一个课程，一个教学计划，一个教师自己设计的教学单元，甚至包括实施小组合作学习的一个策略.对这些项目方案的评价和修改必须将该项目方案中学生的数学知识、对数学的理解、各种数学能力以及对数学的情感等各种因袭考虑在内，这样评价才会更全面客观，对随后的该项目方案的修改才会更具有建设性.

与传统的评价所发挥的功能和作用相比，当代数学教育评价所强调的评价的这几个方面的目的已经发生了很大的变化，表12-4列出了其中的一些主要变化，这些主要变化代表着数学教育评价的未来发展趋势.

表12-4　评价在数学教学实践中所发挥作用的主要变化

提　倡	避　免
在发挥改善教师的教学作用上的变化	
将评价和教学结合在一起	仅仅依靠定期的测试
从不同的评价方式和情境中收集信息	仅仅依据一种信息渠道
面向一个更长期计划的目标，收集每位学生的进步的证据	仅仅主要针对课程内容的覆盖率制定评价计划
在提供反馈信息、促进学生学习的作用上的变化	
针对数学能力的发展进行评价	仅仅针对特殊事实性的知识和孤立的技能，进行评价
与学生交流它们解数学题得行为和过程，更加关注数学活动的连续性和学生数学理解的深广度	简单地指出答案是否正确
使用多样化地评价手段和工具	仅仅靠单一的测验、考试
学生学会评价自己的学习进步和发展	教师和外部机构是学生学习状况的唯一评判者
在数学学习的成就和进步方面作用的变化	
对照行为标准评价每一位学生的行为表现	仅仅评价学生对特殊的事实性的知识和技能的掌握状况
针对数学能力的发展和情感态度与价值观诸多方面的变化进行评价	仅仅依据学生在数学知识技能上的变化进行评价

三、学生数学学习评价标准的探讨

数学学习评价的标准反映了评价者的数学观.过去，很多人认为数学就是一大堆的公式、概念、原理、定理和算法程序，它们之间具有逻辑上的顺序关系，但是教师可以把它们分割开来，逐个地教给学生，学生依次学习掌握了它们也就被认为掌握了数学.这一数学观，重单个知识点轻知识点之间联系的倾向比较明显，导致数学学习评价多以考核“惰性”知识为标准，惰性知识是一种支离破碎的知识，强调的是记忆.20 世纪以来，数学家将数学的内在联系揭示得越来越深刻，越来越多的人认为应该把数学看作充满内在联系的具有结构的知识体系，教师要教知识点，更要暴露知识点之间的内在联系.在这样的数学观下，数学学习评价标准更注重对“活性”知识的考查，活性知识是一种具有良好结构的知识.

另外，长期以来，通过测验或考试对学生数学学习进行评价，其评价标准往往注重解题的结果，对于解题过程严格按步骤给分，因此，导致教师教学中过度强调数学解题方法、步骤的规范和答案的准确.在过于追求规范、统一的过程中学生逐渐失去了自己的思想、个性，淡漠了创新的欲望，甚至出现了学生“强于答卷，弱于动手；强于应试，弱于创造”的现象.事实上解决生活中的问题往往有多种途径、多种思路、多种方案，很多时候允许正确答案不止一个.数学上的问题也常常有这种情况，历史上著名的贝特朗悖论“在一个半径为 r 的圆 C 内任意作一条弦，试求此弦的长度 l 大于圆内接等边三角形的边长的概率”，就可以因为对“任意”的多种不同理解，而有三种“正确”答案：$\frac{1}{2}$，$\frac{1}{3}$，$\frac{1}{4}$.因此，对于学生理解的多样性、结论的多样性，只要有合理的解释，我们都应给予鼓励，使学生开阔思路，扩大视野，并逐步引导他们把握事物的本质，增进对数学的理解.

总之，数学教育改革的内容包括合理改革数学学习评价的标准，实现评价标准的多元化和开放性.不仅要看每学期几次的笔试成绩，也要看学生平时在课堂上的表现；不仅要看学生的数学知识，也要看学生运用数学知识、思想方法的意识和能力；不仅要考查局部的知识，也要考查整体的知识及解决问题的方案与能力；不仅要关注问题解决的结果，也要关注学生解决问题过程中的经历与体验，关注学生不同方面的智能发展与个性.

四、学生数学学习评价的方法

将评价与教学整合在一起是未来数学评价改革的发展趋势，因为与教学整合在一起的适当的评价方法将为我们的教学提供很多有用的信息，并反过来促进学生的数学学习.传统的考试更多地注重学生所获得的数学知识和技能，而在促进学生获得对数学更多的认识和理解、应用数学知识分析和解决简单实际问题的能力、形成探索和创新的意识等方面作用很小.现代的评价理念强调评价方式的多样化，追求在传统的考试之外，拓展出更多的评价方法和工具，通过这些新的评价方法和工具，使教师和学生都更多关注学生多方面的数学发展.

1.基于任务——表现性评价

基于任务的评价方法是指通过观察学生完成实际任务时的表现来评价学生的数学兴趣、数学知识与技能、思维能力和创造能力等.它建立在传统的学生学业成绩测试的批判基础上.学生学业成绩测试是把学生的学业成就从整个教育中、从学生完整的学校生活中、从课程中游离出来，单独进行评价，只能考查学生知道什么，不能考查学生能做到什么；只能考查一般的技能，不能考查 21 世纪所必需的心智技能.而表现性评价正好克服传统学业测试的上述弊端，重新回归于学生的教育活动，强调在完成实际任务的过程中来评价学生的发展，不仅要评价学生知识技能的掌握情况，更重要的是要通过对学生在完成任务时的具体行为表现的观察，分析评价学生的创新能力、实践能力、与人合作能力等.

表现性评价具有以下特征：

①具有很强的任务感和真实性，以此考查学生对问题的理解，以及解决问题的不同方法和思考方式.

②体现知识与技能的综合运用.

③考查学生多方面的表现,比如学生在学习过程中的参与程度、主动性与创造性、思维的深度与广度,以及实际生活的经验和能力.

④鼓励学生找出多种答案,解决问题的方法可能多样,答案也不一定唯一.

⑤反映学生发展上的差异,通过学生不同层次的表现,好的学生提出创造性问题,解决较难问题,一般学生提出恰当问题,解决与其思维水平相当的问题.

2.课堂观察——即时评价

评价情境越真实,评价结果越可信.课堂教学是完整而真实的生活,是师生互动、生生互动学习的真实过程,因而课堂观察摒弃一些评价主观性较强的劣势,评价结果更容易得到认可.

通过课堂观察来评价学生的发展,不仅能评价学生知识技能的掌握情况,更重要的是通过对学生表现的观察分析,评价学生在创新能力、实践能力、与人合作以及健康的情感、积极的态度、科学的价值观诸多方面有超越传统学业成绩测试的优势.

当学生提出问题、回答问题或进行练习时,通过课堂观察,教师便能及时地了解学生学习的情况,从而作出积极反馈,正确的给予鼓励和强化,错误的给予指导与矫正,称之为即时评价.教师随时随地以语言对学生学习状况进行评价,体现评价的即时性.课堂观察,便于随时总结学生的行为表现,随时调整自己的教学,使之最大限度地提高课堂的教学效率.这单强调的是教师在教学中要学会关注学生的行为表现,及时地给予反馈,当然,能有计划地记录下学生的日常表现,这些资料能使教师在期末综合地评价学生的数学学习状况时更有据可依,从而保证评价的科学性.

但是,观察者的情绪、态度和水平,都直接影响观察效果.观察者洞察力、鉴别力以及自身素质,也是对被观察事物有直接影响的要素,因此,评价结果会产生不确定性.另外,如果班级规模较大,耗费的时间也会很多,对于评价者来说,这是个不利因素.

3.访谈调查——彰显思维过程的评价

访谈调查法是通过与学生单独的面对面交流,了解学生解决问题的思考过程,评价学生的方法.虽然,我们可以要求学生写解题过程和理由来获取评价的证据,而一对一的情境和等待的时间可使学生有机会去展示他们所知道的事情,有利于更深入地了解学生是怎样去思考的以及学生的数学理解和发展水平.比如,华东师范大学李军博士作过“学生对概率概念的认识”的研究,发现一个高三学生在测试卷中能够回答正确一些计算概率的问题,在一对一的访谈中该学生却主动表示虽然会计算概率,但根本就不相信概率,“我的数学老师说抛掷硬币时,出现正面与反面的概率各占50%,可是,我敢打赌,她抛100次,绝对不会得到50个正面50个反面!”通过深入访谈,可以了解学生的真实想法,了解学生解决问题的详细过程和数学思维水平等,找准评价学生学习的焦点.

4.成长记录袋——过程学习的评价

20世纪80年代以来,许多西方国家的中小学教育都经历了一场“评价改革运动”(assessment reforms movement),教育评价在发展上表现出一些新的特点和趋势,诸如以质性评价整合与取代量化评价,既重视学生在评价中的个性化反应方式,又倡导让学生在评价中学会合作,强调评价问题的真实性与情境性,不仅重视学生解决问题的结论,而且重视得出结论的过程.成长记录袋方法就是在这场运动中形成和发展起来的新的质性评价方法.

(1)成长记录袋的含义与类型

成长记录袋,英文单词是 portfolio,来源于意大利语 portafoglio,有文件夹、公事包等多重含义,国内也有人将其译为档案袋或档案录.虽然成长记录袋评价在国外教育实践中自 20 世纪 80 年代就开始使用,但是,从教师们的使用情况来看,给它下一个确切的定义还很难.尽管如此,成长记录袋评价具有以下的共同的必要特征:

①成长记录袋的基本成分是学生作品,而且数量很多.

②作品的收集是有意的而不是随机的.成长记录袋中的材料应是依据特定目的收集的学生作品的样本.

③成长记录袋应该提供给学生发表意见和对作品进行反思和回味的机会.

(2)成长记录袋的设计与生成

成长记录袋内容的收集是有意识的,需要良好的设计.没有这一设计的过程,它们就会变成单一的作品文件夹(Valencia,1990 年),而应用成长记录袋所预期的好处也无法实现.专家们(Clemmons,Laase,Cooper,Aregla.do,Dill,1993 年;Popham,1995 年;Nitko,1996 年)提出了许多生成成长记录袋系统的步骤.我们将它们加以综合,并提出一个全面的生成成长记录袋评价的步骤,我们还将逐个步骤进行讨论.

①明确目的.包括成长记录袋在内的所有评价活动都要从明确目的开始.不同类型的成长记录袋可以体现学生发展的不同方面,与不同的教学目标联系起来.归结起来,成长记录袋有三种基本用途,每种用途都可以满足不同的目的(如表 12-5 所示).

表 12-5　成长记录袋的用途

展示	学生将其最好的或最喜爱的作品装入展示性成长记录袋.反映进步的作品不包括在内.为什么选中这些作品可以装进去.其内容是非标准化的,因为每个人都可以选择装入自己的哪些作品
反映学生进步	反映进步的成长记录袋中的材料不仅包括学生的作品,还有观察、测试、家长信息以及一切描述学生的东西.学生的自我反省和自我评估也可以放人其中.这是一个形成性的评价过程 另外,为反映在一定时间内的进步,装入成长记录袋的材料并不一定是学生最好的作品.它们也可以用作与家长交流的工具,也可以作为转介的基本信息来源
评价工具	评价用成长记录袋的内容通常是标准化的,就像其评分过程一样.形成性成长记录袋评价可以作为学生升级、留级与否的参考,也可用于一定时期的总结报告.学校、学区和地方教育行政部门要解释和证实对某一教育方案评价的结果,通常把成长记录袋作为附加的或主要信息来源,以反映方案的效果或课程的改进

成长记录袋可当作学生最好作品的展示;把成长记录袋用于形成性目的,证明学生的进步;或者把它作为终结性评价工具,各种用途都十分重要,而且有时候同一成长记录袋的某部分可以用于多种用途.在这种情况下,最好将材料分为几个具体的部分,因为目的不同其程序也有所不同.成长记录袋的内容、涉及的人员以及收集信息的时间安排,都因目的不同而不同,这一点在表 12-6 有进一步的说明.目的还决定成长记录袋是否要评分,以及如何评分(如果需要的话).

表 12-6　目的与材料、参与人员与时间安排间的关系

目　　的	材　　料	人员选择	用到的人	时间安排
展示	各种类型的最好作品或努力的证明	学生 教师	学生 管理者 教师 家长	连续
表现进步	在一定时期内收集的样本，包括标准化测试分数、观察、自我和他人的评估	教师 学生	教师 学生 家长 顾问 其他	有规律地定期安排
评价	特别任务	教师 学生	学生 教师 家长 管理者 公众	特别指定的评价日期

②确定评价的内容和技能. 要应用好成长记录袋，教师必须清楚自己的目标与现实的可能性，才可能知道学生是否达到了所期望的水平. 因此，要确定评价的内容与技能，首先要明确教学目标是什么？学生要学习哪些内容和技能？

③确定评价的对象(年级水平与学科). 对于在教学第一线的教师来说，评价对象是谁的问题就很容易回答. 但是，教育管理人员要回答这一问题，就要复杂一些，需要认真的考虑. 成长记录袋的评价是否适合所有的学科？是否学科中的所有教学领域都适合用成长记录袋评价？评价的对象是不是要涉及各年级的学生？如果不是，要评价哪一年级和哪些学生？如何处理分数才能保证其信度和效度等问题都要进行周密的思考.

其中，首先要考虑的是评价的目的，因为评价目的直接影响评价对象的选择. 如果教师想给班里的学生及其家长提供反馈信息，使家长更多地了解孩子，学生更多地了解自己，促进家校沟通及师生交流，那就要从学生那里收集一系列的作业. 如果教师只是出于教学诊断或转介而收集信息，那就只要收集个别学生的信息，并且限于特定的内容和技能.

④确定要收集的东西. 成长记录袋内容的选择取决于它的目的. 如果成长记录袋的目的是为了展示，那么只要收集学生最好的作业样本即可，学生进步过程中的作业，以及标准化测试的分数都不会予以收集. 因为每个人的最好作品各不相同，要收集的学生作品也是丰富多样的. 因此，要给展示型成长记录袋内收集的内容开列清单或实行标准化几乎是不可能的.

反映进步的成长记录袋的内容应能表明进步的性质与程度. 课堂表现和努力可以通过观察记录、作业样本等充分地予以反映. 而一般成就则可通过测验试卷、测验分数记录和作业样本(包括进步过程中的作业)来加以证实.

如果成长记录袋的目的在于评价，其部分内容与反映进步的成长记录袋的内容相同. 但是，在这种情况下，为了保证判断的一致性，使分数的解释更加科学，成长记录袋的内容和时间安排要标准化. 成长记录袋内容选择的关键在于它的目的. 学生作品的样本占其中的多数. 不过，学生

的自我报告与他人的评价也可以用于反映学生的进步,收进成长记录袋中.

成长记录袋收集了传统评价中不予考虑的学生作品. 图 12-3 展现了一个典型的成长记录袋所应包含的内容. 而表 12-7 列举了一些在成长记录袋的一些可能项目.

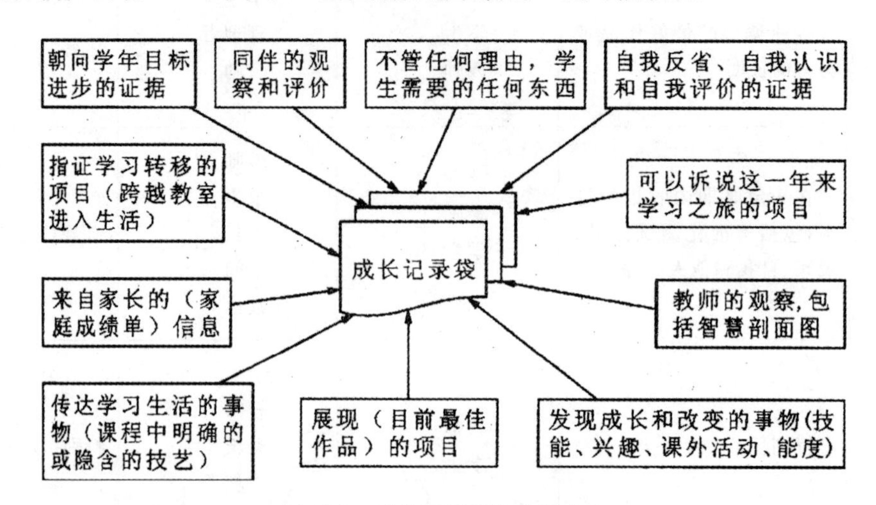

图 12-3　成长记录所包含的内容

⑤确定作品收集的次数与频率. 如表 12-7 所示,作品收集的时间安排取决于成长记录袋的目的. 如果目的是展示优秀作品,材料的收集可以在任何方便的时候,只要有好作品出现,就把它收集起来. 如果目的是反映进步,就要在长时期内收集学生作品. 而评估用的成长记录袋,要求在同样情景下,在同一时间,收集所有被评价学生的作品样本.

表 12-7　成长记录袋的可能项目

写 作 样 本	传统成就测验分数
阅读过的书目及使用过的材料清单	观察评估和报告
学习日志	项目设计方案
自我反省	小组活动
学生报告	卡通画
工作单	模型
实验报告	计算机输出稿或软盘
戏剧、公告、或其他项目的照片	艺术作品
学生访谈报告或其他录像	合唱或朗诵录音
调查报告	其他媒体

⑥调动学生参与到本系统中. 使用成长记录袋的一个主要优势就是调动学生参与到成长记录袋评价系统中. 尽管大规模评价方案通常在内容上有很多限制,但总体来看,学生可以选择将什么作品装入成长记录袋中;学生可以撰写日志,作为成长记录袋的一部分;学生还可以把自己的作品和进步与他人分享. 学生还可以在教师的指导下,组织成长记录袋展示的家长会. 有些教师还会安排学生评价自己成长记录袋中的部分作品,以鼓励学生进行自我反省. 这种反省可以是书面形式的,也可以是口头形式的;可以是就某一具体的作业进行的,也可以是就某一方面的成

长而进行的；有时是面向教师，有时是面向其他学生.

学生自我反省的内容有哪些，这一问题的回答对教师具有现实的指导意义.这里为大家呈现一份资料，是学生在反省自己最近几个月进步情况时要回答的具体问题，包括：

a.你检查了你自己的哪些作品？它们是何时完成的？

b.你学到了哪些以前不知道的东西？是何时，如何学到的？

c.你的作品在这一时期内有什么变化？这一改变的具体证据有哪些？

d.你如何将所学的新知识运用到这门课、其他课以及校外的生活？

e.如果把自己看做是一位本领域的专家，你该怎样改变和完善作品？

f.在这段时期内，你对自己的作品有没有其他意见？

g.你是否已经达到预定的目标？如果没有，你该在未来如何增加进一步的知识与能力？

在没有正式应用成长记录袋，没有让学生进行自我反省之前，也许有的教师会提出，学生们尤其是低年级的小学生是否具备这种思考的能力？事实上，无数研究实践早已证实，即使是二、三年级的学生也可以在教师的指导下，回答类似的问题而得到反省，从而获得进步.切记：教师必须提出反省性的问题来帮助学生觉察自己的进步与不足.当然，要参与到这富有意义的自我分析中，多数学生需要选择和反省作品的培训，并在时间上给予保证.

⑦确定给成长记录袋评分的程序.在课堂教学评价中，成长记录袋所收集的东西，多数要在收集的时候就予以评分.那么，是否和如何对成长记录袋进行整体评分，就成为一个需要思考的问题.具体的程序选择依赖于教师想达到什么样的目的，以及评分的材料属于什么类型.

⑧向每个人介绍成长记录袋.当第一次使用成长记录袋的时候，要确保每一个参与人员了解有关信息(什么是成长记录袋，怎样使用成长记录袋).教师可以在教室或家里向自己的学生介绍成长记录袋.而在家长方面，Farr 和 Tone(1994 年)建议给家长派送信件，以解释成长记录袋的意义，同时提供一个开放的房间让家长随时可以查阅有关信息.在我国，教师还可以采用家长会的形式，向家长进行介绍和解释，但必须派发浅显易懂的宣传资料，确保家长明白成长记录袋应用的意义与方法，以争得家长的积极配合.如果成长记录袋结果要在整个学区或更大范围内应用，还要对公众进行有关的宣传与培训.

⑨制订结果交流的计划.毋庸置疑，学生对自己的成长记录袋收集与结果十分感兴趣，其家长对此也很关心.成长记录袋与大家熟悉的反馈形式(如成绩通知单)有很大不同，所以需要告诉他们成长记录袋中的信息究竟意味着什么.Clemmons 等人(1993 年)建议动员社工和家长志愿者来帮助其他家长了解成长记录袋.

⑩制订保存成长记录袋及与专业人士分享信息的计划.在开始使用成长记录袋的时候，教师首先想到的是如何保存这些材料，而且这种考虑会一直继续下去.成长记录袋需要教师和学生付出很多努力，如果在学年末扔掉或发给家长，就意味着学校损失了很多有价值的信息.建议教师负责成长记录袋的保存，并定期将每个学生的部分作品送回家中.也就是说，有些项目可以存放在学校，其他的则放在学生家中.如果有学生升级或转学，某些材料就可以装入成长记录袋放在学校里.然而，这些东西的存放对于多数学校来说都是个令人头疼的问题，所以，建议学校也可以保存一份终结性的成长记录袋评价表格，而所有材料都返还给学生.这样，学生在新学校的教师不必去查阅一卷卷的材料，却可以获得有关学生的高质量信息.但这种方法对这份单一的成长记录袋表格要求很高.也有人提出了一种高技术的解决办法，那就是将成长记录袋的内容及其评价存在计算机软盘里，或者开发出一套成长记录袋存放与评分的计算机程序.这也就引发一个新问

题，谁来将这些材料输入软盘，谁来将非文字资料扫描或转换成计算机文本文件，谁负责这一系统的具体管理工作.

五、学生数学学习评价的结论

在呈现评价结果时，应采用定性与定量相结合.定性描述可以采用评语的形式，它可以补充等级的不足.一个等级所能反映出的信息毕竟是有限的，对于难以用等级反应的问题，可以在评语中反应出来，使得评价更加全面.具体来说，评价结论的呈现方式包括评分、等级、评语、成长记录等.

1.评分

根据对分数的解释，评分可分为绝对评分和相对评分.过去常用的百分制属于绝对评分，因为每个学生的分数都是用同样的标准来衡量的.相对评分（等级）则是指学生的分数和等级在整个群体中所处的位置，如标准分数、百分等级等.定量评价可采用等级制的方式，也可以分为标准参照（任务参照）、自我参照（变化的多少）与群体参照（常模参照）三种.无论哪种评价方式，都有优点，也不可避免地存在缺点.但如果采用多样化的评价方式，并且正确处理评价结果，就能够使评价更加公平、公正和合理.为此，教师在解释学生数学测验分数或等级时，应遵循以下原则：

①测验分数或等级描述的是学生学会的行为或目前所具有的水平.由于种种原因，学生在数学测验中所得的分数有高有低，但无论是什么原因造成学生之间的差异，测验分数或等级提供的信息只能说明他们学会了什么.分数或等级表明的是学生目前所具有的水平，并不表示他们的未来水平.学生一直在变化，思维水平、学习方法、学习态度和情感均在变化，教师应该用发展的眼光正确看待每一次的数学测验分数或等级.

②分数或等级提供的是对学生数学学习成效的一种估计，而不是确切的标志.教师在任何情况下都不能确认某一次的测验分数或等级是非常精确的，因此，对学生在测验分数或等级上少量的差异或细微的变化，教师在解释分数或等级时不宜夸大.

③单独的一次数学测验分数或等级不能作为对学生数学学习能力评判的可靠依据.学生的数学能力不仅表现在测验分数或等级的高低上，还反映在探索、推测、猜想和推理等解决有关问题的过程中.另外，由于试卷本身的结构问题或学生当时的心理状况，一次测验的分数或等级并不总是可信的.通过评价目标多元化和评价方式多样化，虽然不能一定保证评价不犯错误，但是至少可以把犯错误的概率降到最小.

④数学测验分数或等级表明的是学生数学学习中的行为表现，而不是解释表现的原因.当测验分数或等级不理想时，只是说明学生在这次考试中某些方面没有发挥出预期的水平，但不能由此得出学生学习不努力、不认真或数学学习能力上存在什么问题的结论.教师必须了解和收集卷面以外的信息，才能做出准确解释.

2.等级

若是笔试，给出分数是比较合适的.有些评价结论，就不适合用分数呈现，比如口试更多关注学生在数学学习、解决问题活动中的思维过程、思维方式和思维特征，关注学生在语言表达、理解他人上的具体表现，如以等级形式给出较为适当.等级包括以下几方面：

(1)评分等级

评价结论可以分为：优、良、及格、不及格标四个等级.如果希望口试成绩计入学生相应考试的总分，可以将等级分转化为数值分.如满分为10分，那么优为10分，良为8分，达标为6分，未达标为小于或等于4分.

(2)等级标准

优.对问题有深刻的理解,能用准确的数学语言表达思考过程;口头表达能力强,说理思路清晰、有条理,能流利、正确地回答问题;自信心强,能大胆尝试并表达自己的想法,能用多种方法说明问题,善于联系实际,并能充分运用所学的数学知识解决实际问题.

良.对问题有较深刻的理解,能用自己的语言表达思考过程;口头表达能力较强,说理思路清晰,能较流利、较正确地回答问题;设计方法较合理,较有层次.

及格.对问题有一定的理解,能较流利、较正确地回答问题,设计方法较合理,能说出一定道理,但层次感不强,需要教师提示1次.

不及格.对问题一知半解,缺乏自信,能回答问题,设计方法欠合理,层次不分明,需要教师提示2次以上.

3.评语

评语是用简明的评定性语言叙述评定的结果,它可以补充评分的不足.一个分数或等级所能反映出的信息毕竟是有限的,对于难以用分数或等级反映的问题,可以在评语中反映出来.

评语无固定的模式,但针对性要强,语言力求简明扼要,要避免一般化,尽量使用鼓励性的语言,较为全面地描述学生的学习状况,充分肯定学生的进步和发展,同时指出学生在哪些方面具有潜能,哪些方面存在不足,使评语有利于学生树立学习数学的自信心,提高学习数学的兴趣,明确自己努力的方向,促进学生进一步的发展.

4.成长记录

评语中虽然也包含了教师对学生成长记录中的成果的评价,但是成长记录作为一种物质化的资料,在显示学生学习成果,尤其是显示学生持续进步的信息方面具有不可替代的作用.

成长记录可以说是记录了学生在某一时期一系列的成长"故事",是评价学生进步过程、努力程度、反省能力及其最终发展水平的理想方式.

通过"分数＋等级＋评语＋成长记录"的方法,教师所提供的关于学生数学学习情况的评价就会更客观、更丰富,使教师、学生、家长三方面都能全面地了解学生数学学习历程,同时也有助于激励学生的学习和改进教师的教学.教师要善于利用评价所提供的大量信息,诊断学生的困难,同时分析与反思自己的教学行为,适时调整和改善教学过程.

第十三章　数学教师的专业发展

第一节　新课程背景下的教师角色转变

基础教育课程改革的浪潮滚滚而来，新课程体系在课程功能、结构、内容、实施、评价和管理等方面都较原来的课程有了重大创新和突破.这场改革给教师带来了严峻的挑战和不可多得的机遇，可以说，新一轮国家基础教育课程改革将使我国的中小学教师角色、行为、工作方式、教学技能以及教学策略等发生历史性的变化.

一、教师角色转变

1.从教师与学生的关系看，新课程要求教师应该是学生学习的促进者

教师即促进者，指教师从过去仅作为知识传授者这一核心角色中解放出来，促进以学习能力为重心的学生整个个性的和谐、健康发展.教师即学生学习的促进者，是教师最明显、最直接、最富时代性的角色特征，是教师角色特征中的核心特征.其内涵主要包括以下两个方面.

(1)教师是学生学习能力的培养者

强调能力培养的重要性，是因为：首先，现代科学知识量多且发展快，教师要在短短的几年学校教育时间里把所教学科的全部知识传授给学生已不可能，而且也没有这个必要，教师作为知识传授者的传统地位被动摇了.其次，教师作为学生唯一知识源的地位已经动摇.学生获得知识信息的渠道多样化了，教师在传授知识方面的职能也变得复杂化了，不再是只传授现成的教科书上的知识，而是要指导学生懂得如何获取自己所需要的知识，掌握获取知识的工具以及学会如何根据认识的需要去处理各种信息的方法.总之，教师再也不能把知识传授作为自己的主要任务和目的，把主要精力放在检查学生对知识的掌握程度上，而应成为学生学习的激发者、辅导者、各种能力和积极个性的培养者，把教学的重心放在如何促进学生“学”上，从而真正实现教是为了不教.

(2)教师是学生人生的引路人

这一方面要求教师不能仅仅是向学生传播知识，而是要引导学生沿着正确的道路前进，并且不断地在他们成长的道路上设置不同的路标，引导他们不断地向更高的目标前进.另一方面要求教师从过去作为“道德说教者”“道德偶像”的传统角色中解放出来，成为学生健康心理、健康品德的促进者、催化剂，引导学生学会自我调适、自我选择.

2.从教学与研究的关系看，新课程要求教师应该是教育教学的研究者

在中小学教师的职业生涯中，传统的教学活动和研究活动是彼此分离的.教师的任务只是教学，研究被认为是专家们的“专利”.教师不仅鲜有从事教学研究的机会，而且即使有机会参与，也只能处在辅助的地位，配合专家、学者进行实验.这种做法存在着明显的弊端，一方面，专家、学者的研究课题及其研究成果并不一定为教学实际所需要，也并不一定能转化为实践上的创新；另一方面，教师的教学如果没有一定的理论指导，没有以研究为依托的提高和深化，就容易固守在重复旧经验、照搬老方法的窠臼里不能自拔.这种教学与研究的脱节，对教师的发展和教学的发展

是极其不利的，它不能适应新课程的要求．新课程所蕴含的新理念、新方法以及新课程实施过程中所出现和遇到的各种各样的新问题，都是过去的经验和理论难以解释和应付的，教师不能被动地等待着别人把研究成果送上门来，再不假思索地把这些成果应用到教学中去．教师自己就应该是一个研究者．教师即研究者，意味着教师在教学过程中要以研究者的心态置身于教学情境之中，以研究者的眼光审视和分析教学理论与教学实践中的各种问题，对自身的行为进行反思，对出现的问题进行探究，对积累的经验进行总结，使其形成规律性的认识．这实际上也就是国外多年来所一直倡导的“行动研究”，它是为行动而进行的研究，即不是脱离教师的教学实际而是为解决教学中的问题而进行的研究；是在行动中的研究，即这种研究不是在书斋里进行而是在教学的活动中进行的研究；是对行动的研究，即这种研究的对象即内容就是行动本身．可以说，“行动研究”把教学与研究有机地融为一体，它是教师由“教书匠”转变为“教育家”的前提条件，是教师持续进步的基础，是提高教学水平的关键，是创造性实施新课程的保证．

3．从教学与课程的关系看，新课程要求教师应该是课程的建设者和开发者

在传统的教学中，教学与课程是彼此分离的．教师被排斥于课程之外，教师的任务只是教学，是按照教科书、教学参考资料、考试试卷和标准答案去教；课程游离于教学之外；教学内容和教学进度是由国家的教学大纲和教学计划规定的，教学参考资料和考试试卷是由专家或教研部门编写和提供的，教师成了教育行政部门各项规定的机械执行者，成为各种教学参考资料的简单照搬者．有专家经过调查研究尖锐地指出，现在有不少教师离开了教科书，就不知道教什么；离开了教参，就不知道怎么上课；离开了练习册和习题集，就不知道怎么出考卷．教学与课程的分离，使教师丧失了课程的意识，丧失了课程的能力．

新课程倡导民主、开放、科学的课程理念，同时确立了国家课程、地方课程、校本课程三级课程管理政策，这就要求课程必须与教学相互整合，教师必须在课程改革中发挥主体性作用．教师不能只成为课程实施中的执行者，教师更应成为课程的建设者和开发者．为此，教师要形成强烈的课程意识和参与意识，改变以往学科本位论的观念和消极被动执行的做法；教师要了解和掌握各个层次的课程知识，包括国家层次、地方层次、学校层次、课堂层次和学生层次，以及这些层次之间的关系；教师要提高和增强课程建设能力，使国家课程和地方课程在学校、在课堂实施中不断增值、不断丰富、不断完善；教师要锻炼并形成课程开发的能力，新课程越来越需要教师具有开发本土化、乡土化、校本化的课程的能力；教师要培养课程评价的能力，学会对各种教材进行评鉴，对课程实施的状况进行分析，对学生学习的过程和结果进行评定．

4．从学校与社区的关系来看，新课程要求教师应该是社区型的开放的教师

随着社会发展，学校渐渐不再只是社区中的一座“象牙塔”，与社区生活毫无联系，而是越来越广泛地同社区发生各种各样的内在联系．一方面，学校的教育资源向社区开放，引导和参与社区的一些社会活动，尤其是教育活动；另一方面，社区也向学校开放自己的可供利用的教育资源，参与学校的教育活动．学校教育与社区生活正在走向终身教育要求的“一体化”，学校教育社区化，社区生活教育化．新课程特别强调学校与社区的互动，重视挖掘社区的教育资源．在这种情况下，相应地，教师的角色也要求变革．教师的教育工作不能仅仅局限于学校、课堂了．教师不仅仅是学校的一员，而且是整个社区的一员，是整个社区教育、科学、文化事业建设的共建者．因此，教师的角色必须从仅仅是专业型教师、学校型教师，拓展为“社区型”教师．教师角色是开放型的，教师要特别注重利用社区资源来丰富学校教育的内容和意义．

二、教师行为转变

新课程要求教师提高素质、更新观念、转变角色，必然也要求教师的教学行为产生相应的变化.

1. 在对待师生关系上，新课程强调尊重、赞赏

“为了每一位学生的发展”是新课程的核心理念. 为了实现这一理念，教师必须尊重每一位学生做人的尊严和价值，尤其要尊重以下六种学生：

①尊重智力发育迟缓的学生.

②尊重学业成绩不良的学生.

③尊重被孤立和拒绝的学生.

④尊重有过错的学生.

⑤尊重有严重缺点和缺陷的学生.

⑥尊重和自己意见不一致的学生.

尊重学生同时意味着不伤害学生的自尊心：

①不体罚学生.

②不辱骂学生.

③不大声训斥学生.

④不冷落学生.

⑤不羞辱、嘲笑学生.

⑥不随意当众批评学生.

教师不仅要尊重每一位学生，还要学会赞赏每一位学生：

①赞赏每一位学生的独特性、兴趣、爱好、专长.

②赞赏每一位学生所取得的哪怕是极其微小的成绩.

③赞赏每一位学生所付出的努力和所表现出来的善意.

④赞赏每一位学生对教科书的质疑和对自己的超越.

2. 在对待教学关系上，新课程强调帮助、引导

“教”怎样促进“学”呢？“教”的职责在于：

①帮助学生检视和反思自我，明了自己想要学习什么和获得什么，确立能够达成的目标.

②帮助学生寻找、搜集和利用学习资源.

③帮助学生设计恰当的学习活动和形成有效的学习方式.

④帮助学生发现他们所学内容的个人意义和社会价值.

⑤帮助学生营造和维持学习过程中积极的心理氛围.

⑥帮助学生对学习过程和结果进行评价，并促进评价的内在化.

⑦帮助学生发现自己的潜能.

“教”的本质在于引导，引导的特点是含而不露、指而不明、开而不达、引而不发；引导的内容不仅包括方法和思维，同时也包括价值和做人. 引导可以表现为一种启迪：当学生迷路的时候，教师不是轻易告诉方向，而是引导他怎样去辨明方向；引导可以表现为一种激励：当学生登山畏惧了的时候，教师不是拖着他走，而是唤起他内在的精神动力，鼓励他不断向上攀登.

3. 在对待自我上，新课程强调反思

反思是教师以自己的职业活动为思考对象，对自己在职业中所做出的行为以及由此所产生的结果进行审视和分析的过程. 教学反思被认为是“教师专业发展和自我成长的核心因素”. 新课程非常强调教师的教学反思，按教学的进程，教学反思分为教学前、教学中、教学后三个阶段. 在教学前进行反思，这种反思能使教学成为一种自觉的实践；在教学中进行反思，即及时、自动地在行动过程中反思，这种反思能使教学高质高效地进行；教学后的反思——有批判地在行动结束后进行反思，这种反思能使教学经验理论化. 教学反思会促使教师形成自我反思的意识和自我监控的能力.

4. 在对待与其他教育者的关系上，新课程强调合作

在教育教学过程中，教师除了面对学生外，还要与周围其他教师发生联系，要与学生家长进行沟通与配合. 课程的综合化趋势特别需要教师之间的合作，不同年级、不同学科的教师要相互配合、齐心协力地培养学生. 每个教师不仅要教好自己的学科，还要主动关心和积极配合其他教师的教学，从而使各学科、各年级的教学有机融合、相互促进. 教师之间一定要相互尊重、相互学习、团结互助，这不仅具有教学的意义，而且还具有教育的功能.

家庭教育的重要性是不言而喻的，教师必须处理好与家长的关系，加强与家长的联系与合作，共同促进学生的健康成长. 首先，要尊重学生家长，虚心倾听学生家长的教育意见；其次，要与学生家长保持经常的、密切的联系；再次，要在教育要求与方法上与家长保持一致.

三、教师工作方式的转变

1. 教师之间将更加紧密地合作

传统教师职业的一个很大特点，是单兵作战. 在日常教学活动中，教师大多数是靠一个人的力量解决课堂里面的所有问题. 而新课程的综合化特征，需要教师与更多的人、在更大的空间、用更加平等的方式从事工作，教师之间将更加紧密地合作. 可以说，新课程增强了教育者之间的互动关系，将引发教师集体行为的变化，并在一定程度上改变教学的组织形式和教师的专业分工.

新课程提倡培养学生的综合能力，而综合能力的培养要靠教师集体智慧的发挥. 因此，必须改变教师之间彼此孤立与封闭的现象，教师必须学会与他人合作，与不同学科的教师打交道. 例如，在研究性学习中，学生将打破班级界限，根据课题的需要和兴趣组成研究小组，由于一项课题往往涉及数学、地理、物理等多种学科，需要几位教师同时参与指导. 教师之间的合作，教师与实验员、图书馆员之间的配合将直接影响课题研究的质量. 在这种教育模式中，教师集体的协调一致、教师之间的团结协作、密切配合显得尤为重要.

2. 要改善自己的知识结构

新课程呼唤综合型教师，这是一个非常值得注意的变化. 多年来，学校教学一直是分科进行的，教师的角色一旦确定，不少教师便画地为牢，把自己禁锢在学科壁垒之中，不再涉猎其他学科的知识：教数学的不研究数学在物理、化学、生物中的应用，教语文的也不光顾历史、地理、政治书籍. 这种单一的知识结构，远远不能适应新课程的需要.

此次课程改革，在改革现行分科课程的基础上，设置了以分科为主、包含综合课程和综合实践活动的课程. 由于课程内容和课题研究涉及多门学科知识，这就要求教师要改善自己的知识结构，使自己具有更开阔的教学视野. 除了专业知识外，还应当涉猎科学、艺术等领域. 比如，在研究性学习中，不仅要帮助课题组的学生掌握相关的知识，而且要力图获得比学生更为丰富、详尽的

资料，才能对课题开展过程中可能出现的问题有所准备. 另外，无论哪一门学科、哪一本教材，其涵盖的内容都十分丰富，高度体现了学科的交叉与综合.

3. 要学会开发利用课程资源

教师要学会开发利用课程资源，可以从以下几方面做起：

(1)加强网络课程资源的开发

数学网络课程资源的开发可以通过创建校园数学网站或个人网站，建立起数学信息资源库. 国内数学教育网站有：凤凰数学论坛、人教论坛、数学论坛、中国数学会、数学知识、数学世界、数学在线、吉林大学数学天地等，这些都是很好的数学教育网站，国外的美国杜克大学跨课程计划(CCP 计划)、美国国家空间与宇航局(NASA)的教育网站，以及美国能源部的阿尔贡国家实验室的牛顿聊天室(Newton BBS)都是与数学教学有关的网站. 在需要的时候，就可以到信息资源库进行点击检索. 这不仅节约大量寻找资源的时间，而且，同一资源可以为不同人反复使用，提高使用效率.

(2)注重教师自身课程资源的开发

教师不仅是课程资源的使用者，而且是课程资源的鉴别者和开发者，教师是最为重要的课程资源. 教师对课程资源的认识决定了课程资源开发和利用的程度，以及课程资源在新课程中所发挥的作用. 因此，在课程资源的建设中，一定要把教师自身的建设放在首位，通过这一课程资源的发展带动其他课程资源的开发利用.

(3)充分利用学生资源

苏联教育家苏霍姆林斯基曾反复强调：学生是教育的最重要的力量，如果失去了这个力量，教育也就失去了根本. 学生是有生命的不同的个体，不同学生生活背景不同、经验不同，就会形成不同的认知结构. 在教学中不同学生之间就可以分享经验，取长补短. 因此，学生自身也是重要的课程资源.

(4)有效利用现有课程资源

校内外的课程资源对于新课程的实施都有重要价值. 校内课程资源方便，符合本校特色，是学校课程资源建设的重点，是学校课程实施质量的主要保证. 校外课程资源对于充分实现课程目标具有重要价值，是校内课程资源的重要补充. 但是，在相当长的时间内，校外课程资源没有得到很好的利用. 因此在开发校内课程资源的同时，也要注意校外课程资源的开发利用. 按照美国课程论专家泰勒的说法“要最大限度地利用学校的资源，加强校外课程(the out of school curriculum)，帮助学生与学校以外的环境打交道”.

四、教师教学策略的转变

1. 由重知识传授向重学生发展转变

传统教学中的知识传授重视对“经”的传授，忽视了“人”的发展. 新的课程改革要求教师以人为本，呼唤人的主体精神，因此教学的重点要由重知识传授向重学生发展转变.

我们知道，学生既不是一个待灌的瓶，也不是一个无血无肉的物，而是一个活生生的有思想、有自主能力的人. 学生在教学过程中学习，既可学习掌握知识，又可得到情操的陶冶、智力的开发和能力的培养，同时又可形成良好的个性和健全的人格. 从这个意义上说，教学过程既是学生掌握知识的过程，又是一个身心发展、潜能开发的过程.

21 世纪，市场经济的发展和科技竞争已经给教育提出了新的挑战. 教育不再是仅仅为了追求一张文凭，而是为了使人的潜能得到充分的发挥，使人的个性得到自由和谐的发展；教育不再是仅仅为了适应就业的需要，而要贯穿于学习者的整个一生. 回顾 20 世纪学校教育所走过的历程，大致可以看到这样一个发展轨迹：知识本位—智力本位—人本位. 当代教学应致力于发展学生包括智力在内的整个个性和整体素质的提高.

2. 由重教师"教"向重学生"学"转变

传统教学中教师的讲是教师牵着学生走，学生围绕教师转. 这是以教定学，让学生配合和适应教师的教. 长此以往，学生习惯被动学习，学习的主动性也渐渐丧失. 显然，这种以教师"讲"为中心的教学，使学生处于被动状态，不利于学生的潜能开发和身心发展. 新课程提倡，教是为了学生的学，教学评价标准也应以关注学生的学习状况为主. 正如叶圣陶老先生说过的，最要紧的是看学生，而不是光看老师讲课.

3. 由重结果向重过程转变

"重结果轻过程"，这也是传统课堂教学中一个十分突出的问题，是一个十分明显的教学弊端. 所谓重结果就是教师在教学中只重视知识的结论、教学的结果，忽略知识的来龙去脉，有意无意压缩了学生对新知识学习的思维过程，而让学生去重点背诵标准答案.

所谓重过程就是教师在教学中把教学的重点放在过程，放在揭示知识形成的规律上，让学生通过感知—概括—应用的思维过程去发现真理，掌握规律. 在这个过程中，学生既掌握了知识，又发展了能力. 重视过程的教学要求教师在教学设计中揭示知识的发生过程，暴露知识的思维过程，从而使学生在教学过程中思维得到训练，既长知识，又增才干.

由此可以看出，过程与结果同样重要. 没有过程的结果是无源之水，无本之木. 如果学生对自己学习知识的概念、原理、定理和规律的过程不了解，没有能力开发和完善自己的学习策略，那就只能是死记硬背和生搬硬套的机械学习. 我们知道，学生的学习往往经历"(具体)感知—(抽象)概括—(实际)应用"这样一个认识过程，而在这个过程中有两次飞跃. 第一次飞跃是"感知—概括"，也就是说学生的认识活动要在具体感知的基础上，通过抽象概括，从而得出知识的结论. 第二次飞跃是"概括—应用"，这是把掌握的知识结论应用于实际的过程. 显然，学生只有在学习过程中真正实现了这两次飞跃，教学目标才能实现.

4. 由统一规格教育向差异性教育转变

要让学生全面发展，并不是要让每个学生、每个学生的每个方面都按统一规格平均发展. 一刀切、齐步走、统一规格、统一要求——这是现行教育中存在的一个突出问题. 备课用一种模式，上课用一种方法，考试用一把尺子，评价用一种标准——这是要把千姿百态、风格各异的学生"培养"成一种模式化的人. 显而易见，一刀切的统一规格教育既不符合学生实际，又有害于人才的培养. 目前课堂教学中出现的许多问题以及教学质量的低下，就与一刀切、统一要求有关. 教学中，我们既找不到两个完全相似的学生，也不会找到能适合任何学生的一种教学方法. 这就需要我们来研究学生的差异，以便找到因材施教的科学依据.

5. 由单向信息交流向综合信息交流转变

从信息论上说，课堂教学是由师生共同组成的一个信息传递的动态过程. 由于教师采用的教学方法不同，存在以下四种主要信息交流方式.

①以讲授法为主的单项信息交流方式，教师施，学生受.

②以谈话法为主的双向交流方式，教师问，学生答.

③以讨论法为主的三项交流方式，师生之间互相问答.

④以探究—研讨为主的综合交流方式，师生共同讨论、研究、做实验.

按照最优化的教学过程必定是信息量流通的最佳过程的道理，显而易见，后两种教学方法所形成的信息交流方式最好，尤其是第四种多向交流方式为最佳.这种方法把学生个体的自我反馈、学生群体间的信息交流，与师生间的信息反馈、交流及时普遍地联系起来，形成了多层次、多通道、多方位的立体信息交流网络.这种教学方式能使学生通过合作学习互相启发、互相帮助，对不同智力水平、认知结构、思维方式、认知风格的学生实现"互补"，达到共同提高.这种方式还加强了学生之间的横向交流和师生之间的纵向交流，并把两者有机地贯穿起来，组成网络，使信息交流呈纵横交错的立体结构.这是一种最优化的信息传送方式，它确保了学生的思维在学习过程中始终处于积极、活跃、主动的状态，使课堂教学成为一系列学生主体活动的展开与整合过程.

第二节　数学教师专业化

一、数学教师专业发展概述

对于"教师专业发展"概念的界定，可以说是仁者见仁、智者见智.尽管国外关于教师专业发展的研究比较早，相对来说也较为成熟，但是学者对"教师专业发展"的认识也并非一致，仍然是众说纷纭.

霍伊尔认为："教师专业发展是指在教学职业生涯的每一阶段，教师掌握良好专业实践所必备的知识和技能的过程."而富兰(M. Fullan)和哈格里夫斯(A. H argreaves)(1992)则指出，教师专业发展既指通过在职教师教育或教师培训而获得的特定方面的发展，也指教师在目标意识、教学技能和与同事合作能力等方面的全面进步.

国内学者对"教师专业发展"的界定，也没有统一的说法.叶澜等学者认为："教师专业发展就是教师的专业成长或教师内在专业结构不断更新、演进和丰富的过程."(叶澜等，2001).而宋广文等人则提出了教师本位的教师专业发展观，即"教师本位的教师专业发展是针对忽视教师自我的被动专业发展提出的，它强调的是教师专业发展对教师人格完善、自我价值实现的重要性和教师主体在教师专业发展中的重要角色与价值".概言之，它强调的是教师个体内在专业特性的提升.因此，"教师专业发展是指教师个体的专业知识、专业技能、专业情意、专业自主、专业价值观、专业发展意识等方面由低到高，逐渐符合教师专业人员标准的过程"(宋广文、魏淑华，2005).瞿葆奎等人则认为，在新的形势下，应对教师的专业发展进行重新认识：教师专业发展是一个动态的、不断流变和革新的过程.就国内外有关的研究来看，主要有三种理解：第一种是指教师的专业成长过程，第二种是指促进教师专业成长的过程，第三种兼含以上两种理解.第三种理解，即教师专业发展是一个过程，是教师内在专业结构不断更新、演进和丰富的过程；教师专业发展也是一种目的，它帮助教师在受尊敬、支持、积极的氛围中促进个人的专业成长；教师专业发展还是一种成人教育，增进教师对工作和活动的理解.它关注教师对理论和实践的持续探究本身，关注教学工作在社会发展和个人生活中的意义.教师专业发展的目的，就是要在学校教育过程中使教师和学生都获得成功.

提高教师的专业化水平作为一种专业有五个标准：

①提供重要的社会服务.

②具有该专业的理论知识.

③个体在本领域的实践活动中具有高度的自主权.

④进入该领域需要经过组织化和程序化的过程.

⑤对从事该项活动有典型的伦理规范.

20 世纪 80 年代,美国霍姆斯小组的报告《明天的教师》中提出,教师的专业教育至少应包括五个方面:

①把教学和学校教育作为一个完整的学科研究.

②学科教育学的知识,即把“个人知识”转化为“人际知识”的教学能力.

③课堂教学中应有的知识和技能.

④教学专业独有的素质、价值观和道德责任感.

⑤对教学实践的指导.

NCTM 在 1991 年发表了《数学教师专业发展标准》,其中给出了数学教师专业发展的六个标准:

①感受好的数学教学.

②精于数学和学校数学.

③深知作为数学学习者的学生.

④精于数学教学法.

⑤以数学教师的标准不断提高自己.

⑥专业发展中教师的职责.

国际新教师专业特性论文——弹性专业特性论(Flexible Professionalism)的研究者塔尔伯特(Taltert. J. E)研究认为:教学实践的专业标准是在学校教育的日常环境中被社会地议定的,因此,教师的专业特性在很大程度上取决于局部性教师共同体(Local Teacher Community)的强度和性质.一个学校、一个地区都可以形成教师共同体,通常学校所设的教研组,就可视为一个教师共同体,共同体所形成的具有地方性、特色性的标准会直接影响数学教师的专业化成长.

教师成为研究者已是国际教育改革的趋势化要求,也是教师专业化的重要内涵.因而组织数学教师进行数学教育的科学研究是数学教师专业化成分的重要途径之一.尽管研究表明,教师教学能力的重要来源是自身的教学经验和反思,但随着教育改革的深入,数学教师“单打独斗”的教学工作或研究工作均已不能适应教育发展的要求,有效地合作才是上述工作得以提高的良好方式.调查已证实,多数教师乐于同事之间的交流与相互帮助.研究表明,在新教师的专业化成长中,得到同事的认可是教师专业化成长中关注的核心问题之一.

1966 年,联合国教科组织在《关于教师地位的建议》中明确指出:应把教育工作视为专门的职业.这种职业要求教师经过严格的、持续的学习获得并保持专门的知识和特别的技术.20 世纪 70 年代中期美国提出了教师专业化的口号.1986 年发表的卡内基委员会的报告《以 21 世纪的教师装备起来的国家》中指出:公共教育质量只有当学校教学发展成为一门成熟的专业时才能得以改善.1994 年我国《教师法》中明确规定:教师是履行教育教学职责的专业人员.充分肯定了教师职业的专业性和不可替代性.

1998 年在北京召开的“面向 21 世纪师范教育国际”研讨会提出:当前师范教育改革的核心是教师专业化问题.教师职业具有一定的特殊性,因为一个社会,一个民族,一个国家,如果没有教师辛勤而有效的劳动,那么其文化传统就难以维持,文明就会中断,人类的发展将停止前进的脚步;另一方面,竞争是未来社会显著的特征,国与国之间存在综合实力的竞争,实际上是人才的竞争,实质上是教育的竞争.因为今天的教育,就是明天的人才,就是后天的生产力(国力),这已成为共识.上述一切,都离不开教师的作用,需要他们爱岗敬业、默默奉献、热爱学生、教书育人、精通业务、勇于创新、团结协作、互尊互学、遵纪守法、以身作则、为人师表等.这就是教师专业化的表层含义.

教师专业既包括学科专业性又包括教育专业性.数学教师的专业化就是指按照专业化的标准,教师数学教育的专业理念、专业知识素养、专业技能、专业精神、专业情意等不断增强和完善的过程.教师职业的双专业性是教师职业区别于其他职业的一个特点,也导致了我国师范教育长期存在着"学术性"与"师范性"的讨论.正确认识教师职业的双专业性,是解决教师专业化问题的关键因素之一.

数学教师的专业化也可表述为:数学教师在整个数学教育教学职业生涯中,通过终身数学教育专业训练,获得数学教育专业的数学知识、数学技能和数学素养,实施专业自主,表现专业道德,并逐步提高自身从教素养,成为一名良好的数学教育教学工作者的专业成长过程,也就是从一个"普通人"变成"数学教师"的专业发展过程.

1994年8月在上海召开了ICMI——中国数学教育会议,会上国际数学教育委员会秘书长、丹麦罗斯基特大学的M·琼斯(Mogens Niss)教授作了《论数学教师的培养》的大会报告,认为理想的数学教师应涵盖四个基本范畴:数学教师专业知识基础的构建,数学教师专业技能的娴熟,数学教师专业数学素养的形成与发展,数学教师专业情意的健全.

数学教师数学专业化结构包括数学学科知识不断学习积累的过程,数学技能逐渐形成的过程,数学能力不断提高的过程,数学素养不断丰富的过程.数学教师在职前教育中要保证学到足够的数学科学知识,要足以满足数学学科教学与研究的需要,足以满足学生的数学知识需求,这就要求现行高校数学专业课程的设置要全面合理.

数学教师教育专业化结构基本内涵:数学教师专业劳动不仅是一种创造性活动,而且是一种综合性艺术,缺乏教育学科知识的人很难成为一名合格的数学教师,因为数学教师需要将数学知识的学术形态转化为数学教育形态.数学教师需要学习教育学、心理学、数学教育学、数学教学信息技术、数学教育实习等理论和实践课程,这些课程知识均构成数学教师专业化的内涵.

数学教师的专业情意结构可以从下述方面理解:心情活泼开朗,为他人所信任并乐意帮助他人,愿意和乐意担任数学教师,热爱数学,热爱并尊重学生,同时为学生所热爱和尊重,激发学生对数学学习的兴趣.数学教学是一个丰富的、复杂的、交互动态的过程,参与者不仅在认知活动中,而且在情感活动、人际活动中实现着自己的多种需要每一堂数学课的教学,都凝集着数学教师高度的使命感和责任感,都是数学教师专业化发展过程的直接体现.每一堂数学课的教学质量,都会影响到学生、家长、社会对数学教师及数学教师职业的态度.数学教师专业情意在数学教学中对激发学生的学习兴趣、营造数学学习环境、提高教学质量、完善学生人格个性、优化情感品质、提高数学认知等方面均有重要作用.

二、数学教师专业化的必要性

1.数学教师专业化是现代数学教育发展的需要

教师职业的专业属性当然不像医生、律师等职业那样有那么高的专业化程度,但从教师的社会功能来看,教师职业确实具有其他职业无法代替的作用,从专业现状看,还只能称为一个半专业性职业.随着我国经济的快速发展、国民实力不断增强、社会对教育的需求越来越高,教师的素质、教师的专业化水平程度必然随着提高，教师的人才市场竞争也会越来越激烈，所以只有完全按照教师专业化职业标准，才能保证教师人才适应社会发展需要的质量.

2.数学教师专业化是双专业性的要求

数学教育既包括了学科专业性，又包括了教育专业性，是一个双专业人才培养体系.从而数学教师教育要求数学学科水平和教育理论学科水平都达到一定要求和高度.在我国数学教师现状中，达到双专业性要求的教师很少，大多数只停留在本专业水平.尤其是我国教师专业化要求还很不完善.无论师范院校还是其他非师范院校的大学毕业生都可以当老师，所以有些老师具有重点大学的学历或学位，拥有较扎实的数学基础功底，然而对于教学实践中“如何教”的问题还存在困惑，对教育理论课程缺乏系统的学习；也有一些教师，虽然他们积累了较丰富的教学经验，但随着教育改革的深入，对数学专业知识的要求越来越高，比如高中新课程中设置的选修课课程，像信息安全与密码、球面几何、对称与群、数列与差分等内容，都要求教师的数学学科专业水平较高，而他们的专业水平往往不能跟上.严格地讲，上述两类老师，都已不符合数学教师专业化的要求了，他们需要继续教育、在职进行培训，才能符合专业化标准要求.

3.数学教师专业化是新课程改革的必然结果

新课程改革提出了很多全新的理念，其中很多理念可以说是对传统观念的彻底否定，从而必然给现在的教师以很大的压力和强烈的不适应.教师的角色需要转变，科研型教师的呼声越来越高，研究性学习被引起重视，问题解决被列入教学目标，数学建模给老师的专业水平提出了挑战，这些在我国传统的数学教育中都是可以回避的，然而，面对课程改革，必须要实施.因此，我国的数学教育改革能否成功，与数学教师专业化要求紧密相关.

三、专业化数学教师的培养

1.抓好高师院校数学专业培养这个源头

广大一线数学教师大部分由高师院校数学系培养，数学教师职前培养是数学教师专业化的起点，应当把专业化作为数学教师职前培养改革的核心问题，体现在课程设置与培养目标中.数学教育既非数学又非教育，而是数学教师专业化固有的本质特征，有数学就有数学教育的说法是不科学的.在数学教育中，数学肯定是为主的，将专业化的数学教师归纳为数学教育人，并用下列公式表述：数学教育人＝数学人＋教育人＋数学教育综合特征，这一表述为数学教师专业化指明了一种可能的途径.要实施好的数学教育，数学思想、数学思维、数学方法、数学文化、数学史、数学哲学等都是必需的素材，这些素材都依赖于数学，所以高师院校数学系必须要开足数学课程，让学生尽可能通晓数学的发展历史和前沿状况；另一方面，又要给予他们机会到中学一线去实践、锻炼、见识、观摩，尝试和参与教学实践、教学研究和教改活动.于是可以总结出：数学教师专业化的最佳途径＝学习＋教学＋科研.

2.数学教师专业化要特别强调科研意识和科研能力

关于教学与科研，也是颇有争议的话题.传统数学教学重教学轻科研，致使对教师专业化的要求大为降低.然而教学是一个软指标，谁不能教学？在我国现有的教师中，有研究生学历的，有本科学历的，有中专学历的，有高中学历的，甚至连高中学历都没有的(民办教师中)，我们很少发现因为教学水平低而下岗或被开除的老师，或者这样说，如果没有较高的专业化标准要求，教学(当老师)是否是很容易的事情.

鉴于此，教师专业化必须重视科研意识和科研能力.我们学习波利亚，就是要学习他发现数学的经历，数学教师必须以再创造的方式，面对数学教材. 也许一个人发表的成果，看的人并不多，甚至对他人、对数学的发展也没有多大作用，然而必须认同以下事实：只有经历过科研和发现过程的人，所讲的东西才包含有真情实感，讲自己的跟讲别人的是完全不一样的效果. 同时，科研效果必然表现在教学效果上，这好像在情理之外，其实在情理之中，数学教学需要情感的注入，只有被感动过的人，讲出来的东西才会感动人.

四、数学教师专业发展的阶段

对于教师专业发展阶段的划分，我国学者侧重于教师社会化标准的研究，即从教师作为社会人的角度，考察其成为一名专业教师的变化历程. 受莱西(C. Lacey)观点的直接影响，台湾王秋绒把教师专业化过程分为师范生、实习教师和合格教师三个阶段分别来考察，并又把每一个阶段分为三个时期. 它们分别是探索适应期、稳定成长期、成熟发展期；蜜月期、危机期、动荡期；新生期、平淡期、厌倦期. 我国大陆的教师和教师教育研究者受教师专业社会化研究框架影响较大，在分析教师的职业成长过程时多采用这一框架. 如傅道春将教师的职业成熟分为角色转变期、开始适应期和成长期三个时期；吴康宁将教师专业化过程分为预期专业社会化与继续专业社会化两个阶段.

黄显华等学者虽然没有直接提出将教师专业发展划分为几个阶段，但他们提出用“研究路向”来概括已有的“阶段”研究，即“发展路向”、“生物路向”和“社会路向”. 白益民在其博士论文中，把教师的自我专业发展意识作为考察教师发展的重要因素，具有较强自我专业发展意识的教师关注自己的专业发展，对自己的专业发展负责，进而提出“自我更新”取向教师专业发展模式，将教师专业发展过程分为五个阶段：“非关注”、“虚拟关注”、“生存关注”、“任务关注”、“自我更新关注”阶段. 这种模式以自我专业发展意识的发展为基本线索，把教师内在专业结构更新与改进的规律作为考察核心，展现了一个教师自我专业发展意识由无到有、由弱到强的渐变过程. 这一理论首先揭示了教师教育应当抓住关键期，及时提出要求，引发教师内在的发展需要. 其次，教师的专业发展意识不是一蹴而就的，而是一个循序渐进、不断深入的过程. 因此，关注教师的专业成长，应当注重每个阶段教师专业意识的培养，并为下一阶段的发展奠定良好的基础.

卢真金(2007)则认为(数学)教师专业发展可分为五个阶段：以刚入职的新教师为起点，成为适应型教师为第一阶段；由适应型教师发展成为知识型、经验型和混合型教师为第二阶段；由知识型、经验型和混合型教师发展为准学者型教师为第三阶段；由准学者型教师发展成为学者型教师为第四阶段；由学者型教师发展为智慧型教师为第五阶段. 这五个阶段对应于教师不同的成长时期，有着不同的发展基础和条件，有着不同的发展目标和要求，也面临着不同的困难和障碍，从而表现出不同阶段的发展特征.

1. 适应与过渡时期

适应与过渡时期是数学教师职业生涯的起步阶段. 这一时期的教师，一方面由于对学校组织结构和制度文化还不太熟悉，不太懂得怎么教学、怎么评价学生，如何与家长沟通并取得家长的支持配合等；另一方面，他们又面临着被管理层、同事、家长和学生评价的压力，面临着同事之间各种形式的竞争，面临着身份转换之后所产生的心理上的不适应和职业的陌生感，面临着理想的职业目标与平淡的生存现实之间的反差和失落，面临着高投入与低回报所导致的身心疲劳、焦虑和无助，往往容易产生一种强烈的挫折感和消极的逃避心态，导致其工作热情降低、专业认识错位和职业情意失控，导致对教师职业价值崇高性的低判断和对自己教学能力的低估计现象. 这一时期，是教师专业发展较为困难的时期. 这一时期是教师的理论与实践相结合的初级阶段，教师要尽快适应学校的教育教学工作的要求. 为此，教师要积极应对角色的转换，积极认同学校的制度和文化，要加快专业技能的发展.

2. 分化与定型时期

分化与定型时期以适应型教师为起点. 适应型教师尽管摆脱了初期的困窘状态，但又面临着更高的专业发展要求. 这是因为，他们的专业水平和业务能力在学校中还处于相对低位，自己缺乏一种安全感；而人们对他们的评价标准和要求将随着其教龄的增长而提高，他们与其他教师之间的竞争开始处于同一起跑线上. 人们不再以一种宽容同情的眼光来对待他们，重点关注的不再是他们的工作态度而是工作方法和实际业绩. 那种初为人师的激情和甜蜜开始分化：有的会慢慢地趋于平淡、冷漠甚至于厌倦，早期的职业倦怠现象开始出现；也有的由原先的困惑和苦恼进入初步成长的喜悦和收获期. 后一部分教师对职业的"悦纳感"进一步加强，对专业发展的态度更加端正、稳定和执著，专业发展的动力结构既有外界的任务压力，更有自觉追求和发展的内驱力；教学经验日益丰富，教学技能迅速提高，专业发展进入第一次快速提升期，并出现了定型化发展的趋势. 其中，绝大多数教师有意磨炼自己的教学技能，积累成功的教学经验，全面发展自己的专业能力，努力成长为一个具有相当水平和能力的教书巧匠——经验型教师，经验的丰富化和个性化，技能的全面化和熟练化，成为其明显的特征；也有一部分教师仍旧沿袭理论学习和发展的传统，在注重教育教学技能发展的同时，更侧重系统理论的学习，成为知识型教师，较之前者，他们明显存在理论的优势和思想的超前，但在实践技能和教学经验全面性和有效性方面与前者存在一定的差距；还有少量的教师则始终强调理论学习与实践技能的同时发展，表现出一种特色不明显、但各方面发展比较整齐均衡的混合型特点. 这三种不同的发展方向，在很大程度上与教师的个性类型有关，更主要的是与其生长的环境和同伴群体的影响有密切关系. 其中，人数最多的是经验型教师，其次是知识型教师，最为难得的是混合型教师.

3. 突破与退守时期

这一时期以经验型、知识型和混合型教师为特点，进入一个相对稳定的发展阶段. 这时，教师职业的新鲜感和好奇心开始减弱，职业敏感度和情感投入度在降低，工作的外部压力有所缓和，职业安全感有所增加；开始习惯于运用自己的经验和技术来应对日常教育教学工作所遇到的问题，工作出现更多的思维定势和程序化的经验操作行为. 在这个阶段，尽管教师们都有进一步发展的意愿和动机，但工作任务重，受干扰的因素多，精力易分散，表现出发展速度不快、水平提高缓慢、业务发展不尽如人意的特征，教师对专业发展的态度也出现了分歧. 有的满足于现状，转向对生活的追求；有的向上突破难成就退而求其次，工作进入应付和维持状态；有的尽管希望在专业发展上有更大的突破，但在发展道路和策略的选择上进入迷惘和困惑的状态. 教师开始出现程度不同的职业倦怠现象. 再加上谈婚论嫁、生儿育女等家庭生活问题也摆上重要的议事日程，上述各种因素导致教师专业发展进入了一个漫长的以量变为特征的高原期. 突破高原期是这一阶段教师的共同任务和普遍追求. 要突破高原期，既要解决知识与技能、过程与方法的问题，也要解决情感意志价值观的问题. 为此，要客观冷静、科学理性地认识和对待高原现象，不急不躁，练好内功；要进一步增强教师专业发展的自主意识，树立积极的工作态度，不仅把教师工作当作一种谋生的职业，更要使之成为自己所热爱的事业，树立理想，坚定信念.

4. 成熟与维持时期

成熟时期的教师表现出明显的稳定性特征，同时也因其资深的工作经历、较高的教学水平和较为扎实的理论功底，使这些教师成为当地教育教学领域的领军人物. 在这一过程中，也会出现几种分化发展的现象. 有的“教而优则仕”，转向了教育教学管理的工作，担任校长和教育局长之类的教育行政管理工作，兴趣开始转向行政管理；也有的满足于现；有的教育教学水平，以为自己功成名就，该是享受人生、享受生活，甚至该是赚钱养老的时候，因而精力分散，兴趣转移，不再愿意从事艰苦的创新性的教育教学和研究工作，这种专业发展态度的转移导致其出现大量的维持行为，严重的甚至出现“退化”“缩水”“名不副实”的局面；也有的尽管“烈士暮年、壮心不已”，有继续发展的想法和行动，但受到个人的生活环境、工作经历、学术背景、教学个性、知识结构、能力水平、兴趣爱好及气质性格的限制，难以摆脱原有经验和框架的束缚，难以自我超越，客观上也表现出跟原有水平相差不大的维持特征. 这时，就要以科学的发展观为指导，坚持可持续发展的道路；通过建立学习型组织，培养学习型教师. 要引导教师学会系统思维，学会自我超越；教师自己要有与时俱进、开拓创新的精神，永不满足、勇攀高峰的态度，要以科学研究项目为载体，加强原始创新、集成创新和引进消化创新，或者创建一套在实践中切实有效的操作体系，或者在理论的某一方面建言立论，开宗立派，构建起自己的教育理论体系，成为某一领域的学术权威，从而完成从学习到整合、从整合到创造性应用、从应用到首创的这一质变过程，进而发展成为学者型教师. 教育思想观点的形成、教育理论体系的构造和教育实践操作模式和教学风格的形成是其标志，体现出“类”的特点，其中创新是其灵魂和核心.

5. 创造与智慧时期

学者型教师继续向上努力，就要以智慧型教师为专业发展的方向. 这时教师的哲学素养高低、视界的远近就成为制约其发展的重要因素. 教师个人的教育理论发展能否找到一个更加合理的逻辑起点，建立在一个更高的思想层面上，同时能否从单一的实践经验和教育理论学科角度转移到系统科学研究上，能否实现集大成为大智慧，建立自己的教育哲学体系和教育信仰，就成为一个关键因素. 其理想的结果就是成为真正的教育家. 既有自己的原创性的理论体系，又建构起相对应的实践操作体系，二者水乳交融，使之成为真正的教育家. 其核心标志是具有普遍意义的教育哲学体系的创造和教育理论体系的集成. 教育智慧是良好教育的一种内在品质，表现为教育的一种自由、和谐、开放和创造的状态，表现为真正意义上尊重生命、关注个性、崇尚智慧、追求人生丰富的教育境界；是教育科学与艺术高度融合的产物，是教师在探求教育教学规律基础上长期实践、感悟、反思的结果，也是教师教育理论、知识学养、情感与价值观、教育机智、教学风格等多方面素质高度个性化的综合体现. 教育智慧在教育教学实践中主要表现为教师对于教育教学工作规律性的把握，创造性驾驭和深刻洞悉、敏锐反应及灵活机智应对的综合能力；在理论上，表现出既摆脱传统的经典教学体系的束缚，又摆脱价值取向的功利诱惑. 他以追求人类自身的全面和谐发展为目标，站在教育的原初意义上来思考教育的终极问题，充分考虑教学的多样性、复杂性、特异性、灵活性、开放性、生成性、选择性和时代性，吸纳人类最新的理论成果和实践智慧，完成对传统教育理论体系和实践操作模式的超越；站在教育哲学的高度，用理性的眼光和宏观的视野，审视现实教育发展的需求和人类发展的目标，把握时代发展的趋势和教育发展的规律，实现教育思想的创新，创造性地构建起一个集人类教育智慧之大成的教育思想体系，促进人类自身更加完善自由的全面发展和社会的和谐优化，引导人类走向更加灿烂的明天.

五、影响数学教师专业发展的因素

教师专业发展受着多种因素交互作用的影响，在不同的发展阶段，影响教师专业发展的因素各不相同.

1. 进入师范教育前的影响因素

教师幼年与学生时代的生活经历、主观经验以及人格特质等,对教师专业社会化有一定影响,但没有决定性的作用;而教师幼年与学生时代的重要他人(主要指父母和老师)对其教师职业理想的形成及教师职业的选择却有着重要的影响.青年的价值取向、教师社会地位与待遇的高低、个人的家庭经济状况等对教师任教意愿的形成、教师职业选择的影响也不容低估.

2. 师范教育阶段的影响因素

在师范教育阶段,教师专业发展同样受到多种因素的错综复杂的影响.虽然师范生专业知识与教育技能的获得有赖于专业科目、教育科目等职前教育计划安排的正式课程的学习,但这些正式课程,对教师专业发展的整体运行与目标达成并无显著影响;相反,由教师的形象、学生的角色、知识、专业化的发展以及教学环境、班级气氛、同辈团体、社团生活等多种因素交互作用形成的潜在课程的影响,要超过一般的预估或想象,其作用不容忽视.在师范院校期间,师范生的社会背景、人格特质,学校的教育设施、环境条件等都是影响师范生专业发展的主要因素.

3. 任教后的影响因素

教师任教后继续社会化的影响因素主要有学校环境、教师的社会地位、教师的生活环境、学生、教师的同辈团体等.在这一阶段,教师的生活环境更多地影响着教师的专业发展.教师的生活环境,大至时代背景、社会背景,小至社区环境、学校文化、课堂气氛等,对教师的专业发展有重要意义.教师正是在与周围环境的相互作用中获得专业发展的.

教师专业发展要受到教师个人的、社会的、学校的以及文化的等多个层面的多种因素的交互影响,而每一个因素在其专业发展的不同阶段又有不同的作用和效果,同时这些因素本身也在不断地发生变化,使其凸显多因性、多样性、与多变性等特征.

教师的专业发展反映到师资培养体系中,就要求现代的教师教育机构必须适应现代社会的需求,改革传统的培养方向,由只注重专业知识的培养,转向对专业态度、专业技能、专业价值、专业精神等各方面的综合训练;由只注重职前培养,转向强调教师教育一体化的培养模式,促进师范生的专业发展及在职教师的专业发展,使教师职业不断趋于成熟.

第三节　数学教师专业发展的途径

信息化和学习型社会的到来,要求每一个人都要形成终身学习的观念,尤其是教师.教师职业和工作的性质决定了学习应成为教师的一种生活方式,应成为教师的一种生命状态.数学教师可以通过教学反思和课例研究来促进自己的专业发展.

一、教学反思

教学反思是指数学教师将自己的教育教学活动作为认知的对象,对教育教学行为和过程进行批判的、有意识的分析与再认识,从而实现自身专业发展的过程,促进教师专业发展的达成.

波斯纳(Posner)于1989年提出了一个教师成长的公式:经验＋反思＝成长.该公式表明了教师的成长与发展需要持续不断地反思已获得的教学经验,没有经过反思的经验是狭隘的经验,至多是肤浅的知识.罗塞尔和库剎根(Tom Russel&Fred Korthagen)1995年的研究认为,训练只能缩小专家教师与新手教师之间的差异,而反思性实践或者反思性教学,却是导致一部分教师成为专家教师的一个重要原因.彭华茂等在2001年的小学骨干教师反思意识的调查中显示，100%的小学骨干教师认为反思是非常重要也是非常必要的.许多中学骨干教师认为反思能够提高教学质量，提高教师素质.由此可见，反思对于教师成长而言，有着极为重要的价值.

反思是数学教师获取实践性知识、增强教育能力、生成教育智慧的有效途径.反思不只是对已经发生的事件或活动的简单回顾和再思考，而且是一个用新的理论重新认识自己的过程，是一个用社会的、他人的认识与自己的认识和行为做比较的过程，是一个不断寻求他人对自己认识、评价的过程，是一个站在他人的角度反过来认识分析自己的过程，是一个在解构"之后"又重构的过程，是一个在重构的基础上进行更高水平的行动的过程.它不仅包括对教育教学实践活动的反思，也包括对与之相应的潜在的教育教学观念的反思，还包括对自我专业发展的反思.

依据工作的对象、性质和特点，数学教师的反思主要包括：

①课堂教学反思.

②专业水平反思.

③教育观念反思.

④学生发展反思.

⑤教育现象反思.

⑥人际关系反思.

⑦自我意识反思.

⑧个人成长反思.

每一种反思类型还可以再细分.譬如，课堂教学反思就还可以分为课堂教学技能与技术的有效性反思、教学策略与教学结果的反思、与教学有关的道德和伦理的规范性标准的反思等.如果按照课堂教学的时间进程，它还可以细分为课前反思、课中反思和课后反思等.数学教师应该让反思成为一种习惯.

1.反思环节

数学教师是通过在专业活动中特别是在对自己的教学进行全面反思中，实现自己的专业发展.教学反思：是一个循环过程，主要包括以下几个环节.

(1)理论学习

完全凭经验、没有理论支持的教学反思，只能是低水平上的反思，只有在适当的理论支持下的教学反思，才能真正促进数学教师的专业发展.在进行教学反思之前，必须要进行有关理论的学习，如教学反思的有关理论、教师专业发展的有关理论.关于这些理论的学习，其实不仅仅在进行教学反思之前，在教学反思的整个过程中，都要进行相关理论的学习.在教学反思促进教师专业发展的过程中，教师还要制订自己专业发展的计划，这也要求教师首先应拥有教师专业发展的理论.

(2)对教学情境进行反思

教学反思是指教师将自己的教学活动和课堂情境作为认知的对象，对教学行为和教学过程进行批判地、有意识地分析与再认知的过程.反思要贯穿在整个教学过程中.数学教师对自己的教学活动进行反思，不仅要从教学活动的成功之处、课堂上突然出现的灵感等去反思，也应当更多地去反思课堂上、教学活动中所发生的不当、失误之处，也要去反思自己教学活动的效果、采用的新方法会有什么不同的效果等.同时，还要在反思结束后，反思自己在这个过程中得到了什么，内在专业结构发生了哪些变化等.

(3)自我澄清

数学教师通过对教学活动的反思,特别是对教学活动中的一些失误或效果不理想的地方的反思,应能意识到一些关键问题之所在,并应尝试找出产生这些问题的原因.这个过程可以在专家、同伴教师的帮助下完成.自我澄清这个环节是“以教学反思促进教师专业发展”的核心环节.

(4)改进和创新

教师根据产生的问题及产生这些问题的原因,尝试提出新的方法、方案.这个环节是对原来方法的改进和创新,通过改进和创新,使教师的教学活动更趋科学、合理.

(5)新的尝试

数学教师把新的方法用于教学活动,这是一个新的行动,实际上也是一个新的循环的开始.新的尝试又需要学习新的理论,通过多次循环,最终实现数学教师的专业发展.

2.反思方法

反思活动既可以独立地进行,也可以借助他人帮助更加自觉地进行.反思是以自身行为为考察对象的过程,需要借助一定的中介客体来实现.数学教师常用的反思方法有以下几种.

(1)反思日志

反思日志是数学教师将自己的课堂实践的某些方面,连同自己的体会和感受诉诸笔端,从而实现自我监控的最直接、最简易的方式.写反思日志可以使数学教师较为系统地回顾和分析自己的教育教学观念和行为,发现其中存在的问题,可以提出对相关问题的研究方案,并为更新观念、改进教育教学实践指明努力的方向.

反思日志的内容可以涉及有关实践主体(教师)方面的内容,有关实践客体(学生)方面的内容,或有关教学方法方面的内容.譬如,对象分析,学生预备材料的掌握情况和对新学习内容的掌握情况;教材分析,应删减、调换、补充哪些内容;教学顺序,包括环节设计、环节目标、使用材料、呈现方式与环节评价;教学组织,包括提问设计、组织形式、反馈策略;总体评价,包括教学特色、教学效果、教学困惑与改进方案.

反思日志没有严格的时间限制,可以每节课后写一点教学反思笔记,每周写一篇教学随笔,每月提供一个典型案例或一次公开课,每学期做一个课例或写一篇经验总结,每年提供一篇有一定质量的论文或研究报告,每五年写一份个人成长报告.反思日记的形式不拘一格,常见形式的主要有以下几种:

点评式,即在教案各个栏目相对应的地方,针对实施教学的实际情况,言简意赅地加以批注、评述.

提纲式,比较全面地评价教育教学实践中的成败得失,经过分析与综合,提纲挈领地一一列出.

专项式,抓住教育教学过程存在的最突出的问题,进行实事求是的分析与总结,加以深入的认识与反思.

随笔式,把教育教学实践中最典型、最需要探讨的事件集中起来,对它们进行较为深入的剖析、研究、整理和提炼,写出自己的认识、感想和体会,形成完整的篇章.

总之,数学教师可依个人的习惯、爱好来选择相应的方式撰写日志,也可结合实际,创造其他的形式.

(2)课堂教学现场录像、录音

仅仅对教学进行观察,很难捕捉到课堂教学的每一个细节.这是由于课堂是一个复杂的环境,具有多层性、同时性、不可预测性等,许多事件会同时发生.对教师的课堂教学进行实录,不仅可以为数学教师提供更加真实详细的教学活动记录，捕捉教学过程的每一细节，而且教师还可以作为观摩者审视自己的教学，帮助教师认识真实的自我或者隐性的自我，有助于提高教学技能，改善教学行为.

课堂录音也比较简捷、实用. 在课堂教学中，数学教师可以通过课堂录音来分析自己或者学生的有关语言现象，也可以对自己教学的某一方面进行细致的研究，教师通过对所收集数据的系统的、客观的、理性的反思，分析行为或现象的形成原因，探索合理的对应策略，从而使自己的教学更加有效.

(3)听取学生的意见

听取学生的意见，从学生的视角来看待自己，可以促使数学教师更好地认识和分析自己的教学. 当教师在教学中不断听取学生意见的时候，可以使其对自己的教学有更新的认识. 征求学生的意见，遇到的最大障碍莫过于学生不愿说出自己的想法. 解决这一问题的途径，一方面可以采取匿名的方式征求意见；另一方面，还需要数学教师努力创造一种平等的、相互尊重和信任的师生关系和课堂氛围，从而使学生产生安全感. 听取学生的意见，还可以采取课堂调查表的方法. 课堂调查表可以帮助教师较为准确地了解学生学习感受的有关信息，从而使教师的教育教学行为建立在对这些信息进行反思的基础上.

(4)与同事的协作和交流

同事作为教师反思自身教学的一面镜子，可以反映出日常教学的影像，譬如，开放自己的课堂，邀请其他教师听课、评课、听自己说课，或者听其他教师的课.

说课是数学教师在备完课或者讲完课之后，对自己处理教材内容的方式与理由做出说明，讲出自己解决问题的策略的活动. 而这种策略的说明，也正是教师对自己处理教材方式方法的反思.

课后，和专家、同事一起评课，特别是边看自己的教学录像边评，则更能看出自己在教学中的优缺点.

观摩其他教师的课堂，可以更好地发现自己所熟悉的教育教学活动中存在的问题，将讲课者处理问题的方式与自己的处理方式相对照，以发现其中的出入(傅建明，2007).

二、课例研究

课例研究这一术语包含了大型教学改进策略，其特点是一组教师对课堂教学进行现场观摩，其中有的教师收集教学过程的数据，以便于课后共同分析. 被观摩的课称为研究课(Research Lesson)，研究课本身不能被看成是一节课的结束，而是教师们分享教育观点的大窗口，其中一名教师同意执教，其他教师做详细记录、收集数据资料. 这些资料在课后的研讨会上被大家共同分享，被广泛地用来反思数学的教与学. 在北美洲，1999 年的第三次国际数学科学研究使得课例研究引起了广泛关注. 在短短的几年时间里，课例研究就已出现在 32 个州 355 所学校，并成为几十个会议、报告和已发表文章的焦点.

调查表明，近年来，日本教师一再强调课例研究对个人、学校，甚至国家在促进教学方面的作用. 日本中小学数学教师在教学上已做出了根本的改变，从“讲授式教学”成功转变为“理解式教学”，而且成功地促进了中小学数学教师专业发展.

那么，这一进步是如何实现的? 以下通过介绍伊利诺斯州的一个案例来描述课例研究的具体步骤.

这个研究报告了美国四位教师和一个教师教育工作者，在伊利诺斯州的一所郊区学校使用课例研究模式进行了15个月的教师职业发展研究.在2001年3月，四位教师确定了研究目标——提高小学二年级学生两步文字题的理解能力.教师进行了三个周期的循环——研究、规划、授课、反思和评价.在课例研究过程中，教师被激发、被鼓舞，并发现课例研究有效地促进了所在地区的教师的职业发展；它侧重于课堂教学、提供了一个有效的教学计划和时间集中的专业发展；把数学教学改革的专业理论知识付诸实践；并在教师中间形成了一个专业团体.

1.确定问题

课例研究的第一步是确定问题.多年来，教师发现两步数学文字题，对于许多二三年级学生来说，教起来很困难.通常在讲两步文字题时，教师希望学生能够用他们所特别设计的步骤来解决.进行了课例研究后，他们决定用在课例研究中所学到的有关教与学的知识改变教学方法.因此，重新制定了教学目的：①允许学生自己思考、设计解决两步文字题的方法；②给学生足够的时间和空间，让学生一起分享他们的数学思考过程；③仔细聆听学生的发言，用多种方法解决两步文字题.

2.设计教案

在确定了教学主题后，几个教师讨论了许多其他问题，分为四类：后勤、资料、教师教案的撰写和时间管理.

后勤问题，包括上课的时间、地点的确定，如何向小组展示问题，在介绍时小组是聚集在地毯上还是坐在自己的座位上，学生是否可以带着自己的作业和老师一起坐在地毯上，如何给学生分组(教师来分还是学生自愿组合)，以及许多其他类似的问题.

教学材料是要解决的另一类问题.譬如，是把问题写在白板上还是什么地方？教学副本是否发给每个学生？较大的“挂纸”由于可以挂在黑板上，所以很方便移动和保存，是否是记录课堂上一些临时想法的最好选择？这些问题，考虑到效率的原因，教师们一般都会立即做出决策.

时间问题要重点讨论.整个教学要多长时间？每个部分多长时间？学生是否应该拥有独立思考和与同伴合作的时间？独立解决问题需要多长时间，五分钟够吗？与同伴合作呢？在下课前整个班级集中讨论他们的解决方式需要多长时间，十五分钟够吗？当时间到了时，教师应该打断学生还是为了使课堂流畅而让学生继续呢？

教师教案的撰写则是另一个重要议题.几个教师感到困惑的是教师语言精确性的问题.教师在写教案时有没有必要使用很精确的数学语言？课堂上所呈现的问题应该由教师来读还是让学生自己去读？最终，教师决定按照通常的做法，二者兼而有之.学生在解决问题时，教师应该提示吗？教师应该自己回答问题还是鼓励学生坚持思考？有时，教师认为自己只是想尝试一下自己的方法，如果需要，就去改变——这正是课例研究的关键所在.有时教师把问题设计得比实际需要的更为困难，因为，每一个教师都是完美主义者，都想一次就把它做好！最终，教师们学会了接受一个事实：这就是为再一次教学留有余地，这一点也使得他们轻松了许多.

3.第一次授课、评课

教学设计完成后，下一步就是授课、评价教学.几个教师在2001年3月27日完成了这一步.授课教师运用下面的故事来上课.“二年级一班正在学习海洋生物.他们要到水族馆进行实地考察.全班分成六组，每组有3个女孩和2个男孩.女孩比男孩多多少？”三个教师观课、做详细的记录并录像，为进一步的观察做准备.虽然视频不能捕捉课堂上的每个细节，但能够给课后讨论提供一些辅助资料.同事观课，使授课教师自己也能从另一个角度了解自己的上课情况，并于课后及时探讨、交流.

4.修改教案

在冬季和春季学期,几个教师完成了课例研究第一轮的前四步.2001 年 8 月,开始实施第四步——修改原来的教案.教师们每周开一次会,审查以前所做的工作,准备重新上课.教师认为在第一次的教案设计上已花费很大心血,就是重新上课也不需要再做任何修改.教师们始终在思考:我们就像去年冬天一样给上过这节课的学生再上一次课?还是在二年级另外一个班,如果面对相同的学生再上这节课,如何变换问题?故事不变,变换数字?或者数字与运算不变,改变故事?在另外一个班上,还需要考虑什么问题?

几个教师一次又一次地思考:课例研究的目的到底是什么?是学生的成长吗?是要测查学生在教师指导下思考问题、提出问题的能力吗?教学的目的是提炼教师的教学行为,使得教学更富有挑战性、令人深思并开发学生的数学思维吗?带着这些问题,教师们对教案、每一部分的时间都做了调整,改进了观察方法,把学生的反映也写了进去.

5.第二次授课、评课

10 月,教师们完成了第二次授课.第一次的授课教师在 2001 年 10 月 4 日重新上了该课,其他三人又一次观课,并做了记录.教师们在评价第二次授课时突然发现还需要做更多的改变,并积极准备第三次授课.这对大家来说是一个顿悟过程,并开始意识到,如果一节课上的次数越多,那么你会发现修改的空间就越大.随着对课例研究理解的加深,教师们也意识到课例研究不只是使观课教师之间进行流动和交流,也使得教师行为发生了改变,由以前的只关注备课、上课,变为仔细观察学生并记录所发生的一切.

从 2002 年 2 月到 2002 年 5 月,四个教师又一次重复了整个过程.这一次授课教师进行了替换,使得前两次的授课教师也能够观察同一节课,也获得了来自数学教育工作者和高校数学教育家的评论,极大地丰富了教师的学习.

6.反思、提升

经过三个周期的循环,每个教师把自己的教学情况和其他授课教师都做了比较,总结了各自的优缺点.教师们也体会到详细的授课计划——包括教学目标、预测学生对问题的反映所带来的益处;教师在观课期间的记录越详细,课后研讨会就会越精彩.每重复一个课例研究过程,教师们对自己的教学情况了解的就会更多,对课例研究过程掌握的也会更好.每个教师根据自己的教学经历,再结合数学教育工作者的评论,尝试把教学实践中获得的经验上升到理论的高度,撰写反思心得,提高自己研究的理论水平.

第十四章　现代教育技术与数学教育

现代教育技术指的是20世纪50年代以来在学校教育和数学中陆续使用幻灯、投影仪、音响设备、计算器、计算机等新型手段的技术.有关幻灯、投影仪、音响设备等技术,近几十年中小学已经普及,计算技术技术正在推广使用,现代教育技术在数学教育中也占有着越来越重要的地位.

第一节　当代教育技术的产生与发展

教育技术是以现代教育理论为基础,运用现代科技成果和系统科学提高教学效益,优化教育教学过程的理论和实践的技术.它通过研究学习过程和学习资源来解决教育教学问题,即解决"如何教"和"怎样教好"的问题.

一、当代教育技术的发展历程

教育技术萌芽于19世纪末,起步于20世纪初的美国.它的前身是三种不同的教学方法:视听教学、个别化教学和系统设计教学.经过半个世纪各自独立发展,到20世纪60年代中后期,随着系统科学理论引入,三种方法逐渐交叉融合,在此基础上诞生了教育技术学.在国外,教育技术的发展大致经历了如表14-1所示的几个阶段.

表14-1　现代教育技术的发展阶段

阶　段	时　间	新媒体的介入	新理论的引入
萌芽阶段	19世纪末	幻灯片	夸美纽斯的《大教学论》
起步阶段	20世纪20年代	无声电影、播音	《学校的视觉教育》
初期发展阶段	30—40年代	有声电影、录音、电视	戴尔的《经验之塔》
迅速发展阶段	50—60年代	程序教学机、电子计算机	斯金纳的操作性条件反射说
系统发展阶段	70—80年代	闭路电视系统、CAI系统、卫星电视教学系统	系统论、信息论、控制论
网络发展阶段	90年代后	多媒体计算机系统、计算机网络	认知理论、建构主义学习理论

事实上,幻灯在19世纪90年代就开始用于教学;20世纪初,无声电影与无线电广播被运用到教育教学中;30年代,有声电影与录音被运用到教育教学中;40年代,录音与电视进入教学领域.在教育技术发展的起步阶段,幻灯、电影、广播、录音等现代手段得到逐步发展.50年代到60年代,作为科技发展史上一个重要里程碑——计算机出现了,由它引起的信息革命对社会产生着越来越广泛地影响.电子计算机和程序教学机被广泛地运用于教育和教学.这一阶段是现代教育技术的迅速发展阶段.70年代,这一时期在技术应用上主要是录像设备、卫星电视教育系统和计算机辅助教学系统.在北美,中小学都普遍配备了电视摄录像系统,储存了大量的录像带.在日

本，据1979年的统计，有72.2%的初中和92.3%的高中都拥有录像设备，87%的小学教师经常使用录像进行电视教学. 80年代初，当第一批微机在发达国家学校的课堂里出现时，有人兴奋地预言：计算机将会给教育领域带来一场革命！微型计算机逐步在中小学普及，美国和加拿大的每所中小学一般拥有数台至数十台的微型计算机. 英国曾在1973—1978年间投资200万英镑进行计算机辅助教育系统的研制. 有80所学校研制了计算机辅助教学系统297个. 进入20世纪90年代以来，高科技以前所未有的速度，奏响了跨世纪宏伟乐章的主旋律. 尤其是自1993年美国确立了发展“信息高速公路”的战略之后，“多媒体”和“信息高速公路”成为工业化时代向信息时代转变的两大技术杠杆，以惊人的速度改变着人们的学习方式、思维方式、工作方式、交往方式乃至生活方式！高科技带给教育的不仅是手段与方法的变革，而是包括教育观念与教育模式在内的一场历史性变革. 目前，世界各国都在大力发展现代教育技术. 美国曾明确提出，要使12岁的儿童都能上网，18岁的人都能有接受高等教育的机会，成年后接受继续教育. 毫无疑问，当代信息技术的发展和普及，将成为人类科技发展中的又一个里程碑.

二、我国教育技术的发展历程

在国外教育技术发展过程中，总是随着新媒体的不断涌现，而把这些媒体用于教育并冠以不同的名称，如视觉教育、视听教育、教育媒体、教育传播与技术等等，然后逐步演变为“教育技术”. 这种概念的变迁，反映了教育技术的发展. 从教育技术的发展历程来看，基本上可以把中国教育技术的发展具体分为三个阶段：20世纪20年代到中华人民共和国成立之前的萌芽阶段，建国以后到“文化大革命”之前的初步发展阶段，改革开放之后到现在的重新起步和快速发展阶段.

1. 萌芽阶段（19世纪90年代—20世纪20年代）

20世纪20年代，受美国视听教育运动的影响，我国教育界开始尝试利用电影、幻灯等媒体作为教学工具. 主要运用幻灯、播音、电影等媒体进行社会教育和学校教育活动，由此揭开了中国电化教育发展的序幕.

比较具有代表性的事件有：1919年开始幻灯教学的实验；1932年成立了“中国教育电影协会”；1937年建立了“播音教育指导委员会”；1940年，教育部将“电影教育委员会”和“播音教育委员会”合并成立了“电化教育委员会”；1940年，当时的国立教育学院设立电化教育专修科，1948年改为电化教育系，培养电化教育专门人才；1948年8月中华书局出版了《电化教育讲话》.

2. 初步发展阶段

中华人民共和国成立以后，中国教育技术的发展翻开了新的一页. 1949年11月在文化部科技普及局成立了电化教育处，负责领导全国教育技术工作.

1949年，北京人民广播电台和上海人民广播电台举办俄语讲座，后又改为俄语广播学校. 每年参加学习的学员达5000人，到1960年，累计招生19万多人. 1960年起，上海、北京、沈阳、哈尔滨、广州等地相继开办电视大学，培养社会发展急需的人才，取得了一定的成绩. 后来，还成立了一些专门的机构. 在高等教育方面，北京师范大学、西北大学等许多高校开设了“电化教育”、“视听教育”等课程. 另外，一些高校开始尝试利用视听媒体辅助课堂教学，特别是在外语教学方面取得了较好的效果. 在1958年前后，中国掀起了教育改革运动，推动了高等学校和中小学电化教育活动的开展. 北京、上海、南京、沈阳等地相继成立了电化教育馆，负责开展中小学的教育技术活动，取得了很大成绩.

3.迅速发展阶段

20世纪70年代,受"文化大革命"的影响,我国的电化教育几乎没有什么发展.十一届三中全会以后,中国的教育技术重新起步.我国开展教育技术研究与实践已经有80余年的历史,但真正意义上的大发展,还是在改革开放以后的这20多年.1993年,原国家教委发布了"高师本科专业目录",正式将"电化教育"专业改为"教育技术学"专业,我国的教育技术得到了迅速的发展.

随着远距离教育的建立和发展,远距离教育系统逐渐形成,卫星电视教育网全面建立.1979年2月创办了中央广播电视大学,逐步形成了一个由各级电大组成的远距离高等教育系统,一个覆盖全国城乡的广播电视教育网络.并且在1978年以后,教育技术在计算机辅助教学、学校电化教育和教育技术学科等几方面获得了发展.80年代后,各方面相互影响借鉴,从教育技术学的基本原理——教学设计的理论与方法中吸取营养,来改善教学.随着电化教育工作理论研究和实践范围的扩展,电化教育正在向教育技术全面过渡.随着技术的发展,幻灯、投影、录音、录像、计算机软件等音像电子教材已成为我国教材建设的重要内容.到1995年,中国的教育软件市场已基本形成.1996年国家计委将"计算机辅助教学软件研制、开发与应用"列入国家"九五"重点科技攻关项目,投资1500万元,该项目已于1999年7月结题.至此我国已经建立起比较完整的教育技术学科专业体系.到1999年,近30所高等院校设置了教育技术专业,近10所高等院校具有教育技术学硕士学位授予权.北京师范大学、华东师范大学和华南师范大学具有教育技术学专业博士学位授予权.从而形成了一个包括专科、本科、硕士学位研究生和博士学位研究生在内的完整的教育技术学专业人才培养体系.到2000年,我国的信息高速公路——"中国教育与科研计算机网络"已经开通,连接近200所高等学校和一些设备较好、技术力量较强的中小学校,为我国多媒体网络教学的广泛开展创造了条件.进入新世纪以来,现代教育技术的研究重点从以前的视听教育媒体的理论与应用研究,转向对多种媒体组合运用和学习过程的研究.特别是对教学系统的设计、开发、运用、评价与管理的研究,开展了大量的试验研究与开发工作.从而使多媒体及网络教育资源得到进一步的开发,全国各地的中小学网校如雨后春笋般地建立.

三、教育技术发展的三条主线

教育技术是在20世纪20年代前后的视听教学、程序教学以及系统化设计教学等教学方法的基础上发展起来,逐渐从教学方法范畴内分离出来的一门新兴的教育学科中的分支学科.依据美国著名教育技术专家伊利(Donald P. Ely)的研究,美国教育技术有三条历史发展线索:一是早期的视觉教学→视听教学→教学媒体→视听传播;二是行为科学为理论基础的教学机器→程序教学→计算机辅助教学;三是20世纪50年代开始,随着控制论、信息论和系统论的兴起,系统方法作为分析、解决问题的一般方法被引入教育、教学领域而产生的重大影响.三条线索形成技术在教育中应用的三种不同模式:第一条线索形成的是"应用各种各样学习资源的模式";第二条线索形成"强调个别化的学习模式";第三条线索形成"运用系统方法的模式".而这三种模式被综合在一起就形成教育技术理论研究和实践应用的基本特征.

1.教育视听教学方法的发展

在一般人的理解中,教育技术就是教育中应用各种技术设备和媒体如幻灯、投影、电影、电视、计算机等.但实际上,这只是教育技术早期的发展.在教育技术学的发展过程中,教育机器的应用具有很大的影响,但教育技术决不是教育的机械化,而是具备方法论思想一种理论与实践.

19 世纪末 20 世纪初，工业革命推动了科学技术的迅猛发展，一些新的科技成果如幻灯、无声电影等被引进了教育领域，向学生提供了生动的视觉形象，使教学获得了不同以往的巨大成果.研究视觉媒体教育应用的视觉教育运动兴起，越来越多的教育工作者参与对新媒体应用的研究.1913 年，爱迪生宣布"不久将在学校中废弃书本……有可能利用电影来传授人类知识的每一个分支.在未来的 10 年里，我们的学校将会得到彻底的改造."虽然，在爱迪生预言后的 10 年里，他预期的变化没有出现，但是，这 10 年间视觉教育活动则有了长足的发展.与此同时，英国、美国等兴起了播音教育，研究听觉媒体教育应用的听觉教育运动兴起.无线电广播对教育的作用远远超出了学校的范围.随着无线电广播和有声电影在教育中的推广和应用，人们开始对具有视听双重特征的媒体的研究，视听运动兴起.

随着视听教育的广泛开展，出现了相关的视听教育理论，其中最具代表性的当数戴尔(Dale)的"经验之塔"理论.戴尔认为，人们学习知识，一是由自己直接经验获得，二是通过间接经验获得，二者不可偏废.

戴尔的"经验之塔"理论把人类学习的经验分为做的经验、观察的经验和抽象的经验三大类，并按抽象程度自塔底至塔顶分为十个层次：有目的直接经验，设计的经验，演戏的经验，观察示范，室外旅行，参观展览，电影和电视，无线电、录音、静态图画，视觉符号，词语符号."经验之塔"反映的观点是，教育应从具体入手，但不能停止于具体，而是要逐渐走向抽象，向抽象发展.位于中层部分的观察经验，易于培养观察能力，能够冲破时空的限制，加强学习；下边做的经验，理解深，记得牢，但上边的抽象经验，易于获得概念，便于应用.

进入 50 年代以后，电视、语言实验室等更现代的视听媒体被运用到教育教学领域中.随着各种各样的现代化的视听媒体如幻灯、投影、无线电广播、录音、电影和电视等在教育中的大量使用，人们开始重视对这些媒体使用效果的实验研究.这些研究通常是将借助媒介的学习和不借助媒介的常规学习加以比较.研究发现：没有一种绝对好的媒体，每种媒体都有其长处与短处，选择媒体时应该取长避短，综合使用多种媒体进行教学.对媒体使用的考察和研究还发现，使用各种现代媒体并没有对教育产生太大的变革，并不能成为教科书的替代物.要想真正提高教育教学的效率，不应该只关心在教的过程中使用什么手段、设备，而应该关心整个教学过程的综合实施，关心学习者的学习过程，综合使用各种学习资源，以促进学习.大力发展有效学习媒体和信息资源，无论过去还是现在仍是教育技术领域的一个与众不同的特点.

2. 个别化教学方法的发展

从 20 世纪初到 20 年代，人们不断开发了几个新的个别化教学形式，也研制出了几种教学机器.然而，由于受到当时历史条件的限制，这些早期的个别化教学形式和教学机器在学校的教学中并没有产生太大的影响.直到 20 世纪 50 年代，美国著名心理学家斯金纳掀起了一场程序教学运动，从而使一度衰落了的个别化教学重新兴起.程序教学，就是让学生在事先编制好的、能有效控制学习过程的程序中进行学习，而这些程序能够满足学生的一种或多种学习需要.程序教学有两个关键因素：一是制造程序教学机，二是编写程序课本.

程序教学的要素包括：

①小步子的逻辑序列.教材被分解为许多片段，安排成一个逐渐增加难度的、有次序的序列，强调教材难度增加的渐进性和从一个项目过渡到下一个项目的自然性.

②积极地反应.要求学生和程序间相互影响，使学生积极地对每一个刺激作出反应.

③信息的及时反馈.每当学生作出一个反应，程序就立即告诉学生正确与否，避免学生一错

再错.

④自定步调.程序教学以学生为中心,鼓励每一个学生以适合自己的速度进行学习,以便学生通过不停的强化而得以稳步地前进.

⑤减少错误率.程序教材需要不断修订,以使学生产生的错误减少到最少限度.

为了实现这种程序教学的思想,人们设计了各种各样的教学机器.从不具备信息显示装置的简单的教学机器开始,到对数个框面的信息进行随机选取的多种多样的教学机器.然而,到了20世纪60年代,由于技术水平跟不上去,拥有模式功能的教学机器的设计已有穷尽之感,并且对于复杂的教学内容难以解决,程序教学开始进入了低潮.到了70年代,随着具有高度性能的电子计算机技术的迅速发展,人们研究教学机器的兴趣完全转移到计算机辅助教学(CAI)的研究上去了.程序教学的方法广泛用于计算机辅助教学.计算机成了实现程序教学思想的最高级的程序教学机.大力发展计算机技术在教育中的应用,成为90年代以来教育技术重要的研究方向.

3.教学系统设计方法的发展

在视听教学和个别化教学产生和发展的同时,教学的系统设计方法也逐渐形成.

20世纪20年代,美芝加哥大学的博比特和查特斯等人继续倡导运用实验方法来解决教育教学问题.1924年,博比特在《课程建设》一书中提出了系统设计课程的理论及具体步骤.1945年,查特斯在一篇关于"教育工程"的论文中写道:"首先,教育工程师接受一个要开发的计划、一个要解决的问题……下一步,他对问题作出逻辑的解释……问题明确以后,教育工程师分析问题,以揭示应考虑的因素……他着手用已确定的方式执行计划,来设计项目……教育工程方法的最后阶段是评价."

第二次世界大战期间,美国出于战时需要,大批地招募曾经受过实验研究方法训练、具有开展实验研究经验的心理学家和学校教育工作者参加军训工作,他们从关于学习过程、学习理论和人类行为理论方法的研究调查中总结出了一系列教学原则,并用于指导军训研究和教材的开发.其结果不仅提高了军训的效率和效果,也使教学设计的一些重要原理得到了进一步完善和发展,如任务分析、行为目标、标准参照测试、形成性评价和总结性评价等.20世纪60年代末至70年代初,教学系统方法日益受到重视.人们在实践中建立了许多系统设计教学的理论模型,发表了大量关于教学系统方法的文章,使系统方法成了教育技术解决教育教学问题的根本方法和核心思想.

四、现代教育技术的发展趋势

20世纪80年代后期北大西洋公约组织(NATO)科学委员会考虑到微型计算机的日益普及对教育技术的研究内容和发展方向有深刻的影响,于是计划对该领域作一次全面的调查与研究,"高级教育技术"(Advanced Educational Technology,简称AET)专门研究项目因此而确立.AET项目得到NATO科学委员会的支持与资助,并于1988年开始实施.该项目持续6年,曾先后组织过多达50次的高级研讨会和专题学术讨论会,北大西洋公约组织所有成员国的几百名一流教育技术专家多次参予了这些会议,对教育技术的发展趋势,主要的前沿课题以及这些新发展对教育、教学领域产生的影响等重大问题进行了认真、深入的研讨,并在不少问题上达成了共识.

分析AET项目的研究结论,并综合近年来有关教育技术的国际性学术会议的主要观点,可以看出当今教育技术的发展有以下趋势:

1. 网络化

教育技术网络化的最明显标志是互联网(Internet)应用的急剧发展.体现在 Internet 上的这种远程、宽带、广域通迅网络技术的重大革命,肯定会对未来的高等教育产生深远的影响,这种影响不仅表现在教学手段、教学方法的改变上,而且将引起教学模式和教育体制的根本变革.

基于互联网环境下的教育体制与教学模式不受时间与空间的限制,通过计算机网络可扩展至全社会的每一个角落,甚至是全世界,这是真正意义上的开放式学校;在这种教育体制下,每个人既是学生又是教师,每个人可以在任意时间、任意地点通过网络自由地学习、工作或娱乐.每个人不管贫富贵贱都可以得到每个学科第一流老师的指导,都可以向世界上最权威的专家"当面"请教,都可以借阅世界上最著名图书馆的藏书甚至拷贝下来,都可以从世界上的任何角落获取到最新的信息和资料.由于是基于信息高速公路的多媒体教育网络,所有这些都可以在瞬息之间完成,你所需要的老师、专家、信息与资料,都是远在天边,但又近在眼前.世界上的每一个公民,不管其家庭出身、地位、财富如何,都可以享受到这种最高质量的教育,这是真正意义上的全民教育.

在上述教育网络环境下,既可以进行个别化教学,又可以进行协作型教学,还可以将"个别化教学"与"协作型教学"二者结合起来,所以是一种全新的网络教学模式.这种教学模式是完全按照个人的需要进行的,不论是教学内容、教学时间、教学方式甚至指导教师都可以按照学习者自己的意愿或需要进行选择.

在 21 世纪,这种基于 Internet 的、不受时空限制的、真正的开放式学校将会变得愈来愈普遍则是确定无疑的.

2. 多媒体化

近年来,多媒体教育应用正在迅速成为教育技术中的主流技术,换句话说,目前国际上的教育技术正在迅速走向多媒化.

现代教育媒体的多媒体化趋势主要表现在两个方面,即多媒体技术的应用和多媒体优化组合形成的多媒体系统的应用.

(1)多媒体教学系统

与应用其它媒体的教学系统相比,由于多媒体教学系统具有多重感观刺激、传输信息量大、速度快、信息传输质量高、应用范围广、使用方便、易于操作、交互性强等优点,使得它在教育领域中的应用势头锐不可当,从而成为教育技术中的主流技术.可以说,正是多媒体教学系统具有的诸多优势,目前现代数育技术正在迅速走向多媒体化.

(2)多媒体电子出版物

各种新兴媒体和一些旧媒体相互交融,共同存在,并运用教学设计的原理进行优化组合,形成具有整体功能的多媒体教学系统也是教育技术多媒体化趋势的一个方面.这就是以 CD_ROM 光盘作存储介质的电子出版物.例如,电子词典、电子百科全书、电子刊物等.在电子大百科全书中,它的每个条目不仅有文字说明,还有声音、图形、甚至活动画面的配合.此外,还具有辅助教学功能,可以对学生进行辅导、答疑、布置作业.

3. 愈来愈重视教育技术理论基础的研究

没有理论的实践是盲目的实践,没有理论指导的应用只能停留在一个较低的水平上不会有突破性的进展,因此近年来,国际教育技术界在大力推广应用教育技术的同时都日益重视并加强对教育技术理论基础的研究,这表现在以下两个方面:

一方面是重视教育技术自身理论基础的研究.最明显的例子就是美国 AECT 学会专门撰写的专著"教育技术的定义和研究范围"，该书对教育技术学给出了全新的、科学的定义，与此同时对教育技术的研究领域和研究内容也从五个方面作了明确的界定.该书不仅是美国电教界的重要理论研究成果，也是当今国际电教界的重要理论研究成果，它将对整个 20 世纪 90 年代乃至 21 世纪初教育技术学的发展起有力的推进作用，对我国电教事业的发展也将产生深刻的影响.我们应对此给予足够的重视.

另一方面是加强将认知学习理论应用于教育技术实际的研究.对于认知心理学来说，这类研究本属应用范畴；但是对于教育技术学来说，由于认知心理学是其理论基础之一，所以，上述研究属于教育技术学本身的理论方法研究.认知学习理论开始占主导地位.

4.愈来愈重视人工智能在教育中应用的研究

智能辅助教学系统由于具有"教学决策"模块(相当于推理机)、"学生模型"模块(用于记录学生的认知结构和认知能力)和"自然语言接口"，因而具有能与人类优秀教师相媲美的下述功能：

①了解每个学生的学习能力、认知特点和当前知识水平.

②能根据学生的不同特点选择最适当的教学内容和教学方法，并可对学生进行有针对性的个别指导.

③允许学生用自然语言与"计算机导师"进行人机对话.

因为基于知识工程和专家系统的人工智能(AI)技术具有上述功能，因此，目前在高级教育技术领域都倾向于引入 AI 技术.在 NATO 科学委员会的 AET 项目所列入的八大研究课题中有四项都要直接应用到 AI，如第一项的"任务分析与专家系统"，第三项的"学生模型建造与学生错误诊断"，第四项的"个别指导策略与对学习者的控制"，第六项的"微世界与问题求解".其中第一，四项完全应用 AI 技术，第三，六项则后半部分("学生错误诊断"和"问题求解")要用到 AI 技术.

5.愈来愈强调教育技术应用模式的多样化

即使是象美国以及北大西洋公约组织所属的这类发达国家，对教育技术的应用也不是同一模式、同一要求，而是根据社会需求和具体条件的不同划分不同的应用层次，采用不同的应用模式.目前在发达国家，教育技术的应用大体上有以下四种模式：

①基于传统教学媒体(以视听设备为主)的"常规模式".

②基于多媒体计算机的"多媒体模式".

③基于 Internet 的"网络模式".

④基于计算机仿真技术的"虚拟现实模式".

其中常规模式不论是我国还是在发达国家，在目前或今后一段时间内，仍然是主要的教育技术的应用模式.

在重视"常规模式"的同时，应加速发展"多媒体模式"和"网络模式"，这是现代教育技术发展的方向和未来.

至于"虚拟现实"模式，这是一种最新的教育技术应用模式.虚拟现实(Virtual Reality，简称 VR)是由计算机生成的交互式人工环境.在这个人工环境中，可以创造一种身临其境的完全真实的感觉.但 VR 模式由于设备昂贵，目前还只是应用于少数高难度的军事、医疗、模拟训练和一些研究领域.但它有着非常令人鼓舞的美好前景.

第二节　当代教育技术在数学教学中的应用模式

随着现代教育技术的飞速发展，多媒体、数据库、信息高速公路等技术的日趋成熟，教学手段和方法都将出现深刻的变化，计算机、网络技术将逐渐被应用到数学教学中. 计算机应用到数学教学中有两种形式：辅助式和主体式. 前者是教师在课堂上利用计算机辅助讲解和演示，主要体现为计算机辅助教学；后者是以计算机教学代替教师课堂教学，主要体现为远程网络教学.

一、计算辅助数学教学

计算机辅助教学(Computer Assisted Instruction，简称CAI)是指利用计算机来帮助教师行使部分教学只能，传递教学信息，对学生传授知识和训练技巧，直接为学生服务.

CAI的基本模式主要体现在利用计算机进行教学活动的交互方式上. 在CAI的不断发展过程中已经形成了多种相对固定的教学模式，诸如错做与练习、个别指导、研究发现、游戏、咨询与问题求解等模式. 随着多媒体网络技术的快速发展，CAI又出现了一些新型的教学模式，例如，模拟实验教学模式、智能化多媒体网络环境下的远程教学模式等. 这些CAI教学模式反应在数学教学过程中，可以归结为以下几种主要的形式.

1. 基于CAI的情境认知数学教学模式

基于CAI的情境认知数学教学模式，是指利用多媒体计算机技术创设包含图形、图像、动画等信息的数学认知情境，是学生通过观察、操作、辨别、解释等活动学习数学概念、命题、原理等基本知识. 这样的认知情境旨在激发学生学习的兴趣和主动性，促成学生顺利地完成“意义建构”，实现对知识的深层次理解.

基于CAI的情境认知数学教学模式主要是教师根据数学教学内容的特点，制作具有一定动态性的课件，设计合适的数学活动情境. 因此，通常以教师演示课件为主，以学生操作、猜想、讨论等活动为辅展开教学. 适于此模式的数学教学内容主要是以认知活动为主的陈述性知识的获得. 计算机可以发挥其图文并茂、声像结合、动画逼真的优势，使这些知识生动有趣、层次鲜明、重点突出；可以更全面、更方便地揭示新旧知识之间联系的线索，提供“自我协商”和“交际协商”的“人机对话”环境，有效地刺激学生的视觉、听觉、感官处于积极状态，引起学生的有意注意和主动思考，从而优化学生的认知过程，提高学习的效率. 这样的教学模式显然不同于通过教师滔滔不绝的“讲解”来学习数学，而是引导学生通过教师的计算机演示或自己的操作来“做数学”，形成对结论的感觉、产生自己的猜想，从而留下更为深刻的印象.

基于CAI的情境认知数学教学模式反映在数学课堂上，最直接的方式就是借助计算机使微观成为宏观、抽象转化为形象，实现“数”与“形”的相互转化，以此辨析、理解数学概念、命题等基本知识. 数学概念、命题的教学是数学教学的主体内容，怎样分离概念、命题的非本质属性而把握其本质属性，是对之进行深入理解的关键. 教学中利用计算机来认识、辨析数学的概念、原理，能有效地增进理解，提高数学的效率.

由于基于CAI的情境认知数学教学模式操作起来较为简单、方便，且对教学媒体硬件的要求并不算高，条件一般的学校也能够达到. 因此，这种教学模式符合我国数学教学的实际情况，是当前计算机辅助数学教学中最常用的教学模式，也是数学教师最为青睐的教学模式. 不过，这种教学模式的不足之处也是明显的，主要表现在：

①技术含量不高.由于这种教学模式基本上仍是采用“提出问题→引出概念→推导结论→应用举例”的组织形式展开教学,计算机媒体的作用主要是投影、演示,学生接触的有时相当于一种电子读本,技术含量相对较低,不能很好地发挥计算机的技术优势.

②学生主动参与的数学活动较少.虽然这种教学模式利用计算机技术创设了一定的学习情境,但这种情境是以大班教学为基础的,计算机主要供教师演示、呈现教学材料、设置数学问题,还不能够为学生提供更多的自主参与数学活动的机会.

③人机对话的功能发挥欠佳.计算机辅助数学教学的优势应通过“人机对话”发挥出来,而这种教学模式由于各种主客观条件的限制,还不能让学生独立地参与进来与机器进行面对面地深入对话,人机对话作用限于最后结论而缺乏知识的发生过程和思维过程,形式比较单调,内容相对简单.

2.基于CAI的练习指导数学教学模式

基于CAI的练习指导数学教学模式,是指借助计算机提供的便利条件促使学生反复练习,教师适时的给予指导,从而达到巩固知识和掌握技能的目的.在这种教学模式中,计算机课件向学生提出一系列问题,要求学生作出回答,教师根据情况给予相应的指导,并由计算机分析解答情况,给予学生及时的强化和反馈.练习的题目一般较多,且包含一定量的变式题,以确保学生基础知识和基本技能的掌握.有时候,练习所需的题目也可由计算机程序按一定的算法自动生成.

这种教学模式也主要有两种操作形式:一种是在配有多媒体条件的通常的教室里,由教师集中呈现练习题,并对学生进行针对性的指导;另一种是在网络教室里,学生人手一台机器,教师通过教师机指导和控制学生的练习.前者比较常见,因为它对硬件的要求不太高,操作起来也较为方便,但利用计算机技术的层次相对较低,教师的指导只能是部分的,学生解答情况的分析和展示也只能暴露少数学生的学习情况,代表性不强.后者对硬件的条件要求较高,但练习和指导的效率都很高,是计算机辅助数学教学的一种发展趋势.因为,在网络教室中,教师可以根据需要调阅任何一个学生的学习情况,及时发现他们的进度、难处,随时进行矫正、调整.好的方法、典型的问题、典型的错误可以展示在大屏幕上或板演到黑板上,或者指示其他同学调阅学习伙伴的学习情况;同学之间还可以利用网络进行讨论,互通有无,资源共享.总之,网络教室内的练习指导教学模式,人机对话的功能发挥较好,个别化指导水平较高,使能力差点的学生可以得到更多的关心,能力强些的学生得到更好的发展,能够较大幅度地提高数学教学的效率.

3.基于CAI的数学实验教学模式

所谓基于CAI的数学实验教学模式,就是利用计算机系统作为实验工具,以数学规则、理论为实验原理,以数学素材作为实验对象,以简单的对话方式或复杂的程序操作作为实验形式,以数值计算、符号演算、图形变换等作为实验内容,以实例分析、模拟仿真、归纳总结等为主要实验方法,以辅助学数学、辅助用数学或辅助做数学为实验目的,以实验报告为最终形式的上机实际操作活动.学生在做数学实验的过程中,通过个人独立探索、小组合作研究或者组织全班学生讨论,主动参与发现、探究、解决问题等活动,从中获得数学研究的过程体验和情感体验,产生成就感,进而开发创新潜能.

基于CAI的数学实验教学模式的基本思路是:学生在教师的指导下,从数学实际活动情境出发,设计研究步骤,在计算机上进行探索性实验,提出猜想、发现规律、进行证明或验证.根据这一思路,具体教学时一般涉及以下五个基本环节:创设活动情境→活动与实验→讨论与交流→归纳与猜想→验证与数学化.

大数学家欧拉曾经说过:“数学这门科学,需要观察,也需要实验.”但在长期的数学课堂教学中,由于各方面条件的限制,偏重于强调数学演绎推理的一面,忽视其作为实验科学的一面,导致学生看不到数学被发现、创造的过程,而过分注重问题的结论以及解题的方法技巧.基于CAI的数学实验教学模式则让学生感到一切都是当着他们的面发生的,而不是以教条的形式灌输的,为学生提供了更多的动手机会,使学生由“听数学”转为“做数学”,从被动的接受式的学习变为主动的探索式的学习.

4.基于CAI的问题探究数学教学模式

基于CAI的问题探究数学教学模式,是指利用计算机软件将要学习的数学内容构造成一定的问题或问题情境,由学生独立或合作探究,在思考、解决问题的过程中获取知识和发展能力.这种教学模式不仅适用于一般数学概念、命题、原理的学习,而且适用于数学法则、思想方法、建模应用等方面的学习.由于该教学模式对学生各方面能力的要求较高,但不管哪些知识的学习,都需留给学生较宽松的探究活动余地和“数学发现”的机会.

就目前计算机辅助数学教学的环境条件而言,这种教学模式的应用大致有两类:其一,计算机提供问题(必要时可提供求解这类问题的程序),由学生探究问题的解决办法,并从解决问题的探究过程中归纳、概括出一般原理,从而获得所要学习的知识;其二,计算机呈现问题情境,由学生根据问题情境所涉及的背景材料自己确定问题、提出假设和建立解决问题的程序,然后将有关的数据资料、操作程序输入计算机执行,通过学生的自主探究,验证假设,得出结论.

在数学学习的过程中,经常会遇到一些不容易解决的问题,尤其是需要抽象、概括建立数学模型的问题,或需要复杂运算的问题,或涉及到图形动态变换的问题等.计算机技术的应用可以使这些问题更生动、更具有吸引力,也拓宽了问题探究的路径.

5.基于CAI的数学通讯辅导教学模式

所谓基于CAI的数学通讯辅导教学模式,是指在多媒体网络环境下教师将与数学教学内容有关的材料以电子文本的形式传输给学生,再现课堂教学中的信息资料和数学活动情景,使学生得到进一步的数学辅导,从而将数学教学由课内走向课外、由学校延伸至家庭.

事实上,由于各种主客观条件的限制,单单课堂里的数学教学尚有较大的局限性,无论是知识的掌握还是能力的发展,学生都需要得到进一步的辅导.凡是有课堂听讲经历的都会有这样一种感受:如果在课堂上及时思考老师提出的问题或参与讨论、合作活动,可能就没有充分的时间“记好课堂笔记”.利用计算机技术可以很方便地解决这个问题:上课时学生可以不必花大部分精力赶记笔记,而是用在独立思考与合作交流等数学活动中.课后,学生只需将教学内容的电子资料拷贝下来,根据自己的需要再现课堂教学的任一部分内容,反复琢磨,达到复习巩同的目的.或者,在网络状态下,学生在自己家里登陆老师的网站,向老师寻求资料、提出问题、求得解答.这样,课后的辅导变得随时随地.学生还可以针对自己的情况选择不同层次的学习内容,教师则可以针对学生的实际水平,实现个别化辅导为主的分层教学.而且,还可以发挥计算机的即时反馈功能,对学生的作业随时予以指导和评价,有效地克服了传统数学教学中“回避式作业批改”的反馈滞后性、缺乏指导性等缺陷.此外,计算机还有很强的评价功能.经过一段时间的学习,计算机就可作出评价,使学生了解学习的效果.典型的、反复出现的错误,计算机还可以针对性地加以强化,使簿弱环节得到反复学习.

就当前数学教学的环境条件而言,实施基于CAI的数学通信辅导教学模式主要还是教师制作课件和电子辅导资料供学生复制使用,或向学生介绍相关的数学学习网站登录自学.随着网络技术的高速发展，教师应当建立一个适合自己所教学生的个人数学教学辅导网站，将数学辅导材料传输于网上，随时供学生调阅、探讨．当然，这种网络辅导方式不仅对教师的精力和能力是一种考验，而且也需要学生家庭经济状况的支持．一些有条件的学校的教师，已经做了一些探索和尝试，在自己建立的个人的个人网站上设立丰富多彩的活动板块，有效地调动了学生参与的积极性．例如，教师在自己的个人网站上设立“知识经脉”，帮助学生梳理所学的数学知识，形成知识结构网络；设立“课堂重温”，每次课后都上传本节课的内容，便于学生及时弥补当天未掌握的知识，同时一个阶段后也便于学生回顾所学知识；设立“课外辅导”，提供同步练习、自我测试、点击高考、竞赛辅导等供学生酌情选择；设立“教学反馈”，公布每次作业和考试情况，收集一些典型错误，即使在期末复习时亦可查看；设立“成果展示”，表彰进步的学生，展示他们的小创作、小论文等；还有学习论坛等．通过网站，不仅激发了学生的学习兴趣，拓宽了他们获取数学知识的渠道，而且提高了他们搜索、获取并交流信息的能力．

6．CAI 课件

（1）CAI 课件的设计原则

数学 CAI 课件旨在利用多媒体技术对数学教学内容进行综合处理，借助文本、声音、场景、图像、动画等多因素的综合作用控制教学过程．因此，课件设计与制作中不仅应考虑技术因素，还应突出数学特性．那么，如何设计出真正体现以学生为主体，做到因材施教的数学 CAI 课件是数学教育技术的关键所在，其设计原则为主要有以下几点：

①科学性与实用性相结合原则．科学性是数学 CAI 课件设计的基础，就是要使课件规范、准确、合理，主要体现在：内容正确，逻辑清晰，符合数学课程标准的要求；问题表述准确，引用资料规范；情景布置合理，动态演示逼真，不矫揉造作、哗众取宠；素材选取、名词术语、操作示范等符合有关规定．

课件设计的实用性就是要充分考虑到教师、学生和数学教材的实际情况，使课件具有较强的可操作性、可利用性和实效性，主要体现在：性能具有通识性，大众化，不要求过于专门的技术支撑；使用时方便、快捷、灵活、可靠，便于教师和学生操作、控制；容错、纠错能力强，允许评判和修正；兼容性好，便于信息的演示、传输和处理．

数学 CAI 课件的设计应遵循科学性和实用性相结合的原则，既要使课件技术优良、内容准确、思想性强，又要使课件朴素、实用，遵循数学教学活动的基本规律和基本原则．一款优秀的数学 CAI 课件应该做到界面清晰、文字醒目、音量适当、动静相宜，整个课件的进程快慢适度，内容难度适中，符合学生的认知规律等．

②具体与抽象相结合原则．数学的学习重点在于概念、定理、法则、公式等知识的理解和应用，而这些知识往往又具有高度的概括性和抽象性，这也正是学生感到数学难学的原因之一．适当淡化数学抽象性，将抽象与具体相结合是解决困难的有效办法．设计数学 CAI 课件时，应根据需要将数学中抽象的内容利用计算机技术通过引例、模型、直观演示等具体的方式转化为学生易于理解的形式，以获得最佳的教学效果．例如，利用几何画板软件能完成各种初等函数及其复合函数计算，并能将这些抽象的函数式绘制成具体的、形象的图形，学生借助形象的图形变化以及变化前后的关系探求函数的性质，有助于加深理解的程度．

③数值与图形相结合原则．数形结合是研究数学问题的重要思想方法．而很多 CAI 课件制作平台不仅具备强大的数值测量与计算功能，而且都有很好的绘图功能．一方面给出数和式子就能构造出与其相符合的图形；另一方面，给出图形就能计算出与图形相关的量值．

④归纳实验与演绎思维相结合原则. 波利亚曾精辟地指出:“数学有两个侧面,一方面它是欧几里德式的严谨科学,从这个方面看,数学像是一门系统的演绎科学;但另一方面,创造过程中的数学,看起来却像一门试验性的归纳科学.”因此,数学CAI课件设计时,应遵循数学的归纳实验与演绎思维相结合的原则. 计算机辅助数学教学最明显的优势正在于为学生创设真实或模拟真实的数学实验活动情境,将抽象的、静态的数学知识形象化、动态化,使学生通过“做数学”来学习数学;通过观察、实验来获得感性认识;通过探索性实验归纳总结,发现规律、提出猜想. 但是,设计CAI课件时,又必须注意不能使数学的探索实验活动流于浅层次的操作、游戏层面,而要上升到深层次的思维探究层面. 也就是说,要把以归纳为特征的数学实验活动引导到以演绎为特征的数学思维活动,经二者内在地融合在一起,才能真正体现出计算机辅助数学教学的优越性.

⑤数学性与艺术性相结合原则. 数学CAI课件的设计应有一定的艺术性追求. 优质的课件应是内容与美的形式的统一,展示的图象应尽量做到结构对称、色彩柔和、搭配合理,能给师生带来艺术效果和美的感受. 但是,数学CAI课件不能一味追求课件的艺术性,更要注重数学性,应使数学性和艺术性和谐统一. 数学教学的图形动画不同于卡通片,其重点并不在于对界面、光效、色效、声效等的渲染,而是要尊重数学内容的严谨性和准确性,即数学性. 就图形的变换而言,无论是旋转还是平移,中心投影还是平行投影,画面上的每一点都是计算机准确地计算出来的. 例如,空间不同位置的两个全等三角形,由于所在的平面不同,图形自然有所不同;空间的两条垂线,反映在平面上,当然也不一定垂直. 这些图形,在平时的学习中,只能象征性地画一下,谈不上准确. 而在数学CAI课件中,所有图形的位置变换都是准确测算的结果,看起来反而会有些“走样”. 为了使学生看到“不走样”的图形效果而进行艺术加工,必须以不失去数学的严谨性、准确性为前提. 此外,无论是数学的概念、定理、法则的表述,还是解题过程的展示,都要力求简洁、精练,符合数学语言和符号的使用习惯,做到数学学科特性和艺术性的融合统一.

(2)数学CAI课件的制作工具

常用的数学CAI课件制作工具有:Logo语言、PowerPoint、Mathematica、Macromedia、Matlab、几何画板等.

①Logo简介. Logo是一个教育哲学名称,也是一种程序设计语言. Logo程序设计语言环境起源于建构主义哲学,被设计用来支持建设性学习. 建构主义认为知识是由学习者与周围的人和世界交流形成的概念. Logo是为学习而设计的语言,它是讲授学习思维和思维过程的优秀工具. Logo的特点是“起点低、无上限”,更接近于自然语言,而且提供了海龟做图的学习环境. Logo语言是一种结构化的程序语言. 其特点:一是交互式的,为人们提供了良好的编程环境;二是模块化,便于程序的修改与扩充;三是过程化的,包含了参数、变量、过程等重要概念,并允许递归调用;四有丰富的数据结构类型、生动的图形处理功能和精彩的字表处理功能.

②PowerPoint与Mathematica. PowerPoint具有一些高级编程语言特点. 因此,能很简便地将各种图形、图像、音频和视频素材穿插到课件中,从而使课件具有强大的多媒体功能. PowerPoint制作的多媒体课件可以用幻灯片的形式进行演示. 所以,它又被称为“演示文稿”制作软件或“电子简报”制作软件.

Mathematica是一个集成化的计算机软件系统. 它的主要功能有三个方面:符号演算、数字计算和图形处理. 它具有强大的符号计算功能,例如:化简多项式、求代数方程(组)的根、求函数的极限、微分和不定积分,以及画出给定函数的二维或三维图形等. Mathematica是一个交互式软件,在键盘上输入一个表达式,计算机就能将计算结果显示在屏幕上. 在建立数学模型解决应用性问题时,可采用该软件方便、迅速地实验和验证自己的想法,从而将精力集中在问题的分析上.

③Macromedia 的 Authorware、Director、Flash. Authorwara 作为专门的多媒体课件编写系统,融合了计算机高级语言和编辑系统的特点.已经发展到 Authorware6.0 它以图标(Icon)为基础,以流程图为结构环境,再加上丰富的函数和程序控制功能,能够很好地处理文字、图形、图像、生意、动画等效果,直观形象地体现教学思想,即使不懂程序设计的 CAI 课件编写系统,处理数学教学中的一些问题针对性还不够强,因而它在数学 CAI 中的使用率还不高.

Director 是二维动画的标准,具有强大的二维动画制作功能,对动画的编排细微,转化效果好,媒体兼容度高,轻松实现各种特技效果.缺点是比较难学,不易上手.

Flash 是一个基于矢量技术的动画创作工具,由于占用空间少,并且支持网络流技术,因而在网页制作、多媒体制作等领域得到了广泛的运用.利用 Flash 制作 CAI 课件,不但空间小,播放效果流畅,而且交互性更为出色.缺点是绘图功能差强人意.

④MATIAB 简介.MATIAB 拥有丰富的数据类型和结构、友善的面向对象、快速精良的图形可视、广博的数学和数据分析资源、众多的应用开发工具.MATIAB 自问世起.就以数值计算称雄.MATIAB 进行数值计算的基本处理单位是复数数组(或称阵列),并且数组维数是自动按照规则确定的.这一方面使 MATIAB 程序可以被高度"向量化",另一方面使用户易写易读.

⑤几何画板.几何画板是探索几何奥秘的一个重要工具.几何的精髓是什么?几何就是在不断变化的几何图形中,研究不变的几何规律.比如:不论三角形的位置、大小、形状和方向等如何变化,三角形的三条中线都交于一点;不论四边形如何变化,四边形的四边中点顺序连接成的图形永远是平行四边形.在过去的几何教学中,使用常规作图工具(如纸、笔、圆规和直尺),手工绘制的图形都是静态的,容易掩盖了极其重要的几何规律.而目前其他常见的、大部分的计算机绘图软件也都很难方便地制作动态的几何图形.有些绘图工具只能绘制静态图形,而且绘制的图形不能达到几何的准确性;有些绘图工具可以绘制复杂的动画甚至三维动画,但这样的软件使用都很复杂,而且不能适应学科的具体要求.为满足需要,几何画板应运而生,它的突出特点就是动态地保持几何关系.几何画板绘制的图形可以动;可以定义动画和移动让图形动起来.而几何画板的精髓就在于——在运动中保持给定的几何关系.中点就保持中点,平行就保持平行.有了这个前提,就可以运用几何画板在变化的图形中,发现恒定不变的几何规律了.几何画板像很多 Windows 环境下的绘图软件一样提供了画点、画线和画圆的工具.在这方面,几何画板更注重数学方面的准确性:线分为线段、射线和直线;画的圆是正圆.几何画中的"作图"菜单可以帮助用户快速地绘制常用的尺规图形.比如:平行线、以圆心和圆周上的点画圆等.几何画板提供了旋转、平移、缩放、反射等图形变换功能,可以按指定值、计算值或动态值对图形进行平移、旋转和缩放等变换.几何画板还提供了度量和计算功能,比如测量线段的长度、测量一个角的角度等等.对测量出来的值也可以进行计算.此外,几何画板还有坐标系功能,与其他功能相配合可以绘制多种函数图像,比如:直角坐标系下的正弦函数图像、参数方程图像、函数曲线族等.为研究方程、函数和曲线提供了方便条件.

几何画板的主要组成部分是画板和脚本."绘图"(称为"画板")描述具体的几何图形,强调空间的推理;"记录"(称为"脚本")则用语言或数学逻辑方式来描述几何图形的构造过程.在"画板"窗口中,可以用对应笔、直尺、圆规的绘图工具绘制图形.在"脚本"中,可以录制作图的步骤,也可以在画板中按照"脚本"中的作图步骤自动生成一个新的图形.这样的一个个脚本还可以被定义为新的工具.比如,原来几何画板不提供直接画椭圆的工具,当用户把画椭圆的过程变成脚本后,再画椭圆就可以直接用这个小脚本工具了.

(3) 数学CAI课件制作的步骤

数学CAI课件的设计与制作一般要经由以下步骤:选择课件主题,对课件主题进行教学设计,课件系统设计,编写课件稿本,课件的诊断与测试等.

1)选择课件主题

课件的选题非常重要,并不是所有的数学教学内容都适合或有必要作为多媒体技术表现的材料.一般来说,选题时应注意以下几个方面:

①性价比.制作课件时应考虑效益,即投入与产出的比.对于那些只需使用常规教学方法就能很好实现的教学目标,或者使用多媒体技术也并不能体现出多少优越性的教学素材,则没有必要投入大量的精力、物力制作流于形式的CAI课件.

②内容与形式的统一.课件的最大特点是它的教学性,即对数学课堂教学起到化难为易、化繁为简、化抽象为具体等作用,避免出现牵强附会、画蛇添足、华而不实的应付性课件.课题的内容选取时应做到:选取那些常规方法无法演示或难以演示的主题;选取那些不借助多媒体技术手段难以解决的问题;选取那些能够借助多媒体技术创设良好的数学实验环境、交互环境、资源环境的内容.

③技术特点突出.选择的课件主题应能较好地体现多媒体计算机的技术特点,突出图文声像、动静结合的效果,避免把课件变成单纯的"黑板搬家"或"教材翻版"式的电子读物,使数学教学陷入由"人灌"演变成"机灌"的窠臼.

2)对课件主题进行教学设计

在数学CAI课件的制作过程中,教学设计也是一个重要的环节,主要包括教学目标的确定、教学任务的分析、学生特征的分析、多媒体信息的选择、教学内容知识结构的建立以及形成性练习的设计.

3)课件系统设计

课件系统设计是制作数学CAI课件的主体工作,直接决定了课件的质量.具体包括以下几个环节:

①课件结构设计.数学CAI课件的结构是数学教学各部分内容的相互关系及其呈现的基本方式.设计课件的结构首先要把课件的内容列举出来,合理地设计课件的栏目和板块,然后根据内容绘制一个课件结构图,以便清楚地描述出页面内容之间的关系.

②导航策略设计.导航策略是为了避免学生在数学信息网络中迷失方向,系统提供引导措施以提高数学教学效率的一种策略.导航策略涉及以下几个方面:检索导航——方便用户找到所需的信息;帮助导航——当学习者遇到困难时,借助帮助菜单克服困难;线索导航——系统把学习者的学习路径记录下来,方便学习者自由往返;导航图导航——以框图的方式表示出超文本网络的结构图,图中显示出信息之间的链接点.

③交互设计.交互性是数学CAI课件的突出特点,也是课件制作需要重点关注的问题.一般可设计成以下几种类型的交互方式:问答型——即通过人机对话的方式进行交互,计算机根据用户的操作做出问题提示,用户根据提示确定下一步的操作;图标型——图标可以用简洁、明快的图形符号模拟一些抽象的数学内容,使交互变得形象直观;菜单型——菜单可以把计算机的控制分成若干类型,供用户根据需要选择;表格型——即以清晰、明细的表格反映数值信息的变化.

④界面设计.课件的操作界面反映了课件制作的技术水平,直接影响课件的使用效果.界面设计时应该在屏幕信息的布局与呈现、颜色与光线的运用等方面加以注意:

a.屏幕信息的布局应符合学习对象的视觉习惯.一般来说,各元素的位置应该是:标题位于屏幕上中部;屏幕标志符号、时间分列于左右上角对称位置;屏幕主题占屏幕大部分区域,通常以中部为中心展开;功能键区、按钮区等放在屏幕底部;菜单条放在屏幕顶部.

b.屏幕上显示的信息应当突出数学教学内容的重点、难点及关键,信息的呈现可适当活泼,比如,采用不同字体和不同风格修饰文字.另外,信息量过大会分散学生的注意力.

c.颜色与光线的运用,应注意颜色数量的种类要恰当,光线要适中,避免色彩过多过杂,光线太过耀眼或暗淡;注意色彩及光线的敏感性和可分辨性,对不同层次和特点的数学内容应有所对比和区分.一般来说,画面中的活动对象及视角的中央区域或前景应鲜艳、明快一些,非活动对象及屏幕的周围区域或背景则应暗淡一些;注意颜色与光线的含义和使用对象的不同文化背景及认知水平,如果使用对象为小学生,课件屏幕可鲜艳、活泼一些,而使用对象为中学生特别是高中生,课件屏幕则应以高雅恬淡、简洁稳重为主.

4)编写课件稿本

课件稿本是数学教学内容的文字描述,也是数学CAI课件制作的蓝本.稿本可分为文字稿本和制作稿本.文字稿本是按数学教学的思路和要求,对数学教学内容进行描述的一种形式.制作稿本是文字稿本编写制作时的稿本,相当于编写计算机程序时的脚本.

5)课件的诊断测试

制作完成的数学课件要在使用前和使用后进行全面的诊断测试,以便进行相应的调整、修正,进一步提高课件的制作质量.诊断测试是根据课件设计的技术要求和设计目标来进行的,具体包括功能诊断测试和效果诊断测试.功能诊断测试包括课件的各项技术功能,如对教学信息的呈现功能、对教学过程的控制功能等.效果诊断测试是指课件的总体教学效果和教学目标完成的情况.下面是对数学CAI课件的诊断测试评价标准.

①内容:课件中显示的文字、符号、公式、图表以及概念、规律的表述是否正确,呈现的数学知识及思想方法是否准确,对学生来说难度是否适当,问题的设置是否考虑了学生的“最近发展区”,是否具有教育价值等.

②教学质量:数学教学过程的展开逻辑上是否合理,信息的组织搭配是否有效,多媒体运用是否适当,课件能否有效地激发学生的兴趣和创造力,问题情境的创设是否具有启发性和引导性,对学生的回答是否能有效地加以反馈等.

③技术质量:操作界面设置的菜单、按钮和图标是否便于师生操作,各部分内容之间的转移控制设置是否有效,画面是否符合学生的视觉心理,课件能否充分发挥计算机效能,补充材料是否便于理解等.

此外,数学CAI课件的制作形式可以不拘一格,应根据数学教学的具体内容特点灵活确定并选择.例如,从课件容量的大小范围来说,小的课件可能只是一个知识点或一种数学方法的介绍与解释,只需要播放或展示几分钟;而大的课件可能涉及一个单元甚至整本教材,需要较长时间的连续性学习.

上述的几个环节只是大致说明了数学CAI课件制作的纲要框架.实际上,一个数学CAI课件的制作是动态生成的过程,在这一过程中,还会涉及许多不确定的因素,需要根据当场的现实情境具体问题具体分析.例如,对于同样的教学内容,若使用不同的课件制作软件,就会产生不同的界面效果.

二、远程网络教学

随着网络技术的发展和普及，网络教学应运而生，它为学生的学习创设了广阔而自由的环境，提供了丰富的资源，拓延了教学时空的维度，使现有的教学内容、教学手段和教学方法遇到了前所未有的挑战，必将对转变教学观念、提高教学质量和全面推进素质教育产生积极的影响.

1. 网络教学的特点

(1)交互性

传统教学中，教师与学生之间较多产生的是一种从教师讲解到学生学习的单向传播式关系.学生很难有机会系统地向教师表达自己对问题的看法以及他们自己解决问题的具体过程.同班同学之间就学习问题进行的交流也是极少的，更不用说和外地的学生交流与协作.网络教学的设计可以使教师与学生之间在教学中以一种交互的方式呈现信息，教师可以根据学生反馈的情况来调整教学.学生还可以向提供网络服务的专家请求指导，提出问题，并且发表自己的看法.学生之间的交流也可以通过电子邮件和BBS等网络技术而实现，可以在网络上讨论任何问题，于是学生不仅从自己的思考过程中获取知识，还从别的学生的观点中获取知识，从而达到建构和转换自己知识的目的.

(2)自主性

由于网络能为学生提供丰富多彩、图文并茂、形声兼备的学习信息资源，学生可以从网络中获得的学习资源不仅是数量大，而且还是多视野、多层次、多形态的.与传统教学中以教师或几本教材和参考书为仅有的信息源相比，学生有了很大的、自由的选择空间.这正是学生自主学习的前提和关键.在网络中学习可以使信息的接受、表达和传播相结合.学生通过他所表达和传播的对象，使自身获得一种成就感，从而进一步激发学习兴趣和学习自主性.

(3)个性化

传统教学在很大程度上束缚了学生的创造力，习惯于用统一的内容和固定的方式来培养同一规格的人才.教师只能根据大多数学生的需要进行教学，即使是进行个别教学，也只能在有限的程度上为个别学生提供帮助.网络教学可以进行异步的交流与学习.学生可以根据教师的安排和自己的实际情况进行学习.学生在和教师之间通过网络交流后，能及时了解到自己的进步与不足并及时进行调整.学生利用网络还可在任何时间进行学习或参加讨论以及获得在线帮助，从而实现真正的个别化教学.

2. 网络教学基本模式

(1)讲授型模式

在我们传统的教学过程中，一般的教学模式是以教师讲、学生听的一种单向沟通的教学模式.在Internet上实现这种教学方式的最大优点在于它突破了传统课堂中人数及地点的限制.其最大缺点是缺乏在课堂上面对教师的那种氛围，学习情景的真实性不强.利用Internet实现讲授型模式可以分为同步式和异步式两种：同步式讲授这种模式除了教师、学生不在同一地点上课之外，学生可在同一时间聆听教师教授以及师生间有一些简单的交互.这与传统教学模式是一样的.异步式讲授利用Internet的WWW服务及电子邮件服务进行教学.这种模式的特点在于教学活动可以全天24小时进行，每个学生都可以根据自己的实际情况确定学习的时间、内容和进度，可随时在网上下载学习内容或向教师请教，其主要缺点是缺乏实时的交互性，对学生的学习自觉性和主动性要求较高.

①同步讲授型.同步式讲授模式是指分布在不同地点的教师和学生在同一时间登录在网络上,进行网络教学.在这种教学中,教师在远程授课教室中通过直观演示、口头讲解、文字阅读等手段向学生传递教学信息,网络将这些信息传递到学生所在的远程学习教室,学生通过观察感知、理解教材、练习巩固、领会运用等过程进行学习,学生和教师可通过一定的设备进行互动,最后由教师对学习结果进行及时检查.教学材料及学生的作业可通过网络、通信等系统实时呈现和传送.这些材料通常是以多媒体信息方式呈现,包括文本、图形、声音,甚至还有一些视频内容.

②异步式讲授.异步式讲授通常借助于网络课程和流媒体技术来实现,流媒体技术是边下载边播放的低带宽占用的网络视频点播技术,这种技术可以在互联网上实现包括音频、视频的教师授课实录的即时播放.

在异步教学中,学生学习的主要方式是访问存放在 Web 服务器上的事先编制好的网络课程.这些网络课程的网页左边通常采用树状结构的布局,右边就显示出相应的章节内容,能非常方便地在课程结构中浏览课程的内容,同时听到教师的讲授.对网络课程的设计和开发有很高的要求,其中不仅要体现学科的课程结构和内容,还要包含教师的教学要求、教学内容、以及教学评测等,这些材料可以是文字的、声音的或视频的,以利于学生按照要求进行自我检查.

在异步讲授中,当学生遇到疑难问题时,可以通过 E-mail 向网上教师或专家进行咨询,也可以通过 BBS、新闻组(News Group)、或在线论坛等形式和网络上其他学习者进行讨论交流.

(2)讨论学习模式

在 Internet 上实现讨论学习的方式有多种,最简单实用的是利用现有的电子布告牌系统(BBS)以及在线聊天系统(CHAT).这种模式一般是由各个领域的专家或专业教师在站点上建立相应的学科主题讨论组.学生可以在主题区内发言,并能针对别人的意见进行评论,每个人的发言或评论都即时地被所有参与讨论的学习者所看到.WWW 是近年来在 Internet 上发展最快的服务.目前,我们可以在 WWW 的平台上实现 BBS 服务,学生通过标准的浏览器来进行 BKS 讨论.

讨论学习模式也可以分为在线讨论和异步讨论.在线讨论类似于传统课堂教学中的小组讨论,由教师提出讨论问题,学生分成小组进行讨论.在讨论学习模式中,讨论的深入需要通过学科专家或教师来参与.

①在线讨论.在网络教学环境中,教师通过网络来“倾听”学生的发言,并对讨论的话题进行正确的引导,最后对整个讨论过程作总结,对讨论组中不同成员的表现进行点评.在讨论过程中,教师在策略上一方面要善于发现和肯定学生发言中的积极因素,进行鼓励;另一方面要以学生可以接受的方式指出学生的不当言论,切记使用容易挫伤学生自尊心的词语,最终的目的是保证讨论的顺利进行,解决问题或达成一定的共识.讨论的主题可由教师或讨论小组的组长来提供.

②异步讨论.异步讨论是由学科教师或学科专家围绕主题设计能引起争论的初始问题,并在 BBS 系统中建立相应的学科主题讨论组,学生参与到某一讨论组,进行讨论或发言;教师还要设计能将讨论逐步引向深入的后续问题,让组内的学生获得进一步的学习.在讨论的过程中,教师通过提问来引导讨论,切忌直接告诉学生应该做什么;对于学生在讨论过程中的表现,教师要适时作出恰如其分的评价.

这种讨论可以由组织者发布一个讨论期限,在这个期限内学习者都可以在平台上发言或针对别人的发言进行评论,教师要定期对网上的言论进行检查和评价,并提出一些新的问题供深入讨论.

(3)个别辅导模式

这种教学模式可通过基于 Internet 的 CAI 软件以及教师与单个学生之间的密切通信来实现.基于 Internet 的 CAI 个别辅导是使用 CAI 软件来执行教师的教学任务,通过软件的交互与学习情况记录,形成一个体现学习者个性特色的个别学习环境.个别指导可以在学生和教师之间通过电子邮件异步实现,也可以通过 Internet 上的在线交谈方式同步实现.

(4)探索式教学模式

探索式教学的基本出发点是认为学生在解决实际问题中的学习要比教师单纯教授知识要有效,思维的训练更加深刻,学习的结果更加广泛(不仅是知识,还包括解决问题的能力,独立思考的元认知技能等).探索学习模式在 Internet 上涉及的范围很广,通过 Internet 向学生发布,要求学生解答.与此同时,提供大量的、与问题相关的信息资源供学生在解决问题过程中查阅.另外,还设有专家负责对学生学习过程中的疑难问题提供帮助.探索学习模式实现的技术简单,又能有效地促进学生的积极性、主动性和创造性,能够克服传统教学过程中的最大弊病,有广阔的应用前景.

(5)协作学习模式

协作学习是学生以小组形式参与、为达到共同的学习目标、在一定的激励机制下最大化个人和他人习得成果,而合作互助的一切相关行为.基于网络的协作学习是指利用计算机网络以及多媒体等相关技术,由多个学习者针对同一学习内容彼此交流和合作,以达到对教学内容比较深刻理解与掌握的过程.协作学习和个别化学习相比,有利于促进学生高级认知能力的发展,有利于学生健康情感的形成,因而,受到广大教育工作者的普遍关注.

第三节　现代信息技术与数学教学的整合

信息技术与学科教学整合的理念是 CAI(计算机辅助教学)理论与实践的自然演变和发展产物.随着信息技术飞速发展,信息技术与学科教学整合越来越被教育界所重视,这也是教育改革和发展的必然.将信息技术与学科教学进行整合,必将产生传统教学模式难以比拟的良好效果.由于信息技术具有图、文、声并茂甚至有活动影像的特点,所以能够提供最理想的教学环境,对教育、教学过程会产生深刻的影响.

一、现代信息技术与数学教学整合概念

1.现代信息技术与数学教学整合的内涵

数学新课程的实施,将面临着新的机遇和挑战.运用信息技术,为数学教学提供了新的生长点与广阔的展示平台.因此,研究信息技术和数学教学的整合创新,有利于充分认识到实施数学教学必然地要以先进的教育理论为指导,转变教育思想,改革课堂教学,更新教学方法和手段,促进教育观念与教学模式的整体变革.

现代信息技术与数学教学整合的核心就是把信息技术融入到数学学科的教学中去,在教学实践中充分利用信息技术手段得到文字、图像、声音、动画、视频、甚至三维虚拟现实等多种信息运用于课件制作,充实教学容量,丰富教学内容,使教学方法更加多样、灵活.真正使教师充分熟练地掌握信息技术,特别是计算机的操作,转换计算机辅助教学的思路,进行新的更富有成效的

数学教学创新实践.

2.现代信息技术与数学教学整合的必要性

素质教育理论所强调的“面向全体,关注个性”这一教育思想,在传统的教学模式中是难以体现的,因而就有“差生吃不了”、“优生吃不饱”的现象;以往,在数学教学中都比较强调以教师为中心,而忽视了学生的主体作用,未能体现“教师为主导,学生为主体”的教学指导思想,难以体现学生的创新行为;媒体的运用单一,且媒体简陋,这样很大程度上降低了学生的学习主动性,使数学课堂教学枯燥、乏味、难以突出重点,突破难点.

随着时代的发展,科学技术的不断进步,使我们认识到:21世纪高科技迅猛发展,以计算机为核心的信息技术越来越广泛地影响着人们的工作和学习,成为信息社会的一种背文化,成为新世纪公民赖以生存的环境文化.新世纪下,缺乏信息方面的知识与能力,就相当于是信息社会的“文盲”,就将被信息社会所淘汰.也就是说在信息社会,教会学生学习对信息的获取、鉴别和加工是学会学习、学会生存的最重要事情.数学课堂教学也应适应时代发展的需要,重视学生信息能力的培养,信息技术与数学教学进行整合是一条理想的途径.

3.现代信息技术与数学教学整合方式的变革

由于数学本身具有抽象性、逻辑性等特点,现代信息技术与数学教学整合的方式既有与其它课程相同的地方,又有着自己的特点.

(1)初级数学软件的使用

Excel可以进行基本的统计运算,如平均数、方差等;可以用扇形图、直方图、条形图、折线图描述数据.通过Excel软件,可以使平时课堂中遇到的一些困难问题形象直观展现出来,如幂函数、指数函数、对数函数的性质及其之间的关系比较,可以通过具体实例,并借助Excel用图像直观地呈现出来.几何画板可以通过基本的图形(如点、线、圆)画出几何图形,任意拖动图形、观察图形、猜想并验证,使学生在观察、探索、发现的过程中,增加对各种图形的感性认识,形成丰富的几何经验背景,有助于学生理解和证明.例如,在学习“过不在同一直线上三点能够且只能作一个圆”时,让学生利用几何画板轨迹跟踪的手段发现过一点的圆和过两点的圆有无穷多个,并观察到三点由不在同一条直线上的位置逐渐变到在同一条直线上时,过三点的圆是怎样消失的,通过鼠标的移动,就可以得到形象直观的结论,加深学生对数学定理的理解.

(2)Matlab,Mathematica等数学专业软件在数学教育中的应用

20世纪70年代,美国新墨西哥大学计算机科学系主任Cleve Moler为了减轻学生编程的负担,用FORTRAN编写了最早的MATLAB.到20世纪90年代,MATLAB已成为国际控制界的标准计算软件.Mathematica是由美国Wolfram Research公司开发的著名数学软件,该软件本来是面向科技工作者和其它专业人士,但由于其优秀的使用效果而逐渐被应用于教学之中.在国际上,这两款软件在从高中到研究生的大量数学课程中都得到了广泛的应用,但是在国内由于教学条件、教师水平等因素的限制,应用才刚刚起步.值得关注的是,随着这两款软件学生版的出现,它们在课堂教学中的广泛使用将成为必然趋势.

这两款软件虽然各有特点,但总体相似,它们都包括符号运算、数值计算和强大的图形、图像等主要功能,Mathematica还具有声音和动画功能.Mathematica的使用能使抽象的知识形象化,静态的信息动态化.如在立体几何的学习中,初学者要准确理解异面直线的概念一般是相当困难的,教师可以运用软件用图片的形式展示现实生活中处于异面直线位置关系的物体,用动画的形式在保证位置关系不变的情况下把现实物体抽象成两条直线.根据奥苏贝尔的“先行组织者”理

论,帮助学习者唤起先前的知识经验,并建立新旧概念的桥梁,使学习者能组织自己在日常生活中已经熟悉的经验,进行有意义的学习.

(3)编程工具

算法思想是贯穿整个数学发展始终的重要思想.早在20世纪70年代,吴文俊院士就提出了数学机械化的思想,强调把数学问题算法化然后利用计算机进行求解.现代算法是和计算机编程紧密结合在一起的,教师要通过算法教学让学生逐步认识算法流程图,进而掌握初步的计算机编程能力,如用C、C++掌握初步的编程.

(4)学科教学网站

学科教学专题网站是教育教学的平台,可以是教师个人建立的学科网站,也可以是以学校或地区为团体建设的教学科研专题网站.各科教师在不同栏目中写下教学案例或教育反思,师生和教育管理者等可以在这个专题网站上发表自己的看法.学科教学专题网站是教育机构给教师提供进行教育研究的平台,教师可以进行跨区域性的协作教学研究.由于专题网站的开放性,教学过程中可以进行横向比较,易于进行实质性的研究.

(5)网上聊天室和电子公告栏

网上聊天室和电子公告栏(BBS)作为数学教学的平台,是交互性强、内容丰富而及时的Internet电子信息服务系统,它们主要用于课后教师与学生的交流和讨论.但BBS相比网上聊天室又有很多不同,BBS是以网页的形式出现,承载了更大的信息量,并且它不强调实时性.用户在BBS站点上可以获得各种信息服务:下载软件、发布信息、进行讨论、聊天等.它为广大网友提供了一个彼此交流的空间.BBS作为数学教学的平台,学生可以通过BBS向教师请教数学问题,教师也可以通过BBS了解学生的学习生活情况、心理变化等,师生可以在线交流,打破了时间和空间的限制.同时,师生还可以共享数学资源,如上传数学故事、数学史视频、图片等供学生下载共享.而网络聊天室主要是对话框的形式出现,其优势在于师生可以实时传送文本,进行音频和视频交流.如腾讯QQ软件、MSN等,同一个班级甚至是同一个年级的所有同学都可以建立一个“群”,在“群”内和教师、同学进行数学知识的交流.教师还可以进行在线答疑,学生甚至可以通过这一平台上交数学作业.

二、现代信息技术与数学教学整合的价值

以计算机多媒体技术和网络技术为核心的信息技术,不仅给我们的社会生活带来了广泛深刻的影响,也冲击着现代教育.由于数学具有很强的抽象性、逻辑性,特别是几何,还要求具备很强的空间想象力,计算机多媒体技术在数学教学中的运用和推广,为数学教学带来了一场革命.在中学数学教学中应用多媒体技术以辅助教学,深受广大数学教师的青睐.MathCAD、数理平台、几何画板等数学软件的开发使多媒体技术在中学数学中应用更加广泛.与传统教学相比,在中学数学教学中应用多媒体技术的优越性主要表现在以下几个方面.

(1)生动直观,有助于激发学生数学的兴趣,引导学生积极思维

数学相对于其它学科来说更抽象一些,更枯燥一些.正因为这样,所以不喜欢学数学的学生也就更多一些.心理学告诉我们:“兴趣是人们对事物的选择性态度,是积极认识某种事物或参加某种活动的心理倾向.它是学生积极获取知识形成技能的重要动力.”计算机多媒体以其特有的感染力,通过文字、图象、声音、动画等形式对学生形成刺激,能够迅速吸引学生的注意力,激发学生的学习兴趣,使学生产生学习的心理需求,进而主动参与学习活动.如何激发学生的学习热情

是上好一堂课的关键，一堂课成功的教学课，学生的学习兴趣一定是很高的，恰当地运用信息技术就可做到.与传统的教学手段相比，信息技术更富有表现力和感染力，它可以引导学生积极思维，快速、高效的获取知识.小学生具有好奇、好动、注意时间短、持久性差等特点，往往影响课堂学习效果.利用信息技术辅助教学的课件不仅可以传递教学内容，而且还有利于调节课堂气氛，创设学习情境，激发学生学习数学的兴趣.多媒体应用可提高学生学习数学的兴趣.如：在教学认识图形时，为了激发学生的兴趣和欲望，用多媒体课件设计这样一个环节：一只卡通熊带领大家去参观新建成的幼儿园，幼儿园墙壁的图案很多是有各种图案组成的，有圆形、正方形、长方形、菱形等等.引导学生观察墙壁时间："这里漂亮吗？这些图形是由哪些图形组成的?"学生的兴趣一下子调动起来了，争先孔后的回答问题.这样，整个课堂顿时活跃起来了，而且学生一直被老师引领者，为课堂教学创设了良好的情景，欢跃的笑容在学生的脸上绽放，学生饶有兴趣地进入了求知境界.

(2)变抽象为形象，有利于突破教学难点、突出教学重点

生动的计算机辅助教学课件(简称 CAI 课件)能使静态信息动态化，抽象知识具体化.在数学教学中运用计算机特有的表现力和感染力，有利于学生建立深刻的表象，灵活扎实地掌握所学知识；有利于突破教学难点、突出教学重点，尤其是定理教学和抽象概念的教学.运用多媒体二维、三维动画技术和视频技术可使抽象、深奥的数学知识简单直观；让学生主动地去发现规律、掌握规律，可成功地突破教学的重点、难点，同时培养学生的观察能力、分析能力.例如，在"三角形的内角和"的教学中，运用几何画板软件在电脑上现场画出一个三角形，请学生用鼠标拖动三角形任意一个顶点，自己观察和发现：无论三角形的位置、形状和大小怎么变，内角和不变.最后自己得出三角形的内角和是 $180°$的结论.这样既简化了传统教学过程中要量、算、剪的步骤，而且由于是学生自己实验、观察得出的结论，学生对该定理的理解和掌握比传统教学要深刻得多，同时又综合训练了学生的思维.在立体几何教学中，异面直线的概念及其所成角、异面直线之间的距离、二面角及其平面角是教学中的难点；在代数教学中，函数概念、数列极限的"$\varepsilon-N$"定义等，更是教学中的传统难点.原因是它们非常抽象，难以观察和理解.但是，通过多媒体的动画演示便可化难为易，取得事半功倍的效果.

(3)简化教学环节，提高课堂教学效率

在数学教学过程中，经常要绘画图形、解题板书、演示操作等，用到较多的模型、投影仪等辅助设备，不仅占用了大量的时间，而且有些图形、演示操作并不直观明显.计算机多媒体改变了传统数学教学中教师主讲、学生被动接受的局面，集声音、文字、图像、动画于一体，资源整合、操作简易、交互性强，最大限度地调动了学生的有意注意与无意注意，使授课方式变得方便、快捷，节省了教师授课时的板书时间，提高了课堂教学效率.

(4)利用信息技术，有利于师生的协作式学习、学生的个体化学习

在网络环境下，学生可以按照自己的认知水平主动参与学习，这是传统教学所不能比拟的.利用互联网和校园网，与学生做到真正意义上的交流.课堂中学生只要打开指定网页就可以自主操作课件，反复学习、反复练习，直至理解知识.在课外亦可上网学习.若教师建立了自己的教学网站，开通网络技术的 BBS，那么学生在学习中遇到问题，就能及时与老师或其他同学进行交流，这对教学有很大的帮助.借助计算机反馈速度快，不厌其烦，能够很好地实现个体化教学.在个体化教学过程中，采用人机对话，交互性很强.这种学习模式，学生感觉不到人为的学习压力，在轻松自然的环境下学习，能够更好地发展自己的思维能力和创造力.

总之，现代信息技术与数学教学的整合，改变了我们传统的数学教育思想与教学模式. 信息技术作为认知工具的数学教学整合，无疑将是信息时代中占主导地位的数学教学学习方式，必将成为现代数学教育教学的主要方法. 因此，在当前我国积极推进教育现代化、信息化的大背景下，倡导和探索现代化信息技术和数学教学的整合，将复杂抽象的数学概念变得形象生动，提高了同学们学习数学的兴趣；对于发展学生的"信息素养"，培养学生的创新精神和实践能力，有着十分重要的现实意义.

三、信息技术与数学教学整合的策略

1. 课件的设计中应尽量加入人机交互练习

一个 CAI 课件的结构主要有顺序结构与交互结构两种. 缺乏交互性的课件与一盒录像带没有什么区别. 针对多媒体技术功能发挥不够，CAI 课件制作不当，设计中存在着形式主义的问题，在多媒体和超文本结构所组成的 CAI 课件设计中应尽量加入交互结构，以充分发挥多媒体的巨大功能，并使界面丰富，既方便教师操作，又可以使教师根据实际教学情况选择和组织教学内容. 因此在制作中应尽可能多的采用交互结构，实现教师与计算机、教师与学生、学生与计算机之间的双向交流，从而达到在教学中提高课堂教学效率，突破重点、难点，提高学生素质与培养学生能力的目的. 同时，设计 CAI 课件时，适当加入人机交互方式下的练习，以加强计算机与学生之间积极的信息交流，既可请同学上台操作回答，也可在学生回答后由教师操作. 这样做能活跃课堂气氛，引导学生积极参与到教学活动中，真正提高多媒体的技术功能.

2. 充分发挥教师的主导和学生的主体作用

教师不能只成为计算机的操作者，不能让课件限制了教师，更不能为了追求电教效果生搬硬套，不讲时机地演示. 其实，好多数学课并不需要计算机辅助教学，值得注意的是：首先，教师的启发与引导作用是其他任何教学手段都不能代替的；其次，数学学科在培养学生的思维能力方面发挥着其他学科不能替代的作用. 因此，数学课不能上成演示课，数学教师应当指导学生如何利用 CAI 课件进行数学的思考，指导学生如何把现代信息技术作为学习数学和解决问题的强有力工具，使得学生可以借助它们完成复杂的数值计算，处理更为现实的问题，有效地从事数学学习活动，最终，使学生乐意并将更多的精力投入到现实的、探索性的数学活动中去，以真正发挥学生的主体作用.

3. 注意效果的合理运用

CAI 课件仍然是一种辅助教学手段，它仅能够起到辅助作用. 各种效果的应用可以给课件增加感染力，但运用要适度，以不分散学生的注意力为原则. 如色彩搭配要合理，画面的颜色不宜过多，渐变效果不宜过为复杂等，以克服课件制作与使用中的形式主义. 在现阶段，CAI 课件主要利用多媒体手段对课堂教学中的某个片段、某个重点或某个训练内容进行辅助教学. 我们要认真对其加以研究，充分发挥其在课堂教学中的作用，提高课堂教学质量和效益.

4. 积极开发有利于学生主体性发挥的教学课件

目前教学课件的状况是：一是 CAI 课件缺乏；二是劣质多媒体课件较多；三是所制作的 CAI 课件通用性不强、适用性差；四是多数课件忽视学生的主体性. 针对这些状况，积极开发与利用既适合于学生实际又有利于学生主体性发挥的教学课件显得十分必要和迫切. 解决课件和相关资源问题可以借助以下几个途径：

①努力搜集、整理和充分利用网上的已有资源. 只要网站上有的并且确实对教学有用的，不

管是国内的还是国外的，都可以下载为自己教学服务．当然对网上的资源不能是不假改造低盲目使用，一定要符合我们的教学实际需要．

②与相关的数学资源库进行商业或友情合作．国内有一些软件公司开发的多媒体素材资源库中很多素材能被教师直接使用或稍加改造即可被使用．

③教师发挥主观能动性．在教学之余，时间许可的情况下，可以专门组建制作小组，进行自制课件并同意资源的配置与使用．教师自制开发的课件，具有实用性强，教学效果明显的特点．

四、现代信息技术与数学教学整合存在的问题

目前，使用现代信息技术辅助教学存在的问题主要表现在以下几个方面：

(1)使用信息技术教学意识较弱

大多数学校，教师只有在搞公开课或学校要求时才使用信息技术，只有极少数的教师在教学内容需要或学生学习需要时使用它，并没有在日常的教学中真正推广开来，它在中学教学中的地位并没有本质的变化．为了一节公开课，多名教师费尽心机、苦战多日，来制作课件，导致计算机辅助教学成了上公开课、示范课的专用道具．在平时的教学中，传统教学模式仍然以不可动摇的地位牢牢控制着中学课堂，现代教育技术的作用没有充分得以发挥．

(2)利用信息技术教学目标不明确

在教学实际中，有的教师对于利用信息技术上数学课的主要目的是什么，到底是为了突破教学重点、难点，还是为了增大课堂容量，何时使用信息技术、使用多长时间，都不清楚，即教学目标不明确．本来采用传统教学就能达到良好教学效果的一堂课，有的教师出于某些特殊原因，却花费了大量的时间和精力去制作课件，而取得的教学效果与传统教学基本一样，得不偿失，根本没有起到优化课堂教学效果的作用．

(3)课件内容华而不实，流于形式

有的教师在制作课件中，过分追求了声、色、文字等外在表现，即仅仅利用多媒体来显示一些文字、公式和静态的图片，将课堂变成了“电子板书”课堂，没有利用多媒体的特性，发挥其巨大的促进教学的功能．有的教师在制作课件时，一味地追求各个内容的动画及声音效果，甚至截取影片中的声音，而没有考虑怎么把学生的注意力吸引到教学内容上来，结果造成本末倒置、喧宾夺主，一堂课下来，学生只顾觉得好奇了，而忘记了上课的内容．

(4)课件的制作与使用仍然以“教师为中心”，忽视学生的主体性

不少教师在课件的制作中，只重视了教师如何教学，但在发挥学生主体性，促进学生如何利用课件进行数学的思考，如何提出、分析与解决问题，如何指导学生学习方面较为欠缺．具体表现为：

①在使用多媒体辅助教学时，常有一些人为了方便，将课件设计成顺序式结构，上课时只需按一个键，课件便按顺序“播放”下去．课堂上教师几乎是一个劲地点鼠标，师生之间、生生之间、学生与机器之间的交流少、交互性差．

②教学信息量过大，节奏过快，导致学生无法跟上讲课的进度，无奈之下，学生只能是被动地接受授课内容，缺乏思维的过程．

(5)“多媒”成了“一媒体”

有的教师在尝到计算机辅助教学的甜头后，就对此视若掌上明珠，于是在一些课上从头至尾都用计算机来教学，对其他常规媒体不屑一顾．甚至一些教师纯粹以多媒体课件替代小黑板、挂图、模型等教具，还自以为用了多媒体而颇为自得．这样的教师，其追求现代化的意识是好的，但

是还必须认识到任何事物都有其所长，亦有其所短. 总的来讲，计算机辅助教学固然有其他媒体所无法比拟的优越性，但其他常规媒体的许多特色功能也不容忽视. 如投影的静态展示功能、幻灯的实景放大功能、教学模型的空间结构功能等，是计算机所不能完全替代的. 所以，教师应根据教学需要选择合适的媒体，让计算机与其他常规媒体有机结合，“和平共处”，而不要一味追赶时髦.

(6)教师信息技术应用技能、技巧程度参差不齐，总体水平较低

目前，绝大多数教师已经学习了信息技术的基本操作和一些信息处理软件的使用，如 PowerPoint，Word，Excel 等，但是其信息技术应用水平与信息技术和中学数学课堂教学整合的要求还有一定的距离. 例如，对与数学密切相关的软件“几何画板”、“Z＋Z 智能平台”、“Advanced Grapher”、“TI 图形计算器”等，能熟练掌握并能在教学过程中熟练使用的教师并不多.

总之，信息技术在中学数学教学中应用是社会形势发展和教学改革的需要，它的运用对于学生提高数学学习兴趣、培养学生各方面素质有极为重要的实践作用. 但信息技术不是万能的，在运用中我们要注意其存在的问题并避免其发生，使信息技术在中学数学教学中能更好地发挥作用.

第四节　现代教育技术对数学教育的影响

在 21 世纪的教育理念中，学生数学方面发展的重要基石是现代教育技术与新的数学课程改革相结合. 它极大地拓展了数学教育的时空界限，改变着数学教与学的关系，提高了人们学习数学的兴趣和效率. 先进的现代技术为以学生为中心的现代教学环境的形成提供了前所未有的方便工具，学生学习选择的自由度也大大提高，因材施教真正成为了可能. 现代教育技术作为一种辅助工具给数学教学带来了深远的影响.

1. 现代教育技术对教学目标的影响

信息时代引发了数学教育目标的重构. 这是因为信息时代的数学教育目的有新的内涵：

①对社会做出奉献. 在信息时代，要对社会做出应有的贡献，就必须掌握一系列的新技能，特别是知识行为技能.

②开发个人的天资潜质. 基于计算机的知识工具极大地提高了学习、工作和消遣的质量.

③履行公民责任. 电子媒介和互联网给人类带来了更加自由的获取信息的通道，极大地提高了我们接触问题、事实、意见和交流的能力. 但是，如何辨别和过滤大量的信息，需要我们更加重视运用批判性思维能力，对信息做出正确的评价、判断和选择.

④实现多元文化的整合. 善于比较多元文化的异同，以包容的心态实现多元文化的整合，走向社会大同.

数学教学活动中，教学目标不再受“知识中心”的束缚，而是知识型、智能型、教育型目标的完美整合，由过去只重视认知领域目标，扩展到技能目标、能力目标、学法目标、情感目标、德育目标等多个方面. 这种开放性的目标具有更高的灵活性，进而也就成为连接学科教育、学校教育和社会教育以及学生个性发展的枢纽，体现素质教育全面发展的目标要求. 在新一轮的课改、考改和教改中，学会吸收、选择、加工信息，就成为数学教育的重要目的和目标. 运用信息技术和手段，开阔学生的视野，开辟获取信息的渠道，提高课堂教学效率，就成为现实的需要了.

2.现代教育技术对教学内容的影响

信息技术利用文字、声音、图形等多种途径充分刺激学生的眼睛、耳朵、手等各个器官,大大改善了人脑获取信息的感官功能,促进了学生记忆、思考、探讨等活动的开展,从而使教学内容的呈现与获得从单调的文字、公式形式转变为多种直观生动的形式.多媒体的使用也改变了传统教材的线性结构,代之以非线性的排列,而网络又提供了共享、查询等功能,使教学内容不必循规蹈矩地一步步单调呈现.特别是虚拟现实技术的发展,弥补了某些教学内容仅凭口述、教具和手工示范难以表达清楚的不足.

时代的发展,要求竞争者提高自身的素质,也要求学校教育走在发展的最前端.学校教育的发展方向要求教师转变教育观念,更新教学手段,真正把信息技术运用到教学中来,把信息技术作为辅助教学的工具.虽然,信息技术在数学教学中的作用不可低估,它在辅助学生认知的功能胜过以往的任何技术手段,但信息技术也仅仅是课堂教学的一个辅助工具.教学活动过程的核心是师生之间的情感互动的交流过程,这个过程信息技术是无法取代的.教师是课堂的主体,多媒体是教学辅助,切不可本末倒置、喧宾夺主.

3.现代教育技术对教学模式的影响

计算机对教学形式能产生怎样的影响呢?首先,学生从“听”数学的学习方式,改变成在教师的指导下“做”数学.过去被动地接受“现成”的数学知识,而现在像“研究者”一样去发现和探索知识.实践表明,通过实验,学生对有关知识的印象比过去死记硬背要深刻得多.同时,学生由于通过实验、观察、猜想、验证、归纳、表述等活动,不仅形成对数学新的理解,而且学习能力得到了提高.其次,数学实验缩短了学生和数学之间的距离,数学变得可爱亲近了.人们普遍认为数学之所以难学,是因为数学的“抽象性”与“严谨性”,而这正是数学的优势.正由于数学的抽象性,它才能高度概括事物的本质,也才能在广泛的领域得到应用.正由于数学语言和推理的严谨,不管自然科学还是社会科学,当从定性研究进入定量研究时都求助于数学.那么数学就不能深入浅出,使一般人容易理解吗?数学就非得板起严肃的面孔,使人敬而远之吗?现在计算机创设的数学实验似乎开辟了这样一条新路.通过“问题情景,相互交流”这种新的学习模式,学生可以理解问题的来龙去脉.它的发现及完善过程,从感觉到理解,从意会到表述,从具体到抽象,从说明到证明,一切都是在他跟前发生的,抽象得易于理解,严谨得合情合理.

引入数学实验并不等于削弱教师的主导作用.教与学依然是“学生是主体,教师是主导”的关系.所以只提数学实验是不够的,还必须强调“交流”,在实验基础上的交流.学生要从感性认识到达理性认识,从理解到应用,这就必须把数学作为语言符号化地存储在自己的大脑中.因此“口头”与“笔头”的表达与交流必不可少.在交流的过程中,容易组织起不同意见的讨论甚至争辩,教师也可以利用这个机会启发诱导.教师对问题的深刻阐述、机智的解题策略设计、对学生规律性错误的分析等都是宝贵的.这些并没有被数学实验所取代,但只是在交流中这些才成为学生的需要,也才能在数学教学中发挥作用.在这种教学模式里,实验与交流的完美结合突现了数学知识形成的完整过程.这里既有教学的个别化、小组的相互促进协作学习,又能利用全班集体环境的优势.在这个模式中,从实验到交流的各个环节,教师的主导作用都是十分突出的,只不过对教师提出了更高的要求.因为过去一切可以按事先自己准备的讲就可以了,而现在则需要组织起有效的吸引学生的数学活动.实践表明,教学模式的改革跨出这一步,数学教学就出现一种前所未有的生动活泼的新气象.计算机进入数学教育的大趋势是不可逆转的,它必然对数学教学模式产生深刻的影响.

4.现代教育技术对教师产生的影响

(1)信息技术促进教师思想、意识、观念的现代化

现代信息技术打破了传统教育教学模式,改变课堂教学模式,以学生为中心纵横两个方面极大地扩展与延伸了教育的空间与实践,又从教育教学的理念、观念、内容、方法等方面进行了改革创新,更富有现代的气息.

(2)信息技术促进教师角色发生改变

在传统教学中,教师的主要职能是传道、授业、解惑.信息技术使教师的角色发生了重大的变化,从"教师为中心"转变为"学生为中心"的主导者、启发者、帮助者和促进者.从教学手段看,信息技术强调以计算机为中心的作用,从根本上改变了传统教学中教师、学生、教材的格局,学校的功能和结构、教与学的功能和结构发生了相应的变换;从教学模式看,信息技术既可以进行个别化自主学习,又能形成相互协作学习;从教学内容看,信息技术集声、文、图、像于一体,使知识容量大、内容充实形象、更具吸引力,为学习者创造了一个更大的时空范围;从教师规律看,信息技术都采用超文本形式,克服了传统教学知识结构的缺陷,具有呈现信息多种形式非结构的特点,符合现代教育认知规律.信息技术是教师观念、思想行为发生了巨大变化.信息技术的应用,教师就成为教学活动的设计者、教学软件的编制者、教学活动的策划者、操作者和组织者.

(3)信息技术促进教师基本功和技能技巧的现代化

信息技术使教师这个"角色"的职能更新更趋向于多元化,对教师教学基本功的要求就更高.除了具有原来的基本功外,还要求具有信息技术的基本功.如编写电化教育教案;熟悉操作各种媒体;会收集、处理各种信息;会对信息资源进行及时调控、反馈等等.

(4)信息技术促使教师教学方法的现代化

信息技术的应用使教师教学方法发生了根本性的变化,计算机多媒体辅助教学、网络教学手段,和幻灯、投影、电影、录音、录像等,是教学手段更加灵活多样.

信息技术的革新与发展推动了教师队伍的现代化,信息技术应用与教师队伍的现代化把教育改变成一个从观念、思想到方法、手段都不同于以往的全新的教育.

5.信息技术对学生的影响

当今世界,信息技术迅猛发展,对世界的经济、文化、教育等等方面都产生了重大的影响.而教育是一个国家进步的标志,学生更是国家的未来.那信息技术到底对学生产生怎么样的的影响呢?

(1)信息技术的运用能够促使同学们乐学、好学

信息技术被运用到课堂上,以多媒体教学为主,教师从单靠黑板、粉笔等传统教学方法与手段向现代教育技术的教学手段转变.过去对抽象的、难理解的内容,教师要花费很多时间去讲解,同学还是不能理解,或者觉得毫无兴趣.而运用多媒体课件就能够通过形象、具体化的手段,让学生弄清楚.

(2)信息技术的运用能够培养学生自学的能力

信息技术的出现形成依靠学习者自身与多样化学习资源的互动来进行学习的模式——资源型教学模式.资源型教学模式强调教师是指导者和参与者、有多样化资源和媒体、信息的来源是靠学习者亲自搜索发现的.学习者在教师的指导下,能够轻松的获得自己想要的信息、知识,能够及时解惑.获取信息的途径一改"教科书一统天下"的状况,教师也已经不可能像以往那样总是首

先获取某种信息，甚至可能时常落后于学生.这样有利于培养学生发现问题、思考问题和解决问题的能力，培养学生的应变能力，培养适应社会生活的能力.因而信息技术的出现能够培养学生自主地控制时间，自主地学习.

(3)信息技术可以培养学生获取知识的方法

由于以往对于学生的评价往往是重知识的记忆、轻知识获取的方法；重科学规律的结论、轻科学规律的应用；重评价的结果、轻评价的过程.这种传统的评价方式导致很多学生都会形成僵化性的学习，没有灵活性.而现代信息技术和学科课程的整合的核心是现代教育意识与现代教育观念的整合，教育观念的整合就是要体现教育以人为本.即在教育的过程中，要以学生为主，以学生的发展为主，以学生能够成长为一个完整的人为主，按照这样的教育观念，在课程内容的整合中就要培养学生的信息意识，了解什么是信息、信息有什么作用以及如何获得信息、怎样处理信息等.这也符合现代的教育目标：全面培养学生综合运用所学知识的能力.

(4)信息技术有利于对学生综合素质的培养

学生学习信息技术这门课既有较深的理论知识，又有很强的实践技能.在学习过程中既能培养学生的严密思维能力，又能培养学生的动手能力.学生上机要通过手、眼、心、脑四者并用而形成的强烈的专注，使大脑皮层产生高度的兴奋点.学生通过上机体会各种应用功能、操作方式，容易使学生获得一种成就感，更大的激发学生的求知欲望，利于培养学生勇于进取、独立探索的能力.另外，由于计算机运行高度自动化和程序化，因此在操作中，需要有极为严谨的科学态度，稍有疏漏便会出错，这就培养了学生的严谨性.因此这门学科能够培养学生的综合素质.

(5)信息技术对学生的一些负面影响

多媒体在依赖技术手段加强人某些感官功能的同时，也限制了人类某些器官的潜在能力.当学生为多彩多姿的多媒体信息所吸引时，当他们按课件设计者预定的某些模式和思路、线索进行人机交互时，他们是在欣赏爽心悦目的信息，或是顺应设计者的思维方式做简单的应答，还是真正在积极理解与消化教学内容，恐怕不容易做出准确的判断.

还有学生在使用和接受这些信息时，没有足够的准备，或因缺少鉴别，接受包括暴力、恐怖、色情、极度虚幻等负信息而引起不良反应，以及侵犯特定社会群体意识文化形态.这些严重影响学生的人生观和价值观.还有许多传媒系统和信息源没有合适的导航措施，或者在传媒监控上没有健全的“把关”手段和法规来监督和规范信息的传播、使用，或者故意以负信息迎合与引诱学生等等，使学生面临信息的涌现无从选择，都对学生有着诸多的影响.

虽然信息技术对学生有这些负面的影响，但是只要对学生进行正确的引导，让学生正确学习和接受多媒体信息，使用网络资源检索的正确方法，加强对信息利用目的的教育，就可以大大减少这些负面影响，更大的趋于对学生有利的方面发展.

第十五章　数学教育热点问题介绍

《国家基础教育课程改革纲要》指出课程改革要改变课程过于注重知识传授的倾向，强调形成积极主动的学习态度，使获得基础知识与基本技能的过程同时成为学会学习和形成正确价值观的过程；改变课程结构过于强调学科本位、科目过多和缺乏整合的现状，整体设置九年一贯的课程门类和课时比例，并设置综合课程，以适应不同地区和学生发展的需求，体现课程结构的均衡性、综合性、选择性；改变课程内容"难、繁、偏、旧"和过于注重书本知识的现状，加强课程内容与学生生活以及现代社会和科技发展的联系，关注学生的学习兴趣和经验，精选终身学习必备的基础知识和技能；改变课程实施过于强调接受学习、死记硬背、机械训练的现状，倡导学生主动参与、乐于探究、勤于动手，培养学生搜集和处理信息的能力、获取新知识的能力、分析和解决问题的能力以及交流与合作的能力；改变课程评价过分强调甄别与选拔的功能，发挥评价促进学生发展、教师提高和改进教学实践的功能……

新一轮基础教育课程改革致力于改变课堂教学中过于强调接受学习、死记硬背、机械训练的现状，倡导学生主动参与、乐于探究、勤于动手，培养学生搜集和处理信息的能力、获取新知识的能力、分析和解决问题的能力以及交流与合作的能力. 高中数学课程标准也指出："学生的数学学习活动不应只限于接受、记忆、模仿和练习……高中数学课程应力求通过各种不同形式的自主学习、探究活动，让学生体验数学发现和创造的历程，发展他们的创新意识."因此转变学生的学习方式就成为基础教育课程改革的重要内容，本章将就研究性学习、数学建模这两项热点问题做概略介绍.

第一节　数学研究性学习

目前，对"研究性学习"的概念有不同的理解，或指一种学习方式，或指一种教学策略，或指一门专设的课程. 作为一种学习方式，"研究性学习"是指学生在教师指导下，以类似科学研究的方式去获取知识和应用知识的学习方式. 作为一种教学策略，"研究性学习"是指教师通过启发、促进、支持、指导学生的研究性学习活动，来完成学科教学任务的一种教学思想、教学模式和教学方法. 而研究性学习课程是通过知识与经验并重的主体性探究来实现学生的发展，培养他们的创新精神的生成性课程. 事实上，教师的研究性教学策略与学生的研究性学习活动具有相互依存的关系，教师实施研究性教学策略的目的在于使学生开展研究性学习活动，进入运用研究性学习方式进行学习的状态，研究性教学策略的实施主体是教师，研究性学习方式的实施主体是学生. 在教师成功实施研究性教学策略的情境中，学生既是研究性学习活动的主动者，又是教师研究性教学策略的被动者.

"研究性学习"尽管有学习方式、教学策略和课程类型等诸多含义的差别，但其核心点是学习方式，而教学策略和课程类型实际上是学习方式对课程、教学提出的必然要求.

作为学习方式的研究性学习可以有广义和狭义两种理解. 从广义理解，它泛指学生探究问题的学习，是一种学习方式、一种教育理念或策略，显然它可以贯穿在各科、各类学习活动中；从狭义理解，它是一种专题研究活动，是指学生在教师指导下，从自然现象、社会现象以及自我生活中选择和确定研究专题，并在研究过程中主动地获取知识、应用知识、解决问题的学习活动.

目前中小学大力提倡的研究性学习，主要是针对目前我国中小学教育中出现的若干弊端，为实施以培养创新精神和提高实践能力为重点的素质教育而提出来的，它的根本目的是让学生通过亲历研究过程，获得对客观世界的体验和正确认识，通过自由、自主的探究过程，综合性地提高整体素质和能力.因此，研究性学习的重点在“学习”而不是“研究”，“研究”是获取知识的手段、途径，而不是目的.

一、研究性学习的基本特征

研究性学习的基本特征如下：

1.重过程

研究性学习重在学习的过程、思维方法的学习和思维水平的提高.它的学习“成果”不一定是“具体”而“有形”的制成品.在研究性学习过程中，学习者是否掌握某项具体的知识或技能并不重要，关键是能否对所学知识有所选择、判断、解释、运用，从而有所收获.也就是说，研究性学习的过程本身就是它所追求的结果.

2.重应用

学以致用是研究性学习的又一基本特征.研究性学习重在知识技能的应用，而不在于掌握知识的量.研究性学习的目的是发展运用科学知识解决实际问题的能力，这是它与一般的知识、技能学习的根本区别.在学习形式上，研究性学习也具有发现、探究的特点，但在学习内容上，其侧重点在于问题解决，所要解决的问题一般是具体的、有社会意义的.从应用性的基本特点出发，研究性学习还带有综合性的特点，即学习者面临的问题往往是复杂的、综合性的，需要综合运用多方面的知识才能予以解决；学习过程中涉及的知识面比较广，学习内容可能是跨学科的.与一般的掌握知识、运用知识、解答问题(习题)的学习活动相比较，研究性学习更接近于人们的生活实际和社会实践，因而更有利于培养学习者的实践能力.

3.重体验

研究性学习不仅重视学习过程中的理性认识，如方法的掌握、能力的提高等，还十分重视感性认识，即学习的体验.一个人的创造性思维离不开一定的知识基础，而这个基础应该是间接经验与直接经验的结合.间接经验是前人直接经验的总结和提炼.直接经验则是学习者通过亲身实践获得的感悟和体验.间接经验只有通过直接经验才能更好地被学习者所掌握，并内化为个人经验体系的一部分.研究性学习之所以强调学习体验的重要地位，主要是因为学习体验可弥补知识转化为能力的缺口.更为重要的是，“创造”不仅仅是一种行为、能力、方法，而且是一种意识、态度和观念，有创造的意识，才会有创造的实践.因此，只让学生懂得什么是创新意识、创新精神是不够的，重要的是让学生亲身参与创造实践活动，在体验、内化的基础上，逐步形成自觉指导创造行为的个人的观念体系.

4.重全员参与

研究性学习主张全体学生的积极参与，它有别于培养天才儿童的超常教育.研究性学习重过程而非重结果，因此从理论上说，每一个智力正常的中小学生都可以通过学习提高自己的创造意识和能力.在研究性学习的过程中，学习者可以根据自己的学习基础和个性特点，制订恰当的研究计划，实现个人的研究目标.

全员参与的另一层含义是共同参与.研究性学习的组织形式是独立学习与合作学习的结合,其中合作学习占有重要的地位.由于研究性学习是问题解决的学习,学习者面临着复杂的综合性的问题,因此就需要依靠学习伙伴的集体智慧和分工协作.在这里,合作既是学习的手段,也是学习的目的.通过合作学习和研究,学习者可以取长补短,取得高质量的成果.与此同时,在共同参与的过程中,学习者还需要了解不同的人的个性,学会相互交流与合作.这种合作包括合作的精神与合作的能力,例如彼此尊重、理解以及容忍的态度,表达、倾听与说服他人的方式方法,制订并执行合作研究方案的能力等.现代社会与科学技术的发展使得人类面临的问题越来越复杂,而社会分工的细化则又限制了个人解决问题的能力和范围.因此,培养中小学生的合作意识与能力,也体现了时代和社会的要求.

二、研究性学习的目的

研究性学习的目的与一般的学科教育目的相比,它更强调学生对所学知识技能的实际应用,而不仅仅是对学科知识的理解和掌握,它更强调通过亲身体验以加深学生对学习价值的认识,它更强调学生在思想意识、情感意志、精神境界等方面得到升华.具体而言,以下目标是我们所强调的:

(1)让学生经历科学研究的过程,获得亲身参与研究和探索的体验

研究性学习的过程,是情感活动的过程.强调通过让学生主动采纳与科学研究类似的学习活动,获得亲身体验,逐步形成一种在日常学习与生活中喜爱质疑、乐于探究、努力求知的心理倾向,激发探索和创新的积极欲望.

(2)了解科学研究的方法,提高发现问题和解决问题的能力

研究性学习的过程通常围绕一个需要研究解决的实际问题展开,以解决问题和表达、交流为结束.这一过程需要培养学生发现和提出问题的能力,提出解决问题的设想的能力,收集资料的能力,分析资料和得出结论的能力,以及表述思想和交流成果的能力,并要掌握基本的科学方法,学会利用多种有效手段,通过多种途径获取信息.

(3)学习与人沟通和合作,学会分享

合作的意识和能力,是现代人所应具备的基本素质,而研究性学习提供了一个有利于人际沟通与合作的良好空间.为了完成研究任务,学习者需要与课题小组以及教师、社会力量、专家进行沟通合作.学生在这个过程中要发展乐于合作的团队精神,学会交流和分享研究的信息.

(4)增强探究和创新意识,培养科学态度、科学精神和科学道德

在研究性学习过程中,学生不可避免地会遇到一系列问题和困难,学生必须学会从实际出发,通过认真踏实的探究,实事求是地求得结论,并且养成尊重他人的想法和成果的正确态度、不断追求的进取精神、严谨的科学态度、克服困难的意志品质等.

(5)培养学生对社会的责任心和使命感

联系社会实际展开研究活动,为学生的社会责任心和使命感的发展创造了有利条件.通过社会实践,学生要了解科学对于自然、社会与人的意义和价值,要学会关心国家和社会的进步,学会思考人类与社会的和谐发展,形成积极的人生态度.

(6)促进学生学习、掌握和运用一种现代学习方式

研究性学习着眼于改变学生单纯的接受式的学习方式,促进学生形成一种对知识主动探求,重视实际问题解决的积极的学习方式.

(7)激活各科学习中的知识储备,尝试相关知识的综合运用学生所学的课程大多是按分科设置的,而研究性学习的开展可以促进知识的综合运用.

(8)促进教师教学观念和教学行为的变化,提升教师的综合素质

帮助教师寻找到培养学生创新精神和实践能力的途径,进而在各科教学中更自觉地推进素质教育.

三、研究性学习的实施

在数学教学中研究性学习的实施一般可分为四个阶段:创设问题情境阶段、确定研究课题和研究方案阶段、实施体验阶段和表达交流阶段.在学习过程中,这四个阶段并不是截然分开的,而是相互交叉和相互推进的.

1.创设问题情境阶段

本阶段教师要为学生创造一定的问题情境,营造一种探索研究的氛围,并布置研究任务.这时,可以开设讲座、组织参观访问、进行信息交流活动、介绍已有的研究性学习案例做好背景知识的铺垫,调动出学生已有的知识和经验,诱发探究动机.

2.确定研究课题和研究方案阶段

在提出问题的基础上,应进一步确定研究范围或研究题目.研究课题可以由教师提出,也可以由学生根据自身的兴趣、爱好和其他条件自行提出,但较多情况下是通过师生合作、对选题的社会价值和研究可能性进行判断论证,教师以一名参与者、组织者的身份平等地参与学生的讨论,共同确立研究课题.过程中,教师应帮助学生了解研究题目的知识水平,以及题目中隐含的有争议性的问题,使学生从多个角度认识、分析问题.可以通过确立课题小组的方式,组织学生的讨论、研究,提出解决问题的具体方案,包括研究的主要内容、研究的步骤和程序、研究的具体方法,并预测研究可能获得的结果.

3.实施体验阶段

在确定研究问题并有了初步的解决方案以后,学生要进入具体解决问题的过程.在本阶段中,通过学生的实践、体验,形成一定的观念、态度,掌握一定的方法.实践体验的内容包括:主动搜集和加工处理信息,小组合作与各种形式的沟通,以科学的态度解决问题,通过调查研究归纳得出解决问题重要的思路或观点,并在小组内和个人之间进行初步地交流.教师则要针对学生的实际,进行一些方法指导和思路点拨,对学生的创意和闪光点要适时地表扬.

4.表达和交流阶段

本阶段学生要将自己或小组归纳整理、总结提炼的资料以书面形式或口头报告展示出来.学生之间的交流、研讨、成果的分享是研究性学习不可缺少的一个环节.在交流、研讨中学生要学会理解和宽容,学会客观地分析和辩证地思考,要敢于和善于申辩.

四、研究性学习与接受性学习的比较

接受性学习主要是以获得系统的学科知识为主,其根本目的在于增加个体的知识储备,扩展学生的知识视野,为个体成为真正的认识主体提供素材.而研究性学习是重过程,而非结果;中学生从过程中学习或领悟到了什么,而非最终研究结果对社会的贡献.在人的具体活动中,两者常常是相辅相成、结伴而行的.研究性学习重在学生的学习态度和学习方式的改变,强调培养学生研究问题的意识和研究问题的方法,重视的是学习活动的过程而不是最终结果,因此在积累直接

经验、培养学生的创新精神和实践能力方面有其独到之处；而接受性学习在积累间接经验、传递系统的学科知识方面，其效率之高是其他方法无法比拟的. 因此，就人的发展而言，研究性学习与接受性学习都是必要的. 在我国新的基础教育课程体系中特别强调研究性学习并不是因为接受性学习不好，而是因为我们过去过多地倚重接受性学习，而研究性学习则被完全忽略或退居边缘. 强调研究性学习的重要性是为了促进学生学习方式的转变，从而使以培养学生的创新精神和实践能力为核心的素质教育落到实处.

事实上，创新精神的培养和发展，离不开扎实的知识基础. 没有基础就没有创新，一定的学科知识基础是科研活动和创新活动的根本，创造不是凭空从人们头脑中产生的想法，而是经过长期的知识积累，不断地向“未知世界”提出问题，不断钻研的结果. 中小学阶段是学生打基础的重要时期，我们必须坚持基础知识，尤其是其中更基本的理论知识的传授，为创造性地学习，思维的飞跃打下坚实的基础. 所以，教师应该根据不同的教学任务，灵活地、综合地应用各种学习方式，促使学生更好更快地发展.

五、研究性学习案例

自改革开放以来，特别是近些年，我国的经济飞速发展，家庭的收入也在提高，随之而来的消费心理也日趋膨胀，买车对寻常百姓家来说已不再是梦. 那么怎样购车更划算呢？目前市场购车有两种方式：一种是一次性付款购车；另一种是分期付款购车.

首先应让学生弄清楚什么是一次性付款和分期付款. 一次性付款，即一次性付钱购买商品，一次解决问题，不需要考虑余下的事项. 这种方式要求购车人具有足够的经济实力，一般消费人群为高收人者. 而所谓分期付款，即将钱分成若干次付清以达到购车的目的. 分期付款可分为两部分：第一部分即首付，它要象征性地相对于后面的付款多付一些钱；第二部分即月付，每月要交一些钱但远低于首付的钱数，这样经过一段时间，钱慢慢付清，车子也就属于自己了，一般消费人群为广大工薪族.

当消费者拥有足够多的现金又准备买车时，是选择一次性付款呢，还是分期付款购车呢？当然是前者，正所谓“时间就是金钱”，选择后者不仅会多花了时间，而且聪明的商家自然不会少算这笔账，必然会把这部分所值的钱算进总账去，因此此种情况下购车，一次性付款购车要优于分期付款购车. 而当消费者没有足够的钱时，可以选择后者.

分期付款的几种方式的讨论

以西安奥拓车为例：

	A	B	C
(元)首付	6688	18888	28888
(元)月付	1278	968	698

40 个月分期付款，余款月息：为 1%.

不考虑月息，粗略看购车总费用：

$$A:6688+1278\times 40=57808;$$

$$B:18888+968\times 40=57608;$$

$$C:28888+698\times 40=56808.$$

这样看,C 较 A、B 更合算,但这只是在不考虑月息的情况下成立.一旦考虑月息,月付的多,月息自然也就高.这样注意月付的时间是有讲究的,月初付的总利息要低于月底付的总利息.下面的计算的过程中,我们假定月付的时间为月初付:

总利息:

A:{[(1278×−40−1278)×−1.01—1278]×−1.01…)×−1.01=13009.16

B:{[(968×−40−968)×−1.01−968]×−1.01…)×−1.01=9853.57

C:{[(698×−40−698)×−1.01−698]×−1.01…)×−1.01=7105.16

总费用:

A:57808−13009.16=44798.84;

B:57608−9853.57=47754.13;

C:56808−7105.16=49702.84.

由上容易得出:A<B<C.

在不考虑月息的情况下:A>B>C.

在实际的买卖过程中,商家和消费者考虑的角度是不一样的.商家做买卖只求赚钱,他不会考虑月息是多少,因此他最希望消费者选用 A 种购车方式,这样实际收到的钱最多,获取的利益最大.而对于消费者,他要考虑月息,因此他也会选择 A 种购车方式,这样他实际花费的钱最少.但是 A 种方式首付虽少,月付却多,这样便会加重消费者每月的负担,因此他就会退而求其次选择 B 种方式购车,B 对于商家利益有所减少,但较 A 相差不多,而 B 对于消费者损失更大一些.而选择 C 商家所受损失又略大于消费者,虽是这样,但钱数仍然是商家有利.

A 种方式对双方均有利,B 种方式、C 种方式均是商家利大于消费者,由此可见商家在买卖过程中总处于有利地位,消费者选择 A 种方式购车相对而言最有利.各小组完善自己的研究方案并写出研究报告.

六、研究性学习的评价

评价是人们对某一事物的价值判断.而研究性学习的评价是以学生在研究性学习活动中的状态和成果为依据,对学生的研究性学习活动作出价值判断和信息反馈,以促进学生研究性学习活动的健康展开、研究性学习的目的是真正全面实现的教学实践活动.

1.研究性学习的评价原则

研究性学习强调学生的主动学习和探究,注重培养学生的创新精神、实践能力和终身学习能力,重视情感体验,形成科学态度,学会交往与合作.因此研究性学习评价应遵循以下原则:

(1)过程性原则

与传统的评价只重视结果不同,研究性学习更加重视学生学习的过程,重视学习上在研究过程中所表现出来的学习态度和学习方法,强调学生在亲身参与和探索活动中所获得的感悟和体验,重视在发现问题、提出问题和解决问题中的知能结合、思维运用和见解创新.而且与传统评价只是在学习结束时不同,研究性学习评价应该贯穿于学习的全过程.

(2)灵活性原则

灵活性原则表现为评价主体、评价标准和评价方法等各方面.研究性学习强调建构学校、社会和家庭三者的有机结合的评价体系,形成多元化评价主体.学生不仅是研究性学习的主体,也是评价自身的研究性学习素养发展状况的主体.根据评价的标准与解释方式的区别,评价可以分为相对评价、绝对评价和个体间的差异评价.

(3)激励性原则

研究性学习把学生看成是正在成长和发展中的个体，是具有思想和尊严、渴望得到赞扬和鼓励的活生生的生命，因此把评价看成是调动学生积极性，激励学生进步，引发、提高和维持学生学习欲望，推动研究性学习持续发展的有效手段.

(4)发展性原则

研究性学习的提出基于促进学生发展，并在发展的基础上有一定的创新能力，促进其综合素质的提高以及个性与特长的发展，因此研究性学习评价的主要功能和根本意义，既不在于鉴定和选拔，也不在于进行警戒与惩罚，而在于检查研究性学习的达成水平与学生的实际潜力和发展趋势，从而促进学生研究性学习水平的全面提高，是一种以促进学生发展为最终指向的发展性评价.

2.研究性学习评价的内容

研究性学习的评价关注的不仅是研究成果、研究水平的高低，还有学习内容的丰富性和学习方法的多样性，强调学生要学会收集、分析、归纳、整理资料，学会发现问题、提出问题、解决问题的基本方法.因此研究性学习的评价内容是多方面的、发展性的，一般要关注以下几个方面：

①学生参与研究学习的程度和态度.

②学生在研究性学习中的收获以及情感体验.

③学生研究性活动的成果及水平.

④学生在研究性学习活动中体现出的创新精神和实践能力.

⑤学生在研究性学习中的合作交流和协调能力.

⑥学生综合运用知识的能力和数学水平的提高.

第二节　数学建模与数学教育

现代社会是信息社会，信息量空前膨胀，信息交流空前频繁.现代科学技术发展的一个重要特征是各门学科日益定量化、精确化，这必然促使人们定量地思维，而定量化思维的核心是数学.而数学建模(Mathematical Modeling)就几乎是一切应用数学作为工具去解决实际问题的必然选择.人们可以通过建立数学模型，分析求解，使问题条理化，从而进行定量化思维.本节主题是介绍数学建模思想，重点讨论如何建立数学模型，探讨怎样从遇到的实际问题出发，进行抽象和假设，运用数学工具得到一个数学结构，然后再运用数学方法揭示实际问题的真面目.

一、数学建模的相关概念

1.数学模型

所谓模型是一种结构，是通过对原型的形式化或模拟与抽象得到的，是一种行为或过程的定量或定性的表示，通过它可以认识所代替的原型的性质和规律.例如，地理课上使用的地球仪和地图是地球表面的模型，深圳的“锦绣中华”是中国许多名胜古迹模型的集合，北京的世界公园是世界上许多名胜的模型的集合.模型的分类很复杂，按照不同的考虑方式，有不同的分类方法.按模型的表达形式，模型大致地可分为实体模型和符号模型两大类.实体模型包括实物模型(例如，建筑物模型，作战用的沙盘模型，长江截流模型等，它们仅是将现实物体的尺寸加以改变，看起来比较逼真）和模拟模型（如地图、线路图等，它们在一定假设之下，用形象鲜明、便于处理的一系列符号代表现实物体的特征）. 符号模型通常包括数学模型、仿真模型和化学、音乐等学科的符号模型，也包括用自然语言（如用汉语、英语等语言）对事物所作的直观描述，因此，符号模型也称语言模型.

数学模型（Mathematical Model）是指对于现实世界的某一特定对象，为了某个特定的目的，做出一些必要的简化和假设，运用适当的数学工具得到的一个数学结构. 它是对客观事物的空间形式和数量关系的一个近似的反映. 它或者能够解释特定现象的现实生态，或者能预测对象的未来状况，或者能提供处理对象的最优决策或控制. 关于对数学模型的含义有以下两种理解方式：

广义的理解，一切数学概念、数学理论体系、数学公式、方程以及算法系统都可称为数学模型. 如由于人们在实际生活中对计数的需要，算术便产生了，算术正是分享猎物、计算盈亏等实际问题的数学模型；方程是表示平衡关系的数学模型；函数是表示物体变化运动的数学模型；几何则是物体空间结构的数学模型.

狭义的理解，数学模型是指解决特定问题的一种数学框架或结构. 这一框架或结构可以用一组方程来表示，可用数学解析或函数关系式来表示，也可以用程序语言、图形、图表等表示. 例如，二元一次方程组是"鸡兔同笼"问题的数学模型；一次函数是匀速直线运动的数学模型；"一笔画"问题是"七桥问题（1736 年）"的数学模型.

在应用数学中，数学模型一般都是指后面这一类，这也是我们主要研究的. 我们在一般情况下是按狭义理解数学模型的.

2. 数学建模

数学模型是数学抽象的产物，是针对或参照某种事物系统的特征或数量相依关系，采用形式化的数学语言，概括地或近似地表述出来的一种数学关系结构. 相应地，数学建模即是对实际问题进行抽象、简化，建立数学模型，求解数学模型，分析数学模型、验证数学模型解的全过程. 通过对实际问题抽象和简化，使用数学语言对实际现象进行一个近似的刻画，以便于人们更深刻地认识所研究的对象. 应当注意，数学模型不是对现实系统的简单模拟，它是人们用以认识现实系统和解决实际问题的工具. 因此数学模型是对现实对象的信息通过提炼、分析、归纳、翻译的结果. 这样通过数学上的演绎和分析求解，使得我们能够深化对所研究的实际问题的认识.

二、数学建模的一般过程

数学建模的大致过程是解决实际问题的过程，是在阅读材料、理解题意的基础上，把实际问题抽象转化为数学问题，然后再用相应的数学知识去解决. 在这一过程中，建立数学模型是最关键、最重要的环节，也是学生的困难所在，它需要运用数学语言和工具，对部分现实世界的信息（现象、数据等）加以简化、抽象、翻译、归纳，通常采用机理分析和统计分析两种方法. 机理分析法是指人们根据客观事物的特征，分析其内部机理，弄清其因果关系，再在适当的简化假设下，利用合适的数学工具描述事物特征的数学模型. 统计分析法是指通过测试得到一串数据，再利用数理统计的知识对这串数据进行处理，从而得到数学模型. 数学建模的基本程序，如图 15-1 所示.

对于数学建模题的一般解题步骤如下

（1）模型准备

对于一个实际问题进行数学建模，它的价值就在于能在已有的基础上有所创造. 因此，在建

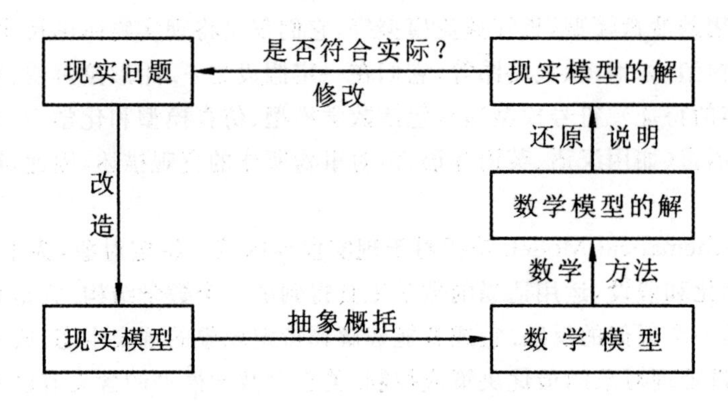

图 15-1　数学建模的基本程序

模前就要在了解有关背景知识的基础上分析问题，明确建立模型的目的，掌握对象的各种信息（如统计数据等），弄清实际对象的特征，查阅前人在这方面的工作情况．总之，就是要做好建立模型的准备工作．

（2）模型假设

要建立一个合理的数学模型，必须分析清楚哪些是主要的本质的因素，哪些是次要的非本质的因素．其目的就在于选出主要因素忽略非本质因素，这样不但使问题简化，便于进行数学描述，而且又抓住了问题的本质．以建立“七桥问题”的数学模型为例，欧拉不考虑元素的长短与大小，也不涉及具体量的计算，而只关注研究对象中与位置关系有关的性质；在研究过程中，为了简化问题，把陆地、岛与半岛简化抽象成点，桥简化抽象成线，忽略次要因素的影响，作出恰当假设．欧拉不拘泥于解决个别的特殊问题，而是要解决具有一般性、普遍性的问题，这样才使问题的解决更具有科学价值，更能推动科学的发展．

（3）模型建立

这是整个数学建模中最关键的一步，是一个从实际到数学的过程．在此过程中，应当根据所做的假设，利用适当的数学工具建立各个量之间的等式或不等式关系，列出表格，画出图形或确定其他数学结构．

（4）模型求解

对于上述建立的模型进行数学上的求解，包括解方程、画图形、证明定理以及逻辑运算等方面，会用到传统的和近现代的数学方法，特别是计算机技术．

（5）模型分析

对上述求得的模型结果进行数学上的分析．有时是根据问题的性质，分析各变量的依赖关系或稳定性质；有时则根据所得结果给出数学上的预测；有时则是给出数学上的最优决策或控制．

数学建模的过程，就是学生能体验从实际情景中发展数学的过程．因此，数学教学应重视引导学生动手实践、自主探索与合作交流，通过各种活动将新旧知识联系起来，思考现实中的数量关系和空间形式，由此发展他们对数学的理解．实际上，学生数学学习基本上是一种符号化语言与生活实际相结合的学习，两者之间的相互融合与转化，成为学生主动建构的重要途径．

数学建模教学的具体实施步骤如下：

①让学生动手操作．老师要不断挖掘能借助动手操作来理解的内容，如用小棒、圆片来理解

均分，用小棒搭建若干三角形、四边形并探索规律；用搭积木、折叠等方式，理解空间图形、空间图形与平面图形之间的关系.在实施过程中要注意留给学生足够的思维空间，并且操作活动要适量、适度.

②将学生分组并布置不同的学习任务，每组人数一般以4～6人为佳.

③学生通过协作来完成任务，教师适时进行引导，但主要还是以监控、分析和调节学生各种能力的发展为工作重点.

④鼓励学生合作交流.引导学生进行交流、讨论，并汇报小组讨论结果，各组之间可以互相提出意见或问题，教师也参与其中，从而共同完成数学建模过程.

中学数学建模教学的基本理念：

①使学生体会数学与自然及人类社会的密切联系，体会数学的应用价值，培养数学的应用意识，增进对数学的理解和应用数学的信心.

②学会运用数学的思维方式去观察、分析现实社会，去解决日常生活中的问题，进而形成勇于探索、勇于创新的科学精神.

③以数学建模为手段，激发学生学习数学的积极性，学会团结协作，建立良好人际关系、相互合作的工作能力.

④以数学建模为载体，使学生获得适应未来社会生活和进一步发展所必需的重要数学事实(包括数学知识、数学活动经验)以及基本的思想方法和必要的应用技能.

数学建模教学的基本课堂环节是“问题情景——建立模型——解释、应用与拓展”，使学生在问题情景中，通过观察、操作、思考、交流和运用，掌握重要的现代数学观念和数学的思想方法，逐步形成良好的数学思维习惯，强化运用意识.这种教学模式要求教师以建模的视角来对待和处理教学内容，把基础数学知识学习与应用结合起来，使之符合“具体——抽象——具体”的认识规律.数学建模的五个基本环节是：

①创设问题情景，激发求知欲.

②抽象概括，建立模型，导入学习课题.

③研究模型，形成数学知识.

④解决实际应用问题，享受成功喜悦.

⑤归纳总结，深化目标.

中学数学建模教学的方式常有：

①从课本中的数学出发，注重对课本原题的改变.

②从生活中的数学问题出发，强化应用意识.

③以社会热点问题出发，介绍建模方法.

④通过数学实践活动或游戏，培养学生的应用意识和数学建模能力.

⑤从其他学科中选择应用题，培养学生应用数学工具解决该学科难题的能力.

⑥探索数学应用于跨学科的综合应用题，培养学生的综合能力和创新能力，提高学生的综合素质.

三、数学建模举例

1.问题情境

每逢佳节来临之际，比如春节、元旦，在欢乐、祥和、热闹、喜庆的日子里，家家户户都要吃饺子.在包饺子的时候,人们总想要求面与馅比较合适,既不剩面也不剩馅,做到恰到好处.然而有时会不随人愿,可能面多,也可能馅多.

那么在面一定的情况下,馅多了怎么办?在通常情况下,1 千克面,1 千克馅,包 100 个饺子.现在,若 1 千克面不变,馅比 1 千克多了,试问是多包几个使饺子小些,还是少包几个使饺子大一些呢?

2.问题假设

①皮的厚度一样.

②形状大小相同.

③把包饺子看成包汤圆,即把饺子看成汤圆形状的圆球形.

3.建立数学模型

若将 1 千克面做成一个大皮(极限状态),设半径为 R,面积为 $S_大$ 大的一个皮,包成体积为 $V_大$ 大的饺子;若将 1 千克面做成 n 个皮,设每个小皮的半径为 r;每个小圆的面积为 $S_小$,每个小饺子包成的体积为 $V_小$,此时在 $S_大=nS_小$ 情况下,如图 15-2 所示.

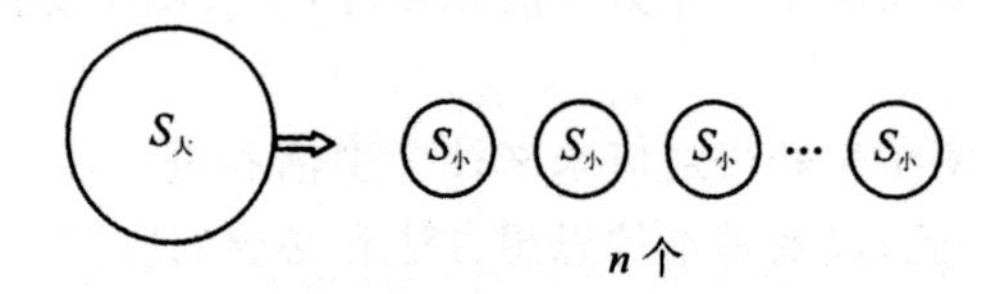

图 15-2　$S_大=nS_小$

这时要问:$V_大$ 与 $nV_小$、哪个大?(做定性分析)

　　　　$V_大$ 比 $nV_小$ 大多少?(做定量分析)

我们知道 $S_大=\pi R_圆^2=k_1R_圆^2$,$V_大=\frac{4}{3}\pi R_球^3=k_2R_球^3$.

考虑到 $R_圆$ 与 $R_球$ 之间必定存在一定联系,则 $V_大$ 可化为 $V_大=k'R_圆^3$,所以 $V_大=kS_大^{\frac{3}{2}}$.

同理 $S_小=k_1r_圆^2$,$V_小=k_2r_球^3$,$V_小=k'r_圆^3$,$V_小=k'r_圆^3$,$V_小=kS_小^{\frac{3}{2}}$.

(注意:大球与小球参数 k_1,k_2,k',k 相同)

由上述关系式可得:$V_大=n^{\frac{3}{2}}V_小=\sqrt{n}\,(nV_小)\geqslant nV_小$(15-1)

所以 $V_大$ 是 $nV_小$ 的 $\sqrt{n}$ 倍.

4.模型求解与分析

(15-1)式就是本问题的数学模型.从(15-1)式看出,皮越大越能装馅,这与人们日常生活的经验是一致的.因此计算一下,在面一定(比如 1 千克)的情况下,包 100 个饺子,用 1 千克的馅,那么包 50 个饺子用多少馅呢?

由 $V_大=\sqrt{n}\,(nV_小)$ 可得 $nV_小=\frac{V_大}{\sqrt{n}}$ ($nV_小$ 表示所有小饺子的体积之和).

问题转化为:当 1 千克馅包 100 个饺子时,其体积总和为 $\frac{V_大}{\sqrt{100}}$ (面量一定),则当馅为多少时(设为 z 千克),可以包 50 个饺子,而此时体积总和为 $\frac{V_大}{\sqrt{50}}$,则有 $\frac{1}{x}=\frac{\frac{V_大}{\sqrt{100}}}{\frac{V_大}{\sqrt{50}}}$,可得 $x=\frac{\sqrt{100}}{\sqrt{50}}=$

$\sqrt{2}$，即 $x\approx1.4$.

也就是说面量一定时，若100个饺子包1千克馅，则50个饺子包1.4千克馅.

5.模型应用

对于我们前面所提出的问题，就有了答案.在1千克面不变，馅比1千克多的情况下，应少包几个，包大些.即在面一定的情况下，馅多了应使皮大一些，少包几个.

四、开展数学建模教育的作用

从某种意义上说，数学建模就是一次科研活动的小小缩影，从教学角度来看，数学建模学习方式是一种广义的研究性学习.开展数学建模教育有利于学生将学习过的数学知识与方法同周围的现实世界联系起来，甚至和真正的实际问题联系起来.不仅应使学生知道数学有用，怎样用，更要使学生体会到在真正的实际应用中还要继续数学知识的学习.开展数学建模教育有以下作用.

(1)可以促进学生树立数学应用的意识，增强解决实际问题的能力

数学建模是一个从实际到数学，再从数学到实际的过程.从模型得到的结果是否符合实际，是模型好坏的重要标志.当一个数学模型建立之后，都要经过结果分析环节，考虑其在实际中的合理性.在这样的训练中就逐渐培养了学生们注重实际的观念，为以后从事实际工作打下了良好的基础.

(2)可以培养学生良好的数学观和方法论

用数学方法来解决实际问题，先要将实际问题抽象成数学模型，作为数学结构来研究分析.实际上数学建模过程就是经验材料的数学组织化，而数学材料的逻辑组织化是数学应用的过程.从方法论角度看，数学模型是联系认识主体和实体的环节，是一种数学思想方法；从数学角度看，数学建模又是一种数学活动.因此，开展建模教育，可以培养学生这种数学思维能力，提高学生的数学素质.

(3)可以培养学生的观察力和想象力

在建模过程中，往往要求学生充分发挥联想，把表面上完全不同的实际问题，用相同或相似的数学模型去描述它们.通过这样的训练，除了能使学生学会灵活应用数学知识外，还可以培养学生的观察力和想象力.这是由于知识是有限的，而想象力是概括着世界上的一切，可以使知识无限地延展.从这种意义上讲，想象力比知识更重要.

(4)可以培养学生全面考虑问题的能力

在一个实际问题中，往往有很多因素同时对所研究的对象发生作用，这时就要分析清楚哪些是主要因素，哪些是次要因素，同时还应该全面地对这些因素加以考虑，以便抓住问题的本质.

(5)可以培养学生的创造能力

对于一个实际问题我们要建立它的数学模型，往往没有现成的模式、现成的答案，要靠学生充分发挥自己的创造性去解决.面对一大堆资料、一大堆问题以及各种计算机软件等，如何用于解决自己的问题，也要充分发挥自己的创造性.这对于学生创造力的培养是很有益的.当他们离开大学走上工作岗位后，不管是从事实际工作还是从事研究工作，创造性工作态度都是至关重要的.

(6)可以培养学生的交流与表达能力，以及团结协作的精神

现代科研、生产活动往往是群体的合作活动，需要各个成员相互理解、支持、协调，相互交流、

集思广益，才可能进行成功的合作.开展数学建模活动，恰恰是能够培养学生这种相互协作的品质和能力.因为对于一个建模题目，常常用到的知识是那样的广泛，谁也不能单枪匹马打天下，这时就需要数人密切合作，在讨论、争辩、勇于提出见解的情况下，相互取长补短，学会倾听别人的意见，善于从不同的意见和争论中综合出最好的方案来.这样不仅锻炼了学生们的交流与表达能力，同时也培养了互相学习，互相协调的能力.

参考文献

[1] 曹一鸣,张生春.数学教学论.北京:北京师范大学出版社,2010.
[2] 李求来,昌国良.中学数学教学论.长沙:湖南师范大学出版社,2006.
[3] 齐建华,王红蔚.数学教育学.郑州:郑州大学出版社,2006.
[4] 涂荣豹,季素月.数学课程与数学论新编.南京:江苏教育出版社,2007.
[5] 黄忠裕,赵焕光.相识数学逻辑.北京:科学出版社,2010.
[6] 刘耀武.数学教学论导引.南京:南京大学出版社,2010.
[7] 任子朝,孔凡哲.数学教育评论新论.北京:北京师范大学出版社,2010.
[8] 陈永明名师工作室.数学教学中的逻辑问题.上海:上海科技教育出版社,2009.
[9] 骆洪才,王晓萍.数学教育论.长沙:湖南师范大学出版社,2008.
[10] 陆书环,傅海伦.数学教学论.北京:科学出版社,2004.
[11] 罗新兵,罗增儒.数学教育学导论.西安:陕西师范大学出版社,2008.
[12] 黄秦安,曹一鸣.数学教育原理——哲学、文化与社会的视角.北京:北京师范大学出版社,2010.
[13] 蔡亲鹏,陈建花.数学教育学.杭州:浙江大学出版社,2008.
[14] 刘影,程晓亮.数学教学论.北京:北京大学出版社,2009.
[15] 孔凡哲,曾峥.数学学习心理学.北京:北京大学出版社,2009.
[16] 翁凯庆.数学教育学教程.成都:四川大学出版社,2007.
[17] 杨孝斌.数学教学思维导向的研究.成都:四川大学出版社,2010.
[18] 罗新兵,王光生.中学数学教材研究与教学设计.西安:陕西师范大学出版总社有限公司,2011.
[19] 何小亚,姚静.中学数学教学设计.北京:科学出版社,2008.
[20] 郑毓信.数学教育:动态与省思.上海:上海教育出版社,2005.
[21] 濮安山.中学数学教学论(修订版).哈尔滨:哈尔滨工业大学出版社,2004.
[22] 叶立军,方均斌,林永伟.现代数学教学论.杭州:浙江大学出版社,2006.
[23] 朱水根,王延文等.中学数学教学导论(第2版).北京:教学科学出版社,2001.
[24] 綦春霞.初中数学课程教学设计.北京:高等教育出版社,2009.
[25] 管廷禄等.中学数学教育教学论.北京:科学出版社,2007.
[26] 方均斌.数学课程与教学论.北京:科学出版社,2013.
[27] 叶立军.数学课程与教学论.杭州:浙江大学出版社,2011.
[28] 吴华等.数学课程与教学论.北京:北京师范大学出版社,2012.
[29] 涂荣豹,王光明,宁连华.新编数学教学论.上海:华东师范大学出版社,2006.
[30] 程晓亮,刘影.数学教学论(第二版).北京:北京大学出版社,2013.